U0190821

"十三五"国家重点出版物出版规划项目

世界名校名家基础教育系列

Textbooks of Base Disciplines from World's Top Universities and Experts

普林斯顿分析译丛

泛函分析

[美] 伊莱亚斯 M. 斯坦恩（Elias M. Stein）
拉米·沙卡什（Rami Shakarchi） 著

王茂发 姚兴兴 译

机械工业出版社

本书为普林斯顿分析译丛中的第四册泛函分析，其内容分为8章，第1章介绍 L^p 空间和Banach空间，第2章过渡到调和分析中的 L^p 空间，第3章讨论分布：广义函数，第4章讲述Baire纲定理的应用，第5章为概率论基础，第6章介绍Brownian运动，第7章为多复变引论，第8章介绍Fourier分析中的振荡积分，全书展现了泛函分析理论的基本思想，特别强调它与调和分析的联系.

本书可作为数学专业高年级本科生或研究生的泛函分析教材，同时也可作为相关科研工作者的参考书.

图书在版编目（CIP）数据

泛函分析/(美)伊莱亚斯 M. 斯坦恩(Elias M. Stein),(美)拉米·沙卡什(Rami Shakarchi)著;王茂发,姚兴兴译. —北京:机械工业出版社,2018. 12(2025. 5重印)
(普林斯顿分析译丛)
书名原文：Functional Analysis: Introduction to Further Topics in Analysis (Princeton Lectures in Analysis) (Bk. 4)
"十三五"国家重点出版物出版规划项目 世界名校名家基础教育系列
ISBN 978-7-111-61654-2

Ⅰ. ①泛… Ⅱ. ①伊…②拉…③王… ④姚… Ⅲ. ①泛函分析-高等学校-教材
Ⅳ. ①O177

中国版本图书馆CIP数据核字（2018）第303075号

机械工业出版社（北京市百万庄大街22号 邮政编码100037）
策划编辑：汤 嘉 责任编辑：汤 嘉 李 乐 王 芳
责任校对：张晓蓉 封面设计：张 静
责任印制：单爱军
北京虎彩文化传播有限公司印刷
2025年5月第1版第5次印刷
169mm×239mm · 20.75印张 · 2插页 · 425千字
标准书号：ISBN 978-7-111-61654-2
定价：88.00元

电话服务	网络服务
客服电话：010-88361066	机 工 官 网：www.cmpbook.com
010-88379833	机 工 官 博：weibo.com/cmp1952
010-68326294	金 书 网：www.golden-book.com
封底无防伪标均为盗版	机工教育服务网：www.cmpedu.com

前　　言

从 2000 年春季开始，四个学期的系列课程在普林斯顿大学讲授，其目的是用统一的方法去展现分析学的核心内容. 我们的目的不仅是为了生动说明存在于分析学各个部分之间的有机统一，还是为了阐述这门学科的方法在数学其他领域和其他自然科学中的广泛应用. 本系列丛书是对讲稿的一个详细阐述.

虽然有许多优秀教材涉及我们覆盖的单个部分，但是我们的目标不同：不是以单个学科，而是以高度的互相联系来展示分析学的各种不同的子领域. 总的来说，我们的观点是观察到的这些联系以及所产生的协同效应将激发读者更好地理解这门学科. 记住这点，我们专注于形成该学科的主要方法和定理（有时会忽略掉更为系统的方法），并严格按照该学科发展的逻辑顺序进行.

我们将分析学的内容分成四册，每一册反映一个学期所包含的内容，这四册的书名如下：

Ⅰ. 傅里叶分析.

Ⅱ. 复分析.

Ⅲ. 实分析.

Ⅳ. 泛函分析.

但是这个列表既没有完全给出分析学所展现的许多内部联系，也没有完全呈现出分析学在其他数学分支中的显著应用. 下面给出几个例子：第一册中所研究的初等（有限的）Fourier 级数引出了 Dirichlet 特征，并由此使用等差数列得到素数有无穷多个；X-射线和 Radon 变换出现在第一册的许多问题中，并且在第三册中对理解二维和三维的 Besicovitch 型集合起着重要作用；Fatou 定理断言单位圆盘上的有界解析函数的边界值几乎处处存在，并且其证明依赖于前三册书中所形成的方法；在第一册中，θ 函数首次出现在热方程的解中，接着第二册使用 θ 函数找到一个整数能表示成两个或四个数的平方和的个数，并且考虑 ζ 函数的解析延拓.

对于这些书以及这门课程还有几句额外的话. 一学期使用 48 个课时，在很紧凑的时间内结束这些课程. 每周习题具有不可或缺的作用，因此，练习和问题在我们的书中有同样重要的作用. 每个章节后面都有一系列“习题”，有些习题简单，而有些则可能需要更多的努力才能完成. 为此，我们给出了大量有用的提示来帮助读者完成大多数的习题. 此外，也有许多更复杂和富于挑战的“问题”，特别是用星号标记的问题是最难的或者超出了正文的内容范围.

尽管不同的分册之间存在大量的联系，但是我们还是提供了足够的重复内容，以便只需要前三本书的极少的预备知识：只要熟悉分析学中的初等知识，例如极

限、级数、可微函数和 Riemann 积分，还需要具备一些有关线性代数的知识. 这使得对不同学科（如数学、物理、工程和金融）感兴趣的本科生和研究生都易于理解本系列丛书.

正如一般的理解一样，泛函分析从研究日常见到的几何空间，如$\mathbb{R}$，$\mathbb{R}^d$等，转到分析抽象的无穷维空间，例如函数空间和 Banach 空间. 这样泛函分析就为现代分析建立了关键的框架.

在这本书中，我们的首要目标就是展现该理论的基本思想，特别地强调它与调和分析的联系. 第二个目的是为分析专业学生介绍一些概率论、多复变和振荡积分等方向的深入课题. 我们选择这些内容是基于对它们固有的兴趣. 此外，这些课题补充并且拓展了这套书的前几本书的思想，并且有助于达到说明存在于分析学各个部分之间的有机统一的首要目标.

这种统一的潜在原因是 Fourier 分析与偏微分方程、复分析和数论之间的联系. 这里举出在前几本书中出现的并在这本书中也出现的几个具体例子：最终使用 Brownian 运动得到的 Dirichlet 问题、与 Besicovitch 集合联系的 Radon 变换、处处不可微函数、由格点的分布函数所表示的数论中的某些问题. 我们希望选择的这些内容不仅能够开拓分析学的观点，还能激起读者进一步研究分析学的兴趣.

我们怀着无比喜悦的心情对所有帮助本系列丛书出版的人员表示感谢. 我们特别感谢参与这四门课程的学生. 他们持续的兴趣、热情和奉献精神所带来的鼓励促使我们有可能完成这项工作. 我们也要感谢 Adrian Banner 和 José Luis Rodrigo，因为他们在讲授本系列丛书时给予了特殊帮助并且努力查看每个班级的学生的学习情况. 此外，Adrian Banner 也对正文提出了宝贵的建议.

我们还特别感谢以下几个人：Charles Fefferman，他讲授第一周的课程（成功地开启了这项工作的大门）；Paul Hagelstein，他除了阅读一门课程的部分手稿外，还接管了本系列丛书的第二轮教学工作；Daniel Levine，他在校对过程中提供了有价值的帮助. 最后，我们同样感谢 Gerree Pecht，因为她很熟练地进行排版并且花了时间和精力为这些课程做准备工作，诸如幻灯片、笔记和手稿.

我们还要感谢普林斯顿大学的 250 周年纪念基金和美国国家科学基金会的 VIGRE 项目的资金支持.

伊莱亚斯 M. 斯坦恩

拉米・沙卡什

于普林斯顿

2002 年 8 月

目　录

前言

第 1 章　L^p 空间和 Banach 空间 …… 1

1.1　L^p 空间 …… 1

1.1.1　Hölder 不等式和 Minkowski 不等式 …… 2

1.1.2　L^p 空间的完备性 …… 4

1.1.3　注记 …… 5

1.2　$p=\infty$的情形 …… 5

1.3　Banach 空间 …… 6

1.3.1　范例 …… 7

1.3.2　线性泛函和 Banach 空间的对偶 …… 8

1.4　$L^p(1\leqslant p<\infty)$的对偶空间 …… 9

1.5　线性泛函的进一步讨论 …… 12

1.5.1　凸集的分离性 …… 12

1.5.2　Hahn-Banach 定理 …… 14

1.5.3　一些推论 …… 14

1.5.4　测度问题 …… 16

1.6　复 L^p 空间和 Banach 空间 …… 19

1.7　附录:$C(X)$的对偶空间 …… 19

1.7.1　正线性泛函 …… 21

1.7.2　主要结论 …… 23

1.7.3　推广 …… 24

1.8　习题 …… 26

1.9　问题 …… 33

第 2 章　调和分析中的 L^p 空间 …… 36

2.1　早期动机 …… 37

2.2　Riesz 内插定理 …… 39

2.2.1　应用举例 …… 43

2.3　Hilbert 变换的 L^p 理论 …… 45

2.3.1　L^2 理论 …… 45

2.3.2　L^p 定理 …… 48

2.3.3　定理 2.3.2 的证明 …… 49

2.4　极大函数和弱型估计 …… 52

2.4.1　L^p 不等式 …… 53

2.5　Hardy 空间 H_r^1 …… 55

2.5.1 $\boldsymbol{H}_r^1$ 的原子分解 …… 56
2.5.2 $\boldsymbol{H}_r^1$ 的等价定义 …… 60
2.5.3 Hilbert 变换的应用 …… 61
2.6 空间 $\boldsymbol{H}_r^1$ 和极大函数 …… 63
2.6.1 BMO 空间 …… 64
2.7 习题 …… 67
2.8 问题 …… 72
第 3 章 分布：广义函数 …… 75
3.1 基本性质 …… 76
3.1.1 定义 …… 76
3.1.2 运算法则 …… 77
3.1.3 支撑 …… 79
3.1.4 缓增分布 …… 80
3.1.5 Fourier 变换 …… 81
3.1.6 具有点支撑的广义函数 …… 84
3.2 广义函数的重要例子 …… 85
3.2.1 Hilbert 变换和 $\mathrm{pv}\left(\frac{1}{x}\right)$ …… 85
3.2.2 齐次分布 …… 88
3.2.3 基本解 …… 95
3.2.4 一般的常系数偏微分方程的基本解 …… 98
3.2.5 椭圆方程的拟基本解与正则性 …… 100
3.3 Calderón-Zygmund 分布及 L^p 估计 …… 102
3.3.1 基本属性 …… 102
3.3.2 L^p 理论 …… 104
3.4 习题 …… 110
3.5 问题 …… 116
第 4 章 Baire 纲定理的应用 …… 120
4.1 Baire 纲定理 …… 120
4.1.1 连续函数列的极限的连续性 …… 122
4.1.2 处处不可微的连续函数 …… 124
4.2 一致有界原理 …… 126
4.2.1 Fourier 级数的发散性 …… 127
4.3 开映射定理 …… 129
4.3.1 L^1 函数的 Fourier 系数的衰减性 …… 131
4.4 闭图像定理 …… 132
4.4.1 L^p 的闭子空间上的 Grothendieck 定理 …… 132
4.5 Besicovitch 集 …… 134
4.6 习题 …… 137

4.7 问题 …… 140
第5章 概率论基础 …… 142
5.1 Bernoulli 试验 …… 143
5.1.1 掷硬币 …… 143
5.1.2 $N=\infty$的情形 …… 144
5.1.3 $N\to\infty$时 S_N 的动态 …… 146
5.1.4 中心极限定理 …… 147
5.1.5 De Moivre 定理的阐述与证明 …… 148
5.1.6 随机级数 …… 149
5.1.7 随机 Fourier 级数 …… 152
5.1.8 Bernoulli 试验 …… 154
5.2 独立随机变量的和 …… 155
5.2.1 大数定律和遍历定理 …… 155
5.2.2 鞅的作用 …… 157
5.2.3 0-1 律 …… 162
5.2.4 中心极限定理 …… 163
5.2.5 取值于$\mathbb{R}^d$的随机变量 …… 167
5.2.6 随机游动 …… 168
5.3 习题 …… 172
5.4 问题 …… 179
第6章 Brownian 运动引论 …… 182
6.1 框架 …… 183
6.2 技巧准备 …… 184
6.3 Brownian 运动的构造 …… 188
6.4 Brownian 运动的进一步的性质 …… 191
6.5 停时和强 Markov 性质 …… 193
6.5.1 停时和 Blumenthal 0-1 律 …… 193
6.5.2 强 Markov 性质 …… 196
6.5.3 强 Markov 性质的其他形式 …… 197
6.6 Dirichlet 问题的解 …… 201
6.7 习题 …… 204
6.8 问题 …… 208
第7章 多复变引论 …… 211
7.1 初等性质 …… 211
7.2 Hartogs 现象：一个例子 …… 214
7.3 Hartogs 定理：非齐次 Cauchy-Riemann 方程 …… 216
7.4 边界情形：切向 Cauchy-Riemann 方程 …… 219
7.5 Levi 形式 …… 223
7.6 最大模原理 …… 226

7.7　逼近和延拓定理 …… 228
7.8　附录：上半空间 …… 234
7.8.1　Hardy 空间 …… 235
7.8.2　Cauchy 积分 …… 238
7.8.3　不可解性 …… 240
7.9　习题 …… 241
7.10　问题 …… 245
第 8 章　Fourier 分析中的振荡积分 …… 247
8.1　一个例证 …… 248
8.2　振荡积分 …… 250
8.3　支撑曲面测度的 Fourier 变换 …… 255
8.4　回到平均算子 …… 259
8.5　限制定理 …… 264
8.5.1　径向函数 …… 264
8.5.2　问题 …… 265
8.5.3　定理 …… 265
8.6　对一些色散方程的应用 …… 267
8.6.1　Schrödinger 方程 …… 268
8.6.2　另一个色散方程 …… 271
8.6.3　非齐次 Schrödinger 方程 …… 272
8.6.4　临界非线性色散方程 …… 276
8.7　Radon 变换 …… 279
8.7.1　Radon 变换的一个变式 …… 279
8.7.2　旋转曲率 …… 280
8.7.3　振荡积分 …… 282
8.7.4　二进分解 …… 284
8.7.5　几乎正交和 …… 286
8.7.6　定理 8.7.1 的证明 …… 287
8.8　格点计数 …… 289
8.8.1　算术函数的平均值 …… 289
8.8.2　Poisson 求和公式 …… 291
8.8.3　双曲测度 …… 295
8.8.4　Fourier 变换 …… 298
8.8.5　一个求和公式 …… 300
8.9　习题 …… 305
8.10　问题 …… 312
注记和参考 …… 315
参考文献 …… 318
符号表 …… 321

第 1 章　L^p 空间和 Banach 空间

在下面的工作中，我们将用 $f(x)$ 的 p 方可积性代替 $f(x)$ 的平方可积性．对这类函数的分析将揭示指数 2 的显著优势；我们也期待这些分析将对函数空间的公理化提供关键性的材料．

F. Riesz，1910

现在我建议首先收集一般空间上的线性算子的结论，特别是 B 型空间……

S. Banach，1932

函数空间，特别是 L^p 空间，在分析学的许多问题中起着核心作用．L^p 空间的特殊重要性在于它提供了平方可积函数空间 L^2 的一个有用的推广．

依简单逻辑顺序，首先是 L^1 空间，这是因为它已经出现在函数的 Lebesgue 可积性的描述中．通过对偶与之相关联的是有界函数空间 L^∞，其与连续函数空间一样被赋予上确界范数．然后是有特殊意义的 L^2 空间．它的出现与 Fourier 分析的基本问题紧密相关．中间的 L^p 空间得益于一种巧妙的方法，但其中也有启发和幸运的成分．这将在后续章节的结果中阐述．

在本章中，我们将着重考虑 L^p 的基本结构．其中的部分理论，特别是线性泛函部分将在一般的 Banach 空间的框架下加以描述．这个更加抽象的观点的一个好处是，它让我们惊奇地发现了一个定义在$\mathbb{R}^d$的所有子集上的有限可加测度，使得该测度在可测集上与 Lebesgue 测度一致．

1.1　L^p 空间

在本章中 $(X,\mathcal{F},\mu)$ 表示一个 σ-有限测度空间：X 表示底空间，$\mathcal{F}$ 是可测集构成的σ-代数，μ 为测度．设 $1\leqslant p<\infty$，则空间 $L^p(X,\mathcal{F},\mu)$ 是 X 上满足下述条件的复值可测函数 f 全体：

$$\int_X |f(x)|^p \mathrm{d}\mu(x)<\infty. \tag{1.1}$$

为了简化记号，写为 $L^p(X,\mu)$或者 $L^p(X)$．当底空间明确时简记为 L^p．如果 $f\in$

$L^p(X,\mathcal{F},\mu)$，定义 f 的 L^p **范数**为

$$\| f \|_{L^p(X,\mathcal{F},\mu)} = \left(\int_X |f(x)|^p \mathrm{d}\mu(x)\right)^{1/p}.$$

将其也简记为 $\| f \|_{L^p(X)}$，$\| f \|_{L^p}$ 或者 $\| f \|_p$.

当 $p=1$ 时，空间 $L^1(X,\mathcal{F},\mu)$ 是 X 上所有可积函数全体. 在《实分析》第 6 章中已经证明，在范数 $\| \cdot \|_{L^1}$ 下 L^1 是一个完备的赋范向量空间. 此外，当 $p=2$ 时，它是一个 Hilbert 空间.

这里我们采用《实分析》中讨论过的相同观点，即 $\|f\|_{L^p}=0$ 不表示 $f=0$，而仅仅蕴含着 $f=0$ a. e. （关于测度 μ）. 因此，L^p 空间的准确定义需要引进等价关系，即如果 $f=g$ a. e.，则称 f 和 g 等价. L^p 空间由满足条件（1.1）的所有的函数等价类构成. 然而，实际上，把函数而不是函数的等价类作为 L^p 空间的元素来考虑几乎没有任何问题.

下面是一些常见的 L^p 空间的例子.

(a) $X=\mathbb{R}^d$，μ 为 Lebesgue 测度，其中

$$\| f \|_{L^p} = \left(\int_{\mathbb{R}^d} |f(x)|^p \mathrm{d}x\right)^{1/p}.$$

(b) 当 $X=\mathbb{Z}$，μ 是计数测度时，我们得到“离散”的 L^p 空间. 此时可测函数为复数序列 $f=\{a_n\}_{n\in\mathbb{Z}}$，且

$$\| f \|_{L^p} = \left(\sum_{n=-\infty}^{\infty} |a_n|^p\right)^{1/p}.$$

当 $p=2$ 时，我们得到了熟悉的序列空间 $\ell^2(\mathbb{Z})$.

L^p 空间是赋范向量空间的范例，我们稍后将证明范数的三角不等式.

在众多应用中，我们感兴趣的是 $1\leqslant p<\infty$ 和 $p=\infty$. 因为当 $0<p<1$ 时，函数 $\|\cdot\|_{L^p}$ 不满足三角不等式. 此外，当 $0<p<1$ 时，L^p 没有非平凡的有界线性泛函.[1]（见习题 2.）

当 $p=1$ 时，范数 $\| \cdot \|_{L^1}$ 满足三角不等式，且 L^1 为完备的赋范向量空间. 当 $p=2$ 时，应用 Cauchy-Schwarz 不等式可证三角不等式仍然成立. 同样，$1\leqslant p<\infty$ 时，三角不等式可以由广义的 Cauchy-Schwarz 不等式（即 Hölder 不等式）来证明. 我们在 1.4 节中将看到，Hölder 不等式在 L^p 空间的对偶中也起到了关键作用.

1.1.1 Hölder 不等式和 Minkowski 不等式

如果两个指数 p，q 满足 $1\leqslant p$，$q\leqslant\infty$ 和

$$\frac{1}{p}+\frac{1}{q}=1$$

则称 p，q 为一对**共轭数**或者**对偶数**. 这里，我们约定 $1/\infty=0$. 我们有时用 p' 表

1　本章后文将定义有界线性泛函.

示 p 的共轭数. 注意到 $p=2$ 是自共轭的，即 $p=q=2$；而 $p=1$，∞，对应于 $q=\infty$，1.

定理 1.1.1 （Hölder）设 $1<p<\infty$，$1<q<\infty$ 为一对共轭数. 若 $f\in L^p$，$g\in L^q$，则 $fg\in L^1$，并且

$$\|fg\|_{L^1}\leqslant\|f\|_{L^p}\|g\|_{L^q}.$$

注 一旦定义了空间 L^∞（见 1.2 节），则关于指数 1 和 ∞ 的不等式是平凡的.

此定理的证明依赖于算术几何平均不等式的一个简单推广：若 A，$B\geqslant 0$，$0\leqslant\theta\leqslant 1$，则

$$A^\theta B^{1-\theta}\leqslant\theta A+(1-\theta)B. \tag{1.2}$$

当 $\theta=1/2$ 时，不等式（1.2）说明两个非负数的几何平均不大于其算术平均.

为了得到式（1.2），不妨假设 $B\neq 0$，并用 AB 代替 A，则只需证明 $A^\theta\leqslant\theta A+(1-\theta)$. 设 $f(x)=x^\theta-\theta x-(1-\theta)$，则 $f'(x)=\theta(x^{\theta-1}-1)$. 因此 $f(x)$ 在 $0\leqslant x\leqslant 1$ 时单调递增，在 $x\geqslant 1$ 时单调递减，且此连续函数 f 在 $x=1$ 时取最大值 $f(1)=0$. 因此 $f(A)\leqslant 0$.

下证 Hölder 不等式. 若 $\|f\|_{L^p}=0$ 或 $\|g\|_{L^q}=0$，则 $fg=0$ a.e.，此时不等式显然成立. 因此可以假设 $\|f\|_{L^p}\neq 0$，$\|g\|_{L^q}\neq 0$. 如果用 $f/\|f\|_{L^p}$ 代替 f，$g/\|g\|_{L^q}$ 代替 g，可以进一步假设 $\|f\|_{L^p}=\|g\|_{L^q}=1$，现在只需证明 $\|fg\|_{L^1}\leqslant 1$.

如果令 $A=|f(x)|^p$，$B=|g(x)|^q$，$\theta=1/p$，则 $1-\theta=1/q$，由式（1.2）可得

$$|f(x)g(x)|\leqslant\frac{1}{p}|f(x)|^p+\frac{1}{q}|g(x)|^q.$$

两边积分得 $\|fg\|_{L^1}\leqslant 1$. 从而完成 Hölder 不等式的证明.

对于 Hölder 不等式等号成立的条件参见习题 3.

我们现在可以证明 L^p 范数的三角不等式.

定理 1.1.2 （Minkowski）若 $1\leqslant p<\infty$ 且 f，$g\in L^p$，则

$$f+g\in L^p \text{ 且 } \|f+g\|_{L^p}\leqslant\|f\|_{L^p}+\|g\|_{L^p}.$$

证 $p=1$ 时的情形可通过对 $|f(x)+g(x)|\leqslant|f(x)|+|g(x)|$ 积分得到. 当 $p>1$ 时，通过分别考虑 $|f(x)|\leqslant|g(x)|$ 和 $|g(x)|\leqslant|f(x)|$ 两种情形可得

$$|f(x)+g(x)|^p\leqslant 2^p(|f(x)|^p+|g(x)|^p),$$

所以当 f，g 都属于 L^p 空间时，$f+g\in L^p$. 注意到

$$|f(x)+g(x)|^p\leqslant|f(x)||f(x)+g(x)|^{p-1}+|g(x)||f(x)+g(x)|^{p-1}.$$

设 p 的共轭数为 q，则 $(p-1)q=p$ 且 $(f+g)^{p-1}\in L^q$. 对上述不等式的右边两项运用 Hölder 不等式可得

$$\|f+g\|_{L^p}^p\leqslant\|f\|_{L^p}\|(f+g)^{p-1}\|_{L^q}+\|g\|_{L^p}\|(f+g)^{p-1}\|_{L^q}. \tag{1.3}$$

由于$(p-1)q=p$，有

$$\|(f+g)^{p-1}\|_{L^q}=\|f+g\|_{L^p}^{p/q}.$$

因为可以假设$\|f+g\|_{L^p}>0$，则根据式（1.3）和$p-p/q=1$可得

$$\|f+g\|_{L^p}\leqslant\|f\|_{L^p}+\|g\|_{L^p},$$

从而定理得证. □

1.1.2　L^p 空间的完备性

范数的三角不等式使得L^p在距离$d(f,g)=\|f-g\|_{L^p}$下是一个度量空间. L^p的基本的分析性质是其**完备性**，即每个 Cauchy 序列按范数$\|\cdot\|_{L^p}$收敛于L^p中的一个元素.

在许多问题中将用到极限. 如果L^p不完备，则其没多大用处. 幸运的是，像L^1，L^2一样，L^p空间确实是完备的.

定理 1.1.3　关于范数$\|\cdot\|_{L^p}$，$L^p(X,\mathcal{F},\mu)$是完备的.

证　证明过程与L^1（或L^2）相似，见《实分析》第 2 章第 2 节和第 4 章第 1 节. 设$\{f_n\}_{n=1}^{\infty}$为L^p中的 Cauchy 序列，则存在$\{f_n\}$的一个子列$\{f_{n_k}\}_{k=1}^{\infty}$满足$\|f_{n_{k+1}}-f_{n_k}\|_{L^p}\leqslant 2^{-k}$，$k\geqslant 1$. 考虑下面的级数

$$f(x)=f_{n_1}(x)+\sum_{k=1}^{\infty}(f_{n_{k+1}}(x)-f_{n_k}(x))$$

和

$$g(x)=|f_{n_1}(x)|+\sum_{k=1}^{\infty}|f_{n_{k+1}}(x)-f_{n_k}(x)|.$$

它们的部分和分别为

$$S_K(f)(x)=f_{n_1}(x)+\sum_{k=1}^{K}(f_{n_{k+1}}(x)-f_{n_k}(x))$$

和

$$S_K(g)(x)=|f_{n_1}(x)|+\sum_{k=1}^{K}|f_{n_{k+1}}(x)-f_{n_k}(x)|.$$

由L^p中的三角不等式得到

$$\begin{aligned}\|S_K(g)\|_{L^p}&\leqslant\|f_{n_1}\|_{L^p}+\sum_{k=1}^{K}\|f_{n_{k+1}}-f_{n_k}\|_{L^p}\\&\leqslant\|f_{n_1}\|_{L^p}+\sum_{k=1}^{K}2^{-k}.\end{aligned}$$

令K趋于∞，由单调收敛定理得$\int g^p<\infty$. 因此，上面定义f，g的级数几乎处处收敛，且$f\in L^p$.

现在来证明f就是序列$\{f_n\}$的范数极限，由于定义f的级数的前$(K-1)$项部分和恰为f_{n_K}，故有

$$f_{n_K}(x)\to f(x)\quad \text{a. e. } x.$$

为了证明在 L^p 中也有 $f_{n_K}\to f$，首先，对所有 K，

$$\begin{aligned}|f(x)-S_K(f)(x)|^p &\leqslant[2\max(|f(x)|,|S_K(f)(x)|)]^p\\ &\leqslant 2^p|f(x)|^p+2^p|S_K(f)(x)|^p\\ &\leqslant 2^{p+1}|g(x)|^p,\end{aligned}$$

运用控制收敛定理得到 $\|f_{n_K}-f\|_{L^p}\to 0(K\to\infty)$.

因为 $\{f_n\}$ 为 Cauchy 列，所以任给 $\varepsilon>0$，存在 N 使得对任意的 n，$m>N$ 有，$\|f_n-f_m\|_{L^p}<\varepsilon/2$. 选取 n_K 使得 $n_K>N$，$\|f_{n_K}-f\|_{L^p}<\varepsilon/2$，则由三角不等式可得当 $n>N$ 时

$$\|f_n-f\|_{L^p}\leqslant\|f_n-f_{n_K}\|_{L^p}+\|f_{n_K}-f\|_{L^p}<\varepsilon.$$

从而定理得证. □

1.1.3　注记

本小节考虑各种不同 L^p 空间的一些包含关系. 若底空间测度有限，则下面包含关系是显然的.

命题 1.1.4　若 X 有有限正测度，$p_0\leqslant p_1$，则 $L^{p_1}(X)\subset L^{p_0}(X)$且

$$\frac{1}{\mu(X)^{1/p_0}}\|f\|_{L^{p_0}}\leqslant\frac{1}{\mu(X)^{1/p_1}}\|f\|_{L^{p_1}}.$$

可以假设 $p_1>p_0$. 设 $f\in L^{p_1}$，并令 $F=|f|^{p_0}$，$G=1$，$p=p_1/p_0>1$，$1/p+1/q=1$. 对 F 和 G 运用 Hölder 不等式可得

$$\|f\|_{L^{p_0}}^{p_0}\leqslant\left(\int|f|^{p_1}\right)^{p_0/p_1}\cdot\mu(X)^{1-p_0/p_1}.$$

特别地，得到 $\|f\|_{L^{p_0}}<\infty$. 两边开 p_0 次方即可完成命题的证明.

但是，容易看出，当 X 的测度无限时，上述包含关系不成立.（见习题 1.）然而在下面特殊情形时，上述命题的反向包含关系成立.

命题 1.1.5　赋 $X=\mathbb{Z}$ 以计数测度，则反向包含关系成立，即如果 $p_0\leqslant p_1$，则 $L^{p_0}(\mathbb{Z})\subset L^{p_1}(\mathbb{Z})$，且 $\|f\|_{L^{p_1}}\leqslant\|f\|_{L^{p_0}}$.

事实上，若 $f=\{f(n)\}_{n\in\mathbf{Z}}$，则$\sum|f(n)|^{p_0}=\|f\|_{L^{p_0}}^{p_0}$，并且 $\sup_n|f(n)|\leqslant\|f\|_{L^{p_0}}$. 但是

$$\begin{aligned}\sum|f(n)|^{p_1}&=\sum|f(n)|^{p_0}|f(n)|^{p_1-p_0}\\ &\leqslant(\sup_n|f(n)|)^{p_1-p_0}\|f\|_{L^{p_0}}^{p_0}\\ &\leqslant\|f\|_{L^{p_0}}^{p_1}\end{aligned}$$

因此 $\|f\|_{L^{p_1}}\leqslant\|f\|_{L^{p_0}}$.

1.2　$p=\infty$的情形

最后，考虑 $p=\infty$时的情形. 空间 L^∞ 是由所有“本性有界”的函数构成的，

即 $L^\infty(X,\mathcal{F},\mu)$ 由 X 上满足下述条件的所有可测函数（等价类）f 组成：存在一个正数 $0<M<\infty$，使得

$$|f(x)|\leqslant M \quad \text{a. e. } x.$$

定义 $\|f\|_{L^\infty(X,\mathcal{F},\mu)}$ 为满足上面不等式的所有可能的 M 的下确界，并称 $\|f\|_{L^\infty}$ 为 f 的**本性上确界**.

由定义可知，$|f(x)|\leqslant\|f\|_{L^\infty}$ a. e. x. 事实上，若 $E=\{x:|f(x)|>\|f\|_{L^\infty}\}$，$E_n=\{x:|f(x)|>\|f\|_{L^\infty}+1/n\}$，则 $\mu(E_n)=0$，$E=\bigcup E_n$，因此 $\mu(E)=0$.

定理 1.2.1　赋以 $\|\cdot\|_{L^\infty}$，向量空间 L^∞ 是完备的.

这个结论易于验证，留给读者自己完成. 此外，如果我们视 $p=1$ 和 $q=\infty$ 为一对共轭数，则 Hölder 不等式对于 $1\leqslant p$，$q\leqslant\infty$ 仍然成立.

由下面命题我们可以视 L^∞ 为 L^p 当 p 趋于 ∞ 时的极限情形.

命题 1.2.2　假设 $f\in L^\infty$ 为有限支撑的函数，则对所有 $p<\infty$ 都有 $f\in L^p$，且当 $p\to\infty$ 时，$\|f\|_{L^p}\to\|f\|_{L^\infty}$.

证　令 E 是 X 的一个可测子集且 $\mu(E)<\infty$. 设 f 在 E 的余集上为 0. 若 $\mu(E)=0$，则 $\|f\|_{L^\infty}=\|f\|_{L^p}=0$，此时结论显然成立. 若 $\mu(E)\neq 0$，则

$$\|f\|_{L^p}=\left(\int_E|f(x)|^p\mathrm{d}\mu\right)^{1/p}\leqslant\left(\int_E\|f\|_{L^\infty}^p\mathrm{d}\mu\right)^{1/p}\leqslant\|f\|_{L^\infty}\mu(E)^{1/p}.$$

因为当 $p\to\infty$ 时，$\mu(E)^{\frac{1}{p}}\to 1$，所以 $\limsup\limits_{p\to\infty}\|f\|_{L^p}\leqslant\|f\|_{L^\infty}$.

另一方面，给定 $\varepsilon>0$，存在 $\delta>0$ 使得

$$\mu(\{x:|f(x)|\geqslant\|f\|_{L^\infty}-\varepsilon\})\geqslant\delta.$$

因此

$$\int_X|f|^p\mathrm{d}\mu\geqslant\delta(\|f\|_{L^\infty}-\varepsilon)^p.$$

即有 $\liminf\limits_{p\to\infty}\|f\|_{L^p}\geqslant\|f\|_{L^\infty}-\varepsilon$. 因为 ε 是任意的，所以 $\liminf\limits_{p\to\infty}\|f\|_{L^p}\geqslant\|f\|_{L^\infty}$. 因此 $\lim\limits_{p\to\infty}\|f\|_{L^p}=\|f\|_{L^\infty}$. □

1.3　Banach 空间

本节介绍一个把 L^p 空间作为其特例的更广泛的空间概念.

赋范向量空间是一个标量域（实数域或复数域）上的赋有范数的向量空间 V，其上的**范数** $\|\cdot\|:V\to\mathbb{R}^+$ 满足：

- $\|v\|=0$ 当且仅当 $v=0$；
- $\|\alpha v\|=|\alpha|\,\|v\|$，$\alpha$ 为标量，$v\in V$；
- $\|v+w\|\leqslant\|v\|+\|w\|$，$\forall v$，$w\in V$.

称空间 V 是**完备**的，如果对 V 中的任何一个 Cauchy 序列 $\{v_n\}$，即满足 $\|v_n-v_m\|\to 0(n,m\to\infty)$ 的序列，存在 $v\in V$，使得 $\|v_n-v\|\to 0(n\to\infty)$.

称完备的赋范向量空间为**Banach 空间**. 这里我们强调 Cauchy 序列收敛的极限在空间本身中，因此，在极限运算下空间是“闭”的.

1.3.1 范例

实数集$\mathbb{R}$赋以通常的绝对值便是一个最基本的 Banach 空间. 其他简单的例子还有$\mathbb{R}^d$(赋以 Euclidean 范数）以及 Hilbert 空间（范数由其内积所诱导).

下面是几个相关的例子：

例 1 $L^p(1\leqslant p\leqslant\infty)$ 空间也是重要的 Banach 空间（定理 1.1.3 和定理 1.2.1). 所有 $L^p(1\leqslant p\leqslant\infty)$ 空间中只有 L^2 是 Hilbert 空间（习题 25)，这也部分地解释了 L^2 有和 L^1 或更一般的 $L^p(p\neq 2)$ 不一样的特性.

由于当 $0<p<1$ 时，三角不等式不成立，所以 $\|\cdot\|_{L^p}$ 不是 L^p 空间上的范数，因此它不是 Banach 空间.

例 2 另外一个例子是 $C([0,1])$，或更一般的 $C(X)$，其中 X 为某度量空间中的紧集，详细内容见 1.7 节. $C(X)$ 定义为 X 上连续函数构成的向量空间，并赋以上确界范数 $\|f\|=\sup\limits_{x\in X}|f(x)|$. 连续函数序列的一致收敛极限仍是连续函数的事实保证了该空间的完备性.

下面的两个例子在一些运用中很重要.

例 3 空间 $\Lambda^{\alpha}(\mathbb{R})$，它由$\mathbb{R}$上所有满足**指数** $\alpha(0<\alpha\leqslant 1)$ 的 **Hölder（或 Lipschitz）条件**，即

$$\sup_{t_1\neq t_2}\frac{|f(t_1)-f(t_2)|}{|t_1-t_2|^{\alpha}}<\infty$$

的有界函数构成. 显然 $\Lambda^{\alpha}(\mathbb{R})$ 中的 f 是连续的，并且我们感兴趣的是 $\alpha\leqslant 1$ 时的情形，这是由于满足指数 $\alpha(\alpha>1)$ 的 Hölder 条件的函数是常值函数.[2]

更一般地，这个空间可以定义在$\mathbb{R}^d$上；它由所有连续函数 f 构成并赋以范数

$$\|f\|_{\Lambda^{\alpha}(\mathbf{R}^d)}=\sup_{x\in\mathbf{R}^d}|f(x)|+\sup_{x\neq y}\frac{|f(x)-f(y)|}{|x-y|^{\alpha}}.$$

在这个范数下，$\Lambda^{\alpha}(\mathbb{R}^d)$ 是一个 Banach 空间（见习题 29).

例 4 称函数 $f\in L^p(\mathbb{R}^d)$ 在 L^p 中有直到 k 阶的弱导数，即如果对每个多重指标 $\alpha=(\alpha_1,\cdots,\alpha_d)$，其中 $|\alpha|=\alpha_1+\cdots+\alpha_d\leqslant k$，存在 $g_{\alpha}\in L^p$ 使得对所有在$\mathbb{R}^d$中具有紧支撑的光滑函数 φ 有

$$\int_{\mathbf{R}^d}g_{\alpha}(x)\varphi(x)\mathrm{d}x=(-1)^{|\alpha|}\int_{\mathbf{R}^d}f(x)\partial_x^{\alpha}\varphi(x)\mathrm{d}x. \tag{1.4}$$

这里用到了下面多重指标的记号

$$\partial_x^{\alpha}=\left(\frac{\partial}{\partial x}\right)^{\alpha}=\left(\frac{\partial}{\partial x_1}\right)^{\alpha_1}\cdots\left(\frac{\partial}{\partial x_d}\right)^{\alpha_d}.$$

---

2 我们已经在《傅里叶分析》第 2 章和《实分析》第 7 章遇到过这个空间.

显然函数 g_α（如果存在）是唯一的，记为$\partial_x^\alpha f=g_\alpha$. 这个定义起源于经典的分部积分：$f$ 为光滑函数，g 为 f 的通常导数$\partial_x^\alpha f$ 时的式（1.4)(参考《实分析》第 5 章第 3.1 节).

空间 $L_k^p(\mathbb{R}^d)$ 是 $L^p(\mathbb{R}^d)$ 中所有具有直到 k 阶弱导数的函数所构成的子空间.(弱导数的概念将在第 3 章定义广义函数的导数时再次出现.) 通常称这个空间为 **Sobolev 空间**. 赋以范数

$$\| f \|_{L_k^p(\mathbb{R}^d)} = \sum_{|\alpha|\leqslant k} \| \partial_x^\alpha f \|_{L^p(\mathbb{R}^d)},$$

$L_k^p(\mathbb{R}^d)$ 成为 Banach 空间.

例 5　L^2 中的函数 f 属于 $L_k^2(\mathbb{R}^d)$ 当且仅当$(1+|\xi|^2)^{k/2}\hat{f}(\xi)\in L^2$. 此外，$\|(1+|\xi|^2)^{k/2}\hat{f}(\xi)\|_{L^2}$是一个与 $\| f \|_{L_k^2(\mathbb{R}^d)}$ 等价的范数，且它使 $L_k^2(\mathbb{R}^d)$ 成为 Hilbert 空间.

因此，若 k 是一正数，我们自然定义 L_k^2 为L^2 中满足$(1+|\xi|^2)^{k/2}\hat{f}(\xi)\in L^2$ 的函数全体，并且赋以范数 $\| f \|_{L_k^2(\mathbb{R}^d)} = \|(1+|\xi|^2)^{k/2}\hat{f}(\xi)\|_{L^2}$.

1.3.2　线性泛函和 Banach 空间的对偶

为了简单起见，我们在本节和接下来的两节考虑实 Banach 空间. 这些结论在 1.6 节中将被推广到复 Banach 空间.

设$(\mathcal{B},\|\cdot\|)$是一个实 Banach 空间. 从 $\mathcal{B}$ 到$\mathbb{R}$ 的线性映射称为**线性泛函**，即 ℓ：$\mathcal{B}\to\mathbb{R}$ 满足：

$$\ell(\alpha f+\beta g)=\alpha\ell(f)+\beta\ell(g), \forall\, \alpha,\beta\in\mathbb{R}, f,g\in\mathcal{B}.$$

称线性泛函 ℓ 是**连续的**，若对任给的 $\varepsilon>0$，存在 $\delta>0$，使得当 $\| f-g \|\leqslant\delta$ 时,有$|\ell(f)-\ell(g)|\leqslant\varepsilon$. 称线性泛函 ℓ 是**有界的**，若存在 $M>0$，使得对所有 $f\in\mathcal{B}$，$|\ell(f)|\leqslant M\| f \|$. 实际上，$\ell$ 的线性性表明这两个概念是等价的.

命题 1.3.1　Banach 空间上的线性泛函是连续的当且仅当它是有界的.

证　由于 ℓ 是线性的，所以 ℓ 连续当且仅当 ℓ 在原点连续. 若 ℓ 是连续的，根据上述定义可以选取 $\varepsilon=1$，$g=0$ 和 $\delta>0$，使得当 $\| f \|\leqslant\delta$ 时，有$|\ell(f)|\leqslant 1$. 此外，对于 $\mathcal{B}$ 中任意一个非零元 h，有 $\delta h/\| h \|$ 的范数等于 δ，所以$|\ell(\delta h/\| h \|)|\leqslant 1$. 令 $M=1/\delta$，从而有$|\ell(h)|\leqslant M\| h \|$.

反之，若 ℓ 是有界的，则它显然在原点连续. 由于 ℓ 是线性的，所以 ℓ 连续.

□

在后续中，我们将看到，连续线性泛函的闭超平面特征具有显著的几何含义. 下面考虑线性泛函的分析性质.

$\mathcal{B}$ 上所有连续线性泛函构成的集合是一个向量空间，其上的加法和数乘定义为

$$(\ell_1+\ell_2)(f)=\ell_1(f)+\ell_2(f)\text{和}(\alpha\ell)(f)=\alpha\ell(f).$$

我们可以对此向量空间赋以如下范数. 连续线性泛函 ℓ 的**范数** $\|\ell\|$ 是所有满足

$|\ell(f)|\leqslant M\|f\|$ ($\forall f\in\mathcal{B}$)的 M 的下确界. 由该定义和 ℓ 的线性性很容易得到

$$\|\ell\|=\sup_{\|f\|\leqslant 1}|\ell(f)|=\sup_{\|f\|=1}|\ell(f)|=\sup_{f\neq 0}\frac{|\ell(f)|}{\|f\|}.$$

赋以上述范数，$\mathcal{B}$ 上的所有连续线性泛函所构成的赋范空间称为 $\mathcal{B}$ 的**对偶空间**，记为 $\mathcal{B}^*$.

定理 1.3.2 ($\mathcal{B}^*$, $\|\cdot\|$) 是 Banach 空间.

证 显然只需要验证 $\mathcal{B}^*$ 是完备的. 设$\{\ell_n\}$是 $\mathcal{B}^*$ 中的 Cauchy 列. 则对每个 $f\in\mathcal{B}$, $\{\ell_n(f)\}$是 Cauchy 数列，因此收敛，记其极限为 $\ell(f)$. 显然 $\ell: f\mapsto\ell(f)$是线性的. 如果 M 使得 $\|\ell_n\|\leqslant M$ 对所有的 n 都成立，则

$$|\ell(f)|\leqslant|(\ell-\ell_n)(f)|+|\ell_n(f)|\leqslant|(\ell-\ell_n)(f)|+M\|f\|.$$

取极限可知，对任意的 $f\in\mathcal{B}$ 都有$|\ell(f)|\leqslant M\|f\|$. 从而 ℓ 有界. 最后，我们必须证明 ℓ_n 在 $\mathcal{B}^*$ 中收敛到 ℓ. 任给 $\varepsilon>0$，选取 N，使得当 n，$m>N$ 时，有 $\|\ell_n-\ell_m\|<\varepsilon/2$. 则当 $n>N$ 时，对所有 $m>N$ 和任意 f 都有

$$|(\ell-\ell_n)(f)|\leqslant|(\ell-\ell_m)(f)|+|(\ell_m-\ell_n)(f)|\leqslant|(\ell-\ell_m)(f)|+\frac{\varepsilon}{2}\|f\|.$$

我们也可以选择充分大的 m（与 f 有关），使得 $|(\ell-\ell_m)(f)|\leqslant\varepsilon\|f\|/2$. 即 $n>N$时

$$|(\ell-\ell_n)(f)|\leqslant\varepsilon\|f\|.$$

这就证明了$\|\ell-\ell_n\|\to 0$. 从而定理得证. □

一般而言，给定一个 Banach 空间 $\mathcal{B}$，描述它的对偶空间 $\mathcal{B}^*$ 是非常有用的. 此问题对于 L^p 空间来说已经有了完整的答案.

1.4 L^p ($1\leqslant p<\infty$) 的对偶空间

设 $1\leqslant p\leqslant\infty$，$q$ 是 p 的共轭数，即 $1/p+1/q=1$. Hölder 不等式表明每个函数 $g\in L^q$ 通过

$$\ell(f)=\int_X f(x)g(x)\mathrm{d}\mu(x), \tag{1.5}$$

诱导出 L^p 上的一个有界线性泛函，并且 $\|\ell\|\leqslant\|g\|_{L^q}$. 因此，如果视 g 为上述的 ℓ，则有 $L^q\subset(L^p)^*$ ($1\leqslant p\leqslant\infty$). 本节的主要结论是证明，当 $1\leqslant p<\infty$ 时，L^p 上的每个线性泛函都可由某个 $g\in L^q$ 通过式(1.5)给出. 故而$(L^p)^*=L^q$ ($1\leqslant p<\infty$). 我们强调此结论在 $p=\infty$时一般不成立；L^∞ 的对偶空间真包含 L^1. (见 1.5.3 节的结尾部分.)

定理 1.4.1 设 $1\leqslant p<\infty$，$1/p+1/q=1$，则

$$(L^p)^*=L^q.$$

即对 L^p 上的任一有界线性泛函 ℓ，都存在唯一的 $g\in L^q$，使得

$$\ell(f)=\int_X f(x)g(x)\mathrm{d}\mu(x), \forall f\in L^p.$$

此外，$\|\ell\|_{(L^p)^*}=\|g\|_{L^q}$.

这个定理说明了 q 被称为 p 的对偶数的合理性.

定理的证明以两个思想为基础. 第一个是 Hölder 不等式，反方向的证明也要用到它. 第二个是 $L^p(1\leqslant p<\infty)$ 上的每个线性泛函 ℓ 都自然诱导一个（符号）测度 ν. ℓ 的连续性保证了 ν 关于测度 μ 绝对连续，此时目标函数 g 是 ν 关于 μ 的密度函数.

我们先给出下面的引理.

引理 1.4.2 设 $1\leqslant p, q\leqslant\infty$ 是一对共轭数.

（ⅰ）若 $g\in L^q$，则 $\|g\|_{L^q}=\sup\limits_{\|f\|_{L^p}\leqslant 1}\left|\int fg\right|$.

（ⅱ）设 g 在所有测度有限的集合上都是可积的，并且

$$\sup_{\substack{\|f\|_{L^p}\leqslant 1\\ f\text{是简单函数}}}\left|\int fg\right|=M<\infty.$$

则 $g\in L^q$，并且 $\|g\|_{L^q}=M$.

为证明该引理，我们先回顾实数的**符号函数**：

$$\operatorname{sign}(x)=\begin{cases}1 & \text{若 } x>0,\\ -1 & \text{若 } x<0,\\ 0 & \text{若 } x=0.\end{cases}$$

证 先证（ⅰ）. 若 $g=0$，则结论显然成立. 所以设 g 不是几乎处处等于 0 的，因此 $\|g\|_{L^q}\neq 0$. 由 Hölder 不等式得到

$$\|g\|_{L^q}\geqslant\sup_{\|f\|_{L^p}\leqslant 1}\left|\int fg\right|.$$

为了证反向不等式，我们考虑下述几种情形.

· 若 $q=1$，$p=\infty$，取 $f(x)=\operatorname{sign}g(x)$. 则 $\|f\|_{L^\infty}=1$，并且很容易得到 $\int fg=\|g\|_{L^1}$.

· 若 $1<p, q<\infty$，取 $f(x)=|g(x)|^{q-1}\operatorname{sign}g(x)/\|g\|_{L^q}^{q-1}$. 因为 $p(q-1)=q$，则 $\|f\|_{L^p}^p=\int|g(x)|^{p(q-1)}\mathrm{d}\mu/\|g\|_{L^q}^{p(q-1)}=1$，且有 $\int fg=\|g\|_{L^q}$.

· 若 $q=\infty$，$p=1$，设 $\varepsilon>0$，由 μ 的 σ-有限性可知，存在有限正测度集合 F，再令 $E=F\cap\{x\in X: |g(x)|\geqslant\|g\|_{L^\infty}-\varepsilon\}$，则由 $\|g\|_{L^\infty}$ 的定义可知 E 有有限正测度. 如果取 $f(x)=\chi_E(x)\operatorname{sign}g(x)/\mu(E)$，其中 χ_E 是集合 E 的特征函数，则 $\|f\|_{L^1}=1$ 且

$$\left|\int fg\right|=\frac{1}{\mu(E)}\int_E|g|\geqslant\|g\|_\infty-\varepsilon.$$

这就完成了(i)的证明.

为证明(ii),注意到[3]存在一个简单函数序列$\{g_n\}$,使得对每个x,$g_n(x)\to g(x)$,且$|g_n(x)|\leqslant|g(x)|$. 当$p>1$(则$q<\infty$)时,令$f_n(x)=|g_n(x)|^{q-1}\operatorname{sign}g(x)/\|g_n\|_{L^q}^{q-1}$. 则$\|f_n\|_{L^p}=1$. 又

$$\int f_n g\geqslant\frac{\int|g_n(x)|^q}{\|g_n\|_{L^q}^{q-1}}=\|g_n\|_{L^q},$$

所以$\|g_n\|_{L^q}\leqslant M$.由 Fatou 引理可知$\int|g|^q\leqslant M^q$,所以$g\in L^q$,并且$\|g\|_{L^q}\leqslant M$. $\|g\|_{L^q}\geqslant M$ 可由 Hölder 不等式得到.

$p=1$时的证明过程与上面类似,只需取$f_n(x)=(\operatorname{sign}g(x))\chi_{E_n}(x)$,其中$E_n$是一列单调递增的测度有限的集合序列且$\bigcup_n E_n=X$. 具体细节留给读者自己完成. □

下面证明定理 1.4.1. 首先假设底空间的测度有限. 对于L^p上任一给定的泛函ℓ,定义集函数ν:

$$\nu(E)=\ell(\chi_E),$$

其中,E是任一可测集. 由于χ_E在L^p中,所以该定义是合理的. 因为$\|\chi_E\|_{L^p}=(\mu(E))^{1/p}$,所以

$$|\nu(E)|\leqslant c(\mu(E))^{1/p},\tag{1.6}$$

其中,c是线性泛函ℓ的范数.

ℓ的线性性给出了ν的有限可加性. 进一步地,若$\{E_n\}$是两两不相交的可测集序列,并令$E=\bigcup_{n=1}^{\infty}E_n$,$E_N^*=\bigcup_{n=N+1}^{\infty}E_n$,则显然有

$$\chi_E=\chi_{E_N^*}+\sum_{n=1}^{N}\chi_{E_n}.$$

因此,$\nu(E)=\nu(E_N^*)+\sum_{n=1}^{N}\nu(E_n)$. 由于$p<\infty$,所以由式(1.6)可知,当$N\to\infty$时,$\nu(E_N^*)\to 0$. 从而$\nu$是可列可加的. 且式(1.6)蕴含着$\nu$关于$\mu$是绝对连续的.

现在应用关于绝对连续测度的 Lebesgue-Radon-Nykodim 定理这一重要结论(见《实分析》第 6 章定理 4.3),即存在可积函数g,使得对任意可测集E均有$\nu(E)=\int_E g\,\mathrm{d}\mu$. 从而$\ell(\chi_E)=\int\chi_E g\,\mathrm{d}\mu$. 因此$\ell(f)=\int fg\,\mathrm{d}\mu$对简单函数$f$都成立,继而通过取极限可知,$\ell(f)=\int fg\,\mathrm{d}\mu$对所有$f\in L^p$都成立,这是因为简单函数全体在$L^p$($1\leqslant p<\infty$)中稠密.(见习题 6.)另外,由引理 1.4.2 可得

3 可参考《实分析》第 6 章第 2 节.

$\| g \|_{L^q} = \| \ell \|$.

为了得到一般情形，用一列单调递增的测度有限的集合$\{E_n\}$来覆盖 X，即 $X = \bigcup_{n=1}^{\infty} E_n$. 根据上述讨论可知，对每个 n，存在一个 E_n 上的可积函数 g_n（可以设 g_n 在 E_n^c 上为 0)，使得当 f 的支撑在 E_n 中且 $f \in L^p$ 时，有

$$\ell(f) = \int f g_n \mathrm{d}\mu. \tag{1.7}$$

此外，由引理的结论（ⅱ）可得 $\| g_n \|_{L^q} \leqslant \| \ell \|$.

由式（1.7）易知，在 E_m 上，当 $n \geqslant m$ 时 $g_n = g_m$ a. e. 因此，对几乎每个 x，$\lim_{n\to\infty} g_n(x) = g(x)$存在，并根据 Fatou 引理有 $\| g \|_{L^q} \leqslant \| \ell \|$. 因此对支撑在 E_n 中的每个函数 $f \in L^p$，有 $\ell(f) = \int fg\,\mathrm{d}\mu$. 从而通过简单的极限运算可知，$\ell(f) = \int fg\,\mathrm{d}\mu$ 对所有 $f \in L^p$ 也成立. $\| \ell \| \leqslant \| g \|_{L^q}$已经隐含在 Hölder 不等式中，因此定理证明完毕.

1.5 线性泛函的进一步讨论

首先研究线性泛函的几何性质. 这也包含了凸性的一些基本思想.

1.5.1 凸集的分离性

虽然我们关注的是 Banach 空间，但是我们仍然从实向量空间 V 开始. 为此，可以定义下面的概念.

首先，定义**真超平面**为 V 上一个非零的线性泛函的零点集构成的线性子空间. 即它是 V 的一个真的极大线性子空间：它和其外的一点张成全空间 V. 与之关联的是**仿射超平面**（简单起见，常称之为**超平面**)，其定义为一个真超平面的平移. 换言之，H 是一个超平面当且仅当存在一个非零的线性泛函 ℓ 和一个实数 a，使得

$$H = \{v \in V : \ell(v) = a\}.$$

另一个相关联的概念是凸集. 称子集 $K \subset V$ 是**凸集**，如果对任意的 v_0，$v_1 \in K$，都有

$$\{v(t) = (1-t)v_0 + tv_1 : 0 \leqslant t \leqslant 1\} \subset K. \tag{1.8}$$

下述原理具有很强的启发性：

如果 K 是一个凸集，$v_0 \notin K$，则 K 和 v_0 可以被一个超平面分离.

这一原理如图 1 所示.

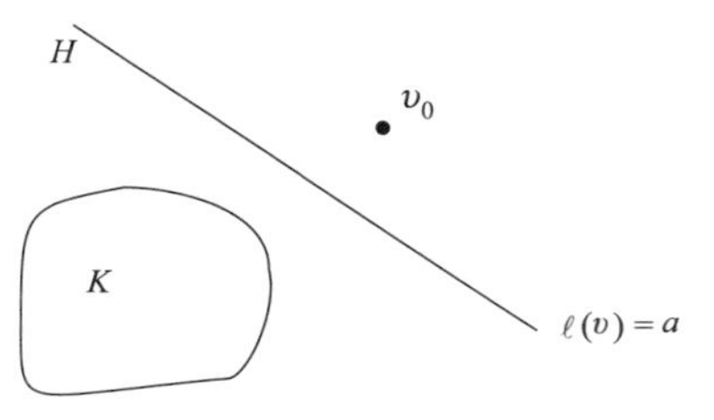

图 1 凸集和一点的分离性

即存在一个非零的线性泛函 ℓ 和一个实数 a，使得

$$\ell(v_0) \geqslant a, \text{而 } \ell(v) < a, \forall v \in K.$$

为了说明该原理的本质，我们先证明下面的特殊情形.（也见 1.5.2 节.）

命题 1.5.1 若 $V=\mathbb{R}^d$ 且 K 是其开凸子集，则 K 和 $V\setminus K$ 中的点可由某个超平面分离.

证 不妨设 K 是非空的. 并且可以进一步假设（如果有必要，则需通过适当平移）$0\in K$. 我们的构造将依赖于 K 的 Minkowski 泛函 p：

$$p(v)=\inf_{r>0}\{r: v/r\in K\}.$$

因为原点是 K 的内点，所以对每个 $v\in\mathbb{R}^d$ 都存在 $r>0$，使得 $v/r\in K$. 因此 $p(v)$ 的定义是合理的.

图 2 给出了在一个特殊情形下的 Minkowski 泛函的例子，设 $V=\mathbb{R}$，且 $K=(a,b)$是一个包含原点的开区间.

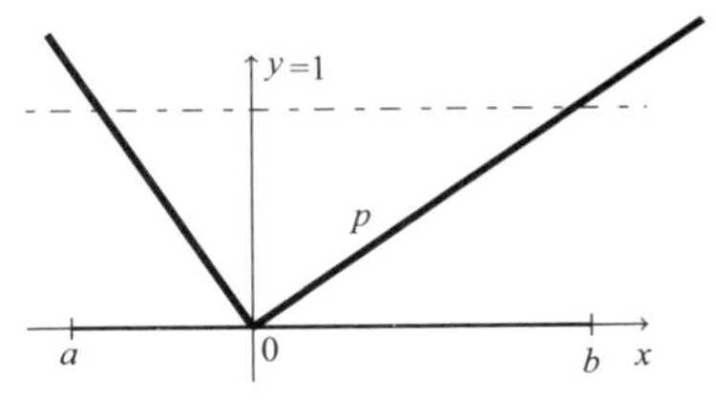

图 2　$\mathbb{R}$ 中区间 (a,b) 的 Minkowski 泛函

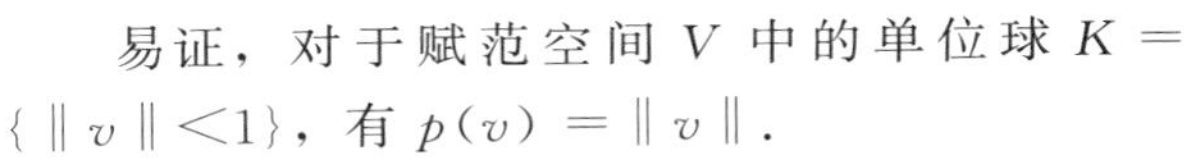

易证，对于赋范空间 V 中的单位球 $K=\{\|v\|<1\}$，有 $p(v)=\|v\|$.

一般地，K 的 Minkowski 泛函 p 完全刻画 K：

$$p(v)<1 \text{ 当且仅当 } v\in K. \tag{1.9}$$

此外 p 有重要的次线性性质：

$$\begin{cases} p(av)=ap(v), & \text{若 } a\geqslant 0, \text{且 } v\in V. \\ p(v_1+v_2)\leqslant p(v_1)+p(v_2), & \text{若 } v_1,v_2\in V. \end{cases} \tag{1.10}$$

事实上，对于 $v\in K$，由于 K 是开集，所以存在 $\varepsilon>0$ 使得 $v/(1-\varepsilon)\in K$，因此 $p(v)<1$. 反之，如果 $p(v)<1$，则存在 $0<\varepsilon<1$ 和 $v'\in K$ 使得 $v=(1-\varepsilon)v'$. 由于 $v=(1-\varepsilon)v'+\varepsilon\cdot 0$，$0\in K$，并且 K 是凸集，所以 $v\in K$.

由 K 的凸性可知，当 v_1/r_1 和 v_2/r_2 都属于 K 时，$(v_1+v_2)/(r_1+r_2)\in K$，从而式（1.10）得证.

为了完成命题 1.5.1 的证明，只需找到一个线性泛函 ℓ，使得

$$\ell(v_0)=1,\quad \ell(v)\leqslant p(v),\quad v\in\mathbb{R}^d. \tag{1.11}$$

这是因为由式（1.9）可知对任意的 $v\in K$ 均有 $\ell(v)<1$. 我们来逐步构造 ℓ.

首先，因为 $\ell(bv_0)=b\ell(v_0)=b, b\in\mathbb{R}$，这与式（1.11）一致，所以 ℓ 在 v_0 张成的一维子空间 $V_0=\{\mathbb{R}v_0\}$上是确定的. 事实上，当 $b\geqslant 0$ 时，由式（1.9）和式（1.10）可知，$p(bv_0)=bp(v_0)\geqslant b\ell(v_0)=\ell(bv_0)$；当 $b<0$ 时，式（1.11）显然成立.

其次，选择与 v_0 线性无关的任一向量 v_1，并把 ℓ 延拓到由 v_0 和 v_1 张成的子空间 V_1 上. 因此必须适当定义 $\ell(v_1)$ 使其满足式（1.11）：

$$a\ell(v_1)+b=\ell(av_1+bv_0)\leqslant p(av_1+bv_0), \forall a,b\in\mathbb{R}.$$

令 $a=1$ 和 $bv_0=w$ 可得

$$\ell(v_1)+\ell(w)\leqslant p(v_1+w),\quad \forall w\in V_0;$$

令 $a=-1$ 可得

$$-\ell(v_1)+\ell(w')\leqslant p(-v_1+w'),\quad \forall w'\in V_0.$$

即对任意的 w，$w'\in V_0$，$\ell(v_1)$ 必须满足：

$$-p(-v_1+w')+\ell(w')\leqslant \ell(v_1)\leqslant p(v_1+w)-\ell(w). \tag{1.12}$$

根据式（1.11）在 V_0 上成立和 p 的次线性性可得 $\ell(w)+\ell(w')\leqslant p(w+w')\leqslant p(-v_1+w')+p(v_1+w)$，所以 $-p(-v_1+w')+\ell(w')\leqslant p(v_1+w)-\ell(w)$. 因此可以定义 $\ell(v_1)$ 使得式（1.12）成立，并将 ℓ 延拓到 V_1 上. 类似地，用归纳法可以把 ℓ 延拓到全空间 $\mathbb{R}^d$ 上. □

上面的论断可以推广到一般情形，即下述关于线性泛函的重要定理.

1.5.2 Hahn-Banach 定理

现在，考虑一般的实向量空间 V 上的情形，并假设 V 上的一个实值函数 p 满足次线性性质（1.10）. 但是，与上述特例中的 Minkowski 泛函不同的是，p 不一定是非负的. 事实上，在后面的应用中，某些 p 可能需要取负值.

定理 1.5.2　设 V_0 是 V 的一个线性子空间，并设 V_0 上的一个线性泛函 ℓ_0 满足：

$$\ell_0(v)\leqslant p(v),\quad \forall v\in V_0.$$

则 ℓ_0 可以延拓为 V 上的线性泛函 ℓ，且

$$\ell(v)\leqslant p(v),\quad \forall v\in V.$$

证　不妨设 $V_0\neq V$，$v_1\notin V_0$. 与命题 1.5.1 类似，首先将 ℓ_0 延拓到 V_0 和 v_1 张成的子空间 V_1 上. 对任意的 w，$w'\in V_0$，由 $\ell_0(w')+\ell_0(w)\leqslant p(w'+w)$，以及 p 的次线性性可知

$$-p(-v_1+w')+\ell_0(w')\leqslant p(v_1+w)-\ell_0(w),$$

所以可以适当地取 $\ell_1(v_1)$ 的值，给出 ℓ_0 从 V_0 到 V_1 的延拓，使得

$$-p(-v_1+w')+\ell_0(w')\leqslant \ell_1(v_1)\leqslant p(v_1+w)-\ell_0(w),$$

进一步地，可以由 $\ell_1(\alpha v_1+w)=\alpha\ell_1(v_1)+\ell_0(w)$，$w\in V_0$，$\alpha\in\mathbb{R}$ 定义 ℓ_0 的延拓 ℓ_1，且

$$\ell_1(v)\leqslant p(v),\quad v\in V_1.$$

采用归纳法逐步地将 ℓ_0 延拓到整个 V 上. 这里的归纳步骤必须是超限的. 把 $V\setminus V_0$ 中的元素良序化，并用 $<$ 表示此序. 在这些向量中，称向量 v 是“可延拓的”，若线性泛函 ℓ_0 可以延拓到由 V_0，v 和所有 $<v$ 的向量所张成的子空间上. 现在证明，$V\setminus V_0$ 中的所有向量都是可延拓的. 事实上，若不然，则根据定义可知，存在最小不可延拓的 v_1. 若 V_0' 是 V_0 和 $<v_1$ 的所有向量张成的空间，则由假设可知，ℓ_0 可以延拓到 V_0' 上. 但是，在上一段讨论中，若用 V_0' 代替 V_0，可以把 ℓ_0 延拓到 V_0' 和 v_1 张成的子空间上，这就得到了矛盾. 从而定理得证. □

1.5.3 一些推论

Hahn-Banach 定理在 Banach 空间情形下有几个直接的推论. 正如 1.3.2 节中

所定义的，$\mathcal{B}^*$ 表示 Banach 空间 $\mathcal{B}$ 的对偶空间，即 $\mathcal{B}$ 上所有连续线性泛函构成的空间.

命题 1.5.3 设 $f_0\in\mathcal{B}$，且 $\|f_0\|=M$. 则存在 $\mathcal{B}$ 上的一个连续线性泛函 ℓ，使得 $\ell(f_0)=M$，且 $\|\ell\|_{\mathcal{B}^*}=1$.

证 在一维子空间$\{\alpha f_0\}_{\alpha\in\mathbb{R}}$上定义 ℓ_0：$\ell_0(\alpha f_0)=\alpha M$，$\forall\alpha\in\mathbb{R}$. 注意到函数 $p(f)=\|f\|\,(f\in\mathcal{B})$满足次线性性质（1.10），并且

$$|\ell_0(\alpha f_0)|=|\alpha|M=|\alpha|\,\|f_0\|=p(\alpha f_0),$$

所以在此子空间上有 $\ell_0(f)\leqslant p(f)$. 再由延拓定理可知，ℓ_0 可以延拓成 $\mathcal{B}$ 上的线性泛函 ℓ，且 $\ell(f)\leqslant p(f)=\|f\|$，$\forall f\in\mathcal{B}$. 用$-f$ 代替 f 可得$|\ell(f)|\leqslant\|f\|$，因此 $\|\ell\|_{\mathcal{B}^*}\leqslant 1$. 由 $\ell(f_0)=\|f_0\|$ 可知 $\|\ell\|_{\mathcal{B}^*}\geqslant 1$，从而命题得证. □

Hahn-Banach 定理的另一个应用是有界线性算子的共轭. 设 $\mathcal{B}_1$，$\mathcal{B}_2$ 是两个 Banach 空间，并设 T 是从 $\mathcal{B}_1$ 到 $\mathcal{B}_2$ 的有界线性算子，即 T 映 $\mathcal{B}_1$ 到 $\mathcal{B}_2$；$T(\alpha f_1+\beta f_2)=\alpha T(f_1)+\beta T(f_2)$，$\forall f_1,f_2\in\mathcal{B}$，$\alpha,\beta\in\mathbb{R}$；且存在 M 使得 $\|T(f)\|_{\mathcal{B}_2}\leqslant M\|f\|_{\mathcal{B}_1}$，$\forall f\in\mathcal{B}_1$. 使此不等式成立的最小的 M 称为 T 的范数，并记为 $\|T\|$.

由于一个线性算子通常定义在一个稠密子空间上，因此下面的命题显得尤为重要.

命题 1.5.4 设 $\mathcal{B}_1$，$\mathcal{B}_2$ 是两个 Banach 空间，并设 $\mathcal{S}\subset\mathcal{B}_1$ 是 $\mathcal{B}_1$ 的一个稠密的线性子空间. 若从 $\mathcal{S}$ 到 $\mathcal{B}_2$ 的一个线性算子 T_0 满足 $\|T_0(f)\|_{\mathcal{B}_2}\leqslant M\|f\|_{\mathcal{B}_1}$，$\forall f\in\mathcal{S}$，则 T_0 可唯一延拓为 $\mathcal{B}_1$ 上的算子 T，且 $\|T(f)\|_{\mathcal{B}_2}\leqslant M\|f\|_{\mathcal{B}_1}$，$\forall f\in\mathcal{B}_1$.

证 对任意的 $f\in\mathcal{B}_1$，令$\{f_n\}$ 是 $\mathcal{S}$ 中的一个收敛于 f 的序列. 由 $\|T_0(f_n)-T_0(f_m)\|_{\mathcal{B}_2}\leqslant M\|f_n-f_m\|_{\mathcal{B}_1}$ 可知，$\{T_0(f_n)\}$是 $\mathcal{B}_2$ 中的一个 Cauchy 列. 因此$\{T_0(f_n)\}$收敛，并记其极限为 $T(f)$. 易见 $T(f)$ 的定义与序列$\{f_n\}$的选取无关，并且算子 T 即为所求. □

现在讨论线性算子的共轭. 从 Banach 空间 $\mathcal{B}_1$ 到 $\mathcal{B}_2$ 的一个线性算子 T 诱导了一个**共轭算子** T^*：$\mathcal{B}_2^*\to\mathcal{B}_1^*$，即对于 $\ell_2\in\mathcal{B}_2^*$（即 $\mathcal{B}_2$ 上的连续线性泛函），$\ell_1=T^*(\ell_2)\in\mathcal{B}_1^*$ 定义为 $\ell_1(f_1)=\ell_2(T(f_1))$，$\forall f_1\in\mathcal{B}_1$. 换言之，

$$T^*(\ell_2)(f_1)=\ell_2(T(f_1))\quad\forall f_1\in\mathcal{B}_1. \tag{1.13}$$

定理 1.5.5 由式（1.13）定义的算子 T^*：$\mathcal{B}_2^*\to\mathcal{B}_1^*$ 是有界线性的，且 $\|T\|=\|T^*\|$.

证 因为对任意的 $\|f_1\|_{\mathcal{B}_1}\leqslant 1$，有

$$|\ell_1(f_1)|=|\ell_2(T(f_1))|\leqslant\|\ell_2\|\|T(f_1)\|_{\mathcal{B}_2}\leqslant\|\ell_2\|\|T\|,$$

所以映射 $\ell_2\mapsto T^*(\ell_2)=\ell_1$ 的范数小于等于 $\|T\|$.

为证反向不等式，对任意 $\varepsilon>0$，取 $f_1\in\mathcal{B}_1$，使得 $\|f_1\|_{\mathcal{B}_1}=1$，且 $\|T(f_1)\|_{\mathcal{B}_2}\geqslant\|T\|-\varepsilon$. 由于 $f_2=T(f_1)\in\mathcal{B}_2$，所以根据命题 1.5.3（$\mathcal{B}=\mathcal{B}_2$）可知，存在 $\ell_2\in\mathcal{B}_2^*$ 使得 $\|\ell_2\|_{\mathcal{B}_2^*}=1$，但是 $\ell_2(f_2)\geqslant\|T\|-\varepsilon$. 从而由式（1.13）可知 $T^*(\ell_2)(f_1)\geqslant\|T\|-\varepsilon$，又因为 $\|f_1\|_{\mathcal{B}_1}=1$，所以 $\|T^*(\ell_2)\|_{\mathcal{B}_1^*}\geqslant\|T\|-\varepsilon$. 因此对任意的 $\varepsilon>0$，有 $\|T^*\|\geqslant\|T\|-\varepsilon$，故定理得证. □

Hahn-Banach 定理的另一个直接应用：L^1 通常不是 L^∞ 的对偶空间（与定理 1.4.1 中 $1\leqslant p<\infty$ 的情形不同).

首先，对任意的 $g\in L^1$，线性泛函 $f\mapsto\ell(f)$：

$$\ell(f)=\int fg\,\mathrm{d}\mu, \tag{1.14}$$

在 L^∞ 上有界，且其范数 $\|\ell\|_{(L^\infty)^*}=\|g\|_{L^1}$.由此，可将 L^1 看作 $(L^\infty)^*$ 的子空间，并将 g 的 L^1 范数作为其诱导的线性泛函的范数. 但是，可以构造出 L^∞ 上的一个连续线性泛函，它不是式（1.14）这种形式. 为简单起见，考虑空间$\mathbb{R}$，其测度是 Lebesgue 测度.

记 $\mathcal{C}$ 为 $L^\infty(\mathbb{R})$ 中有界连续函数组成的子空间，并定义 $\mathcal{C}$ 上的线性函数 ℓ_0（Dirac delta 函数）为

$$\ell_0(f)=f(0),f\in\mathcal{C}.$$

易见 $|\ell_0(f)|\leqslant\|f\|_{L^\infty}$，$f\in\mathcal{C}$. 再令 $p(f)=\|f\|_{L^\infty}$，从而由延拓定理可知，ℓ_0 可延拓为 L^∞ 上的线性泛函 ℓ，使得 $|\ell(f)|\leqslant\|f\|_{L^\infty}$，$\forall f\in L^\infty$.

现在设存在 $g\in L^1$ 使得 ℓ 可由式（1.14）得到. 因为对任意的在原点消失的连续阶梯函数 f，有 $\ell(f)=\ell_0(f)=0$，所以 $\int fg\,\mathrm{d}x=0$；通过取极限可知，对任意不包含原点的区间，进而对任意的区间 I，均有 $\int_I g\,\mathrm{d}x=0$. 因此不定积分 $G(y)=\int_0^y g(x)\,\mathrm{d}x$ 恒等于 0，从而由微分定理可知 $G'=g=0$.[4] 这就给出了矛盾，因此线性泛函 ℓ 不可能由式（1.14）给出.

1.5.4　测度问题

现在考虑 Hahn-Banach 定理的另一个不同类型的应用，即给出了一个重要的结论来回答有关"测度"的一个基本问题. 该结论断言，存在一个定义在$\mathbb{R}^d$ 的所有子集上的有限可加[5] 的测度，使得该测度在可测集上与 Lebesgue 测度一致，并且是平移不变的. 下述定理给出了一维情形的具体描述.

定理 1.5.6　存在一个定义在$\mathbb{R}$ 的所有子集上的广义非负函数 $\hat{m}$ 满足：

（i）$\hat{m}(E_1\cup E_2)=\hat{m}(E_1)+\hat{m}(E_2)$，其中 E_1 和 E_2 是$\mathbb{R}$ 中互不相交的

4　参考《实分析》第 3 章定理 3.11.

5　"有限可加"是关键的.

子集；

（ⅱ）$\hat{m}(E)=m(E)$，其中 E 是关于 Lebesgue 测度 m 可测的子集；

（ⅲ）对每个子集 E 和实数 h 均有 $\hat{m}(E+h)=\hat{m}(E)$.

由（ⅰ）可知 $\hat{m}$ 是有限可加的；然而由不可测集的存在性证明可知 $\hat{m}$ 不可能是可数可加的.（见《实分析》第 1 章第 3 节.）

定理 1.5.6 是有关 Lebesgue 积分延拓定理的推论.代替$\mathbb{R}$，考虑同胚于 $(0,1]$ 的圆$\mathbb{R}/\mathbb{Z}$. 因此$\mathbb{R}/\mathbb{Z}$上的函数可看作 $(0,1]$ 上的函数，并将其延拓成$\mathbb{R}$上的以 1 为周期的周期函数. 同样，$\mathbb{R}$上的平移诱导出$\mathbb{R}/\mathbb{Z}$上相应的平移. 现在断言，存在定义在$\mathbb{R}/\mathbb{Z}$上的所有有界函数上的广义积分（“Banach 积分”）.

定理 1.5.7 存在一个定义在$\mathbb{R}/\mathbb{Z}$上所有有界函数上的线性泛函 $f\mapsto I(f)$ 满足：

(a) 若 $f(x)\geqslant 0$，$\forall x$，则 $I(f)\geqslant 0$；

(b) $I(\alpha f_1+\beta f_2)=\alpha I(f_1)+\beta I(f_2)$，$\forall \alpha,\beta\in\mathbb{R}$；

(c) 若 f 可测，则 $I(f)=\int_0^1 f(x)\mathrm{d}x$；

(d) $I(f_h)=I(f)$，其中 $f_h(x)=f(x-h)$，$h\in\mathbb{R}$.

(c) 的右边表示通常的 Lebesgue 积分.

证 记 V 为$\mathbb{R}/\mathbb{Z}$上所有（实值）有界函数组成的向量空间，并记 V_0 是 V 中可测函数构成的子空间. 设 I_0 是 V_0 上由 Lebesgue 积分给出的线性泛函，即 $I_0(f)=\int_0^1 f(x)\mathrm{d}x, f\in V_0$. 下面构造 V 上的次线性函数 p 使得

$$I_0(f)\leqslant p(f),\quad \forall f\in V_0.$$

Banach 给出的巧妙构造如下：令 $A=\{a_1,\cdots,a_N\}$表示任意 N 个实数的集合，且其基数记为 $\# A=N$. 对任给的 A，记 $M_A(f)$为实数

$$M_A(f)=\sup_{x\in\mathbf{R}}\left(\frac{1}{N}\sum_{j=1}^{N}f(x+a_j)\right),$$

并令

$$p(f)=\inf_A\{M_A(f)\},$$

其中下确界是在所有有限集 A 上取的.

由 f 的有界性易知，$p(f)$ 的定义是合理的；且 $p(cf)=cp(f)$，$\forall c\geqslant 0$. 为证明 $p(f_1+f_2)\leqslant p(f_1)+p(f_2)$，对任给的 $\varepsilon>0$，选取有限集 A 和 B 使得

$$M_A(f_1)\leqslant p(f_1)+\varepsilon,\quad M_B(f_2)\leqslant p(f_2)+\varepsilon.$$

令 $C=\{a_i+b_j\}_{1\leqslant i\leqslant N_1,1\leqslant j\leqslant N_2}$，其中 $N_1=\#(A)$，$N_2=\#(B)$. 显然有

$$M_C(f_1+f_2)\leqslant M_C(f_1)+M_C(f_2).$$

此外，注意到 $M_A(f)=M_{A'}(f')$，其中 $f'=f_h$ 是 f 的一个平移，且 $A'=A+h$. 并且易证

$$M_C(f_1)\leqslant M_A(f_1),\quad M_C(f_2)\leqslant M_B(f_2).$$

因此

$$p(f_1+f_2)\leqslant M_C(f_1+f_2)\leqslant M_A(f_1)+M_B(f_2)\leqslant p(f_1)+p(f_2)+2\varepsilon.$$

再令 $\varepsilon\to 0$ 即证 p 的次线性性.

若 f 是 Lebesgue 可测的（由于 f 是有界的因而也是可积的），则对每个 A，

$$I_0(f)=\frac{1}{N}\int_0^1\Big(\sum_{j=1}^N f(x+a_j)\Big)\mathrm{d}x\leqslant\int_0^1 M_A(f)\mathrm{d}x=M_A(f),$$

从而 $I_0(f)\leqslant p(f)$. 由定理 1.5.2 知，I_0 可延拓为 V 上的线性泛函 I. 另外，由定义易知，当 $f\leqslant 0$ 时，$p(f)\leqslant 0$. 由此即知，当 $f\leqslant 0$ 时，$I(f)\leqslant 0$. 再用 $-f$ 代替 f 即可得到 (a).

注意到，对任意的实数 h，有

$$p(f-f_h)\leqslant 0. \tag{1.15}$$

事实上，对任给的 h 和 N，定义集合 $A_N=\{h,2h,3h,\cdots,Nh\}$，则

$$M_{A_N}(f-f_h)=\sup_{x\in\mathbb{R}}\Big(\frac{1}{N}\sum_{j=1}^N(f(x+jh)-f(x+(j-1)h))\Big),$$

从而 $|M_{A_N}(f-f_h)|\leqslant 2M/N$，其中 M 是 $|f|$ 的上界. 因为当 $N\to\infty$ 时 $p(f-f_h)\leqslant M_{A_N}(f-f_h)\to 0$，所以式 (1.15) 成立. 因此对任意的 f 和 h 均有 $I(f-f_h)\leqslant 0$. 然而，若用 f_h 代替 f，且在 A_N 的定义中用 $-h$ 代替 h，则有 $I(f_h-f)\leqslant 0$. 从而 (d) 成立，进而定理 1.5.7 得证. □

下述推论显然成立.

推论 1.5.8　存在一个定义在 $\mathbb{R}/\mathbb{Z}$ 中所有子集上的非负函数 $\hat{m}$ 满足：

(ⅰ) $\hat{m}(E_1\cup E_2)=\hat{m}(E_1)+\hat{m}(E_2)$，其中 E_1 和 E_2 是 $\mathbb{R}/\mathbb{Z}$ 中互不相交的子集；

(ⅱ) $\hat{m}(E)=m(E)$，其中 E 是关于 Lebesgue 测度 m 可测的子集；

(ⅲ) 对每个子集 E 和实数 h 均有 $\hat{m}(E+h)=\hat{m}(E)$.

只需令 $\hat{m}(E)=I(\chi_E)$，其中 I 是定理 1.5.7 中定义的，且 χ_E 是 E 的特征函数.

现在证明定理 1.5.6. 令 $\mathcal{I}_j=(j,j+1]$，$j\in\mathbb{Z}$，则 $\mathbb{R}$ 可分划为互不相交子集的并 $\bigcup\limits_{j=-\infty}^{\infty}\mathcal{I}_j$.

为了阐述清晰，暂时记 $\hat{m}_0$ 为由推论 1.5.8 所给出的 $(0,1]=\mathcal{I}_0$ 上的测度 $\hat{m}$. 于是当 $E\subset\mathcal{I}_0$ 时，定义 $\hat{m}(E)=\hat{m}_0(E)$. 更一般地，若 $E\subset\mathcal{I}_j$，令 $\hat{m}(E)=\hat{m}_0(E-j)$.

从而对任意的集合 E，定义

$$\hat{m}(E)=\sum_{j=-\infty}^{\infty}\hat{m}(E\cap\mathcal{I}_j)=\sum_{j=-\infty}^{\infty}\hat{m}_0((E\cap\mathcal{I}_j)-j). \tag{1.16}$$

因此 $\hat{m}(E)$ 是一个取广义值的非负集函数. 注意到对于不相交的集合 E_1 和 E_2，

$(E_1\cap\mathcal{I}_j)-j$ 和 $(E_2\cap\mathcal{I}_j)-j$ 也不相交，从而 $\hat{m}(E_1\cup E_2)=\hat{m}(E_1)+\hat{m}(E_2)$. 此外，若 E 可测，则 $\hat{m}(E\cap\mathcal{I}_j)=m(E\cap\mathcal{I}_j)$，进而有 $\hat{m}(E)=m(E)$.

为证明 $\hat{m}(E+h)=\hat{m}(E)$，首先设 $h=k\in\mathbb{Z}$. 因为 $((E+k)\cap\mathcal{I}_{j+k})-(j+k)=(E\cap\mathcal{I}_j)-j$，$\forall j,k\in\mathbb{Z}$，所以由定义 (1.16) 立即得到 $\hat{m}(E+h)=\hat{m}(E)$.

下面设 $0<h<1$，并分解 $E\cap\mathcal{I}_j=E'_j\cup E''_j$，其中 $E'_j=E\cap(j,j+1-h]$，$E''_j=E\cap(j+1-h,j+1]$. 此分解的关键是 $E'_j+h\subset\mathcal{I}_j$，但 $E''_j+h\subset\mathcal{I}_{j+1}$. 总之，$E=\bigcup_j E'_j\cup\bigcup_j E''_j$ 是互不相交集合的并.

因此由可加性(i)和式 (1.16) 得到

$$\hat{m}(E)=\sum_{j=-\infty}^{\infty}(\hat{m}(E'_j)+\hat{m}(E''_j)).$$

类似地，

$$\hat{m}(E+h)=\sum_{j=-\infty}^{\infty}(\hat{m}(E'_j+h)+\hat{m}(E''_j+h)).$$

由于 E'_j 和 E'_j+h 都包含于 $\mathcal{I}_j$，所以根据 $\hat{m}_0$ 的平移不变性和 $\hat{m}$ 在 $\mathcal{I}_j$ 中子集上的定义可得 $\hat{m}(E'_j)=\hat{m}(E'_j+h)$. 类似地，由 $E''_j\subset\mathcal{I}_j$ 和 $E''_j+h\subset\mathcal{I}_{j+1}$ 可知，$\hat{m}(E''_j)=\hat{m}(E''_j+h)$.因此 $\hat{m}(E)=\hat{m}(E+h)$，$0<h<1$. 结合已证的关于 $\mathbb{Z}$ 的平移不变性可知，定理 1.5.6 中的结论（iii）对任意的 $h\in\mathbb{R}$ 均成立，至此定理证毕.

关于 $\mathbb{R}^d$ 上 Lebesgue 测度的延拓定理及其相关结论，参考习题 36、问题 8* 和问题 9*.

1.6 复 L^p 空间和 Banach 空间

我们从 1.3.2 节一直假设 L^p 空间和 Banach 空间都是实的. 然而，复空间上的相应结论及其证明在多数情况下都只是对实空间的常规修改. 尽管如此，但是还需要特别说明几处修改. 首先，关于 Hölder 不等式（引理 1.4.2）反方向的证明中，f 应该定义为

$$f(x)=|g(x)|^{q-1}\frac{\overline{\operatorname{sign} g(x)}}{\|g\|_{L^q}^{q-1}},$$

其中"sign"是复数的符号函数，即当 $z\neq0$ 时，$\operatorname{sign}z=z/|z|$；$\operatorname{sign}0=0$. 类似地，在其后 f_n 的定义中用 g_n 代替 g.

其次，复空间上也有相应的 Hahn-Banach 定理（只需在 1.5.2 节中应用 $p(f)=\|f\|$），可参考习题 33.

1.7 附录：$C(X)$ 的对偶空间

在本附录中，我们刻画 X 上实值连续函数构成的空间 $C(X)$ 上的有界线性泛

函. 首先，假设 X 是一个紧度量空间. 主要的结果断言对任意的 $\ell\in C(X)^*$，都存在一个有限的 Borel 符号测度 μ（有时也称为 Radon 测度）使得

$$\ell(f)=\int_X f(x)\mathrm{d}\mu(x),\quad \forall f\in C(X).$$

在证明该结论之前，先罗列一些基本事实和相关定义.

设度量空间 (X,d) 是紧的，即 X 的每个开覆盖都包含一个有限子覆盖. 记 $C(X)$ 为 X 上实值连续函数组成的向量空间，并赋以上确界范数

$$\|f\|=\sup_{x\in X}|f(x)|,\quad f\in C(X),$$

则 $(C(X),\|\cdot\|)$ 是实 Banach 空间. 并定义 X 上连续函数 f 的**支撑** $\mathrm{supp}(f)$ 为集合 $\{x\in X: f(x)\neq 0\}$ 的闭包.[6]

下面介绍所需的有关连续函数以及 X 中开集和闭集的相关结论.

（ⅰ）**分离性**. 若 A 和 B 是 X 中两个不相交的闭子集，则存在一个连续函数 f，使得 $f|_A=1$，$f|_B=0$，且在 $A\cup B$ 的余集上 $0<f<1$.

事实上，只需取

$$f(x)=\frac{d(x,B)}{d(x,A)+d(x,B)},$$

其中 $d(x,B)=\inf\limits_{y\in B}d(x,y)$，且对 $d(x,A)$ 有类似的定义.

（ⅱ）**单位分解**. 若紧集 K 被有限个开集 $\{\mathcal{O}_k\}_{k=1}^N$ 覆盖，则存在连续函数 η_k，$1\leqslant k\leqslant N$，使得 $0\leqslant\eta_k\leqslant 1$，$\mathrm{supp}(\eta_k)\subset\mathcal{O}_k$，并且 $\sum\limits_{k=1}^N\eta_k(x)=1$，$\forall x\in K$. 此外，对任意的 $x\in X$ 均有 $0\leqslant\sum\limits_{k=1}^N\eta_k(x)\leqslant 1$.

实际上，对每个 $x\in K$，都存在一个以 x 为中心的开球 $B(x)$ 和某个 i，使得 $\overline{B(x)}\subset\mathcal{O}_i$. 因为 $K\subset\bigcup\limits_{x\in K}B(x)$，所以存在有限子覆盖，如 $\bigcup\limits_{j=1}^M B(x_j)$. 对每个 $1\leqslant k\leqslant N$，令 U_k 是所有满足 $\overline{B(x_j)}\subset\mathcal{O}_k$ 的开球 $B(x_j)$ 的并；显然 $K\subset\bigcup\limits_{k=1}^N U_k$. 从而由（ⅰ）可知，存在连续函数 $0\leqslant\varphi_k\leqslant 1$，使得 $\varphi_k|_{\overline{U}_k}=1$ 且 $\mathrm{supp}(\varphi_k)\subset\mathcal{O}_k$. 若定义

$$\eta_1=\varphi_1,\eta_2=\varphi_2(1-\varphi_1),\cdots,\eta_N=\varphi_N(1-\varphi_1)\cdots(1-\varphi_{N-1}),$$

则 $\mathrm{supp}(\eta_k)\subset\mathcal{O}_k$ 且

$$\eta_1+\cdots+\eta_N=1-(1-\varphi_1)\cdots(1-\varphi_N),$$

故结论得证.

6　术语“支撑”是惯用法. 在《实分析》第 2 章中，为了方便，当处理可测函数时，使用“f 的支撑”表示 $f(x)\neq 0$ 的集合.

我们知道[7] X 上的 **Borel σ-代数 $\mathcal{B}_X$**，是包含 X 中开集的最小 σ-代数. $\mathcal{B}_X$ 中的元素称为 Borel 集，定义在 $\mathcal{B}_X$ 上的测度称为 **Borel 测度**. 若 Borel 测度 μ 是有限的，即 $\mu(X)<\infty$，则它满足下述"正则性"：对任意的 Borel 集 E 和 $\varepsilon>0$，存在开集 $\mathcal{O}$ 和闭集 F，使得 $E\subset\mathcal{O}$ 且 $\mu(\mathcal{O}-E)<\varepsilon$，同时 $F\subset E$ 且 $\mu(E-F)<\varepsilon$.

一般地，我们对 X 上的有限 Borel 符号测度（可以取负值）比较感兴趣. 若 μ 是符号测度，且 μ^+ 和 μ^- 分别表示 μ 的正部和负部，则 $\mu=\mu^+-\mu^-$，且关于 μ 的积分定义为 $\int f\mathrm{d}\mu=\int f\mathrm{d}\mu^+-\int f\mathrm{d}\mu^-$. 反之，对两个有限的 Borel 测度 μ_1 和 μ_2，$\mu=\mu_1-\mu_2$ 是有限的 Borel 符号测度，且 $\int f\mathrm{d}\mu=\int f\mathrm{d}\mu_1-\int f\mathrm{d}\mu_2$.

记 $M(X)$ 为 X 上有限的 Borel 符号测度全体. 显然，$M(X)$ 是一个向量空间，并可以赋以范数

$$\|\mu\|=|\mu|(X),$$

其中 $|\mu|$ 表示 μ 的全变差. 从而 $(M(X),\|\cdot\|)$ 是 Banach 空间.

1.7.1 正线性泛函

首先，我们只考虑正线性泛函 $\ell:C(X)\to\mathbb{R}$，即当 $f(x)\geqslant 0(\forall x\in X)$ 时，$\ell(f)\geqslant 0$. 显然，正线性泛函是有界的，且 $\|\ell\|=\ell(1)$. 事实上，由 $|f(x)|\leqslant\|f\|$ 可知，$\|f\|\pm f\geqslant 0$，进而 $|\ell(f)|\leqslant\ell(1)\|f\|$.

主要结论如下.

定理 1.7.1 设 X 是紧度量空间，ℓ 是 $C(X)$ 上的正线性泛函. 则存在唯一的有限的（正）Borel 测度 μ 使得

$$\ell(f)=\int_X f(x)\mathrm{d}\mu(x),\quad \forall f\in C(X). \tag{1.17}$$

证 测度 μ 的存在性证明如下. 在 X 中开集上，定义函数 ρ 为

$$\rho(\mathcal{O})=\sup\{\ell(f):\mathrm{supp}(f)\subset\mathcal{O},0\leqslant f\leqslant 1\},$$

并在 X 中所有子集上，定义函数 μ_* 为

$$\mu_*(E)=\inf\{\rho(\mathcal{O}):E\subset\mathcal{O}\text{ 且 }\mathcal{O}\text{ 是开集}\}.$$

我们断言 μ_* 在 X 上是可度量的外测度.

事实上，若 $E_1\subset E_2$，则易得 $\mu_*(E_1)\leqslant\mu_*(E_2)$. 此外，若 $\mathcal{O}$ 是开集，则 $\mu_*(\mathcal{O})=\rho(\mathcal{O})$. 为证明 μ_* 关于 X 的子集是次可数可加的，先证明 μ_* 在开集 $\{\mathcal{O}_k\}$ 上是次可加的，即

$$\mu_*\left(\bigcup_{k=1}^{\infty}\mathcal{O}_k\right)\leqslant\sum_{k=1}^{\infty}\mu_*(\mathcal{O}_k). \tag{1.18}$$

为此，设 $\{\mathcal{O}_k\}_{k=1}^{\infty}$ 是 X 的一列开子集，并设 $\mathcal{O}=\bigcup_{k=1}^{\infty}\mathcal{O}_k$. 若连续函数 f 满足 $\mathrm{supp}(f)\subset\mathcal{O}$ 和 $0\leqslant f\leqslant 1$，则由 $K=\mathrm{supp}(f)$ 的紧性可知，存在有限子覆盖 $K\subset\bigcup_{k=1}^{N}\mathcal{O}_k$（若有必要，可重新标注集 $\mathcal{O}_k$）. 令 $\{\eta_k\}_{k=1}^{N}$ 是 $\{\mathcal{O}_1,\cdots,\mathcal{O}_N\}$ 的单位分解（见(ii)），

---

[7] 本节中所需的测度论中的定义和结论，特别是在证明定理 1.7.1 中使用的预测度的延拓，可参考《实分析》第 6 章.

即每个 η_k 都连续，$0\leqslant\eta_k\leqslant 1$，$\operatorname{supp}(\eta_k)\subset\mathcal{O}_k$，且对任意的 $x\in K$，有 $\sum_{k=1}^{N}\eta_k(x)=1$. 由在开集上 $\mu_*=\rho$ 可得

$$\ell(f)=\sum_{k=1}^{N}\ell(f\eta_k)\leqslant\sum_{k=1}^{N}\mu_*(\mathcal{O}_k)\leqslant\sum_{k=1}^{\infty}\mu_*(\mathcal{O}_k),$$

其中第一个不等式成立是因为 $\operatorname{supp}(f\eta_k)\subset\mathcal{O}_k$ 和 $0\leqslant f\eta_k\leqslant 1$. 对 f 取上确界即得 $\mu_*(\bigcup_{k=1}^{\infty}\mathcal{O}_k)\leqslant\sum_{k=1}^{\infty}\mu_*(\mathcal{O}_k)$.

现在证明 μ_* 在所有集上是次可加的. 设 $\{E_k\}$ 是 X 的一列子集，并令 $\varepsilon>0$. 对每个 k，取开集 $\mathcal{O}_k$ 使得 $E_k\subset\mathcal{O}_k$ 和 $\mu_*(\mathcal{O}_k)\leqslant\mu_*(E_k)+\varepsilon 2^{-k}$. 因为 $\mathcal{O}=\bigcup\mathcal{O}_k$ 覆盖 $\bigcup E_k$，所以由式 (1.18) 可得

$$\mu_*(\bigcup E_k)\leqslant\mu_*(\mathcal{O})\leqslant\sum_k\mu_*(\mathcal{O}_k)\leqslant\sum_k\mu_*(E_k)+\varepsilon,$$

因此 $\mu_*(\bigcup E_k)\leqslant\sum_k\mu_*(E_k)$.

最后证明 μ_* 是可度量的，即若 $d(E_1,E_2)>0$，则 $\mu_*(E_1\cup E_2)=\mu_*(E_1)+\mu_*(E_2)$. 事实上，由分离性可知，存在两个互不相交的开集 $\mathcal{O}_1$ 和 $\mathcal{O}_2$ 使得 $E_1\subset\mathcal{O}_1$ 且 $E_2\subset\mathcal{O}_2$. 因此对任意包含 $E_1\cup E_2$ 的开集 $\mathcal{O}$，有 $\mathcal{O}\supset(\mathcal{O}\cap\mathcal{O}_1)\cup(\mathcal{O}\cap\mathcal{O}_2)$，其中的并是互不相交集合的并. 注意到 $E_1\subset(\mathcal{O}\cap\mathcal{O}_1)$ 和 $E_2\subset(\mathcal{O}\cap\mathcal{O}_2)$. 从而由 μ_* 在互不相交开集上的可加性和单调性可得

$$\mu_*(\mathcal{O})\geqslant\mu_*(\mathcal{O}\cap\mathcal{O}_1)+\mu_*(\mathcal{O}\cap\mathcal{O}_2)\geqslant\mu_*(E_1)+\mu_*(E_2).$$

故 $\mu_*(E_1\cup E_2)\geqslant\mu_*(E_1)+\mu_*(E_2)$，又因为反向不等式已证，因此 μ_* 是一个可度量的外测度.

根据《实分析》第 6 章定理 1.1 和定理 1.2 可知，μ_* 可延拓成 $\mathcal{B}_X$ 上的 Borel 测度 μ. 显然，μ 有限且 $\mu(X)=\ell(1)$.

现在证明测度 μ 满足式 (1.17). 设 $f\in C(X)$. 因为 f 可以写成两个非负连续函数的差，所以经过伸缩变化后，可进一步假设 $0\leqslant f(x)\leqslant 1$，$\forall x\in X$. 现在的想法是分解 f，即 $f=\sum f_n$，其中每个 f_n 都连续且上确界范数相对较小. 确切地说，固定正整数 N，定义 $\mathcal{O}_0=X$，且对每个整数 $n\geqslant 1$，令

$$\mathcal{O}_n=\{x\in X: f(x)>(n-1)/N\}.$$

因此 $\mathcal{O}_n\supset\mathcal{O}_{n+1}$，且 $\mathcal{O}_{N+1}=\varnothing$. 定义

$$f_n(x)=\begin{cases}1/N, & \text{当 } x\in\mathcal{O}_{n+1}\text{ 时},\\ f(x)-(n-1)/N, & \text{当 } x\in\mathcal{O}_n-\mathcal{O}_{n+1}\text{ 时},\\ 0, & \text{当 } x\in\mathcal{O}_n^{c}\text{ 时},\end{cases}$$

则函数 f_n 连续，且把它们“累加”起来就得到 f，即 $f=\sum_{n=1}^{N}f_n$. 由于在 $\mathcal{O}_{n+1}$ 上 $Nf_n=1$，$\operatorname{supp}(Nf_n)\subset\overline{\mathcal{O}_n}\subset\mathcal{O}_{n-1}$，且 $0\leqslant Nf_n\leqslant 1$，所以 $\mu(\mathcal{O}_{n+1})\leqslant\ell(Nf_n)\leqslant$

$\mu(\mathcal{O}_{n-1})$，从而由线性性可得

$$\frac{1}{N}\sum_{n=1}^{N}\mu(\mathcal{O}_{n+1})\leqslant\ell(f)\leqslant\frac{1}{N}\sum_{n=1}^{N}\mu(\mathcal{O}_{n-1}).\tag{1.19}$$

另外，$\mu(\mathcal{O}_{n+1})\leqslant\int Nf_n\mathrm{d}\mu\leqslant\mu(\mathcal{O}_n)$，因此

$$\frac{1}{N}\sum_{n=1}^{N}\mu(\mathcal{O}_{n+1})\leqslant\int f\mathrm{d}\mu\leqslant\frac{1}{N}\sum_{n=1}^{N}\mu(\mathcal{O}_n).\tag{1.20}$$

从而由不等式（1.19）和不等式（1.20）可得

$$\left|\ell(f)-\int f\mathrm{d}\mu\right|\leqslant\frac{2\mu(X)}{N}.$$

令 $N\to\infty$ 即得 $\ell(f)=\int f\mathrm{d}\mu$.

唯一性. 假设 μ' 是 X 上另一个有限的正 Borel 测度，使得 $\ell(f)=\int f\mathrm{d}\mu'$，$\forall f\in C(X)$. 若 $\mathcal{O}$ 是开集，且 $0\leqslant f\leqslant1$，$\mathrm{supp}(f)\subset\mathcal{O}$，则

$$\ell(f)=\int f\mathrm{d}\mu'=\int_{\mathcal{O}}f\mathrm{d}\mu'\leqslant\int_{\mathcal{O}}1\mathrm{d}\mu'=\mu'(\mathcal{O}).$$

从而对 f 取上确界，并根据 μ 的定义可知 $\mu(\mathcal{O})\leqslant\mu'(\mathcal{O})$. 对于反向不等式，需要有限 Borel 测度的内蕴正则条件：任给 $\varepsilon>0$，存在闭集 K，使得 $K\subset\mathcal{O}$，且 $\mu'(\mathcal{O}-K)<\varepsilon$. 对 K 和 $\mathcal{O}^c$ 应用分离性（ⅰ）可知，存在连续函数 f，使得 $0\leqslant f\leqslant1$，$\mathrm{supp}(f)\subset\mathcal{O}$，且 $f|_K=1$. 因此

$$\mu'(\mathcal{O})\leqslant\mu'(K)+\varepsilon\leqslant\int_K f\mathrm{d}\mu'+\varepsilon\leqslant\ell(f)+\varepsilon\leqslant\mu(\mathcal{O})+\varepsilon.$$

由 ε 的任意性可得，$\mu(\mathcal{O})=\mu'(\mathcal{O})$ 对任意的开集 $\mathcal{O}$ 都成立. 这蕴含着对任意的 Borel 集均有 $\mu=\mu'$，故定理证毕. □

1.7.2 主要结论

关键技巧是把 $C(X)$ 上任意一个有界线性泛函写成两个正线性泛函的差.

命题 1.7.2 设 X 是一个紧度量空间，ℓ 是 $C(X)$ 上的有界线性泛函. 则存在正线性泛函 ℓ^+ 和 ℓ^- 使得 $\ell=\ell^+-\ell^-$. 此外，$\|\ell\|=\ell^+(1)+\ell^-(1)$.

证 对于 $C(X)$ 中的函数 $f\geqslant0$，定义

$$\ell^+(f)=\sup\{\ell(\varphi):0\leqslant\varphi\leqslant f\}.$$

显然 $0\leqslant\ell^+(f)\leqslant\|\ell\|\|f\|$，且 $\ell(f)\leqslant\ell^+(f)$. 若 $\alpha\geqslant0$ 和 $f\geqslant0$，则 $\ell^+(\alpha f)=\alpha\ell^+(f)$. 假设 f，$g\geqslant0$，由于 $0\leqslant\varphi\leqslant f$ 和 $0\leqslant\psi\leqslant g$ 蕴含着 $0\leqslant\varphi+\psi\leqslant f+g$，所以 $\ell^+(f)+\ell^+(g)\leqslant\ell^+(f+g)$. 另一方面，设 $0\leqslant\varphi\leqslant f+g$，并令 $\varphi_1=\min(\varphi,f)$ 和 $\varphi_2=\varphi-\varphi_1$. 则 $0\leqslant\varphi_1\leqslant f$，$0\leqslant\varphi_2\leqslant g$，且 $\ell(\varphi)=\ell(\varphi_1)+\ell(\varphi_2)\leqslant\ell^+(f)+\ell^+(g)$. 对 φ 取上确界即知 $\ell^+(f+g)\leqslant\ell^+(f)+\ell^+(g)$. 从而 $\ell^+(f+g)=\ell^+(f)+\ell^+(g)$，$\forall f$，$g\geqslant0$.

现在，我们按照如下过程将 ℓ^+ 延拓为 $C(X)$ 上的正线性泛函. 任给 $C(X)$ 中

的函数 f，写成 $f=f^+-f^-$，其中 f^+，$f^-\geqslant 0$，并定义 $\ell^+(f)=\ell^+(f^+)-\ell^+(f^-)$. 注意到 ℓ^+ 对非负函数的线性性蕴含着 $\ell^+(f)$ 的定义与 f 的分解无关. 此外由定义可知 ℓ^+ 是正的，并易证 ℓ^+ 在 $C(X)$ 上是线性的，且 $\|\ell^+\|\leqslant\|\ell\|$.

最后，定义 $\ell^-=\ell^+-\ell$，并很容易得到 ℓ^- 也是 $C(X)$ 上的正线性泛函.

因为 ℓ^+ 和 ℓ^- 都是正的，所以 $\|\ell^+\|=\ell^+(1)$ 且 $\|\ell^-\|=\ell^-(1)$，因此，$\|\ell\|\leqslant\ell^+(1)+\ell^-(1)$. 为证反向不等式，设 $0\leqslant\varphi\leqslant 1$. 则 $|2\varphi-1|\leqslant 1$，因此，$\|\ell\|\geqslant\ell(2\varphi-1)$. 从而由 ℓ 的线性性，并对 φ 取上确界可得 $\|\ell\|\geqslant 2\ell^+(1)-\ell(1)$. 又因为 $\ell(1)=\ell^+(1)-\ell^-(1)$，所以 $\|\ell\|\geqslant\ell^+(1)+\ell^-(1)$，故命题证毕. □

我们现在来叙述并证明主要结论.

定理 1.7.3　设 X 是一个紧度量空间，并设 $C(X)$ 是 X 上的连续实值函数构成的 Banach 空间. 则对 $C(X)$ 上任意有界线性泛函 ℓ，存在唯一的 X 上的有限 Borel 符号测度 μ，使得

$$\ell(f)=\int_X f(x)\mathrm{d}\mu(x),\quad \forall f\in C(X).$$

此外，$\|\ell\|=\|\mu\|=|\mu|(X)$. 即 $C(X)^*=M(X)$.

证　由命题1.7.2 可知，存在两个正线性泛函 ℓ^+ 和 ℓ^- 使得 $\ell=\ell^+-\ell^-$. 分别对 ℓ^+ 和 ℓ^- 应用定理 1.7.1 可以得到两个有限 Borel 测度 μ_1 和 μ_2. 定义 $\mu=\mu_1-\mu_2$，则 μ 是一个有限的 Borel 符号测度，且 $\ell(f)=\int f\mathrm{d}\mu$.

从而

$$|\ell(f)|\leqslant\int|f|\mathrm{d}|\mu|\leqslant\|f\|\,|\mu|(X),$$

故 $\|\ell\|\leqslant|\mu|(X)$. 又 $|\mu|(X)\leqslant\mu_1(X)+\mu_2(X)=\ell^+(1)+\ell^-(1)=\|\ell\|$，所以 $\|\ell\|=|\mu|(X)$.

为证唯一性，假设存在两个有限的 Borel 符号测度 μ 和 μ' 使得 $\int f\mathrm{d}\mu=\int f\mathrm{d}\mu'$，$\forall f\in C(X)$. 定义 $\nu=\mu-\mu'$，则 $\int f\mathrm{d}\nu=0$. 设 ν^+ 和 ν^- 分别是 ν 的正部和负部，则 $C(X)$ 上的两个正线性泛函 $\ell^+(f)=\int f\mathrm{d}\nu^+$ 和 $\ell^-(f)=\int f\mathrm{d}\nu^-$ 相等. 从而由定理 1.7.1 的唯一性可知，$\nu^+=\nu^-$，因此 $\nu=0$，即 $\mu=\mu'$. □

1.7.3　推广

鉴于以后的应用，去掉定理 1.7.1 中 X 的紧性假设将是非常有用的. 记 $C_b(X)$ 为 X 上的有界连续函数 f 构成的空间，其范数为 $\|f\|=\sup\limits_{x\in X}|f(x)|$.

定理 1.7.4　设 X 是一个度量空间，ℓ 是 $C_b(X)$ 上的一个正线性泛函. 为简单起见，假设 ℓ 是规范化的，即 $\ell(1)=1$. 如果对每个 $\varepsilon>0$，存在一个紧集 $K_\varepsilon\subset X$ 使得

$$|\ell(f)| \leqslant \sup_{x\in K_\varepsilon}|f(x)| + \varepsilon\|f\|, \quad \forall f\in C_b(X). \tag{1.21}$$

则存在唯一的有限（正）Borel 测度 μ 使得

$$\ell(f) = \int_X f(x)\mathrm{d}\mu(x), \quad \forall f\in C_b(X).$$

额外的假设式（1.21)(当 X 紧时，是平凡的）是一个“紧绷性”假设，这将在第 6 章中起到重要作用. 注意到，由于 $\ell(1)=1$，即使没有假设条件（1.21)，仍然有 $|\ell(f)|\leqslant\|f\|$.

除了一个关键点外，该定理与定理 1.7.1 的证明过程一样. 首先，定义

$$\rho(\mathcal{O}) = \sup\{\ell(f): f\in C_b(X), \mathrm{supp}(f)\subset\mathcal{O}, 0\leqslant f\leqslant 1\}.$$

由于 $\rho(\mathcal{O})$ 的定义中 f 的支撑不一定是紧集，所以需要对 ρ 的次可数可加性的证明加以修改. 事实上，假设 $\mathcal{O}=\bigcup_{k=1}^{\infty}\mathcal{O}_k$ 是一列开集的并. 令 C 是 f 的支撑，给定 $\varepsilon>0$，令 $K=C\cap K_\varepsilon$，其中 K_ε 是由式（1.21）所给出的紧集. 从而 K 是紧集并且 $\bigcup_{k=1}^{\infty}\mathcal{O}_k$ 覆盖 K. 像定理 1.7.1 的证明中一样，存在单位分解 $\{\eta_k\}_{k=1}^N$，其中 η_k 的支撑在 $\mathcal{O}_k$ 中，且 $\sum_{k=1}^N\eta_k(x)=1$，$\forall x\in K$. 故 $f-\sum_{k=1}^N f\eta_k$ 在 K_ε 上为 0. 因此由式（1.21）可知

$$\left|\ell(f) - \sum_{k=1}^N \ell(f\eta_k)\right| \leqslant \varepsilon,$$

进而

$$\ell(f) \leqslant \sum_{k=1}^{\infty}\rho(\mathcal{O}_k) + \varepsilon.$$

故由 ε 的任意性可得 ρ 的次可加性，进而 μ_* 也是次可加的. 从而剩下的证明就像定理 1.7.1 的一样.

定理 1.7.4 既没有要求度量空间 X 完备，也没有要求 X 可分. 但是，若进一步假设 X 既完备又可分，则条件（1.21）必然成立.

事实上，设 $\ell(f)=\int_X f\mathrm{d}\mu$，其中，$\mu$ 是 X 上的规范化的正 Borel 测度，即 $\mu(X)=1$. 由于 X 既完备又可分，所以对任给的 $\varepsilon>0$，存在一个紧集 K_ε 使得 $\mu(K_\varepsilon^c)<\varepsilon$. 实际上，设 $\{c_k\}$ 是 X 中的稠密子序列. 因为对每个 m，球序列 $\{B_{1/m}(c_k)\}_{k=1}^{\infty}$ 覆盖 X，所以存在 N_m 使得 $\mu(\mathcal{O}_m)\geqslant 1-\varepsilon/2^m$，其中 $\mathcal{O}_m=\bigcup_{k=1}^{N_m}B_{1/m}(c_k)$.

取 $K_\varepsilon=\bigcap_{m=1}^{\infty}\overline{\mathcal{O}_m}$，则 $\mu(K_\varepsilon)\geqslant 1-\varepsilon$；此外，$K_\varepsilon$ 是闭的和完全有界的：对每个 $\delta>0$，集合 K_ε 可以被有限多个半径为 δ 的球覆盖. 又因为 X 完备，所以 K_ε 是紧集. 从而立即可得式（1.21).

1.8　习题

1. 设 $L^p=L^p(\mathbb{R}^d,\mu)$，其中 μ 是 Lebesgue 测度. 设 $f_0(x)=|x|^{-\alpha}$，当 $|x|<1$ 时；$f_0(x)=0$，当 $|x|\geqslant 1$ 时. $f_\infty(x)=|x|^{-\alpha}$，当 $|x|\geqslant 1$ 时；$f_\infty(x)=0$，当 $|x|<1$ 时. 证明：

(a) $f_0\in L^p$ 当且仅当 $p\alpha<d$；

(b) $f_\infty\in L^p$ 当且仅当 $d<p\alpha$；

(c) 如果对于 f_0，当 $|x|<1$ 时用 $|x|^{-\alpha}/(\log(2/|x|))$ 代替 $|x|^{-\alpha}$；对于 f_∞，当 $|x|\geqslant 1$ 时用 $|x|^{-\alpha}/(\log(2|x|))$ 代替 $|x|^{-\alpha}$，结果又怎样？

2. 对于空间 $L^p(\mathbb{R}^d)(0<p<\infty)$，证明：

(a) 若对所有的 f，$g\in L^p(\mathbb{R}^d)$ 均有 $\|f+g\|_{L^p}\leqslant\|f\|_{L^p}+\|g\|_{L^p}$，则 $p\geqslant 1$.

(b) 在 $L^p(\mathbb{R})(0<p<1)$ 上不存在有界的线性泛函，即若存在某个正数 M，使得线性函数 $\ell:L^p(\mathbb{R})\to\mathbb{C}$ 对所有的 $f\in L^p(\mathbb{R})$ 满足 $|\ell(f)|\leqslant M\|f\|_{L^p(\mathbb{R})}$，则 $\ell=0$.

[提示：(a) 证明：$x^p+y^p>(x+y)^p$ 对于 $0<p<1$ 和 x，$y>0$ 成立. (b) 令 F 为 $F(x)=\ell(\chi_x)$，其中 χ_x 是区间 $[0,x]$ 的特征函数，并考虑 $F(x)-F(y)$.]

3. 设 $f\in L^p$ 和 $g\in L^q$ 都不恒等于 0，证明：Hölder 不等式（定理 1.1.1）中等号成立的充要条件是存在两个非零的常数 a，$b\geqslant 0$，使得 $a|f(x)|^p=b|g(x)|^q$ 几乎处处成立.

4. 设 X 是一个测度空间，且 $0<p<1$，证明：

(a) $\|fg\|_{L^1}\geqslant\|f\|_{L^p}\|g\|_{L^q}$，其中 q 是 p 的共轭数. 注意到 q 是负数；

(b) 对于非负函数 f_1 和 f_2，有 $\|f_1+f_2\|_{L^p}\geqslant\|f_1\|_{L^p}+\|f_2\|_{L^p}$；

(c) 函数 $d(f,g)=\|f-g\|_{L^p}^p\,(f,g\in L^p(X))$ 定义了 $L^p(X)$ 上的一个度量.

5. 设 X 是一个测度空间. 证明：若序列 $\{f_n\}$ 依 L^p 范数收敛于 f，则存在 $\{f_n\}$ 的一个子列几乎处处收敛于 f. 并由此证明 $L^p(X)$ 的完备性.

6. 设 $(X,\mathcal{F},\mu)$ 是一个测度空间，证明：

(a) 当 $\mu(X)<\infty$ 时，简单函数全体在 $L^\infty(X)$ 中稠密.

(b) 简单函数全体在 $L^p(X)(1\leqslant p<\infty)$ 中稠密.

[提示：(a) 令 $E_{\ell,j}=\left\{x\in X:\dfrac{M\ell}{j}\leqslant f(x)<\dfrac{M(\ell+1)}{j}\right\}$，其中，$-j\leqslant\ell\leqslant j$，$M=\|f\|_{L^\infty}$. 并取函数 f_j 在 $E_{\ell,j}$ 上等于 $M\ell/j$. (b) 用和 (a) 类似的构造.]

7. 设 $L^p=L^p(\mathbb{R}^d,\mu)$ $(1\leqslant p<\infty)$，μ 是 $\mathbb{R}^d$ 上的 Lebesgue 测度，证明：

(a) 有紧支撑的连续函数全体在 L^p 中稠密；

(b) 有紧支撑的无穷次可微函数全体在 L^p 中稠密.

对于 L^1 和 L^2，可分别参考《实分析》第 2 章定理 2.4 和第 5 章引理 3.1.

8. 设 $1\leqslant p<\infty$，并在$\mathbb{R}^d$上赋以 Lebesgue 测度. 证明：若 $f\in L^p(\mathbb{R}^d)$，则

$$\| f(x+h)-f(x) \|_{L^p}\to 0,\text{当}|h|\to 0\text{ 时}.$$

并证明该论断在 $p=\infty$时不成立.

[提示：由上题可知，有紧支撑的连续函数全体在 $L^p(\mathbb{R}^d)(1\leqslant p<\infty)$ 中稠密. 也可参考《实分析》第 2 章定理 2.4 和命题 2.5.]

9. 设 X 是一个测度空间，且 $1\leqslant p_0<p_1\leqslant\infty$.

(a) 在 $L^{p_0}\cap L^{p_1}$ 上定义

$$\| f \|_{L^{p_0}\cap L^{p_1}}=\| f \|_{L^{p_0}}+\| f \|_{L^{p_1}}.$$

证明：$\| \cdot \|_{L^{p_0}\cap L^{p_1}}$ 是一个范数，并且 $L^{p_0}\cap L^{p_1}$ 在此范数下是 Banach 空间.

(b) 设 $L^{p_0}+L^{p_1}$ 是 X 上可以写成和式 $f=f_0+f_1(f_0\in L^{p_0},f_1\in L^{p_1})$的可测函数 f 全体构成的向量空间. 定义

$$\| f \|_{L^{p_0}+L^{p_1}}=\inf\{ \| f_0 \|_{L^{p_0}}+\| f_1 \|_{L^{p_1}} \},$$

这里下确界取遍所有可能的分解 $f=f_0+f_1(f_0\in L^{p_0}, f_1\in L^{p_1})$. 证明：$\| \cdot \|_{L^{p_0}+L^{p_1}}$ 是一个范数，并且 $L^{p_0}+L^{p_1}$ 在该范数下是 Banach 空间.

(c) 证明：$L^p\subset L^{p_0}+L^{p_1}$，其中 $p_0\leqslant p\leqslant p_1$.

10. 称测度空间 (X,μ) 是**可分的**，如果存在可数的可测子集族 $\{E_k\}_{k=1}^{\infty}$使得对于任一测度有限的可测子集 E 和依赖于 E 的适当子列$\{n_k\}$，有

$$\mu(E\triangle E_{n_k})\to 0,\quad\text{当 } k\to\infty\text{时}.$$

其中，$A\triangle B$ 是集合 A 和集合 B 的对称差，即

$$A\triangle B=(A-B)\cup(B-A).$$

(a) 证明：关于通常的 Lebesgue 测度，$\mathbb{R}^d$是可分的；

(b) 称空间 $L^p(X)$ 是**可分的**，如果 $L^p(X)$ 有可数的稠密子集$\{f_n\}_{n=1}^{\infty}$. 证明：如果测度空间 X 是可分的，则 $L^p(X)(1\leqslant p<\infty)$是可分的.

11. 根据习题 10，证明：

(a) 对每个 $a\in\mathbb{R}$ 构造 $f_a\in L^\infty(\mathbb{R})$，使得当 $a\neq b$ 时有 $\| f_a-f_b \|\geqslant 1$，以此说明空间 $L^\infty(\mathbb{R})$ 不可分；

(b) $L^\infty(\mathbb{R})$ 的对偶空间也不可分.

12. 设测度空间 (X,μ) 是可分的. 令 $1\leqslant p<\infty$和 $1/p+1/q=1$. 称 L^p 中的序列$\{f_n\}$弱收敛于 $f\in L^p$，如果对任意的 $g\in L^q$ 有

$$\int f_n g\,\mathrm{d}\mu\to\int fg\,\mathrm{d}\mu. \tag{1.22}$$

(a) 证明：如果 $\| f-f_n \|_{L^p}\to 0$，则 f_n 弱收敛于 f；

(b) 若 $\sup_n\| f_n \|_{L^p}<\infty$，则为证明弱收敛，只需验证式 (1.22) 对 L^q 的某个稠密子集中的函数 g 成立即可；

(c) 设 $1<p<\infty$. 证明：如果 $\sup_n \| f_n \|_{L^p}<\infty$，则存在 $f\in L^p$ 和子列 $\{n_k\}$ 使得 f_{n_k} 弱收敛于 f.

断言（c）即是 $L^p(1<p<\infty)$ 的“弱紧性”，在下一道习题中可以看到当 $p=1$时该断言不成立.

[提示：(b) 应用习题 10 (b).]

13. 下面给出一些有关弱收敛的例子.

(a) 令 $f_n(x)=\sin(2\pi nx)$，则 f_n 在 $L^p([0,1])$ 中弱收敛于 0；

(b) 令 $f_n(x)=n^{1/p}\chi(nx)$，则当 $p>1$ 时，f_n 在 $L^p(\mathbb{R})$中弱收敛于 0；但当 $p=1$ 时，f_n 在 $L^p(\mathbb{R})$ 中不弱收敛于 0，其中 χ 表示$[0,1]$上的特征函数；

(c) 令 $f_n(x)=1+\sin(2\pi nx)$，则 f_n 在 $L^1([0,1])$ 中也弱收敛于 1，且 $\| f_n \|_{L^1}=1$，但 $\| f_n-1 \|_{L^1}$不收敛于 0. 这可以与问题 6*（d）相比较.

14. 设 X 是一个测度空间，$1<p<\infty$，并设函数列$\{f_n\}$满足 $\| f_n \|_{L^p}\leqslant M<\infty$. 证明：

(a) 若 $f_n\to f$ a. e.，则 f_n 弱收敛于 f；

(b) 当 $p=1$ 时，(a) 不成立；

(c) 若 $f_n\to f_1$ a. e.，且 f_n 弱收敛于 f_2，则 $f_1=f_2$ a. e.

15. **积分型 Minkowski 不等式**. 设 (X_1,μ_1) 和 (X_2,μ_2) 是两个测度空间，且 $1\leqslant p\leqslant\infty$. 证明：若 $f(x_1, x_2)$ 是 $X_1\times X_2$ 上的非负可测函数，则

$$\left\|\int f(x_1,x_2)\mathrm{d}\mu_2\right\|_{L^p(X_1)}\leqslant\int \| f(x_1,x_2) \|_{L^p(X_1)}\mathrm{d}\mu_2.$$

将此结论推广至复值函数 f 且不等式的右边有限的情形.

[提示：对 $1<p<\infty$情形，使用 Hölder 不等式和引理 1. 4. 2.]

16. 设 X 是一个测度空间，$f_j\in L^{p_j}(X)$，$j=1$，…，N，且 $\sum_{j=1}^{N} 1/p_j=1$，$p_j\geqslant1$，则

$$\left\| \prod_{j=1}^{N} f_j \right\|_{L^1}\leqslant \prod_{j=1}^{N} \| f \|_{L^{p_j}}.$$

这是多重 Hölder 不等式.

17. $\mathbb{R}^d$(赋予 Lebesgue 测度) 上的函数 f 和 g 的**卷积**定义为

$$(f*g)(x)=\int_{\mathbb{R}^d} f(x-y)g(y)\mathrm{d}y.$$

(a) 若 $f\in L^p(1\leqslant p\leqslant\infty)$，$g\in L^1$，证明：对几乎所有的 x，被积函数 $f(x-y)g(y)$关于 y 都可积，因此 $f*g$ 的定义是合理的. 此外，$f*g\in L^p$，且

$$\| f*g \|_{L^p}\leqslant \| f \|_{L^p} \| g \|_{L^1}.$$

(b) 将 (a) 中的函数 g 替换为一个有限的 Borel 测度 μ 后，也有类似的结论：若 $f\in L^p(1\leqslant p\leqslant\infty)$，定义

$$(f*\mu)(x)=\int_{\mathbb{R}^d} f(x-y)\mathrm{d}\mu(y),$$

并证明 $\| f*\mu \|_{L^p}\leqslant \| f \|_{L^p}|\mu|(\mathbb{R}^d)$.

(c) 证明：若 $f\in L^p$，$g\in L^q$，其中 p 和 q 是共轭数，则 $f*g\in L^\infty$，且 $\|f*g\|_{L^\infty}\leqslant\|f\|_{L^p}\|g\|_{L^q}$. 此外，卷积 $f*g$ 在$\mathbb{R}^d$上一致连续，并且当 $1<p<\infty$时，$\lim\limits_{|x|\to\infty}(f*g)(x)=0$.

[提示：对（a）和（b），运用习题 15 中的积分型 Minkowski 不等式. 对（c），运用习题 8.]

18. 此题考虑**混合模** L^p 空间，该空间在许多问题中是有用的.

设乘积空间$\{(x,t)\}=\mathbb{R}^d\times\mathbb{R}$上的测度为乘积测度 $\mathrm{d}x\,\mathrm{d}t$，其中 $\mathrm{d}x$ 和 $\mathrm{d}t$ 分别为$\mathbb{R}^d$和$\mathbb{R}$上的 Lebesgue 测度. 对于 $1\leqslant p\leqslant\infty$和 $1\leqslant r\leqslant\infty$，定义 $L_t^r(L_x^p)=L^{p,r}$为联合可测函数 $f(x,t)$的等价类全体，且满足范数

$$\|f\|_{L^{p,r}}=\left(\int_{\mathbf{R}}\left(\int_{\mathbf{R}^d}|f(x,t)|^p\mathrm{d}x\right)^{\frac{r}{p}}\mathrm{d}t\right)^{\frac{1}{r}}$$

是有限的（当 $p<\infty$和 $r<\infty$时）；当 $p=\infty$或者 $r=\infty$时，范数即为上确界范数.

(a) 证明：$(L^{p,r},\|\cdot\|_{L^{p,r}})$是完备的，因此是一个 Banach 空间；

(b) 证明：广义 Hölder 不等式

$$\int_{\mathbf{R}^d\times\mathbf{R}}|f(x,t)g(x,t)|\mathrm{d}x\,\mathrm{d}t\leqslant\|f\|_{L^{p,r}}\|g\|_{L^{p',r'}},$$

其中 $1/p+1/p'=1$，$1/r+1/r'=1$；

(c) 证明：若 f 在所有测度有限的子集上可积，则

$$\|f\|_{L^{p,r}}=\sup_{\substack{\|g\|_{L^{p',r'}}\leqslant 1\\ g\text{是简单函数}}}\left|\int_{\mathbf{R}^d\times\mathbf{R}}f(x,t)g(x,t)\mathrm{d}x\,\mathrm{d}t\right|;$$

(d) 证明：当 $1\leqslant p$，$r<\infty$时，$L^{p,r}$的对偶空间是 $L^{p',r'}$.

19. **Young 不等式**. 设 $1\leqslant p$，q，$r\leqslant\infty$. 证明：在$\mathbb{R}^d$上有

$$\|f*g\|_{L^q}\leqslant\|f\|_{L^p}\|g\|_{L^r},\quad\text{当 }1/q=1/p+1/r-1\text{ 时},$$

其中 $f*g$ 是 f 和 g 的卷积，见习题 17.

[提示：设 f，$g\geqslant 0$，选取适当的 a 和 b 使得

$$f(y)g(x-y)=f(y)^a g(x-y)^b[f(y)^{1-a}g(x-y)^{1-b}],$$

再结合习题 16 就可以得到

$$\left|\int f(y)g(x-y)\mathrm{d}y\right|\leqslant\|f\|_{L^p}^{1-p/q}\|g\|_{L^q}^{1-r/q}\left(\int|f(y)|^p|g(x-y)|^r\mathrm{d}y\right)^{\frac{1}{q}}.]$$

20. 设 X 是一个测度空间，$0<p_0<p<p_1\leqslant\infty$，$f\in L^{p_0}(X)\cap L^{p_1}(X)$. 证明：$f\in L^p$（$X$），并且

$$\|f\|_{L^p}\leqslant\|f\|_{L^{p_0}}^{1-t}\|f\|_{L^{p_1}}^{t},\quad\text{当 }t\text{ 满足}\frac{1}{p}=\frac{1-t}{p_0}+\frac{t}{p_1}\text{时}.$$

21. 设 φ 是$\mathbb{R}$上一个非负的凸函数（有关凸函数的定义见《实分析》第 3 章问题 4），并设 f 是测度空间 X 上实值可积函数，且 $\mu(X)=1$. 证明：**Jensen 不等式**

$$\varphi\left(\int_X f\mathrm{d}\mu\right)\leqslant\int_X\varphi(f)\mathrm{d}\mu.$$

注意到 $\varphi(t)=|t|^p(p\geqslant 1)$是凸的，并且此时上述关系式可由 Hölder 不等式得到. 另一有趣的情形是 $\varphi(t)=\mathrm{e}^{at}$.

［提示：由 φ 的凸性可知，$\varphi\left(\sum_{j=1}^{N}a_jx_j\right)\leqslant\sum_{j=1}^{N}a_j\varphi(x_j)$，其中 a_j，x_j 是实数，$a_j\geqslant 0$，且 $\sum_{j=1}^{N}a_j=1$.］

22. **Young 不等式**. 设连续函数 φ 和 ψ 在$[0,\infty)$上严格递增，并且互为反函数，即对任意的 $x\geqslant 0$ 均有$(\varphi\circ\psi)(x)=x$. 令

$$\Phi(x)=\int_0^x\varphi(u)\mathrm{d}u,\quad \Psi(x)=\int_0^x\psi(u)\mathrm{d}u.$$

(a) 证明:对任意的 $a,b\geqslant 0$ 均有 $ab\leqslant\Phi(a)+\Psi(b)$. 特别地，若 $\varphi(x)=x^{p-1}$ 和 $\psi(y)=y^{q-1}$，$1<p<\infty$，$1/p+1/q=1$，则 $\Phi(x)=x^p/p$，$\Psi(y)=y^q/q$，并且对任意的 A，$B\geqslant 0$ 和 $0\leqslant\theta\leqslant 1$ 均有

$$A^{\theta}B^{1-\theta}\leqslant\theta A+(1-\theta)B.$$

(b) 证明：只有当 $b=\varphi(a)$(即 $a=\psi(b)$)时，Young 不等式中的等号才成立.

［提示：考虑以 $(0,0)$，$(a,0)$，$(0,b)$ 和 (a,b) 为顶点的矩形的面积与曲线 $y=\Phi(x)$和 $x=\Psi(y)$“下方”图形的面积.］

23. 设 (X,μ) 是一个测度空间，$\Phi(t)$ 是 $[0,\infty)$ 上的连续递增的凸函数，且 $\Phi(0)=0$. 记

$$L^{\Phi}=\{f\text{ 可测:存在 }M>0\text{ 使得}\int_X\Phi(|f(x)|/M)\mathrm{d}\mu<\infty\}$$

和

$$\|f\|_{\Phi}=\inf_{M>0}\int_X\Phi(|f(x)|/M)\mathrm{d}\mu\leqslant 1.$$

证明：

(a) L^{Φ} 是一个向量空间；

(b) $\|\cdot\|_{L^{\Phi}}$是一个范数；

(c) $(L^{\Phi},\ \|\cdot\|_{L^{\Phi}})$ 是完备的.

称 Banach 空间 L^{Φ} 为 **Orlicz 空间**. 注意到，当 $\Phi(t)=t^p(1\leqslant p<\infty)$ 时，$L^{\Phi}=L^p$.

［提示：易见对于 $f\in L^{\Phi}$，有 $\lim_{N\to\infty}\int_X\Phi(|f|/N)\mathrm{d}\mu=0$. 另外，存在 $A>0$ 使得 $\Phi(t)\geqslant At$ 对任意的 $t\geqslant 0$ 都成立.］

24. 设 $1\leqslant p_0<p_1<\infty$.

(a) 赋予 Banach 空间 $L^{p_0}\cap L^{p_1}$ 范数 $\|f\|_{L^{p_0}\cap L^{p_1}}=\|f\|_{L^{p_0}}+\|f\|_{L^{p_1}}$. (见习题 9.) 令

$$\Phi(t)=\begin{cases}t^{p_0},\text{当 }0\leqslant t\leqslant 1\text{ 时},\\ t^{p_1},\text{当 }1\leqslant t<\infty\text{ 时}.\end{cases}$$

证明：L^{Φ} 与 $L^{p_0}\cap L^{p_1}$ 等价，即存在 A，$B>0$，使得

$$A\|f\|_{L^{p_0}\cap L^{p_1}}\leqslant\|f\|_{L^{\Phi}}\leqslant B\|f\|_{L^{p_0}\cap L^{p_1}}.$$

(b) 类似地，Banach 空间 $L^{p_0}+L^{p_1}$ 及其上的范数见习题 9. 令

$$\Psi(t)=\int_0^t\psi(u)\mathrm{d}u,\text{其中 }\psi(u)=\begin{cases}u^{p_1-1}, & \text{当 }0\leqslant u\leqslant 1\text{ 时},\\ u^{p_0-1}, & \text{当 }1\leqslant u<\infty\text{ 时}.\end{cases}$$

证明：L^{Ψ} 与 $L^{p_0}+L^{p_1}$ 等价.

25. 证明：Banach 空间 $\mathcal{B}$ 是 Hilbert 空间的充要条件是下述平行四边形法则成立

$$\|f+g\|^2+\|f-g\|^2=2(\|f\|^2+\|g\|^2).$$

特别地，赋以 Lebesgue 测度，若 $L^p(\mathbb{R}^d)$ 是 Hilbert 空间，则 $p=2$.

[提示：在实情形下，令$(f,g)=\frac{1}{4}(\|f+g\|^2+\|f-g\|^2)$.]

26. 设 $1<p_0$，$p_1<\infty$，$1/p_0+1/q_0=1$ 且 $1/p_1+1/q_1=1$. 证明：Banach 空间 $L^{p_0}\cap L^{p_1}$ 和 $L^{q_0}+L^{q_1}$ 在范数等价意义下互为对偶空间.（相关定义见习题 9. 此外，问题 5* 推广了此结论.）

27. 此题的目的是证明实值函数空间 L^p $(1<p<\infty)$ 中的单位球是严格凸的. 设 $\|f_0\|_{L^p}=\|f_1\|_{L^p}=1$，并令

$$f_t=(1-t)f_0+tf_1$$

是连接点 f_0 和 f_1 的直线段. 证明：除了 $f_0=f_1$ 情形，对任意的 t，$0<t<1$ 均有 $\|f_t\|_{L^p}<1$.

(a) 设 $f\in L^p$，$g\in L^q$，$1/p+1/q=1$，且 $\|f\|_{L^p}=1$，$\|g\|_{L^q}=1$. 证明：仅当 $f(x)=\operatorname{sign}g(x)|g(x)|^{q-1}$ 时，

$$\int fg\,\mathrm{d}\mu=1;$$

(b) 假设存在 $0<t'<1$ 使得 $\|f_{t'}\|_{L^p}=1$. 选取 $g\in L^q$，且 $\|g\|_{L^q}=1$，使得

$$\int f_{t'}g\,\mathrm{d}\mu=1,$$

并令 $F(t)=\int f_t g\,\mathrm{d}\mu$. 证明：对任意的 $0\leqslant t\leqslant 1$ 均有 $F(t)=1$，进而推出 $f_t=f_0$；

(c) 证明：当 $p=1$ 或者 $p=\infty$ 时，严格凸性不成立. 试解释这些情形说明了什么.

一个更强的论断将在问题 6* 中给出.

[提示：为证明 (a)，先证明只有当 $A=B$ 时，$A^{\theta}B^{1-\theta}\leqslant\theta A+(1-\theta)B$ $(A,B>0,0<\theta<1)$中等号才成立.]

28. 证明：$\Lambda^\alpha(\mathbb{R}^d)$ 和 $L_k^p(\mathbb{R}^d)$ 都是完备的.

29. 进一步考虑空间 $\Lambda^\alpha(\mathbb{R}^d)$.

(a) 证明：当 $\alpha>1$ 时，$\Lambda^\alpha(\mathbb{R}^d)$ 中的函数都为常值函数；

(b) 受 (a) 启发，记 $C^{k,\alpha}(\mathbb{R}^d)$ 是 $\mathbb{R}^d$ 上阶数小于或等于 k 的偏导数都属于 $\Lambda^\alpha(\mathbb{R}^d)$ 的函数 f 全体. 这里 k 是一个非负整数，$0<\alpha\leqslant 1$. 证明：$C^{k,\alpha}(\mathbb{R}^d)$ 在下述范数下是 Banach 空间，

$$\| f \|_{C^{k,\alpha}} = \sum_{|\beta|\leqslant k} \| \partial_x^\beta f \|_{\Lambda^\alpha(\mathbb{R}^d)}.$$

30. 设 $\mathcal{B}$ 是 Banach 空间，$\mathcal{S}$ 是 $\mathcal{B}$ 的闭线性子空间. $\mathcal{S}$ 定义了一个等价关系：$f\sim g$ 当且仅当 $f-g\in\mathcal{S}$. 用 $\mathcal{B}/\mathcal{S}$ 表示这些等价类全体，证明：在范数 $\| f \|_{\mathcal{B}/\mathcal{S}}=\inf(\| f' \|_{\mathcal{B}}, f'\sim f)$ 下，$\mathcal{B}/\mathcal{S}$ 是 Banach 空间.

31. 对于 $\mathbb{R}^d$ 中的开子集 Ω，可以用上一题所述的 Banach 商空间 $\mathcal{B}/\mathcal{S}$ 来定义 $L_k^p(\Omega)$，其中 $\mathcal{B}=L_k^p(\mathbb{R}^d)$，$\mathcal{S}$ 是 Ω 上几乎处处为零的函数构成的子空间. 记 $L_k^p(\Omega^0)$ 为 $L_k^p(\mathbb{R}^d)$ 中紧支撑在 Ω 中的函数 f 组成的子空间的闭包. 注意到 $L_k^p(\Omega^0)$ 到 $L_k^p(\Omega)$ 的自然映射的范数等于 1. 但该映射一般不是满射的. 以 $k\geqslant 1$，Ω 是单位球的情形试证之.

32. 称一个 Banach 空间是可分的，如果它存在一个可数的稠密子集. 习题 11 已经给出了一个 Banach 空间 $\mathcal{B}$ 可分，但 $\mathcal{B}^*$ 不可分的例子. 证明：若 $\mathcal{B}^*$ 可分，则 $\mathcal{B}$ 也可分. 这给出了 L^1 通常不是 L^∞ 的对偶空间的另一种证明.

33. 假设在复向量空间 V 上存在实值函数 p 满足：

$$\begin{cases} p(\alpha v)=|\alpha|p(v), & \text{若 } \alpha\in\mathbb{C}, v\in V, \\ p(v_1+v_2)\leqslant p(v_1)+p(v_2), & \text{若 } v_1,v_2\in V. \end{cases}$$

证明：若 V_0 是 V 的子空间，并且 V_0 上的线性泛函 ℓ_0 满足 $|\ell_0(f)|\leqslant p(f), \forall f\in V_0$，则 ℓ_0 可以延拓为 V 上的线性泛函 ℓ，且 $|\ell(f)|\leqslant p(f), \forall f\in V$.

[提示：记 $u=\mathrm{Re}(\ell_0)$，则 $\ell_0(v)=u(v)-\mathrm{i}u(\mathrm{i}v)$. 再对 u 应用定理 1.5.2.]

34. 设 $\mathcal{S}$ 是 Banach 空间 $\mathcal{B}$ 的真闭子空间，且 $f_0\notin\mathcal{S}$. 证明：存在 $\mathcal{B}$ 上的一个连续线性泛函 ℓ，使得 $\ell(f)=0$，$\forall f\in\mathcal{S}$，且 $\ell(f_0)=1$. 还可以使得上述线性泛函 ℓ 满足 $\| \ell \|=1/d$，其中 d 是 f_0 到 $\mathcal{S}$ 的距离.

35. 证明：Banach 空间 $\mathcal{B}$ 上的线性泛函 ℓ 连续当且仅当 $\{f\in\mathcal{B}: \ell(f)=0\}$ 是闭的.

[提示：可由习题 34 推出.]

36. 1.5.4 节的结果可以推广到 d 维.

(a) 证明：存在定义在 $\mathbb{R}^d$ 中所有子集上的广义非负函数 $\hat{m}$ 使得（i）$\hat{m}$ 是有限可加的；（ii）当 E 关于 Lebesgue 测度 m 可测时，$\hat{m}(E)=m(E)$；并且对任意子集 E 和 $h\in\mathbb{R}^d$，$\hat{m}(E+h)=\hat{m}(E)$. 这是下述断言 (b) 的推论.

(b) 证明：存在$\mathbb{R}^d/\mathbb{Z}^d$上有界函数全体上的一个“积分”$I$，使得当$f\geqslant 0$时，$I(f)\geqslant 0$；映射$f\mapsto I(f)$是线性的；当$f$可测时，$I(f)=\int_{\mathbb{R}^d/\mathbb{Z}^d} f\mathrm{d}x$；并且$I(f_h)=I(f)$，其中$f_h(x)=f(x-h)$，$h\in\mathbb{R}^d$.

1.9 问题

1. 空间L^∞和L^1在所有Banach空间中具有普遍意义.

(a) 证明：任一可分的Banach空间$\mathcal{B}$，在不改变其范数情形下，都可以看作$L^\infty(\mathbb{Z})$的一个线性子空间. 即存在一个从$\mathcal{B}$到$L^\infty(\mathbb{Z})$的线性算子i，使得对任意的$f\in\mathcal{B}$均有$\|i(f)\|_{L^\infty(\mathbb{Z})}=\|f\|_{\mathcal{B}}$.

(b) 任一可分的Banach空间$\mathcal{B}$也可以看作$L^1(\mathbb{Z})$的某个商空间，即存在$L^1(\mathbb{Z})$到$\mathcal{B}$上的线性满射P，使得对每个$x\in L^1(\mathbb{Z})$均有$\|P(x)\|_{\mathcal{B}}=\inf\limits_{y\in S}\|x+y\|_{L^1(\mathbb{Z})}$，其中$S=\{x\in L^1(\mathbb{Z}):P(x)=0\}$.从而$(\mathcal{B},\|\cdot\|_{\mathcal{B}})$同构于商空间$(L^1(\mathbb{Z})/\mathcal{S},\|\cdot\|_{L^1(\mathbb{Z})/\mathcal{S}})$(见习题30).

事实上，若测度空间X包含可数多个正有限测度的互不相交子集，上述结论对于$L^\infty(X)$和$L^1(X)$也成立.

[提示：(a) 设不含零元的集合$\{f_n\}$在$\mathcal{B}$中稠密，$\ell_n\in\mathcal{B}^*$满足$\|\ell_n\|_{\mathcal{B}^*}=1$，$\ell_n(f_n)=\|f_n\|$. 对于$f\in\mathcal{B}$，令$i(f)=\{\ell_n(f)\}_{-\infty}^{\infty}$. (b) 对于$x=\{x_n\}\in L^1(\mathbb{Z})$，即$\sum\limits_{-\infty}^{\infty}|x_n|=\|x\|_{L^1(\mathbb{Z})}<\infty$，定义$P(x)=\sum\limits_{-\infty}^{\infty}x_nf_n/\|f_n\|$.]

2. 证明：在所有有界的实序列$\{s_n\}_{n=1}^{\infty}$构成的向量空间V上，存在“广义极限”L，满足：

(ⅰ) L是V上的线性泛函；

(ⅱ) 若$s_n\geqslant 0$，$\forall n$，则$L(\{s_n\})\geqslant 0$；

(ⅲ) 若序列$\{s_n\}$的极限存在，则$L(\{s_n\})=\lim\limits_{n\to\infty}s_n$；

(ⅳ) 对每个$k\geqslant 1$有$L(\{s_n\})=L(\{s_{n+k}\})$；

(ⅴ) 若只有有限个n使得$s_n-s'_n\neq 0$，则$L(\{s_n\})=L(\{s'_n\})$.

[提示：令$p(\{s_n\})=\limsup\limits_{n\to\infty}\left(\dfrac{s_1+\cdots+s_n}{n}\right)$，并将定义在极限存在的序列组成的子空间上的线性泛函$L(\{s_n\})=\lim\limits_{n\to\infty}s_n$延拓至$V$上.]

3. 证明：Banach空间$\mathcal{B}$的闭单位球是紧的（即若$f_n\in\mathcal{B}$，且$\|f_n\|\leqslant 1$，则存在依范数收敛的子序列）当且仅当$\mathcal{B}$是有限维的.

[提示：若$\mathcal{S}$是$\mathcal{B}$的一个闭子空间，则存在$x\in\mathcal{B}$，$\|x\|=1$，且x到$\mathcal{S}$的距离大于1/2.]

4. 设X是一个σ-紧可测度量空间. $C_b(X)$是X上有界连续函数构成的可分

Banach 空间，取上确界范数.

(a) 若 $\{\mu_n\}_{n=1}^{\infty}$ 是 $M(X)$ 中的有界序列，则存在 $\mu \in M(X)$ 和子序列 $\{\mu_{n_j}\}_{j=1}^{\infty}$，使得 μ_{n_j} 弱 * 收敛于 μ：

$$\int_X g(x)\mathrm{d}\mu_{n_j}(x) \to \int_X g(x)\mathrm{d}\mu(x),\quad \forall g \in C_b(X).$$

(b) 设 $\mu_0 \in M(X)$ 是正的. 证明：映射 $f \mapsto f\mathrm{d}\mu_0$，$\forall f \in L^1(\mu_0)$，是$L^1(\mu_0)$ 到 $M(X)$ 中关于 μ_0 绝对连续的符号测度构成的子空间上的等距映射.

(c) 证明：若$\{f_n\}$是 $L^1(\mu_0)$中的有界序列，则存在 $\mu \in M(X)$和子序列$\{f_{n_j}\}$ 使得测度 $f_{n_j}\mathrm{d}\mu_0$ 弱 * 收敛于 μ.

5. * 设 X 是一个测度空间，连续函数 φ 和 ψ 在区间$[0,\infty)$上严格递增，并且互为反函数，即对任意的 $x \geqslant 0$ 均有$(\varphi \circ \psi)(x)=x$. 令

$$\Phi(x)=\int_0^x \varphi(u)\mathrm{d}\mu,\quad \Psi(x)=\int_0^x \psi(u)\mathrm{d}u.$$

参见习题 23 定义 Orlicz 空间 $L^{\Phi}(X)$和 $L^{\Psi}(X)$.

(a) 使用习题 22 证明下述 Hölder 型不等式成立：存在 $C>0$，使得对任意的 $f \in L^{\Phi}$ 和 $g \in L^{\Psi}$，

$$\int |fg| \leqslant C \| f \|_{L^{\Phi}} \| g \|_{L^{\Psi}}.$$

(b) 若存在 $c>0$ 使得 $\Phi(2t) \leqslant c\Phi(t)$，$\forall t \geqslant 0$，则 L^{Φ} 的对偶空间同构于 L^{Ψ}.

6. * L^2 上的平行四边形法则（见习题 25）在 L^p 上的推广是下述 Clarkson 不等式.

(a) 证明：当 $2 \leqslant p \leqslant \infty$时，

$$\left\| \frac{f+g}{2} \right\|_{L^p}^p + \left\| \frac{f-g}{2} \right\|_{L^p}^p \leqslant \frac{1}{2}(\| f \|_{L^p}^p + \| g \|_{L^p}^p).$$

(b) 证明：当 $1<p \leqslant 2$ 时，

$$\left\| \frac{f+g}{2} \right\|_{L^p}^q + \left\| \frac{f-g}{2} \right\|_{L^p}^q \leqslant \frac{1}{2}(\| f \|_{L^p}^q + \| g \|_{L^p}^q)^{q/p},$$

其中 $1/p+1/q=1$.

(c) 证明：$L^p(1<p<\infty)$ 是**一致凸的**，即存在函数 $\delta=\delta(\varepsilon)=\delta_p(\varepsilon)$，$0<\delta<1$，（并且当 $\varepsilon \to 0$ 时，$\delta(\varepsilon)\to 0$），使得 $\left\| \frac{f+g}{2} \right\|_{L^p} \leqslant 1-\delta$，对任意的 $\| f \|_{L^p} = \| g \|_{L^p}=1$，$\| f-g \|_{L^p} \geqslant \varepsilon$. 此结论强于习题 27 中的严格凸.

(d) 设 $1<p<\infty$，并设 L^p 中的序列$\{f_n\}$弱收敛于 f. 应用 (c) 证明：若 $\| f_n \|_{L^p} \to \| f \|_{L^p}$，则$f_n$ 强收敛于 f，即 $\| f_n - f \|_{L^p} \to 0$，当 $n \to \infty$时.

7. * 一个重要的概念是 Banach 空间的等价性. 称两个 Banach 空间 $\mathcal{B}_1$ 和 $\mathcal{B}_2$ 是**等价的**（也称为“同构”），如果存在有界的线性双射 T：$\mathcal{B}_1 \to \mathcal{B}_2$ 使其逆也是有界的. 易见任意两个有限维的 Banach 空间等价的充要条件是它们的维数相同.

对于 $L^p(X)$，其中 X 是一般的测度空间（比如，$X=\mathbb{R}^d$，并取 Lebesgue 测度），证明：

(a) L^p 和 L^q 等价当且仅当 $p=q$；

(b) 对任意 p，$1\leqslant p\leqslant\infty$，$L^2$ 等价于 L^p 的一个无穷维的闭子空间.

8. * 与环$\mathbb{R}^d/\mathbb{Z}^d(d\geqslant2)$ 上的情形（参看习题 36）不同的是，球面 $S^d(d\geqslant2)$ 上的 Lebesgue 测度不可能延拓成定义在 S^d 的所有子集上的有限可加且旋转不变的测度. 这是由 Hausdorff 使用 S^d 上旋转群的非交换性给出的构造性证明. 事实上，可以把 S^2 分成四个不相交的集合 A，B，C 和 Z，使得（ⅰ）Z 是可数的；（ⅱ）$A\sim B\sim C$，但是 $A\sim(B\cup C)$. 其中记号 $A_1\sim A_2$ 是指 A_1 可以经过旋转变换到 A_2 中.

9. * 由问题 8* 可证：$\mathbb{R}^d(d\geqslant3)$ 的 Lebesgue 测度不可能延拓成定义在$\mathbb{R}^d$的所有子集上的有限可加的测度，使得该测度是平移和旋转都不变的（即在 Euclidean 作用下不变）. 这可由“Banach-Tarski 悖论”形象地给出证明：单位球 B_1 存在有限分解 $B_1=\bigcup_{j=1}^{N}E_j$，集合 E_j 是两两不相交的，通过 Euclidean 作用，从每个 E_j 可以得到相对应的集合 $\widetilde{E}_j$，$\widetilde{E}_j$ 也是两两不相交的，使得球 $B_2=\bigcup_{j=1}^{N}\widetilde{E}_j$ 的半径为 2.

第 2 章　调和分析中的 L^p 空间

在 Hilbert 处理积分方程的 Fredholm 理论过程中，系数平方可和函数所起的重要作用是众所周知的，由此 Göttingen 数学学派的专家一直致力于证明 Parseval 定理的逆定理……另一方面，他们也努力将这些孤立的结论推广到 $p(p\neq 2)$ 次可和的情形，但是失败了……

W. H. Young，1912

……我已经证明了两个共轭的三角级数可同时为某个 $L^p(p>1)$ 函数的 Fourier 级数，即若其中一个是，则另一个也是. 并且证明过程不依赖于 Young-Hausdorff 定理……

M. Riesz 给 *G. H. Hardy* 的信，1923

几个月前，你的来信“……我已经证明了两个共轭……$L^p(p>1)$ 函数”. 我想要这个证明. 我和我的学生 Titchmarsh 一直无法证明它……

G. H. Hardy 给 *M. Riesz* 的信，1923

在 L^p 空间出现后不久，人们就意识到了它们在调和分析中的重要性. 起初，利用 Cauchy 积分和共轭函数理论，L^p 空间将 Fourier 级数和复分析联系了起来. 所以调和分析的早期研究都采用复分析方法，但是为了将相关理论推广至高维情形，人们不得不采用“实”方法.

本章的目的就是向读者展示这两种方法. 实际上，将要介绍的实变方法在下一章研究 $\mathbb{R}^d$ 上的奇异积分理论中也会用到.

本章内容如下. 首先，我们说明 L^p 空间在 Fourier 级数理论中起到的重要作用，以及 L^p 空间上算子的凸性. 其次，作为复分析在调和分析中应用的典型例子，我们阐述 M. Riesz 所给出的有关 Hilbert 变换 L^p 有界性的证明.

为给出实变方法，先考虑极大函数及其“弱型”估计. 在 L^1 估计不成立的许多情形中，用弱型空间来替代 L^1 是非常有用的，而这也显示了它们的重要性. 此外，我们也研究“实” Hardy 空间 $\boldsymbol{H}_r^1$，并用它替代 L^1. $\boldsymbol{H}_r^1$ 空间的优势在于它是 Banach 空间，且其对偶空间是（替代 L^∞）有界平均振动函数空间. 同时，有界平均振动函数空间本身在分析学中也是非常令人感兴趣的.

2.1 早期动机

原始问题是寻求 $L^2([0,2\pi])$ 上 Parseval 定理在 L^p 上的推广. Parseval 定理断言: 若记 $a_n=\frac{1}{2\pi}\int_0^{2\pi}f(\theta)\mathrm{e}^{-in\theta}\mathrm{d}\theta$ 为函数 $f\in L^2([0,2\pi])$ 的 Fourier 系数, 通常写成

$$f(\theta)\sim\sum_{n=-\infty}^{\infty}a_n\mathrm{e}^{in\theta},\tag{2.1}$$

则下述基本等式成立:

$$\sum_{n=-\infty}^{\infty}|a_n|^2=\frac{1}{2\pi}\int_0^{2\pi}|f(\theta)|^2\mathrm{d}\theta.\tag{2.2}$$

反之, 若序列 $\{a_n\}$ 使得式 (2.2) 中左边有限, 则存在唯一的函数 $f\in L^2([0,2\pi])$ 使得式 (2.1) 和式 (2.2) 都成立. 特别地, 若 $f\in L^2([0,2\pi])$, 则它的 Fourier 系数属于 $L^2(\mathbb{Z})=\ell^2(\mathbb{Z})$.[1] 人们自然会问: 在 L^p ($p\neq 2$) 空间上是否有类似的结论?

事实上, $p>2$ 和 $p<2$ 是本质不同的. 在第一种情形中, 当 $f\in L^p([0,2\pi])$ 时, 即使 f 在 $L^2([0,2\pi])$ 中, 也有例子表明没有可能比 $\sum|a_n|^2<\infty$ 更好的结论. 另一方面, 当 $p<2$ 时, 从本质上看 $\sum|a_n|^q<\infty$ 是最好的结论, 其中 q 是 p 的共轭数. 若颠倒 f 和 $\{a_n\}$ 的位置, 则有类似的结论.

事实上, 下述两关系式成立: Hausdorff-Young 不等式

$$\left(\sum|a_n|^q\right)^{1/q}\leqslant\left(\frac{1}{2\pi}\int_0^{2\pi}|f(\theta)|^p\mathrm{d}\theta\right)^{1/p},\tag{2.3}$$

及其 "对偶"

$$\left(\frac{1}{2\pi}\int_0^{2\pi}|f(\theta)|^q\mathrm{d}\theta\right)^{1/q}\leqslant\left(\sum|a_n|^p\right)^{1/p},\tag{2.4}$$

其中 $1\leqslant p\leqslant 2$, $1/p+1/q=1$. ($q=\infty$ 时, 取通常的 L^∞ 范数.) 该结论可看成 $p=2$ 时的 Parseval 定理和 $p=1$, $q=\infty$ 时的 "平凡" 结论的中间情形.

注意到不等式 (2.3) 和不等式 (2.4) 成立的原因是它们包含着人们对 L^p 空间的深入了解: 最简单的情形通常是 p (或其共轭数) 为偶数时. 实际上, 例如一个函数属于 L^4 等同于它的平方属于 L^2, 而这允许我们将有些问题转到更简单的 $p=2$ 的情形. 为此, 在式 (2.3) 中令 $q=4$ ($p=4/3$). 对给定的 $f\in L^p$, 用 $\mathcal{F}$ 表示 f 和自身的卷积:

---

1 参考《实分析》第 4 章第 3 节.

$$\mathcal{F}(\theta)=\frac{1}{2\pi}\int_0^{2\pi} f(\theta-\varphi)f(\varphi)\mathrm{d}\varphi.$$

由卷积的 Fourier 系数可乘性得到

$$\mathcal{F}(\theta)\sim\sum_{n=-\infty}^{\infty} a_n^2 \mathrm{e}^{\mathrm{i}n\theta},$$

其中 $\{a_n\}$ 是 f 的 Fourier 系数. 再对 $\mathcal{F}$ 应用 Parseval 等式可得

$$\sum |a_n|^4=\frac{1}{2\pi}\int_0^{2\pi} |\mathcal{F}(\theta)|^2\mathrm{d}\theta,$$

并且由卷积的 Young 不等式（第 1 章习题 19）可知

$$\|\mathcal{F}\|_{L^2}\leqslant\|f\|_{L^{4/3}}^2,$$

从而当 $p=4/3$，$q=4$ 时式（2.3）成立.

一旦 $q=4$ 时的不等式得到证明，就可以对 $q=2k$ 时的情形类似处理，其中 k 是正整数. 然而，需要更进一步的方法来处理一般情形 $2\leqslant q\leqslant\infty$（对应的 $1\leqslant p\leqslant 2$).

与上述巧妙但具体的论述不同的是，在证明此类不等式中，包含着一个非常令人感兴趣的一般原理，即 Riesz 内插定理. 实际上，这给出了式（2.3）和式（2.4）的直接且抽象的证明. 简单地说，Riesz 内插定理断言，若一个线性算子满足一对不等式（如 $p=2$ 和 $p=1$ 时的式（2.3)），则对于中间指数 $1\leqslant p\leqslant 2$，且 $1/p+1/q=1$，该算子自然满足相应的不等式. 下一节的目的就是阐述并证明此定理.

在证明 Riesz 内插定理之前，我们将简洁地阐述 L^p 是如何将调和分析和复分析联系起来的.

对于函数 $f\in L^2$ 的 Fourier 级数（2.1)，我们考虑它的“共轭函数”或者“同源级数”，即

$$\tilde{f}(\theta)\sim\sum_{n=-\infty}^{\infty}\frac{\operatorname{sign}(n)}{\mathrm{i}}a_n\mathrm{e}^{\mathrm{i}n\theta},\tag{2.5}$$

其中 $\operatorname{sign}(n)=1$，当 $n>0$ 时；$\operatorname{sign}(n)=-1$，当 $n<0$ 时；$\operatorname{sign}(n)=0$，当 $n=0$时.[2]

上述定义的意义在于

$$\frac{1}{2}(f(\theta)+\mathrm{i}\tilde{f}(\theta)+a_0)\sim\sum_{n=0}^{\infty}a_n\mathrm{e}^{\mathrm{i}n\theta}=F(\mathrm{e}^{\mathrm{i}\theta}),$$

其中 $F(z)=\sum_{n=0}^{\infty}a_nz^n$ 是单位圆盘$|z|<1$上的解析函数（见图 1)，该函数可由 f 的 Cauchy 积分（投影）给出，即

2　共轭函数是与《傅里叶分析》中所考虑的 Fourier 级数发散相关的“缺失对称性的”算子.

$$F(z)=\frac{1}{2\pi\mathrm{i}}\int_0^{2\pi}\frac{f(\theta)}{\mathrm{e}^{\mathrm{i}\theta}-z}\mathrm{i}\mathrm{e}^{\mathrm{i}\theta}\mathrm{d}\theta.$$

进一步地，若 f 是实值的（即 $a_n=\overline{a_{-n}}$），则 $\widetilde{f}$ 也是实值的，因而 $f+a_0$ 和 $\widetilde{f}$ 分别是单位圆盘上解析函数 $2F$ 的边界函数的实部和虚部.

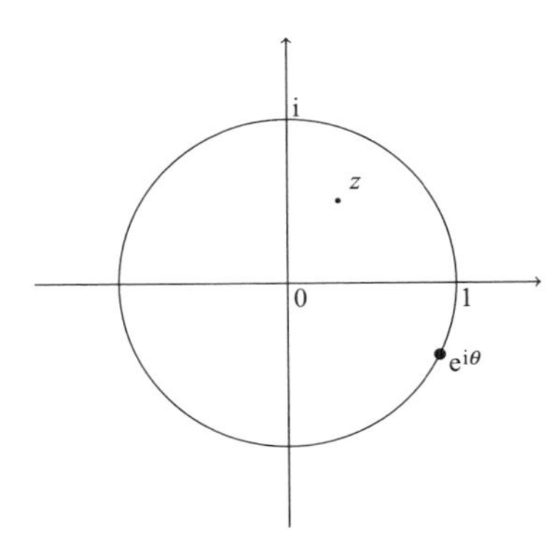

图 1　Cauchy 积分 $F(z)$ 定义在 $|z|<1$ 中，而 $f(\theta)$ 定义在 $z=\mathrm{e}^{\mathrm{i}\theta}$

由 Parseval 定理很容易推出 f 和 $\widetilde{f}$ 的 L^2 等式

$$\frac{1}{2\pi}\int_0^{2\pi}|\widetilde{f}(\theta)|^2\mathrm{d}\theta+|a_0|^2=\frac{1}{2\pi}\int_0^{2\pi}|f(\theta)|^2\mathrm{d}\theta. \tag{2.6}$$

该课题的早期目标是将上述结论推广到 L^p 上，并且这已经由 M. Riesz 给出了.

正如 M. Riesz 所说，诱导他发现上述结论的正是他准备对一个相当普通的学生进行“硕士资格”考试的时候. 试题中的一个问题就是证明式（2.6）. Riesz 说：“……然而很明显，我的应试者不知道 Parseval 定理. 因此在给他这个问题之前，我不得不考虑他是否可能有其他的方法得到所需的结论. 很快地，我意识到此问题可由 Cauchy 定理得到，并且此想法使我迅速地解决了困扰我很长时间的一般情形下的相应问题.”

Riesz 的证明如下. 为简单起见，假设 $a_0=0$，则在此假设下，解析函数 F 实际上在单位圆盘的闭包上都是连续的. 从而对解析函数 F^2 应用平均值定理（Cauchy 定理的简单推论）可得

$$\frac{1}{2\pi}\int_0^{2\pi}(F(\mathrm{e}^{\mathrm{i}\theta}))^2\mathrm{d}\theta=0. \tag{2.7}$$

像上述一样，若 f 是实值的，则由 $4(F(\mathrm{e}^{\mathrm{i}\theta}))^2$ 的实部为 $(f(\mathrm{e}^{\mathrm{i}\theta}))^2-(\widetilde{f}(\mathrm{e}^{\mathrm{i}\theta}))^2$ 立即可得式（2.6）. 此外，Riesz 意识到：若在上述过程中用 F^{2k} 代替 F^2，其中 k 是正整数，并再次考虑实部，则 $f\mapsto\widetilde{f}$ 在 L^p 上有界，其中 $p=2k$. 而对所有 $p(1<p<\infty)$ 需要做类似但更复杂的讨论.

在上述过程中，Riesz 内插定理将再次起着重要作用. 在下一节中我们将阐述并证明此定理.

2.2　Riesz 内插定理

设 (p_0,q_0) 和 (p_1,q_1) 是两对指数，$1\leqslant p_j,\ q_j\leqslant\infty$，并假设

$$\|T(f)\|_{L^{q_0}}\leqslant M_0\|f\|_{L^{p_0}},\quad \|T(f)\|_{L^{q_1}}\leqslant M_1\|f\|_{L^{p_1}},$$

其中 T 是一个线性算子. 那么对于其他指数对 (p,q)，下述关系是否成立：

$$\| T(f) \|_{L^q} \leqslant M \| f \|_{L^p}?$$

我们将证明此不等式对由指数 p_0，p_1，q_0，q_1 的倒数线性表出的 p 和 q 成立.（指数倒数的线性关系已经在对偶式 $1/p+1/p'=1$ 中出现过.）

为明确地阐述主要定理，我们先约定一些记号. 设 (X,μ) 和 (Y,ν) 是两个测度空间. 将 (X,μ) 上的 L^p 范数简写为 $\| f \|_{L^p}=\| f \|_{L^p(X,\mu)}$，对于 (Y,ν) 空间上函数的 L^q 范数有类似的定义. 并记 $L^{p_0}+L^{p_1}$ 为 (X,μ) 上所有可写成 f_0+f_1，$f_j \in L^{p_j}(X,\mu)$ 的函数构成的空间，而且类似地定义 $L^{q_0}+L^{q_1}$.

定理 2.2.1　设 T 是映 $L^{p_0}+L^{p_1}$ 到 $L^{q_0}+L^{q_1}$ 的线性算子. 并设 $T: L^{p_0} \to L^{q_0}$ 和 $T: L^{p_1} \to L^{q_1}$ 都有界，且满足：

$$\begin{cases} \| T(f) \|_{L^{q_0}} \leqslant M_0 \| f \|_{L^{p_0}}, \\ \| T(f) \|_{L^{q_1}} \leqslant M_1 \| f \|_{L^{p_1}}. \end{cases}$$

则 $T: L^p \to L^q$ 有界，

$$\| T(f) \|_{L^q} \leqslant M \| f \|_{L^p},$$

其中存在 $t(0\leqslant t\leqslant 1)$ 使得 (p,q) 满足：

$$\frac{1}{p}=\frac{1-t}{p_0}+\frac{t}{p_1}, \quad \frac{1}{q}=\frac{1-t}{q_0}+\frac{t}{q_1},$$

此外，上界 M 满足 $M \leqslant M_0^{1-t} M_1^t$.

应该强调的是此定理对复值函数构成的 L^p 空间也成立，这是因为其证明依赖于复分析. 事实上，算子 T 将诱导出复平面中带形区域 $0\leqslant \mathrm{Re}(z) \leqslant 1$ 上的一个解析函数 Φ，使得假设条件 $\| T(f) \|_{L^{q_0}} \leqslant M_0 \| f \|_{L^{p_0}}$ 和 $\| T(f) \|_{L^{q_1}} \leqslant M_1 \| f \|_{L^{p_1}}$ 分别转换为 Φ 在边界 $\mathrm{Re}(z)=0$ 和 $\mathrm{Re}(z)=1$ 上的有界性. 进一步地，原结论将由 Φ 在实轴上点 t 处的有界性得到.（见图 2）.

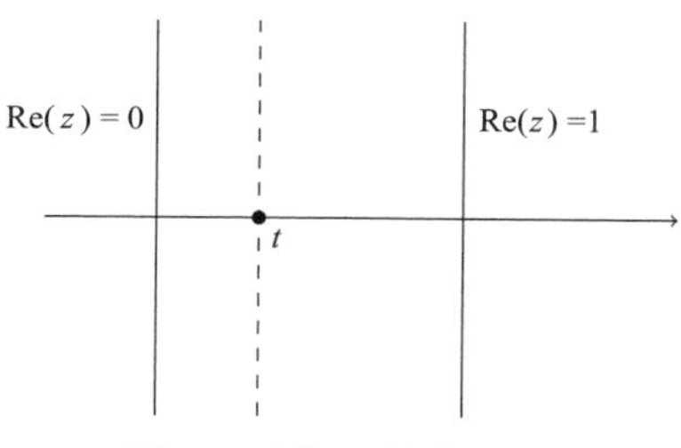

图 2　函数 Φ 的定义域

下述引理讨论了函数 Φ 的有界性.

引理 2.2.2（三线引理）　设 $\Phi(z)$ 在带形区域 $S=\{z\in\mathbb{C}: 0<\mathrm{Re}(z)<1\}$ 中解析，并在 S 的闭包上连续有界. 若

$$M_0=\sup_{y\in\mathbf{R}} |\Phi(\mathrm{i}y)|, \quad M_1=\sup_{y\in\mathbf{R}} |\Phi(1+\mathrm{i}y)|,$$

则

$$\sup_{y\in\mathbf{R}} |\Phi(t+\mathrm{i}y)| \leqslant M_0^{1-t} M_1^t, \quad \forall\, 0\leqslant t\leqslant 1.$$

术语“三线”是指 Φ 在直线 $\mathrm{Re}(z)=t$ 上模的大小由它在两条边界线 $\mathrm{Re}(z)=0$ 和 $\mathrm{Re}(z)=1$ 上模的大小所控制. 读者或许能注意到，该引理是已经在《复分析》第 4 章中讨论过的 Phragmén-Lindelöf 类型的结果. 与这种类型的其他结论一样，它可由众所周知的最大模原理推得，并且此时 Φ 在整个带形区域上的有界性假设起到了作用. 但是，需要注意的是 Φ 在整个带形区域上模的大小在结论中并未出

现.(习题 5 给出了 Φ 的增长需要满足的一些必要条件.)

证 首先假设 $M_0=M_1=1$,且当 $|y|\to\infty$ 时,$\sup\limits_{0\leqslant x\leqslant 1}|\Phi(x+\mathrm{i}y)|\to 0$,并证明此时引理成立. 在这种情形下,记 $M=\sup|\Phi(z)|$,其中上确界取遍 S 闭包中的所有点 z. 显然,可以假设 $M>0$,并可取带形区域中的点列 z_1,z_2,…使得当 $n\to\infty$ 时,$|\Phi(z_n)|\to M$. 由 Φ 的衰减假设条件可知,z_n 不可能趋于无限,因此存在 S 闭包中的点 z_0,使得 $\{z_n\}$ 的一个子序列收敛于 z_0. 再根据最大模原理可知,z_0 不可能在带形区域的内部(除非 Φ 是常值函数,而此时结论是平凡的),因此 z_0 在 S 的边界上,且 $|\Phi|\leqslant 1$. 所以 $M\leqslant 1$,从而引理在此特殊情形下得证.

现在只假设 $M_0=M_1=1$,并定义

$$\Phi_\varepsilon(z)=\Phi(z)\mathrm{e}^{\varepsilon(z^2-1)},\quad \forall\,\varepsilon>0.$$

由于 $\mathrm{e}^{\varepsilon[(x+\mathrm{i}y)^2-1]}=\mathrm{e}^{\varepsilon(x^2-1-y^2+2\mathrm{i}xy)}$,所以在直线 $\mathrm{Re}(z)=0$ 和 $\mathrm{Re}(z)=1$ 上均有 $|\Phi_\varepsilon(z)|\leqslant 1$. 此外,由 Φ 的有界性可知,

$$\sup_{0\leqslant x\leqslant 1}|\Phi_\varepsilon(x+\mathrm{i}y)|\to 0 \text{ 当 } |y|\to\infty \text{ 时}.$$

因此根据上述情形的结论可得,在带形区域的闭包上有 $|\Phi_\varepsilon(z)|\leqslant 1$. 再令 $\varepsilon\to 0$ 即得 $|\Phi|\leqslant 1$.

最后,对任意的正数 M_0 和 M_1,令 $\widetilde{\Phi}(z)=M_0^{z-1}M_1^{-z}\Phi(z)$. 注意到 $\widetilde{\Phi}$ 满足前一情形的条件,即 $\widetilde{\Phi}$ 在直线 $\mathrm{Re}(z)=0$ 和 $\mathrm{Re}(z)=1$ 上以 1 为上界. 因此在带形区域中 $|\widetilde{\Phi}|\leqslant 1$,从而引理证毕. □

为证明内插定理,我们先证明不等式对简单函数 f 成立,并且只需考虑 $\|f\|_{L^p}=1$ 的情形. 此外,为得到 $\|Tf\|_{L^q}\leqslant M\|f\|_{L^p}$,根据第 1 章引理 1.4.2 可知,只需证明

$$\left|\int(Tf)g\,\mathrm{d}\nu\right|\leqslant M\|f\|_{L^p}\|g\|_{L^{q'}},$$

其中,$1/q+1/q'=1$,且 g 是简单函数,$\|g\|_{L^{q'}}=1$.

假设 $p<\infty$ 且 $q>1$. 设 $f\in L^p$ 是简单函数,$\|f\|_{L^p}=1$,并且定义

$$f_z=|f|^{\gamma(z)}\frac{f}{|f|},\quad \gamma(z)=p\left(\frac{1-z}{p_0}+\frac{z}{p_1}\right),$$

和

$$g_z=|g|^{\delta(z)}\frac{g}{|g|},\quad \delta(z)=q'\left(\frac{1-z}{q_0'}+\frac{z}{q_1'}\right),$$

其中 q',q_0' 和 q_1' 分别表示 q,q_0 和 q_1 的共轭数. 则 $f_t=f$,同时

$$\begin{cases}\|f_z\|_{L^{p_0}}=1, & \text{当 } \mathrm{Re}(z)=0 \text{ 时},\\ \|f_z\|_{L^{p_1}}=1, & \text{当 } \mathrm{Re}(z)=1 \text{ 时}.\end{cases}$$

类似地,若 $\mathrm{Re}(z)=0$,则 $\|g_z\|_{L^{q_0'}}=1$;若 $\mathrm{Re}(z)=1$,则 $\|g_z\|_{L^{q_1'}}=1$;而且 $g_t=g$. 现在的技巧是考虑函数

$$\Phi(z)=\int(Tf_z)g_z\,\mathrm{d}\nu.$$

因为 f 是一个有限和 $f=\sum a_k\chi_{E_k}$，其中 E_k 是两两不交的测度有限的集合，所以 f_z 也是简单函数，且

$$f_z=\sum|a_k|^{\gamma(z)}\frac{a_k}{|a_k|}\chi_{E_k}.$$

由于 $g=\sum b_j\chi_{F_j}$ 也是简单函数，则

$$g_z=\sum|b_j|^{\delta(z)}\frac{b_j}{|b_j|}\chi_{F_j}.$$

根据上述记号可得

$$\Phi(z)=\sum_{j,k}|a_k|^{\gamma(z)}|b_j|^{\delta(z)}\frac{a_k}{|a_k|}\frac{b_j}{|b_j|}\left(\int T(\chi_{E_k})\chi_{F_j}\,\mathrm{d}\nu\right),$$

则函数 Φ 在带形区域 $0<\mathrm{Re}(z)<1$ 中解析，并在其闭包上是有界连续的. 若 $\mathrm{Re}(z)=0$，则由 Hölder 不等式和 T 在 L^{p_0} 上以 M_0 为界可得

$$|\Phi(z)|\leqslant\|Tf_z\|_{L^{q_0}}\|g_z\|_{L^{q_0'}}\leqslant M_0\|f_z\|_{L^{p_0}}=M_0.$$

类似地，在直线 $\mathrm{Re}(z)=1$ 上有 $|\Phi(z)|\leqslant M_1$. 因此根据三线引理可知，Φ 在直线 $\mathrm{Re}(z)=t$ 上以 $M_0^{1-t}M_1^t$ 为界. 因为 $\Phi(z)=\int(Tf)g\,\mathrm{d}\nu$，所以当 f 是简单函数时，结论成立.

一般地，若 $f\in L^p$ $(1\leqslant p<\infty)$，则存在 L^p 中的一列简单函数 $\{f_n\}$ 使得 $\|f_n-f\|_{L^p}\to0$（见第 1 章习题 6）. 因为 $\|T(f_n)\|_{L^q}\leqslant M\|f_n\|_{L^p}$，所以 $T(f_n)$ 是 L^q 中的 Cauchy 序列. 而且若能证明 $\lim\limits_{n\to\infty}T(f_n)=T(f)$ 几乎处处成立，则有 $\|T(f)\|_{L^q}\leqslant M\|f\|_{L^p}$.

为此，记 $f=f^U+f^L$，其中 $f^U(x)=f(x)$，当 $|f(x)|\geqslant1$ 时；其他为 0，并且 $f^L(x)=f(x)$，当 $|f(x)|<1$ 时；其他为 0. 类似地定义 $f_n=f_n^U+f_n^L$. 现在，假设 $p_0\leqslant p_1$（$p_0\geqslant p_1$ 是类似的）. 则 $p_0\leqslant p\leqslant p_1$，并且由 $f\in L^p$ 可知 $f^U\in L^{p_0}$，$f^L\in L^{p_1}$. 此外，由于在 L^p 范数下 $f_n\to f$，所以在 L^{p_0} 范数下 $f_n^U\to f^U$ 且在 L^{p_1} 范数下 $f_n^L\to f^L$. 从而根据假设可得，在 L^{q_0} 中 $T(f_n^U)\to T(f^U)$，且在 L^{q_1} 中 $T(f_n^L)\to T(f^L)$. 进而通过选择适当的子序列可得 $T(f_n)=T(f_n^U)+T(f_n^L)$ 几乎处处收敛于 $T(f)$，故结论成立.

其次，假设 $q=1$ 且 $p=\infty$. 在这种情形下，$p_0=p_1=\infty$，并且由 Hölder 不等式（见第 1 章习题 20）可知，假设条件 $\|T(f)\|_{L^{q_0}}\leqslant M_0\|f\|_{L^\infty}$ 和 $\|T(f)\|_{L^{q_1}}\leqslant M_1\|f\|_{L^\infty}$ 隐含着

$$\|T(f)\|_{L^q}\leqslant M_0^{1-t}M_1^t\|f\|_{L^\infty}.$$

最后，若 $p<\infty$ 且 $q=1$，则 $q_0=q_1=1$. 然后取 $g_z=g$，$\forall z$，并像 $q>1$ 的情形一样讨论. 这就完成了此定理的证明.

我们将用一种稍微不同但非常有用的方式来阐述 Riesz 内插定理的本质. 先假设线性算子 T 定义在 X 上的简单函数集上，并把这些函数映到 Y 上在测度有限的集合上可积的函数. 然后，我们要问：什么样的（p,q）使得算子 T 是（p,q）型的，即存在 $M>0$，使得对任意的简单函数 f 均有

$$\| T(f) \|_{L^q} \leqslant M \| f \|_{L^p} ? \tag{2.8}$$

在这个问题的构想中，简单函数的重要作用在于它们在所有的 L^p 空间中都很常见. 进一步地，若式（2.8）成立，则只要 $p<\infty$，或者 $p=\infty$ 且 X 有有限测度，T 就可以唯一地延拓到所有的 L^p 上，并且和式（2.8）有相同的上界 M. 这可由简单函数在 L^p 中的稠密性以及第 1 章命题 1.5.4 推得.

有了上述想法后，定义 T 的 **Riesz 图像**为单位正方形 $\{(x,y):0\leqslant x\leqslant 1, 0\leqslant y\leqslant 1\}$ 中满足 $x=1/p$，$y=1/q$，且 T 是（p,q）型的点（x,y）全体. 并记 $M_{x,y}$ 是 $x=1/p$，$y=1/q$ 时使得式（2.8）成立的最小的 M.

推论 2.2.3 对于上述定义的 T：

(a) T 的 Riesz 图像是一个凸集；

(b) $\log M_{x,y}$ 在这个集合上是一个凸函数.

结论（a）表明：若 $(x_0,y_0)=(1/p_0,1/q_0)$ 和 $(x_1,y_1)=(1/p_1,1/q_1)$ 是 T 的 Riesz 图像中的点，则由定理 2.2.1 立即可得，连接它们的线段也在 T 的 Riesz 图像中. 类似地，由定理 2.2.1 中的结论 $M\leqslant M_0^{1-t}M_1^t$ 可知，函数 $\log M_{x,y}$ 的凸性是它在每个线段上的凸性.

根据推论 2.2.3，通常称 Riesz 内插定理为“Riesz 凸性定理”.

2.2.1 应用举例

例 1 定理 2.2.1 的第一个应用是 Hausdorff-Young 不等式（2.3). 设 $X=[0,2\pi]$，其测度为规范化的 Lebesgue 测度 $d\theta/(2\pi)$，并设 $Y=\mathbb{Z}$，其测度为通常的计数测度. 映射 T 的定义为 $T(f)=\{a_n\}$，其中

$$a_n=\frac{1}{2\pi}\int_0^{2\pi} f(\theta)e^{-in\theta}d\theta.$$

推论 2.2.4 若 $1\leqslant p\leqslant 2$ 且 $1/p+1/q=1$，则

$$\| T(f) \|_{L^q(\mathbb{Z})} \leqslant \| f \|_{L^p([0,2\pi])}.$$

注意到 $L^2([0,2\pi])\subset L^1([0,2\pi])$ 和 $L^2(\mathbb{Z})\subset L^\infty(\mathbb{Z})$ 分别蕴含着 $L^2([0,2\pi])+L^1([0,2\pi])=L^1([0,2\pi])$ 和 $L^2(\mathbb{Z})+L^\infty(\mathbb{Z})=L^\infty(\mathbb{Z})$. 此外，$p_0=q_0=2$ 时的不等式是 Parseval 等式的推论，同时 $p_1=1$，$q_1=\infty$ 时的情形可由下述关系得到：

$$|a_n|\leqslant\frac{1}{2\pi}\int_0^{2\pi} |f(\theta)|d\theta, \quad \forall n.$$

因此由 Riesz 定理可知，当 $1/p=\frac{(1-t)}{2}+t$ 和 $1/q=\frac{1-t}{2}(0\leqslant t\leqslant 1)$ 时，结论成立. 从而推论对任意的 $1\leqslant p\leqslant 2$ 和 $1/p+1/q=1$ 均成立.

例 2　证明 Hausdorff-Young 不等式的对偶式 (2.4). 为此, 定义算子 T' 为

$$T'(\{a_n\})=\sum_{n=-\infty}^{\infty} a_n \mathrm{e}^{in\theta}.$$

因为当 $p\leqslant 2$ 时, $L^p(\mathbb{Z})\subset L^2(\mathbb{Z})$, 所以由 Parserval 等式的酉不变性可知, 当 $\{a_n\}\in L^p(\mathbb{Z})$时, 上述函数的定义是合理的.

推论 2.2.5　若 $1\leqslant p\leqslant 2$, 且 $1/p+1/q=1$, 则

$$\|T'(\{a_n\})\|_{L^q([0,2\pi])}\leqslant \|\{a_n\}\|_{L^p(\mathbf{Z})}.$$

该证明与推论 2.2.4 的证明类似. 已经证明, $p_0=q_0=2$ 时的情形是 Parseval 等式的推论; $p_1=1$, $q_1=\infty$时的情形可由下述事实直接得到,

$$\left|\sum_{n=-\infty}^{\infty} a_n \mathrm{e}^{in\theta}\right|\leqslant \sum_{n=-\infty}^{\infty} |a_n|.$$

此推论也可以用推论 2.2.4、第 1 章定理 1.4.1 和定理 1.5.5 来证明.

例 3　对 Fourier 变换做类似的讨论. 考虑$\mathbb{R}^d$上的 L^p 空间, 其测度为通常的 Lebesgue 测度. 先在简单函数集上定义 Fourier 变换 (记为 T) 为

$$T(f)(\xi)=\int_{\mathbf{R}^d} f(x)\mathrm{e}^{-2\pi i x\cdot\xi}\mathrm{d}x.$$

则显然有 $\|T(f)\|_{L^\infty}\leqslant\|f\|_{L^1}$, 同时 T 可以延拓到$L^1(\mathbb{R}^d)$ 上 (见第 1 章命题 1.5.4) 且不等式仍然成立. 此外, T 可以延拓为$L^2(\mathbb{R}^d)$ 上的一个酉算子. (实际上, 这是 Plancherel 定理. 见《实分析》第 5 章第 1 节.) 特别地, 对简单函数 f 有, $\|T(f)\|_{L^2}\leqslant\|f\|_{L^2}$.

如前所述, 可以证明:

推论 2.2.6　若 $1\leqslant p\leqslant 2$, 且 $1/p+1/q=1$, 则 Fourier 变换 T 可唯一地延拓为 L^p 到 L^q 的有界算子, 且 $\|T(f)\|_{L^q}\leqslant\|f\|_{L^p}$.

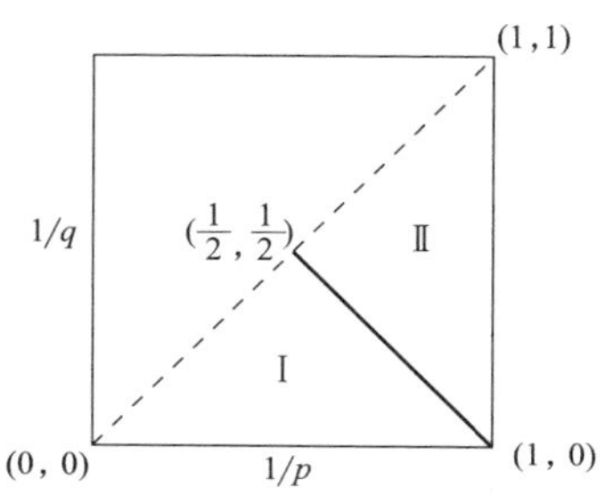

图 3　Hausdorff-Young 定理的 Riesz 图像

我们用图 3 所示的上述不同类型的 Hausdorff-Young 定理的 Riesz 图像来总结这些结论. 这三种不同的类型如下:

(ⅰ) 推论 2.2.4 中的算子 T: 闭三角形 Ⅰ;

(ⅱ) 推论 2.2.5 中的算子 T': 闭三角形 Ⅱ;

(ⅲ) 推论 2.2.6 中的算子 T: 连接 (1,0) 和 (1/2,1/2) 的线段, 即三角形 Ⅰ 和三角形 Ⅱ 的公共边.

确切地说, 三个推论表明上述三种情形对于连接 (1,0) 和 (1/2,1/2) 的线段上的点均成立. 若在例 1 的证明中使用平凡不等式 $\|f\|_{L^1}\leqslant\|f\|_{L^\infty}$, 则点 (0,0) 也属于 T 的 Riesz 图像, 从而得到闭三角形 Ⅰ. 类似地, 在例 2 中, 由

$\|T'(\{a_n\})\|_{L^\infty}\leqslant\|\{a_n\}\|_{L^1}$ 可得到三角形Ⅱ. 最后，需要注意的是除了连接 (1,0) 和 (1/2,1/2) 的线段外，例 3 中 Fourier 变换的 Riesz 图像不包含其他任何点.（见习题 2 和习题 3.）

例 4 我们阐述$\mathbb{R}^d$上卷积型 Young 不等式. 即若 f 和 g 分别是 L^p 和 L^r 中的函数，则卷积

$$(f*g)(x)=\int_{\mathbb{R}^d}f(x-y)g(y)\mathrm{d}y$$

的定义是合理的（即函数 $f(x-y)g(y)$ 对几乎每个 x 都是可积的），且

$$\|f*g\|_{L^q}\leqslant\|f\|_{L^p}\|g\|_{L^r},\tag{2.9}$$

其中 $1/q=1/p+1/r-1$ $(1\leqslant q\leqslant\infty)$. 第 1 章习题 19 的提示中已经给出了该结论的一种证明. 现在，我们指出它也是 $p=1$ 和 p 是 r 的对偶数时这两种特殊情形的推论. 事实上，只需对简单函数 f 和 g 证明式 (2.9)，然后通过简单的极限讨论就可以得到一般情形. 由此，固定 g，并定义映射 T 为 $T(f)=f*g$. 注意到（见第 1 章习题 17(a)，那里互换了 f 和 g 的位置）$\|T(f)\|_{L^r}\leqslant M\|f\|_{L^1}$，其中 $M=\|g\|_{L^r}$. 此外，根据 Hölder 不等式可得 $\|T(f)\|_{L^\infty}\leqslant M\|f\|_{L^{r'}}$，其中 $1/r'+1/r=1$. 再运用 Riesz 内插定理即可得到想要的结果.

当然，对于周期函数也是类似的. 例如，在一维情形下，周期为 2π 的函数 f 和 g 的**卷积**定义为

$$(f*g)(\theta)=\frac{1}{2\pi}\int_0^{2\pi}f(\theta-\varphi)g(\varphi)\mathrm{d}\varphi.$$

若令 $L^p=L^p([0,2\pi])$，其测度为 $\mathrm{d}\theta/(2\pi)$，则也有 $\|f*g\|_{L^q}\leqslant\|f\|_{L^p}\|g\|_{L^r}$，但是此不等式自然在更大的范围内成立，这是因为当 $\bar{r}\leqslant r$ 时，$\|g\|_{L^{\bar{r}}}\leqslant\|g\|_{L^r}$.

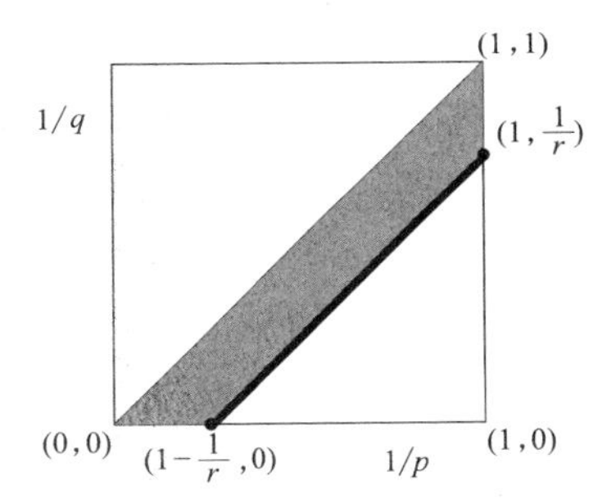

图 4 $T(f)=f*g\ (g\in L^r)$ 的 Riesz 图像

Riesz 图像的说明如下（见图 4）：连接 $(1-1/r,\ 0)$ 和 $(1,\ 1/r)$ 的加粗线段代表$\mathbb{R}^d$上函数的 Young 不等式. 闭的（阴影）梯形代表周期情形的不等式.

2.3 Hilbert 变换的 L^p 理论

本节考虑本章第 1 节中已经提到的"共轭函数"理论，但是我们将以$\mathbb{R}$和上半平面$\mathbb{R}^2_+=\{z=x+\mathrm{i}y,x\in\mathbb{R},y>0\}$为框架来考虑，这与单位圆周和单位圆盘上的讨论是平行的. 尽管证明方法稍微复杂些，但是所得的结论更简洁，且其形式可更直接地推广到高维情形.

2.3.1 L^2 理论

首先给出 Hilbert 变换和 Cauchy 积分所产生的投影算子之间的基本关系式. 对于$\mathbb{R}$上一个适当的函数 f，定义它的 Cauchy 积分为

$$F(z)=C(f)(z)=\frac{1}{2\pi i}\int_{-\infty}^{\infty}\frac{f(t)}{t-z}dt,\quad \mathrm{Im}(z)>0. \tag{2.10}$$

此时若设 $f\in L^2(\mathbb{R})$，则上述积分对任意的 $z=x+iy\ (y>0)$ 均收敛，（这是因为关于 t 的函数 $1/(t-z)$ 属于 $L^2(\mathbb{R})$），并且 $F(z)$ 在上半平面内解析. Cauchy 积分 F 也可以由 f 的 L^2 Fourier 变换 $\hat{f}$ 来表示：[3]

$$F(z)=\int_{0}^{\infty}\hat{f}(\xi)e^{2\pi iz\xi}d\xi,\mathrm{Im}(z)>0. \tag{2.11}$$

因为关于 ξ 的函数 $e^{-2\pi y\xi}\ (y>0)$ 属于 $L^2(0,\infty)$，所以上述积分收敛. 此外，上述表达式成立的原因是等式

$$\int_{0}^{\infty}e^{2\pi iz\xi}d\xi=-\frac{1}{2\pi iz}, \tag{2.12}$$

对 $\mathrm{Im}(z)>0$ 成立.（关于这些论断的更多细节及其与 Hardy 空间 H^2 的联系，可参考《实分析》第 5 章第 2 节.）

由式 (2.11) 和 Plancherel 定理易得，当 $y\to 0$ 时，在 $L^2(\mathbb{R})$ 范数下有 $F(x+iy)\to P(f)(x)$，其中

$$P(f)(x)=\int_{-\infty}^{\infty}\hat{f}(\xi)\chi(\xi)e^{2\pi ix\xi}d\xi,$$

且 χ 是 $(0,\infty)$ 的特征函数. 因此 P 是从空间 $L^2(\mathbb{R})$ 到由满足对几乎每个 $\xi<0$，$\hat{f}(\xi)=0$ 的函数 f 构成的子空间上的正交投影. 从而可以像式 (2.5) 一样定义 Hilbert 变换 H 为

$$H(f)(x)=\int_{-\infty}^{\infty}\hat{f}(\xi)\frac{\mathrm{sign}(\xi)}{i}e^{2\pi ix\xi}d\xi, \tag{2.13}$$

由 P 和 H 的定义可以直接得到一些初等但值得注意的结论：

- $P=\frac{1}{2}(I+iH)$，其中 I 是恒等算子.
- H 是 L^2 上的酉算子，且 $H\circ H=H^2=-I$.

换言之，$\|H(f)\|_{L^2}=\|f\|_{L^2}$，且 H 是可逆的，$H^{-1}=-H$.

现在讨论由"奇异积分"给出的 Hilbert 变换的重要表达式，具体内容如下.

命题 2.3.1　若 $f\in L^2(\mathbb{R})$，则

$$H(f)(x)=\lim_{\varepsilon\to 0}\frac{1}{\pi}\int_{|t|\geqslant\varepsilon}f(x-t)\frac{dt}{t}. \tag{2.14}$$

即若记 $H_\varepsilon(f)$ 为上式右边的积分，则对任意的 $\varepsilon>0$ 均有 $H_\varepsilon(f)\in L^2(\mathbb{R})$，并且式 (2.14) 在 $L^2(\mathbb{R})$ 范数下是收敛的.

首先，给出几个结论. 注意到，若 $z=x+iy$，则

$$-\frac{1}{i\pi z}=\mathcal{P}_y(x)+i\mathcal{Q}_y(x), \tag{2.15}$$

3　其中 Fourier 变换是通过 Plancherel 定理在 L^2 意义下定义的.

其中

$$\mathcal{P}_y(x)=\frac{y}{\pi(x^2+y^2)}, \quad \mathcal{Q}_y(x)=\frac{x}{\pi(x^2+y^2)}$$

分别叫作 Poisson 核和共轭 Poisson 核. 从而由式(2.10)、式(2.11)和式(2.15)可得

$$\int_0^\infty \hat{f}(\xi)e^{2\pi iz\xi}d\xi=\frac{1}{2}[(f*\mathcal{P}_y)(x)+i(f*\mathcal{Q}_y)(x)], \tag{2.16}$$

其中$(f*\mathcal{P}_y)(x)=\int f(x-t)\mathcal{P}_y(t)dt=\int f(t)\mathcal{P}_y(x-t)dt$，且对 $f*\mathcal{Q}_y$ 有类似的公式.

其次，定义反射 $\varphi\mapsto\varphi^\sim$ 为 $\varphi^\sim(x)=\varphi(-x)$. 由于 $\mathcal{P}_y$ 和 $\mathcal{Q}_y$ 分别是 x 的偶函数和奇函数，所以$(f*\mathcal{P}_y)^\sim=f^\sim*\mathcal{P}_y$，且$(f*\mathcal{Q}_y)^\sim=-(f^\sim*\mathcal{Q}_y)$. 此外，$(\widehat{f^\sim})=(\hat{f})^\sim$. 因此将 f 和 $f^\sim$ 分别代入式(2.16)可知

$$\begin{cases}(f*\mathcal{P}_y)(x)=\int_{-\infty}^\infty \hat{f}(\xi)e^{2\pi ix\xi}e^{-2\pi y|\xi|}d\xi,\\ (f*\mathcal{Q}_y)(x)=\int_{-\infty}^\infty \hat{f}(\xi)e^{2\pi ix\xi}e^{-2\pi y|\xi|}\dfrac{\operatorname{sign}(\xi)}{i}d\xi.\end{cases} \tag{2.17}$$

从而 $\mathcal{P}_y$ 和 $\mathcal{Q}_y$ 的 Fourier 变换（在 L^2 上）分别为

$$\begin{cases}\widehat{\mathcal{P}_y}(\xi)=e^{-2\pi y|\xi|},\\ \widehat{\mathcal{Q}_y}(\xi)=e^{-2\pi y|\xi|}\dfrac{\operatorname{sign}(\xi)}{i}.\end{cases} \tag{2.18}$$

由此，我们回到命题 2.3.1 的证明. 注意到，根据式(2.13)、式(2.17)、式(2.18)和 Plancherel 定理可得，当 $\varepsilon\to 0$ 时，在 L^2 范数下有 $f*\mathcal{Q}_\varepsilon\to H(f)$. 现在考虑

$$\frac{1}{\pi}\int_{|t|\geqslant\varepsilon}f(x-t)\frac{dt}{t}-(f*\mathcal{Q}_\varepsilon)(x)=H_\varepsilon(f)(x)-(f*\mathcal{Q}_\varepsilon)(x).$$

上述差等于 $f*\Delta_\varepsilon$，其中

$$\Delta_\varepsilon(x)=\begin{cases}\dfrac{1}{\pi x}-\mathcal{Q}_\varepsilon(x), & |x|\geqslant\varepsilon\\ -\mathcal{Q}_\varepsilon(x), & |x|<\varepsilon.\end{cases}$$

值得注意的是 $\Delta_\varepsilon(x)=\varepsilon^{-1}\Delta_1(\varepsilon^{-1}x)$，且$|\Delta_1(x)|\leqslant A/(1+x^2)$，这是因为当$|x|\geqslant 1$时，$1/x-x/(x^2+1)=O(1/x^3)$.[4] 特别地，$\Delta_1$ 在$\mathbb{R}$上可积，并且核函数族 $\Delta_\varepsilon(x)$ 满足恒等逼近[5] 中通常的尺寸条件，但不满足$\int\Delta_\varepsilon(x)dx=1$. 然而由 $\Delta_\varepsilon(x)$ 是 x

4 我们提醒读者，记号 $f(x)=O(g(x))$意思是存在某个正常数 C 使得$|f(x)|\leqslant C|g(x)|$对给定的 x 都成立.

5 关于恒等逼近，可参考《实分析》第 3 章第 2 节和习题 2.

的奇函数可知，$\int \Delta_\varepsilon(x)\mathrm{d}x=0$，$\forall \varepsilon\neq 0$. 从而在 L^2 范数下，当 $\varepsilon\to 0$ 时，

$$f*\Delta_\varepsilon\to 0, \tag{2.19}$$

进而有 $H_\varepsilon(f)\to H(f)$.

下面简要地证明式（2.19）. 首先

$$(f*\Delta_\varepsilon)(x)=\int f(x-t)\Delta_\varepsilon(t)\mathrm{d}t=\int (f(x-t)-f(x))\Delta_\varepsilon(t)\mathrm{d}t$$

$$=\int (f(x-\varepsilon t)-f(x))\Delta_1(t)\mathrm{d}t.$$

从而由 Minkowski 不等式可得

$$\|f*\Delta_\varepsilon\|_{L^2}\leqslant\int \|f(x-\varepsilon t)-f(x)\|_{L^2}|\Delta_1(t)|\mathrm{d}t.$$

又因为 $\|f(x-\varepsilon t)-f(x)\|_{L^2}\leqslant 2\|f\|_{L^2}$，且对于每个 t，当 $\varepsilon\to 0$ 时，$\|f(x-\varepsilon t)-f(x)\|_{L^2}\to 0$，所以由控制收敛定理可知，当 $\varepsilon\to 0$ 时，上述积分趋于零.（关于 L^2 范数的连续性，见第1章习题8.）

注　上述讨论也表明 $\|H_\varepsilon(f)\|_{L^2}\leqslant A\|f\|_{L^2}$，其中 A 与 ε 和 f 无关.

2.3.2　L^p 定理

有了上述有关 Hilbert 变换的基本性质后，现在可以给出本节的主要定理——M. Riesz 定理，即 Hilbert 变换在 $L^p(1<p<\infty)$ 上是有界的. 具体内容如下.

定理 2.3.2　设 $1<p<\infty$. 则最初由式（2.13）或式（2.14）定义的 Hilbert 变换，满足不等式

$$\|H(f)\|_{L^p}\leqslant A_p\|f\|_{L^p},\quad \forall f\in L^2\cap L^p, \tag{2.20}$$

其中上界 A_p 与 f 无关. 进一步地，Hilbert 变换可唯一延拓到 L^p 上并有同样的上界.[6]

为了更好地理解上述定理的本质，我们探讨为什么该定理在 $p=1$ 或 $p=\infty$ 时不成立. 为此，需要做一些精确的计算. 记 I 为区间 $(-1,1)$，并设 $f=\chi_I$ 是该区间的特征函数. 此时 f 是一个偶函数，于是它的 Hilbert 变换是奇函数. 实际上，通过简单计算可得 $H(f)(x)=\lim\limits_{\varepsilon\to 0}H_\varepsilon(f)(x)=\frac{1}{\pi}\log\left|\frac{x+1}{x-1}\right|$. 因此 $H(f)$ 在 $x=-1$ 和 $x=1$ 附近是无界的（在这两点有适度（对数）奇异性）. 然而当 $|x|\to\infty$ 时，$H(f)(x)\sim\frac{2}{\pi x}$，所以显然有 $H(f)\notin L^1$.

取代 $f=\chi_I$，我们也考虑具有启发意义的奇函数 $g(x)=\chi_J(x)-\chi_J(-x)$，其中 $J=(0,1)$. 则 g 的 Hilbert 变换 $H(g)(x)=\frac{1}{\pi}\log\left|\frac{x^2}{x^2-1}\right|$，并且它是一个偶函数. 尽管 $H(g)$ 是无界的（在 -1，0 和 1 处有适度对数奇异性），但是它在 $\mathbb{R}$ 上

6　关于一般的延拓准则，参考第1章命题 1.5.4.

可积，这是因为当$|x|\to\infty$时，$H(g)(x)\sim\dfrac{1}{\pi x^2}$.（见图 5.）

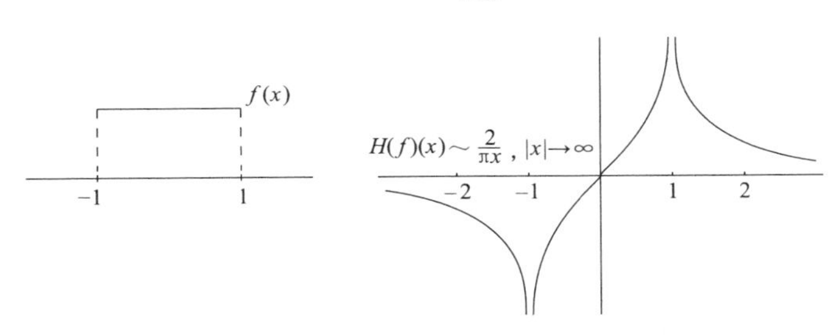

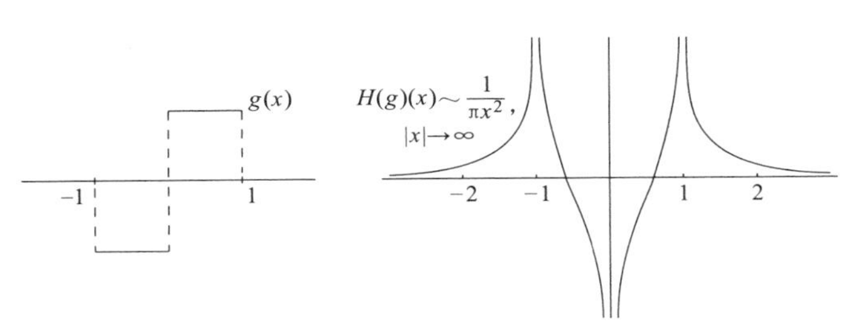

图 5 两个 Hilbert 变换的例子

有一个很好的结论，其重要性将在后文中显现：若 f 是$\mathbb{R}$上有紧支撑的有界函数，则 $H(f)\in L^1(\mathbb{R})$当且仅当 $\int f(x)\mathrm{d}x=0$.（见习题 7.）

2.3.3 定理 2.3.2 的证明

在本章第 1 节末尾介绍 Fourier 级数和共轭函数时，已经给出了该证明的主要思想. 尽管该证明依赖于复分析非常简练，但是该方法在本质上对算子是有限制的，并且不能对$\mathbb{R}^d$上的 Hilbert 变换做类似推广. 我们将在下一章 3.3 节用“实方法”来考虑更一般的算子.

现在开始证明定理 2.3.2. 证明过程中我们将使用两个技巧. 第一个非常简单，即只需对实值函数证明此定理，由此可以立即推广至复值函数（其上界不超过对于实值函数的上界 A_p 的两倍）.

第二个技巧依赖于对有紧支撑的无穷次可微函数构成的空间 $C_0^\infty(\mathbb{R})$ 的运用. 需要关于此空间的两个有用的结论. 首先，它在 $L^p(\mathbb{R})$ 中稠密. 更特别地，若 $f\in L^2\cap L^p(p<\infty)$，则存在一列函数 $\{f_n\}\subset C_0^\infty(\mathbb{R})$，使得在 L^2 和 L^p 范数下都有 $f_n\to f$.（这可由第 1 章习题 7 及其后参考文献中的内容得到.）

为了完成定理 2.3.2 的证明，需要一个特别有用的结论，即若 $f\in C_0^\infty(\mathbb{R})$，则 Cauchy 积分 $F(z)=\dfrac{1}{2\pi\mathrm{i}}\displaystyle\int_{-\infty}^{\infty}\dfrac{f(t)}{t-z}\mathrm{d}t$ 可延拓成上半平面的闭包上的有界连续函

数. 此外，F 还满足下述衰减不等式：存在适当的常数 M 使得

$$|F(z)|\leqslant\frac{M}{1+|z|},\quad z=x+\mathrm{i}y,y\geqslant 0.\tag{2.21}$$

证明上述结论的最简单的方法就是运用 F 的 Fourier 变换表达式（2.11）. 此时，$\hat{f}$ 在无穷远处的快速递减性就蕴含着 F 在闭半平面 $\overline{\mathbb{R}^2_+}$ 上是连续有界的. 此外，由 $\hat{f}$ 的光滑性和分部积分可知

$$F(z)=\frac{1}{2\pi\mathrm{i}z}\int_0^\infty\frac{\mathrm{d}(\mathrm{e}^{2\pi\mathrm{i}z\xi})}{\mathrm{d}\xi}\hat{f}(\xi)\mathrm{d}\xi=\frac{1}{2\pi\mathrm{i}z}\left[-\int_0^\infty\mathrm{e}^{2\pi\mathrm{i}z\xi}\hat{f}'(\xi)\mathrm{d}\xi-\hat{f}(0)\right].$$

因此，$|F(z)|\leqslant M_0/|z|$，再结合 F 的有界性可知式（2.21）成立. 进一步地，注意到 F 的连续性，式（2.11）、式（2.16）和式（2.17）蕴含着

$$2F(x)=2\lim_{y\to 0}F(x+\mathrm{i}y)=f(x)+\mathrm{i}H(f)(x).\tag{2.22}$$

同样值得注意的是，若 f 是实值的（正如已经假设的一样），则根据式（2.14）可得 Hilbert 变换 $H(f)$ 也是实值的.

有了上述预备知识，主要的结论就可以通过下述几步给出.

第一步：Cauchy 定理. 首先证明，若整数 k 满足 $k\geqslant 2$，则

$$\int_{-\infty}^{\infty}(F(x))^k\,\mathrm{d}x=0.\tag{2.23}$$

事实上，如果记 γ 为上半平面中以 $R+\mathrm{i}\varepsilon$，$R+\mathrm{i}R$，$-R+\mathrm{i}R$ 和 $-R+\mathrm{i}\varepsilon$ 为顶点的矩形边界（见图 6），并在 γ 上对解析函数 $(F(z))^k$ 积分，则根据 Cauchy 定理可知 $\int_\gamma(F(z))^k\,\mathrm{d}z=0$. 令 $\varepsilon\to 0$，$R\to\infty$，则由 F 的连续性和衰减不等式（2.21）可得式（2.23）.（也注意到，由式（2.21）可知，对任意的 $p>1$ 均有 $H(f)\in L^p$.）

图 6　矩形积分区域 γ

现在应用式（2.23）. 注意到，当 $k=2$ 时，考虑式（2.23）的实部（f 和 $H(f)$ 是实值的）可知，$\int_{-\infty}^{\infty}[f^2-(Hf)^2]\mathrm{d}x=0$. 实际上，这是先前提到的 H 在 L^2 上的酉性.

下面考虑 $k\geqslant 2$ 是偶数时的情形，比如 $k=2\ell$.（当 k 是奇数时，式（2.23）没有直接有用的结论）. 若设 $k=4$，则考虑式（2.23）的实部可得

$$\int f^4 \mathrm{d}x - 6\int f^2(Hf)^2 \mathrm{d}x + \int (Hf)^4 \mathrm{d}x = 0.$$

从而由 Schwarz 不等式可得

$$\int (Hf)^4 \mathrm{d}x \leqslant 6\int f^2(Hf)^2 \mathrm{d}x \leqslant 6\left(\int f^4 \mathrm{d}x\right)^{1/2}\left(\int (Hf)^4 \mathrm{d}x\right)^{1/2},$$

因此

$$\left(\int (Hf)^4 \mathrm{d}x\right)^{1/2} \leqslant 6\left(\int f^4 \mathrm{d}x\right)^{1/2},$$

即

$$\| H(f) \|_{L^4} \leqslant 6^{1/2} \| f \|_{L^4}.$$

同样地，若 $p=2\ell$，且 $\ell \geqslant 1$ 是整数，则

$$\| H(f) \|_{L^p} \leqslant A_p \| f \|_{L^p}, \quad p=2\ell. \tag{2.24}$$

事实上，$(f+\mathrm{i}H(f))^{2\ell}$ 的实部是

$$\sum_{r=0}^{\ell} f^{2r}(Hf)^{2\ell-2r}c_r, \quad 其中\ c_r=(-1)^{\ell-r}\binom{2\ell}{2r}, r=0,1,\cdots,\ell.$$

因此

$$\int (Hf)^{2\ell} \mathrm{d}x \leqslant \sum_{r=1}^{\ell} a_r \int f^{2r}(Hf)^{2\ell-2r} \mathrm{d}x,$$

其中 $a_r=\binom{2\ell}{2r}$. 再由 Hölder 不等式$\left(共轭数是\dfrac{2\ell}{2r}, \dfrac{2\ell}{2\ell-2r}\right)$可得

$$\int f^{2r}(Hf)^{2\ell-2r} \mathrm{d}x \leqslant \| f \|_{L^p}^{2r} \| H(f) \|_{L^p}^{2\ell-2r},$$

其中 $p=2\ell$. 因此

$$\| H(f) \|_{L^p}^{2\ell} \leqslant \sum_{r=1}^{\ell} a_r \| f \|_{L^p}^{2r} \| H(f) \|_{L^p}^{2\ell-2r},$$

注意到，上述不等式是关于 $\| f \|_{L^p}$ 和 $\| H(f) \|_{L^p}$ 的 2ℓ 阶齐次式. 此外，在不等式右边，$\| H(f) \|_{L^p}$ 的次数至多是 $2\ell-2$. 一旦规范化 f 使得 $\| f \|_{L^p}=1$，并令 $X=\| H(f) \|_{L^p}$，就有 $X^{2\ell} \leqslant \sum_{r=1}^{\ell} a_r X^{2\ell-2r}$. 注意到要么 $X<1$，要么 $X \geqslant 1$. 在第二种情形下，$X^{2\ell} \leqslant \left(\sum_{r=1}^{\ell} a_r\right) X^{2\ell-2}$. 从而 $X^2 \leqslant \sum_{r=1}^{\ell} a_r \leqslant 2^{2\ell}$. 因此总有 $X \leqslant 2^{\ell}$，故式 (2.24) 得证，且 $A_p=2^{p/2}$.

为进行下一步，需要将对于 $f \in C_0^{\infty}$ 成立的基本不等式 (2.24) 推广至对于简单函数 f 也成立. 我们已经知道，当 $f \in L^2$，特别地，f 是简单函数时，$H(f)$ 有定义. 又因为简单函数 f 属于 $L^2 \cap L^p$，所以存在序列 $\{f_n\}$，$f_n \in C_0^{\infty}$，使得在 L^2 和 L^p 范数下均有 $f_n \to f$. 因此 $\{H(f_n)\}$ 在 L^2 和 L^p 范数下都是 Cauchy 序列，同时在 L^2 范数下 $H(f_n) \to H(f)$. 因此式(2.24)对于简单函数 f 成立.

第二步：内插. 由于已经证明了式 (2.24) 对简单函数和偶数 p 成立，所以一旦把 F 延拓到复值函数上，我们就能运用 Riesz 内插定理. 但是这很容易办到，只需对实值函数 f_1 和 f_2 定义 $H(f_1+\mathrm{i}f_2)=H(f_1)+\mathrm{i}H(f_2)$即可. 由此注意到，尽管不等式 (2.24) 可以扩展到复值函数情形，但是 A_p 需由 $2A_p$ 替代. (通过进一步地讨论可知，最初的上界 A_p 对复值函数情形也成立. 见习题 8.)

从而由 Riesz 内插定理得到不等式

$$\| H(f) \|_{L^p} \leqslant A_p \| f \|_{L^p},$$

其中 $2\leqslant p\leqslant 2\ell$，且 ℓ 是任意一个正整数. 这是因为在内插定理中取 $p_0=q_0=2$，$p_1=q_1=2\ell$，以及若 $1/p=(1-t)/2+t/(2\ell)$，则当 $0\leqslant t\leqslant 1$ 时，$2\leqslant p\leqslant 2\ell$. 由于 ℓ 可以任意大，所以对任意的 $2\leqslant p<\infty$和简单函数 f，式 (2.20) 均成立.

第三步：对偶. 通过对偶性把 $2\leqslant p<\infty$的情形过渡到 $1<p\leqslant 2$ 的情形. 此过程依赖于下述简单等式

$$\int_{-\infty}^{\infty} (Hf)\overline{g}\,\mathrm{d}x=-\int_{-\infty}^{\infty} f(\overline{Hg})\,\mathrm{d}x, \tag{2.25}$$

其中 f 和 g 属于 $L^2(\mathbb{R})$，且此时它们可以是复值函数. 实际上，这可由 Plancherel 等式$(f,g)=(\hat{f},\hat{g})$ 和定义 (2.13) 的变式

$$\widehat{H(f)}(\xi)=\frac{\operatorname{sign}(\xi)}{\mathrm{i}}\hat{f}(\xi)$$

立即得到.

现在，可以用第 1 章定理 1.5.5 所述的抽象对偶性原理，或者按照下述讨论直接论证. 假设 f 和 g 都是简单函数，则根据前一章引理 1.4.2 可知，当 $1<p\leqslant 2$时，

$$\| H(f) \|_{L^p}=\sup_g \left| \int H(f)\overline{g}\,\mathrm{d}x \right|,$$

其中上确界取遍所有简单函数 g，$\| g \|_{L^q}\leqslant 1$，且 $1/p+1/q=1$. 然而根据式 (2.25) 和 Hölder 不等式可得，上式等于

$$\sup_g \left| \int f\,\overline{H(g)}\,\mathrm{d}x \right| \leqslant \sup_g \| f \|_{L^p} \| \overline{H(g)} \|_{L^q} \leqslant \| f \|_{L^p} A_q,$$

其中最后一个不等式可由在式 (2.20) 中用 q 代替 p，且注意到 $2\leqslant q<\infty$得到.

因此式 (2.20) 对任意的 $1<p<\infty$和简单函数 f 均成立. 从而根据熟悉的极限论述可知，式 (2.20) 任意的 $f\in L^2\cap L^p$ 均成立，故定理得证.

2.4　极大函数和弱型估计

L^p 空间出现的另一个重要原因是其与极大函数 f^* 的联系. 对于$\mathbb{R}^d$上的适当函数 f，定义**极大函数** f^* 为

$$f^*(x)=\sup_{x\in B}\frac{1}{m(B)}\int_B |f(y)|\,\mathrm{d}y,$$

其中上确界取遍所有包含 x 的球 B，且 m（也记为 $\mathrm{d}y$）是 $\mathbb{R}^d$ 上的 Lebesgue 测度.[7]

毋庸置疑的是 f^* 在分析学的各种问题中起着重要作用，且其中最为核心的是 L^p 不等式

$$\|f^*\|_{L^p}\leqslant A_p\|f\|_{L^p},\quad 1<p\leqslant\infty. \tag{2.26}$$

在证明式（2.26）之前，先给出几个事实. 首先，虽然映射 $f\mapsto f^*$ 是非线性的，但是该映射满足次可加性 $f^*\leqslant f_1^*+f_2^*$，其中 $f=f_1+f_2$.

其次，即使式（2.26）对于 $p=\infty(A_\infty=1)$ 显然成立，但是它对于 $p=1$ 不成立. 这可以通过取 f 为单位球 B 的特征函数，并注意到此时有 $f^*(x)\geqslant 1/(1+|x|)^d$ 直接证得. 显然，此函数在无穷远处是不可积的. 而不等式 $f^*(x)\geqslant 1/(1+|x|)^d$ 可由下述事实得到：对每个 $x\in\mathbb{R}^d$，以 x 为中心且以 $1+|x|$ 为半径的球包含 B. 也有 f^* 不是局部可积的简单例子.（见习题 12.）

然而，对 f^* 的 L^1 有界性有一个非常有用的替代品. 即**弱型**不等式：存在上界 A（与 f 无关），使得

$$m(\{x:f^*(x)>\alpha\})\leqslant\frac{A}{\alpha}\|f\|_{L^1(\mathbb{R}^d)},\quad \forall\alpha>0. \tag{2.27}$$

我们简要地回顾证明式（2.27）时的主要步骤. 若记 $E_\alpha=\{x:f^*(x)>\alpha\}$，则为了得到上述关于 $m(E_\alpha)$ 的控制不等式，只需对 E_α 的任意紧子集 K，证明 $m(K)$ 满足同样的不等式. 根据 f^* 的定义可知，存在有限个球 B_1，B_2，…，B_N 覆盖 K，且对每个 i，$\int_{B_i}|f(x)|\mathrm{d}x\geqslant\alpha m(B_i)$. 然后，再由 Vitali 覆盖引理可知，存在两两不相交的球 B_{i_1}，B_{i_2}，…，B_{i_n}，使得 $\sum_{j=1}^{n}m(B_{i_j})\geqslant 3^{-d}m(K)$. 从而将互不相交的球上的不等式相加可得 $m(K)\leqslant\frac{3^d}{\alpha}\|f\|_{L^1}$，这就推导出了式（2.27）.

2.4.1 L^p 不等式

我们开始证明下述极大函数的 L^p 不等式.

定理 2.4.1 若 $f\in L^p(\mathbb{R}^d)$，$1<p\leqslant\infty$，则 $f^*\in L^p(\mathbb{R}^d)$，且式（2.26）成立，即

$$\|f^*\|_{L^p}\leqslant A_p\|f\|_{L^p}.$$

上界 A_p 仅依赖于 p，与 f 无关.

首先证明：只要 $f\in L^p$，就有 $f^*(x)<\infty$ a. e. x.注意到 f 可分解为 $f=f_1+f_\infty$，其中当 $|f(x)|>1$ 时，$f_1(x)=f(x)$，否则 $f_1(x)=0$；且当 $|f(x)|\leqslant 1$ 时，$f_\infty(x)=f(x)$，否则 $f_\infty(x)=0$. 从而 $f_1\in L^1$，$f_\infty\in L^\infty$. 但是由 $|f_\infty(x)|\leqslant 1$

---

7 关于 f^* 和下述式（2.27）的证明，可参考《实分析》第 3 章.

处处成立易得，$f^* \leqslant f_1^* + f_\infty^* \leqslant f_1^* + 1$. 现在由式（2.27）(其中的 f 用 f_1 代替）可知，f_1^* 几乎处处有限. 因此 f^* 也几乎处处有限.

需要将上述过程做更定量的讨论来证明 $f^* \in L^p$. 结合映射 $f \mapsto f^*$ 的 L^∞ 有界性，将弱型不等式（2.27）改进为

$$m(\{x : f^*(x) > \alpha\}) \leqslant \frac{A'}{\alpha} \int_{|f| > \alpha/2} |f| \mathrm{d}x, \quad \forall \alpha > 0, \tag{2.28}$$

其中 A' 是不同于 A 的常数；它可以取为 $2A$. 与式（2.27）相比较，式（2.28）的益处是（除了常数不同外，而这不是本质的），我们仅需在 $|f(x)| > \alpha/2$ 上积分，而不是全集 $\mathbb{R}^d$.

为证明式（2.28），记 $f = f_1 + f_\infty$，此时 $f_1(x) = f(x)$，若 $|f(x)| > \alpha/2$；$f_\infty(x) = f(x)$，若 $|f(x)| \leqslant \alpha/2$. 从而由对任意的 x 均有 $|f_\infty(x)| \leqslant \alpha/2$ 可知，$f^* \leqslant f_1^* + f_\infty^* \leqslant f_1^* + \alpha/2$. 故 $\{x : f^*(x) > \alpha\} \subset \{x : f_1^* > \alpha/2\}$，并在弱型不等式（2.27）中用 f_1 代替 f（且 $\alpha/2$ 代替 α）可得式（2.28），其中 $A' = 2A$.

分布函数

其次，我们将需要关于不等式（2.27）和不等式（2.28）中左边量的一个事实，并按如下过程在更一般情形下阐述该事实. 假设 F 是任意一个非负可测函数，则 F 的**分布函数** $\lambda(\alpha) = \lambda_F(\alpha)$ 定义为

$$\lambda(\alpha) = m(\{x : F(x) > \alpha\}), \quad \alpha > 0.$$

其主要结论是对任意的 $0 < p < \infty$ 均有

$$\int_{\mathbb{R}^d} (F(x))^p \mathrm{d}x = \int_0^\infty \lambda(\alpha^{1/p}) \mathrm{d}\alpha, \tag{2.29}$$

在广义下成立（即，两边同时有限且相等，或者两边都是无穷大).

为证明式（2.29），先考虑 $p = 1$ 的情形. 此时等式可通过在 $\mathbb{R}^d \times \mathbb{R}^+$ 上对集合 $\{(x, \alpha) : F(x) > \alpha > 0\}$ 的特征函数应用 Fubini 定理直接得到. 事实上，对该特征函数先关于 α 然后关于 x 积分可得 $\int_{\mathbb{R}^d} \left(\int_0^{F(x)} \mathrm{d}\alpha\right) \mathrm{d}x$，然而交换积分顺序可得 $\int_0^\infty m(\{x : F(x) > \alpha\}) \mathrm{d}\alpha$，从而当 $p = 1$ 时式（2.29）成立. 最后，令 $G(x) = (F(x))^p$，于是 $\{x : G(x) > \alpha\} = \{x : F(x) > \alpha^{1/p}\}$. 由 $p = 1$ 时式（2.29）成立（其中用 G 代替 F）可得，式（2.29）对一般的 p 也成立.

我们也注意到

$$\lambda(\alpha) \leqslant \frac{1}{\alpha} \int_{\mathbb{R}^d} F(x) \mathrm{d}x,$$

即 Tchebychev **不等式**. 实际上，

$$\int_{\mathbb{R}^d} F(x) \mathrm{d}x \geqslant \int_{F(x) > \alpha} F(x) \mathrm{d}x \geqslant \alpha m(\{x : F(x) > \alpha\}),$$

这就蕴含着上述不等式成立. 更一般地，对于 $p > 0$ 有 $\lambda(\alpha) \leqslant \frac{1}{\alpha^p} \int (F(x))^p \mathrm{d}x$.

现在对 $F(x)=f^*(x)$ 应用式（2.29），再用式（2.28）可得

$$\int_{\mathbb{R}^d}(f^*(x))^p\mathrm{d}x=\int_0^\infty\lambda(\alpha^{1/p})\mathrm{d}\alpha\leqslant A'\int_0^\infty\alpha^{-1/p}\left(\int_{|f|>\alpha^{1/p}/2}|f|\mathrm{d}x\right)\mathrm{d}\alpha.$$

通过互换积分顺序来估计右边的积分. 此时，它变成了

$$A'\int_{\mathbb{R}^d}|f(x)|\left(\int_0^{|2f(x)|^p}\alpha^{-1/p}\mathrm{d}\alpha\right)\mathrm{d}x.$$

然而当 $p>1$ 时，对任意的 $t\geqslant0$ 均有 $\int_0^t\alpha^{-1/p}\mathrm{d}\alpha=a_pt^{1-1/p}$（其中 $a_p=p/(p-1)$）. 从而该双重积分就等于 $A'a_p2^{p-1}\int_{\mathbb{R}^d}|f(x)\|f(x)|^{p-1}\mathrm{d}x$，即 $A_p^p\|f\|_{L^p}^p$（其中 $A_p^p=A'a_p2^{p-1}$），这就证明了式（2.26），从而定理得证.

注意到由上述证明可知，式（2.26）中的常数 A_p 满足 $A_p=O(1/(p-1))$，当 $p\to1$ 时.

注 与极大函数 f^* 一样，Hilbert 变换 $H(f)$ 也满足弱 L^1 不等式. 我们将在下一章中给出该结论在更一般情形下的证明. 实际上，该弱型不等式将被用来证明 $\mathbb{R}^d$ 上 Hilbert 变换的 L^p 不等式，其方法与上述有关极大函数的证明有许多相同的地方.

2.5 Hardy 空间 $\boldsymbol{H}_r^1$

本节考虑 $L^1(\mathbb{R}^d)$（$d=1$）的另一个替代品——实 Hardy 空间 $\boldsymbol{H}_r^1(\mathbb{R}^d)$，该空间在重要的 $L^p(p>1)$不等式对 $p=1$ 时不成立的情形下起着至关重要的作用. $\boldsymbol{H}_r^1(\mathbb{R}^d)$ 是一个“接近于”L^1 的 Banach 空间，且其对偶空间自然也有许多应用. 此外，$\boldsymbol{H}_r^1(\mathbb{R}^d)$与前面考虑的弱型函数空间形成了鲜明对比：后者既不可能是Banach空间，也没有任何的有界线性泛函.（见习题 15.）

空间 $\boldsymbol{H}_r^1(\mathbb{R}^d)$（$d=1$）首次出现是作为单变量复分析学中复 Hardy 空间 H^p $(p=1)$中函数的边界值的“实部”. 上半平面上的 Hardy 空间 H^p 是$\mathbb{R}_+^2$上满足下述关系的解析函数 F 全体：

$$\sup_{y>0}\int_{-\infty}^{\infty}|F(x+\mathrm{i}y)|^p\mathrm{d}x<\infty,$$

且其范数 $\|F\|_{H^p}$ 为上述不等式左边量的 p 次方根.[8]

现在可以证明：若 $F\in H^p$，$p<\infty$，则极限 $F_0(x)=\lim\limits_{y\to0}F(x+\mathrm{i}y)$在 $L^p(\mathbb{R})$ 范数下存在，且实际上有 $\|F\|_{H^p}=\|F_0\|_{L^p(\mathbb{R})}$. 进一步地，当 $1<p<\infty$时，Riesz 定理可重新表述为 $2F_0=f+\mathrm{i}H(f)$，其中 f 是 $L^p(\mathbb{R})$ 中的实值函数. 反之，每一个函数 $F\in H^p$ 都由这种方式给出. 因此当 $1<p<\infty$时，在等价范数意义下，可以将 Banach 空间 H^p 等同于（实）$L^p(\mathbb{R})$. 但是该等价关系在 $p=1$ 时不成立，

---

8 $p=2$ 时的情形，见《实分析》第 5 章第 2 节.

这是因为 Hilbert 变换 H 在 L^1 上不是有界的. 这就诱导出了 $\boldsymbol{H}_r^1(\mathbb{R})$ 的原始定义：由 $2F_0=f+\mathrm{i}H(f)$，$F\in H^1$ 所给出的实值函数 f 全体. 换言之，$f\in\boldsymbol{H}_r^1(\mathbb{R})$ 当且仅当 $f\in L^1(\mathbb{R})$，且在适当"弱"的情形下，$H(f)$ 也属于 $L^1(\mathbb{R})$.（关于这些结论的证明，可参考问题 2，7* 和 8*.）

后来，$\boldsymbol{H}_r^1$ 的概念扩展到了 $\mathbb{R}^d(d>1)$ 上，并最终找到了各种各样的等价定义. 实践表明这些定义中描述最简单且在应用中最有用的是由"原子"分解所给出的定义. 我们现在给出该定义.

2.5.1　$\boldsymbol{H}_r^1$ 的原子分解

称 $\mathbb{R}^d$ 上的一个有界可测函数 $\mathfrak{a}$ 为与球 $B\subset\mathbb{R}^d$ 相联系的**原子**，如果：

（i）$\mathfrak{a}$ 的支撑在 B 中，且对任意的 x 均有 $|\mathfrak{a}(x)|\leqslant 1/m(B)$；

（ii）$\int_{\mathbb{R}^d}\mathfrak{a}(x)\mathrm{d}x=0$.

注意到（i）蕴含着对每个原子 $\mathfrak{a}$ 均有 $\|\mathfrak{a}\|_{L^1(\mathbb{R}^d)}\leqslant 1$.

空间 $\boldsymbol{H}_r^1(\mathbb{R}^d)$ 是可写成下述分解式的 L^1 函数 f 的全体：

$$f=\sum_{k=1}^{\infty}\lambda_k\mathfrak{a}_k, \tag{2.30}$$

其中，$\mathfrak{a}_k$ 是原子，且 λ_k 是标量并满足：

$$\sum_{k=1}^{\infty}|\lambda_k|<\infty. \tag{2.31}$$

注意到式（2.31）确保了和式（2.30）在 L^1 范数下收敛. 取遍 f 的形如式（2.30）的所有可能分解得到的 $\sum|\lambda_k|$ 的下确界定义为 f 的 $\boldsymbol{H}_r^1$ **范数**，并记为 $\|f\|_{\boldsymbol{H}_r^1}$.

从而可以得到下述有关 $\boldsymbol{H}_r^1$ 的性质：

- $\boldsymbol{H}_r^1$ 在上述范数下是完备的，因此是 Banach 空间. 若 $f\in\boldsymbol{H}_r^1$，则 $f\in L^1$，且 $\|f\|_{L^1(\mathbb{R}^d)}\leqslant\|f\|_{\boldsymbol{H}_r^1}$；另外，显然有 $\int f(x)\mathrm{d}x=0$.
- 然而，前述必要条件远远不能保证 $f\in\boldsymbol{H}_r^1$.
- 消失条件（ii）的意义已经在 2.3.2 节末尾处给出了. 此外，若去掉此消失条件，则形如式（2.30）的和式就表示 $L^1(\mathbb{R}^d)$ 中的任意一个函数.
- 然而反之，若 f 是 $L^p(\mathbb{R}^d)$（$1<p$）中的任意一个函数，且其支撑有界并满足消失条件 $\int f(x)\mathrm{d}x=0$，则 $f\in\boldsymbol{H}_r^1$.

前三个结论的证明可参考习题 16～18. 第四个结论是其中最难的，稍后将给出其证明. 该证明不仅能使我们更深入了解 $\boldsymbol{H}_r^1$ 的本质，而且其思想将在后续很多问题中用到.

我们将前面提到的结论阐述如下.

命题 2.5.1 设 $f\in L^p(\mathbb{R}^d)$，$p>1$，且 f 的支撑有界. 则 $f\in \boldsymbol{H}_r^1(\mathbb{R}^d)$ 当且仅当 $\int_{\mathbb{R}^d} f(x)\mathrm{d}x=0$.

注意到由 Hölder 不等式（见第 1 章命题 1.1.4）可知 f 自然在 L^1 中，且如前所述，消失条件是必要的.

为证明充分性，假设 f 的支撑在单位球 B_1 中，且 $\int_{B_1}|f(x)|\mathrm{d}x\leqslant 1$. 此规范化可以通过简单地伸缩变换和对 f 乘以适当的常数得到. 接着，我们考虑极大函数 f^* 的截断 $f^\dagger$，其定义为

$$f^\dagger(x)=\sup\frac{1}{m(B)}\int_B|f(y)|\mathrm{d}y,$$

其中上确界取遍所有包含 x，且半径 $\leqslant 1$ 的球 B. 注意到在假设条件下有

$$\int_{\mathbb{R}^d} f^\dagger(x)\mathrm{d}x<\infty. \tag{2.32}$$

事实上，若 $x\notin B_3$，其中 B_3 是与 B_1 同心，但半径为 3 的球，则 $f^\dagger(x)=0$. 这是因为若 $x\in B$，且 B 的半径小于或等于 1，则由 $x\notin B_3$ 可知 B 一定与 f 的支撑 B_1 不相交. 因此根据 Hölder 不等式可得

$$\int_{\mathbb{R}^d} f^\dagger(x)\mathrm{d}x=\int_{B_3} f^\dagger(x)\mathrm{d}x\leqslant c\left(\int_{B_3}[f^\dagger(x)]^p\mathrm{d}x\right)^{1/p}.$$

然而，由于显然有 $f^\dagger(x)\leqslant f^*(x)$，所以由定理 2.4.1 可知上式最后一个积分有限.

对每个 $\alpha\geqslant 1$，现在考虑由集合 $E_\alpha=\{x:f^\dagger(x)>\alpha\}$诱出的 f 在“顶点” α 处的基本分解，即是重要的“Calderón-Zygmund 分解”的变式. 首先，我们处理相对简单的 $d=1$ 时的情形；然后立即考虑一般情形 $d\geqslant 2$. 对后面几页讨论没耐心的读者可以先浏览下一章 3.3.2 节中的引理，那里给出了此分解更合理的阐述.

此分解允许有 $f=g+b$，其中

$$|g|\leqslant c\alpha, \tag{2.33}$$

对一个适当的常数 c[9] 成立，且 b 的支撑在 E_α 中. 事实上，易见集合 E_α 是开集，所以可以记 $E_\alpha=\bigcup I_j$，其中 I_j 是互不相交的开区间；并可以构造 b 使得 $b=\sum b_j$，其中 b_j 的支撑在 I_j 中，且满足：

$$\int b_j(x)\mathrm{d}x=0,\quad \forall j. \tag{2.34}$$

在此构造中，起关键作用的是

$$\frac{1}{m(I_j)}\int_{I_j}|f(x)|\mathrm{d}x\leqslant\alpha,\quad \forall j. \tag{2.35}$$

当 $m(I_j)\geqslant 1$ 时，在假设条件 $\int|f(x)|\mathrm{d}x\leqslant 1$ 和 $\alpha\geqslant 1$ 下，不等式（2.35）自然成

9 我们在这里继续使用 c，c_1 等表示不同的常数，并且这些常数在不同地方可能不同.

立. 否则，记 $I_j=(x_1,x_2)$. 由于 $x_1\in E_\alpha^c$，因此 $f^\dagger(x_1)\leqslant\alpha$，且 $f^\dagger(x_1)\geqslant\frac{1}{m(I_j)}\int_{I_j}|f(x)|\mathrm{d}x$，从而式 (2.35) 成立.

因此若记

$$m_j=\frac{1}{m(I_j)}\int_{I_j}f(x)\mathrm{d}x$$

为 f 在 I_j 上的平均，则 $|m_j|\leqslant\alpha$. 因为 $1=\chi_{E_\alpha^c}+\sum_j\chi_{I_j}$，所以可以将 f 写成 $f=g+b$，其中

$$g=f\chi_{E_\alpha^c}+\sum_j m_j\chi_{I_j},$$

和

$$b=\sum_j(f-m_j)\chi_{I_j}=\sum_j b_j,$$

且 b_j 的定义为 $b_j=(f-m_j)\chi_{I_j}$，χ 表示指标集合的特征函数. 注意到在 E_α^c 上有 $f^\dagger(x)\leqslant\alpha$，从而根据微分定理[10]可得在 E_α^c 上几乎处处有 $|f(x)|\leqslant\alpha$. 因为 I_j 是互不相交的，所以式 (2.35) 蕴含着式 (2.33) 成立，其中 $c=1$. 此外由于

$$\int b_j(x)\mathrm{d}x=\int_{I_j}(f(x)-m_j)\mathrm{d}x=m(I_j)(m_j-m_j)=0,$$

从而消失性质 (2.34) 显然成立.

由于对任给的 α，有分解式 $f=g+b$，现在对于 $\alpha=2^k$，$k=0,1,2,\cdots$，我们同时考虑这种分解. 从而对每个 k 有分解式 $f=g^k+b^k$，并且 $|g^k|\leqslant c2^k$, $b^k=\sum_j b_j^k$，其中 b_j^k 的支撑在开区间 I_j^k 中，且这些区间对固定的 k 是互不相交的，此外 $E_{2^k}=\{x: f^\dagger(x)>2^k\}=\bigcup_j I_j^k$，同时 $\int b_j^k(x)\mathrm{d}x=0$.

由于 b^k 的支撑在集合 E_{2^k} 中，且当 $k\to\infty$ 时集合 E_{2^k} 是递减的，并满足 $m(E_{2^k})\to0$，所以当 $k\to\infty$ 时 $b^k\to0$ 几乎处处成立. 因此 $f=\lim_{k\to\infty}g^k$ a. e.，且

$$f=g^0+\sum_{k=0}^\infty(g^{k+1}-g^k).$$

但是，

$$g^{k+1}-g^k=b^k-b^{k+1}=\sum_j b_j^k-\sum_i b_i^{k+1}=\sum_j A_j^k,$$

其中 $A_j^k=b_j^k-\sum_{I_i^{k+1}\subset I_j^k}b_i^{k+1}$；且最后的等式成立是因为每个 I_i^{k+1} 恰好包含在某一个 I_j^k 中. 因此 A_j^k 的支撑在区间 I_j^k 中，并根据 b_j^k 和 b_i^{k+1} 的消失性质可得 $\int A_j^k(x)\mathrm{d}x=0$. 此外，因为 $|g^{k+1}-g^k|\leqslant c2^{k+1}+c2^k=3c2^k$ 和 $g^{k+1}-g^k=b^k-b^{k+1}$，所以区间 $\{I_j^k\}_j$ 的互不相交性蕴含着 $|A_j^k|\leqslant3c2^k$. 因此和式

10　参考《实分析》第 3 章定理 1.3.

$$f=g^0+\sum_{k,j}A_j^k \tag{2.36}$$

就是 f 的一个原子分解. 事实上, 令 $\mathfrak{a}_j^k=\frac{1}{m(I_j^k)3c2^k}A_j^k$, $\lambda_j^k=m(I_j^k)3c2^k$ 且 $f=g^0+\sum_{k,j}\lambda_j^k\mathfrak{a}_j^k$, 则 $\mathfrak{a}_j^k$ 是原子 (联系于区间 I_j^k), 同时

$$\sum_{k,j}\lambda_j^k=\sum_k\Big(\sum_j\lambda_j^k\Big)=3c\sum_k 2^k\Big(\sum_j m(I_j^k)\Big)=3c\sum_{k=0}^{\infty}2^k m(\{f^{\dagger}(x)>2^k\}).$$

但是, 由于 $m(\{f^{\dagger}(x)>\alpha\})$ 关于 α 是递减的, 所以

$$2^k m(\{f^{\dagger}(x)>2^k\})\leqslant 2\int_{2^{k-1}}^{2^k} m(\{f^{\dagger}(x)>\alpha\})\mathrm{d}\alpha,$$

进而对 k 求和可得 $\sum_{k,j}\lambda_j^k<\infty$, 这是因为式 (2.29) 和式 (2.32) 蕴含着

$$\int_0^{\infty} m(\{f^{\dagger}(x)>\alpha\})\mathrm{d}\alpha=\int_{\mathbb{R}} f^{\dagger}(x)\mathrm{d}x<\infty.$$

最后, g^0 是有界的并且其支撑在 B_3 中, 同时 f 和 A_j^k 的消失性质蕴含着 $\int g^0(x)\mathrm{d}x=0$. 因此 g^0 是某个原子的常数倍, 故式 (2.36) 是 f 的一个原子分解.

为将上述结论推广至一般的 d 维情形, 我们需要修改前述讨论中的一点: 与把集合 $E_\alpha=\{x:f^{\dagger}(x)>\alpha\}$ 分解成互不相交的开区间的并类似, 将此集合分解成内部互不相交的 (闭) 方体的并, 使得每个方体到 E_α^c 的距离与其直径是可比较的.[11] 在此分解中取**二进方体**也是有帮助的. 这些方体的定义如下.

0 级二进方体是棱长为 1 的闭方体, 其顶点的坐标均为整数. k 级二进方体是形如 $2^{-k}Q$ 的方体, 其中 Q 是一个 0 级方体. 注意到平分每个 k 级方体的边可以把该方体分解成 2^d 个 $k+1$ 级方体, 且这些方体的内部互不相交. 此外, 若二进方体 Q_1 和 Q_2 (可能是不同级的) 的内部相交, 要么 $Q_1\subset Q_2$, 要么 $Q_2\subset Q_1$.

我们需要下述有关把一个开集分解成二进方体的并的结论.

引理 2.5.2 设 $\Omega\subset\mathbb{R}^d$ 是一个非平凡的开集. 则存在内部互不相交的二进方体 $\{Q_j\}$ 使得 $\Omega=\bigcup_{j=1}^{\infty}Q_j$, 且

$$\operatorname{diam}(Q_j)\leqslant d(Q_j,\Omega^c)\leqslant 4\operatorname{diam}(Q_j). \tag{2.37}$$

证 首先断言每个点 $\overline{x}\in\Omega$ 均属于满足式 (2.37) 的某个方体 $Q_{\overline{x}}$ (用 $Q_{\overline{x}}$ 代替 Q_j).

令 $\delta=d(\overline{x},\Omega^c)>0$. 现在考虑包含 $\overline{x}$ 的直径为 $\{\sqrt{d}\,2^{-k}\}(k\in\mathbb{Z})$ 的一列二进方体. 因此存在包含 $\overline{x}$ 的二进方体 $Q_{\overline{x}}$ 使得 $\delta/4\leqslant\operatorname{diam}(Q_{\overline{x}})\leqslant\delta/2$. 从而由 $\overline{x}\in Q_{\overline{x}}$ 可知, $d(Q_{\overline{x}},\Omega^c)\leqslant\delta\leqslant 4\operatorname{diam}(Q_{\overline{x}})$. 此外

$$d(Q_{\overline{x}},\Omega^c)\geqslant\delta-\operatorname{diam}(Q_{\overline{x}})\geqslant\delta/2\geqslant\operatorname{diam}(Q_{\overline{x}}),$$

---

11 参考《实分析》第 1 章.

因此 $Q_{\bar{x}}$ 满足式 (2.37). 现在令 $\widetilde{\mathcal{Q}}$ 是所有方体 $Q_{\bar{x}}(\bar{x}\in\Omega)$ 的全体. 易见它们的并覆盖 Ω，但是它们的内部远不是互不相交的. 为了得到互不相交性，从 $\widetilde{\mathcal{Q}}$ 中选取极大方体，即 $\widetilde{\mathcal{Q}}$ 中不包含于其他更大的方体中的方体. 由上述讨论易证，每个 Q 均包含于某个极大方体中，并且这些极大方体的内部互不相交. 从而引理得证. □

根据上述引理，可以对 $d\geqslant 2$ 时重新分解 f. 除了一些小的改动外，此过程在本质上与一维情形时的讨论相同. 对于 $\alpha\geqslant 1$，对开集 $E_\alpha=\{x:f^\dagger(x)>\alpha\}$ 应用引理 2.5.2；因此有分解 $f=g+b$，其中 $g=f\chi_{E_\alpha^c}+\sum_{j=1}^{\infty}m_j\chi_{Q_j}$，并且 $b=\sum_{j=1}^{\infty}b_j$，$b_j=(f-m_j)\chi_{Q_j}$. 从而像 $d=1$ 时的情形一样可得 $|m_j|\leqslant c\alpha$. 事实上，对任意的球 $B\supset Q_j$ 均有 $\int_{Q_j}|f|\mathrm{d}x\leqslant\int_B|f|\mathrm{d}x$. 选取 B 使得它包含 E_α^c 中的点 $\bar{x}$. 由于 $d(Q_j,E_\alpha^c)\leqslant 4\mathrm{diam}(Q_j)$，所以可以选择一个半径是 $5\mathrm{diam}(Q_j)$ 的球 B. 若取这样一个球并且其半径 $\leqslant 1$ (即 $\mathrm{diam}(Q_j)\leqslant 1/5$)，则

$$\frac{1}{m(B)}\int_B|f(x)|\mathrm{d}x\leqslant f^\dagger(\bar{x})\leqslant\alpha,$$

因此 $|m_j|\leqslant c_1\alpha$，其中 $m(B)/m(Q_j)=c_1$ (比值 c_1 与 j 无关). 否则，若 $\mathrm{diam}(Q_j)\geqslant 1/5$，则由假设条件 $\int|f(x)|\mathrm{d}x\leqslant 1$ 和 $\alpha\geqslant 1$ 可知，不等式 $|m_j|\leqslant c_2\alpha$ (c_2 与 j 无关) 自然成立. 从而总有 $|m_j|\leqslant c\alpha$. 其次，因为 $\{x:f^\dagger(x)>2^{k+1}\}$ 的分解中的每个二进方体一定是 $\{x:f^\dagger(x)>2^k\}$ 的分解中的某个二进方体的子方体，所以可以像前面一样得到

$$f=g^0+\sum_{k,j}A_j^k$$

其中 A_j^k 的支撑在方体 Q_j^k 中，且 $\{x:f^\dagger(x)>2^k\}=\bigcup_j Q_j^k$.

因此对每个 k 和 j，可以写 $A_j^k=\lambda_j^k\mathfrak{a}_j^k$，其中 $\lambda_j^k=c'2^k m(Q_j^k)$，$\mathfrak{a}_j^k$ 是联系于球 B_j^k 的原子，且 B_j^k 是包含方体 Q_j^k 的最小的球. 注意到 $m(B_j^k)/m(Q_j^k)$ 与 k 和 j 均无关. (见图 7.)

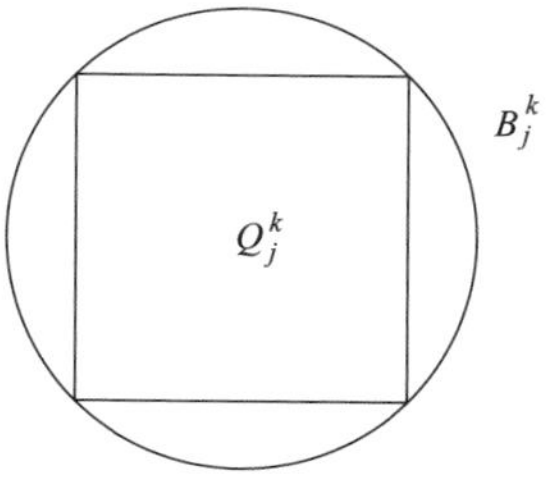

图 7　方体 Q_j^k 和球 B_j^k

最后，因为像前面一样可得

$$\sum_{k,j}2^k m(Q_j^k)=\sum_k 2^k m(\{x:f^\dagger(x)>2^k\})<\infty,$$

从而可得 f 的原子分解，故命题 2.5.1 得证.

2.5.2　$\boldsymbol{H}_r^1$ 的等价定义

由命题 2.5.1 立即可得 $\boldsymbol{H}_r^1$ 的更一般的原子分解. 对任意的 $p>1$，称可测函数 $\mathfrak{a}$ 为 **p-原子** (联系于球 B)，若

(ⅰ′) $\mathfrak{a}$ 的支撑在 B 中，且 $\|\mathfrak{a}\|_{L^p}\leqslant m(B)^{-1+1/p}$；

(ii′) $\int_{\mathbb{R}^d} \mathfrak{a}(x)\mathrm{d}x=0$.

我们保留了先前在 2.5.1 节中定义的“原子”术语，那里的原子即是 $p=\infty$ 时的 p-原子. 注意到任意原子自然都是 p-原子.

推论 2.5.3 给定 $p>1$，任意 p-原子$\mathfrak{a}$都属于 $\boldsymbol{H}_r^1$. 进一步地，存在与原子$\mathfrak{a}$无关的上界 c_p，使得

$$\| \mathfrak{a} \|_{\boldsymbol{H}_r^1} \leqslant c_p. \tag{2.38}$$

注意，下述证明蕴含着当 $p\to 1$ 时 $c_p=O(1/(p-1))$. 而且该推论中的条件 $p>1$ 是必要的，其原因可参考习题 17.

证 设 p-原子$\mathfrak{a}$联系于半径为 r 的球 B. 考虑$\mathfrak{a}_r(x)=r^d \mathfrak{a}(rx)$. 从而易证$\mathfrak{a}_r$ 的支撑是 $B^r=\dfrac{1}{r}B$，并且 B^r 的半径为 1. 此外由 $m(B^r)=r^{-d}m(B)$和 $\|\mathfrak{a}_r\|_{L^p}=r^{d-d/p}\|\mathfrak{a}\|_{L^p}$可知，$\|\mathfrak{a}_r\|_{L^p}\leqslant m(B^r)^{-1+1/p}$. 因此$\mathfrak{a}_r$ 是联系于（单位）球 B^r 的 p-原子. 进一步地，注意到对任意的 $r>0$ 均有 $\|r^d f(rx)\|_{\boldsymbol{H}_r^1}=\|f\|_{\boldsymbol{H}_r^1}$. 因此只需证明式（2.38）对联系于单位球的 p-原子成立即可. 注意到对于这样的 p-原子自然有 $\int|\mathfrak{a}(x)|\mathrm{d}x\leqslant 1$，所以我们的证明就是命题 2.5.1 中 $f(x)=\mathfrak{a}(x)$的证明. 实际上，需要注意的是式（2.38）中的常数 c_p 类似于式（2.26）中关于极大函数的上界 A_p，这是由于为了得到式（2.32）而对$\int_{\mathbb{R}^d} f^{\dagger}(x)\mathrm{d}x$ 的计算表明，该积分值可由 $cA_p\|f\|_{L^p}$ 控制. 我们已经提到当 $p\to 1$ 时 $A_p=O(1/(p-1))$. 又因为 $f=\mathfrak{a}$，所以式（2.38）得证. □

因此，若 $f=\sum_{k=1}^{\infty}\lambda_k \mathfrak{a}_k$，其中$\mathfrak{a}_k$ 是 p-原子，并且$\sum|\lambda_k|<\infty$，则 $f\in\boldsymbol{H}_r^1$，且

$$\|f\|_{\boldsymbol{H}_r^1}\leqslant c_p \sum_{k=1}^{\infty}|\lambda_k|.$$

反之，只要 $f\in\boldsymbol{H}_r^1$，f 就有（$p=\infty$）原子分解，因此有 p-原子分解. 现总结如下：

在由式(2.30)和式(2.31)所给出的 $\boldsymbol{H}_r^1$ 的定义中，我们可以用 p-原子（$p>1$）代替原子，并得到一个等价范数.

2.5.3 Hilbert 变换的应用

下述定理表明了 Hardy 空间 $\boldsymbol{H}_r^1$ 相对于空间 L^1 的益处. 与 Hilbert 变换在 L^1 上无下界不同的是，该变换映 $\boldsymbol{H}_r^1$ 到 L^1 是有界的.

定理 2.5.4 若 f 属于 Hardy 空间 $\boldsymbol{H}_r^1(\mathbb{R})$，则对每个 $\varepsilon>0$ 均有 $H_\varepsilon(f)\in L^1(\mathbb{R})$. 进一步地，当 $\varepsilon\to 0$ 时，$H_\varepsilon(f)$(见式(2.14))依 L^1 范数收敛. 若记该极限为 $H(f)$，则

$$\|H(f)\|_{L^1(\mathbb{R})}\leqslant A\|f\|_{\boldsymbol{H}_r^1(\mathbb{R})}.$$

证 下述讨论说明了 $\boldsymbol{H}_r^1(\mathbb{R})$ 的一个很好的特征：为证明 $\boldsymbol{H}_r^1$ 上算子的有界

性，通常只需考虑原子，而且此过程通常是简单的.

首先证明，对任意的原子$\mathfrak{a}$均有

$$\| H_\varepsilon(\mathfrak{a}) \|_{L^1(\mathbf{R})} \leqslant A, \tag{2.39}$$

其中 A 与原子$\mathfrak{a}$和 ε 无关. 事实上，可以利用 Hilbert 变换的平移不变性和伸缩不变性来简化证明，甚至于只需对联系于（单位）区间 $I=[-1/2,1/2]$ 的原子证明式（2.39）. 具体简化过程如下，一方面，若令$\mathfrak{a}_r(x)=r\,\mathfrak{a}(rx)$，则 $H(\mathfrak{a}_r)(x)=rH(\mathfrak{a})(rx)$；若$\mathfrak{a}$的支撑在 I 中，则$\mathfrak{a}_r$ 是联系于区间 $I_r=\frac{1}{r}I$ 的原子；并且只要 $F\in L^1$，就有 $\| rF(rx) \|_{L^1(\mathbf{R})}=\| F(x) \|_{L^1(\mathbf{R})}$. 另一方面，由式（2.14）立即可得，平移算子 $f(x)\mapsto f(x+h)(h\in\mathbb{R})$与算子 H 可交换；并且原子经过平移后仍然是原子，且与之相联系的球的半径也不变.

因此为证明式（2.39），可设$\mathfrak{a}$是联系于区间$|x|\leqslant 1/2$ 的原子. 我们将按照$|x|\leqslant 1$（x 属于$\mathfrak{a}$的支撑的"两倍"区间）和$|x|>1$ 分别估计 $H_\varepsilon(\mathfrak{a})(x)$. 对于第一种情形，由 Cauchy-Schwarz 不等式和 L^2 理论可得

$$\begin{aligned}\int_{|x|\leqslant 1} |H_\varepsilon(\mathfrak{a})(x)|\,\mathrm{d}x &\leqslant 2^{1/2}\left(\int_{|x|\leqslant 1} |H_\varepsilon(\mathfrak{a})(x)|^2\,\mathrm{d}x\right)^{1/2} \\ &\leqslant 2^{1/2}\| H_\varepsilon(\mathfrak{a}) \|_{L^2} \leqslant c\,\| \mathfrak{a} \|_{L^2} \leqslant c.\end{aligned}$$

其次，当$|x|>1$ 时，由 $\int \mathfrak{a}(t)\,\mathrm{d}t=0$ 可知，（对很小的 ε）

$$\begin{aligned}H_\varepsilon(\mathfrak{a})(x) &= \frac{1}{\pi}\int_{|t|\geqslant\varepsilon} \mathfrak{a}(x-t)\frac{\mathrm{d}t}{t} = \frac{1}{\pi}\int_{|x-t|\geqslant\varepsilon} \mathfrak{a}(t)\frac{\mathrm{d}t}{x-t} \\ &= \frac{1}{\pi}\int_{|x-t|\geqslant\varepsilon} \mathfrak{a}(t)\left[\frac{1}{x-t}-\frac{1}{x}\right]\mathrm{d}t.\end{aligned}$$

又因为当$|x|\geqslant 1$ 和$|t|\leqslant 1/2$ 时，$\left|\frac{1}{x-t}-\frac{1}{x}\right|\leqslant\frac{1}{x^2}$，而且$|\mathfrak{a}(t)|\leqslant 1$，所以当$|x|>1$ 时，$|H_\varepsilon(\mathfrak{a})(x)|\leqslant c/x^2$.因此$\int_{|x|\geqslant 1} |H_\varepsilon(\mathfrak{a})(x)|\,\mathrm{d}x \leqslant 2c$，从而式（2.39）对联系于区间 $[-1/2,1/2]$ 的原子成立，进而对所有的原子均成立.

同时，当$|x|>1$ 时$|H_\varepsilon(\mathfrak{a})(x)|\leqslant c/x^2$ 和命题 2.3.1 所述的 L^2 范数下的收敛性蕴含着对每个原子$\mathfrak{a}$，当 $\varepsilon\to 0$ 时，$H_\varepsilon(\mathfrak{a})$ 依 L^1 范数收敛于 $H(\mathfrak{a})$.

若函数 $f\in \boldsymbol{H}_r^1$ 的原子分解为 $f=\sum_{k=1}^{\infty}\lambda_k\,\mathfrak{a}_k$，则根据式（2.39）可得

$$\| H_\varepsilon(f) \|_{L^1} \leqslant A\sum_{k=1}^{\infty}|\lambda_k|,$$

并且对 f 的所有原子分解取下确界可知

$$\| H_\varepsilon(f) \|_{L^1} \leqslant A\,\| f \|_{\boldsymbol{H}_r^1}, \quad \forall f\in \boldsymbol{H}_r^1. \tag{2.40}$$

再令 $f_N=\sum_{k=1}^{N}\lambda_k\,\mathfrak{a}_k$，则 $f=f_N+(f-f_N)$. 由于 f_N 是有限个原子的线性组合，

故它本身就是某个原子的常数倍. 于是当 $\varepsilon\to 0$ 时 $H_\varepsilon(f_N)$ 依 L^1 范数收敛. 此外

$$\|H_{\varepsilon_1}(f)-H_{\varepsilon_2}(f)\|_{L^1}\leqslant\|H_{\varepsilon_1}(f_N)-H_{\varepsilon_2}(f_N)\|_{L^1}+2A\|f-f_N\|_{\boldsymbol{H}_r^1}.$$

然而当 $N\to\infty$时, $\|f-f_N\|_{\boldsymbol{H}_r^1}\to 0$. 因此给定 $\delta>0$, 并取充分大的 N, 对于充分小的 ε_1 和 ε_2 有 $\|H_{\varepsilon_1}(f)-H_{\varepsilon_2}(f)\|_{L^1}<\delta$, 从而 $H_\varepsilon(f)$依 L^1 范数收敛. 故定理得证. □

注 更详细的论证表明, Hilbert 变换实际上把 Hardy 空间 $\boldsymbol{H}_r^1$ 映到它自身. 更一般地, 参考下一章中的问题 2.

2.6 空间 $\boldsymbol{H}_r^1$ 和极大函数

实 Hardy 空间 $\boldsymbol{H}_r^1$ 也加深了我们对极大函数的理解. 而这可能已经在命题 2.5.1 的证明中通过 f^* (更确切地说, 它的截断函数 $f^\dagger$) 显示出来了. 与已知的 Hilbert 变换理论一样, 我们的目的是寻找一个映 $\boldsymbol{H}_r^1$ 到 L^1 的适当的极大函数. 为此, 必须注意以下几点.

第一, f^* 和 $f^\dagger$ 都不能作为这样的函数, 这是因为根据它们的定义 f^* 和 $f^\dagger$ 仅仅由 f 的绝对值给出, 由此不能利用 $f\in\boldsymbol{H}_r^1$ 的消失性质.

第二, 即使去掉定义中的绝对值, 所得的极大函数也不足以解决问题, 这是因为其中的截断函数 (球上的特征函数) 不是光滑的.

正是"恒等逼近"这一概念及其诱导的卷积算子族引导我们给出与 $\boldsymbol{H}_r^1$ 相关的极大函数. 假设函数 Φ 满足适当的条件, 比如 Φ 有界且有紧支撑. 从而对任意的 $f\in L^1$, 若 $\Phi_\varepsilon=\varepsilon^{-d}\Phi(x/\varepsilon)$, 且 $\int\Phi(x)\mathrm{d}x=1$, 则

$$(f*\Phi_\varepsilon)(x)\to f(x)\text{a. e. }x,\text{当 }\varepsilon\to 0\text{ 时}.$$

固定这样的 Φ, 对应于上述极限, 定义**极大函数** M 为

$$M(f)(x)=\sup_{\varepsilon>0}|(f*\Phi_\varepsilon)(x)|. \tag{2.41}$$

注意到由上面叙述易得

$$|f(x)|\leqslant M(f)(x)\leqslant cf^*(x)\text{ a. e. }x,$$

对任意的 $f\in L^1(\mathbb{R}^d)$ 均成立, 其中 c 是一个合适的常数.

如前所述, 我们也希望假设 Φ 具有一定的光滑性. 由此, 所述结论如下.

定理 2.6.1 假设 Φ 是$\mathbb{R}^d$ 上的一个有紧支撑的C^1 函数. 若 M 由式 (2.41) 定义, 则只要 $f\in\boldsymbol{H}_r^1(\mathbb{R}^d)$, 就有 $M(f)\in L^1(\mathbb{R}^d)$. 此外

$$\|M(f)\|_{L^1(\mathbb{R}^d)}\leqslant A\|f\|_{\boldsymbol{H}_r^1(\mathbb{R}^d)} \tag{2.42}$$

此定理的证明极其类似于 Hilbert 变换情形. 在证明之前, 先给出一些额外的注记.

- 在 M 的定义中已经假设了函数 Φ 具有一阶光滑性. 尽管要得到同样的结论能取更弱的条件 (例如指数 $\alpha(0<\alpha<1)$ 的 Hölder 条件), 但是对光滑阶数的要求是必要的. (见习题 22.)

・事实上，式（2.42）的反向不等式也成立. 因此存在逆定理可给出 $\boldsymbol{H}_r^1$ 的极大特征. 参考问题 6*.

证　假设 $f\in\boldsymbol{H}_r^1(\mathbb{R}^d)$ 有原子分解 $f=\sum\lambda_k\mathfrak{a}_k$. 则显然有 $M(f)\leqslant\sum|\lambda_k|M(\mathfrak{a}_k)$，因此只需要证明式（2.42）对原子 $f=\mathfrak{a}$ 成立即可.

事实上，若定义 $\mathfrak{a}_r$ 为 $\mathfrak{a}_r(x)=r^d\mathfrak{a}(rx)$，$r>0$，则 $(\mathfrak{a}_r*\Phi_\varepsilon)(x)=r^d(\mathfrak{a}*\Phi_{\varepsilon r})(rx)$，进而 $M(\mathfrak{a}_r)(x)=r^dM(\mathfrak{a})(rx)$. 此外，映射 $\mathfrak{a}\mapsto M(\mathfrak{a})$ 显然与平移算子可交换. 因此为证明式（2.42），可以假设 $\mathfrak{a}$ 是联系于单位球（中心在原点）的原子.

现在分两种情形考虑：$|x|\leqslant 2$ 时和 $|x|>2$ 时. 对于第一种情形，显然有 $M(\mathfrak{a})(x)\leqslant c$，因此 $\int_{|x|\leqslant 2}M(\mathfrak{a})(x)\mathrm{d}x\leqslant c'$. 对于第二种情形，由 $\int\mathfrak{a}(y)\mathrm{d}y=0$ 可得

$$(\mathfrak{a}*\Phi_\varepsilon)(x)=\varepsilon^{-d}\int_{\mathbf{R}^d}\mathfrak{a}(y)\Phi\left(\frac{x-y}{\varepsilon}\right)\mathrm{d}y$$
$$=\varepsilon^{-d}\int_{\mathbf{R}^d}\mathfrak{a}(y)\left[\Phi\left(\frac{x-y}{\varepsilon}\right)-\Phi\left(\frac{x}{\varepsilon}\right)\right]\mathrm{d}y.$$

然而由 $|x|\geqslant 2$ 和 $|y|\leqslant 1$ 可知，$|x-y|\geqslant|x|/2$. 进一步地，由 $\Phi\in C^1$ 可得 $\left|\Phi\left(\frac{x-y}{\varepsilon}\right)-\Phi\left(\frac{x}{\varepsilon}\right)\right|\leqslant c|y|/\varepsilon\leqslant c/\varepsilon$. 又因为 Φ 有紧支撑，所以存在正常数 A，使得除了 $\left|\frac{x-y}{\varepsilon}\right|\leqslant A$ 之外，$(\mathfrak{a}*\Phi_\varepsilon)(x)$ 等于 0，而这又蕴含着 $\varepsilon>|x|/(2A)$. 总而言之，对于这些 x 有

$$\varepsilon^{-d}\left|\Phi\left(\frac{x-y}{\varepsilon}\right)-\Phi\left(\frac{x}{\varepsilon}\right)\right|\leqslant c\varepsilon^{-d-1}\leqslant c'|x|^{-d-1}.$$

因此 $\int_{|x|>2}M(\mathfrak{a})(x)\mathrm{d}x\leqslant c$. 从而式(2.42)成立，进而定理得证. □

2.6.1 BMO 空间

与实 Hardy 空间 $\boldsymbol{H}_r^1(\mathbb{R}^d)$ 是 $L^1(\mathbb{R}^d)$ 的替代品类似，$\mathrm{BMO}(\mathbb{R}^d)$ 可自然地代替 $L^\infty(\mathbb{R}^d)$.

称 $\mathbb{R}^d$ 上的局部可积函数 f 是**有界平均振动的**（简记为 BMO），如果

$$\sup\frac{1}{m(B)}\int_B|f(x)-f_B|\mathrm{d}x<\infty,\tag{2.43}$$

其中上确界取遍所有的球 B，且 f_B 表示 f 在 B 上的平均值，即

$$f_B=\frac{1}{m(B)}\int_B f(x)\mathrm{d}x.$$

取式（2.43）的值为 BMO 空间的范数，并记为 $\|f\|_{\mathrm{BMO}}$.

我们先列出下述有关 BMO 函数空间的一些注记.

・范数为零的元素是常值函数. 因此严格地说，BMO 中的元可看作是模掉常

$$\sup_B \frac{1}{m(B)} \int_B e^{\mu|f-f_B|} dx \leqslant A, \quad 当 \|f\|_{BMO} \leqslant 1 时.$$

[提示：(a) 考虑 f 对 p-原子的作用，其中 p 是 q 的共轭数. (b) 运用当 $p\to 1$ 时，有 $c_p=O(1/(p-1))$（见式(2.38)）推导当 $q\to\infty$ 时 $b_q=O(q)$. 并注意到 $e^u=\sum_{q=0}^{\infty}\frac{u^q}{q!}$.]

5. 有界函数的 Hilbert 变换属于 BMO. 用下述两种不同方法证明.

(a) 直接法：假设 f 有界（属于某个 L^p，$1\leqslant p<\infty$）. 则 $H(f)\in$ BMO，且

$$\|H(f)\|_{BMO} \leqslant A\|f\|_{L^\infty},$$

其中 A 与 f 的 L^p 范数无关.

(b) 对偶法：运用定理 2.5.4.

[提示：(a) 固定任意球 B，并令 B_1 是它的两倍. 分别考虑 $f\chi_{B_1}$ 和 $f\chi_{B_1}^c$.]

6. * 下述是 $\boldsymbol{H}_r^1(\mathbb{R}^d)$ 的极大函数刻画. 设 Φ 属于 Schwartz 空间 $\mathcal{S}$，且 $\int\Phi(x)dx\neq 0$. 对于 $f\in L^1$，令 $M(f)(x)=\sup_{\varepsilon>0}|(f*\Phi_\varepsilon)(x)|$. 证明：

(a) $f\in\boldsymbol{H}_r^1$ 当且仅当 $M(f)\in L^1$.

(b) 条件 $\Phi\in\mathcal{S}$ 可以放宽为

$$|\partial_x^\alpha\Phi(x)|\leqslant c_\alpha(1+|x|)^{-d-1-|\alpha|}.$$

(c) 考虑两个有趣的例子. 首先，$\Phi_{t^{1/2}}(x)=(4\pi t)^{-d/2}e^{-|x|^2/(4t)}$：此时 $u(x,t)=(f*\Phi_{t^{1/2}})(x)$ 是热方程 $\Delta_x u=\partial_t u$，初值为 $u(x,0)=f(x)$ 的解. 其次，$\Phi_t(x)=\dfrac{c_d t}{(t^2+|x|^2)^{\frac{d+1}{2}}}$，其中 $c_d=\Gamma\left(\dfrac{d+1}{2}\right)/\pi^{\frac{d+1}{2}}$ 使得 $u(x,t)=(f*\Phi_t)(x)$ 是 Laplace 方程 $\Delta_x u+\partial_t^2 u=0$，初值为 $u(x,0)=f(x)$ 的解.（其中 Γ 表示 Gamma 函数.）

7. * 考虑 $H^p(p=1)$. 问题 2 中的结论 (a) 和 (b) 对 $p=1$ 也成立，但是其证明不同. (c) 的类似结论如下：$2F_0=f+\mathrm{i}H(f)$，其中 f 属于实 Hardy 空间 $\boldsymbol{H}_r^1$. 此外 $\|F_0\|_{L^1}\approx\|f\|_{\boldsymbol{H}_r^1}$. 因此 $f\in\boldsymbol{H}_r^1$ 的一个充要条件是 f 和 $H(f)$ 都属于 L^1.

先证明每个 $F\in H^1$ 均可写成 $F=F_1\cdot F_2$，其中 $F_j\in H^2$ 且 $\|F_j\|_{H^2}^2=\|F\|_{H^1}$，再由 H^2 上的相关结论即可证明 (a) 和 (b).

8. * 设 $f\in L^1(\mathbb{R})$. 则可以在弱情形下定义 $H(f)\in L^1(\mathbb{R})$，即存在 $g\in L^1(\mathbb{R})$ 使得

$$\int_{\mathbb{R}} g\varphi dx=\int_{\mathbb{R}} fH(\varphi)dx, 对任意的 Schwartz 函数 \varphi.$$

此时称 $g=H(f)$ 在弱情形下成立.

由问题 7* 可知，$f\in\boldsymbol{H}_r^1(\mathbb{R})$ 当且仅当 $f\in L^1(\mathbb{R})$，且在弱情形下取得的

$$\|g\|_{\mathrm{BMO}} \leqslant c' \|\ell\|.$$

其中 $\|\ell\|$ 表示 $\|\ell\|_{(\boldsymbol{H}_r^1)^*}$，即是 $\boldsymbol{H}_r^1$ 上线性泛函 ℓ 的范数.

证　首先，设 $g \in \mathrm{BMO}$ 是有界的. 对一般的 $f \in \boldsymbol{H}_r^1$，令 $f = \sum_{k=1}^{\infty} \lambda_k \mathfrak{a}_k$ 是 f 的一个原子分解. 从而由该和式依 L^1 范数收敛可知 $\ell(f) = \sum \lambda_k \int \mathfrak{a}_k g$. 但是

$$\int \mathfrak{a}_k(x) g(x) \mathrm{d}x = \int \mathfrak{a}_k(x) [g(x) - g_{B_k}] \mathrm{d}x,$$

其中 $\mathfrak{a}_k$ 的支撑在球 B_k 中. 然而 $|\mathfrak{a}_k(x)| \leqslant \frac{1}{m(B_k)}$，因此

$$|\ell(f)| \leqslant \sum_k |\lambda_k| \frac{1}{m(B_k)} \int_{B_k} |g(x) - g_{B_k}| \mathrm{d}x.$$

因此若考虑 f 所有可能的分解，则由 g 的有界性可得

$$\left| \int f(x) g(x) \mathrm{d}x \right| \leqslant \|f\|_{\boldsymbol{H}_r^1} \|g\|_{\mathrm{BMO}}.$$

其次，若 $f \in H_0^1$（特别地，f 有界）和 g 是 BMO 中的一般元，并令 $g^{(k)}$ 是 g 的截断函数（如前所述），则由上述讨论可知

$$\left| \int f(x) g^{(k)}(x) \mathrm{d}x \right| \leqslant \|f\|_{\boldsymbol{H}_r^1} \|g^{(k)}\|_{\mathrm{BMO}}.$$

再由控制收敛定理且对 $k \to \infty$ 取极限可知，只要 $f \in H_0^1$ 和 $g \in \mathrm{BMO}$ 就有

$$|\ell(f)| = \left| \int f(x) g(x) \mathrm{d}x \right| \leqslant c \|f\|_{\boldsymbol{H}_r^1} \|g\|_{\mathrm{BMO}}.$$

因此定理的第一部分结论成立.

为证反方向，我们将验证给定的线性泛函 ℓ 在原子上的作用，而此时考虑 p-原子（$p=2$）比较方便.

为此，固定球 B，并考虑 B 上的 L^2 空间 L_B^2 且其范数为

$$\|f\|_{L_B^2} = \left(\int_B |f(x)|^2 \mathrm{d}x \right)^{1/2},$$

再令 $L_{B,0}^2$ 是使得 $\int f(x) \mathrm{d}x = 0$ 的 $f \in L_B^2$ 全体组成的子空间. 注意到 $L_{B,0}^2$ 的球 $\{f \in L_{B,0}^2 : \|f\|_{L_{B,0}^2} \leqslant m(B)^{-1/2}\}$ 实际上就是联系于 B 的 2-原子全体.

假设线性泛函 ℓ 是规范化的，即其范数小于或等于 1. 则对于 $f \in L_{B,0}^2$，由推论 2.5.3 中式（2.38）可知 $|\ell(f)| \leqslant \|f\|_{\boldsymbol{H}_r^1} \leqslant c m(B)^{1/2} \|f\|_{L_{B,0}^2}$. 因此对 $L_{B,0}^2$ 运用 Riesz 表示定理（或者 L^2 空间的自共轭性）可知，存在 $g^B \in L_{B,0}^2$，使得对任意的 $f \in L_{B,0}^2$ 有 $\ell(f) = \int f g^B \mathrm{d}x$. 此外，由已证的不等式 $\|\ell\|_{L_{B,0}^2} \leqslant c m(B)^{1/2}$ 可知 $\|g^B\|_{L_{B,0}^2} \leqslant c m(B)^{1/2}$. 因此对每个球 B，我们得到定义在 B 上的函数 g^B. 我们想要的是一个函数 g，使得对每个 B，g 和 g^B 在 B 上相差一个常数. 为了构造

这样的函数 g，注意到若 $B_1\subset B_2$，则 $g^{B_1}-g^{B_2}$ 在 B_1 上是一个常数，这是因为 g^{B_1} 和 g^{B_2} 给出了 $L^2_{B_1,0}$ 上同样的线性泛函. 现在用 $\tilde{g}^B=g^B+c_B$ 代替 g^B，其中常数 c_B 使得 $\int_{|x|\leqslant 1}\tilde{g}^B\,\mathrm{d}x=0$. 因此当 $B_1\subset B_2$ 时，在 B_1 上有 $\tilde{g}^{B_1}=\tilde{g}^{B_2}$. 从而可以在 $\mathbb{R}^d$ 上明确地定义 g 为 $g(x)=\tilde{g}^B(x)$，其中 $x\in B$，B 是任意球. 故 $\frac{1}{m(B)}\int_B|g(x)-c_B|\,\mathrm{d}x\leqslant m(B)^{-1/2}\|\tilde{g}^B-c_B\|_{L^2_B}\leqslant m(B)^{-1/2}\|g^B\|_{L^2_{B,0}}\leqslant c$. 因此 $g\in\mathrm{BMO}$，且 $\|g\|_{\mathrm{BMO}}\leqslant c$. 因为该表示对 $f\in L^2_{B,0}$ 和所有 B 都成立，所以它对稠密子空间 H^1_0 也成立. 因此定理得证. □

2.7 习题

1. 证明：若下述不等式成立

$$\|\{a_n\}\|_{L^q}\leqslant A\|f\|_{L^p},\forall f\in L^p,$$

其中 $a_n=\frac{1}{2\pi}\int_0^{2\pi}f(\theta)\mathrm{e}^{-\mathrm{i}n\theta}\mathrm{d}\theta$，则必有 $1/p+1/q\leqslant 1$.

[提示：令 $D_N(\theta)=\sum_{|n|\leqslant N}\mathrm{e}^{\mathrm{i}n\theta}$ 为 Dirichlet 核. 则当 $N\to\infty$ 时，$\|D_N\|_{L^p}\approx N^{1-1/p}(p>1)$；$\|D_N\|_{L^1}\approx\log N$.]

2. 下述结论是 Hausdorff-Young 不等式的简单推广.

(a) 设$\{\varphi_n\}$是 $L^2(X,\mu)$中的规范正交序列. 并设对任意的 n 和 $x\in X$ 有 $|\varphi_n(x)|\leqslant M$. 若 $a_n=\int f\,\overline{\varphi_n}\,\mathrm{d}\mu$，试证 $\|a_n\|_{L^q}\leqslant M^{(2/p)-1}\|f\|_{L^p(X)}$，其中 $1\leqslant p\leqslant 2,1/p+1/q=1$.

(b) 设 $f\in L^p$ 定义在环 $\mathbb{T}^d$ 上，并设 $a_n=\int_{\mathbf{T}^d}f(x)\mathrm{e}^{-2\pi\mathrm{i}n\cdot x}\mathrm{d}x$，$n\in\mathbb{Z}^d$. 试证：$\|\{a_n\}\|_{L^q(\mathbf{Z}^d)}\leqslant\|f\|_{L^p(\mathbf{T}^d)}$，其中 $1/q\leqslant 1-1/p$.

3. 证明：不等式 $\|\hat{f}\|_{L^q(\mathbf{R}^d)}\leqslant A\|f\|_{L^p(\mathbf{R}^d)}$（对所有简单函数 f）成立当且仅当 $1/p+1/q=1$.

[提示：令 $f_r(x)=f(rx)$，$r>0$，则 $\hat{f}_r(\xi)=\hat{f}(\xi/r)r^{-d}$.]

4. 证明：前一习题中不等式成立的另一个必要条件是 $p\leqslant 2$. 即

$$\int_{|\xi|\leqslant 1}|\hat{f}(\xi)|\mathrm{d}\xi\leqslant A\|f\|_{L^p}$$

成立蕴含着 $p\leqslant 2$.

[提示：令 $f^s(x)=s^{-d/2}\mathrm{e}^{-\pi|x|^2/s},s=\sigma+\mathrm{i}t$，$\sigma>0$. 则$(\widehat{f^s})(\xi)=\mathrm{e}^{-\pi s|\xi|^2}$. 注意到当 $\sigma=1$ 时 $\|f^s\|_{L^p}\leqslant ct^{d(1/p-1/2)}$，再令 $t\to\infty$ 即可.]

5. 设 ψ 是带形区域 $0<\mathrm{Re}(z)<1$ 到上半平面的共形映射，其定义为 $\psi(z)=\mathrm{e}^{\mathrm{i}\pi z}$. 证明：$\Phi(z)=\mathrm{e}^{-\mathrm{i}\psi(z)}$ 在带形区域的闭包上是连续的，且在边界线上$|\Phi(z)|=1$，但是 $\Phi(z)$ 在带形区域上无界.

6. 将 Riesz 凸性定理（见 2.2 节）推广至第 1 章习题 18 中讨论的 $L^{p,r}$ 空间上. 设 T 是映简单函数到局部可积函数的线性算子. 并设

$$\|T(f)\|_{L^{q_0,s_0}}\leqslant M_0\|f\|_{L^{p_0,r_0}},\ \|T(f)\|_{L^{q_1,s_1}}\leqslant M_1\|f\|_{L^{p_1,r_1}}$$

对简单函数 f 成立. 证明：$\|T(f)\|_{L^{q,s}}\leqslant M_\theta\|f\|_{L^{p,r}}$，其中 $\frac{1}{p}=\frac{1-\theta}{p_0}+\frac{\theta}{p_1}$，$\frac{1}{r}=\frac{1-\theta}{r_0}+\frac{\theta}{r_1}$，$\frac{1}{q}=\frac{1-\theta}{q_0}+\frac{\theta}{q_1}$，$\frac{1}{s}=\frac{1-\theta}{s_0}+\frac{\theta}{s_1}$，$0\leqslant\theta\leqslant1$.

[提示：设 f 和 g 是简单函数，且 $\|f\|_{L^{p,r}}\leqslant1$，$\|f\|_{L^{q',s'}}\leqslant1$. 定义

$$f_z=|f(x,t)|^{p\alpha(z)}\frac{f(x,t)}{|f(x,t)|}\|f(\cdot,t)\|_{L^p(dx)}^{r\beta(z)-p\alpha(z)},$$

其中 $\alpha(z)=\frac{1-z}{p_0}+\frac{z}{p_1}$，$\beta(z)=\frac{1-z}{r_0}+\frac{z}{r_1}$. 注意到当 $z=\theta$ 时，$f_z=f$. 此外

$$\|f_{1+it}\|_{L^{p_1,r_1}}\leqslant1,\quad \|f_{0+it}\|_{L^{p_0,r_0}}\leqslant1.$$

类似地定义 g_z，并考虑 $\int T(f_z)g_z\,dx\,dt$.]

7. 设 f 是$\mathbb{R}$上有紧支撑的有界函数. 证明：$H(f)\in L^1(\mathbb{R})$当且仅当$\int f\,dx=0$.

[提示：若 $a=\int f\,dx$，则当$|x|\to\infty$时 $H(f)(x)=\frac{a}{\pi x}+O(1/x^2)$.]

8. 设 T 是映实值 L^p 函数空间到自身的一个有界线性算子，且

$$\|T(f)\|_{L^p}\leqslant M\|f\|_{L^p}.$$

(a) 设 T'是 T 在复值函数上的延拓 $T'(f_1+if_2)=T(f_1)+iT(f_2)$. 证明：$T$ 的范数与 T 有相同的上界，即 $\|T'(f)\|_{L^p}\leqslant M\|f\|_{L^p}$.

(b) 更一般地，对任意的 N，有

$$\Big\|\Big(\sum_{j=1}^{N}|T(f_j)|^2\Big)^{1/2}\Big\|_{L^p}\leqslant M\Big\|\Big(\sum_{j=1}^{N}|f_j|^2\Big)^{1/2}\Big\|_{L^p}.$$

[提示：(b) 令 $\boldsymbol{\xi}$ 是$\mathbb{R}^N$中的一个单位向量，并令 $F_{\boldsymbol{\xi}}=\sum_{j=1}^{N}\xi_jf_j$，$\boldsymbol{\xi}=\{\xi_1,\cdots,\xi_N\}$. 则$\int|(TF_{\xi})(x)|^p\leqslant M^p\int|F_{\xi}(x)|^p$. 再对该不等式在单位球面上关于 $\boldsymbol{\xi}$ 积分.]

9. 证明：在上半平面$\mathbb{R}_+^2=\{z:x+iy,y>0\}$上的下述两类调和函数 u 相同.

(a) 调和函数 u 在闭包$\overline{\mathbb{R}_+^2}$上连续，并在无穷远处趋于 0（即当$|x|+y\to\infty$时，$u(x,y)\to0$).

(b) 函数 u 可表示为 $u(x,y)=(f*\mathcal{P}_y)(x)$，其中 $\mathcal{P}_y(x)$ 是 Poisson 核 $\frac{1}{\pi}\frac{y}{x^2+y^2}$，并且 f 在$\mathbb{R}$上连续，在无穷远处趋于 0（即当$|x|\to\infty$时，$f(x)\to0$).

[提示：为证(a)⇒(b)，令 $f(x)=u(x,0)$. 则 $\mathcal{D}(x,y)=u(x,y)-(f*\mathcal{P}_y)(x)$ 在 $\overline{\mathbb{R}^2_+}$ 上是调和的，在无穷远处趋于零，且 $\mathcal{D}(x,0)=0$. 因此根据最大模原理可得 $\mathcal{D}(x,y)=0$.]

10. 设 $f\in L^p(\mathbb{R})$. 证明：

(a) $\|f*\mathcal{P}_y\|_{L^p(\mathbb{R})}\leqslant\|f\|_{L^p}$，$1\leqslant p\leqslant\infty$；

(b) 当 $y\to 0$ 时，在 L^p 范数下有 $f*\mathcal{P}_y\to f$，$1\leqslant p<\infty$.

11. 设 $f\in L^p(\mathbb{R})$，$1<p<\infty$. 证明：

(a) $f*\mathcal{Q}_y=H(f)*\mathcal{P}_y$，其中 H，$\mathcal{P}_y$ 和 $\mathcal{Q}_y$ 分别是 Hilbert 变换，Poisson 核和共轭 Poisson 核；

(b) 当 $y\to 0$ 时，在 L^p 范数下有 $f*\mathcal{Q}_y\to H(f)$；

(c) 当 $\varepsilon\to 0$ 时，在 L^p 范数下有 $H_\varepsilon(f)\to H(f)$.

[提示：先证明 (a) 对 $f\in L^2$ 成立. 注意到 (a) 中等式两边的 Fourier 变换都等于 $\hat{f}(\xi)\dfrac{\operatorname{sign}(\xi)}{\xi}\mathrm{e}^{-2\pi|\xi|y}$.]

12. 在 $\mathbb{R}^d$ 中，当 $|x|\leqslant 1/2$ 时，设 $f(x)=|x|^{-d}(\log 1/|x|)^{-1-\delta}$；其余处 $f(x)=0$. 证明：当 $|x|\leqslant 1/2$ 时，$f^*(x)\geqslant c|x|^{-d}(\log 1/|x|)^{-\delta}$. 因此对于 $0<\delta\leqslant 1$，$f\in L^1(\mathbb{R}^d)$，但是 $f^*(x)$ 在单位球上不可积.

13. 证明：关于分布函数的基本不等式 (2.28) 对于极大函数在本质上是反向的，即存在常数 A 使得

$$m(\{x:f^*(x)>\alpha\})\geqslant(A/\alpha)\int_{|f(x)|>\alpha}|f(x)|\mathrm{d}x.$$

[提示：把 $E_\alpha=\{x:f^*(x)>\alpha\}$ 写成 $\bigcup_{j=1}^{\infty}Q_j$，其中 Q_j 是满足式 (2.37) 的闭方体，$\Omega=E_\alpha$. 对每个 Q_j，令 B_j 是使得 $Q_j\subset B_j$，且 $\overline{B_j}$ 与 E_α^c 相交的最小的球. 首先 $m(B_j)\leqslant cm(Q_j)$，则 $\dfrac{1}{m(B_j)}\int_{B_j}|f|\mathrm{d}x\leqslant\alpha$. 因此 $m(Q_j)\geqslant\dfrac{c^{-1}}{\alpha}\int_{B_j}|f(x)|\mathrm{d}x\geqslant\dfrac{c^{-1}}{\alpha}\int_{Q_j}|f(x)|\mathrm{d}x$. 再对 j 求和，并使用事实 $\{x:|f(x)|>\alpha\}\subset\{x:f^*(x)>\alpha\}$.]

14. 使用式 (2.28) 以及前一习题推导下述重要结论. 设函数 f 在 $\mathbb{R}^d$ 上可积，并设球 B_1 和 B_2 满足 $\overline{B_1}\subset B_2$. 证明：

(a) 若 $|f|\log(1+|f|)$ 在 B_2 上可积，则 f^* 在 B_1 上可积；

(b) 反之，若 f^* 在 B_1 上可积，则 $|f|\log(1+|f|)$ 在 B_1 上也可积.

[提示：在 $\alpha\geqslant 1$ 上，对式 (2.28) 以及前一习题中的不等式关于 α 积分.]

15. 考虑存在 $A>0$ 使得对任意的 $\alpha>0$ 都有 $m(\{x:|f(x)|>\alpha\})\leqslant\dfrac{A}{\alpha}$ 的所有

函数 f 组成的弱型空间. 并在该空间上定义 f 的范数为使得上述不等式成立的最小的 A，记为 $\mathcal{N}(f)$. 证明：

(a) $\mathcal{N}$ 不是真正的范数；此外在此空间上不存在范数 $\|\cdot\|$ 使得 $\|f\|$ 等价于 $\mathcal{N}(f)$；

(b) 此空间上没有非平凡的有界线性泛函.

[提示：在 $\mathbb{R}$ 上，对于函数 $f(x)=1/|x|$ 有 $\mathcal{N}(f)=2$. 但是若记 $f_N(x)=\frac{1}{N}[f(x+1)+f(x+2)+\cdots+f(x+N)]$，则 $\mathcal{N}(f_N)\geqslant c\log N$.]

16. 证明：空间 $\boldsymbol{H}_r^1$ 是完备的. 设$\{f_n\}$是 $\boldsymbol{H}_r^1$ 中的 Cauchy 列. 则$\{f_n\}$也是 L^1 中的 Cauchy 列，从而存在 L^1 函数 f 使得在 L^1 范数下 $f=\lim\limits_{n\to\infty}f_n$. 进而存在适当的子序列$\{n_k\}$，使得 $f=f_{n_1}+\sum\limits_{k=1}^{\infty}(f_{n_{k+1}}-f_{n_k})$.

17. 设当 $0<x\leqslant 1/2$ 时 $f(x)=1/(x(\log x)^2)$；当 $x>1/2$ 时 $f(x)=0$；且当 $x<0$ 时，取 $f(x)=-f(-x)$. 则 f 在$\mathbb{R}$上可积，且 $\int f=0$，因此 f 是某个 1-原子（见 2.5.2 节）的常数倍.

证明：当$|x|\leqslant 1/2$ 时，$M(f)\geqslant c/(|x|\log|x|)$，因此 $M(f)\notin L^1$，再根据定理 2.6.1 可得 $f\notin \boldsymbol{H}_r^1$.

18. 证明：存在 $c>1$ 使得每个函数 $f\in L^1(\mathbb{R}^d)$ 均可写成 $f(x)=\sum\limits_{k=1}^{\infty}\lambda_k\mathfrak{a}_k(x)$，且 $\sum|\lambda_k|\leqslant c\|f\|_{L^1}$，其中 $\mathfrak{a}_k$ 是“伪”原子：$\mathfrak{a}_k$ 的支撑在球 B_k 中；对任意的 x 有$|\mathfrak{a}_k(x)|\leqslant 1/m(B_k)$；但是$\mathfrak{a}_k$ 不一定满足消失条件 $\int\mathfrak{a}_k(x)\mathrm{d}x=0$.

[提示：设 $f_n=\mathbb{E}_n(f)$，即 f_n 是 f 在 n 级二进方体生成的代数上的条件期望. 则 $\|f_n-f\|_{L^1}\to 0$. 选取$\{n_k\}$使得 $\|f_{n_{k+1}}-f_{n_k}\|_{L^1}<1/2^k$，从而 $f=f_{n_1}+\sum\limits_{k=1}^{\infty}(f_{n_{k+1}}-f_{n_k})$.]

19. 下述结论在两种不同意义下说明了 $\boldsymbol{H}_r^1$ 接近于 L^1.

(a) 设 $f_0(x)$ 是 $(0,\infty)$ 上的一个单调递减的正函数，并在 $(0,\infty)$ 上可积. 证明：存在函数 $f\in\boldsymbol{H}_r^1(\mathbb{R})$ 使得$|f(x)|\geqslant f_0(|x|)$.

(b) 然而，若 $f\in\boldsymbol{H}_r^1(\mathbb{R}^d)$，且 f 在某个开集上是正的，则 f 在此开集上比一般可积函数“小”. 即证明：若 $f\in\boldsymbol{H}_r^1$，且在球 B_1 上 $f\geqslant 0$，则 $f\log(1+f)$ 在任意真子球 $B_0\subset B_1$ 上一定可积.

[提示：(a) 取 $f(x)=\mathrm{sign}(x)f_0(|x|)$，并考虑 f 的原子分解. (b) 运用习题 14 和定理 2.6.1（其中 Φ 是正的).]

20. 对于 $f\in L^1(\mathbb{R}^d)$，我们知道它的 Fourier 变换 $\hat{f}$ 有界，并且当$|\xi|\to\infty$时，

$\hat{f}(\xi)\to 0$（Riemann-Lebesgue 引理），但是对于 $\hat{f}$ 有“多小”，没有更好的结论.（关于 Fourier 级数的类似结论，见《实分析》第 3 章）. 尽管如此，证明：对于 $f\in \boldsymbol{H}_r^1$，有

$$\int_{\mathbb{R}^d}|\hat{f}(\xi)|\frac{\mathrm{d}\xi}{|\xi|^d}\leqslant A\,\|f\|_{\boldsymbol{H}_r^1}.$$

[提示：考虑原子.]

21. 证明：若 $|f(x)|\leqslant A(1+|x|)^{-d-1}$，且 $\int_{\mathbb{R}^d}f(x)\mathrm{d}x=0$，则 $f\in \boldsymbol{H}_r^1(\mathbb{R}^d)$.

[提示：虽然这是基本的，但仍然需要一点技巧来证明. 将 f 写成 $f=\sum_{k=0}^{\infty}f_k$，其中 $f_0(x)=f(x)$，当 $|x|\leqslant 1$ 时；其他为 0，并且 $f_k(x)=f(x)$，当 $2^{k-1}<|x|\leqslant 2^k$ 时；其他为 0，$k\geqslant 1$. 令 $c_k=\int f_k\mathrm{d}x$，$s_k=\sum_{j\geqslant k}c_j$，则 $s_0=0$. 取一个支撑在 $|x|\leqslant 1$ 中的函数 η，且 $\int\eta(x)\mathrm{d}x=1$. 从而 $f(x)=\sum_{k=0}^{\infty}(f_k-c_k\eta_k)+\sum_{k=0}^{\infty}c_k\eta_k$，其中，$\eta_k(x)=2^{-kd}\eta(2^{-k}x)$ 且 $\int\eta_k=1$. 第一个和式显然是支撑在球 $|x|\leqslant 2^k$ 中的原子（量级为 $O(2^{-k})$）的常数倍的和. 第二个和式可写成 $\sum_{k=1}^{\infty}s_k(\eta_k-\eta_{k-1})$.]

22. 设 f 是 $\mathbb{R}$ 上支撑在 $|x|\leqslant 1/2$ 中的原子 $f(x)=\mathrm{sign}(x)$. 定义 f 的极大函数 f_0^* 为

$$f_0^*(x)=\sup_{\varepsilon>0}|(f*\chi_\varepsilon)(x)|,$$

其中 χ 是 $|x|\leqslant 1/2$ 的特征函数，且 $\chi_\varepsilon(x)=\varepsilon^{-1}\chi(x/\varepsilon)$.

证明：当 $|x|\geqslant 1/2$ 时 $|f_0^*(x)|\geqslant 1/(2|x|)$，因此 $f_0^*\notin L^1$. 从而由 χ 定义的极大函数 f_0^* 不能被用来描述实 Hardy 空间 $\boldsymbol{H}_r^1$.

23. 考虑 BMO 函数，证明：

(a) $\log|x|\in\mathrm{BMO}(\mathbb{R}^d)$；

(b) 当 $x>0$ 时，$f(x)=\log x$；当 $x\leqslant 0$ 时，$f(x)=0$，则 $f\notin\mathrm{BMO}(\mathbb{R})$；

(c) 若 $\delta\geqslant 0$，则 $(\log|x|)^\delta\in\mathrm{BMO}(\mathbb{R}^d)$ 当且仅当 $\delta\leqslant 1$.

[提示：对于 $f(x)=\log|x|$，注意到 $f(rx)=f(x)+c_r$，所以在验证条件 (2.43) 时，可以假设球 B 的半径为 1. (b) 在以原点为中心的小区间上考虑 f.]

24. 用习题 19(a) 和习题 23 构造 $f\in\boldsymbol{H}_r^1$ 和 $g\in\mathrm{BMO}$ 使得 $|f(x)g(x)|$ 在 $\mathbb{R}^d$ 上不可积.

2.8　问题

1. 较之于 L^1，$\boldsymbol{H}_r^1$ 的另一个益处是其单位球具有弱紧性. 其证明过程如下. 设 $\{f_n\}$ 是 $\boldsymbol{H}_r^1$ 中的一个序列，且 $\|f_n\|_{\boldsymbol{H}_r^1}\leqslant A$. 则存在子序列 $\{f_{n_k}\}$ 以及 $f\in\boldsymbol{H}_r^1$ 使得当 $k\to\infty$ 时，对每个有紧支撑的连续函数 φ 均有

$$\int f_{n_k}(x)\varphi(x)\mathrm{d}x\to\int f(x)\varphi(x)\mathrm{d}x.$$

这可以与前一章中习题12和习题13所描述的 L^1 不具有弱紧性进行比较.

[提示：由前一章中问题4(c) 可知，存在子序列 $\{f_{n_k}\}$ 和有限测度 μ 使得在弱 * 意义下有 $f_{n_k}\to\mu$. 再使用事实：若存在 φ 使得 $\sup\limits_{\varepsilon>0}|\mu*\varphi_\varepsilon|\in L^1$，则 μ 是绝对连续的.]

2. 设 H^p 是2.5节中定义的复Hardy空间. 对于 $1<p<\infty$，证明：

(a) 若 $F\in H^p$，则 $\lim\limits_{y\to 0}F(x+\mathrm{i}y)=F_0(x)$ 在 $L^p(\mathbb{R})$ 范数下存在；

(b) $\|F\|_{H^p}=\|F_0\|_{L^p}$；

(c) $2F_0=f+\mathrm{i}H(f)$，其中 f 是 $L^p(\mathbb{R})$ 中的实函数，且 $\|F_0\|_{L^p}\approx\|f\|_{L^p}$. 进一步地，每个 F_0（因此 F）都由这种方式产生. 这就给出了 H^p 与（实）L^p 的一个线性同构，且有等价的范数.

[提示：证明思路如下. 对每个 $y_1>0$，记 $F_{y_1}(z)=F(z+\mathrm{i}y_1)$，$F_{y_1}^{\varepsilon}(z)=F_{y_1}(z)/(1-\mathrm{i}\varepsilon z)$，$\varepsilon>0$. 则 F_{y_1} 在 $\overline{\mathbb{R}_+^2}$ 上有界（见《实分析》第5章第2节）. 因此根据习题9可知，$F_{y_1}^{\varepsilon}(z)=(F_{y_1}^{\varepsilon}*\mathcal{P}_y)(x)$. 从而由 L^p 中单位球的弱紧性（见第1章习题12）可知，存在 $F_0\in L^p$ 使得当 ε 和 $y_1\to 0$ 时，$F_{y_1}^{\varepsilon}(x)$ 弱收敛于 $F_0(x)$. 注意，上述讨论对于 $p=1$ 不成立. 结论（c）在本质上是对 $1<p<\infty$ 的Hilbert变换有界性的重述.]

3. 设 P 是 $\mathbb{R}^d$ 上任一非零的 k 次多项式. 证明：$f=\log|P(x)|$ 属于BMO，且 $\|f\|_{\mathrm{BMO}}\leqslant c_k$，其中 c_k 仅与多项式的次数 k 有关.

[提示：先证该结论对 $d=1$ 成立. 然后对维数用归纳法，并按下述关于 $\mathbb{R}^2$ 上的讨论一样证明. 设 $\mathbb{R}^2$ 上的函数 $f(x,y)$ 对每个 y，都是关于 x 的 $\mathrm{BMO}(\mathbb{R})$ 函数，而且关于 y 是一致的. 并且该假设在互换 x 和 y 的位置后也成立. 则 $f\in\mathrm{BMO}(\mathbb{R}^2)$.]

4. 证明：对每个 $f\in\mathrm{BMO}(\mathbb{R}^d)$ 有下述John-Nirenberg不等式

(a) 对每个 $q<\infty$，存在上界 b_q 使得

$$\sup_B\frac{1}{m(B)}\int_B|f-f_B|^q\mathrm{d}x\leqslant b_q^q\|f\|_{\mathrm{BMO}}^q.$$

(b) 存在正常数 μ 和 A，使得

$$\sup_B \frac{1}{m(B)}\int_B e^{\mu|f-f_B|}\mathrm{d}x \leqslant A, \quad 当 \|f\|_{\mathrm{BMO}} \leqslant 1 时.$$

[提示：(a) 考虑 f 对 p-原子的作用，其中 p 是 q 的共轭数. (b) 运用当 $p\to 1$ 时，有 $c_p = O(1/(p-1))$（见式(2.38)）推导当 $q\to\infty$ 时 $b_q = O(q)$. 并注意到 $e^u = \sum_{q=0}^{\infty}\frac{u^q}{q!}$.]

5. 有界函数的 Hilbert 变换属于 BMO. 用下述两种不同方法证明.

(a) 直接法：假设 f 有界（属于某个 L^p，$1\leqslant p<\infty$）. 则 $H(f)\in \mathrm{BMO}$，且

$$\|H(f)\|_{\mathrm{BMO}} \leqslant A\|f\|_{L^\infty},$$

其中 A 与 f 的 L^p 范数无关.

(b) 对偶法：运用定理 2.5.4.

[提示：(a) 固定任意球 B，并令 B_1 是它的两倍. 分别考虑 $f\chi_{B_1}$ 和 $f\chi_{B_1}^c$.]

6.* 下述是 $\boldsymbol{H}_r^1(\mathbb{R}^d)$ 的极大函数刻画. 设 Φ 属于 Schwartz 空间 $\mathcal{S}$，且 $\int \Phi(x)\mathrm{d}x \neq 0$. 对于 $f\in L^1$，令 $M(f)(x)=\sup_{\varepsilon>0}|(f*\Phi_\varepsilon)(x)|$. 证明：

(a) $f\in \boldsymbol{H}_r^1$ 当且仅当 $M(f)\in L^1$.

(b) 条件 $\Phi\in\mathcal{S}$ 可以放宽为

$$|\partial_x^\alpha \Phi(x)| \leqslant c_\alpha (1+|x|)^{-d-1-|\alpha|}.$$

(c) 考虑两个有趣的例子. 首先，$\Phi_{t^{1/2}}(x)=(4\pi t)^{-d/2}e^{-|x|^2/(4t)}$：此时 $u(x,t)=(f*\Phi_{t^{1/2}})(x)$ 是热方程 $\Delta_x u = \partial_t u$，初值为 $u(x,0)=f(x)$ 的解. 其次，$\Phi_t(x)=\frac{c_d t}{(t^2+|x|^2)^{\frac{d+1}{2}}}$，其中 $c_d=\Gamma\left(\frac{d+1}{2}\right)/\pi^{\frac{d+1}{2}}$ 使得 $u(x,t)=(f*\Phi_t)(x)$ 是 Laplace 方程 $\Delta_x u+\partial_t^2 u=0$，初值为 $u(x,0)=f(x)$ 的解.（其中 Γ 表示 Gamma 函数.）

7.* 考虑 $H^p(p=1)$. 问题 2 中的结论 (a) 和 (b) 对 $p=1$ 也成立，但是其证明不同. (c) 的类似结论如下：$2F_0=f+\mathrm{i}H(f)$，其中 f 属于实 Hardy 空间 $\boldsymbol{H}_r^1$. 此外 $\|F_0\|_{L^1}\approx\|f\|_{\boldsymbol{H}_r^1}$. 因此 $f\in\boldsymbol{H}_r^1$ 的一个充要条件是 f 和 $H(f)$ 都属于 L^1.

先证明每个 $F\in H^1$ 均可写成 $F=F_1\cdot F_2$，其中 $F_j\in H^2$ 且 $\|F_j\|_{H^2}^2=\|F\|_{H^1}$，再由 H^2 上的相关结论即可证明 (a) 和 (b).

8.* 设 $f\in L^1(\mathbb{R})$. 则可以在弱情形下定义 $H(f)\in L^1(\mathbb{R})$，即存在 $g\in L^1(\mathbb{R})$ 使得

$$\int_{\mathbb{R}} g\varphi\mathrm{d}x = \int_{\mathbb{R}} fH(\varphi)\mathrm{d}x, 对任意的 Schwartz 函数 \varphi.$$

此时称 $g=H(f)$ 在弱情形下成立.

由问题 7* 可知，$f\in\boldsymbol{H}_r^1(\mathbb{R})$ 当且仅当 $f\in L^1(\mathbb{R})$，且在弱情形下取得的

$H(f)$也属于 $L^1(\mathbb{R})$.

9. * 假设 $\{f_n\}$ 是 $\boldsymbol{H}_r^1$ 中的一列函数，满足对任意的 n 有 $\|f_n\|_{\boldsymbol{H}_r^1} \leqslant M < \infty$. 设 f_n 几乎处处收敛于 f. 证明：

(a) $f \in \boldsymbol{H}_r^1$；

(b) 对所有有紧支撑的连续函数 g，当 $n \to \infty$ 时 $\int f_n g \to \int fg$.

对于 $L^p(p>1)$ 有相应的结论成立，但是 $p=1$ 时不成立. 见第 1 章习题 14.

10. * 下述结论说明了 $\boldsymbol{H}_r^1$ 在补偿列紧理论中的应用.

设 $A=(A_1,\cdots,A_d)$ 和 $B=(B_1,\cdots,B_d)$ 是 $\mathbb{R}^d$ 中的向量场，且对任意的 i 有 A_i，$B_i \in L^2(\mathbb{R}^d)$. A 的散度定义为

$$\operatorname{div}(A)=\sum_{k=1}^{d} \frac{\partial A_k}{\partial x_k};$$

B 的旋度是 $d \times d$ 矩阵，其 ij-元素为

$$(\operatorname{curl}(B))_{ij}=\frac{\partial B_i}{\partial x_j}-\frac{\partial B_j}{\partial x_i},$$

(这里的导数是下一章中讨论的广义导数.) 若 $\operatorname{div}(A)=0$ 且 $\operatorname{curl}(B)=0$，则 $\sum_{k=1}^{d} A_k B_k \in \boldsymbol{H}_r^1$. 这与一般情形下的结论不同：若 f，$g \in L^2$，则仅有 $fg \in L^1$.

第3章　分布：广义函数

> 虽然现如今函数出现在数学以及其他学科的各个领域，也存在于意识、认知，甚至直觉中，但是分析学的核心概念依然是函数，而且函数论“隶属于”分析学.
>
> “现代”数学中的函数概念早在文艺复兴时期已经显现. 粗略地说，在17～18世纪中有了很多准备工作，19世纪产生了实或复的单变量函数，到了20世纪，已经出现了实或复的多变量函数.
>
> *S. Bochner*，1969
>
> ……现在为人所接受的函数概念首先出现在著名的Dirichlet（1837）回忆录内处理Fourier级数的收敛问题中；在Riemann的教授职称论文中出现的一般形式的Riemann积分的概念被用于解决三角级数问题；Cantor在试图解决三角级数唯一性问题时所开创的集合论是19世纪发展的重要数学分支之一；这些都不是偶然的. 在最近一段时间里，所发展的Lebesgue积分与Fourier级数理论联系紧密，并且广义函数（分布）理论与Fourier积分也联系紧密.
>
> *A. Zygmund*，1959

“函数是什么”这一问题的演化推动着分析学的发展. “广义函数”（或者“分布”）概念的形成在许多不同的数学分支中表现出重要作用. 蓦然回首，你会发现该概念已经以不同名称出现过很多次了. 例如，Riemann在研究三角级数唯一性时所给出的Riemann形式积分和三角级数微分；偏微分方程理论中所出现的弱解；将一个函数（比如说L^p中的函数）看作其对偶空间上的一个线性泛函. 广义函数的重要性在于它能帮助我们使用形式的并且巧妙的方法去解决问题. 尽管广义函数不是万能的，但是它能帮助我们在许多领域中更快地直击问题的核心.

下面分两部分考虑广义函数. 首先，考虑广义函数的基本性质和运算法则. 从而证明经典函数在广义函数意义下有任意阶的导数. 此外在广义函数意义下，任意一个在无穷远点增长不太快的函数都可以做 Fourier 变换.

其次，研究特殊的广义函数的具体性质. 先是定义 Hilbert 变换的主值广义函数，再是更一般的齐次广义函数. 我们也研究以偏微分方程基本解形式出现的广义函数. 最后，考虑作为奇异积分核的 Calderón-Zygmund 广义函数. 该广义函数推广了 Hilbert 变换，并由此得到了基本的 L^p 估计.

3.1　基本性质

一个经典函数 f（定义在$\mathbb{R}^d$上）对任一 $x\in\mathbb{R}^d$ 都有一个确定值 $f(x)$ 与之对应. 为方便起见，有时可以放宽对 f 的要求并且允许 f 在某些“例外”点 x 处没有明确定义. 特别地，在积分理论和测度论中确是如此，即此时函数可以在一个零测集上没有具体定义.[1]

与此不同的是，**分布**或者**广义函数** F 对“大部分的”点都没有确定值，但是 F 由关于（光滑）函数的平均值来定义. 因此如果将函数 f 看作广义函数 F，则定义 F 为

$$F(\varphi)=\int_{\mathbb{R}^d} f(x)\varphi(x)\mathrm{d}x, \tag{3.1}$$

其中 φ 是适当的“测试”函数. 因此与式（3.1）一致，定义广义函数 F 的出发点是将其看作适当的测试函数空间上的线性泛函.

实际上，考虑两类广义函数（每一类分别对应各自的测试函数空间）：首先考虑较广的一类，这些广义函数可以定义在$\mathbb{R}^d$中任一开集 Ω 上；其次考虑较窄的一类，它们定义在$\mathbb{R}^d$上，且在无穷远点是适当“缓增的”，也自然地出现在 Fourier 变换理论中.

3.1.1　定义

固定$\mathbb{R}^d$中的一个开集 Ω. 适用于较广的一类广义函数的**测试函数**是紧支撑在 Ω 中的无穷次可微的复值函数全体 $C_0^\infty(\Omega)$. 为了保持记号的一致性，本书中将此测试函数空间记为 $\mathcal{D}$（或者更明确地记为 $\mathcal{D}(\Omega)$）. 若 $\{\varphi_n\}$ 是 $\mathcal{D}$ 中的一列元素，且 $\varphi\in\mathcal{D}$，称 $\{\varphi_n\}$ 在 $\mathcal{D}$ 中收敛于 φ，记作在 $\mathcal{D}$ 中 $\varphi_n\to\varphi$，如果所有 φ_n 的支撑都包含于一个公共的紧子集，并且对每个多重指标 α，当 $n\to\infty$ 时有 $\partial_x^\alpha\varphi_n\to\partial_x^\alpha\varphi_n$ 关于 x 一致成立.[2] 由此我们给出基本定义. 定义 Ω 上的**广义函数** F 为 $\mathcal{D}(\Omega)$ 上的一个复值线性泛函：$\varphi\mapsto F(\varphi)$，$\forall\varphi\in\mathcal{D}(\Omega)$，并且按照下述意义是连续的：若在 $\mathcal{D}$ 中 $\varphi_n\to\varphi$，则 $F(\varphi_n)\to F(\varphi)$. Ω 上广义函数全体构成的线性空间记作 $\mathcal{D}^*(\Omega)$.

后文中，将经常用大写字母 F，G，… 表示广义函数，而用小写字母 f，

1　确切地说，函数实际上是几乎处处相等的等价函数类.

2　我们回顾记号：$\partial_x^\alpha=(\partial/\partial x)^\alpha=(\partial/\partial x_1)^{\alpha_1}\cdots(\partial/\partial x_d)^{\alpha_d}$，$|\alpha|=\alpha_1+\cdots+\alpha_d$ 和 $\alpha!=\alpha_1!\cdots\alpha_d!$，其中 $\alpha=(\alpha_1,\cdots,\alpha_d)$.

g，…表示普通函数. 下面先给出几个广义函数的例子.

例 1 普通函数. 设 f 是 Ω 上的局部可积函数.[3] 此时使用式（3.1）可定义广义函数 $F=F_f$. 由这种方式给出的广义函数当然是"函数".

例 2 设 μ 是 Ω 上的（符号）Borel 测度，且在 Ω 的紧子集上是有限的（有时候称这样的测度为 Radon 测度）. 则

$$F(\varphi)=\int_{\Omega}\varphi(x)\mathrm{d}\mu(x)$$

是一个广义函数，但是它一般不是上述所说的函数. 特别地，当 μ 是在原点处的全测度为 1 的点质量时，上式给出的是 **Dirac delta 函数** δ，即 $\delta(\varphi)=\varphi(0)$.（注意，$\delta$ 不是函数!）

通过取微分可以从上面得到更多的例子. 事实上，与普通函数不同的是，广义函数的一个重要特征是它有任意阶导数. 广义函数的**导数** $\partial_x^\alpha F$ 拓广了可微函数的导数. 实际上，如果 f 是 Ω 上的光滑函数，并且（例如）$\varphi\in\mathcal{D}(\Omega)$，则根据分部积分公式可得

$$\int(\partial_x^\alpha f)\varphi\mathrm{d}x=(-1)^{|\alpha|}\int f(\partial_x^\alpha\varphi)\mathrm{d}x.$$

因此与式（3.1）一致，定义 $\partial_x^\alpha F$ 为广义函数

$$(\partial_x^\alpha F)(\varphi)=(-1)^{|\alpha|}F(\partial_x^\alpha\varphi),\ \varphi\in\mathcal{D}(\Omega).$$

特别地，若 f 是局部可积函数，则可以在广义函数意义下定义其偏导数. 以下几个例子比较实用.

• 设 h 是 $\mathbb{R}$ 上的 Heaviside 函数，即 $h(x)=1$，当 $x>0$ 时；并且 $h(x)=0$，当 $x<0$ 时，则在广义函数意义下，$\mathrm{d}h/\mathrm{d}x$ 等于 Dirac delta 函数 δ. 这是因为只要 $\varphi\in\mathcal{D}(\mathbb{R})$ 就有 $-\int_0^\infty\varphi'(x)\mathrm{d}x=\varphi(0)$. 但是注意，当 $x\neq 0$ 时 h 的普通导数为 0 且在 $x=0$ 时没有定义. 因此对于不光滑函数，我们一定要仔细区分通常意义下的导数（当其存在时）和其作为广义函数时的导数.（见习题 1 和习题 2.）

习题 15 给出了高维情形的 Heaviside 函数.

• 设 f 是 Ω 上的 C^k 函数，即通常意义下的偏导数 $\partial_x^\alpha f$，其中 $|\alpha|\leqslant k$，在 Ω 上连续. 此时 f 的这些导数与其在广义函数意义下的导数是一致的.

• 更一般地，假设 f 和 g 是 $L^2(\Omega)$ 中的一对函数，且在第 1 章 1.3.1 节或者《实分析》第 5 章 3.1 节所讨论的"弱意义"下有 $\partial_x^\alpha f=g$. 如果 F 和 G 分别是 f，g 按照式（3.1）所确定的广义函数，则 $\partial_x^\alpha F=G$.

3.1.2 运算法则

正如求导数一样，我们可以通过对测试函数的运算来给出广义函数的相应运

---

3 这句话的意思是 f 在 Ω 的任一紧子集上都是可测的并且是 Lebesgue 可积的.（此概念与《实分析》第 3 章中的有点不同.）

算. 下面先给出几种简单运算.

• 若 $F\in\mathcal{D}^*$，且 ψ 是一个 C^∞ 函数，则乘积 $\psi\cdot F$ 定义为 $(\psi\cdot F)(\varphi)=F(\psi\varphi)$，$\forall\,\varphi\in\mathcal{D}$. 这与 F 是函数时的点态乘积一致.

• $\mathbb{R}^d$ 上广义函数的平移、伸缩，或者更一般的非奇异线性变换，都可以通过"对偶"在测试函数上的相应作用来定义. 因此相应于函数的平移变换 τ_h：$\tau_h(f)(x)=f(x-h)$，$h\in\mathbb{R}^d$，广义函数的平移变换定义为

$$\tau_h(F)(\varphi)=F(\tau_{-h}(\varphi)),\ \forall\,\varphi\in\mathcal{D}.$$

类似地，对应于由简单关系 $f_a(x)=f(ax)$，$a>0$ 所定义的函数伸缩变换，可以定义 F_a 为 $F_a(\varphi)=a^{-d}F(\varphi_{a^{-1}})$. 更一般地，若 L 是一个非奇异线性变换，则函数的线性变换 $f_L(x)=f(L(x))$ 可推广到广义函数上，即

$$F_L(\varphi)=|\det L|^{-1}F(\varphi_{L^{-1}}),\ \forall\,\varphi\in\mathcal{D}.$$

我们也可以将$\mathbb{R}^d$上函数的**卷积**

$$(f*g)(x)=\int_{\mathbb{R}^d}f(x-y)g(y)\mathrm{d}y$$

推广到广义函数上去.

先设 F 是$\mathbb{R}^d$上的广义函数，并且 ψ 是测试函数. 有两种方式定义 $F*\psi$（当 F 是函数时，要与式（3.1）一致）. 第一种是把 $F*\psi$ 看作（x 的）函数 $F(\psi_x^{\sim})$，其中 $\psi_x^{\sim}(y)=\psi(x-y)$.

第二种是把 $F*\psi$ 看作广义函数

$$(F*\psi)(\varphi)=F(\psi^{\sim}*\varphi)\text{，其中 }\psi^{\sim}=\psi_0^{\sim}.$$

命题 3.1.1　设 F 是广义函数，并且 $\psi\in\mathcal{D}$. 则

(a) 上述两种方式定义的 $F*\psi$ 是一致的；

(b) 广义函数 $F*\psi$ 是 C^∞ 函数.

证　首先注意到 $F(\psi_x^{\sim})$ 关于 x 是连续的且无穷次可微. 当 $n\to\infty$ 时，若 $x_n\to x_0$，则 $\psi_{x_n}^{\sim}(y)=\psi(x_n-y)\to\psi(x_0-y)=\psi_{x_0}^{\sim}(y)$ 关于 y 一致成立，并且这对其所有的偏导数也成立. 因此当 $n\to\infty$时，在 $\mathcal{D}$ 中 $\psi_{x_n}^{\sim}\to\psi_{x_0}^{\sim}$（作为 y 的函数），进而由 F 在 $\mathcal{D}$ 上的连续性可得 $F(\psi_x^{\sim})$ 关于 x 连续. 类似地，所有差商的极限均收敛，从而 $F(\psi_x^{\sim})$ 无穷次可微，且 $\partial_x^{\alpha}F(\psi_x^{\sim})=F(\partial_x^{\alpha}\psi_x^{\sim})$.

只剩下证明 (a)，为此只需证明

$$\int F(\psi_x^{\sim})\varphi(x)\mathrm{d}x=F(\psi^{\sim}*\varphi),\ \forall\,\varphi\in\mathcal{D}.\tag{3.2}$$

因为 $\psi\in\mathcal{D}$，且 φ 是有紧支撑的连续函数，易证

$$(\psi^{\sim}*\varphi)(x)=\int\psi^{\sim}(x-y)\varphi(y)\mathrm{d}y=\lim_{\varepsilon\to0}S(\varepsilon),$$

其中 $S(\varepsilon)=\varepsilon^d\sum\limits_{n\in\mathbb{Z}^d}\psi^{\sim}(x-n\varepsilon)\varphi(n\varepsilon)$，并且在 $\mathcal{D}$ 中 Riemann 和 $S(\varepsilon)$ 收敛于

$\psi^{\sim} * \varphi$. 显然对每个 $\varepsilon>0$，$S(\varepsilon)$ 是有限的. 故 $F(S(\varepsilon))=\varepsilon^{d}\sum_{n\in\mathbf{Z}^d}F(\psi_{n\varepsilon}^{\sim})\varphi(n\varepsilon)$. 因此由函数 $x\mapsto F(\psi_x^{\sim})$ 的连续性可知，对 $\varepsilon\to 0$ 取极限即得到式（3.2），从而命题得证. □

上述命题的一个简单推论是，$\mathbb{R}^d$ 上的每一个广义函数 F 都是 C^∞ 函数的极限. 称广义函数列 $\{F_n\}$ 在**弱意义**下（或者**广义函数意义**下）收敛于广义函数 F，如果 $F_n(\varphi)\to F(\varphi)$，$\forall\varphi\in\mathcal{D}$.

推论 3.1.2 设 F 是$\mathbb{R}^d$上的广义函数. 则存在函数列 $\{F_n\}\subset C^\infty$ 使得在弱意义下 $F_n\to F$.

证 设 $\{\psi_n\}$ 是如下构造的恒等逼近. 取 $\psi\in\mathcal{D}$ 且 $\int_{\mathbb{R}^d}\psi(x)\mathrm{d}x=1$，并令 $\psi_n(x)=n^d\psi(nx)$.

设 $F_n=F*\psi_n$. 则由上述命题中的结论（b）可知，F_n 是 C^∞ 函数. 由该命题中的结论（a）可得

$$F_n(\varphi)=F(\psi_n^{\sim}*\varphi),\ \forall\varphi\in\mathcal{D}.$$

此外，易证在 $\mathcal{D}$ 中 $\psi_n^{\sim}*\varphi\to\varphi$. 因此 $F_n(\varphi)\to F(\varphi)$，$\forall\varphi\in\mathcal{D}$. 故推论得证. □

3.1.3 支撑

本小节考虑广义函数的支撑. 若 f 是连续函数，则其**支撑**定义为 $f(x)\neq 0$ 的集合的闭包. 即，使 f 为零的最大开集的余集. 对于广义函数 F，称 F 在某个开集上为零，若对任意的支撑在此开集中的测试函数 $\varphi\in\mathcal{D}$ 均有 $F(\varphi)=0$. 由此定义**广义函数 F 的支撑**为使得 F 为零的最大开集的余集.

上述定义是确切的，这是因为若 F 在开集族 $\{\mathcal{O}_i\}_{i\in\mathcal{I}}$上为零，则 F 在并集 $\mathcal{O}=\bigcup_{i\in\mathcal{I}}\mathcal{O}_i$ 上也为零. 事实上，设测试函数 φ 的支撑为紧集$K\subset\mathcal{O}$. 由于 $\mathcal{O}$ 覆盖 K，所以存在子覆盖（重新标记后，记集合 $\mathcal{O}_i$），不妨设 $K\subset\bigcup_{k=1}^{N}\mathcal{O}_k$. 根据第 1 章 1.1.7 节的单位分解可知，存在光滑函数 $\eta_k(1\leqslant k\leqslant N)$ 使得 $0\leqslant\eta_k\leqslant 1$，$\mathrm{supp}(\eta_k)\subset\mathcal{O}_k$ 并且 $\sum_{k=1}^{N}\eta_k(x)=1$，$\forall x\in K$. 那么由 F 在每个 $\mathcal{O}_k$ 上为零可得 $F(\varphi)=F(\sum_{k=1}^{N}\varphi\eta_k)=\sum_{k=1}^{N}F(\varphi\eta_k)=0$. 故 F 在开集 $\mathcal{O}$ 上为零.[4]

注意到关于广义函数的支撑有如下简单事实. $\partial_x^{\alpha}F$ 和 $\psi\cdot F$（其中 $\psi\in C^\infty$）的支撑都包含于 F 的支撑. Dirac delta 函数（及其导数）的支撑是原点. 最后，若 F 和 φ 的支撑不相交，则 $F(\varphi)=0$.

下述命题说明了卷积运算下支撑的可加性.

---

4 读者必须注意，当把一个可积函数看作广义函数时，这里的支撑概念与《实分析》第 2 章中关于可积函数的“支撑”是不一致的. 进一步的说明见习题 5.

命题 3.1.3　设广义函数 F 的支撑是 C_1，并且函数 $\psi\in\mathcal{D}$ 的支撑是 C_2，则 $F*\psi$ 的支撑包含于 C_1+C_2.

事实上，对每个满足 $F(\psi_x^{\sim})\neq 0$ 的 x，必有 F 的支撑与 $\psi_x^{\sim}$ 的支撑相交. 因为 $\psi_x^{\sim}$ 的支撑是 $x-C_2$，所以 C_1 与 $x-C_2$ 有公共点，不妨设为 y. 由于 $x=y+x-y$，且 $y\in C_1$，$x-y\in C_2$（这是因为 $y\in x-C_2$），故 $x\in C_1+C_2$，从而命题得证. 注意到集合 C_1+C_2 是闭集，这是因为 C_1 是闭集，C_2 是紧集.

现在我们可以把卷积推广到一对广义函数上，其中一个有紧支撑. 事实上，若给定一对广义函数 F 和 F_1，且 F_1 有紧支撑，则定义 $F*F_1$ 为广义函数 $(F*F_1)(\varphi)=F(F_1^{\sim}*\varphi)$，其中 $F_1^{\sim}$ 是反演广义函数 $F_1^{\sim}(\varphi)=F_1(\varphi^{\sim})$. 这推广了 $F_1=\psi\in\mathcal{D}$ 时的定义. 注意，若 F_1 的支撑是 C，则 $F_1^{\sim}$ 的支撑是 $-C$. 因此根据上述命题可知 $F_1^{\sim}*\varphi$ 有紧支撑且是 C^∞ 函数，从而它属于 $\mathcal{D}$. 此时可以直接证明，映射 $\varphi\mapsto(F*F_1)(\varphi)$ 在 $\mathcal{D}$ 中是连续的，并留给读者去验证.

由上述讨论可直接推出如下关于卷积的其他性质：

• 若 F_1 和 F_2 都有紧支撑，则 $F_1*F_2=F_2*F_1$.（由此当只有 F_1 有紧支撑时，我们有时把 $F*F_1$ 记作 F_1*F.）

• 对于 Dirac delta 函数 δ，有

$$F*\delta=\delta*F=F.$$

• 若 F_1 有紧支撑，则对任意的多重指标 α，

$$\partial_x^\alpha(F*F_1)=(\partial_x^\alpha F)*F_1=F*(\partial_x^\alpha F_1).$$

• 若 F 和 F_1 的支撑分别是 C 和 C_1，且 C 是紧集. 则 $F*F_1$ 的支撑包含于 $C+C_1$.（这可由上述命题和习题 4(b)中所述的逼近性得到.）

3.1.4　缓增分布

粗略地讲，$\mathbb{R}^d$ 上有一类在无穷远处至多以多项式增长的广义函数. 此类广义函数的限制增长性表现在测试函数空间 $\mathcal{S}$ 上. **测试函数**空间 $\mathcal{S}=\mathcal{S}(\mathbb{R}^d)$（Schwartz 空间[5]）是指$\mathbb{R}^d$ 上无穷次可微函数及其任意阶导数都在无穷远处快速衰减的函数全体. 确切地讲，我们考虑单调递增的范数列 $\|\cdot\|_N$，[6]

$$\|\varphi\|_N=\sup_{x\in\mathbb{R}^d,|\alpha|,|\beta|\leqslant N}|x^\beta(\partial_x^\alpha\varphi)(x)|,$$

其中 N 取遍所有的正整数. 定义 $\mathcal{S}$ 为使得对每个 N 均有 $\|\varphi\|_N<\infty$ 的光滑函数 φ 的全体. 进一步地，称在 $\mathcal{S}$ 中 $\varphi_k\to\varphi$，如果对每个 N，当 $k\to\infty$ 时，$\|\varphi_k-\varphi\|_N\to 0$.

称 F 是一个**缓增分布**，如果 F 是 $\mathcal{S}$ 上的一个连续线性泛函，其中连续是指只要在 $\mathcal{S}$ 中有 $\varphi_k\to\varphi$，就有 $F(\varphi_k)\to F(\varphi)$. 并将 $\mathcal{S}$ 上的缓增分布全体组成的向量空间记作 $\mathcal{S}^*$. 由于测试空间 $\mathcal{D}=\mathcal{D}(\mathbb{R}^d)$ 包含于 $\mathcal{S}$，并且 $\mathcal{D}$ 中的收敛列在 $\mathcal{S}$ 中也收

5　空间 $\mathcal{S}$ 已经在《傅里叶分析》第 5 章和第 6 章中出现.

6　本章中，使用记号 $\|\cdot\|_N$. 这与 L^p 范数 $\|\cdot\|_{L^p}$ 不混淆.

敛，所以所有的缓增分布自然都是前述意义下的$\mathbb{R}^d$上的广义函数. 但是，反之不成立.（见习题9.）值得注意的是$\mathcal{D}$在$\mathcal{S}$中稠密，这是因为对任意的$\varphi\in\mathcal{S}$，都存在一列函数$\varphi_k\in\mathcal{D}$，使得当$k\to\infty$时，在$\mathcal{S}$中$\varphi_k\to\varphi$.（见习题10.）

需要注意的是任一缓增分布都可由范数$\|\cdot\|_N$的有限倍数控制.

命题 3.1.4 设F是一个缓增分布，则存在正整数N和常数$c>0$，使得

$$|F(\varphi)|\leqslant c\|\varphi\|_N,\ \forall\varphi\in S.$$

证 采用反证法. 假设结论不成立，即对每个正整数n，都存在$\psi_n\in\mathcal{S}$且$\|\psi_n\|_n=1$，然而$|F(\psi_n)|\geqslant n$. 取$\varphi_n=\psi_n/n^{1/2}$. 则只要$n\geqslant N$，就有$\|\varphi_n\|_N\leqslant\|\varphi_n\|_n$. 故当$n\to\infty$时，$\|\varphi_n\|_N\leqslant n^{-1/2}\to 0$，但是$|F(\varphi_n)|\geqslant n^{1/2}\to\infty$. 这与$F$的连续性矛盾. □

下面是一些缓增分布的简单例子.

• 具有紧支撑的广义函数F也是缓增的. 事实上，如果C是F的支撑，则存在$\eta\in\mathcal{D}$满足对C的某个邻域中的任意点x都有$\eta(x)=1$. 因此当$\varphi\in\mathcal{D}$时$F(\varphi)=F(\eta\varphi)$. 由此，定义在$\mathcal{D}$上的线性泛函$F$可通过$\varphi\mapsto F(\eta\varphi)$自然地延拓到$\mathcal{S}$上，从而该广义函数是缓增分布.

• 设函数f在$\mathbb{R}^d$上局部可积，且存在$N\geqslant 0$使得

$$\int_{|x|\leqslant R}|f(x)|\,\mathrm{d}x=O(R^N),\text{当 }R\to\infty\text{时}.$$

则f所对应的广义函数是缓增的. 特别地，此结论对于$f\in L^p(\mathbb{R}^d)(1\leqslant p\leqslant\infty)$也成立.

• 只要F是缓增的，则对任意的α，$\partial_x^\alpha F$也是缓增的；对任意的多重指标$\beta\geqslant 0$，$x^\beta F(x)$也是缓增的.

上述最后一个结论有如下推广：设$\mathbb{R}^d$上C^∞函数ψ是**缓慢增长的**，即对每个α，都存在$N_\alpha\geqslant 0$，使得当$|x|\to\infty$时$\partial_x^\alpha\psi(x)=O(|x|^{N_\alpha})$. 若$F$是缓增的，则$(\psi F)(\varphi)=F(\psi\varphi)$也是缓增的.

对之前的论述稍加修改即可证明，在3.1.2节和3.1.3节所讨论的有关广义函数卷积的性质对缓增分布也类似成立.

(a) 若F是缓增的，且$\psi\in\mathcal{S}$，则$F*\psi$定义为函数$F(\psi_x^\sim)$时是C^∞函数且缓慢增长. 此外，另一种定义$(F*\psi)(\varphi)=F(\psi^\sim*\varphi)$，$\varphi\in\mathcal{S}$也成立. 为了说明这一点，只需证明：只要$\psi$和$\varphi$属于$\mathcal{S}$就有$\psi^\sim*\varphi\in\mathcal{S}$.（见习题11.）

(b) 若F是缓增分布，且F_1是有紧支撑的广义函数，则$F*F_1$也是缓增的. 注意到$(F*F_1)(\varphi)=F(F_1^\sim*\varphi)$，且为了说明这一点，只需验证：若$F_1$有紧支撑，且$\varphi\in\mathcal{S}$，则$F_1^\sim*\varphi\in\mathcal{S}$.（见习题12.）

3.1.5 Fourier 变换

对缓增分布的最大兴趣在于，缓增分布全体在Fourier变换下不变，并且这是空间$\mathcal{S}$在Fourier变换下是闭的一种表现.

回顾，只要 $\varphi\in\mathcal{S}$，Fourier 变换 $\varphi^{\wedge}$（有时也记作 $\hat{\varphi}$）就定义为收敛积分[7]

$$\varphi^{\wedge}(\xi)=\int_{\mathbb{R}^d}\varphi(x)\mathrm{e}^{-2\pi\mathrm{i}x\cdot\xi}\mathrm{d}x.$$

映射 $\varphi\mapsto\varphi^{\wedge}$ 是 $\mathcal{S}$ 到 $\mathcal{S}$ 的一个连续双射，且其逆映射是 $\psi\mapsto\psi^{\vee}$，其中

$$\psi^{\vee}(x)=\int_{\mathbb{R}^d}\psi(\xi)\mathrm{e}^{2\pi\mathrm{i}x\cdot\xi}\mathrm{d}\xi.$$

下述简单的范数估计式是很有用的：对任意的 $\varphi\in\mathcal{S}$ 和 $N\geqslant 0$ 都有

$$\|\hat{\varphi}\|_N\leqslant C_N\|\varphi\|_{N+d+1}.$$

（该估计式可由 $\sup\limits_{\xi}|\hat{\varphi}(\xi)|\leqslant\int_{\mathbb{R}^d}|\varphi(x)|\mathrm{d}x\leqslant A\|\varphi\|_{d+1}$ 得到.）

乘积恒等式

$$\int_{\mathbb{R}^d}\hat{\psi}(x)\varphi(x)\mathrm{d}x=\int_{\mathbb{R}^d}\psi(x)\hat{\varphi}(x)\mathrm{d}x$$

（对所有的 ψ，$\varphi\in\mathcal{S}$ 都成立）诱导出缓增分布 F 的 **Fourier 变换** $F^{\wedge}$（有时也记作 $\hat{F}$）为

$$F^{\wedge}(\varphi)=F(\varphi^{\wedge}),\ \forall\,\varphi\in\mathcal{S}.$$

由此可知，映射 $F\mapsto F^{\wedge}$ 是缓增分布空间上的一个双射，其逆映射是 $F\mapsto F^{\vee}$，其中 $F^{\vee}$ 定义为 $F^{\vee}(\varphi)=F(\varphi^{\vee})$. 事实上，

$$(F^{\wedge})^{\vee}(\varphi)=F^{\wedge}(\varphi^{\vee})=F((\varphi^{\vee})^{\wedge})=F(\varphi).$$

此外，映射 $F\mapsto F^{\wedge}$ 和 $F\mapsto F^{\vee}$ 在弱意义下关于广义函数是连续的，即当 $n\to\infty$ 时，若对任意的 $\varphi\in\mathcal{S}$ 都有 $F_n(\varphi)\to F(\varphi)$，则 $F_n\to F$.（也称该收敛是在缓增分布意义下的收敛.）

其次值得指出的是，关于缓增分布的 Fourier 变换的定义与前面在各种特殊情形下的定义是一致的（并有所推广）. 例如由 Plancherel 定理[8] 给出的 L^2 定义. 先设 $f\in L^2(\mathbb{R}^d)$，并记 $F=F_f$ 为 f 对应的缓增分布. 此时 f 可由 $\mathcal{S}$ 中的函数列 $\{f_n\}$ 逼近（依 L^2 范数）. 因此作为广义函数，在上述弱意义下 $f_n\to F$. 故在弱意义下 $\hat{f}_n\to\hat{F}$. 但是由 $\hat{f}_n$ 依 L^2 范数收敛于 $\hat{f}$ 可知，$\hat{F}$ 就是函数 $\hat{f}$. 类似的结论对于 $f\in L^p(\mathbb{R}^d)$ 也成立，其中 $1\leqslant p\leqslant 2$，且 $\hat{f}$ 定义在 $L^q(\mathbb{R}^d)$ 上，$1/p+1/q=1$，这与前一章 2.2 节中的 Hausdorff-Young 定理是一致的.

下面考虑本节中 Fourier 变换的包括微分和单项式乘法的一般形式的运算法则. 对于 $F\in\mathcal{S}^*$，有

$$(\partial_x^{\alpha}F)^{\wedge}=(2\pi\mathrm{i}x)^{\alpha}F^{\wedge},$$

这是因为

7　对于此处出现的 $\mathcal{S}$ 上的 Fourier 变换的初等性质，可以参考《傅里叶分析》第 5 章和第 6 章.

8　参考《实分析》第 5 章第 1 节.

$$\begin{aligned}(\partial_x^\alpha F)\hat{}(\varphi) &= \partial_x^\alpha F(\varphi\hat{}) \\ &= (-1)^{|\alpha|} F(\partial_x^\alpha(\varphi\hat{})) \\ &= F(((2\pi \mathrm{i}x)^\alpha \varphi)\hat{}) \\ &= (2\pi \mathrm{i}x)^\alpha F\hat{}(\varphi).\end{aligned}$$

类似地，$((-2\pi \mathrm{i}x)^\alpha F)\hat{} = \partial_x^\alpha(F\hat{})$. 也应该注意到，若 $\mathbf{1}$ 表示恒为 1 的函数，则在缓增分布意义下，有

$$\hat{\mathbf{1}} = \delta \quad 和 \quad \hat{\delta} = \mathbf{1},$$

并由此可知

$$((-2\pi \mathrm{i}x)^\alpha)\hat{} = \partial_x^\alpha \delta,\ (\partial_x^\alpha \delta)\hat{} = (2\pi \mathrm{i}x)^\alpha.$$

下述性质揭示了缓增分布的 Fourier 变换的本质.

命题 3.1.5 设 F 是缓增分布，且 $\psi \in \mathcal{S}$. 则 $F * \psi$ 是缓慢增长的 C^∞ 函数，且作为缓增分布，有 $(F * \psi)\hat{} = \psi\hat{}\ F\hat{}$.

证 对任意的函数 $\psi \in \mathcal{D}$ 和 N，有 $\|\psi_x^\sim\|_N \leqslant c(1+|x|)^N \|\psi\|_N$，且更一般的有

$$\|\partial_x^\alpha \psi_x^\sim\|_N \leqslant c(1+|x|)^N \|\psi\|_{N+|\alpha|}.$$

结合 3.1.4 节中的命题可知，$F(\psi_x^\sim)$ 是缓慢增长的. 因为 $(F * \psi)(\varphi) = F(\psi^\sim * \varphi)$，所以 $(F * \psi)\hat{}(\varphi) = F(\psi^\sim * \varphi\hat{})$. 另一方面，$\psi\hat{}\ F\hat{}(\varphi) = F\hat{}(\psi\hat{}\ \varphi) = F((\psi\hat{}\ \varphi)\hat{})$. 又易证 $(\psi\hat{}\ \varphi)\hat{} = \psi^\sim * \varphi\hat{}$，所以等式 $(F * \psi)\hat{}(\varphi) = \psi\hat{}\ F\hat{}(\varphi)$ 得证. □

命题 3.1.6 若 F 是一个有紧支撑的广义函数，则其 Fourier 变换 $F\hat{}$ 是缓慢增长的 C^∞ 函数. 事实上，作为 ξ 的函数，有 $F\hat{}(\xi) = F(e_\xi)$，其中 e_ξ 是由 $e_\xi(x) = \eta(x)\mathrm{e}^{-2\pi \mathrm{i}x\cdot\xi}$ 给出的 $\mathcal{D}$ 中的元，且 η 是 $\mathcal{D}$ 中在 F 的支撑的某个邻域内等于 1 的函数.

证 根据命题 3.1.4 立即可得 $|F(e_\xi)| \leqslant C\|e_\xi\|_N \leqslant c'(1+|\xi|)^N$. 同样，$F(e_\xi)$ 的每个差商都收敛，且 $|\partial_\xi^\alpha F(e_\xi)| \leqslant c_\alpha(1+|\xi|)^{N+|\alpha|}$. 因此 $F(e_\xi)$ 是缓慢增长的 C^∞ 函数. 为证函数 $F(e_\xi)$ 是 F 的 Fourier 变换，只需证

$$\int_{\mathbf{R}^d} F(e_\xi)\varphi(\xi)\mathrm{d}\xi = F(\hat{\varphi}),\ \forall\, \varphi \in \mathcal{S}. \tag{3.3}$$

首先假设 $\varphi \in \mathcal{D}$.

易证，函数 $g(\xi) = F(e_\xi)\varphi(\xi)$ 是连续的且有紧支撑. 因此，

$$\int_{\mathbf{R}^d} F(e_\xi)\varphi(\xi)\mathrm{d}\xi = \int_{\mathbf{R}^d} g(\xi)\mathrm{d}\xi = \lim_{\varepsilon\to 0} S_\varepsilon,$$

其中对每个 $\varepsilon > 0$，S_ε 是（有限）和式 $\varepsilon^d \sum_{n\in\mathbf{Z}^d} g(n\varepsilon)$. 但是 $S_\varepsilon = F(s_\varepsilon)$，其中 $s_\varepsilon = \varepsilon^d \sum_{n\in\mathbf{Z}^d} e_{n\varepsilon}(x)\varphi(n\varepsilon)$. 显然当 $\varepsilon \to 0$ 时，在范数 $\|\cdot\|_N$ 下有

$$s_\varepsilon(x)\to\eta(x)\int_{\mathbb{R}^d}\mathrm{e}^{-2\pi\mathrm{i}x\cdot\xi}\varphi(\xi)\mathrm{d}\xi=\eta(x)\hat{\varphi}(x).$$

故再次利用命题3.1.4可得，$S_\varepsilon\to F(\eta\hat{\varphi})$. 又因为在 F 的支撑的某个邻域内有 $\eta=1$，所以 $F(\eta\hat{\varphi})=F(\hat{\varphi})$. 总之式（3.3）对 $\varphi\in\mathcal{D}$ 成立. 从而由 $\mathcal{D}$ 在 $\mathcal{S}$ 中稠密可知，此式可延拓到 $\varphi\in\mathcal{S}$ 上. □

3.1.6　具有点支撑的广义函数

与连续函数不同的是，广义函数可以孤立点作为其支撑. 比如 Dirac delta 函数 δ 及其导数. 下述定理表明这些例子反映了此现象的本质.

定理 3.1.7　假设 F 是支撑在原点的广义函数，则 F 可表示为有限和

$$F=\sum_{|\alpha|\leqslant N}a_\alpha\partial_x^\alpha\delta.$$

即

$$F(\varphi)=\sum_{|\alpha|\leqslant N}(-1)^{|\alpha|}a_\alpha(\partial_x^\alpha\varphi)(0),\ \forall\varphi\in\mathcal{D}.$$

该定理的证明基于如下引理.

引理 3.1.8　假设 F_1 是支撑在原点的广义函数，且存在 N 使得下述两个条件成立：

(a)　$|F_1(\varphi)|\leqslant c\|\varphi\|_N$，$\forall\varphi\in\mathcal{D}$；

(b)　$F_1(x^\alpha)=0$，$\forall|\alpha|\leqslant N$.

则 $F_1=0$.

事实上，设 $\eta\in\mathcal{D}$ 满足 $\eta(x)=0$，当 $|x|\geqslant1$ 时；$\eta(x)=1$，当 $|x|\leqslant1/2$ 时，并记 $\eta_\varepsilon(x)=\eta(x/\varepsilon)$. 从而由 F_1 的支撑在原点可知，$F_1(\eta_\varepsilon\varphi)=F_1(\varphi)$. 同理，对任意的 $|\alpha|\leqslant N$ 有 $F_1(\eta_\varepsilon x^\alpha)=F_1(x^\alpha)=0$. 因此

$$F_1(\varphi)=F_1\left(\eta_\varepsilon(\varphi(x)-\sum_{|\alpha|\leqslant N}\frac{\varphi^{(\alpha)}(0)}{\alpha!}x^\alpha)\right),$$

其中 $\varphi^{(\alpha)}=\partial_x^\alpha\varphi$. 若 $R(x)=\varphi(x)-\sum_{|\alpha|\leqslant N}\frac{\varphi^{(\alpha)}(0)}{\alpha!}x^\alpha$，则 $|R(x)|\leqslant c|x|^{N+1}$ 且 $|\partial_x^\beta R(x)|\leqslant c_\beta|x|^{N+1-|\beta|}$，其中 $|\beta|\leqslant N$. 但是当 $|x|\geqslant\varepsilon$ 时，$|\partial_x^\beta\eta_\varepsilon(x)|\leqslant c_\beta\varepsilon^{-|\beta|}$，且 $\partial_x^\beta\eta_\varepsilon(x)=0$. 因此由 Leibnitz 法则可知，$\|\eta_\varepsilon R\|_N\leqslant c\varepsilon$，并且由条件 (a) 有 $|F_1(\varphi)|\leqslant c'\varepsilon$，从而一旦令 $\varepsilon\to0$ 即可得到要证的结论.

现在证明定理，将上述引理应用于 $F_1=F-\sum_{|\alpha|\leqslant N}a_\alpha\partial_x^\alpha\delta$，其中 N 是使得命题3.1.4的结论成立的整数，同时取 $a_\alpha=\frac{(-1)^{|\alpha|}}{\alpha!}F(x^\alpha)$. 又因为 $\partial_x^\alpha(\delta)(x^\beta)=(-1)^{|\alpha|}\alpha!$，当 $\alpha=\beta$ 时；其他情形时为0，所以 $F_1=0$. 故定理得证.

3.2 广义函数的重要例子

介绍完广义函数的基本性质后，现在举例说明广义函数在分析学中的几个应用.

3.2.1 Hilbert 变换和 $\mathrm{pv}\left(\frac{1}{x}\right)$

考虑函数 $1/x$，$x\in\mathbb{R}\backslash\{0\}$. 因为它在原点附近不可积，所以该函数实际上不是$\mathbb{R}$上的广义函数. 然而存在一个与函数 $1/x$ 密切相关的广义函数，即**主值**

$$\varphi\mapsto\lim_{\varepsilon\to 0}\int_{|x|\geqslant\varepsilon}\varphi(x)\frac{\mathrm{d}x}{x}.$$

首先注意到对任意的 $\varphi\in\mathcal{S}$，该极限都存在. 假设 $\varepsilon\leqslant 1$，则有

$$\int_{|x|\geqslant\varepsilon}\varphi(x)\frac{\mathrm{d}x}{x}=\int_{1\geqslant|x|\geqslant\varepsilon}\varphi(x)\frac{\mathrm{d}x}{x}+\int_{|x|>1}\varphi(x)\frac{\mathrm{d}x}{x}. \tag{3.4}$$

由 φ 在无穷远处的（快速）衰减性可知，上述等式右边第二个积分显然是收敛的. 由 $1/x$ 是奇函数可得 $\int_{1\geqslant|x|\geqslant\varepsilon}\frac{\mathrm{d}x}{x}=0$，所以上述等式右边第一个积分可写成

$$\int_{1\geqslant|x|\geqslant\varepsilon}\frac{\varphi(x)-\varphi(0)}{x}\mathrm{d}x.$$

然而 $|\varphi(x)-\varphi(0)|\leqslant c\,|x|$（其中 $c=\sup|\varphi'(x)|$），故当 $\varepsilon\to 0$ 时式（3.4）的左边极限显然存在. 记该极限为

$$\mathrm{pv}\int_{\mathbf{R}}\varphi(x)\frac{\mathrm{d}x}{x}.$$

由上述讨论也易得

$$\left|\mathrm{pv}\int_{\mathbf{R}}\varphi(x)\frac{\mathrm{d}x}{x}\right|\leqslant c'\|\varphi\|_1$$

（其中 $\|\cdot\|_1$ 是在 3.1.4 节中定义的范数），因此

$$\varphi\mapsto\mathrm{pv}\int_{\mathbf{R}}\varphi(x)\frac{\mathrm{d}x}{x}$$

是缓增分布，并记为 $\mathrm{pv}\left(\frac{1}{x}\right)$.

读者可能会猜到，分布 $\mathrm{pv}\left(\frac{1}{x}\right)$ 与前一章研究的 Hilbert 变换有着密切联系. 首先注意到

$$H(f)=\frac{1}{\pi}\mathrm{pv}\left(\frac{1}{x}\right)*f,\quad\forall f\in\mathcal{S}. \tag{3.5}$$

事实上，根据 $\mathrm{pv}\left(\frac{1}{x}\right)$ 以及卷积的定义可得

$$\frac{1}{\pi}\mathrm{pv}\left(\frac{1}{x}\right) * f=\lim_{\varepsilon\to 0}\frac{1}{\pi}\int_{|y|\geqslant\varepsilon} f(x-y)\frac{\mathrm{d}y}{y},$$

且该极限对所有的 x 都存在. 前一章中命题 2.3.1 断言，对于 $f\in L^2(\mathbb{R})$，当 $\varepsilon\to 0$ 时，上式右端依 $L^2(\mathbb{R})$ 范数收敛于 $H(f)$. 因此卷积 $\frac{1}{\pi}\mathrm{pv}\left(\frac{1}{x}\right) * f$ 等于 L^2 函数 $H(f)$.

现在给出 $\mathrm{pv}\left(\frac{1}{x}\right)$的几个变式. 这些简记符号的意义将在下述定理证明中得到解释.

定理 3.2.1　分布 $\mathrm{pv}\left(\frac{1}{x}\right)$ 等于：

(a) $\frac{\mathrm{d}}{\mathrm{d}x}(\log|x|)$；

(b) $\frac{1}{2}\left(\frac{1}{x-\mathrm{i}0}+\frac{1}{x+\mathrm{i}0}\right)$.

此外其 Fourier 变换等于 $\frac{\pi}{\mathrm{i}}\mathrm{sign}(x)$.

(a) 注意到 $\log|x|$ 是局部可积函数，且 $\frac{\mathrm{d}}{\mathrm{d}x}(\log|x|)$ 是在广义函数意义下的导数，即

$$\left(\frac{\mathrm{d}}{\mathrm{d}x}\log|x|\right)(\varphi)=-\int_{-\infty}^{\infty}(\log|x|)\frac{\mathrm{d}\varphi}{\mathrm{d}x}\mathrm{d}x,\ \forall\varphi\in\mathcal{S}.$$

但是上述积分等于 $-\int_{|x|\geqslant\varepsilon}(\log|x|)\frac{\mathrm{d}\varphi}{\mathrm{d}x}\mathrm{d}x$ 当 $\varepsilon\to 0$ 时的极限，并由分部积分可知，

$$-\int_{|x|\geqslant\varepsilon}(\log|x|)\frac{\mathrm{d}\varphi}{\mathrm{d}x}\mathrm{d}x=\int_{|x|\geqslant\varepsilon}\frac{\varphi(x)}{x}\mathrm{d}x+\log(\varepsilon)[\varphi(\varepsilon)-\varphi(-\varepsilon)].$$

由 $\varphi\in C^1$ 可得 $\varphi(\varepsilon)-\varphi(-\varepsilon)=O(\varepsilon)$. 故当 $\varepsilon\to 0$ 时 $\log(\varepsilon)[\varphi(\varepsilon)-\varphi(-\varepsilon)]\to 0$. 从而 (a) 得证.

(b) 对于 $\varepsilon>0$，考虑有界函数 $1/(x-\mathrm{i}\varepsilon)$. 我们将证明，当 $\varepsilon\to 0$ 时，函数 $1/(x-\mathrm{i}\varepsilon)$ 在广义函数意义下收敛，并记其极限为 $1/(x-\mathrm{i}0)$. 我们也将证明 $1/(x-\mathrm{i}0)=\mathrm{pv}\left(\frac{1}{x}\right)+\mathrm{i}\pi\delta$. 类似地，$\lim_{\varepsilon\to 0}1/(x+\mathrm{i}\varepsilon)=1/(x+\mathrm{i}0)$ 存在且等于 $\mathrm{pv}\left(\frac{1}{x}\right)-\mathrm{i}\pi\delta$. 为此，考虑函数

$$\frac{1}{2}\left(\frac{1}{x-\mathrm{i}\varepsilon}+\frac{1}{x+\mathrm{i}\varepsilon}\right)=\frac{x}{x^2+\varepsilon^2}.$$

首先断言，在广义函数意义下

$$\frac{x}{x^2+\varepsilon^2}\to \mathrm{pv}\left(\frac{1}{x}\right),\quad 当\ \varepsilon\to 0\ 时. \tag{3.6}$$

实际上，考虑前一章 2.3.1 节中定义的共轭 Poisson 核 $\mathcal{Q}_\varepsilon(x)=\frac{1}{\pi}\frac{x}{x^2+\varepsilon^2}$. 根据式 (2.18) 后的论述可得

$$\begin{aligned}&\frac{1}{\pi}\int_{|x|\geqslant\varepsilon}\varphi(x)\frac{\mathrm{d}x}{x}-\int_{\mathbf{R}}\varphi(x)\mathcal{Q}_\varepsilon(x)\mathrm{d}x\\&=\int_{\mathbf{R}}\varphi(x)\Delta_\varepsilon(x)\mathrm{d}x\\&=\int_{|x|\leqslant 1}[\varphi(x)-\varphi(0)]\Delta_\varepsilon(x)\mathrm{d}x+\int_{|x|>1}\varphi(x)\Delta_\varepsilon(x)\mathrm{d}x,\end{aligned}$$

这里用到了 $\Delta_\varepsilon(x)$ 是 x 的奇函数. 并且 $|\Delta_\varepsilon(x)|\leqslant A/\varepsilon$，$|\Delta_\varepsilon(x)|\leqslant A\varepsilon/x^2$. 若 $\varphi\in\mathcal{D}$，则 $|\varphi(x)-\varphi(0)|\leqslant c|x|$ 且 φ 在$\mathbb{R}$上有界. 因此

$$\left|\int_{\mathbf{R}}\varphi(x)\Delta_\varepsilon(x)\mathrm{d}x\right|\leqslant O\left\{\varepsilon^{-1}\int_{|x|\leqslant\varepsilon}|x|\,\mathrm{d}x+\varepsilon\int_{\varepsilon<|x|\leqslant 1}\frac{\mathrm{d}x}{|x|}+\varepsilon\int_{|x|>1}\frac{\mathrm{d}x}{x^2}\right\}.$$

当 $\varepsilon\to 0$ 时，上式右边显然是 $O(\varepsilon|\log\varepsilon|)$，故趋于 0. 因此式 (3.6) 成立. 其次，根据前一章式 (2.15)：

$$-\frac{1}{\mathrm{i}\pi z}=\mathcal{P}_y(x)+\mathrm{i}\mathcal{Q}_y(x),\ z=x+\mathrm{i}y,$$

其中 $\mathcal{P}_y(x)$ 是 Poisson 核$\frac{1}{\pi}\frac{y}{x^2+y^2}$. 设 $y=\varepsilon>0$，并对上式取复共轭可得

$$\frac{1}{x-\mathrm{i}\varepsilon}=\pi\mathcal{Q}_\varepsilon(x)+\mathrm{i}\pi\mathcal{P}_\varepsilon(x).$$

又 $\mathcal{P}_y$ 可构成恒等逼近（见《实分析》第 3 章），或者类似于 $\mathcal{Q}_\varepsilon$ 的证明可证当 $\varepsilon\to 0$ 时，$\mathcal{P}_\varepsilon\to\delta$. 因此

$$\frac{1}{x-\mathrm{i}0}=\mathrm{pv}\left(\frac{1}{x}\right)+\mathrm{i}\pi\delta.$$

在上式中取复共轭可得，在广义函数意义下有

$$\frac{1}{x+\mathrm{i}0}=\mathrm{pv}\left(\frac{1}{x}\right)-\mathrm{i}\pi\delta.$$

两式相加即可得到结论 (b). 注意到，我们顺便得到了等式

$$\mathrm{i}\pi\delta=\frac{1}{2}\left(\frac{1}{x-\mathrm{i}0}-\frac{1}{x+\mathrm{i}0}\right).$$

为证明定理的最后一部分，我们考虑 $x/(x^2+\varepsilon^2)$ 在广义函数意义下的 Fourier 变换. 由前一章 2.3.1 节的式 (2.17) 可知，对任意的 $f\in L^2(\mathbb{R})$，有

$$\int_{\mathbf{R}}f(-x)\frac{x\,\mathrm{d}x}{x^2+\varepsilon^2}=\pi\int_{\mathbf{R}}\hat{f}(\xi)\mathrm{e}^{-2\pi\varepsilon|\xi|}\frac{\mathrm{sign}(\xi)}{\mathrm{i}}\mathrm{d}\xi.$$

特别地，上式对于 $f\in\mathcal{S}$ 成立. 用 $\hat{\varphi}$ 代替 f（注意到 $(\varphi^\wedge)^\wedge=\varphi(-x)$）可得

$$\left(\frac{x}{x^2+\varepsilon^2}\right)^{\wedge}(\varphi)=\left(\frac{x}{x^2+\varepsilon^2}\right)(\hat{\varphi})=\pi\int_{\mathbb{R}}\varphi(\xi)\mathrm{e}^{-2\pi\varepsilon|\xi|}\frac{\operatorname{sign}(\xi)}{\mathrm{i}}\mathrm{d}\xi.$$

令 $\varepsilon\to 0$ 即得

$$\left(\mathrm{pv}\,\frac{1}{x}\right)^{\wedge}(\varphi)=\pi\int_{\mathbb{R}}\varphi(\xi)\frac{\operatorname{sign}(\xi)}{\mathrm{i}}\mathrm{d}\xi,$$

这蕴含着$\left(\mathrm{pv}\,\frac{1}{x}\right)^{\wedge}$就是函数$\frac{\pi}{\mathrm{i}}\operatorname{sign}(\xi)$，从而定理得证.

从上述讨论可知，广义函数 $1/(x-\mathrm{i}0)$，$1/(x+\mathrm{i}0)$ 以及 $\mathrm{pv}\left(\frac{1}{x}\right)$尽管不同，但是远离原点时都与函数 $1/x$ 一致.

3.2.2　齐次分布

现在讨论齐次分布，并注意到 $\mathrm{pv}\left(\frac{1}{x}\right)$是齐次分布. 为给出齐次分布定义，回顾称一个定义在$\mathbb{R}^d-\{0\}$ 上的函数 f 为 λ **次齐次**函数，如果对每个 $a>0$，$f_a=a^{\lambda}f$，其中 $f_a(x)=f(ax)$. 从而由对偶性可定义广义函数 F 的伸缩函数 F_a 为

$$F_a(\varphi)=F(\varphi^a),$$

其中 φ^a 是 φ 的对偶伸缩函数，即 $\varphi^a=a^{-d}\varphi_{a^{-1}}$. 对偶伸缩函数 F^a 为 $F^a(\varphi)=F(\varphi_a)$，并注意到 $F^a=a^{-d}F_{a^{-1}}$.

称广义函数 F 为 λ **次齐次**分布，如果对每个 $a>0$，$F_a=a^{\lambda}F$.

虽然函数 $1/x$ 显然是 -1 次齐次的，然而重要的是 $\mathrm{pv}\left(\frac{1}{x}\right)$是 -1 次齐次分布. 事实上，

$$\begin{aligned}\mathrm{pv}\left(\frac{1}{x}\right)_a(\varphi)&=\mathrm{pv}\left(\frac{1}{x}\right)(\varphi^a)=a^{-1}\lim_{\varepsilon\to 0}\int_{|x|\geqslant\varepsilon}\varphi(x/a)\frac{\mathrm{d}x}{x}\\&=a^{-1}\lim_{\varepsilon\to 0}\int_{|x|\geqslant\varepsilon/a}\varphi(x)\frac{\mathrm{d}x}{x}=a^{-1}\mathrm{pv}\left(\frac{1}{x}\right)(\varphi).\end{aligned}$$

倒数第二个等式可由变量替换 $x\to ax$ 以及 $\mathrm{d}x/x$ 在该变换下保持不变得到. 读者可以验证分布 $1/(x-\mathrm{i}0)$，$1/(x+\mathrm{i}0)$，δ 也都是 -1 次齐次分布.

齐次分布与 Fourier 变换之间有重要的关联. 这或许是因为等式 $(\varphi^a)^{\wedge}=(\varphi^{\wedge})_a$ 对任意的 $\varphi\in\mathcal{S}$ 均成立，其中 φ_a 和 φ^a 是之前定义的伸缩函数. 下述简单的命题就说明了这一点.

命题 3.2.2　设 F 是$\mathbb{R}^d$上的一个 λ 次齐次的缓增分布. 则 Fourier 变换 $F^{\wedge}$是 $-d-\lambda$ 次齐次的.

注　分布 F 缓增的这一条件是不必要的. 可以证明任意齐次分布都是缓增分布. 对此，参考习题 8.

对于 $(F^{\wedge})_a$，有

$$(F^{\wedge})_a(\varphi)=F^{\wedge}(\varphi^a)=F((\varphi^a)^{\wedge})=F((\varphi^{\wedge})_a)$$
$$=F^a(\varphi^{\wedge})=a^{-d}F_{a^{-1}}(\varphi^{\wedge})=a^{-d-\lambda}F(\varphi^{\wedge})=a^{-d-\lambda}F^{\wedge}(\varphi).$$

因此 $(F^{\wedge})_a=a^{-d-\lambda}F^{\wedge}$，从而结论得证.

一个特别有趣的例子是函数$|x|^{\lambda}$. 此函数是λ次齐次的，且当$\lambda>-d$时局部可积. 设H_λ为相应的广义函数$(\lambda>-d)$；显然它是缓增分布.

下述等式成立.

定理 3.2.3 若$-d<\lambda<0$，则

$$(H_\lambda)^{\wedge}=c_\lambda H_{-d-\lambda}\text{，其中 } c_\lambda=\frac{\Gamma\left(\frac{d+\lambda}{2}\right)}{\Gamma\left(\frac{-\lambda}{2}\right)}\pi^{-d/2-\lambda}.$$

注意到假设条件$\lambda<0$意味着$-d-\lambda>-d$，所以定义$H_{-d-\lambda}$的函数$|x|^{-d-\lambda}$是局部可积的.

为证此定理，我们先注意到$\psi(x)=\mathrm{e}^{-\pi|x|^2}$的 Fourier 变换等于其自身. 由$(\psi_a)^{\wedge}=(\psi^{\wedge})^a$可得（取$a=t^{1/2}$）

$$\int_{\mathbf{R}^d}\mathrm{e}^{-\pi t|x|^2}\hat{\varphi}(x)\mathrm{d}x=t^{-d/2}\int_{\mathbf{R}^d}\mathrm{e}^{-\pi|x|^2/t}\varphi(x)\mathrm{d}x.$$

两边乘以$t^{-\lambda/2-1}$，并在$(0,\infty)$上积分，再交换积分次序. 注意到若$A>0$和$\lambda>0$，则

$$\int_0^\infty \mathrm{e}^{-tA}t^{-\lambda/2-1}\mathrm{d}t=A^{\lambda/2}\Gamma(-\lambda/2),$$

并做简单的变量替换可知，该等式可以简化至$A=1$情形. 在上述等式中取$A=\pi|x|^2$可得

$$\int_{\mathbf{R}^d}\int_0^\infty \mathrm{e}^{-\pi t|x|^2}\hat{\varphi}(x)t^{-\lambda/2-1}\mathrm{d}t\,\mathrm{d}x=\pi^{\lambda/2}\Gamma(-\lambda/2)\int_{\mathbf{R}^d}|x|^{\lambda}\hat{\varphi}(x)\mathrm{d}x.$$

类似地，对$\int_0^\infty t^{-d/2}t^{-\lambda/2-1}\mathrm{e}^{-A/t}\mathrm{d}t$做变量替换$t\to 1/t$可知，该积分等于

$$\int_0^\infty t^{d/2+\lambda/2-1}\mathrm{e}^{-At}\mathrm{d}t=A^{-d/2-\lambda/2}\Gamma\left(\frac{d}{2}+\frac{\lambda}{2}\right).$$

把上式代入$\int_{\mathbf{R}^d}\int_0^\infty t^{-d/2}t^{-\lambda/2-1}\mathrm{e}^{-\pi|x|^2/t}\varphi(x)\mathrm{d}t\,\mathrm{d}x$得到

$$\pi^{\lambda/2}\Gamma(-\lambda/2)\int_{\mathbf{R}^d}|x|^{\lambda}\hat{\varphi}(x)\mathrm{d}x=\pi^{-d/2-\lambda/2}\Gamma(d/2+\lambda/2)\int_{\mathbf{R}^d}|x|^{-d-\lambda}\varphi(x)\mathrm{d}x,$$

从而定理得证.

主值分布$\mathrm{pv}\left(\frac{1}{x}\right)$和$H_\lambda$具有共同性质：远离原点时，它们都是$C^\infty$函数. 我们将此想法形成如下定义. 称广义函数$K$是**正则的**，如果存在$\mathbb{R}^d-\{0\}$上的$C^\infty$函数$k$，使得$K(\varphi)=\int_{\mathbf{R}^d}k(x)\varphi(x)\mathrm{d}x$，其中$\varphi\in\mathcal{D}$且其支撑不包含原点. 此时也称$K$在远离原点时是$C^\infty$的，并称$k$是**从属于**$K$的函数.（注意$k$由$K$唯一决定.）

显然函数 $1/x$ 从属于 $\mathrm{pv}\left(\frac{1}{x}\right)$.

回到一般情形，注意到若 K 是λ 次齐次分布，则函数 k 自然是λ 次齐次的. 事实上，若 $\varphi\in\mathcal{D}$ 的支撑远离原点，则 $K(\varphi)=\int k(x)\varphi(x)\mathrm{d}x$，而且

$$K_a(\varphi)=K(\varphi^a)=a^{-d}\int_{\mathbb{R}^d}k(x)\varphi(x/a)\mathrm{d}x=\int_{\mathbb{R}^d}k_a(x)\varphi(x)\mathrm{d}x.$$

因此

$$\int_{\mathbb{R}^d}(a^\lambda k(x)-k_a(x))\varphi(x)\mathrm{d}x=0$$

对任意的支撑远离原点的函数 φ 都成立. 从而 $k_a(x)=a^\lambda k(x)$.

基于上述考虑和例子，有如下两个问题.

问题 1　给定一个 λ 次齐次的 C^∞ 函数，且远离原点，何时存在正则的 λ 次齐次分布K，使得 k 是从属于K 的函数？若存在，则在多大程度上由 k 唯一确定？

问题 2　如何刻画正则分布 K 的 Fourier 变换？

我们先考虑问题 2.

定理 3.2.4　正则的 λ 次齐次分布 K 的 Fourier 变换是一个正则的$-d-\lambda$ 次齐次分布. 反之亦然.

证　根据命题 3.2.2 可知，$K^\wedge$是$-d-\lambda$ 次齐次分布. 为证明 $K^\wedge$在远离原点时是C^∞函数，我们分解 $K=K_0+K_1$，其中 K_0 的支撑在原点附近，K_1 的支撑远离原点. 为此，选取一个 C^∞函数 η，使得其支撑在$|x|\leqslant 1$ 中，且当$|x|\leqslant 1/2$ 时等于 1. 令 $K_0=\eta K$，$K_1=(1-\eta)K$. 特别地，K_1 就是函数 $(1-\eta)k$，这是因为 $1-\eta$在原点附近为零. 此外 $K^\wedge=\hat{K_0}+\hat{K_1}$.

由命题 3.1.6 可得，$\hat{K_0}$ 是（处处）C^∞函数. 为证明 $\hat{K_1}$ 在远离原点时 C^∞函数，注意到，由关于缓增分布的 Fourier 变换的运算性质可得

$$(-4\pi^2|\xi|^2)^N\partial_\xi^\alpha(\hat{K_1})=(\Delta^N[(-2\pi\mathrm{i}x)^\alpha K_1])^\wedge,\tag{3.7}$$

其中 Δ 是 Laplacian 算子，即 $\Delta=\partial^2/\partial x_1^2+\cdots+\partial^2/\partial x_d^2$.

当$|x|\geqslant 1$ 时，$K_1=k$，所以 $\partial_x^\beta(K_1)$ 是有界的 $\lambda-|\beta|$次齐次函数，因此当 $|x|\geqslant 1$ 时，$\partial_x^\beta(K_1)=O(|x|^{\lambda-|\beta|})$. 故当 $|x|\geqslant 1$ 时，$\Delta^N[x^\alpha K_1]=O(|x|^{\lambda+|\alpha|-2N})$，而且当$|x|\leqslant 1$ 时 $\Delta^N[x^\alpha K_1]$ 有界. 因此当 N 充分大（$2N>\lambda+|\alpha|+d$）时，此函数属于 $L^1(\mathbb{R}^d)$. 所以其 Fourier 变换是连续的.（参考《实分析》第 2 章.）从而由式（3.7）可知，$\partial_x^\alpha(\hat{K_1})$ 远离原点时与一个连续函数是一致的. 由 α 的任意性和习题 2 可知，$\hat{K_1}$ 远离原点时是 C^∞的.

注意到，Fourier 变换的逆是 Fourier 变换的反演变换，即 $K^\vee=(K^\wedge)^\sim$，故反过来的结论可由已证的结果推出. □

现在考虑上述第一个问题.

定理 3.2.5　假设 k 是$\mathbb{R}^d-\{0\}$ 上的一个 λ 次齐次的 C^∞ 函数.

(a) 若 $\lambda\neq-d-m$，其中 m 是非负整数，则存在唯一的 λ 次齐次分布 K 在远离原点时等于函数 k；

(b) 若 $\lambda=-d-m$，其中 m 是非负整数，则存在 (a) 中的分布 K 的充要条件是 k 满足消失条件

$$\int_{|x|=1} x^\alpha k(x)\mathrm{d}\sigma(x)=0,\ \forall\ |\alpha|=m;$$

(c) (b) 中的每一个分布都形如

$$K+\sum_{|\alpha|=m} c_\alpha \partial_x^\alpha \delta.$$

证　首先由 k 构造广义函数 K. 注意到函数 k 自动地满足 $|k(x)|\leqslant c|x|^\lambda$. 事实上，$k(x)/|x|^\lambda$ 是 0 次齐次的且在单位球面上有界 (由 k 的连续性可得)，因此它在$\mathbb{R}^d-\{0\}$ 上是有界的.

因此当 $\lambda>-d$ 时函数 k 在$\mathbb{R}^d$ 上是局部可积的，故取 K 是由 k 定义的广义函数. 当 $\lambda\leqslant-d$ 时该局部可积性不成立.

一般情况下，我们将采用解析延拓的方法. 定义积分

$$I(s)=I(s)(\varphi)=\int_{\mathbb{R}^d} k(x)|x|^{-\lambda+s}\varphi(x)\mathrm{d}x,\ \text{其中}\ \varphi\in\mathcal{S}. \tag{3.8}$$

I 起初是对复数 s，$\mathrm{Re}(s)>-d$ 定义的，而我们将证明该积分可连续延拓成整个复平面上的亚纯函数. 最后得到

$$K(\varphi)=I(s)|_{s=\lambda}.$$

事实上，对于给定的齐次函数 k 和 $\mathcal{S}$ 中的任一测试函数 φ，由 k 的有界性可知，当 $\mathrm{Re}(s)>-d$ 时积分式 (3.8) 是收敛的，因此 I 在半平面 $\{s: \mathrm{Re}(s)>-d\}$ 上解析. 进一步地，I 可连续延拓至整个复平面上，且该函数至多有单极点 $s=-d,\ -d-1,\ \cdots,\ -d-m,\ \cdots$.

为证此，记 $I(s)=\int_{|x|\leqslant1}+\int_{|x|>1}$. 考虑到 φ 在无穷远处的快速衰减性，$|x|>1$ 这部分的积分定义了一个关于 s 的整函数. 然而对每个 $N\geqslant0$，

$$\begin{aligned}&\int_{|x|\leqslant1} k(x)|x|^{-\lambda+s}\varphi(x)\mathrm{d}x\\&=\sum_{|\alpha|<N}\frac{\varphi^{(\alpha)}(0)}{\alpha!}\int_{|x|\leqslant1} k(x)|x|^{-\lambda+s}x^\alpha\mathrm{d}x+\\&\int_{|x|\leqslant1} k(x)|x|^{-\lambda+s}R(x)\mathrm{d}x,\end{aligned} \tag{3.9}$$

其中 $R(x)=\varphi(x)-\sum_{|\alpha|<N}\frac{\varphi^{(\alpha)}(0)}{\alpha!}x^\alpha$，且 $\varphi^{(\alpha)}(0)=\partial_x^\alpha\varphi(0)$.

现在由 k 的齐次性以及极坐标变换可得

$$\int_{|x|\leqslant1} k(x)|x|^{-\lambda+s}x^\alpha\mathrm{d}x=\left(\int_{|x|=1} k(x)x^\alpha\mathrm{d}\sigma(x)\right)\int_0^1 r^{s+|\alpha|+d-1}\mathrm{d}r,$$

其中最后一个积分等于 $1/(s+|\alpha|+d)$. 此外，余项 $R(x)$ 满足 $|R(x)|\leqslant c|x|^N$，又 $|k(x)|\leqslant c|x|^\lambda$，从而 $\int_{|x|\leqslant 1} k(x)|x|^{-\lambda+s}R(x)\mathrm{d}x$ 在半平面 $\mathrm{Re}(s)>-d-N$ 上解析.

因此对每个非负整数 N，$I(s)$ 可以连续延拓到半平面 $\mathrm{Re}(s)>-d-N$ 上，并且在此半平面上可表示为

$$I(s)=\sum_{|\alpha|<N}\frac{C_\alpha}{s+|\alpha|+d}+E_N(s),$$

其中 $E_N(s)$ 解析，且

$$C_\alpha=\frac{\varphi^{(\alpha)}(0)}{\alpha!}\left(\int_{|x|=1}k(x)x^\alpha\mathrm{d}\sigma(x)\right).$$

从而对于给定的 λ，$\lambda\neq-d,\ -d-1,\ \cdots$，只需取 N 充分大使得 $\lambda>-d-N$，并且定义广义函数 K 为 $K(\varphi)=I(\lambda)$.（见图 1.）由于 $|K(\varphi)|\leqslant c\|\varphi\|_M$，其中 $M\geqslant\max(N+1,\ \lambda+d+1)$，范数 $\|\cdot\|_M$ 是先前定义的，因此 K 是缓增分布.

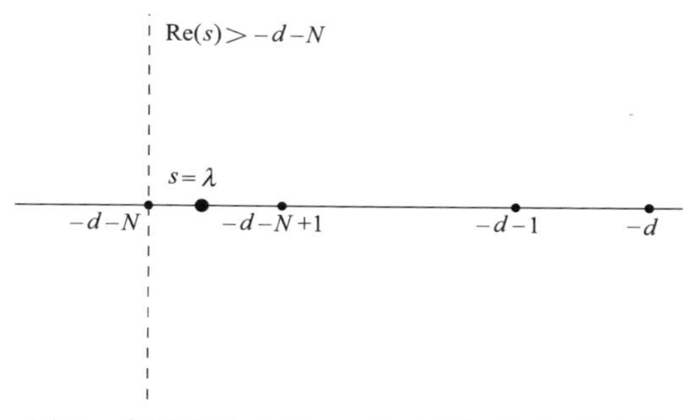

图 1　半平面 $\mathrm{Re}(s)>-d-N$ 和 $I(\lambda)$ 的定义

为证在远离原点时 K 与函数 k 相等，我们注意到当 φ 在原点附近消失时，积分 $I(s)$ 对每个复数 s 都收敛且是整函数. 从而由式 (3.8) 可知

$$K(\varphi)=I(\lambda)=\int_{\mathbf{R}^d}k(x)\varphi(x)\mathrm{d}x.$$

故 K 远离原点时与函数 k 一致.

注意到对任意的 $a>0$，当 $\mathrm{Re}(s)>-d$ 时，有

$$\begin{aligned}I(s)(\varphi^a)&=\int_{\mathbf{R}^d}k(x)|x|^{-\lambda+s}a^{-d}\varphi(x/a)\mathrm{d}x\\&=a^s\int_{\mathbf{R}^d}k(x)|x|^{-\lambda+s}\varphi(x)\mathrm{d}x=a^sI(s)(\varphi).\end{aligned}$$

这可由 k 的齐次性和变量替换 $x\mapsto ax$ 得到. 因此当 $\mathrm{Re}(s)>-d$ 时，$I(s)(\varphi^a)=a^sI(s)(\varphi)$. 从而由解析延拓可知，这在 $I(s)$ 的任意解析点 s 处都成立，进而在 $s=\lambda$ 上成立. 因此分布 $K=I(\lambda)$ 是 λ 次齐次的，这就证明了定理的 (a) 部分中分

布的存在性. 我们注意到，在定理（b）部分的消失条件下，只要$|\alpha|=m$，就有$C_\alpha=0$，故存在性也可同样得到.

下面证明当$\lambda\neq -d$，$-d-1$，…时，分布K的唯一性. 假设K和K_1是两个正则的λ次齐次分布，且两者都在远离原点时与k是一致的. 则$D=K-K_1$的支撑在原点，并由定理3.1.7可知，存在c_α使得$D=\sum_{|\alpha|\leqslant M} c_\alpha \partial_x^\alpha \delta$. 由于$K$和$K_1$是$\lambda$次齐次的，所以$D(\varphi^a)=a^\lambda D(\varphi)$. 又$\partial_x^\alpha\delta(\varphi^a)=a^{-d-|\alpha|}\partial_x^\alpha\delta(\varphi)$. 因此

$$a^\lambda D(\varphi)=\sum_{|\alpha|\leqslant M} c_\alpha \partial_x^\alpha \delta(\varphi) a^{-d-|\alpha|},\ \forall a>0.$$

现在，我们将需要如下简单结论. 由于在后文中也用到该结论，故单独列出.

引理 3.2.6 假设λ_1，λ_2，…，λ_n是互不相同的实数，且对于常数a_j和b_j，$1\leqslant j\leqslant n$，有

$$\sum_{j=1}^n (a_j x^{\lambda_j}+b_j x^{\lambda_j}\log x)=0,\ \forall x>0.$$

则对任意的$1\leqslant j\leqslant n$，均有$a_j=b_j=0$.

当$\lambda\neq -d$，$-d-1$，…时，对$\lambda_1=\lambda$，$\lambda_2=-d$，$\lambda_3=-d-1$，…，以及$x=a$，应用该引理可得$D(\varphi)=0$. 若$\lambda=-d-m$，则$D(\varphi)=\sum_{|\alpha|=m} c_\alpha \partial_x^\alpha \delta(\varphi)$，这就证明了定理中结论（c）的唯一性.

为证明该引理，不妨假设λ_n是λ_j中最大的. 则在等式两边乘以$x^{-\lambda_n}$，并且令x趋于无穷大，可得a_n以及b_n一定为零. 故引理的证明可简化为$n-1$的情形，从而使用归纳法可证明该引理.

最后，我们将证明：若$\lambda=-d-m$且存在某个α使得$\int_{|x|=1} k(x)x^\alpha \mathrm{d}\sigma(x)\neq 0$，其中$|\alpha|=m$，则不存在远离原点时与$k$一致的$-d-m$次齐次分布.

首先考虑$m=0$的情形，在$s=-d$附近估计式(3.8)给出的$I(s)$，其中$k(x)=|x|^{-d}$. 此时在式（3.9）中取$N=1$，该式对于$\mathrm{Re}(s)>-d-1$成立. 又$R(x)=\varphi(x)-\varphi(0)$，所以

$$I(s)(\varphi)=A_d\frac{\varphi(0)}{s+d}+\int_{|x|\leqslant 1}[\varphi(x)-\varphi(0)]|x|^s \mathrm{d}x+\int_{|x|>1}\varphi(x)|x|^s \mathrm{d}x. \tag{3.10}$$

（这里$A_d=2\pi^{d/2}/\Gamma(d/2)$是$\mathbb{R}^d$中单位球面的面积.）因为上述两个积分在$\mathrm{Re}(s)>-d-1$时都是解析函数，所以因子$A_d\varphi(0)$表示$I(s)(\varphi)$在极点$s=-d$处的留数，特别地，在广义函数意义下有

$$(s+d)I(s)\to A_d\delta，当 s\to -d 时.$$

我们暂时记广义函数 J 为当 $s\to -d$ 时 $I(s)$ 展开式中的第二项，则 $I(s)=\dfrac{A_d\delta}{s+d}+J+O(s+d)$，其中

$$J=((s+d)I(s))'_{s=-d}.$$

从而根据式（3.10）可知，广义函数 J，记为 $\left[\dfrac{1}{|x|^d}\right]$，定义为

$$\left[\frac{1}{|x|^d}\right](\varphi)=\int_{|x|\leqslant 1}\frac{\varphi(x)-\varphi(0)}{|x|^d}\mathrm{d}x+\int_{|x|>1}\frac{\varphi(x)}{|x|^d}\mathrm{d}x. \tag{3.11}$$

对于 $\left[\dfrac{1}{|x|^d}\right]$，有以下几个结论成立：

（ⅰ）$\left[\dfrac{1}{|x|^d}\right]$是缓增分布. 事实上，容易验证$\left|\left[\dfrac{1}{|x|^d}\right](\varphi)\right|\leqslant c\|\varphi\|_1$；

（ⅱ）$\left[\dfrac{1}{|x|^d}\right]$远离原点时与函数 $1/|x|^d$ 是一致的；这是因为当作用于在原点附近消失的 φ 时，式（3.11）中的 $\varphi(0)$ 就消失了；

（ⅲ）$\left[\dfrac{1}{|x|^d}\right]$不是齐次的.

实际上，下述等式成立：

$$\left[\frac{1}{|x|^d}\right](\varphi^a)=a^{-d}\left[\frac{1}{|x|^d}\right](\varphi)+\alpha^{-d}\log(\alpha)A_d\varphi(0),\ \forall a>0. \tag{3.12}$$

为证此，由变量替换可知

$$\left[\frac{1}{|x|^d}\right](\varphi^a)=a^{-d}\int_{|x|\leqslant 1/a}[\varphi(x)-\varphi(0)]\frac{\mathrm{d}x}{|x|^d}+a^{-d}\int_{|x|>1/a}\varphi(x)\frac{\mathrm{d}x}{|x|^d}.$$

此式与 $a=1$ 的情形相比较可立即得到式（3.12）. 下面是该等式的一个推论.

推论 3.2.7　不存在 $-d$ 次齐次分布 K_0，使得其在远离原点时与函数 $1/|x|^d$ 是一致的.

假设这样的 K_0 存在，则 $K_0-\left[\dfrac{1}{|x|^d}\right]$的支撑在原点，故等于 $\sum\limits_{|\alpha|\leqslant M}c_\alpha\partial_x^\alpha\delta$. 将此差作用于 φ^a 得到

$$a^{-d}K_0(\varphi)-a^{-d}\left[\frac{1}{|x|^d}\right](\varphi)-a^{-d}\log(a)A_d\varphi(0)-\sum_{|\alpha|\leqslant M}c_\alpha a^{-d-|\alpha|}\partial_x^\alpha\delta(\varphi)=0,$$

对所有的 $a>0$ 都成立. 若取 φ 满足 $\varphi(0)\neq 0$，则上式与引理 3.2.6 矛盾.

推论 3.2.7 的结论可以重述如下：若 k 是 $-d$ 次齐次函数，且 $\int_{|x|=1}k(x)\mathrm{d}\sigma(x)\neq 0$，则不存在 $-d$ 次齐次分布 K，使得其在远离原点时与函数 k 一致.

事实上，记 $k(x)=\dfrac{c}{|x|^d}+k_1(x)$，其中

$$c\int_{|x|=1} \mathrm{d}\sigma(x)=\int_{|x|=1} k(x)\mathrm{d}\sigma(x),$$

且 $c\neq 0$，而且 $\int_{|x|=1} k_1(x)\mathrm{d}\sigma(x)=0$. 现在若函数 k_1 从属于分布 K_1，且结论(b)保证了其存在性，则 $\frac{1}{c}(K-K_1)$ 是 $-d$ 次齐次分布且远离原点时与函数 $1/|x|^d$ 是一致的. 这与已经证得的推论 3.2.7 矛盾.

最后回到一般情形，假设 K 是 $-d-m$ 次齐次分布且函数 $k(x)$ 从属于 K. 令 $K'=x^\alpha K$，其中 α 满足 $|\alpha|=m$ 和 $\int_{|x|=1} k(x)x^\alpha \mathrm{d}\sigma(x)\neq 0$. 此时，显然有 K' 是 $-d-m+|\alpha|=-d$ 次齐次分布，同时 $k'(x)=x^\alpha k(x)$ 是从属于 K' 的函数. 但是

$$\int_{|x|=1} k'(x)\mathrm{d}\sigma(x)\neq 0,$$

这与前面考虑的 $\lambda=-d$ 时的特殊情形矛盾. 至此完成了定理的证明.

注 1 若 λ 取复数，则经过适当的细微修改可知，定理仍然成立. 此时引理 3.2.6 的证明需要进一步的讨论，具体细节见习题 20.

注 2 若 $\lambda=-d$，且 k 满足消失条件 $\int_{|x|=1} k(x)\mathrm{d}\sigma(x)=0$，则相应的分布 K 是 $\mathrm{pv}\left(\frac{1}{x}\right)$ 在 $\mathbb{R}$ 上的自然推广. 事实上，正如已经证明的一样，

$$K(\varphi)=\int_{|x|\leqslant 1} k(x)[\varphi(x)-\varphi(0)]\mathrm{d}x+\int_{|x|>1} k(x)\varphi(x)\mathrm{d}x,$$

并且这等于"主值"

$$\lim_{\varepsilon\to 0}\int_{\varepsilon\leqslant|x|} k(x)\varphi(x)\mathrm{d}x,$$

这是因为 $\int_{\varepsilon\leqslant|x|\leqslant 1} k(x)\mathrm{d}x=\log(1/\varepsilon)\int_{|x|=1} k(x)\mathrm{d}\sigma(x)=0$. 这种分布最先是由 Mihlin，Calderón 和 Zygmund 研究，通常记为 $\mathrm{pv}(k)$.

3.2.3 基本解

广义函数的最重要的例子包括偏微分方程的基本解及其导数. 假设 L 是偏微分算子

$$L=\sum_{|\alpha|\leqslant m} a_\alpha \partial_x^\alpha \quad 在\mathbb{R}^d 上,$$

其中 a_α 是复数. L 的**基本解**是指满足：

$$L(F)=\delta$$

的广义函数 F，其中 δ 是 Dirac delta 函数. 基本解[9] 的重要性在于它意味着映 $\mathcal{D}$ 到 C^∞ 的算子 $f\mapsto T(f)=F*f$ 是 L 的"逆". 此论断的成因是：在 $\mathcal{D}$ 上有

$$LT=TL=I.$$

9 注意，基本解是不唯一的，这是因为我们总是可以将它与一个齐次方程 $L(u)=0$ 的解相加而得到一个新的解.

这是因为对任意的 α，有 $\partial_x^\alpha(F*f)=(\partial_x^\alpha F)*f=F*(\partial_x^\alpha f)$，故 $L(F*f)=LF*f=F*(Lf)$，当然亦有 $\delta*f=f$.

现在令

$$P(\xi)=\sum_{|\alpha|\leqslant m}a_\alpha(2\pi\mathrm{i}\xi)^\alpha$$

是算子 L 的**特征多项式**. 因为当 $f\in\mathcal{S}$ 时 $(L(f))^\wedge=P\cdot f^\wedge$，所以我们希望通过 $\hat{F}(\xi)=1/P(\xi)$ 或者在适当情形下取为

$$F=\int_{\mathbb{R}^d}\frac{1}{P(\xi)}\mathrm{e}^{2\pi\mathrm{i}x\cdot\xi}\mathrm{d}\xi. \tag{3.13}$$

来找到这样的 F.

一般情况下，此方法的主要问题在于 P 的零点以及定义 $1/P(\xi)$ 为广义函数时所产生的困难. 但是在许多有趣的情形下，这是能够直接构造的.

首先考虑，在$\mathbb{R}^d$ 中的 **Laplacian** 算子

$$\Delta=\sum_{j=1}^d\frac{\partial^2}{\partial x_j^2}$$

此时 $1/P(\xi)=1/(-4\pi^2|\xi|^2)$，且当 $d\geqslant3$ 时，该函数是局部可积的. 定理 3.2.3 给出了基本解的计算公式. 这就得到了如下定理.

定理 3.2.8　当 $d\geqslant3$ 时，局部可积函数 $F(x)=C_d|x|^{-d+2}$ 是算子 Δ 的一个基本解，其中 $C_d=-\dfrac{\Gamma\left(\frac{d}{2}-1\right)}{4\pi^{\frac{d}{2}}}$.

这可由（在定理 3.2.3 中）取 $\lambda=-d+2$ 得到，此时 $\Gamma\left(\dfrac{d+\lambda}{2}\right)=\Gamma(1)=1$，$\Gamma(d/2)=(d/2-1)\Gamma(d/2-1)$. 因此 $\hat{F}(\xi)$ 等于 $1/(-4\pi^2|\xi|^2)$，从而有

$$(\Delta F)^\wedge=1，这表明\quad \Delta F=\delta.$$

二维情形时有下述结论.

定理 3.2.9　当 $d=2$ 时，局部可积函数 $\dfrac{1}{2\pi}\log|x|$ 是算子 Δ 的一个基本解.

在定理 3.2.3 中令 $\lambda\to-d+2=0$，即可得到这个基本解. 此解可形式地写成

$$\frac{-1}{4\pi^2}\int_{\mathbb{R}^2}\frac{1}{|\xi|^2}\mathrm{e}^{2\pi\mathrm{i}x\cdot\xi}\mathrm{d}\xi,$$

但是需要说明这个发散积分是有意义的. 事实上，我们考虑式 (3.11) 中的分布 $\left[\dfrac{1}{|x|^d}\right]$. 注意到

$$\int_{\mathbb{R}^2}\hat{\varphi}(x)|x|^\lambda\mathrm{d}x=c_\lambda\int_{\mathbb{R}^2}\varphi(\xi)|\xi|^{-\lambda-2}\mathrm{d}\xi, \tag{3.14}$$

其中$-2<\lambda<0$且$c_\lambda=\dfrac{\Gamma(1+\lambda/2)}{\Gamma(-\lambda/2)}\pi^{-1-\lambda}$. 下面对式(3.14)在$\lambda=0$附近做估计. 因为$\Gamma(1)=1$，函数$\Gamma(s)$在$s=1$附近是光滑的，并且在$\Gamma(s+1)=s\Gamma(s)$中取$s=-\lambda/2$，所以存在常数$c'$使得当$\lambda\to 0$时$c_\lambda\sim -\lambda/(2\pi)+c'\lambda^2$. 式(3.10)(其中$s=-\lambda-2$)，由$\varphi$和$\hat{\varphi}$的快速衰减性可知，我们可对式(3.14)考虑两边关于λ求导. 乘以$1/2\pi$后，令$\lambda\to 0$，则有

$$\frac{1}{2\pi}\int_{\mathbb{R}^2}\hat{\varphi}(x)\log|x|\,\mathrm{d}x=\frac{-1}{4\pi^2}\left\{\int_{|x|\leqslant 1}\frac{\varphi(x)-\varphi(0)}{|x|^2}\mathrm{d}x+\int_{|x|>1}\varphi(x)\frac{\mathrm{d}x}{|x|^2}\right\}-c'\varphi(0).$$

取$F=\dfrac{1}{2\pi}\log|x|$，则

$$\hat{F}=-\frac{1}{4\pi^2}\left[\frac{1}{|x|^2}\right]-c'\delta.$$

因为$|x|^2\delta(\varphi)=|x|^2\varphi(x)|_{x=0}=0$，所以显然有$|x|^2\delta=0$. 又对任意的$\varphi\in\mathcal{S}$有$|x|^2\left[\dfrac{1}{|x|^2}\right](\varphi)=\int_{\mathbb{R}^2}\varphi(x)\mathrm{d}x$，从而$|x|^2\left[\dfrac{1}{|x|^2}\right]$等于函数1. 因此$(\Delta F)\hat{}=-4\pi^2|x|^2\hat{F}=1$，故$\Delta F=\delta$，即$F$是$\Delta$在$\mathbb{R}^2$上的一个基本解.

下面给出定义在$\mathbb{R}^{d+1}$上的热算子

$$L=\frac{\partial}{\partial t}-\Delta_x$$

的基本解，其中$(x,t)\in\mathbb{R}^{d+1}=\mathbb{R}^d\times\mathbb{R}$，且$\Delta_x$是关于变量$x\in\mathbb{R}^d$的 Laplacian 算子. 为此，考虑与非齐次方程$L(u)=g$相关的齐次初值问题$L(u)=0$，其中$t>0$且$u(x,t)|_{t=0}=f(x)$.

由《傅里叶分析》第5章和第6章可知，齐次初值问题的解是由热核

$$\mathcal{H}_t^{\wedge}(\xi)=\mathrm{e}^{-4\pi^2|\xi|^2t}$$

给出的，其中 Fourier 变换是仅仅关于x取的. 从而当$f\in\mathcal{S}$时，$u(x,t)=(\mathcal{H}_t*f)(x)$是方程$L(u)=0$的解，而且当$t\to 0$时，在$\mathcal{S}$中$u(x,t)\to f(x)$. 注意到

$$\frac{\partial\mathcal{H}_t}{\partial t}=\Delta_x\mathcal{H}_t(x)\quad 和\quad \int_{\mathbb{R}^d}\mathcal{H}_t(x)\mathrm{d}x=1,$$

并且$\mathcal{H}_t$是“恒等逼近”.(关于$\mathcal{H}_t$的上述性质，参考《傅里叶分析》第5章和《实分析》第3章.)

在$\mathbb{R}^{d+1}$上定义F为

$$F(x,t)=\begin{cases}\mathcal{H}_t(x), & t>0,\\ 0, & t\leqslant 0.\end{cases}$$

由此可知F在$\mathbb{R}^{d+1}$上局部可积(并且实际上有$\int_{|t|\leqslant R}\int_{\mathbb{R}^d}F(x,t)\mathrm{d}x\mathrm{d}t\leqslant R$)，从

而 F 定义了$\mathbb{R}^{d+1}$上的一个缓增分布.

定理 3.2.10　F 是方程 $L=\frac{\partial}{\partial t}-\Delta_x$ 的一个基本解.

证　因为 $LF(\varphi)=F(L'\varphi)$，其中 $L'=-\frac{\partial}{\partial t}-\Delta_x$，所以只需证明 $F(L'\varphi)$，即

$$\lim_{\varepsilon\to 0}\int_{t\geqslant\varepsilon}\int_{\mathbf{R}^d}F(x,t)\left(-\frac{\partial}{\partial t}-\Delta_x\right)\varphi(x,t)\mathrm{d}x\mathrm{d}t,$$

就是 $\delta(\varphi)=\varphi(0,0)$.

由于当 $t>0$ 时 $F(x,t)=\mathcal{H}_t(x)$，所以对变量 x 应用分部积分可得

$$\begin{aligned}\int_{t\geqslant\varepsilon}\int_{\mathbf{R}^d}F(x,t)\left(-\frac{\partial}{\partial t}-\Delta_x\right)\varphi(x,t)\mathrm{d}x\mathrm{d}t\\ &=-\int_{\mathbf{R}^d}\left(\int_{t\geqslant\varepsilon}\mathcal{H}_t\frac{\partial\varphi}{\partial t}+(\Delta_x\mathcal{H}_t)\varphi\mathrm{d}t\right)\mathrm{d}x\\ &=-\int_{\mathbf{R}^d}\left(\int_{t\geqslant\varepsilon}\mathcal{H}_t\frac{\partial\varphi}{\partial t}+\frac{\partial\mathcal{H}_t}{\partial t}\varphi\mathrm{d}t\right)\mathrm{d}x\\ &=\int_{\mathbf{R}^d}\mathcal{H}_\varepsilon(x)\varphi(x,\varepsilon)\mathrm{d}x.\end{aligned}$$

但是由 $\varphi\in\mathcal{S}$ 可知，关于 x 一致地有 $|\varphi(x,\varepsilon)-\varphi(x,0)|\leqslant O(\varepsilon)$. 因此

$$\int_{\mathbf{R}^d}\mathcal{H}_\varepsilon(x)\varphi(x,\varepsilon)\mathrm{d}x=\int_{\mathbf{R}^d}\mathcal{H}_\varepsilon(x)(\varphi(x,0)+O(\varepsilon))\mathrm{d}x,$$

又 $\mathcal{H}_t$ 是恒等逼近，所以上式趋于 $\varphi(0,0)$. □

另外一种证明是通过计算 F 的 Fourier 变换给出的，详见习题 21.

3.2.4　一般的常系数偏微分方程的基本解

本小节通过考虑式（3.13）的收敛性问题，处理$\mathbb{R}^d$上一般的常系数偏微分算子 L，其可能的基本解可写成

$$F=\int_{\mathbf{R}^d}\frac{1}{P(\xi)}\mathrm{e}^{2\pi\mathrm{i}x\cdot\xi}\mathrm{d}\xi,$$

其中 P 是算子 L 的特征多项式. 暂时忽略收敛性问题，当 $\varphi\in\mathcal{D}$ 时

$$F(\varphi)=\int_{\mathbf{R}^d}\varphi(x)\int_{\mathbf{R}^d}\frac{1}{P(\xi)}\mathrm{e}^{2\pi\mathrm{i}x\cdot\xi}\mathrm{d}\xi\mathrm{d}x,$$

交换积分次序可得

$$F(\varphi)=\int_{\mathbf{R}^d}\frac{\hat{\varphi}(-\xi)}{P(\xi)}\mathrm{d}\xi.\tag{3.15}$$

为了绕开式（3.15）中由 P 的可能零点所引起的障碍，平移变量 ξ_1 的积分曲线以避开多项式 $p(z)=P(z,\xi')$ 的零点，其中 $\xi'=(\xi_2,\cdots,\xi_d)$ 是固定的. 从而得到如下结论.

定理 3.2.11　$\mathbb{R}^d$ 上每个常系数（线性）偏微分方程 L 都有基本解.

证 作适当的旋转或伸缩变换，总可以假设 L 的特征多项式具有以下形式

$$P(\xi)=P(\xi_1,\xi')=\xi_1^m+\sum_{j=0}^{m-1}\xi_1^jQ_j(\xi'),$$

其中每个 Q_j 是次数不超过 $m-j$ 的多项式. 有关一般的多项式 P 可以写成上述形式的证明可以参考《实分析》第 5 章第 3 节，在那里，有关 L 的"可逆性"也出现了.

对每个 ξ'，多项式 $p(z)=P(z,\xi')$ 在复数域$\mathbb{C}$内有 m 个根，并且这些根可以按照字典排序，记为 $\alpha_1(\xi'),\cdots,\alpha_m(\xi')$. 我们断言存在整数 $n(\xi')$ 使得：

（ⅰ）对任意的 ξ' 均有 $|n(\xi')|\leqslant m+1$；

（ⅱ）如果 $\mathrm{Im}(\xi_1)=n(\xi')$，则对任意的 $j=1,\cdots,m$ 均有 $|\xi_1-\alpha_j(\xi')|\geqslant 1$；

（ⅲ）函数 $\xi'\mapsto n(\xi')$ 是可测的.

事实上，对每个 ξ'，多项式 p 有 m 个零点，所以 $m+1$ 个区间 $I_\ell=[-m-1+2\ell,-m-1+2(\ell+1))$ $(\ell=0,\cdots,m)$ 中至少有一个区间不包含 p 的零点的虚部. 此时，可以令 $n(\xi')$ 是具有上述性质且使得 ℓ 最小的那个区间 I_ℓ 的中点. 从而条件（ⅱ）自然成立. 最后，对 p 的零点附近的圆周利用 Rouché 定理[10]可知，$\alpha_1(\xi'),\cdots,\alpha_m(\xi')$ 是 ξ' 的连续函数，故条件（ⅲ）成立.

所以代替式 (3.15)，定义

$$F(\varphi)=\int_{\mathbf{R}^{d-1}}\int_{\mathrm{Im}(\xi_1)=n(\xi')}\frac{\hat{\varphi}(-\xi)}{P(\xi)}\mathrm{d}\xi_1\mathrm{d}\xi',\ \forall\,\varphi\in\mathcal{D}. \tag{3.16}$$

上式中内层积分是在复 ξ_1- 平面中直线 $\{\mathrm{Im}(\xi_1)=n(\xi')\}$ 上取的.

为证明广义函数 F 是定义合理的，首先回顾，由 φ 有紧支撑可知，$\hat{\varphi}$ 是解析的且在平行于实轴的每条直线上都是快速衰减的，所以只需证明 P 在积分直线上是一致下有界的. 为此，固定该直线上的点 ξ，考虑单变量多项式 $q(z)=P(\xi_1+z,\xi')$. 则 q 是首项系数为 1 的 m 次多项式. 若记 $\lambda_1,\cdots,\lambda_m$ 为多项式 q 的根，则 $q(z)=(z-\lambda_1)\cdots(z-\lambda_m)$. 由（ⅱ）可知，对任意的 j 有 $|\lambda_j|\geqslant 1$，因此 $|P(\xi)|=|q(0)|=|\lambda_1\cdots\lambda_m|\geqslant 1$. 因此 F 定义了一个广义函数.

最后，快速衰减性也允许我们在积分号下求导，因此若 $L'=\sum_{|\alpha|\leqslant m}a_\alpha(-1)^{|\alpha|}\partial_x^\alpha$，则 L' 的特征多项式是 $P(-\xi)$，故 $(L'(\varphi))^\wedge=P(-\xi)\hat{\varphi}(\xi)$. 因此

$$(LF)(\varphi)=F(L'(\varphi))=\int_{\mathbf{R}^{d-1}}\int_{\mathrm{Im}(\xi_1)=n(\xi')}\hat{\varphi}(-\xi)\mathrm{d}\xi_1\mathrm{d}\xi'.$$

从而可以将积分域变换到实直线上，使得

$$(LF)(\varphi)=\int_{\mathbf{R}^d}\hat{\varphi}(-\xi)\mathrm{d}\xi=\varphi(0)=\delta(\varphi),$$

---

10 参考《实分析》第 3 章.

这就完成了定理的证明. □

注　由上述证明，我们可以得到下述存在性定理：当 $f\in C_0^\infty(\mathbb{R}^d)$ 时，存在 $u\in C^\infty(\mathbb{R}^d)$ 使得 $L(u)=f$. 如果取 $u=F*f$，其中 F 是上面提到的基本解，则该结论显然成立.[11] 需要指出的是，如果 L 不是常系数的，则类似的结论不成立. 详见 7.8.3 节.

3.2.5　椭圆方程的拟基本解与正则性

在许多情形中，为方便起见通常用"逼近基本解"或者拟基本解一类的更灵活的变形来代替基本解. 给定一个常系数微分算子 L，L 的**拟基本解**是满足：

$$LQ=\delta+r$$

的广义函数 Q，其中"误差" r 在（比如）$\mathcal{S}$ 中. 在这个意义下，差值 $LQ-\delta$ 是小的.

人们特别感兴趣的是远离原点时光滑的拟基本解. 采用前面已用的术语，我们称 Q 是**正则的**，如果该广义函数在远离原点时与某个 C^∞ 函数一致.

一类重要的有正则的拟基本解的偏微分算子是椭圆算子. 称一个给定的 m 次的偏微分算子 $L=\sum\limits_{|\alpha|\leqslant m}a_\alpha\partial_x^\alpha$ 是**椭圆的**，如果对某个 $c>0$ 和充分大的 ξ，其特征多项式 P 满足不等式 $|P(\xi)|\geqslant c|\xi|^m$. 注意，这与假设 P 的主值部分 P_m（P 的 m 次齐次部分）满足 $P_m(\xi)=0$ 当且仅当 $\xi=0$ 这一性质是一样的.

例如，Laplacian 算子 Δ 是椭圆的.

定理 3.2.12　每个椭圆算子都有正则的拟基本解.

证　首先对 k 作数学归纳法可得，只要 $|\alpha|=k$ 且 P 是任一多项式，就有

$$\left(\frac{\partial}{\partial\xi}\right)^\alpha\left(\frac{1}{P(\xi)}\right)=\sum_{0\leqslant\ell\leqslant k}\frac{q_\ell(\xi)}{P(\xi)^{\ell+1}},$$

其中每个 q_ℓ 是次数 $\leqslant\ell m-k$ 的多项式.

假设当 $|\xi|\geqslant c_1$ 时 $|P(\xi)|\geqslant c|\xi|^m$，并令 γ 是一个支撑在 $|\xi|\geqslant c_1$ 中的 C^∞ 函数，而且对充分大的 ξ 其值等于 1. 从而由上述等式可得

$$\left|\partial_\xi^\alpha\left(\frac{\gamma(\xi)}{P(\xi)}\right)\right|\leqslant A_\alpha|\xi|^{-m-|\alpha|}. \tag{3.17}$$

再令 Q 是缓增分布且其 Fourier 变换是（有界）函数 $\gamma(\xi)/P(\xi)$. 类似于定理 3.2.4 的证明，有

$$((-4\pi^2|x|^2)^N\partial_x^\beta Q)\hat{}=\Delta_\xi^N[(2\pi\mathrm{i}\xi)^\beta(\gamma/P)].$$

由式（3.17）以及 Leibnitz 法则可知，当 $|\xi|\geqslant1$ 时，上式右边显然被 $A'_\alpha|\xi|^{-m-2N+|\beta|}$ 控制；且在 $|\xi|\leqslant1$ 时，也是有界的. 因此只要 $2N+m-|\beta|>d$，此函数就是可积的，从而其 Fourier 逆变换是连续的，且与 $|x|^{2N}\partial_x^\beta Q$ 至多相差常

11　该结论可以和《实分析》第 5 章第 3 节相比较，在那里，采用不同方法找到了不一定光滑的解.

数倍. 由于该结果对每个β都成立，所以在远离原点时Q是C^{∞}函数.

此外，注意到$(LQ)\hat{}=P(\xi)[\gamma(\xi)/P(\xi)]=\gamma(\xi)=1+(\gamma(\xi)-1)$. 由定义可知，$\gamma(\xi)-1$属于$\mathcal{D}$，故存在某个$r\in\mathcal{S}$使得$\gamma(\xi)-1=\hat{r}$. 从而$(LQ)\hat{}=1+\hat{r}$，这意味着$LQ=\delta+r$. 故定理得证. □

下述推论是有用的.

推论 3.2.13　给定任意的$\varepsilon>0$，椭圆算子L有支撑在球$\{x: |x|\leqslant\varepsilon\}$中的正则的拟基本解$Q_{\varepsilon}$.

事实上，设η_{ε}是$\mathcal{D}$中的截断函数，即当$|x|\leqslant\varepsilon/2$时，$\eta_{\varepsilon}$等于1，且其支撑在$|x|\leqslant\varepsilon$中. 令$Q_{\varepsilon}=\eta_{\varepsilon}Q$，且$L(\eta_{\varepsilon}Q)-\eta_{\varepsilon}L(Q)$仅包含$\eta_{\varepsilon}$正数阶的导数项，并且当$|x|<\varepsilon/2$时，这些项为零. 因此这个差值是一个$C^{\infty}$函数. 但是$\eta_{\varepsilon}L(Q)=\eta_{\varepsilon}(\delta+r)=\delta+\eta_{\varepsilon}r$. 总之有$L(Q_{\varepsilon})=\delta+r_{\varepsilon}$，其中$r_{\varepsilon}$是一个$C^{\infty}$函数. 注意到$r_{\varepsilon}$的支撑也在$|x|\leqslant\varepsilon$中.

椭圆算子满足下述基本的正则性.

定理 3.2.14　设偏微分算子L有正则的拟基本解. 并设U是开集$\Omega\subset\mathbb{R}^d$上的广义函数且$L(U)=f$，其中$f$是$\Omega$上的$C^{\infty}$函数. 则$U$也是$\Omega$上的$C^{\infty}$函数. 特别地，只要$L$是椭圆算子，该结论都成立.

注　常用术语——**拟椭圆**来记作具有上述正则性的算子. 前缀“拟”表明有非椭圆算子$\left(\text{如热算子}\dfrac{\partial}{\partial t}-\Delta_x\right)$也有此性质，即它们有正则的基本解. 但是应该提醒读者的是，一般的偏微分算子没有拟椭圆性；波算子就是一个很好的例子.（见习题22和问题7*.）

定理的证明　只需证明U在任一球B（其中$\overline{B}\subset\Omega$）上与一个$C^{\infty}$函数一致即可. 固定这样一个球（设其半径为$\rho$）且设$B_1$是半径为$\rho+\varepsilon$的同心球，其中$\varepsilon>0$充分小使得$\overline{B_1}\subset\Omega$. 取截断函数$\eta\in\mathcal{D}$，使得其支撑在$\Omega$中且在$\overline{B_1}$的某个邻域内$\eta(x)=1$. 令$U_1=\eta U$，则$U_1$和$L(U_1)=F_1$是$\mathbb{R}^d$上具有紧支撑的广义函数. 此外，$F_1$在$\overline{B_1}$的某个邻域内与$C^{\infty}$函数$f$是一致的. 故$F_1$在$\overline{B_1}$的更小的邻域内与具有紧支撑的$C^{\infty}$函数$f_1$是一致的.

现在利用支撑在$\{|x|\leqslant\varepsilon\}$中的拟基本解$Q_{\varepsilon}$，其存在性由推论3.2.13推得. 一方面，

$$Q_{\varepsilon}*L(U_1)=L(Q_{\varepsilon})*U_1=(\delta+r_{\varepsilon})*U_1=U_1+r_{\varepsilon}*U_1,$$

并且由命题3.1.1可知$r_{\varepsilon}*U_1=U_1*r_{\varepsilon}$，所以$r_{\varepsilon}*U_1$在$\mathbb{R}^d$中是$C^{\infty}$的. 另一方面，

$$Q_{\varepsilon}*L(U_1)=Q_{\varepsilon}*F_1=Q_{\varepsilon}*f_1+Q_{\varepsilon}*(F_1-f_1).$$

又$Q_{\varepsilon}*f_1$是C^{∞}函数，而由命题3.1.3可知，$Q_{\varepsilon}*(F_1-f_1)$的支撑在$F_1-f_1$的支撑的$\varepsilon$邻域的闭包中. 因为$F_1-f_1$在$\overline{B_1}$的邻域内为零，所以$Q_{\varepsilon}*(F_1-f_1)$

在 B 内为零．总之 U_1 是 B 上的一个 C^∞ 函数．因为 $U_1=\eta U$，且 η 在 B 中等于 1，所以 U 在 B 中是一个 C^∞ 函数．从而定理得证．

3.3　Calderón-Zygmund 分布及 L^p 估计

现在考虑一类重要的算子，它们是 Hilbert 变换的推广且有相应的 L^p 理论．此类算子伴随着“奇异积分”而产生，即卷积算子 T，

$$T(f)=f*K, \tag{3.18}$$

其中 K 是适当的广义函数．首先考虑的核 K 是关键次数为 $-d$ 的齐次分布，这类似于 3.2.2 节结尾的注 2 中所叙述的结论.[12] 随着时间的推移，这类算子的各种推广和延伸也已经出现了．在这里，我们只关注一小类但特别简单且有用的算子，它们有下述额外的性质：它们可用式（3.18）或者用其 Fourier 变换

$$(Tf)\hat{}(\xi)=m(\xi)\hat{f}(\xi) \tag{3.19}$$

来定义．核 K 和乘子 $m=K\hat{}$ 的相关条件的联系可以看作是定理 3.2.4 中 $\lambda=-d$ 时的一种推广．

3.3.1　基本属性

考虑 3.2.2 节和 3.2.5 节中所说的具有“正则性”的分布 K．即存在远离原点的 C^∞ 函数 k，使得 K 在远离原点时与 k 是一致的．给定这种 K，考虑下述对于从属于 K 的函数 k 的**微分不等式**

$$|\partial_x^\alpha k(x)|\leqslant c_\alpha |x|^{-d-|\alpha|},\ \forall \alpha. \tag{3.20}$$

注意到当 $\alpha=0$ 时，上式表明 K 是缓增分布．

除了式（3.20）外，我们按照如下方式将**消失条件**形式化．给定整数 n，称 φ 是 $C^{(n)}$-**标准冲击函数**，如果 φ 是支撑在单位球上的 C^∞ 函数且

$$\sup_x |\partial_x^\alpha \varphi(x)|\leqslant 1,\ \forall\ |\alpha|\leqslant n.$$

当 $r>0$ 时，定义 $\varphi_r=\varphi(rx)$．此时，条件变为对于某个固定的 $n\geqslant 1$，存在 A 使得

$$\sup_{0<r}|K(\varphi_r)|\leqslant A\text{，对于所有的 } C^{(n)}\text{-标准冲击函数 } \varphi. \tag{3.21}$$

命题 3.3.1　分布 K 的下述三条性质是等价的．

（ⅰ）K 是正则的且满足微分不等式（3.20）和消失条件（3.21）；

（ⅱ）K 是缓增的，且 $m=K\hat{}$ 远离原点时是 C^∞ 函数且满足：

$$|\partial_\xi^\alpha m(\xi)|\leqslant c'_\alpha |\xi|^{-\alpha},\ \forall \alpha; \tag{3.22}$$

（ⅲ）K 是正则分布且满足微分不等式（3.20），同时 $K\hat{}$ 是有界函数．

我们称满足上述等价性质的 K 为 Calderón-Zygmund 分布.[13]

注意到满足上述性质的分布全体构成的集合是伸缩不变的．由 3.2.1 节中分

12　但是那里没有要求 k 高阶光滑．

13　应该已经注意到，像“Calderón-Zygmund 算子”或者“Calderón-Zygmund 核”这样的短语在许多文献中都出现过，这些短语表示该理论中不同的但相关的概念．

布 K 的伸缩定义可知，对每个 $a>0$，伸缩分布 K^a 定义为 $K^a(\varphi)=K(\varphi_a)$，其中 $\varphi_a(x)=\varphi(ax)$. 由此可得，如果 K 满足式（3.20）和式（3.21），则 K^a 满足式（3.20）和式（3.21）且有相同的上界. 事实上，容易验证，从属于 K^a 的函数是 $a^{-d}k(x/a)$，而 $K^a(\varphi_r)=K(\varphi_{ar})$. 此外，若 $m=K^\wedge$，则 $m_a=(K^a)^\wedge$ 且 $m_a(\xi)=m(a\xi)$，因此 m_a 满足式（3.22）且有相同的上界.

下面用定理 3.2.4 的证明方法完成命题 3.3.1 的证明. 先假设条件（ⅰ）成立. 先断言 $m=K^\wedge$ 远离原点时是 C^∞ 函数. 事实上，分解 $K=K_0+K_1$，其中 $K_0=\eta K$，$K_1=(1-\eta)K$（η 是支撑在单位球内的 C^∞ 截断函数，且当 $|x|\leqslant 1/2$ 时，η 等于 1）. 接着按照定理 3.2.4 的证明讨论即可.

为证明 $m(\xi)=K^\wedge(\xi\neq 0)$ 满足不等式（3.22），根据伸缩不变性，可将此问题归结为证明 $|\xi|=1$ 时的情形. 根据命题 3.1.6 可得，$\hat{K_0}(\xi)=K(\eta e^{-2\pi i x\cdot\xi})$，并且后者即是 $K(\varphi)$，其中 $\varphi(x)=\eta(x)e^{-2\pi i x\cdot\xi}$. 从而 φ 是一个 $C^{(n)}$-标准冲击函数的常数倍（与 ξ，（$|\xi|=1$）无关），因此式（3.20）意味着 $|\hat{K_0}(\xi)|\leqslant c'$. 同理，$|\partial_\xi^\alpha \hat{K_0}(\xi)|\leqslant c'_\alpha$.

其次，因为 $K_1=(1-\eta)K=(1-\eta)k$ 的支撑在 $|x|\geqslant 1/2$ 中，所以由式（3.7）可知，当 $2N>|\alpha|$ 时，

$$
\begin{aligned}
|\xi|^{2N}|\partial_\xi^\alpha \hat{K_1}(\xi)| &= c\,|(\Delta^N(x^\alpha K_1))^\wedge| \\
&\leqslant c_{\alpha,N}\int_{|x|\geqslant 1/2}|x|^{-d+|\alpha|-2N}\mathrm{d}x<\infty.
\end{aligned}
$$

因此当 $|\xi|=1$ 时 $|\partial_\xi^\alpha \hat{K_1}(\xi)|\leqslant c'_\alpha$，并结合对 $\hat{K_0}$ 和 $\hat{K_1}$ 的估计可知，命题中的（ⅱ）成立.

为证明（ⅱ）蕴含着（ⅰ），假设 m 满足式（3.22），且 m 的支撑有界. 我们将得到的估计与 m 的支撑的大小无关.

定义 $K(x)=\int_{\mathbb{R}^d} m(\xi)e^{2\pi i\xi\cdot x}\mathrm{d}\xi$. 此时 K 显然是 $\mathbb{R}^d$ 上一个有界的 C^∞ 函数，且在广义函数意义下 $K^\wedge=m$. 为证明微分不等式（3.20），由先前使用的伸缩不变性可知，只需对 $|x|=1$ 的情形加以证明即可. 设 $K=K_0+K_1$，其中 K_j 的定义类似于 K，只是用 m_j 替代 m，其中 $m_0(\xi)=m(\xi)\eta(\xi)$ 和 $m_1(\xi)=m(\xi)(1-\eta(\xi))$. 因为 m_0 是有界的且其支撑在单位球中，所以显然有 $|\partial_x^\alpha K_0(x)|\leqslant c_\alpha$. 与式（3.7）类似，由上述讨论可知，当 $2N-|\alpha|>d$ 时，

$$
\begin{aligned}
|x|^{2N}|\partial_x^\alpha K_1(x)| &= c\left|\int_{\mathbb{R}^d}\Delta_\xi^N(\xi^\alpha m_1(\xi))\mathrm{d}\xi\right| \\
&\leqslant c_{\alpha,N}\int_{|\xi|\geqslant 1/2}|\xi|^{\alpha}|\xi|^{-2N}\mathrm{d}\xi<\infty.
\end{aligned}
$$

因为 $|x|=1$，所以这些对于 K_0 和 K_1 的估计蕴含着式（3.20）对 $|x|=1$ 成立，进而对所有的 $x\neq 0$ 也成立.

为证明消失条件，取 $n=d+1$. 首先注意到 $(2\pi i\xi)^{\alpha}\hat{\varphi}(\xi)=(\partial_x^{\alpha}\varphi)^{\wedge}(\xi)$，故只要 φ 是 $C^{(n)}$-标准冲击函数，就有 $\sup\limits_{\xi}(1+|\xi|)^{d+1}|\hat{\varphi}(\xi)|\leqslant c$. 从而对于这样的标准冲击函数，有

$$\int_{\mathbf{R}^d}|\hat{\varphi}(\xi)|\mathrm{d}\xi\leqslant c\int_{\mathbf{R}^d}\frac{\mathrm{d}\xi}{(1+|\xi|)^d}\leqslant c'.$$

但是 $K(\varphi_r)=K^r(\varphi)=\int m_r(-\xi)\hat{\varphi}(\xi)\mathrm{d}\xi$. 因此 $|K(\varphi_r)|\leqslant\sup\limits_{\xi}|m(\xi)|$

$\int|\hat{\varphi}(\xi)|\mathrm{d}\xi\leqslant A$，从而条件 (3.21) 得证.

为了去掉 m 有紧支撑这一假设条件，考虑函数族 $m_\varepsilon(\xi)=m(\xi)\eta_\varepsilon(\xi)$，其中 $\varepsilon>0$. 注意到每个 m_ε 都有紧支撑且式 (3.22) 关于 ε 一致成立. 令

$$K_\varepsilon(x)=\int_{\mathbf{R}^d}m_\varepsilon(\xi)\mathrm{e}^{2\pi ix\cdot\xi}\mathrm{d}\xi.$$

因为当 $\varepsilon\to0$ 时，$m_\varepsilon\to m$ 是点态收敛的且有界，所以该序列在缓增分布意义下也是收敛的，而这意味着 K_ε 在缓增分布意义下收敛到 K，其中 $K^{\wedge}=m$. 又因为微分不等式 (3.20) 对 $x\neq0$ 和 K_ε 关于 ε 一致成立. 故上述估计对 K（确定地讲，是对于从属于 K 的函数 k）也成立. 类似地，由于消失条件 (3.21) 对 K_ε 关于 ε 一致成立，故该条件对 K 也成立，总之我们证明了（ⅱ）蕴含着（ⅰ）. 我们注意到刚刚给出的讨论表明（ⅲ）蕴含着（ⅰ）. 因为（ⅲ）显然是（ⅰ）和（ⅱ）的推论，故这三个条件是等价的. 从而命题得证.

下面几点注记有助于理解关于 Calderón-Zygmund 分布的假设条件的实质.

• 显然，若对于给定的 n，消失条件对 $C^{(n)}$-标准冲击函数成立，则该条件对 $n'>n$ 也成立. 反之，可以证明，在式 (3.20) 成立的前提下，式 (3.21) 对某个 n 成立意味着该式对 $n=1$ 也成立，因此对所有的 $n'\geqslant1$ 也成立. 详见习题 32.

• 给定一个满足微分不等式 (3.20) 的函数 k，我们或许会问是否存在将 k 作为从属函数的 Calderón-Zygmund 分布 K. 事实上，这样的 k 存在的充分必要条件是

$$\sup_{0<a<b}\left|\int_{a<|x|<b}k(x)\mathrm{d}x\right|<\infty.$$

关于该结论的证明，见习题 33. 但是需要注意的是 K 不被 k 唯一决定.

• 最后，我们指出 Calderón-Zygmund 分布在偏微分方程中的重要性. 若 Q 是 3.2.5 节中 m 阶椭圆算子 L 的拟基本解，则当 $|\alpha|\leqslant m$ 时，$\partial_x^{\alpha}Q$ 是 Calderón-Zygmund 分布. 这可由估计式 (3.17) 和此命题（ⅱ）中所给出的分布的 Fourier 变换的特征立即得到.

3.3.2 L^p 理论

下面的定理给出了形如式 (3.18) 的算子的 L^p 估计.

定理 3.3.2 设算子 T 是 $T(f)=f*K$，其中 K 如同命题 3.3.1 中一样. 则定义在 $\mathcal{S}$ 上的算子 T 可延拓成 $L^p(\mathbb{R}^d)$ $(1<p<\infty)$ 上的有界算子.

该定理表明对每个 p，$1<p<\infty$，存在上界 A_p 使得

$$\|Tf\|_{L^p(\mathbf{R}^d)}\leqslant A_p\|f\|_{L^p(\mathbf{R}^d)} \tag{3.23}$$

对 $f\in\mathcal{S}$ 成立. 因此由第 1 章中命题 1.5.4 知，T 可（唯一的）延拓至 L^p 上，且对 $f\in L^p$ 满足式（3.23）. 我们将证明分成五步来完成.

第一步：L^2 估计. $p=2$ 的情形可直接由事实 $(Tf)^\wedge=f^\wedge K^\wedge$（见命题 3.1.5）和由 Plancherel 定理蕴含着的

$$\|Tf\|_{L^2}=\|(Tf)^\wedge\|_{L^2}\leqslant(\sup_{\xi}|K^\wedge(\xi)|)\|\hat{f}\|_{L^2}\leqslant A\|f\|_{L^2}$$

得到. 不等式 $\sup_\xi|K^\wedge(\xi)|\leqslant A$ 可由命题 3.3.1 得到.

第二步：原子的变式. 尽管 T 一般不是映 L_1 到其自身的（见前一章 2.3.2 节的例子），但是其对于 $1<p<\infty$ 的 L^p 理论与“弱型的” L^1 估计紧密联系在一起，这类似于第 2 章 2.4 节中关于极大函数的情形. 这里，我们通过研究算子 T 在与 Hardy 空间理论相关的各种原子上的作用来考虑这种估计. 在此情形中，我们考虑“1-原子”，即 p-原子中 $p=1$ 时的情形（特别地，这与前一章推论 2.5.3 不同!）.

一个联系于球 B 的 **1-原子** $\mathfrak{a}$ 是一个 L^2 函数，并满足：

（ⅰ）$\mathfrak{a}$ 的支撑在 B 中，且 $\int|\mathfrak{a}(x)|\mathrm{d}x\leqslant 1$；

（ⅱ）$\int_B\mathfrak{a}(x)\mathrm{d}x=0$.

注意到 $\mathfrak{a}$ 的 L^2 范数与上述条件（ⅰ）和（ⅱ）无关；$\mathfrak{a}\in L^2$ 的要求是为了计算的方便.

对每个球 B，记 B^* 为它的 2 倍，即与 B 同心且半径为其 2 倍的球. 对于算子 T 和 1-原子的关键估计是存在上界 A 使得

$$\int_{(B^*)^c}|T(\mathfrak{a})(x)|\mathrm{d}x\leqslant A\text{，对所有的 1-原子}\mathfrak{a}. \tag{3.24}$$

而式（3.24）可由从属于算子的核 K 的函数 k 所满足的不等式得到. 即对任意的 $r>0$，

$$\int_{|x|\geqslant 2r}|k(x-y)-k(x)|\mathrm{d}x\leqslant A,\ \forall\ |y|\leqslant r. \tag{3.25}$$

为证明式（3.25），注意到由中值定理可知

$$|k(x-y)-k(x)|\leqslant|y|\sup_{z\in L}|\nabla k(z)|,$$

其中 L 是连接 x 到 $x-y$ 的线段. 因为 $|x|\geqslant 2r$ 和 $|y|\leqslant r$，所以 $z\in L$ 时，$|z|\geqslant|x|/2$. 故 $|x|=1$ 时的微分不等式（3.20）表明 $|k(x-y)-k(x)|\leqslant c|x|^{-d-1}$，且因为 $r\int_{|x|\geqslant 2r}|x|^{-d-1}\mathrm{d}x$ 与 r 无关（且有限），所以式（3.25）成立.

为得到式（3.24），注意到，若 $f\in\mathcal{S}$ 且其支撑在球 B 中，则对于 $x\notin B^*$，有

$$T(f)(x)=\int_B k(x-y)f(y)\mathrm{d}y.$$

这是因为分布 K 远离原点时与 k 一致，且 $|x-y|\geqslant r$. 由于 $k(x-y)$ 有界，所以通过取极限可证，相同的等式对于支撑在球 B 中的且仅假设在 L^2 中的 f 也成立. 因此对于联系于球 B 的 1-原子$\mathfrak{a}$和 $x\notin B^*$，由 $\int_B \mathfrak{a}(y)\mathrm{d}y=0$ 可得

$$T(\mathfrak{a})(x)=\int_B k(x-y)\mathfrak{a}(y)\mathrm{d}y=\int_B (k(x-y)-k(x))\mathfrak{a}(y)\mathrm{d}y.$$

因此

$$\int_{x\notin B^*} |T(\mathfrak{a})(x)|\mathrm{d}x\leqslant\int_B \left\{\int_{x\notin B^*} |k(x-y)-k(x)|\mathrm{d}x\right\} |\mathfrak{a}(y)|\mathrm{d}y,$$

并且在式（3.25）中取 r 为球 B 的半径即可得到式（3.24）.

第三步：分解. 我们将任一可积函数 f 分解为“好”函数 g（对其应用 L^2 理论），与原子（对其可应用估计式（3.24））的常数倍的无穷和之和.

引理 3.3.3　对任意的 $f\in L^1(\mathbb{R}^d)$ 和 $\alpha>0$，存在开集 E_α 以及分解 $f=g+b$ 使得：

(a) $m(E_\alpha)\leqslant\frac{c}{\alpha}\|f\|_{L^1(\mathbb{R}^d)}$；

(b) $|g(x)|\leqslant c\alpha$ 对所有的 x 都成立；

(c) E_α 是内部互不相交的方体 Q_k 的并集$\bigcup Q_k$. 此外，$b=\sum_k b_k$，其中每个函数 b_k 的支撑在 Q_k 中且

$$\int|b_k(x)|\mathrm{d}x\leqslant c\alpha m(Q_k),\int_{Q_k} b_k(x)\mathrm{d}x=0.$$

注意到（c）表明 b 的支撑在 E_α 中，因此当 $x\notin E_\alpha$ 时 $g(x)=f(x)$. 也注意到，每个 b_k 是形如 $c\alpha m(Q_k)\mathfrak{a}_k$ 的原子，其中$\mathfrak{a}_k$ 是 1-原子.

该引理可由对前一章中命题 2.5.1 的证明的简化讨论得到；特别地，这里我们用全极大函数 f^* 代替截断极大函数 $f^\dagger$. 主要想法是将 f 的定义域分割为集合$|f(x)|>\alpha$ 及其余集. 然而像以前一样，我们必须更加细致地且在当前情形根据 $f^*(x)>\alpha$ 来分割 f. 因此取 $E_\alpha=\{x:f^*(x)>\alpha\}$. 从而结论（a）即是前一章式（2.27）所给出的 f^* 的弱型估计.

其次，由于 E_α 是开集，所以可将其写作$\bigcup_k Q_k$，其中 Q_k 是内部互不相交的闭方体，且 Q_k 到 E_α^c 的距离与 Q_k 的直径是可比较的.（这是前一章的引理 2.5.2.）现令

$$m_k=\frac{1}{m(Q_k)}\int_{Q_k} f\mathrm{d}x.$$

故若 $\overline{x}_k$ 是 E_α^c 内到 Q_k 最近的点，则$|m_k|\leqslant cf^*(\overline{x}_k)\leqslant c\alpha$. 定义 $g(x)=f(x)$，当 $x\notin E_\alpha^c$ 时；$g(x)=m_k$，当 $x\in Q_k$ 时. 因此当 $x\in E_\alpha^c$ 时，由 $f^*(x)\leqslant\alpha$ 可知$|f(x)|\leqslant\alpha$. 总之有$|g(x)|\leqslant c\alpha$，这就证明了结论（b）.

最后，由于 $b(x)=f(x)-g(x)$ 的支撑在 $E_\alpha=\bigcup_k Q_k$ 中，故 $b=\sum_k b_k$，其中每个 b_k 的支撑在 Q_k 中且在 Q_k 上等于 $f(x)-m_k$.

因此

$$\int |b_k(x)|\mathrm{d}x=\int_{Q_k}|f(x)-m_k|\mathrm{d}x\leqslant\int_{Q_k}|f(x)|\mathrm{d}x+|m_k|m(Q_k).$$

另外，同前面一样有

$$\int_{Q_k}|f(x)|\mathrm{d}x\leqslant cm(Q_k)f^*(\overline{x}_k)\leqslant c\alpha m(Q_k),$$

故由 $|m_k|\leqslant c\alpha$ 可知

$$\int |b_k(x)|\mathrm{d}x\leqslant c\alpha m(Q_k).$$

显然有 $\int b_k(x)\mathrm{d}x=\int_{Q_k}(f(x)-m_k)\mathrm{d}x=0$，从而分解引理得证.

注意到若给定的 f 属于 $L^2(\mathbb{R}^d)$，则 g，b 以及每个 b_k 属于 $L^2(\mathbb{R}^d)$. 因为每个 b_k 的支撑互不相交，所以和式 $b=\sum_k b_k$ 不仅点态收敛而且依 L^2 范数收敛.

第四步：弱型估计. 我们将证明

$$m(\{x:|T(f)(x)|>\alpha\})\leqslant\frac{A}{\alpha}\|f\|_{L^1},\ \forall\,\alpha>0,\tag{3.26}$$

其中 $f\in L^1\cap L^2$，且上界 A 与 f 和 α 都无关. 为此，根据上述引理，分解 $f=g+b$，并注意到 $T(f)=T(g)+T(b)$ 蕴含着

$$m(\{x:|T(f)(x)|>\alpha\})\leqslant m(\{x:|T(g)(x)|>\alpha/2\})+ m(\{x:|T(b)(x)|>\alpha/2\}).$$

由 Tchebychev 不等式和 T 的 L^2 估计可知

$$m(\{x:|T(g)(x)|>\alpha/2\})\leqslant\left(\frac{2}{\alpha}\right)^2\|Tg\|_{L^2}^2\leqslant\frac{c}{\alpha^2}\|g\|_{L^2}^2.$$

但是 $\int|g(x)|^2\mathrm{d}x=\int_{E_\alpha^c}|g(x)|^2\mathrm{d}x+\int_{E_\alpha}|g(x)|^2\mathrm{d}x$. 由于在 E_α^c 上 $g(x)=f(x)$ 且 $|g(x)|\leqslant c\alpha$，故前一积分式的右边第一部分被 $c\alpha\|f\|_{L^1}$ 控制. 另外，由上述引理结论 (a) 可知，

$$\int_{E_\alpha}|g(x)|^2\mathrm{d}x\leqslant c\alpha^2 m(E_\alpha)\leqslant c\alpha\|f\|_{L^1}.$$

故

$$m(\{x:|T(g)(x)|>\alpha/2\})\leqslant\frac{c}{\alpha}\|f\|_{L^1}.$$

为处理 $T(b)=\sum_k T(b_k)$，令 B_k 为包含 Q_k 的最小的球，且 B_k^* 为 B_k 的 2 倍. 定义 $E_\alpha^*=\bigcup B_k^*$. 从而再次利用 Tchebychev 不等式可得，对有界集 S，

$$m(\{x\in S:|T(b)(x)|>\alpha/2\})\leqslant\frac{2}{\alpha}\int_S|T(b)(x)|\mathrm{d}x$$
$$\leqslant\frac{2}{\alpha}\sum_k\int_S|T(b_k)(x)|\mathrm{d}x,$$

这是因为 $T(b)=\sum_k T(b_k)$ 依 L^2 范数收敛.

现取 $S=(E_\alpha^*)^c\cap B$，其中 B 是一个大球. 因为 $E_\alpha^*=\bigcup B_k^*$ 表明 $(E_\alpha^*)^c\subset(B_k^*)^c$ 对每个 k 都成立，所以当 B 的半径趋于无穷大时，

$$m(\{x\notin E_\alpha^*:|T(b)(x)|>\alpha/2\})\leqslant\frac{2}{\alpha}\sum_k\int_{(B_k^*)^c}|T(b_k)(x)|\mathrm{d}x.$$

但是 b_k 是形如 $c\alpha m(Q_k)\mathfrak{a}_k$ 的原子，其中 $\mathfrak{a}_k$ 是联系于球 B_k 的 1-原子. 因此由估计式（3.24）可知

$$m(\{x\in(E_\alpha^*)^c:|T(b)(x)|>\alpha/2\})\leqslant c\sum_k m(Q_k)=cm(E_\alpha)\leqslant\frac{c}{\alpha}\|f\|_{L^1}.$$

最后，由 $m(B_k^*)=cm(Q_k)$ 对每个 k 都成立可得

$$m(E_\alpha^*)\leqslant\sum_k m(B_k^*)=c\sum m(Q_k)=cm(E_\alpha)\leqslant\frac{c'}{\alpha}\|f\|_{L^1}.$$

结合关于 $T(g)$ 和 $T(b)$ 的不等式可知，弱型不等式（3.26）得证.

第五步：L^p 不等式. 现在采用第 2 章中关于极大函数 f^* 的 L^p 估计的证明思想，其弱型不等式由方程（2.28）给出了更精细的形式. 在这里，更强的估计是，只要 f 在 L^1 和 L^2 两者之中，就有

$$m(\{x:|T(f)(x)|>\alpha\})\leqslant A\left(\frac{1}{\alpha}\int_{|f|>\alpha}|f|\mathrm{d}x+\frac{1}{\alpha^2}\int_{|f|\leqslant\alpha}|f|^2\mathrm{d}x\right).\tag{3.27}$$

为证此，对每个 $\alpha>0$，根据 f 的大小分割 f（此时，更简单）为两部分. 即令 $f=f_1+f_2$，其中 $f_1(x)=f(x)$，当 $|f(x)|>\alpha$ 时，在其他地方 $f_1(x)=0$；另外，$f_2(x)=f(x)$，当 $|f(x)|\leqslant\alpha$ 时，在其他地方 $f_2(x)=0$. 此时又有

$$m(\{|T(f)(x)|>\alpha\})\leqslant m(\{|T(f_1)(x)|>\alpha/2\})+m(\{|T(f_2)(x)|>\alpha/2\}).$$

由刚刚证明的弱型估计可知

$$m(\{|T(f_1)(x)|>\alpha/2\})\leqslant\frac{A}{\alpha}\|f_1\|_{L^1}=\frac{A}{\alpha}\int_{|f|>\alpha}|f|\mathrm{d}x.$$

根据 T 的 L^2 有界性和 Tchebychev 不等式可得

$$m(\{|T(f_2)(x)|>\alpha/2\})\leqslant\left(\frac{2}{\alpha}\right)^2\|T(f_2)\|_{L^2}^2=\frac{A}{\alpha^2}\int_{|f|\leqslant\alpha}|f|^2\mathrm{d}x,$$

从而式（3.27）得证.

由于（见第 2 章式（2.29））

$$\int|T(f)(x)|^p\mathrm{d}x=\int_0^\infty\lambda(\alpha^{1/p})\mathrm{d}\alpha,$$

其中 $\lambda(\alpha)=m(\{x: |T(f)(x)|>\alpha\})$，所以根据式（3.27）可知，上述积分被

$$A\left(\int_0^{\infty}\alpha^{-1/p}\left(\int_{|f|>\alpha^{1/p}}|f|\,\mathrm{d}x\right)\mathrm{d}\alpha+\int_0^{\infty}\alpha^{-2/p}\left(\int_{|f|\leqslant\alpha^{1/p}}|f|^2\,\mathrm{d}x\right)\mathrm{d}\alpha\right)$$

所控制. 若 $p>1$，则

$$\begin{aligned}\int_0^{\infty}\alpha^{-1/p}\left(\int_{|f|>\alpha^{1/p}}|f|\,\mathrm{d}x\right)\mathrm{d}\alpha&=\int|f|\left(\int_0^{|f|^p}\alpha^{-1/p}\,\mathrm{d}\alpha\right)\mathrm{d}x\\&=a_p\int|f|^p\,\mathrm{d}x,\end{aligned}$$

其中 $a_p=p/(p-1)$. 另外，若 $p<2$，则

$$\int_0^{\infty}\alpha^{-2/p}\left(\int_{|f|\leqslant\alpha^{1/p}}|f|^2\,\mathrm{d}x\right)\mathrm{d}\alpha=b_p\int|f|^p\,\mathrm{d}x,$$

其中 $b_p=p/(2-p)$. 因此

$$\|T(f)\|_{L^p}\leqslant A_p\|f\|_{L^p},$$

其中 $A_p=A\cdot p\cdot\left(\dfrac{1}{p-1}+\dfrac{1}{2-p}\right)$. 这就证明了 $1<p<2$ 的情形（$p=2$ 情形在前面已证）.

为证明 $2\leqslant p<\infty$ 的情形，我们利用第 1 章 1.4 节中所给出的 L^p 空间的对偶.

当 f 和 g 都在 $\mathcal{S}$ 中时，由 Plancherel 定理可得

$$\int_{\mathbf{R}^d}T(f)\overline{g}\,\mathrm{d}x=\int_{\mathbf{R}^d}m(\xi)\hat{f}(\xi)\overline{\hat{g}(\xi)}\,\mathrm{d}\xi=\int_{\mathbf{R}^d}f\,\overline{T^*(g)}\,\mathrm{d}x,$$

其中 $T^*(g)=g*K^*$，且 $(K^*)\hat{}=\overline{m}$，$m=K\hat{}$. 注意到 $\overline{m}$ 同样满足 m 具有的性质式（3.22），故上述结论对 T^* 成立. 特别地，等式

$$\int_{\mathbf{R}^d}(Tf)\overline{g}\,\mathrm{d}x=\int_{\mathbf{R}^d}f\,\overline{(T^*g)}\,\mathrm{d}x\tag{3.28}$$

对 L^2 中的 f 和 g 也成立.

其次，对于 $2\leqslant p<\infty$，设 q 为其共轭数（$1/p+1/q=1$），其中 $1<q\leqslant 2$. 则由第 1 章引理 1.4.2 可知

$$\|T(f)\|_{L^p}=\sup_g\left|\int T(f)\overline{g}\,\mathrm{d}x\right|,$$

其中上确界是对所有的 $\|g\|_{L^q}\leqslant 1$ 的简单函数 g 来取的. 然而由 Hölder 不等式以及 T^* 在 $L^q(1<q\leqslant 2)$ 上的有界性可得

$$\left|\int T(f)\overline{g}\,\mathrm{d}x\right|=\left|\int f\,\overline{(T^*(g))}\,\mathrm{d}x\right|\leqslant\|f\|_{L^p}\|T^*(g)\|_{L^q}\leqslant A_q\|f\|_{L^p}.$$

从而式（3.23）对所有的 $f\in\mathcal{S}$ 和 $1<p<\infty$ 都成立. 故定理得证.

对上述定理，我们给出两个评述.

• 该定理对基于 Sobolev 空间的椭圆方程的解利用 L^p 给出了“本质”估计. 由此，它可以看作是定理 3.2.14 的定量形式. 详见问题 3.

• L^p 定理的证明中用到 K 的基本性质有：首先是借助于 Fourier 变换给出的

L^2 有界性；其次是不等式（3.25）. 该不等式在各种不同的环境下都有应用，特别是当$\mathbb{R}^d$上的结构换成其他合适的“几何”结构时. 然而在其他环境下获得 L^2 有界性是很困难的，这是因为一般的Fourier变换是很难得到的. 由此，虽然进一步的想法是利用第8章命题8.7.4给出的几乎正交原理，但是在这里就不讨论了.

3.4　习题

1. 假设 F 是Ω 上的广义函数且$F=f$，其中 f 是Ω 上的C^k 函数. 证明：在广义函数意义下，对任意的$|\alpha|\leqslant k$，$\partial_x^\alpha F$ 与$\partial_x^\alpha f$ 都一致.

2. 下述结论可看作是前一习题的逆命题.

(a) 假设 f 和 g 是 $(a, b)\subset\mathbb{R}$ 上的连续函数且$\dfrac{\mathrm{d}f}{\mathrm{d}x}$（在广义函数意义下）与 g 一致. 证明：对于每个 $x\in(a, b)$，当 $h\to 0$ 时 $(f(x+h)-f(x))/h\to g(x)$.

(b) 若仅假设 f 和 g 属于$L^1(a, b)$且在广义函数意义下$\dfrac{\mathrm{d}f}{\mathrm{d}x}=g$，证明：$f$ 是绝对连续的且当$h\to 0$ 时 $(f(x+h)-f(x))/h\to g(x)$a. e. x.

由此，若 f 是$\mathbb{R}$上无处可微的连续函数，则 f 的广义导数在任意子区间上都不是局部可积的.

(c) 对（a）做如下推广：假设整数 $k\geqslant 1$，且 f 是开集Ω 上的连续函数. 若对每个多重指标$|\alpha|\leqslant k$，广义函数 $\partial_x^\alpha f$ 等于连续函数 g_α，则对任意的$|\alpha|\leqslant k$，f 是C^k 函数且$\partial_x^\alpha f=g_\alpha$.

[提示：(a) 设 $x_0\in(a,b)$，$h>0$，并设 η 为 (a, b) 上的测试函数且$\int\eta=1$. 对$\delta>0$，定义 $\eta^\delta(x)=\delta^{-1}\eta(x/\delta)$ 且

$$\varphi(x)=\int_{-\infty}^{x}\eta^\delta(x_0+h-y)-\eta^\delta(x_0-y)\mathrm{d}y.$$

从而$\int f(x)\dfrac{\mathrm{d}}{\mathrm{d}x}\varphi(x)\mathrm{d}x=-\int g(x)\varphi(x)\mathrm{d}x$，再令 δ，$h\to 0$.

(b) 如上所述可证，f 几乎处处等于 g 的不定积分，再利用绝对连续函数的几乎处处可微性，见《实分析》第3章定理3.8.]

3. 证明：$\mathbb{R}^d$上的有界函数 f 满足Lipschitz条件（指数为1的Hölder条件）

$$|f(x)-f(y)|\leqslant C|x-y|,\ \forall x, y\in\mathbb{R}^d$$

当且仅当 $f\in L^\infty$，且在广义函数意义下所有的一阶偏导数$\partial f/\partial x^j$，$1\leqslant j\leqslant d$ 都属于L^∞.

[提示：设 $f_n=f*\psi_n$，其中 ψ_n 是推论3.1.2中的恒等逼近. 则$\partial f_n/\partial x_j$ 关于n 一致地属于L^∞.]

4. 设 F 是Ω 上的广义函数. 证明：

(a) 存在Ω 上有紧支撑的函数 $f_n\in C^\infty$，使得在广义函数意义下 $f_n\to F$；

(b) 若 F 的支撑在紧集 C 中，则对每个 $\varepsilon>0$，可选取 f_n 使得其支撑在 C 的 ε 邻域内.

5. 设 f 是$\mathbb{R}^d$上的局部可积函数. 则在测度论中 f 的“支撑”是集合 $E=\{x:f(x)\neq0\}$. 注意到在仅相差零测集意义下 E 在本质上是确定的.

证明：作为广义函数，f 的支撑等于使得 $E-C$ 的测度为 0 的所有闭集 C 的交集.

6. 假设 Ω 是$\mathbb{R}^d$中的区域 $\Omega=\{x\in\mathbb{R}^d:x_d>\varphi(x')\}$，其中 $x=(x',x_d)\in\mathbb{R}^{d-1}\times\mathbb{R}$，且 φ 是 C^1 函数. 设函数 f 及其一阶偏导数在$\overline{\Omega}$上连续，且 $f|_{\partial\Omega}=0$.

设 $\tilde{f}$ 是 f 在$\mathbb{R}^d$上的延拓，其定义为 $\tilde{f}(x)=f(x)$，当 $x\in\overline{\Omega}$ 时；$\tilde{f}(x)=0$，当 $x\notin\overline{\Omega}$ 时. 证明：在广义函数意义下，$\dfrac{\partial\tilde{f}}{\partial x_j}$在 $\overline{\Omega}$ 上为$\dfrac{\partial f}{\partial x_j}$且在 $\overline{\Omega}^c$ 上为 0. (注意到$\dfrac{\partial\tilde{f}}{\partial x_j}$不一定连续).

[提示：证明对任意的$\mathbb{R}^d$上有紧支撑的 C^∞ 函数 ψ，有 $-\int_\Omega f(x)\dfrac{\partial\psi}{\partial x_j}\mathrm{d}x=\int_\Omega\dfrac{\partial f}{\partial x_j}\psi\,\mathrm{d}x$.]

7. 证明：分布 F 是缓增的当且仅当存在整数 N 和常数 A，使得对所有的 $R\geqslant1$，

$$|F(\varphi)|\leqslant AR^N\sup_{|x|\leqslant R,0\leqslant|\alpha|\leqslant N}|\partial_x^\alpha\varphi(x)|$$

对任意的支撑在 $|x|\leqslant R$ 中的 $\varphi\in\mathcal{D}$ 都成立.

8. 假设 F 是 λ 次齐次分布. 证明：F 是缓增分布.

[提示：固定 $\eta\in\mathcal{D}$，使得当 $|x|\leqslant1$ 时 $\eta(x)=1$，且其支撑在 $|x|\leqslant2$ 中.令 $\eta_R(x)=\eta(x/R)$. 选取 N 使得 $|\eta_1F(\varphi)|\leqslant c\,\|\varphi\|_N$. 从而 $|(\eta_RF)(\varphi)|\leqslant cR^{N+|\lambda|}\|\varphi\|_N$.]

9. 证明：在实直线上 $f(x)=\mathrm{e}^x$ 作为分布不是缓增的.

[提示：证明习题 7 中的判据对每个 N 都不成立.]

10. 证明：$\mathcal{D}$ 在 $\mathcal{S}$ 中稠密.

[提示：固定 $\eta\in\mathcal{D}$ 使得在原点的某邻域内 $\eta=1$. 令 $\eta_k(x)=\eta(x/k)$且考虑 $\varphi_k=\eta_k\varphi$.]

11. 假设 φ_1，$\varphi_2\in\mathcal{S}$.

(a) 证明：$\varphi_1\cdot\varphi_2\in\mathcal{S}$；

(b) 利用 Fourier 变换证明：$\varphi_1*\varphi_2\in\mathcal{S}$；

(c) 由卷积的定义直接证明：$\varphi_1*\varphi_2\in\mathcal{S}$.

12. 证明：若 F_1 是有紧支撑的广义函数且 $\varphi\in\mathcal{S}$，则 $F_1*\varphi\in\mathcal{S}$.

[提示：对每个 N，存在常数 c_N 使得

$$\|\psi_{\tilde{y}}\|_N\leqslant c_N(1+|y|)^N\|\psi\|_N.]$$

13. 利用前一习题证明：若 F_1 和 F 是广义函数且 F_1 有紧支撑，F 是缓增的，则

(a) $F * F_1$ 是缓增分布；

(b) $(F * F_1)^{\wedge}=\hat{F_1}F^{\wedge}$（$\hat{F_1}$ 是 C^{∞} 的且是缓慢增长的）.

14. 证明：$f(x)=\frac{1}{2}|x|$ 是 $\frac{\mathrm{d}^2}{\mathrm{d}x^2}$ 在$\mathbb{R}$上的一个基本解.

15. Heaviside 函数等式的 d 维推广是

$$\delta=\sum_{j=1}^{d}\left(\frac{\partial}{\partial x_j}\right)h_j,$$

其中 $h_j(x)=\frac{1}{A_d}\frac{x_j}{|x|^d}$ 且 $A_d=2\pi^{d/2}/\Gamma(d/2)$ 是 $\mathbb{R}^d$ 上的单位球面面积.

$\left[\text{提示：当 } d>2 \text{ 时，} \delta=\sum_{j=1}^{d}\frac{\partial}{\partial x_j}\left(\frac{\partial}{\partial x_j}C_d|x|^{-d+2}\right).\right]$

16. 考虑复平面$\mathbb{C}=\mathbb{R}^2$，且 $z=x+\mathrm{i}y$. 证明：

(a) Cauchy-Riemann 算子

$$\partial_{\bar{z}}=\frac{1}{2}\left(\frac{\partial}{\partial x}+\mathrm{i}\frac{\partial}{\partial y}\right)$$

是椭圆算子；

(b) 局部可积函数 $1/(\pi z)$ 是算子 $\partial_{\bar{z}}$ 的一个基本解；

(c) 若 f 在 Ω 上连续且在广义函数意义下 $\partial_{\bar{z}}f=0$，则 f 是解析的.

$\left[\text{提示：(b) 利用定理 3.2.9，且 } \Delta=4\partial_{\bar{z}}\partial_z\text{，其中，} \partial_z=\frac{1}{2}\left(\frac{\partial}{\partial x}-\mathrm{i}\frac{\partial}{\partial y}\right).\right]$

17. 假设 $f(z)$ 是 $\Omega\subset\mathbb{C}$ 上的亚纯函数. 证明：

(a) $\log|f(z)|$ 是局部可积的.

(b) 在广义函数意义下，$\Delta(\log|f(z)|)$ 等于 $2\pi\sum_j m_j\delta_j-2\pi\sum_k m_k'\delta_k$. 这里 δ_j 是 f 的不同零点处的 delta 函数，即 $\delta_j(\varphi)=\varphi(z_j)$，且 δ_k 是 f 的不同极点 z_k' 处的 delta 函数；m_j 和 m_k' 是相应的重数.

$\left[\text{提示：} \frac{1}{2\pi}\log|z| \text{ 是 } \Delta \text{ 的一个基本解.}\right]$

18. 证明：分布 F 是 λ 次齐次的当且仅当

$$\sum_{j=1}^{d}x_j\frac{\partial F}{\partial x_j}=\lambda F.$$

[提示：对于充分性，考虑 $\Phi(a)=F(\varphi^a)$，其中 $a>0$，$\varphi\in\mathcal{D}$. 则当 $a>0$ 时，$\Phi(a)$ 是 C^{∞} 的，且 $\frac{\mathrm{d}\Phi(a)}{\mathrm{d}a}=\frac{\lambda}{a}\Phi(a)$.]

19. 对于$\mathbb{R}$上的广义函数，证明：

(a) 任给的广义函数 F，存在广义函数 F_1 使得

$$\frac{\mathrm{d}}{\mathrm{d}x}F_1=F;$$

(b) 除相差常数外，F_1 是唯一的.

[提示：(a) 固定 $\varphi_0\in\mathcal{D}$ 且 $\int\varphi_0=1$，并注意到每个 $\varphi\in\mathcal{D}$ 可唯一地写成 $\varphi=\frac{\mathrm{d}\psi}{\mathrm{d}x}+a\varphi_0$，其中 $\psi\in\mathcal{D}$ 且 a 是常数. 再定义 $F_1(\varphi)=F(\psi)$. (b) 利用 $\mathrm{d}/\mathrm{d}x$ 是椭圆算子这一事实.]

20. 证明：若 $\lambda_1,\cdots,\lambda_d$ 是互不相同的复指数，且对任意的 $x>0$ 有 $\sum_{j=1}^{n}(a_jx^{\lambda_j}+b_jx^{\lambda_j}\log x)=0$，则对任意的 $1\leqslant j\leqslant n$ 有 $a_j=b_j=0$.

[提示：类似于引理 3.2.6 的证明，并注意到 $\int_1^R x^{-1+\mathrm{i}\mu_j}\mathrm{d}x$，当 $\mu_j=0$ 时等于 $\log R$；当 $\mu_j\neq0$ 是实数时，该积分是 $O(1)$.]

21. 类似于定理 3.2.10，假设 $F(x,t)=\mathcal{H}_t(x)$，当 $t>0$ 时；$F(x,t)=0$，当 $t\leqslant0$ 时. 直接证明：

$$\hat{F}(\xi,\tau)=\frac{1}{4\pi^2|\xi|^2+2\pi\mathrm{i}\tau},$$

其中$(\xi,\tau)\in\mathbb{R}^d\times\mathbb{R}$，且 (ξ,τ) 表示 (x,t) 的对偶自变量.

[提示：利用等式

$$\int_0^\infty \mathrm{e}^{-4\pi^2|\xi|^2t}\mathrm{e}^{-2\pi\mathrm{i}\tau t}\mathrm{d}t=\frac{1}{4\pi^2|\xi|^2+2\pi\mathrm{i}\tau},\quad |\xi|>0,$$

和

$$\int_{\mathbb{R}^d}\mathcal{H}_t(x)\mathrm{e}^{-2\pi\mathrm{i}x\cdot\xi}\mathrm{d}x=\mathrm{e}^{-4\pi^2|\xi|^2t},\quad t>0.]$$

22. 假设 f 是$\mathbb{R}$上的局部可积函数，并设函数 $u(x,t)=f(x-t)$，$(x,t)\in\mathbb{R}^2$. 证明：在广义函数意义下，u 满足波动方程

$$\frac{\partial^2u}{\partial x^2}=\frac{\partial^2u}{\partial t^2}.$$

更一般地，设 F 是$\mathbb{R}$上任一广义函数. U 的定义如下（类似于 $f(x-t)$）. 对于 $\varphi\in\mathcal{D}(\mathbb{R}^2)$，$\mathbb{R}^2=\{(x,t)\}$，定义 $U(\varphi)=\int_{\mathbb{R}}(F*\varphi(x,\cdot))(x)\mathrm{d}x$. 从而 U 满足：

$$\frac{\partial^2U}{\partial x^2}=\frac{\partial^2U}{\partial t^2}.$$

注意到 U 在平移 (h,h)，$h\in\mathbb{R}$下是不变的.

23. 证明：在$\mathbb{R}^3$中函数

$$F(x)=\frac{-1}{4\pi|x|}\mathrm{e}^{-|x|}$$

是算子 $\Delta - I$ 的一个基本解. 函数 F 是初等粒子理论中的"Yukawa 势". 与算子 Δ 的基本解"Newtonian 势" $-1/(4\pi|x|)$ 不同的是，函数 F 在无穷远处急速衰减，且由此解释了粒子理论中的短程力.

[提示：设 F 是 $-(1+4\pi^2|\xi|^2)^{-1}$ 的 Fourier 逆变换. 利用$\mathbb{R}^3$中极坐标，再使用等式

$$\int_{|\xi|=1} e^{2\pi i\xi\cdot x} d\sigma(\xi) = \frac{2\sin(2\pi|x|)}{|x|},$$

和前一章式（2.18）中共轭 Poisson 核的 Fourier 变换.]

24. 下面考虑 Laplacian 算子基本解的唯一性.

(a) 除相差常数外，$\mathbb{R}^d(d\geqslant 2)$ 上 Δ 的唯一的旋转不变的基本解是由定理 3.2.8 和定理 3.2.9 给出的解.

(b) $\mathbb{R}^d(d\geqslant 3)$ 上 Δ 的唯一的在无穷远处消失的基本解是由定理 3.2.8 给出的解.

25. 称 $\Omega\subset\mathbb{R}$上的广义函数 F 是**正的**，如果对任意的支撑在 Ω 中的 $\varphi\in\mathcal{D}$ 且 $\varphi\geqslant 0$，均有 $F(\varphi)\geqslant 0$. 证明：F 是正的当且仅当存在 Ω 上的在紧子集上有限的 Borel 测度 $d\mu$，使得 $F(\varphi)=\int\varphi d\mu$.

26. 称 (a,b) 上的实值函数 f 是**凸的**，如果对于 $x_0,x_1\in(a,b)$ 和 $0\leqslant t\leqslant 1$，有 $f(x_0(1-t)+x_1t)\leqslant(1-t)f(x_0)+tf(x_1)$.（见《实分析》第 3 章问题 4.）称 $\Omega\subset\mathbb{R}^d$ 上的函数 f 是凸的，如果 f 在 Ω 中的任意线段上的限制都是凸的. 证明：

(a) 若 f 在 (a,b) 上连续，则它是凸的当且仅当广义函数$\dfrac{d^2f}{dx^2}$是正的；

(b) 若 f 在 $\Omega\subset\mathbb{R}^d$ 上连续，则它是凸的当且仅当对每个 $\xi=(\xi_1,\cdots,\xi_d)\in\mathbb{R}^d$，广义函数$\sum_{1\leqslant i,j\leqslant d}\xi_i\xi_j\dfrac{\partial^2 f}{\partial x_i\partial x_j}$都是正的.

[提示：(a) 设 $\varphi\in\mathcal{D}$，$\varphi\geqslant 0$，$\int\varphi dx=1$，并设 $\varphi_\varepsilon(x)=\varepsilon^{-1}\varphi(x/\varepsilon)$. 考虑 $f_\varepsilon=f*\varphi_\varepsilon$.]

27. 证明：$\mathbb{R}^d$ 上每个有紧支撑的广义函数 F 都是**有限阶的**，即对每个这样的 F，存在整数 M 和有紧支撑的连续函数 F_α，使得

$$F=\sum_{|\alpha|\leqslant M}\partial_x^\alpha F_\alpha.$$

进一步地，若 F 的支撑在 C 中，则对每个 $\varepsilon>0$，可取 F_α 使得其支撑在 C 的 ε 邻域内. 将证明分成以下三步.

(a) $\forall\varphi\in\mathcal{S}$，选取 N 使得 $|F(\varphi)|\leqslant c\|\varphi\|_N$，并选取 M_0 使得 $2M_0>d+N$. 设 Q 是 $1/(1+4\pi^2|\xi|^2)^{M_0}$ 的 Fourier 逆变换，并注意到 Q 是 $(1-\Delta)^{M_0}$ 的一个基本解且 $Q\in C^N$.

(b) 对每个 ε，构造与 Q 相关的 Q_ε 使得 $(1-\Delta)^{M_0}Q_\varepsilon=\delta+r_\varepsilon$，其中 Q_ε 的支

撑在原点的某个 ε 邻域中（如推论 3.2.13）. 利用 $|F(\varphi)|\leqslant c\|\varphi\|_N$ 验证 $F*Q_\varepsilon$ 是连续函数.

(c) 因此 $F=(1-\Delta)^{M_0}(Q_\varepsilon*F)-F*r_\varepsilon$，再取 $M=2M_0$ 时结论得证.

28. 下面刻画哪些缓增分布的 Fourier 变换有紧支撑.

实际上，由命题 3.1.6 可知，这样的分布 F 一定是 C^∞ 函数且是缓慢增长的. $d=1$ 时的精确描述如下.

缓增分布 F 的 Fourier 变换的支撑在区间 $[-M,M]$ 中当且仅当 F 是某个缓慢增长的 C^∞ 函数 f，且 f 可解析延拓成复平面上指数形如 $2\pi M$ 的全纯函数；即对每个 $\varepsilon>0$，$|f(z)|\leqslant A_\varepsilon e^{2\pi(M+\varepsilon)|z|}$，其中 $z=x+\mathrm{i}y$.

（对高维情形有类似的结论成立.）

[提示：假设 $\hat{F}$ 的支撑在 $[-M,M]$ 中. 由习题 27 可知，$\hat{F}=\sum_{|\alpha|\leqslant N}\partial_x^\alpha(g_\alpha)$，其中 g_α 是连续的且支撑在 $[-M-\varepsilon,M+\varepsilon]$ 中，因此只需考虑 $\hat{F}$ 是连续函数的情形.

反之，考虑 $f_\delta=f_{\gamma_\delta}$，其中 $\gamma_\delta(x)=\frac{1}{\delta}\int e^{-2\pi ix\xi}\eta(\xi/\delta)d\xi,\eta\in C^\infty$ 且其支撑在 $|\xi|\leqslant 1$ 中，满足 $\int\eta=1$. 则 $\gamma_\delta(z)$ 是指数形如 $2\pi\delta$ 的函数且在实轴上急速衰减. 因此可对函数 f_δ 运用更简单的《复分析》第 4 章定理 3.3，再令 $\delta\to 0$.]

29. 本题中，考虑 L^2 Sobolev 空间.

空间 L_m^2 是在广义函数意义下 $f\in L^2(\mathbb{R}^d)$ 的导数 $\partial_x^\alpha f$ 属于 $L^2(\mathbb{R}^d)$ 的函数 f 全体，其中 $|\alpha|\leqslant m$ 是任意的. 有时也记此空间为 $H_m(\mathbb{R}^d)$. 这是第 1 章 1.3 节中给出的 Sobolev 空间在 $p=2$ 时的特殊情形. 但是这里用了稍微不同的（但等价的）范数，使得 L_m^2 成为 Hilbert 空间.

在 L_m^2 上定义内积

$$(f,g)_m=\sum_{|\alpha|\leqslant m}(\partial_x^\alpha f,\partial_x^\alpha g)_0,$$

其中 $(f,g)_0=\int_{\mathbb{R}^d}f(x)\overline{g(x)}dx$. 从而 L_m^2 在范数 $\|f\|_{L_m^2}=(f,f)_m^{1/2}$ 下是 Hilbert 空间. 证明：

(a) $f\in L_m^2$ 当且仅当 $\hat{f}(\xi)(1+|\xi|)^m\in L^2$，且范数 $\|f\|_{L_m^2}$ 与 $\|\hat{f}(\xi)(1+|\xi|)^m\|_{L^2}$ 等价；

(b) 若 $m>d/2$，则可在零测集上修正 f 使得 f 是连续的且属于 C^k 类，$k<m-d/2$. 这是 Sobolev 嵌入定理的一种形式.

[提示：当 $|\alpha|<m-d/2$ 时，$\xi^\alpha\hat{f}\in L^1(\mathbb{R}^d)$.]

30. 下述结论与 $\mathbb{R}^d$ 上 Calderón-Zygmund 分布的 L^2 理论有紧密联系.

(a) 证明：分布 $\left[\frac{1}{|x|^d}\right]$ 的 Fourier 变换等于 $c_1\log|\xi|+c_2$，其中 $c_1\neq 0$；

(b) 证明 (a) 的下述推论. 假设 k 是 $-d$ 次齐次函数，且远离原点时是 C^∞ 的，

$$\int_{|x|=1}k(x)\mathrm{d}\sigma(x)\neq 0.$$

若 K 是远离原点时与 k 一致的任一广义函数，则 K 的 Fourier 变换不是有界函数. 换言之，$\mathcal{D}$ 上的算子 T，其定义为 $T(\varphi)=K*\varphi(\varphi\in\mathcal{D})$，不能延拓成 $L^2(\mathbb{R}^d)$ 上的有界算子.

31. 假设 k 是不恒等于 0 的 $-d$ 次齐次的 C^∞ 函数，且

$$\int_{|x|=1}k(x)\mathrm{d}\sigma(x)=0.$$

若 K 是由 k 定义的主值分布，即 $K=\mathrm{pv}(k)$，证明：K 是 Calderón-Zygmund 分布，但是算子 $Tf=f*K$ 在 L^1 和 L^∞ 上都不是有界的.

特别地，关于 Hilbert 变换的情形见第 2 章习题 7.

[提示：若 $\varphi\in\mathcal{D}$，则当 $|x|\to\infty$ 时 $T\varphi(x)=ck(x)+O(|x|^{-d-1})$，其中 $c=\int\varphi$.]

32. 证明：Calderón-Zygmund 分布的消失条件式 (3.21) 对某个 $n>1$ 成立蕴含着对 $n=1$ 也成立. 为此，先证下述结论：若 K 对某个 $n\geqslant 1$ 满足式 (3.20) 和式 (3.21)，则对任意的 $1\leqslant j\leqslant d$，广义函数 x_jK 等于局部可积函数 x_jk.

[提示：广义函数 x_jK-x_jk 的支撑在零点. 再利用定理 3.1.7 考虑 x_jK-x_jk 在 φ_r 上当 $r\to 0$ 时的作用，进而得到这个差为零. 然后将任一 $C^{(1)}$-标准冲击函数分解为 $\varphi(x)=\eta(x)+\sum_{j=1}^{d}x_j\varphi_j(x)$，其中 η 和 φ_j 分别是 $C^{(n)}$ 和 $C^{(0)}$-标准冲击函数的常数倍. 并利用上述结论.]

33. 假设 k 是 $\mathbb{R}^d-\{0\}$ 上的 C^∞ 函数，并满足微分不等式 (3.20). 证明：存在将 k 作为从属函数的 Calderón-Zygmund 分布 K 当且仅当 $\sup\limits_{0<a<b}\left|\int_{a<|x|<b}k(x)\mathrm{d}x\right|<\infty$.

[提示：对于必要性，注意到 $|K(\eta_b-\eta_a)|\leqslant 2A$，其中 $\eta(x)=1$，当 $|x|\leqslant 1/2$ 时；$\eta(x)=0$，当 $|x|\geqslant 1$ 时，且 $\eta\in C^\infty$. 对于充分性，定义

$$K(\varphi)=\int_{|x|\leqslant 1}k(x)(\varphi(x)-\varphi(0))\mathrm{d}x+\int_{|x|\geqslant 1}k(x)\varphi(x)\mathrm{d}x,$$

并验证 K 满足条件式 (3.20) 和式 (3.21).]

34. 假设 H 是 Calderoón-Zygmund 分布且 $\eta\in\mathcal{S}$. 证明：ηK 是 Calderón-Zygmund 分布.

3.5　问题

1. 本题考虑**周期广义函数**及其 Fourier 级数.

(a) $\mathbb{R}^d$ 上周期广义函数有下述两种等价定义：

称$\mathbb{R}^d$上的广义函数 F 是周期的，若对任意的 $h\in\mathbb{Z}^d$ 均有 $\tau_h(F)=F$；

或者，F 是$\mathbb{T}^d$上的 C^∞ 周期函数空间 $\mathcal{D}(\mathbb{T}^d)$ 上的连续线性泛函.（这里$\mathbb{T}^d=\mathbb{R}^d/\mathbb{Z}^d$表示 d 维环面.）

(b) 若 $\varphi\in\mathcal{D}(\mathbb{T}^d)$，则 φ 有 Fourier 级数展开式

$$\varphi(x)=\sum_n a_n\mathrm{e}^{2\pi\mathrm{i}n\cdot x},$$

其中 Fourier 系数 $a_n=\int_{\mathbf{T}^d}f(x)\mathrm{e}^{-2\pi\mathrm{i}n\cdot x}\mathrm{d}x$ 是快速衰减的，即对每个 $N>0$，当$|n|\to\infty$时，$|a_n|\leqslant O(|n|^{-N})$.

类似地，若 F 是周期广义函数，并记 $a_n=F(\mathrm{e}^{-2\pi\mathrm{i}n\cdot x})$ 为其 Fourier 系数，则 a_n 是缓慢增长的，即对某个 $N>0$，当 $|n|\to\infty$时 $|a_n|\leqslant O(|n|^N)$.

进一步地，Fourier 级数 $\sum a_n\mathrm{e}^{2\pi\mathrm{i}n\cdot x}$ 在广义函数意义下收敛于 F.

[提示：为证 (a) 中的等价性，考虑“周期”算子 $P:\mathcal{D}(\mathbb{R}^d)\to\mathcal{D}(\mathbb{T}^d)$,

$$P(\varphi)(x)=\sum_{h\in\mathbf{Z}^d}\tau_h(\varphi)(x)=\sum_{h\in\mathbf{Z}^d}\varphi(x-h).$$

再取 $\gamma\in\mathcal{D}(\mathbb{R}^d)$ 使得 $P(\gamma)=1$. 由此可证 P 是满射，同样，其对偶算子 $P^*:\mathcal{D}_2^*\to\mathcal{D}_1^*$ 也是满射.（这里 $\mathcal{D}_1^*$，$\mathcal{D}_2^*$ 分别是 (a) 中的两个广义函数空间.）为构造 γ，取 $\psi\in\mathcal{D}(\mathbb{R}^d)$ 使得 $\psi\geqslant 0$ 且在 $\{0\leqslant x_j<1,1\leqslant j\leqslant d\}$ 上 $\psi=1$，并令 $\gamma=\psi/P(\psi)$.]

2. 假设 $Tf=f*K$ 是 3.3 节定理 3.3.2 中的奇异积分算子. 证明：映射 $f\mapsto T(f)$在 Hardy 空间 $\boldsymbol{H}_r^1$ 上是有界的，特别地它映 $\boldsymbol{H}_r^1$ 到 L^1.

[提示：首先考虑联系于单位球 B 的 2-原子$\mathfrak{a}$. 此时存在适当的常数 c（与$\mathfrak{a}$无关且有界）使得 $T(\mathfrak{a})=c(a_*+\Phi)$，其中 a_* 是联系于 B 的双倍的球 B^a 的 2-原子，且 Φ 满足 $|\Phi(x)|\leqslant(1+|x|)^{-d-1}$，$\int_{\mathbb{R}^d}\Phi(x)\mathrm{d}x=0$. 再利用第 2 章习题 21. 然后经过伸缩和平移即得该结论对于 2-原子成立.]

3. 证明下述有关常系数 m 阶椭圆算子 L 的本质估计.

假设 $\mathcal{O}$ 和 $\mathcal{O}_1$ 是$\mathbb{R}^d$上的有界子集且$\overline{\mathcal{O}}\subset\mathcal{O}_1$. 并假设 u 和 f 是 $\mathcal{O}_1$ 上的 L^p 函数且在广义函数意义下 $Lu=f$. 若 $1<p<\infty$且 k 是非负整数，则

$$\sum_{|\alpha|\leqslant m+k}\|\partial_x^\alpha u\|_{L^p(\mathcal{O})}\leqslant c\Big(\sum_{|\beta|\leqslant k}\|\partial_x^\beta f\|_{L^p(\mathcal{O}_1)}+\|u\|_{L^p(\mathcal{O}_1)}\Big),$$

其中导数是在广义函数意义下取的.

[提示：考虑推论 3.2.13 给出的参数化 $Q_\varepsilon=\eta_\varepsilon Q$，且其支撑在 $|x|\leqslant\varepsilon$ 内. 这里 ε 满足$\overline{\mathcal{O}_\varepsilon}\subset\mathcal{O}_1$，且 $\mathcal{O}_\varepsilon$ 是到 $\mathcal{O}$ 的距离$\leqslant\varepsilon$ 的点集.

设 $U=\psi u$，其中 $\psi\in C^\infty$ 在$\overline{\mathcal{O}_\varepsilon}$附近为 1 而在 $\mathcal{O}_1$ 外为零. 则

$$L(U)=\psi L(u)+\sum_{|\gamma|<m}\psi_\gamma\partial_x^\gamma u,$$

并且重要的是 ψ_γ 在 $\overline{\mathcal{O}_\varepsilon}$ 中为零. 从而 $U+r_\varepsilon * U=Q_\varepsilon * L(U)$，其中 $r_\varepsilon \in \mathcal{S}$. 因此

$$\psi u=Q_\varepsilon *(\psi f)-r_\varepsilon(\psi u)+\sum_\gamma Q_\varepsilon *(\psi_\gamma \partial_x^\gamma u).$$

又因为当 $|\alpha| \leqslant m$ 时，$\partial_x^\alpha Q$ 是 Calderón-Zygmund 分布，故 Q_ε 也是 Calderón-Zygmund 分布. 再由定理 3.3.2 即知结论成立.]

4.* 设 $P(x)$ 是 $\mathbb{R}^d$ 上任一实多项式，并设 k 是 $-d$ 次齐次函数且 $\int_{|x|=1} k(x)\mathrm{d}\sigma(x)=0$. 证明：

(a) 可以定义缓增分布 $\operatorname{pv}(\mathrm{e}^{\mathrm{i}P(x)}k(x))=K$ 为

$$K(\varphi)=\lim_{\varepsilon \to 0}\int_{|x| \geqslant \varepsilon} \mathrm{e}^{\mathrm{i}P(x)} k(x)\varphi(x)\mathrm{d}x.$$

(b) K 的 Fourier 变换是有界函数（上界与 P 的系数无关）.

5.* 设 Q 是 $\mathbb{R}^d$ 上任一固定的实值多项式. 考虑对于 $\operatorname{Re}(s)>0$ 定义的广义函数：

$$I(s)(\varphi)=\int_{Q(x)>0} |Q(x)|^s \varphi(x)\mathrm{d}x,\quad \varphi \in \mathcal{S}.$$

证明：$I(s)(\varphi)$ 可解析延拓成整个复平面 s 上的亚纯函数，且至多以 $s=-k/m$ 为极点，m 是由 Q 决定的正整数，k 是任意正整数. 而且极点的阶数不超过 d.

6.* 作为问题 5* 的推论，证明：

(a) 若 $L=\sum_{|\alpha| \leqslant m} a_\alpha \partial_x^\alpha$ 是 $\mathbb{R}^d$ 上的非零偏微分算子且 a_α 是复常数，则 L 有缓增的基本解. 由此立即可得：

(b) 若 P 是 $\mathbb{R}^d$ 上的复值多项式，则存在缓增分布 F 在 $P(x) \neq 0$ 时与 $1/P$ 一致.

事实上，设 P 是 L 的特征多项式，并对 $Q=|P|^2$ 应用上一问题的结果. 假设 $I(s)$ 在极点 $s=1$ 处的阶为 r，则定义缓增分布 F 为

$$F=\overline{P}\ \frac{1}{r!}\ \frac{\mathrm{d}^r}{\mathrm{d}s^r}(s+1)^r I(s)\Big|_{s=-1}.$$

从而 $PF=1$，且 F 的 Fourier 逆变换就是想要的 L 的基本解.

7.* 假设 $L=\sum_{|\alpha| \leqslant m} a_\alpha \partial_x^\alpha$ 是 $\mathbb{R}^d$ 上的偏微分算子，其中 a_α 是复常数. 证明：L 是拟椭圆算子当且仅当对每个 $\alpha \neq 0$，

$$\frac{\partial_\xi^\alpha P(\xi)}{P(\xi)} \to 0,\qquad \text{当 } |\xi| \to \infty \text{ 时},$$

其中 P 是 L 的特征多项式.

8.* 考虑下述波动算子的几种基本解

$$\square=\frac{\partial^2}{\partial t^2}-\Delta_x,$$

其中 $(x,t) \in \mathbb{R}^d \times \mathbb{R}$ 且 $\Delta_x=\sum_{j=1}^d \frac{\partial^2}{\partial x_j^2}$.

记 Γ_+ 为上开锥体 $\{(x,t): t>|x|\}$ 且 $\Gamma_- = -\Gamma_+$ 为下开锥体. 对任意的 $\mathrm{Re}(s)>-1$，定义函数 F_s 为

$$F_s(x,t)=\begin{cases} a_s(t^2-|x|^2)^{s/2}, & (x,t)\in\Gamma_+, \\ 0, & \text{其他}, \end{cases} \tag{3.29}$$

其中 $a_s^{-1}=2^{s+d}\pi^{\frac{d-1}{2}}\Gamma\left(\frac{s+d+1}{2}\right)\Gamma(s/2+1)$. 证明：$s\mapsto F_s$ 可解析延拓为复平面 s 上的取值为（缓增的）广义函数的全纯函数. 进一步地，$F_+=F_s|_{s=-d+1}$ 是$\square$的一个基本解.

注意到，由映射 $t\mapsto -t$ 通过 F_+ 给出的 F_- 也是基本解，且 F_+ 和 F_- 的支撑分别在$\overline{\Gamma_+}$和$\overline{\Gamma_-}$中. 此外，若 d 是奇数且 $d\geqslant 3$，则当 $s=-d+1$ 时 a_s 为零，从而 F_+ 和 F_- 的支撑分别在各自对应的锥体边界上，这是 Huygens 原理的一种表现.

最后，感兴趣的第三个基本解 F_0 满足：

$$\hat{F_0}=\lim_{\varepsilon\to 0,\varepsilon>0}\frac{1}{4\pi^2}\left(\frac{1}{|\xi|^2-\tau^2+\mathrm{i}\varepsilon}\right),$$

其中极限是在广义函数意义下取的，且 (ξ,τ) 表示 (x,t) 的对偶自变量. 基本解 F_+，F_- 和 F_0 都是 -2 次齐次分布，且在行列式为 1 保持 Γ_+ 不变的线性变换构成的 Lorentz 群下是不变的. 另外，$\square$的每个具有上述不变性的基本解都可以写成 $c_1F_++c_2F_-+c_3F_0$，其中 $c_1+c_2+c_3=1$.

第 4 章　Baire 纲定理的应用

> 我们考虑两种纲集之间的深层差别；因为第一纲集可能是连续统并且在所考虑区间内稠密，所以这个差别既不是可数性，也不是稠密性；但是在某种意义下，这个差别又是两个概念的连接点.
>
> *R. Baire*，1899

在 19 世纪后期，Baire 在其博士学位论文中引入了实直线上子集的大小概念，并且此概念一经提出，就得到许多迷人的结论. 事实上，他对函数的悉心研究促使他给出集合的第一纲和第二纲的定义. 粗略地说，第一纲集是“小的”，而第二纲集是“大的”. 在此意义下，第一纲集的余集是“通用的”.

随着时间推移，Baire 纲定理已经应用于不同的并且更抽象的度量空间中. 值得注意的是，人们使用它证明了分析学中一些具体的反例所呈现的许多现象实际上是通用的.

本章安排如下. 首先叙述并证明 Baire 纲定理，接着介绍一些有趣的应用. 先给出 Baire 在其论文里证明的有关连续函数的结论：连续函数列的点态极限有“许多的”连续点. 其次，证明处处不可微的连续函数的存在性，也证明 Fourier 级数在一点发散的连续函数的存在性，其方法是使用 Baire 纲定理证明上述两个函数集合实际上是通用集. 我们也使用 Baire 纲定理推导两个更一般的结论，即开映射定理和闭图像定理，并且分别给出了相应的应用. 最后，应用 Baire 纲定理证明 Besicovitch-Kakeya 集在$\mathbb{R}^2$的一般子集类中是通用的.

4.1　Baire 纲定理

尽管 Baire 只证明了实直线上的纲定理，但是该定理在一般完备度量空间中也成立. 为了应用，我们考虑更一般形式的 Baire 纲定理. 幸运的是，此定理的证明非常简洁.

为了陈述主要定理，先给出一系列的定义. 设 X 是一个距离为 d 的度量空间，在其上赋予 d 诱导的自然拓扑. 换言之，集合 $\mathcal{O}$ 是 X 中的开集，如果对每一点 $x\in\mathcal{O}$，都存在 $r>0$ 使得 $B_r(x)\subset\mathcal{O}$，其中 $B_r(x)$ 是以 x 为中心、r 为半径的开球

$$B_r(x)=\{y\in X:d(x,y)<r\}.$$

由定义可知，如果一个集合的余集是开集，则它是闭集.

定义集合 $E\subset X$ 的**内部** E°是所有包含于 E 的开集的并集. 另外，集合 E 的**闭包** $\overline{E}$是所有包含 E 的闭集的交集. 因为易证任意多个开集的并集是开集，任意多个闭集的交集是闭集，所以 E°是包含于 E 的“最大”开集，$\overline{E}$ 是包含 E 的“最小”闭集.

设 E 是 X 的子集. 称 E 在 X 中**稠密**，如果$\overline{E}=X$. 称 E 是**无处稠密的**，如果集合 E 的闭包没有内点，即 $(\overline{E})^\circ=\varnothing$. 例如，$\mathbb{R}^d$ 中任一点在$\mathbb{R}^d$ 中是无处稠密的，Cantor 集在$\mathbb{R}$中是无处稠密的，但是由$\overline{\mathbb{Q}}=\mathbb{R}$可知，有理点集$\mathbb{Q}$在$\mathbb{R}$中稠密. 一般地，$E$ 是无处稠密的闭集当且仅当 $\mathcal{O}=E^c$ 是稠密开集.

现在引入 Baire 纲的概念及其导出的两类集.

- 称集合 $E\subset X$ 是**第一纲的**，如果 E 是 X 中可数个无处稠密集的并集. 有时也称第一纲集是“贫的”. 称 X 中不是第一纲集的集合为**第二纲的**.
- 称集合 $E\subset X$ 是**通用集**，如果 E 的余集是第一纲的.

因此纲是以纯粹的拓扑概念（包括闭包、内部等）来描述集合的“大小”. 它反映了这样一种想法：第一纲集中的元素被看成是“例外的”，而通用集中的元素被看成是“典型的”. 与此相关的事实是可数个第一纲集的并集还是第一纲的，而可数个通用集的交集仍然是通用集. 此外，我们在这里也强调任意开的稠密集都是通用的这一事实（这可由前面的注记得到）.

一般地，依赖于直觉来判断集合的纲性需要多加小心. 例如，纲性和 Lebesgue 测度之间没有联系. 事实上，在 $[0,1]$ 中存在测度为 1 的第一纲集，因此这些集都是不可数的稠密集. 同样，也存在测度为零的通用集.（我们将在习题 1 中给出这样的例子.）

Baire 的主要结论是“连续统是第二纲的”. 在他的论述中使用了实直线是完备的这一关键事实. 这是立即推得 Baire 纲定理在完备度量空间中成立的主要原因.

定理 4.1.1 每个完备的度量空间 X 都是第二纲的，即 X 不能写成可数个无处稠密集的并集.

推论 4.1.2 在完备的度量空间中，通用集是稠密的.

定理的证明. 采用反证法，假设 X 是可数个无处稠密集 F_n 的并集，

$$X=\bigcup_{n=1}^{\infty}F_n. \tag{4.1}$$

通过用 F_n 的闭包代替 F_n，可以假设每个 F_n 都是闭集. 现在只需要找到一点 $x\in X$ 且 $x\notin\bigcup F_n$.

因为 F_1 是无处稠密的闭集，故 $F_1\neq X$，从而存在一个半径为 $r_1>0$ 的开球 B_1，使得闭包$\overline{B_1}$完全包含于 F_1^c.

因为 F_2 是无处稠密的闭集，所以球 B_1 不可能完全包含于 F_2，否则 F_2 有非

空的内部. 因为 F_2 也是闭的，故存在一个半径为 $r_2>0$ 的开球 B_2，使得闭包 $\overline{B_2}$ 既包含于 $\overline{B_1}$ 也包含于 F_2^c. 显然，可以取 r_2 使得 $r_2<r_1/2$.

如此继续下去，我们得到一列满足下列性质的球 $\{B_n\}$：

（ⅰ）当 $n\to\infty$ 时 B_n 的半径趋于 0；

（ⅱ）$B_{n+1}\subset B_n$；

（ⅲ）$F_n\cap\overline{B_n}$ 是空集.

任取 B_n 中的点 x_n. 则由上述性质（ⅰ）和（ⅱ）可知 $\{x_n\}_{n=1}^{\infty}$ 是 Cauchy 列. 因为 X 是完备的，故该序列收敛，并记其极限为 x. 由（ⅱ）可知对每个 n，$x\in\overline{B_n}$. 从而由（ⅲ）可得，对任意的 n 都有 $x\notin F_n$. 这与式（4.1）矛盾. 从而完成了 Baire 纲定理的证明.

为证明上述推论，我们采用反证法，假设 $E\subset X$ 是通用的但不稠密. 则存在完全包含于 E^c 的闭球 $\overline{B}$. 因为 E 是通用集，所以可以写 $E^c=\bigcup_{n=1}^{\infty}F_n$，其中每个 F_n 是无处稠密的，因此

$$\overline{B}=\bigcup_{n=1}^{\infty}(F_n\cap\overline{B}).$$

显然 $F_n\cap\overline{B}$ 是无处稠密的，因而上式与定理 4.1.1 应用于完备度量空间 $\overline{B}$ 时得到的结论矛盾. 从而推论得证.

实际上，该定理可以延拓到一些不完备的度量空间上，特别是对于完备度量空间中的开集. 确切地说，给定完备度量空间 X 的一个子集 X_0. 则 X_0 本身是度量空间，其拓扑是由 X 上的度量在 X_0 上的限制诱导的拓朴. 结论是，如果 X_0 是 X 的开子集，则 Baire 纲定理对 X_0 成立；即 X_0 不能写成 X_0 中可数个无处稠密集的并集. 参考习题 3. 带有通常度量的开区间（0，1）给出了这样一个简单例子.

4.1.1　连续函数列的极限的连续性

假设 X 是一个完备的度量空间，$\{f_n\}$ 是 X 上的一列复值连续函数，并且对每一个 $x\in X$，极限

$$\lim_{n\to\infty}f_n(x)=f(x)$$

都存在. 众所周知，如果上述极限关于 x 是一致的，则极限函数 f 也连续. 一般地，若此极限仅仅是点态的，则我们可能会问：f 是否至少有一个连续点？作为纲定理的一个简单应用，我们给出此问题的肯定答案.

定理 4.1.3　设 $\{f_n\}$ 是完备度量空间 X 上的复值连续函数列，且对每一个 $x\in X$，极限

$$\lim_{n\to\infty}f_n(x)=f(x)$$

都存在. 则 f 的连续点构成的集合是 X 中的通用集，即 f 的不连续点构成的集合是第一纲的.

因此，f 在 X 中的"大部分"点处都连续.

为证明 f 的不连续点集 $\mathcal{D}$ 是第一纲的，我们使用振幅来刻画 f 的连续点. 更确切地，定义函数 f 在点 x 处的**振幅**为

$$\operatorname{osc}(f)(x)=\lim_{r\to 0}w(f)(r,x),\text{其中 } w(f)(r,x)=\sup_{y,z\in B_r(x)}|f(y)-f(z)|.$$

因为当 $r\to 0$ 时，$w(f)(r,x)$是递减的，所以上述极限存在. 特别地，如果存在以 x 为中心的球 B，使得只要 y，$z\in B$ 就有 $|f(y)-f(z)|<\varepsilon$，则 $\operatorname{osc}(f)(x)<\varepsilon$. 注意到如下事实：

（i） $\operatorname{osc}(f)(x)=0$ 当且仅当 f 在 x 点连续；

（ii） 集合 $E_\varepsilon=\{x\in X:\operatorname{osc}(f)(x)<\varepsilon\}$是开集.

性质（i）可由连续性的定义立即得到. 对于（ii），若 $x\in E_\varepsilon$，则存在 $r>0$ 使得 $\sup\limits_{y,z\in B_r(x)}|f(y)-f(z)|<\varepsilon$. 因此对于 $x^*\in B_{r/2}(x)$，由

$$\sup_{y,z\in B_{r/2}(x^*)}|f(y)-f(z)|\leqslant\sup_{y,z\in B_r(x)}|f(y)-f(z)|<\varepsilon$$

可知 $x^*\in E_\varepsilon$.

引理 4.1.4 设 $\{f_n\}$ 是完备度量空间 X 上的连续函数列，且对每一个 $x\in X$，当 $n\to\infty$时，$f_n(x)\to f(x)$. 则对任给的开球 $B\subset X$ 和$\varepsilon>0$，存在开球 $B_0\subset B$ 和整数 $m\geqslant 1$，使得 $|f_m(x)-f(x)|\leqslant\varepsilon$ 对所有 $x\in B_0$ 都成立.

证 设 Y 是包含于 B 的一个闭球. Y 是完备的度量空间. 定义

$$E_\ell=\{x\in Y:\sup_{j,k\geqslant\ell}|f_j(x)-f_k(x)|\leqslant\varepsilon\}.$$

因为对每一个 $x\in X$，$f_n(x)$ 都收敛，则一定有

$$Y=\bigcup_{\ell=1}^{\infty}E_\ell. \tag{4.2}$$

由 f_j 和 f_k 的连续性可知集合 $\{x\in Y:|f_j(x)-f_k(x)|\leqslant\varepsilon\}$ 是闭集，而 E_ℓ是某些这样的集合的交集，所以 E_ℓ是闭集. 因此将定理 4.1.1 应用于完备度量空间 Y 可知，并集式（4.2）中的某个集合，比如 E_m，一定包含一个开球 B_0. 由前面构造可知，

$$\sup_{j,k\geqslant m}|f_j(x)-f_k(x)|\leqslant\varepsilon,\forall x\in B_0,$$

并且令 k 趋于无穷大可得，对任意的 $x\in B_0$ 都有 $|f_m(x)-f(x)|\leqslant\varepsilon$. 从而引理得证. □

为完成定理 4.1.3 的证明，定义

$$F_n=\{x\in X:\operatorname{osc}(f)(x)\geqslant 1/n\},$$

换言之，有 $F_n=E_\varepsilon^c$，其中 $\varepsilon=1/n$.

由性质（i）可知

$$\mathcal{D}=\bigcup_{n=1}^{\infty}F_n,$$

其中 $\mathcal{D}$ 表示 f 的不连续点集. 如果能够证明每个 F_n 都是无处稠密的，那么就能完

成定理的证明.

固定 $n\geqslant 1$. 因为 F_n 是闭集，所以只需证明 F_n 没有内点. 若不然，假设 B 是一个开球且 $B\subset F_n$. 如果在上述引理中取 $\varepsilon=1/4n$，则存在一个开球 $B_0\subset B$ 和整数 $m\geqslant 1$，使得

$$|f_m(x)-f(x)|\leqslant 1/4n, \quad \forall x\in B_0. \tag{4.3}$$

由 f_m 的连续性可知，存在球 $B'\subset B_0$，使得

$$|f_m(y)-f_m(z)|\leqslant 1/4n, \quad \forall y,z\in B'. \tag{4.4}$$

由三角不等式可得

$$|f(y)-f(z)|\leqslant|f(y)-f_m(y)|+|f_m(y)-f_m(z)|+|f_m(z)-f(z)|.$$

若 y，$z\in B'$，则由式（4.3）可知上式第一项和第三项小于等于 $1/4n$. 由式（4.4）可知，中间项也小于等于 $1/4n$. 因此

$$|f(y)-f(z)|\leqslant\frac{3}{4n}<\frac{1}{n}, \quad \forall y,z\in B'.$$

故若用 x' 记球 B' 的中心，则 $\mathrm{osc}(f)(x')<1/n$，这与 $x'\in F_n$ 矛盾. 从而定理证毕.

4.1.2　处处不可微的连续函数

纲定理的下一个应用是处处不可微的连续函数的存在性问题.

我们在《傅里叶分析》第 4 章中第一次回答过此问题. 在那里证明了，由下述缺项 Fourier 级数

$$f(x)=\sum_{n=0}^{\infty}2^{-n\alpha}\mathrm{e}^{\mathrm{i}2^n x}, \quad 其中\ 0<\alpha\leqslant 1$$

所给出的复值函数 f 就是处处不可微的连续函数. 此外，对其证明做少许修改，可以证明 f 的实部和虚部也都是处处不可微的连续函数. 《实分析》第 7 章在 von Koch 和空间填充曲线背景下给出了其他例子.

本小节通过证明处处不可微的连续函数在一个合适的完备度量空间中是通用集来证明这些函数的存在性. 区间 $[0,1]$ 上所有实值连续函数组成的空间记为

$$X=C([0,1]).$$

在此向量空间上取上确界范数

$$\|f\|=\sup_{x\in[0,1]}|f(x)|.$$

$(C([0,1]),\|\cdot\|)$ 是完备的赋范向量空间（Banach 空间）. 完备性是由于连续函数列的一致收敛极限必定是连续的. X 上的度量 d 定义为 $d(f,g)=\|f-g\|$，因此 (X,d) 是完备度量空间.

定理 4.1.5　$C([0,1])$ 中处处不可微的函数全体是通用集.

我们必须证明，在 $[0,1]$ 中至少在一点可微的连续函数集合 $\mathcal{D}$ 是第一纲的. 为此，令 E_N 表示存在 $x^*\in[0,1]$ 使得

$$|f(x)-f(x^*)|\leqslant N|x-x^*|, \quad \forall x\in[0,1] \tag{4.5}$$

的连续函数全体. 这些集合与 $\mathcal{D}$ 有如下关系

$$\mathcal{D}\subset\bigcup_{N=1}^{\infty}E_N.$$

从而为证明该定理，只需证明对每个 N，E_N 都是无处稠密的. 我们分如下两步来证明：

（ⅰ）E_N 是闭集；

（ⅱ）E_N 的内部是空集.

因此 $\bigcup E_N$ 是第一纲的，故而集合 $\mathcal{D}$ 也是第一纲的.

性质（ⅰ）的证明

设 $\{f_n\}$ 是 E_N 中的函数列且 $\|f_n-f\|\to0$. 我们必须证明 $f\in E_N$. 设 x_n^* 是 $[0,1]$ 上使得式（4.5）中对 f_n 成立的点. 可以选择一个子列 $\{x_{n_k}^*\}$，使得其收敛于 $[0,1]$ 中的某一点，记为 x^*. 则

$$|f(x)-f(x^*)|\leqslant|f(x)-f_{n_k}(x)|+|f_{n_k}(x)-f_{n_k}(x^*)|+|f_{n_k}(x^*)-f(x^*)|.$$

因为 $\|f_n-f\|\to0$，所以对任给的 $\varepsilon>0$，存在 $K>0$，使得对任意的 $k>K$，不等式右边的第一项和第三项的和小于 ε. 又因为

$$|f_{n_k}(x)-f_{n_k}(x^*)|\leqslant|f_{n_k}(x)-f_{n_k}(x_{n_k}^*)|+|f_{n_k}(x_{n_k}^*)-f_{n_k}(x^*)|.$$

因此应用事实 $f_{n_k}\in E_N$ 两次可得

$$|f_{n_k}(x)-f_{n_k}(x^*)|\leqslant N|x-x_{n_k}^*|+N|x_{n_k}^*-x^*|.$$

综合上述，对任意的 $k>K$，有

$$|f(x)-f(x^*)|\leqslant\varepsilon+N|x-x_{n_k}^*|+N|x_{n_k}^*-x^*|.$$

令 $k\to\infty$，并注意到 $x_{n_k}^*\to x^*$，有

$$|f(x)-f(x^*)|\leqslant\varepsilon+N|x-x^*|.$$

再由 ε 的任意性可知，$f\in E_N$. 从而（ⅰ）得证.

性质（ⅱ）的证明

为证明 E_N 没有内点，记 $\mathcal{P}$ 为 $C[0,1]$ 中连续的分段线性函数全体. 对每个 $M>0$，记 $\mathcal{P}_M\subset\mathcal{P}$ 为分线段的斜率大于等于 M 或者小于等于 $-M$ 的分段线性连续函数全体. 自然地，$\mathcal{P}_M$ 中的函数称为"锯齿"函数. 注意到，当 $M>N$ 时，$\mathcal{P}_M$ 与 E_N 不相交.

引理 4.1.6 对每个 $M>0$，锯齿函数集 $\mathcal{P}_M$ 在 $C[0,1]$ 中稠密.

证 显然对任给的 $\varepsilon>0$ 和连续函数 f，存在函数 $g\in\mathcal{P}$ 使得 $\|f-g\|\leqslant\varepsilon$. 事实上，因为 f 在紧集 $[0,1]$ 上连续，从而一致连续，所以存在 $\delta>0$，只要 $|x-y|<\delta$，就有 $|f(x)-f(y)|\leqslant\varepsilon$. 如果取 n 充分大，使得 $1/n<\delta$，并且定义 g 在每个区间 $[k/n,(k+1)/n]$ $(k=0,1,\cdots,n-1)$ 上都是线性函数，且 $g(k/n)=f(k/n)$，$g((k+1)/n)=f((k+1)/n)$，则立即有 $\|f-g\|\leqslant\varepsilon$.

现在只需要说明怎样用 $\mathcal{P}_M$ 中的锯齿函数在 $[0,1]$ 上逼近函数 g. 事实上，若 g 的定义为 $g(x)=ax+b$，$0\leqslant x\leqslant1/n$，则考虑下面两函数

$$\varphi_\varepsilon(x)=g(x)+\varepsilon,\quad \psi_\varepsilon(x)=g(x)-\varepsilon.$$

接着，从 $g(0)$ 出发，以斜率为 $+M$ 作直到与 φ_ε 相交的线段. 然后，以反方向作直到与 ψ_ε 相交的线段.（参考图 1.）

我们得到 $h\in\mathcal{P}_M$ 满足：

$$\psi_\varepsilon(x)\leqslant h(x)\leqslant\varphi_\varepsilon(x),\quad \forall\, 0\leqslant x\leqslant 1/n,$$

从而在 $[0,1/n]$ 中 $|h(x)-g(x)|\leqslant\varepsilon$.

我们继续从 $h(1/n)$ 出发，并在区间 $[1/n, 2/n]$ 上重复上述过程. 如此继续下去，最后得到函数 $h\in\mathcal{P}_M$ 使得 $\|h-g\|\leqslant\varepsilon$. 因此 $\|f-h\|\leqslant 2\varepsilon$，从而引理得证. □

由上述引理立即可得 E_N 没有内点. 事实上，任给 $f\in E_N$ 和 $\varepsilon>0$，首先固定 $M>N$. 则存在 $h\in\mathcal{P}_M$ 使得 $\|f-h\|<\varepsilon$. 此外由 $M>N$ 可知 $h\notin E_N$. 因此没有包含 f 的开球包含于 E_N，从而定理 4.1.5 得证.

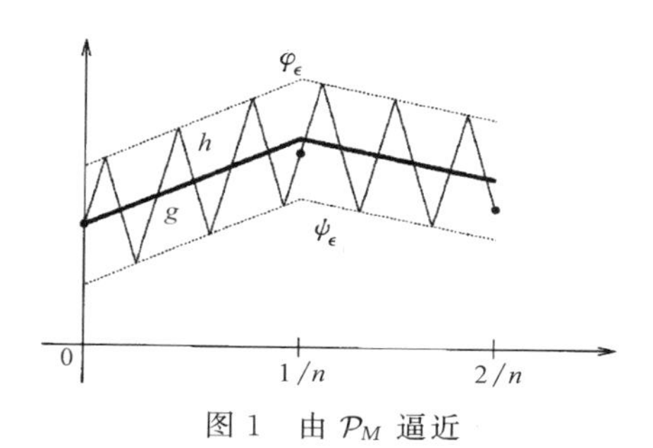

图 1　由 $\mathcal{P}_M$ 逼近

4.2　一致有界原理

下面我们考虑 Baire 纲定理的另一个推论. 该推论本身也有许多应用. 主要结论是，若一列连续线性泛函在一个“大的”集合上是点态有界的，则该列泛函实际上是有界的.

定理 4.2.1　设 $\mathcal{B}$ 是 Banach 空间，并设 $\mathcal{L}$ 是 $\mathcal{B}$ 上的一族连续线性泛函.

（ⅰ）若对每一个 $f\in\mathcal{B}$ 均有 $\sup\limits_{\ell\in\mathcal{L}}|\ell(f)|<\infty$，则 $\sup\limits_{\ell\in\mathcal{L}}\|\ell\|<\infty$；

（ⅱ）若对某个第二纲集中的每一个 f 都有 $\sup\limits_{\ell\in\mathcal{L}}|\ell(f)|<\infty$，则该结论也成立.

注意，并不要求 $\mathcal{L}$ 是可数的.

证　由 Baire 纲定理可知，$\mathcal{B}$ 是第二纲的，因此只需证明（ⅱ）. 假设对任意的 $f\in E$ 都有 $\sup\limits_{\ell\in\mathcal{L}}|\ell(f)|<\infty$，其中 E 是第二纲的.

对每个正整数 M，令

$$E_M=\{f\in\mathcal{B}:\sup_{\ell\in\mathcal{L}}|\ell(f)|\leqslant M\}.$$

从而由定理中的条件可得

$$E=\bigcup_{M=1}^{\infty}E_M.$$

此外，由 ℓ 的连续性可知 $E_{M,\ell}=\{f:|\ell(f)|\leqslant M\}$ 是闭集，而每个 E_M 可写成 $E_M=\bigcap_{\ell\in\mathcal{L}}E_{M,\ell}$，故每个 E_M 都是闭集. 因为 E 是第二纲的，故存在某个 E_M 使得其内部非空，不妨设 $M=M_0$. 换言之，存在 $f_0\in\mathcal{B}$ 和 $r>0$ 使得 $B_r(f_0)\subset E_{M_0}$. 因此对任意的 $\ell\in\mathcal{L}$，有

$$|\ell(f)|\leqslant M_0,\quad \forall f\in Br(f_0).$$

故对任意的 $\|g\|\leqslant r$ 和 $\ell\in\mathcal{L}$，有

$$\|\ell(g)\|\leqslant\|\ell(g+f_0)\|+\|\ell(-f_0)\|\leqslant 2M_0.$$

这蕴含着定理中结论（ⅱ）成立. □

4.2.1 Fourier 级数的发散性

本小节考虑其 Fourier 级数在一点发散的连续函数的存在性问题.

我们曾经在《傅里叶分析》中构造了一个满足此性质的函数. 那里所采用的主要想法是打破锯齿函数的 Fourier 级数 $\sum_{|n|\neq 0}\mathrm{e}^{\mathrm{i}nx}/n$ 中所固有的对称性.

作为一致有界原理的应用，这里仅给出其 Fourier 级数发散的连续函数的存在性. 但是，有此性质的连续函数全体实际上是一个通用集.

设 $\mathcal{B}=C([-\pi,\pi])$ 是 $[-\pi,\pi]$ 上复值连续函数所构成的 Banach 空间，其上的范数是上确界范数 $\|f\|=\sup_{x\in[-\pi,\pi]}|f(x)|$. 定义 $f\in\mathcal{B}$ 的 Fourier 系数为

$$a_n=\hat{f}(n)=\frac{1}{2\pi}\int_{-\pi}^{\pi}f(x)\mathrm{e}^{-\mathrm{i}nx}\mathrm{d}x,\quad \forall n\in\mathbb{Z},$$

并且 f 的 Fourier 级数是

$$f(x)\sim\sum_{n=-\infty}^{\infty}a_n\mathrm{e}^{\mathrm{i}nx}.$$

f 的 Fourier 级数的第 N 个部分和记为

$$S_N(f)(x)=\sum_{n=-N}^{N}a_n\mathrm{e}^{\mathrm{i}nx}.$$

我们在《傅里叶分析》中已经用卷积给出这些部分和的一个优美的表达式，即

$$S_N(f)(x)=(f*D_N)(x),$$

其中

$$D_N(x)=\sum_{n=-N}^{N}\mathrm{e}^{\mathrm{i}nx}=\frac{\sin[(N+1/2)x]}{\sin(x/2)}$$

是 Dirichlet 核，并且

$$(f*g)(x)=\frac{1}{2\pi}\int_{-\pi}^{\pi}f(y)g(x-y)\mathrm{d}y=\frac{1}{2\pi}\int_{-\pi}^{\pi}f(x-y)g(y)\mathrm{d}y$$

是圆周上的卷积.

定理 4.2.2　设 $\mathcal{B}$ 是 $[-\pi,\pi]$ 上连续函数组成的 Banach 空间，并赋予上确界范数.

（ⅰ）任给一点 $x_0\in[-\pi,\pi]$，都存在一个连续函数使得其 Fourier 级数在 x_0 处发散；

（ⅱ）事实上，其 Fourier 级数在 $[-\pi,\pi]$ 的稠密子集上发散的连续函数全体组成的集合在 $\mathcal{B}$ 中是通用集.

关于这些结论的一个加强形式，见问题 3.

先证明（ⅰ）. 不失一般性，可以假设 $x_0=0$. 定义 $\mathcal{B}$ 上的线性泛函 ℓ_N 为

$$\ell_N(f)=S_N(f)(0)=\frac{1}{2\pi}\int_{-\pi}^{\pi}f(-y)D_N(y)\mathrm{d}y.$$

假设（ⅰ）不成立，则对每个 $f\in\mathcal{B}$ 都有 $\sup\limits_N|\ell_N(f)|<\infty$. 若证得每个 ℓ_N 都是连续的，则由一致有界原理可知 $\sup\limits_N\|\ell_N\|<\infty$. 因此，如果能够证明每个 ℓ_N 都是连续的但是当 $N\to\infty$ 时，$\|\ell_N\|\to\infty$，就可以完成（ⅰ）的证明.

对每个 N，因为

$$|\ell_N(f)|\leqslant\frac{1}{2\pi}\int_{-\pi}^{\pi}|f(-y)||D_N(y)|\mathrm{d}y\leqslant L_N\|f\|,$$

其中

$$L_N=\frac{1}{2\pi}\int_{-\pi}^{\pi}|D_N(y)|\mathrm{d}y,$$

所以 ℓ_N 是连续的. 事实上，线性泛函 ℓ_N 的范数就等于积分 L_N.

引理 4.2.3　对任意的 $N\geqslant 0$ 都有 $\|\ell_N\|=L_N$.

证　由上述讨论可知 $\|\ell_N\|\leqslant L_N$. 为证反向不等式，只需找到函数列 $\{f_k\}$ 使得 $\|f_k\|\leqslant 1$ 且当 $k\to\infty$ 时 $\ell_N(f_k)\to L_N$. 为此，先设 g 是这样一个函数：当 D_N 为正时，g 等于 1；当 D_N 为负时，g 等于 -1. 从而 g 是可测的，$\|g\|\leqslant 1$，并且由 D_N 是偶函数可知 $g(y)=g(-y)$，进而有

$$L_N=\frac{1}{2\pi}\int_{-\pi}^{\pi}g(-y)D_N(y)\mathrm{d}y.$$

显然存在连续函数列 $\{f_k\}$，且 $-1\leqslant f_k(x)\leqslant 1$ 对任意的 $x\in[-\pi,\pi]$ 都成立，使得

$$\int_{-\pi}^{\pi}|f_k(y)-g(y)|\mathrm{d}y\to 0,\quad 当\ k\to\infty\ 时.$$

因此当 $k\to\infty$ 时，$\ell_N(f_k)\to L_N$. 然而 $\|f_k\|\leqslant 1$，故 $\|\ell_N\|\geqslant L_N$. 从而引理得证. □

如果能够证明当 $N\to\infty$ 时，$\|\ell_N\|=L_N\to\infty$，那么就完成了定理 4.2.2 中（ⅰ）的证明. 这实际上是最后一个引理.

引理 4.2.4　存在常数 $c>0$ 使得 $L_N\geqslant c\log N$.

证 因为对任意的 y 有 $|\sin y|/|y|\leqslant 1$，且 $\sin y$ 是奇函数，所以[1]

$$\begin{aligned} L_N &\geqslant c\int_0^{\pi}\frac{|\sin(N+1/2)y|}{|y|}\mathrm{d}y \\ &\geqslant c\int_0^{(N+1/2)\pi}\frac{|\sin x|}{x}\mathrm{d}x \\ &\geqslant c\sum_{k=0}^{N-1}\int_{k\pi}^{(k+1)\pi}\frac{|\sin x|}{x}\mathrm{d}x \\ &\geqslant c\sum_{k=0}^{N-1}\frac{1}{(k+1)\pi}\int_{k\pi}^{(k+1)\pi}|\sin x|\,\mathrm{d}x\,. \end{aligned}$$

但是对任意的 k 有 $\int_{k\pi}^{(k+1)\pi}|\sin x|\,\mathrm{d}x=\int_0^{\pi}|\sin x|\,\mathrm{d}x$，故

$$L_N\geqslant c\sum_{k=0}^{N-1}\frac{1}{k+1}\geqslant c\log N,$$

从而结论得证. □

定理 4.2.2 中（ⅱ）可以立即得证. 事实上，由一致有界原理（ⅱ）和刚刚证得的结论可知，满足 $\sup_N|S_N(f)(0)|<\infty$ 的连续函数 f 所组成的集合是第一纲的，因此其 Fourier 级数在原点收敛的连续函数集也是第一纲的. 故而 Fourier 级数在原点发散的连续函数集是通用集. 类似地，如果 $\{x_1,x_2,\cdots\}$ 是 $[-\pi,\pi]$ 中任一可列集，则对每个 j，Fourier 级数在 x_j 处发散的连续函数集 F_j 也是通用集. 因此 Fourier 级数在 $x_1,x_2,\cdots$ 处发散的连续函数集 $\bigcap_{j=1}^{\infty}F_j$ 也是通用集，这就完成了定理的证明.

4.3 开映射定理

设 X 和 Y 是 Banach 空间，分别赋予范数 $\|\cdot\|_X$ 和 $\|\cdot\|_Y$，并设 T：$X\to Y$ 是一个映射. 易证 T 是连续的当且仅当对 Y 中的每一个开集 $\mathcal{O}$，$\{x\in X:T(x)\in\mathcal{O}\}$ 都是 X 中的开集. 该论断不管 T 是否是线性都是成立的. 特别地，如果 T 有逆映射 S：$Y\to X$ 并且 S 是连续的，则将上述观察应用于 S 可知，X 中任意开集在 T 下的像集在 Y 中是开的. 称映开集为开集的映射 T 为**开映射**.

称映射 T：$X\to Y$ 是**满射**，如果 $T(X)=Y$，并且称 T 是**单射**，如果 $T(x)=T(y)$ 蕴含着 $x=y$. 另外，称 T 是**双射**，如果 T 既单又满.

一个双射有逆映射 T^{-1}：$Y\to X$，其定义如下：如果 $y\in Y$，则 $T^{-1}(y)$ 是满足 $T(x)=y$ 的唯一元素 $x\in X$. 因为 T 既单又满，所以该定义是确切的. 一般地，如果 T 是线性的，则逆映射 T^{-1} 也是线性的，但 T^{-1} 不一定连续. 然而由上述观察可知，当 T 是开映射时 T^{-1} 是连续的. 下述结论说明满射蕴含着开性.

---

1 在下面计算过程中，不同行中的常数 c 的值可能是不同的.

定理 4.3.1　设 X 和 Y 是 Banach 空间，$T: X\to Y$ 是连续线性映射. 若 T 是满射，则 T 是开映射.

证　记 $B_X(x,r)$ 和 $B_Y(y,r)$ 分别是以 $x\in X$ 和 $y\in Y$ 为中心 r 为半径的开球，并且将中心在原点的开球简记为 $B_X(r)$ 和 $B_Y(r)$. 因为 T 是线性的，所以只需证明 $T(B_X(1))$ 包含一个中心在原点的开球.

首先，证明一个较弱的结论，即 $\overline{T(B_X(1))}$ 包含一个中心在原点的开球. 由 T 是满射的可知

$$Y=\bigcup_{n=1}^{\infty} T(B_X(n)).$$

由 Baire 纲定理可知，不是所有的集合 $T(B_X(n))$ 都是无处稠密的，所以存在某个 n 使得 $\overline{T(B_X(n))}$ 一定有内点. 又因为 T 是线性的，所以存在某个 $y_0\in Y$ 和 $\varepsilon>0$ 使得

$$\overline{T(B_X(1))}\supset B_Y(y_0,\varepsilon)$$

由闭包的定义可知，存在一点 $y_1=T(x_1)$，其中 $x_1\in B_X(1)$ 且 $\|y_1-y_0\|_Y<\varepsilon/2$. 从而对于 $y\in B_Y(\varepsilon/2)$，$y-y_1$ 属于 $\overline{T(B_X(1))}$. 又 $y=T(x_1)+y-y_1$，故 $y\in\overline{T(B_X(2))}$. 因此球 $B_Y(\varepsilon/2)$ 包含于 $\overline{T(B_X(2))}$. 再次利用 T 的线性性可得 $B_Y(\varepsilon/4)$ 包含于 $\overline{T(B_X(1))}$. 这就证明了上述更弱的断言. 事实上，用 $(4/\varepsilon)T$ 代替 T，可以假设

$$\overline{T(B_X(1))}\supset B_Y(1), \tag{4.6}$$

并由此可知

$$\overline{T(B_X(2^{-k}))}\supset B_Y(2^{-k}), \quad \forall k. \tag{4.7}$$

其次，我们加强上述结论并证明

$$T(B_X(1))\supset B_Y(1/2). \tag{4.8}$$

事实上，设 $y\in B_Y(1/2)$，在式 (4.7) 中取 $k=1$，可选取一点 $x_1\in B_X(1/2)$ 使得 $y-T(x_1)\in B_Y(1/2^2)$. 再次应用式 (4.7)，取 $k=2$，则可以找到 $x_2\in B_X(1/2^2)$ 使得 $y-T(x_1)-T(x_2)\in B_Y(1/2^3)$. 重复上述过程，我们得到点列 $\{x_1,x_2,\cdots\}$ 满足 $\|x_k\|_X<1/2^k$. 因为 X 是完备的，故和式 $\sum_{k=1}^{\infty}x_k$ 收敛于某个元素 $x\in X$，且 $\|x\|<\sum_{k=1}^{\infty}1/2^k=1$. 进一步地，因为

$$y-T(x_1)-\cdots-T(x_k)\in B_Y(1/2^{k+1}),$$

且 T 是连续的，所以取极限后可知 $T(x)=y$. 这就蕴含着式 (4.8)，从而显然有 $T(B_X(1))$ 包含一个中心在原点的开球. □

我们给出该定理的两个有趣的推论.

推论 4.3.2　设 X 和 Y 是 Banach 空间，且 $T: X\to Y$ 是连续线性双射，则逆

映射 $T^{-1}: Y\to X$ 也是连续的. 故存在常数 c, $C>0$ 使得

$$c\|f\|_X\leqslant\|T(f)\|_Y\leqslant C\|f\|_X, \forall f\in X.$$

这可由定理 4.3.1 之前的讨论直接得到.

称向量空间 V 上的两个范数 $\|\cdot\|_1$ 和 $\|\cdot\|_2$ 是等价的, 如果存在常数 c, $C>0$ 使得

$$c\|v\|_2\leqslant\|v\|_1\leqslant C\|v\|_2, \quad \forall v\in V.$$

推论 4.3.3 设向量空间 V 上赋予了两个范数 $\|\cdot\|_1$ 和 $\|\cdot\|_2$. 如果

$$\|v\|_1\leqslant C\|v\|_2, \quad \forall v\in V,$$

且 V 关于这两个范数都是完备的, 则 $\|\cdot\|_1$ 和 $\|\cdot\|_2$ 是等价的.

事实上, 由条件可知恒等映射 $I:(V,\|\cdot\|_2)\to(V,\|\cdot\|_1)$ 是连续的. 又显然 I 是双射, 所以其逆映射 $I:(V,\|\cdot\|_1)\to(V,\|\cdot\|_2)$ 也是连续的. 因此存在常数 $c>0$ 使得对任意的 $v\in V$ 都有 $c\|v\|_2\leqslant\|v\|_1$.

4.3.1 L^1 函数的 Fourier 系数的衰减性

作为开映射定理的一个有趣应用, 我们回到 4.2.1 节所讨论的 Fourier 级数上去. Riemann-Lebesgue 引理断言: 若 $f\in L^1([-\pi,\pi])$, 则

$$\lim_{|n|\to\infty}|\hat{f}(n)|=0,$$

其中 $\hat{f}(n)$ 是 f 的第 n 个 Fourier 系数.[2] 由此引发的一个自然的问题是: 任意给定一个在无穷远处消失的复数列 $\{a_n\}_{n\in\mathbf{Z}}$, 即当 $|n|\to\infty$ 时, $|a_n|\to 0$, 是否存在 $f\in L^1([-\pi,\pi])$ 使得对任意的 n 都有 $\hat{f}(n)=a_n$?

为了以 Banach 空间的观点来表述此问题, 设 $\mathcal{B}_1=L^1([-\pi,\pi])$ 并赋予 L^1 范数, 且记 $\mathcal{B}_2$ 为所有满足当 $|n|\to\infty$ 时, $|a_n|\to 0$ 的复数序列 $\{a_n\}$ 构成的向量空间. 在空间 $\mathcal{B}_2$ 上赋予通常的上确界范数 $\|\{a_n\}\|_\infty=\sup_{n\in\mathbf{Z}}|a_n|$, 并且在该范数下, $\mathcal{B}_2$ 显然是 Banach 空间.

我们问映射 $T: \mathcal{B}_1\to\mathcal{B}_2$, 其定义为

$$T(f)=\{\hat{f}(n)\}_{n\in\mathbf{Z}},$$

是否是满射?

答案是否定的.

定理 4.3.4 由 $T(f)=\{\hat{f}(n)\}$ 所给出的映射 $T: \mathcal{B}_1\to\mathcal{B}_2$ 是线性的连续单射, 但不是满射.

因此存在在无穷远处消失且不是 L^1 函数的 Fourier 系数的复数列.

证 首先 T 显然是线性的, 并且由 $\|T(f)\|_\infty\leqslant\|f\|_{L^1}$ 也易知 T 是连续的. 因为 $T(f)=0$ 蕴含着对任意的 n 均有 $\hat{f}(n)=0$, 从而可推出[3] $f=0$, 所以 T 是单射.

---

2 参考《实分析》第 2 章问题 1.

3 关于这个结论, 可以查阅《复分析》第 4 章定理 3.1.

如果设 T 是满射，则由推论 4.3.2 可知，存在常数 $c>0$ 使得

$$c\|f\|_{L^1}\leqslant\|T(f)\|_\infty,\quad \forall f\in\mathcal{B}_1. \tag{4.9}$$

但是，若设 $f=D_N$，其中 D_N 是第 N 个 Dirichlet 核，即 $D_N=\sum\limits_{|n|\leqslant N}\mathrm{e}^{\mathrm{i}nx}$，并且由引理 4.2.4 可知当 $N\to\infty$ 时，$\|D_N\|_{L^1}=L_N\to\infty$，则当 N 趋于无穷大时，式 (4.9) 是不成立的. 所以得到预期的矛盾. □

4.4　闭图像定理

设 X 和 Y 是 Banach 空间，其上的范数分别是 $\|\cdot\|_X$ 和 $\|\cdot\|_Y$，并设 T：$X\to Y$ 是线性映射. 称 $X\times Y$ 的子集

$$G_T=\{(x,y)\in X\times Y:y=T(x)\}$$

为 T 的**图像**. 称 T 是**闭的**，如果 T 的图像是 $X\times Y$ 的闭子集. 换言之，称 T 是闭的，如果 $\{x_n\}$ 和 $\{y_n\}$ 分别是 X 和 Y 中的收敛序列，比如 $x_n\to x$ 和 $y_n\to y$，并且 $T(x_n)=y_n$，则有 $T(x)=y$.

定理 4.4.1　设 X 和 Y 是两个 Banach 空间. 如果 T：$X\to Y$ 是闭的线性映射，则 T 是连续的.

证　因为 T 的图像是 Banach 空间 $X\times Y$ 的闭子空间，其中 $X\times Y$ 上的范数是 $\|(x,y)\|_{X\times Y}=\|x\|_X+\|y\|_Y$，所以图像 G_T 本身是 Banach 空间. 考虑由

$$P_X(x,T(x))=x\quad 和\quad P_Y(x,T(x))=T(x)$$

定义的两个投影 P_X：$G_T\to X$ 和 P_Y：$G_T\to Y$. 则 P_X 和 P_Y 都是连续线性映射. 由于 P_X 是双射，所以根据推论 4.3.2 可得，其逆 P_X^{-1} 是连续的. 因为 $T=P_Y\circ P_X^{-1}$，所以 T 是连续的. 从而定理得证. □

4.4.1　L^p 的闭子空间上的 Grothendieck 定理

作为闭图像定理的一个应用，我们证明下述结论：

定理 4.4.2　设 $(X,\mathcal{F},\mu)$ 是一个有限测度空间，即 $\mu(X)<\infty$. 假设

(ⅰ) E 是 $L^p(X,\mu)$ 的闭子空间，其中 $1\leqslant p<\infty$；

(ⅱ) $E\subset L^\infty(X,\mu)$.

则 E 是有限维的.

因为 $E\subset L^\infty(X,\mu)$ 且 X 有有限测度，所以 $E\subset L^2$，且

$$\|f\|_{L^2}\leqslant C\|f\|_{L^\infty},\forall f\in E.$$

定理的证明过程中的关键想法是证明反向不等式，并应用 L^2 的 Hilbert 空间结构.

由于 E 是 $L^p(X,\mu)$ 的闭子空间，故赋予 L^p 范数后，E 是 Banach 空间. 设

$$I:E\to L^\infty(X,\mu)$$

是恒等映射 $I(f)=f$. 则 I 是闭的线性映射. 事实上，假设在 E 中 $f_n\to f$，在 L^∞ 中 $f_n\to g$. 则存在 $\{f_n\}$ 的子列几乎处处收敛于 f（见第 1 章习题 5），因此几乎处处地有 $f=g$. 再根据闭图像定理可知，存在 $M>0$ 使得

$$\|f\|_{L^\infty}\leqslant M\|f\|_{L^p},\forall f\in E. \tag{4.10}$$

引理 4.4.3 在定理的假设条件下，存在 $A>0$ 使得

$$\|f\|_{L^\infty}\leqslant A\|f\|_{L^2},\forall f\in E.$$

证 若 $1\leqslant p\leqslant 2$，则在 Hölder 不等式中取共轭数 $r=2/p$ 和 $r^*=2/(2-p)$ 可得

$$\int|f|^p\leqslant\left(\int|f|^2\right)^{p/2}\left(\int 1\right)^{\frac{2-p}{2}}.$$

因为 X 有有限测度，所以在上式中取 p 次根后可知，存在 $B>0$ 使得 $\|f\|_{L^p}\leqslant B\|f\|_{L^2}$ 对所有的 $f\in E$ 都成立. 结合式 (4.10) 即可证明引理在 $1\leqslant p\leqslant 2$ 时成立.

当 $2<p<\infty$ 时，注意到 $|f(x)|^p\leqslant\|f\|_{L^\infty}^{p-2}|f(x)|^2$，再对该不等式积分可得

$$\|f\|_{L^p}^p\leqslant\|f\|_{L^\infty}^{p-2}\|f\|_{L^2}^2.$$

若假设 $\|f\|_{L^\infty}\neq 0$，则由式 (4.10) 可知，存在 $A>0$ 使得只要 $f\in E$ 就有 $\|f\|_{L^\infty}\leqslant A\|f\|_{L^2}$. 从而引理得证. □

现在，我们回到定理 4.4.2 的证明. 设 E 中的函数 $f_1,\cdots,f_n$ 是 L^2 中的正交规范集，记$\mathbb{B}$为$\mathbb{C}^n$中的单位球，即

$$\mathbb{B}=\{\zeta=(\zeta_1,\cdots,\zeta_n)\in\mathbb{C}^n:\sum_{j=1}^n|\zeta_j|^2\leqslant 1\}.$$

对每个 $\zeta\in\mathbb{B}$，令 $f_\zeta(x)=\sum\limits_{j=1}^n\zeta_j f_j(x)$. 从而 $\|f_\zeta\|_{L^2}\leqslant 1$，并且根据引理可得 $\|f_\zeta\|_{L^\infty}\leqslant A$. 因此对每个 ζ，X 中存在一个有全测度的可测集 X_ζ（即 $\mu(X_\zeta)=\mu(X)$），使得

$$|f_\zeta(x)|\leqslant A,\quad\forall x\in X_\zeta. \tag{4.11}$$

取$\mathbb{B}$的一个可数稠密子集，因为映射 $\zeta\mapsto f_\zeta(x)$ 是连续的，则式 (4.11) 蕴含着

$$|f_\zeta(x)|\leqslant A,\quad\forall x\in X',\quad\zeta\in\mathbb{B}, \tag{4.12}$$

其中 X'是 X 中的一个全测度子集. 由此我们断言

$$\sum_{j=1}^n|f_j(x)|^2\leqslant A^2,\quad\forall x\in X'. \tag{4.13}$$

事实上，我们只需说明不等式左边不为零时成立即可. 此时，若设 $\sigma=(\sum\limits_{j=1}^n|f_j(x)|^2)^{1/2}$，并令 $\zeta_j=\overline{f_j(x)}/\sigma$，则由式 (4.12) 可知，对任意的 $x\in X'$有

$$\frac{1}{\sigma}\sum_{j=1}^n|f_j(x)|^2\leqslant A,$$

即 $\sigma\leqslant A$，正是我们断言的结果.

对式 (4.13) 积分，并由 $\{f_1,\cdots,f_n\}$ 是正交集可得 $n\leqslant A^2$. 因此 E 的维数必是有限的.

注　问题 6 表明定理中的空间 L^{∞} 不能换成任一个 L^{q}，$1\leqslant q<\infty$.

4.5　Besicovitch 集

在《实分析》第 7 章第 4.4 节中，我们构造了$\mathbb{R}^2$中的一个 **Besicovitch 集**（或"Kakeya 集"），即二维的 Lebesgue 测度为零并且包含各个方向的单位线段的一个紧集. 我们知道此集合是由一个特殊集合的有限次旋转的并得到的：它是连接直线 $\{y=0\}$ 上的 Cantor 型集上的点与直线 $\{y=1\}$ 上的 Cantor 型集上的点的直线段的并集. 本节，我们的目的是展现 Körner 利用 Baire 纲定理证明 Besicovitch 集的存在性的巧妙方法；事实上，我们将证明在适当的度量空间中这样的集合族是通用集.

分析的出发点是$\mathbb{R}^2$的子集所构成的合适的完备度量空间. 设 A 是$\mathbb{R}^2$的子集且 $\delta>0$. 定义 A 的 δ **邻域**为

$$A^{\delta}=\{x:d(x,A)<\delta\},\quad \text{其中 } d(x,A)=\inf_{y\in A}|x-y|.$$

若 A 和 B 是$\mathbb{R}^2$的子集，定义 A 与 B 的 **Hausdorff 距离**[4] 为

$$\operatorname{dist}(A,B)=\inf\{\delta:B\subset A^{\delta}\text{ 和 }A\subset B^{\delta}\}.$$

我们将主要考虑$\mathbb{R}^2$中的紧集. 此时，距离 d 满足下列性质.

假设 A，B 和 C 是$\mathbb{R}^2$中非空的紧子集：

(ⅰ) $\operatorname{dist}(A,B)=0$ 当且仅当 $A=B$；

(ⅱ) $\operatorname{dist}(A,B)=\operatorname{dist}(B,A)$；

(ⅲ) $\operatorname{dist}(A,C)\leqslant\operatorname{dist}(A,B)+\operatorname{dist}(B,C)$；

(ⅳ) $\mathbb{R}^2$中的紧子集所构成的集合，在赋予 Hausdorff 距离后，是完备的度量空间.

(ⅰ)，(ⅱ) 和 (ⅲ) 的验证留给读者. (ⅳ) 的证明有点复杂，我们将在本节末给出详细过程.

现在考虑正方形 $[-1/2,1/2]\times[0,1]$ 中的下述紧子集：连接 $L_0=\{-1/2\leqslant x\leqslant 1/2,y=0\}$ 上的点与 $L_1=\{-1/2\leqslant x\leqslant 1/2,y=1\}$ 上的点的线段及其张成的各个方向的线段. 更精确地，令 $\mathcal{K}$ 是正方形 $Q=[-1/2,1/2]\times[0,1]$ 中满足下述性质的闭子集 K 的全体：

(ⅰ) K 是连接 L_0 上的点与 L_1 上的点的线段 ℓ 的并集.

(ⅱ) 对每个角 $\theta\in[-\pi/4,\pi/4]$，存在 K 中的线段 ℓ 使得其关于 y 轴的方向角是 θ. 此时，简单的极限论证表明 $\mathcal{K}$ 是$\mathbb{R}^2$中的紧子集所构成的并赋予距离 d 的度量空间中的一个闭子集，从而 $\mathcal{K}$ 上赋予 Hausdorff 距离后就是完备的度量空间.

我们的目的是证明下述定理：

定理 4.5.1　$\mathcal{K}$ 中二维 Lebesgue 测度为零的集合的全体是通用集.

特别地，上述集合是非空的，且实际上是稠密的.

4　碰巧的是，这个距离概念在《实分析》第 7 章中也出现过.

粗略地讲，论证的关键是证明 $\mathcal{K}$ 中的水平切片 $\{x:(x,y)\in K\}$ 具有"小"Lebesgue 测度的集合 K 的全体是通用集. 讨论中，最好使用 K 的"增厚"集 K^{η}.

为此，给定 $0\leqslant y_0\leqslant 1$ 和 $\varepsilon>0$，定义 $\mathcal{K}(y_0,\varepsilon)$为 $\mathcal{K}$ 中满足如下性质的紧子集 K 的全体，即存在 $\eta>0$ 使得 η 邻域 K^{η} 满足：对每个 $y\in[y_0-\varepsilon,y_0+\varepsilon]$，水平切片 $\{x:(x,y)\in K^{\eta}\}$ 的一维 Lebesgue 测度小于 10ε，换言之，

$$m_1(\{x:(x,y)\in K^{\eta}\})<10\varepsilon,\quad \forall\, y\in[y_0-\varepsilon,y_0+\varepsilon].^{5} \tag{4.14}$$

引理 4.5.2 对任给的 y_0 和 ε，集族 $\mathcal{K}(y_0,\varepsilon)$ 在 $\mathcal{K}$ 中是稠密的开集.

为证明 $\mathcal{K}(y_0,\varepsilon)$ 是开集，假设 $K\in\mathcal{K}(y_0,\varepsilon)$，并选取 η 使得 K^{η} 满足上述条件. 假设 $K'\in\mathcal{K}$ 满足 $\mathrm{dist}(K,K')<\eta/2$. 特别地，这意味着 $K'\subset K^{\eta/2}$，此时由三角不等式可得 $(K')^{\eta/2}\subset K^{\eta}$. 因此

$$m_1(\{x:(x,y)\in(K')^{\eta/2}\})\leqslant m_1(\{x:(x,y)\in K^{\eta}\})<10\varepsilon,$$

所以 $K'\in\mathcal{K}(y_0,\varepsilon)$. 从而 $\mathcal{K}(y_0,\varepsilon)$ 是开集.

为证明引理的剩余部分，我们需要证明，若 $K\in\mathcal{K}$ 且 $\delta>0$，则存在 $K'\in\mathcal{K}(y_0,\varepsilon)$ 使得 $\mathrm{dist}(K,K')\leqslant\delta$. 集合 K'将由两个集合 A 和 A'的并集给出. 我们将通过选取 K 中的直线段 ℓ，并且考虑绕其与 $y=y_0$ 的交点作小角度的旋转所得到的相应的角度来构造集合 A. 此过程将产生两个三角形且它们有一个公共顶点在 $y=y_0$ 上，并且我们将尽力控制这些三角形与平行于 x 轴的任一直线的交线段的长度（见图 2).

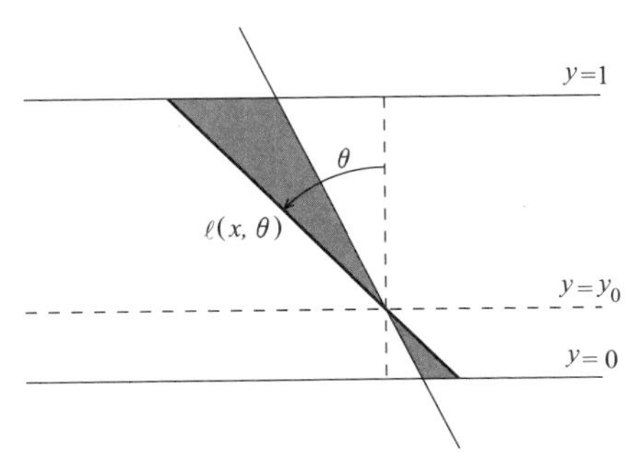

图 2 $\ell(x,\theta)$ 绕其与 $y=y_0$ 相交点的旋转

更精确地讲，对于正整数 N，我们可以考虑区间 $[-\pi/4,\pi/4]$ 的划分

$$\theta_n=\frac{-\pi}{4}+\frac{n}{N}\frac{\pi}{2},\quad n=0,\cdots,N-1.$$

从而角 θ_n 在 $[-\pi/4,\pi/4]$ 中一致隔开，且 N 个区间

$$I_n=[\theta_n,\theta_n+\pi/(2N)]$$

覆盖 $[-\pi/4,\pi/4]$. 此外，其中每个子区间的长度是 $\pi/(2N)$.

若用 $\ell(x,\theta)$表示连接$\{y=0\}$和$\{y=1\}$上的点，且过点$(x,\ y_0)$并与 y 轴成方

5 式 (4.14) 中常数 10 的选择没有特殊的意义；事实上，更小的常数也是可以的.

向角 θ 的线段，则对上面定义的每个 θ_n，根据集合 K 的性质（ⅱ）可知，存在数 $-1/2\leqslant x_n\leqslant 1/2$ 使得 $\ell(x_n,\theta_n)\in K$. 对每个 $n=0,\cdots,N$，考虑紧集

$$S_n=\bigcup_{\varphi\in I_n}\ell(x_n,\varphi).$$

因此每个 S_n 由（至多）两个以 (x_n,y_0) 为顶点的闭三角形组成. 现设

$$A=\bigcup_{n=0}^{N}S_n.$$

若 $N\geqslant c/\delta$（对充分大的常数 c），则不完全包含于正方形 Q 的集合 S_n 可以轻微地向左或向右平移以便集合 A 包含于 Q，并且 A 中的每一点与 K 中的每一点距离都小于 δ，即 $A\subset K^{\delta}$.

但是，因为在定义 A 时，我们仅考虑了 K 中的线段 $\ell(x_n,\theta_n)$，所以并不是 K 中的每一点都靠近 A. 为修正这一点，我们再取有限个线段组成的集合 A'，使得其与 K 在 Hausdorff 距离下靠近. 更详细地说，我们知道 K 本身是线段的并集，即 $K=\bigcup\ell$，并令 ℓ^{δ} 是 ℓ 的 δ 邻域. 则 $\bigcup\ell^{\delta}$ 是 K 的一个开覆盖，故可取 K 的一个有限子覆盖 $\bigcup_{m=1}^{M}\ell_m^{\delta}$. 定义 $A'=\bigcup_{m=1}^{M}\ell_m$，并令

$$K'=A\cup A'.$$

首先，注意到 $K'\in\mathcal{K}$. 其次，由定义可知 $A'\subset K$，但 $(A')^{\delta}\supset K$. 因此 $(K')^{\delta}\supset K$. 同样地，因为已证 $K^{\delta}\supset A$，并且 $K^{\delta}\supset K\supset A'$，所以 $K^{\delta}\supset K'$. 从而 $\mathrm{dist}(K',K)\leqslant\delta$.

下面我们对 $y_0-\varepsilon\leqslant y\leqslant y_0+\varepsilon$ 估计 $m_1(\{x:(x,y)\in(K')^{\eta}\})$，方法是用 A 和 A' 替换 K' 作相应的估计，再求和. 注意到对于固定的 y，集合 $\{x:(x,y)\in A\}$ 由 N 个区间组成，这些区间是高度为 y 的水平线与顶点高度为 y_0 的 N 个三角形的交集. 因为 $|y-y_0|\leqslant\varepsilon$ 且在顶点处角度的大小是 $\pi/(2N)$，所以简单讨论可知，A^{η} 对应的每个区间的长度小于等于 $8\varepsilon/N+2\eta$. 故

$$m_1(\{x:(x,y)\in(K')^{\eta}\})\leqslant 8\varepsilon+2\eta N.$$

其次，因为 A' 由 M 个线段组成，所以集合 $\{x:(x,y)\in A'\}$ 是 M 个点，因此集合 $\{x:(x,y)\in(A')^{\eta}\}$ 是长度为 2η 的 M 个区间的并集；其测度小于等于 $2\eta M$. 总之，$m_1(\{x:(x,y)\in(K')^{\eta}\})\leqslant 8\varepsilon+2\eta(M+N)$. 若取 $\eta<\varepsilon/(M+N)$，则对 K' 有估计式 (4.14). 这就完成了引理的证明.

现在我们开始证明定理的最后一部分. 对每个 M，考虑集合

$$\mathcal{K}_M=\bigcap_{m=1}^{M}\mathcal{K}(m/M,1/M).$$

每个 $\mathcal{K}_M$ 都是稠密的开集，并且若 $K\in\mathcal{K}_M$，则 K 的每个沿着 $0\leqslant y\leqslant 1$ 的切片的一维 Lebesgue 测度是 $O(1/M)$. 因为稠密开集是通用集，并且可数个通用集的交集还是通用集，所以集合

$$\mathcal{K}_*=\bigcap_{M=1}^{\infty}\mathcal{K}_M$$

是 $\mathcal{K}$ 中的通用集. 并且由上面观察可知，如果 $K\in\mathcal{K}_*$，则每个切片 $K^y=\{x:(x,y)$

$\in K\}(0\leqslant y\leqslant 1)$ 的 Lebesgue 测度为 0，故由 Fubini 定理可得 K 的二维 Lebesgue 测度等于 0. 这就完成了定理 4.5.1 的证明.

在本节最后，我们证明 Hausdorff 距离的性质（ⅳ），即度量的完备性.

假设 $\{A_n\}$ 是一列（非空的）紧子集且在 Hausdorff 距离下是 Cauchy 列；设 $\mathcal{A}_n=\overline{\bigcup_{k=n}^{\infty}A_k}$ 且 $\mathcal{A}=\bigcap_{n=1}^{\infty}\mathcal{A}_n$. 我们断言 $\mathcal{A}$ 是非空的紧集，且 $A_n\to\mathcal{A}$.

给定 $\varepsilon>0$，存在 N_1 使得 $\operatorname{dist}(A_n, A_m)<\varepsilon$ 对任意的 n，$m\geqslant N_1$ 均成立. 因此当 $n\geqslant N_1$ 时，有 $\bigcup_{k=n}^{\infty}A_k\subset(A_n)^{\varepsilon}$，因此 $\mathcal{A}_n\subset(A_n)^{2\varepsilon}$. 所以

$$\mathcal{A}\subset(A_n)^{2\varepsilon},\quad \forall\, n\geqslant N_1. \tag{4.15}$$

因为每个 $\mathcal{A}_n$ 都是非空的紧集，并且 $\mathcal{A}_{n+1}\subset\mathcal{A}_n$，故 $\mathcal{A}$ 是非空的紧集，且 $\operatorname{dist}(\mathcal{A}_n, \mathcal{A})\to 0$. 事实上，若 $\operatorname{dist}(\mathcal{A}_n,\mathcal{A})$ 不收敛于 0，则存在 $\varepsilon_0>0$，单调增加的正整数列 n_k 以及点 $x_{n_k}\in\mathcal{A}_{n_k}$，使得 $d(x_{n_k},\mathcal{A})\geqslant\varepsilon_0$. 因为 $\{x_{n_k}\}\subset\mathcal{A}_1$ 且 $\mathcal{A}_1$ 是紧集，所以可以假设（有必要的话取子列并重排）$\{x_{n_k}\}$收敛于极限 x，并且显然有 $d(x,\mathcal{A})\geqslant\varepsilon_0$. 但是对每个 M，存在充分大的 n_k 使得 $x_{n_k}\in\mathcal{A}_M$. 又因为 $\mathcal{A}_M$ 是紧集，所以一定有 $x\in\mathcal{A}_M$，故 $x\in\mathcal{A}$. 而这与事实 $d(x,\mathcal{A})\geqslant\varepsilon_0$ 矛盾，从而 $\operatorname{dist}(\mathcal{A}_n,\mathcal{A})\to 0$.

回到（ⅳ）的证明，取 N_2 使得 $\operatorname{dist}(\mathcal{A}_n,\mathcal{A})<\varepsilon$ 对所有的 $n\geqslant N_2$ 都成立. 故 $\mathcal{A}_n\subset\mathcal{A}^{2\varepsilon}$ 对 $n\geqslant N_2$ 成立，因此

$$A_n\subset\mathcal{A}^{2\varepsilon},\quad \forall\, n\geqslant N_2. \tag{4.16}$$

结合式（4.15）和式（4.16）可知，当 $n\geqslant\max(N_1,N_2)$ 时，$\operatorname{dist}(A_n,\mathcal{A})\leqslant 2\varepsilon$，这蕴含着 $A_n\to\mathcal{A}$. 从而结论得证.

4.6 习题

1. 本题给出通用集和第一纲集的例子.

(a) 设 $\{x_j\}_{j=1}^{\infty}$是$\mathbb{R}$中的一列有理数，并设集合

$$U_n=\bigcup_{j=1}^{\infty}\left(x_j-\frac{1}{n2^j},x_j+\frac{1}{n2^j}\right)\quad 和\quad U=\bigcap_{n=1}^{\infty}U_n.$$

证明：U 是通用集但其 Lebesgue 测度为 0.

(b) 使用 Cantor 型集（正如《实分析》第 1 章习题 4 所述）构造一个在 $[0,1]$ 中有全 Lebesgue 测度的第一纲集的例子. 注意到，此集合自然是不可数集且是稠密的. 并且其余集是测度为 0 的通用集，这给出了（a）中集合 U 的另外一种描述.

2. 设 F 和 $\mathcal{O}$ 分别是完备度量空间中的闭子集和开子集. 证明：

(a) F 是第一纲的当且仅当 F 的内部是空集；

(b) $\mathcal{O}$ 是第一纲的当且仅当 $\mathcal{O}$ 是空集；

(c) F 是通用集当且仅当 $F=X$；$\mathcal{O}$ 是通用集当且仅当 $\mathcal{O}^c$ 没有内点.

[提示：(a) 采用反证法，假设闭球$\overline{B}$包含于 F. 对完备的度量空间$\overline{B}$应用纲

定理.]

3. 证明：若度量空间 X_0 是完备度量空间 X 中的开子集，则 Baire 纲定理对于 X_0 仍然成立.

[提示：在 X 中对 X_0 的闭包应用 Baire 纲定理.]

4. 使用

(a) 定理 4.1.5；

(b) 无处可微的连续函数的存在性这一事实.

证明：$[0,1]$ 上的每个连续函数都可由无处可微的连续函数一致逼近.

5. 设 X 是完备的度量空间. 我们知道，一个集合是 X 中的 G_δ 集当且仅当它是可数个开集的交集；一个集合是 X 中的 F_σ 集当且仅当它是可数个闭集的并集. 证明：

(a) 稠密的 G_δ 集是通用集；

(b) 可数稠密集是 F_σ 集，但不是 G_δ 集；

(c) 证明 (a) 的部分逆命题，若 E 是通用集，则存在 $E_0 \subset E$ 使得 E_0 是稠密的 G_δ 集.

6. 证明：函数

$$f(x)=\begin{cases}0, & \text{若 } x \text{ 是无理数},\\ 1/q, & \text{若 } x=p/q \text{ 是最简形式的有理数}.\end{cases}$$

在无理点处是连续的. 与此相反，不存在$\mathbb{R}$上的仅在有理点处连续的函数.

[提示：证明函数的连续点集是 G_δ 集（见定理 4.1.3 的证明），并利用习题 5.]

7. 设 E 是 $[0,1]$ 的子集，并设 I 是 $[0,1]$ 中的任意非平凡的闭区间.

(a) 设 E 是 $[0,1]$ 中的第一纲集. 证明：对每个 I，$E\cap I$ 是 I 中的第一纲集；

(b) 设 E 是 $[0,1]$ 中的通用集. 证明：对每个 I，$E\cap I$ 是 I 中的通用集；

(c) 构造 $[0,1]$ 中的集合 E 使得对所有的 I，集合 $E\cap I$ 既不是 I 中的第一纲集也不是通用集.

[提示：考虑 $[0,1]$ 中的 Cantor 集；在其余集中的每个开区间上再取 Cantor 集；如此继续下去. 相关的测度论结果，见《实分析》第 1 章习题 36.]

8. 称向量空间 X 的子集 $\mathcal{H}$ 是 X 的 **Hamel 基**，如果任意的 $x\in X$ 可唯一写成 $\mathcal{H}$ 中的有限个元素的线性组合.

证明：无穷维 Banach 空间没有可数的 Hamel 基.

[提示：否则的话，证明 Banach 空间是第一纲的.]

9. 考虑 $L^p[0,1]$，其上的测度是 Lebesgue 测度. 注意到若 $f\in L^p$，$p>1$，则 $f\in L^1$. 证明：$f\in L^1$ 但 $f\notin L^p$ 的函数 f 全体是通用集.

更一般的结论，见问题 1.

[提示：考虑集合 $E_N=\{f\in L^1:\int_I |f|\leqslant Nm(I)^{1-1/p}$ 对任意的区间 I 均成立$\}$. 注意到，每个 E_N 是闭集且 $L^p\subset\bigcup_N E_N$. 最后，考虑 $f_0+\varepsilon g$，其中 $g(x)=x^{-(1-\delta)}$ 且 $0<\delta<1-1/p$，并证明 E_N 是无处稠密的.]

10. 考虑 $\Lambda^\alpha(\mathbb{R})$，$0<\alpha<1$. 证明：无处可微函数全体在 $\Lambda^\alpha(\mathbb{R})$ 中是通用集.

但 $\alpha=1$ 时对应的函数，即 Lipschitz 函数，是几乎处处可微的.（参考《实分析》第 3 章习题 32.）

11. 考虑实 Banach 空间 $X=C([0,1])$，范数是上确界范数. 设 $\mathcal{M}$ 是在任意区间 $[a,b]$ 上都不单调（增或减）的函数族，其中 $0\leqslant a<b\leqslant 1$. 证明：$\mathcal{M}$ 在 X 中是通用集.

[提示：记 $\mathcal{M}_{[a,b]}$ 为 X 中在 $[a,b]$ 上不单调的函数全体. 则 $\mathcal{M}_{[a,b]}$ 在 X 中稠密，且 $\mathcal{M}_{[a,b]}^c$ 是闭集.]

12. 假设 X，Y 和 Z 是 Banach 空间，且映射 T：$X\times Y\to Z$ 满足：

（i）对每个 $x\in X$，映射 $y\mapsto T(x,y)$ 在 Y 上是线性连续的；

（ii）对每个 $y\in Y$，映射 $x\mapsto T(x,y)$ 在 X 上是线性连续的.

证明：T 在 $X\times Y$ 上（联合地）连续，并且存在 $C>0$ 使得

$$\|T(x,y)\|_Z\leqslant C\|x\|_X\|y\|_Y$$

对任意的 $x\in X$ 和 $y\in Y$ 成立.

13. 设 $(X,\mathcal{F},\mu)$ 是一个测度空间，且 $\{f_n\}$ 是 $L^p(X,\mu)$ 中的一列函数. 由第 1 章习题 12 可知，若 $1<p<\infty$ 且 $\sup_n\|f_n\|_{L^p}<\infty$，则存在 $\{f_n\}$ 的子列在 L^p 中弱收敛. 换言之，存在 $\{f_n\}$ 的子列 $\{f_{n_k}\}$ 和 $f\in L^p$ 使得，对于 p 的共轭数 q，即 $1/p+1/q=1$，有

$$\int_X f_{n_k}(x)g(x)\mathrm{d}\mu(x)\to\int_X f(x)g(x)\mathrm{d}\mu(x),\quad \forall g\in L^q.$$

更一般地，称 L^p 中的序列 $\{f_n\}$ 是**弱有界的**，如果

$$\sup_n\left|\int_X f_n(x)g(x)\mathrm{d}\mu(x)\right|<\infty,\quad \forall g\in L^q.$$

证明：若 $1<p<\infty$，且 $\{f_n\}$ 是 L^p 中弱有界的序列，则 $\sup_n\|f_n\|_{L^p}<\infty$. 特别地，此结论对于 L^p 中的弱收敛列 $\{f_n\}$ 也成立.

[提示：对 $\ell_n(g)=\int_X f_n(x)g(x)\mathrm{d}\mu(x)$ 应用一致有界原理.]

14. 设 (X,d) 是完备的度量空间，且 T：$X\to X$ 是连续函数. 称 X 中元素 x^* 对 T 而言是**万有的**，若轨道 $\{T^n(x^*)\}_{n=1}^\infty$ 在 X 中是稠密的，其中 $T^n=T\circ T\circ\cdots\circ T$ 表示 T 的 n 重复合.

证明：X 中对 T 而言是万有的元素全体要么是空集，要么是通用集.

[提示：假设 x^* 对 T 而言是万有的，$\{x_j\}$ 是 X 的稠密子集，并令 $F_{j,k,N}=\{x\in X$：存在 $n\geqslant N$ 使得 $d(T^n x,x_j)<1/k\}$. 证明 $F_{j,k,N}$ 是开的稠密集.]

15. 设$\overline{B}$为$\mathbb{R}^d$中的闭单位球，并考虑$\overline{B}$的紧子集关于 Hausdorff 距离构成的度量空间 $\mathcal{C}$.（见 4.5 节.）证明：下述两个集族是通用集.

(a) Lebesgue 测度为 0 的子集族；

(b) 无处稠密子集族.

[提示：(a) 证明满足 $m(C)<1/n$ 的集合 C 的全体是开的稠密集. 事实上，对于这样的集合，$C^c\supset\bigcup_{j=1}^{M}Q_j$，其中 Q_j 是互不相交的开方体且 $\sum|Q_j|>1-1/n$. 再缩小 Q_j. (b) 固定开集 $\mathcal{O}$，并证明 $\mathcal{C}$ 中包含 $\mathcal{O}$ 的集合全体 $\mathcal{C}_{\mathcal{O}}$ 是闭的无处稠密集.]

4.7　问题

1. 设 $T:\mathcal{B}_1\to\mathcal{B}_2$ 是从 Banach 空间 $\mathcal{B}_1$ 到 Banach 空间 $\mathcal{B}_2$ 的有界线性算子.

(a) 证明：要么 T 是满射，要么值域 $T(\mathcal{B}_1)$ 在 $\mathcal{B}_2$ 中是第一纲集；

(b) 设 (X,μ) 是有限测度空间，且 $1\leqslant p_1<p_2\leqslant\infty$. 众所周知 $L^{p_2}(X)\subset L^{p_1}(X)$. 证明：$L^{p_2}(X)$ 是 $L^{p_1}(X)$ 中的第一纲集（不考虑 L^{p_1} 中的每个元素都属于 L^{p_2} 的平凡情形.）

[提示：(a) 假设 $T(\mathcal{B}_1)$ 是第二纲集，并使用类似于定理 4.3.1 的论证过程，证明以 $\mathcal{B}_1$ 的原点为中心的球在 T 下的像集包含一个以 $\mathcal{B}_2$ 的原点为中心的球.]

2. 对每个整数 $n\geqslant2$，令 Λ_n 是存在无穷多个互不相同的分数 p/q 使得

$$|x-p/q|\leqslant1/q^n$$

成立的实数 x 的全体. 证明：

(a) Λ_n 是$\mathbb{R}$中的通用集；

(b) Λ_n 的 Hausdorff 维数等于 $2/n$；

(c) 当 $n>2$ 时 $m(\Lambda_n)=0$，其中 m 表示 Lebesgue 测度.

$\Lambda=\bigcap_{n\geqslant2}\Lambda_n$ 中的元素称为 **Liouville 数**. 尽管不难证明 Λ 中的元素是**超越数**，然而事实上 Λ_n，$n>2$ 中的元素也是超越数.（注意到 Λ_2 即是无理数全体.）

3. 考虑圆周上的连续函数构成的 Banach 空间 $\mathcal{B}$（范数是上确界范数）. 证明：$\mathcal{B}$ 中 Fourier级数在圆周中的通用集上发散的 f 的全体是 $\mathcal{B}$ 中的通用集.

[提示：取 $[0,1]$ 的稠密子集 $\{x_i\}$，设 $E_i=\{f\in\mathcal{B}:\sup_N|S_N(f)(x_i)|=\infty\}$，$E=\bigcap E_i$. 则 E 是通用集. 对每个 $f\in E$，定义 $\mathcal{O}_n=\{x:$存在 N 使得 $|S_N(f)(x)|>n\}$，并证明$\bigcap\mathcal{O}_n$ 是通用集.]

4. 设$\mathbb{D}$为复平面中的单位开圆盘，并设 $\mathcal{A}$ 为$\mathbb{D}$中解析$\overline{\mathbb{D}}$上连续的复值函数全体构成的 Banach 空间，其范数是上确界范数. 证明：$\mathcal{A}$ 中不能解析延拓到$\mathbb{D}$的边界上的点的函数全体是通用集. 为此先证：

(a) 集合 $\mathcal{A}_N=\{f\in\mathcal{A}:|f(e^{i\theta})-f(1)|\leqslant N|\theta|\}$是闭的；

(b) $\mathcal{A}_N$ 是无处稠密的.

[提示：(b) 利用函数 $f_0(z)=(1-z)^{1/2}$ 且考虑 $f+\varepsilon f_0$.]

5. 设单位区间 $I=[0,1]$，且 $C^\infty(I)$ 为 I 上光滑函数构成的向量空间，并赋予距离

$$d(f,g)=\sum_{n=0}^{\infty}\frac{1}{2^n}\frac{\rho_n(f-g)}{1+\rho_n(f-g)},$$

其中 $\rho_n(h)=\sup_{x\in I}|h^{(n)}(x)|$. 称函数 $f\in C^\infty(I)$ 在点 $x_0\in I$ 处解析，若其 Taylor 级数

$$\sum_{n=0}^{\infty}\frac{f^{(n)}(x_0)}{n!}(x-x_0)^n$$

在 x_0 的某个邻域内收敛于 f. 称函数 f 在 x_0 点奇异，若其 Taylor 级数在 x_0 点发散. 证明：

(a) $(C^\infty(I),d)$ 是完备的度量空间；

(b) $C^\infty(I)$ 中在每一点都奇异的函数全体是通用集.

[提示：(b) 考虑对某个 x^* 和任意的 n 有 $|f^{(n)}(x^*)|/n!\leqslant K^n$ 的光滑函数 f 构成的集合 F_K，证明 F_K 是无处稠密的闭集.]

6. 证明：定理 4.4.2 中的空间 L^∞ 不能被任何 L^q，$1\leqslant q<\infty$ 代替. 事实上，存在 $L^1[0,1]$ 的无穷维的闭子空间使得该子空间的元素属于所有的 L^q，$1\leqslant q<\infty$.

[提示：利用下一章中的习题 19.]

7.* 作为习题 14 的应用，设 $\mathcal{H}$ 为整函数构成的向量空间，即在$\mathbb{C}$上解析的函数全体. 给定复平面中的紧子集 K 和 $f\in\mathcal{H}$，记 $\|f\|_K=\sup_{z\in K}|f(z)|$. 若记 K_n 为以原点为中心，n 为半径的闭圆盘，则定义

$$d(f,g)=\sum_{n=1}^{\infty}\frac{1}{2^n}\frac{\|f-g\|_{K_n}}{1+\|f-g\|_{K_n}},\quad \forall f,g\in\mathcal{H}.$$

则 d 是一个距离，且 $(\mathcal{H},d)$ 是一个完备的度量空间. 此外，$d(f_n,f)\to 0$ 当且仅当 f_n 在$\mathbb{C}$的每个紧子集上一致收敛于 f.

Birkhoff 定理（《复分析》第 2 章问题 5）表明存在整函数 F 使得集合 $\{F(z+n)\}_{n=1}^{\infty}$ 在 $\mathcal{H}$ 中稠密. 并且 MacLane 定理（《复分析》第 2 章同一问题的结尾）表明存在整函数 G 使得集合 $\{G^{(n)}(z)\}_{n=1}^{\infty}$ 在 $\mathcal{H}$ 中稠密.

由习题 14 可得，$\mathcal{H}$ 中具有上述任一性质的整函数 f 的全体是 $\mathcal{H}$ 中的通用集，因此同时具有上述两性质的整函数全体也是通用集.

第 5 章　概率论基础

> 一般而言，我和 Khinchin 一起研究概率论时，我的前期工作主要是采用了函数的度量理论中的方法. 诸如大数定律的应用或者独立随机变量级数的收敛条件，从本质上讲，这些都采用了三角级数理论中的方法……
>
> *A. N. Kolmogorov*, *ca*. 1987
>
> Steinhaus 成功地给出了有限以及无限个函数独立的概念. 由此，这里首次出现了由独立函数组成的某些正交函数系……（包括）Rademacher 系.
>
> *M. Kac*, 1936

引入概率论基本概念的最简单的方法是首先考虑 Bernoulli 试验（如掷硬币）及其试验次数趋于无穷大时将发生什么的问题. 这里独立事件在本质上可归于详尽的相互独立随机变量概念中.[1]

在 Bernoulli 试验中，每抛掷一次出现任一结果的概率都为 1/2，并且该例子可以转换到对 Rademacher 函数系的研究. 正如我们即将看到的，这些相互独立函数的性质会导出随机级数的惊人结论. 特别地，当一个 Fourier 级数被 Rademacher 函数系随机化时，有下述著名的“0-1 律”成立：要么对于每个 $p<\infty$，几乎每一个所产生的级数都对应一个 L^p 函数，要么几乎没有一个是 L^1 函数的 Fourier 级数.

从这个特殊的独立函数集转变到一般理论的情形，重点是研究更一般的独立函数列的求和问题. 首先，当这些函数同分布（并且平方可积）时，将得到在此延伸情况下的“中心极限定理”. 我们也将看到此定理与遍历定理有紧密的联系，并且这也允许我们证明一种“大数定律”.

接着，考虑不一定同分布的独立函数列. 将得到的主要性质是相应的和式形成了一个“鞅序列”. 事实上，在分析包含 Rademacher 函数系的和式时已经给出了一个有趣的例子. 其中重要的是关于鞅序列的极大定理，该定理类似于第 2 章的极大定理.

本章末，我们将 Bernoulli 试验看作直线上的随机游动. 自然地，在 d 维空间

1　在后文中，我们常使用术语“函数”代替“随机变量”.

中也考虑类似的随机游动. 对此，我们可以发现在 $d\leqslant 2$ 和 $d\geqslant 3$ 两种情况下所表现的常返性存在着显著差异.

5.1 Bernoulli 试验

考察与掷硬币相关的问题时，可以给出概率论中一些概念的最简单的例子.

5.1.1 掷硬币

我们从考虑最简单的赌博游戏开始. 两个玩家 A 和 B 决定投掷一枚均匀的硬币 N 次. 硬币的“正面”朝上一次，玩家 A 赢一美元；硬币的“反面”朝上一次，玩家 A 输一美元. 因为每投掷一次有两种可能结果，所以他们的游戏结果会有 2^N 种可能的序列. 如果我们考虑结果的可能性，就出现这个问题：（比如）玩家 A 赢的概率是多少，并且特别地，对于某个 k，他赢 k 美元的概率是多少?

为回答此问题，首先把上述情况形式化，并且引入后续经常出现的术语. 所考虑的 2^N 种可能的情况（或“结果”）可看作$\mathbb{Z}_2^N$中的点，其中$\mathbb{Z}_2^N$是两点空间$\mathbb{Z}_2=\{0,1\}$ 的 N 次乘积空间，且 0 代表正面和 1 代表反面. 即

$$\mathbb{Z}_2^N=\{x=(x_1,\cdots,x_N):\text{对任一 } j \text{ 均有 } x_j=0 \text{ 或 } 1,\text{其中 } 1\leqslant j\leqslant N\}.$$

若设对任一 n，在第 n 次投掷时，掷出正面或者反面的可能性是一样的（因此每种投掷结果的概率为 1/2)，则立即有下述定义：空间$\mathbb{Z}_2^N$是基本的“概率”空间；此空间上有“概率测度” m，该测度赋予$\mathbb{Z}_2^N$中的每一点的测度为 2^{-N} 并且 $m(\mathbb{Z}_2^N)=1$. 对于任意的 $1\leqslant n\leqslant N$，若记 E_n 为第 n 次投掷的是正面的事件集合，即$E_n=\{x\in\mathbb{Z}_2^N: x_n=0\}$，则 $m(E_n)=1/2$；同时对所有满足 $n\neq m$ 的 n 和 m，有 $m(E_n\cap E_m)=m(E_n)m(E_m)$. 后一等式反映了第 n 次和第 m 次投掷的结果是“独立的”.

我们也要考虑概率空间上的某些函数.（概率论中，概率空间上的函数通常被称为**随机变量**；但我们偏向使用“函数”.）定义函数 r_n 为玩家 A 在第 n 次投掷时赢（或输）的钱数，即当 $x_n=0$ 时，$r_n(x)=1$；当 $x_n=1$ 时，$r_n(x)=-1$，其中 $x=(x_1,\cdots,x_n)$. 玩家 A 在投掷 N 次后赢（或输）的总数即为

$$S_N(x)=S(x)=\sum_{n=1}^{N}r_n(x).$$

接着，考虑对于给定的整数 k，$S(x)=k$ 的概率概念. 如果给定的一点 $x\in\mathbb{Z}_2^N$ 有 N_1 个坐标为 0 和 N_2 个坐标为 1（即玩家 A 赢 N_1 次且输 N_2 次)，则 $S(x)=k$ 当然意味着 $k=N_1-N_2$，然而 $N_1+N_2=N$. 因此

$$N_1=(N+k)/2,\quad N_2=(N-k)/2,$$

并且 k 和 N 的奇偶性相同. 进一步地，假设 N 是偶数；N 为奇数的情形类似.（参考习题 1.）

因此在概率空间$\mathbb{Z}_2^N$中，满足 $S(x)=k$ 的点 x 的个数等于在 0 或 1 之间选择 N 次时有 N_1 个零点出现的次数. 这个数是二项式系数

$$\binom{N}{N_1}=\frac{N!}{N_1!(N-N_1)!}=\frac{N!}{\left(\frac{N+k}{2}\right)!\left(\frac{N-k}{2}\right)!}.$$

因为每一点的测度为 2^{-N}，所以

$$m(\{x:S(x)=k\})=2^{-N}\frac{N!}{\left(\frac{N+k}{2}\right)!\left(\frac{N-k}{2}\right)!} \tag{5.1}$$

当 k 从 $-N$ 到 N 变化时（k 为偶数），关于这些数的相应范围，我们能得到什么结论呢？式（5.1）在端点 $-N$ 或者 N 处取得最小值，且 $m(\{x:S(x)=N\})=m(\{x:S(x)=-N\})=2^{-N}$. 当 k 从 $-N$ 变到 0 时（k 为偶数），$m(\{x:S(x)=k\})$ 递增，而当 k 从 0 增加到 N 时，$m(\{x:S(x)=k\})$ 递减. 这是因为

$$\frac{m(\{x:S(x)=k+2\})}{m(\{x:S(x)=k\})}=\frac{N-k}{N+k+2}.$$

并且根据 $k\leqslant -2$ 或 $k\geqslant 0$，右边分别大于 1 或小于 1. 因此式（5.1）在 $k=0$ 时取得最大值，其值为

$$2^{-N}\frac{N!}{[(N/2)!]^2}$$

根据 Stirling 公式可知，这个数大约为 $\frac{2}{\sqrt{2\pi}}N^{-1/2}$，且它远大于最小值 2^{-N}.

至此，我们抛开初等的考虑，开始处理 $N\to\infty$ 极限情形时出现的概率论问题.

5.1.2　$N=\infty$ 的情形

本小节取 $\mathbb{Z}_2$ 的无穷乘积空间作为概率空间，此空间记为 $\mathbb{Z}_2^{\infty}$，且更简单地将之记为 X. 即

$$X=\{x=(x_1,\cdots,x_n,\cdots):对所有\ n\geqslant 1\ 有\ x_n=0\ 或\ 1\}.$$

空间 X 上的测度是每一个部分乘积 $\mathbb{Z}_2^N$ 上的测度（依次从每一个因子 $\mathbb{Z}_2$ 上得到）按下述方式诱导的乘积测度. 称 X 中的集合 E 为**柱集**，如果存在某个（有限的）N 和集合 $E'\in\mathbb{Z}_2^N$，使得 $x\in E$ 当且仅当 $(x_1,\cdots,x_N)\in E'$. 由此定义可知，柱集以及它们的有限并、有限交和余集组成的集族构成了 X 上的一个代数. 注意到，由 $m(E)=m_N(E')$ 所定义的函数 m（其中 $m_N=m$ 是上节中所述的 $\mathbb{Z}_2^N$ 上的测度）可以延拓成由柱集所生成的 σ-代数上的测度. 显然 $m(X)=1$.（对此，读者可以查阅《实分析》第 6 章习题 14 和习题 15.）

更一般地，我们考虑一对 (X,m)，其中给定了由 X 的子集生成的 σ-代数（“可测”集或“事件”），并在此 σ-代数上有一测度 m，满足 $m(X)=1$. 采用前面使用的术语，称 X 为**概率空间**，并称 m 为**概率测度**. 在此背景下，用术语“几乎确定”意指“几乎处处”.

回到前面定义的带有乘积测度的空间 $X=\mathbb{Z}_2^{\infty}$ 上，并在此空间上对任意的 $1\leqslant n<\infty$ 定义函数 r_n 为 $r_n(x)=1-2x_n$，其中 $x=(x_1,\cdots,x_n,\cdots)$，且对每一个 n

均有 $x_n=0$ 或 1. 这些函数可以被看作 X 和区间 $[0,1]$ 的对应，其中 $[0,1]$ 上的测度 m 等同于 $[0,1]$ 上的 Lebesgue 测度. 事实上，考虑映射 $D:X\to[0,1]$,

$$D:(x_1,\cdots,x_n,\cdots)\mapsto\sum_{j=1}^{\infty}\frac{x_j}{2^j}=t\in[0,1]. \tag{5.2}$$

映射 D 成为从 X 到 $[0,1]$ 的双射，如果分别从 X 和 $[0,1]$ 中除去可数集 Z_1 和 Z_2，其中 Z_1 由 X 中除有限个坐标外其余坐标都是 0 或都是 1 的点组成；Z_2 由二进有理数（$[0,1]$ 中形如 $\ell/2^m$ 的数，其中 ℓ, m 为整数）组成. 进一步地，若 $E\subset X$ 是柱集 $E=\{x:x_j=a_j,1\leqslant j\leqslant N\}$，其中 a_j 是给定的由 0 和 1 组成的有限集，则$m(E)=2^{-N}$. 此外，D 映 E 为二进区间 $\left[\frac{\ell}{2^N},\frac{\ell+1}{2^N}\right]$，且 $\ell=\sum_{j=1}^{N}2^{N-j}a_j$. 此区间的 Lebesgue 测度为 2^{-N}. 由此易得 X 和 $[0,1]$ 是对等的.

X 和 $[0,1]$ 之间的对等允许我们将函数 r_n 看作 $t\in[0,1]$ 的函数（每一个在有限集上都未定义）；因此可写作 $r_n(x)$ 或 $r_n(t)$（其中 $x\in X$ 或 $t\in[0,1]$）. 注意到当 $0<t<1/2$ 时，$r_1(t)=1$；当 $1/2<t<1$ 时，$r_1(t)=-1$. 此外，若将 r_1 延拓成$\mathbb{R}$ 上周期为 1 的周期函数，则 $r_n(t)=r_1(2^{n-1}t)$. $[0,1)$ 上的函数列 $\{r_n\}$ 就是 **Rademacher 函数系**，见图 1.

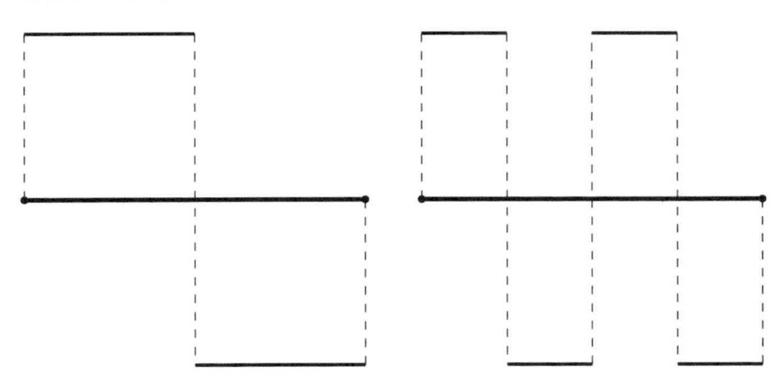

图 1 Rademacher 函数 r_1 和 r_2

这些函数所拥有的关键性质是如下定义的相互独立性. 给定一个概率空间 (X,m)，称 X 上实值可测[2] 函数列 $\{f_n\}_{n=1}^{\infty}$ 是**相互独立的**，如果对于$\mathbb{R}$ 中的任一列 Borel 集 B_n，均有

$$m\left(\bigcap_{n=1}^{\infty}\{x:f_n(x)\in B_n\}\right)=\prod_{n=1}^{\infty}m(\{x:f_n(x)\in B_n\}). \tag{5.3}$$

类似地，称集族 $\{E_n\}$ 是相互独立的，如果它们的特征函数是相互独立的. 当然对于有限个函数 $f_1,\cdots,f_N$ 或有限个集合 $E_1,\cdots,E_N$ 也都有类似的相互独立的定义. 注意到对于两个集合 E_n 和 E_m，此概念与前面的一致. 然而一列两两相互独立

2 今后，假设所有的函数（和集合）都是可测的. 此外，除了 5.1.7 节和 5.2.6 节中特别说明之外，我们也一直假设函数（随机变量）都是实值的.

的函数（或集合），不一定是相互独立的.（见习题 2.）此外，若 $f_1,\cdots,f_n$ 是（比如说）有界且相互独立的函数系，则它们乘积的积分等于它们各自积分的乘积，

$$\int_X f_1(x)\cdots f_n(x)\mathrm{d}m=\left(\int_X f_1(x)\mathrm{d}m\right)\cdots\left(\int_X f_n(x)\mathrm{d}m\right). \tag{5.4}$$

先直接证明此等式对于特征函数的线性组合成立，然后取极限即可得到上述等式.

一般地，独立函数系按如下方式出现. 假设概率空间 (X,m) 是概率空间 (X_n,m_n) 的乘积，$n=1,2,\cdots$，并且 m 等于 m_n 的乘积测度. 假设关于 $x\in X$ 的函数 $f_n(x)$ 仅依赖于 x 的第 n 个坐标，即 $f_n(x)=F_n(x_n)$，其中每一个 F_n 定义在 X_n 上，且 $x=(x_1,x_2,\cdots,x_n,\cdots)$. 则函数系 $\{f_n\}$ 是相互独立的. 为此，设 $E_n=\{x:f_n(x)\in B_n\}$ 且 $E_n\subset X$，类似地 $E'_n=\{x_n:F_n(x_n)\in B_n\}$ 且 $E'_n\subset X_n$. 则 $E_n=\{x:x_n\in E'_n\}$ 是柱集且 $m(E_n)=m_n(E'_n)$. 从而易证对每一个 N 有

$$m\left(\bigcap_{n=1}^{N}E_n\right)=\prod_{n=1}^{N}m_n(E'_n)=\prod_{n=1}^{N}m(E_n).$$

令 $N\to\infty$ 即可得到式（5.3），故结论证得. 这应用到 Rademacher 函数系即证它们是相互独立的.

碰巧的是，这个相互独立的随机变量的例子在某种程度上表现出一般性质.（见习题 6.）

5.1.3　$N\to\infty$ 时 S_N 的动态

有了这些预备知识后，我们准备考虑下式的动态

$$S_N(x)=\sum_{n=1}^{N}r_n(x),$$

此式表示掷硬币 N 次后玩家 A 赢的钱数. 结果是当 $N\to\infty$ 时，S_N 的数量级实质上远小于 N. 下述命题对此提供了一些线索.

命题 5.1.1　对任一整数 $N\geqslant 1$，

$$\|S_N\|_{L^2}=N^{1/2}. \tag{5.5}$$

该命题可由 $\{r_n(t)\}$ 是 $L^2([0,1])$ 中的正交规范系得到. 事实上，因为 r_n 在测度为 1/2 的集上等于 1 并且在另一个测度为 1/2 的集上等于 -1，所以 $\int_0^1 r_n(t)\mathrm{d}t=0$. 进一步地，由它们的相互独立性及式（5.4）可知，

$$\int_0^1 r_n(t)r_m(t)\mathrm{d}t=0,\quad 当\ n\neq m\ 时.$$

此外，显然有 $\int_0^1 r_n^2(t)\mathrm{d}t=1$. 因此

$$\left\|\sum_{n=1}^{N}a_nr_n\right\|_{L^2}^2=\sum_{n=1}^{N}|a_n|^2,$$

并且对于 $1\leqslant n\leqslant N$ 取 $a_n=1$ 即得式（5.5）.

注　序列 $\{r_n\}$ 在 $L^2([0,1])$上远不完备. 见习题 13 和习题 16.

由上述命题立即可得，平均值 S_N/N “依概率”收敛于 0. 相关的定义如下. 称函数列 $\{f_n\}$ **依概率收敛于** f，如果对于任意的 $\varepsilon>0$ 均有

$$m(\{x:|f_N(x)-f(x)|>\varepsilon\})\to 0,\text{当 } N\to\infty \text{ 时.}^3$$

推论 5.1.2 S_N/N 依概率收敛于 0.

事实上，由 Tchebychev 不等式可得

$$m(\{|S_N(x)/N|>\varepsilon\})=m(\{|S_N(x)|>\varepsilon N\})\leqslant\frac{1}{\varepsilon^2N^2}\int|S_N(x)|^2\mathrm{d}m.$$

因此 $m(\{x:|S_N(x)/N|>\varepsilon\})\leqslant 1/(\varepsilon^2N)$，从而推论得证. 注意到使用同样的推理可以得到更好的结论，即只要 $\alpha>1/2$，当 $N\to\infty$ 时就有 S_N/N^α 依概率收敛于 0. 更强的结论将在推论 5.1.5 中给出.

5.1.4 中心极限定理

式 (5.5) 表明更细致地研究 N 足够大时的 S_N 的方法是使之形式化，并且取而代之考虑 $S_N/N^{1/2}$. 研究这个量在适当情形下的极限可导出**中心极限定理**. 为阐述此定理，引入下述有关函数的**分布测度**这一概念. 概率空间 (X,m) 上的（实值）函数 f 的分布测度定义为$\mathbb{R}$上的唯一的（Borel）测度 $\mu=\mu_f$，使得

$$\mu(B)=m(\{x:f(x)\in B\})\text{，对于所有的 Borel 集 } B\subset\mathbb{R}.$$

注意到 $\mu(\mathbb{R})=1$，故$\mathbb{R}$上的每一个分布测度都是概率测度. 碰巧的是，分布测度与第 2 章 2.4.1 节出现的分布函数有紧密联系，这是因为

$$\lambda_f(\alpha)=m(\{x:|f(x)|>\alpha\})=\mu_{|f|}((\alpha,\infty)).$$

在那里有关证明式 (2.29) 的论述也能被用于证明下述结论. 首先当 $\int_{-\infty}^{\infty}|t|\mathrm{d}\mu(t)<\infty$ 时，f 在 X 上可积，且 $\int_X f(x)\mathrm{d}m=\int_{-\infty}^{\infty}t\mathrm{d}\mu(t)$. 类似地，当 $\int_{-\infty}^{\infty}|t|^p\mathrm{d}\mu(t)$ 有限时，$f\in L^p(X,m)$ 且 $\|f\|_{L^p}^p=\int_{-\infty}^{\infty}|t|^p\mathrm{d}\mu(t)$.

更一般地，若 G 是$\mathbb{R}$上的非负连续（或连续有界）函数，则

$$\int_X G(f)(x)\mathrm{d}m=\int_{\mathbb{R}}G(t)\mathrm{d}\mu(t).\tag{5.6}$$

见习题 12.

我们称（采用概率论的说法）f **有平均值**，如果 f 是可积的，此时它的**平均值** m_0（也称为**期望**）定义如下：

$$m_0=\int_X f(x)\mathrm{d}m=\int_{-\infty}^{\infty}t\mathrm{d}\mu(t).$$

如果 f 在 X 上也是平方可积的，则定义 f 的**方差** σ^2 为

$$\sigma^2=\int_X(f(x)-m_0)^2\mathrm{d}m.$$

特别地，当 $m_0=0$ 时，

3 在测度论中，这个概念常常被称作“依测度收敛”.

$$\sigma^2=\|f\|_{L^2}^2=\int_{-\infty}^{\infty}t^2\mathrm{d}\mu(t).$$

自然地，称$\mathbb{R}$上的测度 ν 是 Gaussian 测度（或**正态分布**），如果该测度的密度函数是$\frac{1}{\sqrt{2\pi}}\mathrm{e}^{-t^2/2}$，即

$$\nu((a,b))=\int_a^b\frac{1}{\sqrt{2\pi}}\mathrm{e}^{-t^2/2}\mathrm{d}t.$$

更一般地，方差为 σ^2 的正规测度为

$$\nu_{\sigma^2}((a,b))=\int_a^b\frac{1}{\sigma\sqrt{2\pi}}\mathrm{e}^{-t^2/(2\sigma^2)}\mathrm{d}t.$$

5.1.5 De Moivre 定理的阐述与证明

现在我们能够阐述并证明 De Moivre 定理，该定理是掷硬币这个特殊情形下的中心极限定理. 它断言 $S_N/N^{1/2}$ 的分布测度在下述意义下收敛于正态分布（见图 2）.

定理 5.1.3 对任意的 $a<b$，有

$$m(\{x:a<S_N(x)/N^{1/2}<b\})\to\int_a^b\frac{\mathrm{e}^{-t^2/2}}{\sqrt{2\pi}}\mathrm{d}t,\text{当 } N\to\infty \text{ 时}.$$

在该定理的证明过程中，首先考虑 N 是偶数时的情形；当 N 是奇数时除了少许改变，可以同样考虑. 结合这两种情形即可完成此定理的证明.

证 在式（5.1）中取 $k=2r$，其中 r 为整数，并设 $\alpha<\beta$，则

$$m(\{x:\alpha<S_N(x)<\beta\})=\sum_{\alpha<2r<\beta}P_r,\text{其中 } P_r=\frac{2^{-N}N!}{(N/2+r)!\ (N/2-r)!}.$$

因此

$$m(\{x:a<S_N(x)/N^{1/2}<b\})=\sum_{aN^{1/2}<2r<bN^{1/2}}P_r.$$

对于固定的 a 和 b，$r=O(N^{1/2})$. 我们断言

$$P_r=\frac{2}{\sqrt{2\pi}N^{1/2}}\mathrm{e}^{-2r^2/N}(1+O(1/N^{1/2}))\text{，当 } N\to\infty \text{ 时}. \tag{5.7}$$

为此，使用 Stirling 公式[4]

$$N!=\sqrt{2\pi}N^{N+1/2}\mathrm{e}^{-N}(1+O(1/N^{1/2}))\text{，当 } N\to\infty \text{ 时}.$$

由此可得

$$P_r=\frac{2}{\sqrt{2\pi}}\frac{1}{N^{1/2}}\frac{1}{\left(1+\frac{2r}{N}\right)^{N/2+r+1/2}}\frac{1}{\left(1-\frac{2r}{N}\right)^{N/2-r+1/2}}(1+O(1/N^{1/2})).$$

又当 $x\to0$ 时，$\log(1+x)=x-x^2/2+O(|x|^3)$，故若记

4　参考《复分析》附录 A 定理 2.3. 误差项 $O(1/N^{1/2})$ 能够被改善；但是我们需要一个更弱的估计.

$$A_r=\left(\frac{N}{2}+r+\frac{1}{2}\right)\log(1+2r/N),$$

则由 $r=O(N^{1/2})$ 可得

$$A_r=\left(\frac{N}{2}+r+\frac{1}{2}\right)\left(\frac{2r}{N}-\frac{2r^2}{N^2}\right)+O(N^{-1/2}).$$

因此 $A_r+A_{-r}=\frac{2r^2}{N}+O(N^{-1/2})$，并且因为

$$\left[\left(1+\frac{2r}{N}\right)^{N/2+r+1/2}\left(1-\frac{2r}{N}\right)^{N/2-r+1/2}\right]^{-1}=\mathrm{e}^{-A_r-A_{-r}},$$

所以式 (5.7) 成立.

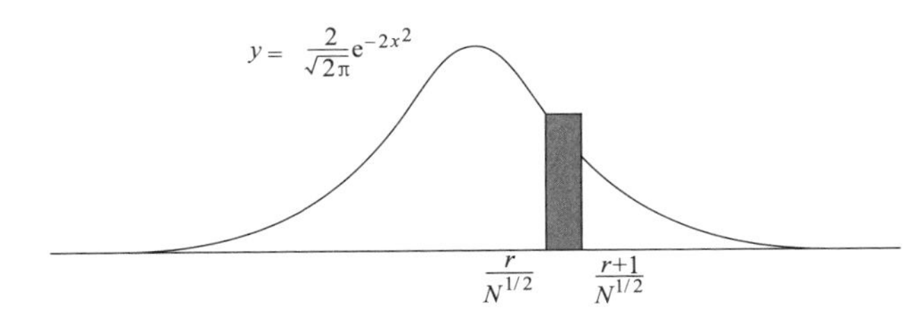

图 2 Gaussian 函数的积分逼近

现在若 $t\in[r/N^{1/2},(r+1)/N^{1/2}]$，则由 $r=O(N^{1/2})$ 可得 $\mathrm{e}^{-2r^2/N}-\mathrm{e}^{-2t^2}=O(\mathrm{e}^{-2t^2}/N^{1/2})$. 因此

$$\frac{1}{N^{1/2}}\mathrm{e}^{-2r^2/N}=\int_{r/N^{1/2}}^{(r+1)/N^{1/2}}\mathrm{e}^{-2t^2}\mathrm{d}t(1+O(N^{-1/2})).$$

根据式 (5.7)，并做变量替换 $t\to t/2$ 可得

$$\begin{aligned}m(\{x:a<S_N(x)/N^{1/2}<b\})&=\sum_{aN^{1/2}<2r<bN^{1/2}}P_r\\&=\int_{a/2}^{b/2}\frac{2}{\sqrt{2\pi}}\mathrm{e}^{-2t^2}\mathrm{d}t+O(N^{-1/2})\\&=\int_a^b\frac{1}{\sqrt{2\pi}}\mathrm{e}^{-t^2/2}\mathrm{d}t+O(N^{-1/2}).\end{aligned}$$

再令 $N\to\infty$ 即可得到我们想要的结论. □

5.1.6 随机级数

关于 Rademacher 函数系所固有的随机性的一个惊人例证是，尽管级数 $\sum_{n=1}^{\infty}1/n$ 发散，但是对“几乎所有”的组合级数 $\sum_{n=1}^{\infty}(\pm)1/n$ 都收敛，其中对于不同的 n，$\pm$ 的选择是独立的并且是等概率的.

一个具体且更一般的结论如下.

定理 5.1.4

(a) 若 $\sum_{n=1}^{\infty}|a_n|^2<\infty$，则对几乎所有的 $t\in[0,1]$，级数 $\sum_{n=1}^{\infty}a_nr_n(t)$ 都收敛；

(b) 若 $\sum_{n=1}^{\infty}|a_n|^2$ 发散，则对几乎所有的 $t\in[0,1]$，级数 $\sum_{n=1}^{\infty}a_nr_n(t)$ 都发散.

注 上述结论一定是几乎处处成立的（若它们在正测集上成立），这个事实是“0-1 律”的特殊情形. 详见 5.2.3 节.

为证此定理，注意到 $\{r_n\}$ 是 $L^2([0,1])$ 中的正交规范序列. 因此若 $\sum_{n=1}^{\infty}|a_n|^2<\infty$，则当 $N\to\infty$ 时，序列 $\{\sum_{n=1}^{N}a_nr_n(t)\}$ 依 L^2 范数收敛于某个函数 $f\in L^2([0,1])$. 由此 f 可简写为

$$f\sim\sum_{n=1}^{\infty}a_nr_n,\quad 并设\ S_N(f)=\sum_{n=1}^{N}a_nr_n.$$

为证 S_N 的几乎处处收敛性，引入如下定义的二进区间上的平均算子. 对任一正整数 n，长度为 2^{-n} 的**二进区间**是 2^n 个 $[0,1]$ 中形如 $\left(\frac{\ell}{2^n},\frac{\ell+1}{2^n}\right]$ 的子区间，其中，$0\leqslant\ell<2^n$. 显然，这些区间组成 $[0,1]$ 的一个互不相交的开覆盖（除了原点）. 现在对任意的 $[0,1]$ 上的可积函数 f 及 n，定义

$$\mathbb{E}_n(f)(t)=\frac{1}{m(I)}\int_I f(s)\mathrm{d}s,$$

其中 $t\in I$，且 I 是长度为 2^{-n} 的二进区间.（注意到 $\mathbb{E}_n(f)(t)$ 对于 $t=0$ 没有定义，但这不是本质的.）

对于上面出现的函数 f（r_n 的有限线性组合的 L^2 极限），下述基本等式成立：

$$\mathbb{E}_n(f)=S_N(f),\forall N.\tag{5.8}$$

为证此，注意到当 $N\geqslant n$ 时，$\mathbb{E}_N(r_n)=r_n$. 事实上，当 $N\geqslant n$ 时，每一个 r_n 在每一个长度为 2^{-N} 的二进区间上都是常数. 此外当 $n>N$ 时，$\mathbb{E}_N(r_n)=0$，这是因为 r_n 在每一个长度为 2^{-N} 的二进区间上的积分为零. 由等式 $r_n(t)=r_1(2^{n-1}t)$ 可见，这些事实容易简化到 $n=1$ 的情形. 从而式 (5.8) 对于 Rademacher 函数系的任意有限线性组合都成立. 因此当 $n\geqslant N$ 时 $S_N(f)=\mathbb{E}_N(S_n(f))$，再令 $n\to\infty$，通过取极限即可得到式 (5.8).

由 Lebesgue 微分定理[5] 可知，$\lim_{N\to\infty}\mathbb{E}_N(f)(t)$ 存在并且在 f 的 Lebesgue

---

5　参考《实分析》第 3 章定理 1.3 及其推论.

集中的所有点上都等于 $f(t)$，因此几乎处处收敛. 从而由式（5.8）可知级数几乎处处收敛，进而（a）得证.

在证明逆命题（b）之前，先加强 5.1.3 节中得到的结论. 在那里我们考虑和式 $S_N(t)=\sum_{n=1}^{N} r_n(t)$ 并且证得该和式依概率有 $S_N/N\to 0$. 此结论本身隐含于下述“强大数定律”中.

推论 5.1.5 设 $S_N(t)=\sum_{n=1}^{N} r_n(t)$. 则当 $N\to\infty$ 时，对几乎每一个 t 有 $S_N(t)/N\to 0$. 事实上，如果 $\alpha>1/2$，则对几乎每一个 t 有 $S_N(t)/N^{\alpha}\to 0$.

证 固定 $1/2<\beta<\alpha$，并设 $a_n=n^{-\beta}$ 和 $b_n=n^{\beta}$. 显然有 $\sum a_n^2<\infty$. 设 $\widetilde{S}_N(t)=\sum_{n=1}^{N} a_n r_n(t)$. 则由分部求和，并设 $\widetilde{S}_0=0$ 可得

$$
\begin{aligned}
S_N(t)&=\sum_{n=1}^{N} r_n=\sum_{n=1}^{N} a_n r_n b_n=\sum_{n=1}^{N}(\widetilde{S}_n-\widetilde{S}_{n-1})b_n\\
&=\widetilde{S}_N b_N+\sum_{n=1}^{N-1}\widetilde{S}_n(b_n-b_{n+1}).
\end{aligned}
$$

但是 $|b_n-b_{n+1}|=b_{n+1}-b_n$ 且 $\sum_{n=1}^{N-1}(b_{n+1}-b_n)=b_N-1=O(N^{\beta})$，而且对几乎所有的 t，级数 $\sum_{n=1}^{\infty} a_n r_n(t)$ 的收敛性蕴含着 $|\widetilde{S}_n(t)|=O(1)$. 因此对于那些 t，有 $S_N(t)=O(N^{\beta})$，并且由此可得对几乎所有的 t 有 $S_N(t)/N^{\alpha}\to 0$. 从而推论得证. □

现在证明（b）. 该证明基于下述引理.

引理 5.1.6 假设 E 是 $[0,1]$ 的满足 $m(E)>0$ 的子集. 则存在 $c>0$ 和正整数 N_0 使得，对于任意形如

$$F(t)=\sum_{n\geqslant N_0} a_n r_n(t)$$

的有限和 F，有

$$\int_E |F(t)|^2\,\mathrm{d}t\geqslant c\sum_{n\geqslant N_0} a_n^2.$$

与已经用过的 $\{r_n\}$ 的正交性相比，此证明过程要求更强的正交性，而这又需要使用一次 Rademacher 函数系的相互独立性.

对于每一个有序数对 (n,m)，其中 $n<m$，定义 $\varphi_{n,m}(t)=r_n(t)r_m(t)$. 则集合 $\{\varphi_{n,m}\}$ 是 $L^2([0,1])$ 中的正交规范列. 为证此，考虑 $\int_0^1 \varphi_{n,m}(t)\varphi_{n',m'}(t)\,\mathrm{d}t$. 当 $(n,m)=(n',m')$ 时该积分显然等于 1. 如果 $(n,m)\neq(n',m')$，但 n 或 m 等于 n' 或 m'（依任何顺序），则由 $\{r_n\}$ 的正交性可得该积分为零. 最后若 n 或

m 中没一个等于 n' 或 m'，则对四个相互独立的函数 r_n，r_m，$r_{n'}$ 和 $r_{m'}$ 应用式（5.4）即可证得此断言.

假设 F 是任意形如 $\sum_n a_n r_n(t)$ 的有限和，则

$$(F(t))^2 = \sum_n a_n^2 r_n^2(t) + 2\sum_{n<m} a_n a_m r_n(t) r_m(t),$$

因此

$$\int_E (F(t))^2 \mathrm{d}t = m(E)\sum_n a_n^2 + 2\sum_{n<m} a_n a_m \gamma_{n,m}, \tag{5.9}$$

其中 $\gamma_{n,m} = \int_E r_n(t) r_m(t) \mathrm{d}t = \int_0^1 \chi_E(t) \varphi_{n,m}(t) \mathrm{d}t$. 因此由 $\{\varphi_{n,m}\}$ 的正交性及 Bessel 不等式[6] 可得 $\sum_{n,m} \gamma_{n,m}^2 \leqslant m(E) \leqslant 1$. 故对于任意固定的 $\delta>0$（δ 将立刻取定），存在 N_0 使得 $\sum_{N_0 \leqslant n<m} \gamma_{n,m}^2 \leqslant \delta$. 我们将此式和 Schwarz 不等式应用到式（5.9）右边的最后一项，并只考虑 F 为形如 $F(t) = \sum_{n \geqslant N_0} a_n r_n(t)$ 的有限和，则它以

$$2\Big(\sum_{N_0 \leqslant n<m} (a_n a_m)^2\Big)^{1/2} \delta^{1/2} \leqslant 2\delta^{1/2} \sum_{n \geqslant N_0} a_n^2$$

为界. 若取 δ 满足 $2\delta^{1/2} \leqslant m(E)/2$，则由式（5.9）可得

$$\int_E |F(t)|^2 \mathrm{d}t \geqslant \frac{1}{2} m(E) \sum_{n \geqslant N_0} a_n^2,$$

再取 $c = m(E)/2$ 即可证得引理.

为完成定理 5.1.4(b)的证明，我们假设结论不成立，即 $\{S_N(t)\}$ 在一个正测集上收敛. 则该序列在一个正测集上一致有界，从而存在 M 和集合 E，其中 $m(E)>0$，使得当 $t \in E$ 时，对任意的 N 均有 $|S_N(t)| \leqslant M$. 因此存在 M' 使得对所有的 $N \geqslant N_0$，当 $t \in E$ 时，$\left|\sum_{N_0 \leqslant n \leqslant N} a_n r_n(t)\right| \leqslant M'$.

由引理可知 $\sum_{N_0 \leqslant n \leqslant N} a_n^2 \leqslant c^{-1}(M')^2$ 对所有的 N 都成立. 再令 $N \to \infty$，即可得到 $\sum a_n^2$ 收敛. 这就得到了矛盾，从而定理得证.

5.1.7　随机 Fourier 级数

上述想法也能用于得到关于随机 Fourier 级数的惊人结论，该级数即是 $[0, 2\pi]$ 上的形如

$$\sum_{n=-\infty}^{\infty} \pm c_n \mathrm{e}^{\mathrm{i}n\theta}$$

6　对于 Bessel 不等式，参考《实分析》第 4 章第 2.1 节.

的 Fourier 级数. 为了用 Rademacher 函数系以参数表示 $\pm$ 的选择，我们需要重新标记这些函数以便它们的下标能在 $\mathbb{Z}$ 上取. 为此，需要改变一些记号并且定义 $n\in\mathbb{Z}$ 的函数 ρ_n 为 $\rho_n(t)=r_{2n+1}(t)$，当 $n\geqslant 0$ 时；$\rho_n(t)=r_{-2n}(t)$，当 $n<0$ 时，系数 c_n 为复数，以便在这里可以考虑复值函数.

定理 5.1.7

(a) 如果 $\sum_{n=-\infty}^{\infty}|c_n|^2<\infty$，则对于几乎每一个 $t\in[0,1]$，对任意的 $p<\infty$，函数

$$f_t(\theta)\sim\sum_{n=-\infty}^{\infty}\rho_n(t)c_n\mathrm{e}^{\mathrm{i}n\theta} \tag{5.10}$$

属于 $L^p([0,2\pi])$.

(b) 如果 $\sum_{n=-\infty}^{\infty}|c_n|^2=\infty$，则对于几乎每一个 $t\in[0,1]$，级数 (5.10) 不是任一可积函数的 Fourier 级数.

证明以 Khinchin 不等式为基础，像引理 5.1.6 一样该不等式是对 Rademacher 函数系的相互独立性的进一步讨论所得.

假设复数列 $\{a_n\}$ 满足 $\sum_{n=-\infty}^{\infty}|a_n|^2<\infty$. 并设 $F(t)=\sum_{n=-\infty}^{\infty}a_n\rho_n(t)$，其中 F 取为部分和在 $L^2([0,1])$ 上的 L^2 极限.

引理 5.1.8 对每一个 $p<\infty$，存在上界 A_p 使得

$$\|F\|_{L^p}\leqslant A_p\|F\|_{L^2}$$

对所有形如 $F(t)=\sum_{n=-\infty}^{\infty}a_n\rho_n(t)$ 的 $F\in L^p([0,1])$ 均成立.

只需证明当 a_n 是实值的，且 $\|F\|_{L^2}^2=\sum_{-\infty}^{\infty}a_n^2=1$ 时的相应结论.

注意到由式 (5.3) 可证：若 $\{f_n\}$ 是一列相互独立的（实值）函数，则序列 $\{\Phi_n(f_n)\}$ 也是相互独立的，其中 $\{\Phi_n\}$ 是 $\mathbb{R}$ 到 $\mathbb{R}$ 的任一列连续函数. 故函数列 $\{\mathrm{e}^{a_n\rho_n(t)}\}$ 是相互独立的. 因此若 $F_N(t)=\sum_{|n|\leqslant N}a_n\rho_n(t)$，则

$$\int_0^1\mathrm{e}^{F_N(t)}\,\mathrm{d}t=\int_0^1\Big(\prod_{n=-N}^{N}\mathrm{e}^{a_n\rho_n(t)}\Big)\,\mathrm{d}t=\prod_{n=-N}^{N}\Big(\int_0^1\mathrm{e}^{a_n\rho_n(t)}\,\mathrm{d}t\Big). \tag{5.11}$$

但是由于 ρ_n 在两个测度为 $1/2$ 的集合上分别取值 $+1$ 或 -1，所以 $\int_0^1\mathrm{e}^{a_n\rho_n(t)}\,\mathrm{d}t=\cosh(a_n)$. 另外对于实数 x 有 $\cosh(x)\leqslant\mathrm{e}^{x^2}$，这可以通过直接比较两者的幂级数得到. 因此

$$\int_0^1 e^{F_N(t)} dt \leqslant \prod_{n=-N}^{N} e^{a_n^2} \leqslant e^{\sum a_n^2} \leqslant e.$$

用$-a_n$代替a_n可得到类似的不等式. 总之

$$\int_0^1 e^{|F_N(t)|} dt \leqslant 2e.$$

令$N\to\infty$取极限可得$e^{|F(t)|}$在$[0,1]$上可积，并且$\int_0^1 e^{|F(t)|} dt \leqslant 2e$. 但是对于每一个$p$，存在常数$c_p$使得对任意的$u\geqslant 0$都有$u^p\leqslant c_p e^u$. 因此$\|F\|_{L^p}^p\leqslant 2ec_p$，再取$A_p=(2ec_p)^{1/p}$即可证得引理.

现在证明定理 (a). 假设$\sum_{n=-\infty}^{\infty}|c_n|^2=1$，并设$F(t)=f_t(\theta)$，其中$a_n=c_n e^{in\theta}$且$\theta$固定. 从而由引理可得

$$\int_0^1 |F(t)|^p dt = \int_0^1 |f_t(\theta)|^p dt \leqslant A_p^p.$$

因此对$\theta\in[0,2\pi]$积分可得

$$\int_0^{2\pi}\int_0^1 |f_t(\theta)|^p dt d\theta \leqslant 2\pi A_p^p,$$

进而由 Fubini 定理可得

$$\int_0^{2\pi} |f_t(\theta)|^p d\theta < \infty,$$

对几乎每一个$t\in[0,1]$都成立，故 (a) 得证.

为证明逆命题 (b)，假设对一个正测集$E_1\subset[0,1]$，当$t\in E_1$时$f_t(\theta)\in L^1([0,2\pi])$. 因为$L^1([0,2\pi])$中每一个函数都有 Fourier 级数，且该级数是几乎处处 Cesàro 可和的，所以存在一个二维的正可测集$\widetilde{E}\subset[0,1]\times[0,2\pi]$及$M$使得

$$\sup_N |\sigma_N(f_t)(\theta)| \leqslant M, \forall (t,\theta)\in\widetilde{E}, \tag{5.12}$$

其中σ_N是 Cesàro 和$\sigma_N(f_t)(\theta)=\sum_{|n|\leqslant N}\rho_n(t)c_n e^{in\theta}(1-|n|/N)$. 但是由 Fubini 定理可知式 (5.12) 对于至少一个θ_0和所有的$t\in E$成立，其中$m(E)>0$. 若记$c_n e^{in\theta_0}=\alpha_n+i\beta_n$，其中$\alpha_n$和$\beta_n$都是实数，则由引理 5.1.6 可得，存在$M'$和$N_0$使得

$$\sup_{N_0\leqslant|n|\leqslant N}\sum \alpha_n^2 \leqslant M',$$

再令$N\to\infty$，可得$\sum_{-\infty}^{\infty}\alpha_n^2$收敛. 类似地，$\sum_{-\infty}^{\infty}\beta_n^2$也收敛，从而定理得证.

5.1.8 Bernoulli 试验

当正面和反面的等概率被概率p和q（其中$p+q=1$且$0<p<1$）代替时，5.1.1 节至 5.1.5 节中已经证明的许多结论都可以模仿证得. 这个更一般的情形常

被称为 Bernoulli 试验.

为了考虑该试验，对于$\mathbb{Z}_2=\{0,1\}$，设点 0 的测度为 p 且点 1 的测度为 q，再用$\mathbb{Z}_2^\infty$上的乘积测度 m_p 代替其上的概率测度.（凑巧的是，当 $p\neq 1/2$ 时，在映射 D：$\mathbb{Z}_2^\infty\to[0,1]$ 下，测度 m_p 对应 $[0,1]$ 上的一个奇异测度 $\mathrm{d}\mu_p$. 见问题 1.）

类似于推论 5.1.2 和推论 5.1.5，在此情形下大数定律是 $S_N/N\to p-q$. 第一个类似推论的证明方法与之前的一样. 第二个推论的证明需要一些不同的想法，并在下节中的一般情形下给出其详细过程. 此外，模仿定理 5.1.3 的证明可以给出如下类似结论：当 $N\to\infty$时，

$$m_p(\{x:a<\frac{S_N(x)-N(p-q)}{N^{1/2}}<b\})\to\frac{1}{\sigma\sqrt{2\pi}}\int_a^b \mathrm{e}^{-t^2/(2\sigma^2)}\,\mathrm{d}t,$$

其中 $\sigma^2=1-(p-q)^2$.

该结论可归于下节末所证的一般形式的中心极限定理中.

5.2　独立随机变量的和

本节的目的是给出有关前一节所考虑的掷硬币和 Bernoulli 试验的一些结论的更一般且更抽象的形式. 首先，我们将给出一个大数定律.

5.2.1　大数定律和遍历定理

本小节使用遍历定理[7] 推导一般的大数定律. 由鞅理论可得到另一种大数定律，见 5.2.2 节.

称函数列（f_0，f_1，…，f_n，…）是**同分布的**，如果 f_n 的分布测度 μ_n（定义见 5.1.4 节）关于 n 是独立的，即对每一个 Borel 集 B，测度 $m(\{x: f_n(x)\in B\})$ 对任意的 n 都是一样的. 如果序列 $\{f_n\}$ 是同分布的且 f_0 有平均值 m_0，则所有的 f_n 的平均值都等于 m_0. 第一个主要定理如下所述.

定理 5.2.1　设函数列 $\{f_n\}$ 是相互独立的、同分布的且有平均值 m_0. 则对几乎每一个 $x\in X$，

$$\frac{1}{N}\sum_{n=0}^{N-1}f_n(x)\to m_0,\text{当 } N\to\infty \text{ 时}.$$

将该定理简化到遍历定理的可能性依赖于使用另一个在下述意义下的“等测”函数列代替序列 $\{f_n\}$ 的技巧.

给定函数 f_1，…，f_N，定义它们的**联合分布测度**为$\mathbb{R}^N$上满足下述条件的测度：对于任意的 Borel 集 $B\subset\mathbb{R}^N$ 均有

$$\mu_{f_1,\cdots,f_N}(B)=m(\{x:(f_1(x),\cdots,f_N(x))\in B\}).$$

现在设 $\{g_n\}$ 是（可能不同的）概率空间（Y，m^*）上的序列. 此时称 $\{f_n\}$ 和 $\{g_n\}$ 有**同样的联合分布**，如果对于每一个 N，有

7　关于遍历定理，参考《实分析》第 6 章第 5* 节.

$$\mu_{f_1,\cdots,f_N}(B)=\mu_{g_1,\cdots,g_N}(B)\text{，对所有的 Borel 集 } B\subset\mathbb{R}^N.$$

由此，我们考虑这里相关的空间 Y. 它就是无穷乘积空间 $Y=R^{\infty}=\prod_{j=0}^{\infty}R_j$，其中每一个 R_j 是 $\mathbb{R}$. 在每一个 R_j 上取测度 μ，即 f_n 的共同的分布测度. 然后定义 m^* 为 Y 上相应的乘积测度.

定义平移 τ：$Y\to Y$ 为 $\tau(y)=(y_{n+1})_{n=0}^{\infty}$. 其中 $y=(y_n)_{n=0}^{\infty}$. 最后取 Y 上的坐标函数 $\{g_n\}$ 为 $g_n(y)=y_n$，其中 $y=(y_n)_{n=0}^{\infty}$.

现在只需证明下面四步.

观察 1　对任意的 $n\geqslant 0$，有 $g_n(\tau(y))=g_{n+1}(y)$；因此 $g_n(y)=g_0(\tau^n y)$.

观察 2　τ 是保测度的且是遍历的.

结论 1　对几乎每一个 $y\in Y$ 都有 $\lim\limits_{N\to\infty}\frac{1}{N}\sum\limits_{n=0}^{N-1}g_n(y)=m_0$.

结论 2　对几乎每一个 $x\in X$ 都有 $\lim\limits_{N\to\infty}\frac{1}{N}\sum\limits_{n=0}^{N-1}f_n(x)=m_0$.

第一个观察可直接得到.

τ 是保测度的即指对每一个（可测的）集合 $E\subset Y$，均有 $m^*(\tau^{-1}(E))=m^*(E)$. 因为 Y 是乘积空间，所以只需证明此式对任意的柱集 E 都成立，从而由简单的极限论述即可证明此式对一般集合 E 也成立. 若 E 是柱集，则存在 N 使得 E 仅依赖于前 N 个坐标. 从而 $E=E'\times\prod_{j=N}^{\infty}R_j$，其中 E' 是 $\prod_{j=0}^{N-1}R_j$ 的一个子集，$m^*(E)=\mu^{(N)}(E')$，且 $\mu^{(N)}$ 是在前 N 个因子上的 μ 的 N 次乘积. 但是

$$\tau^{-1}(E)=R_0\times E''\times\prod_{j=N+1}^{\infty}R_j,$$

其中，$(y_1'',\cdots,y_N'')\in E''$ 当且仅当 $(y_0',\cdots,y_{N-1}')\in E'$，且当 $0\leqslant n\leqslant N-1$ 时，$y''_{n+1}=y'_n$. 因此 $m^*(\tau^{-1}(E))=\mu^{(N+1)}(R_0\times E'')=\mu^{(N)}(E')$，从而 $m^*(\tau^{-1}(E))=m^*(E)$ 得证.

τ 的遍历性来源于 τ 是**混合的**[8]，即

$$\lim_{n\to\infty}m^*(\tau^{-n}(E)\cap F)=m^*(E)m^*(F)\tag{5.13}$$

对于任意的两个集合 E，$F\subset Y$ 都成立.

为证明该混合性，像前面一样只需假设 E 和 F 都是柱集. 从而存在足够大的 N，使得 $E=E'\times\prod_{j=N}^{\infty}R_j$ 且 $F=F'\times\prod_{j=N}^{\infty}R_j$，其中 E' 和 F' 都是 $\prod_{j=0}^{N-1}R_j$ 的子集. 从而如上所证，当 $n\geqslant 1$ 时，

$$\tau^{-n}(E)=\prod_{j=0}^{n-1}R_j\times E''\times\prod_{j=N+n}^{\infty}R_j,$$

8　也称为“强混合的”；参考《实分析》第 6 章.

其中 E'' 是 $\prod_{j=n}^{N+n-1} R_j$ 的相应于 E' 的子集. 因此当 $n>N$ 时,

$$\tau^{-n}(E)\cap F=F'\times\prod_{j=N}^{n-1}R_j\times E''\times\prod_{j=N+n}^{\infty}R_j.$$

故当 $n>N$ 时, $m^*(\tau^{-n}(E)\cap F)=m^*(E)m^*(F)$, 从而式 (5.13) 成立.

在式 (5.13) 中取 $F=E$ 立即可得, 若 E 是一个**不变集**, 即 $\tau^{-1}(E)=E$ 几乎处处成立, 则 $m^*(E)=(m^*(E))^2$, 故 $m^*(E)=0$ 或 $m^*(E)=1$. 因此 X 中不存在 τ 下不变的真子集, 这就意味着 τ 是**遍历的**; 从而第二个观察成立.

由 μ 是可积函数 f_0 的分布测度可知

$$\int_Y |g_0(y)|\,\mathrm{d}m^*(y)=\int_{\mathbb{R}}|y_0|\,\mathrm{d}\mu(y_0)=\int_X |f_0(x)|\,\mathrm{d}m(x)<\infty,$$

故函数 g_0 在 Y 上可积. 现在应用《实分析》第 6 章推论 5.6 中的遍历理论可得到第一个结论, 且 $m_0=\int_Y g_0\,\mathrm{d}m^*=\int_X f_0\,\mathrm{d}m$.

为导出第二个结论, 我们需要下面两个引理.

引理 5.2.2 若 $\{f_N\}$ 和 $\{g_N\}$ 有同样的联合分布, 则序列 $\{\Phi_N(f)\}$ 和 $\{\Phi_N(g)\}$ 也有同样的联合分布, 其中 $\Phi_N(f)=\Phi_N(f_1, \cdots, f_N)$, $\Phi_N(g)=\Phi_N(g_1, \cdots, g_N)$ 且每一个 Φ_N 都是 $\mathbb{R}^N$ 到 $\mathbb{R}$ 的连续函数.

为证此, 注意到若 $B\subset\mathbb{R}^N$ 是 Borel 集和 $\Phi=(\Phi_1, \cdots, \Phi_N)$, 则 $B'=\Phi^{-1}(B)$ 也是 $\mathbb{R}^N$ 中的 Borel 集. 从而若 $f=(f_1, \cdots, f_N)$ 和 $g=(g_1, \cdots, g_N)$, 则 $\mu_{\Phi(f)}(B)=\mu_f(B')$ 且 $\mu_{\Phi(g)}(B)=\mu_g(B')$. 由于 f 和 g 有同样的联合分布, 所以一定有 $\mu_f(B')=\mu_g(B')$, 从而引理得证.

引理 5.2.3 若 $\{F_N\}$ 和 $\{G_N\}$ 有同样的联合分布, 则当 $N\to\infty$ 时, $F_N(x)\to m_0$ 几乎处处成立当且仅当 $G_N(y)\to m_0$ 几乎处处成立.

为证明该引理, 注意到若对每一个 k 定义 $E_{N,k}=\{x:\sup_{r\geqslant N}|F_r(x)-m_0|\leqslant 1/k\}$, 则当 $N\to\infty$ 时, $F_N\to m_0$ 几乎处处成立当且仅当 $m(E_{N,k})\to 1$. 若记 $E'_{N,k}=\{y:\sup\limits_{r\geqslant N}|G_r(y)-m_0|\leqslant 1/k\}$, 则 $m(E_{N,k})=m^*(E'_{N,k})$, 这就给出了我们想要的结论.

一旦取 $\Phi_N(t_1, \cdots, t_N)=\frac{1}{N}\sum_{k=1}^{N}t_k$, $F_N(x)=\frac{1}{N}\sum_{k=0}^{N-1}f_k(x)$ 和 $G_N(y)=\frac{1}{N}\sum_{k=0}^{N-1}g_k(y)$, 上述引理就蕴含着定理成立.

5.2.2 鞅的作用

本小节将从另一角度研究独立函数 (随机变量) 的和, 并将这些和与鞅联系起来. 需要的基本概念是函数 f 关于 X 的可测集构成的 σ-代数 $\mathcal{M}$ 的 σ-子代数 $\mathcal{A}$ 的条件期望. 事实上，为了简化术语，后文中，我们省略限定词“σ”，并且用“代数”和子代数分别指 σ-代数和 σ-子代数.

假设 $\mathcal{A}$ 是一个给定的子代数. 称 X 上的函数 F 关于 $\mathcal{A}$ 是**可测的**（或 $\mathcal{A}$-可测的），如果对于$\mathbb{R}$ 中的任意 Borel 子集 B，均有 $F^{-1}(B)\in\mathcal{A}$. 称代数 $\mathcal{A}$ 是由 F **决定的**，有时记 $\mathcal{A}=\mathcal{A}_F$，如果 $\mathcal{A}$ 是使得 F 可测的最小的代数；即 $\mathcal{A}_F=\{F^{-1}(B)\}$，其中 B 取遍$\mathbb{R}$ 中的 Borel 集.

给定 X 上的一个可积函数 f 和一个子代数 $\mathcal{A}$，记$\mathbb{E}_{\mathcal{A}}(f)$，有时也记$\mathbb{E}(f\,|\,\mathcal{A})$，为下述命题中所描述的唯一函数. 此函数被称为 f 关于 $\mathcal{A}$ 的**条件期望**.

命题 5.2.4　若给定一个可积函数 f 和 $\mathcal{M}$ 的一个子代数 $\mathcal{A}$，则存在唯一[9] 的函数 F 满足：

（ⅰ）F 是 $\mathcal{A}$-可测的；

（ⅱ）对任一集合 $A\in\mathcal{A}$ 均有 $\int_A F\,\mathrm{d}m=\int_A f\,\mathrm{d}m$.

一般地，人们将条件期望看作是给定的函数 f 在 $\mathcal{A}$ 上的“最佳近似”. 已有的一个简单例子是前面 5.1.6 节所给出的$\mathbb{E}_{\mathcal{A}}(f)=\mathbb{E}_n(f)$，其中 $\mathcal{A}$ 是由 $[0,1]$ 中长度为 2^{-n} 的二进区间生成的（有限的）代数.

证　用 m'记测度 m 在 $\mathcal{A}$ 上的限制. 并在 $\mathcal{A}$ 上定义(σ-有限的)符号测度 ν 为 $\nu(A)=\int_A f\,\mathrm{d}m$，其中 $A\in\mathcal{A}$. 因为 ν 关于 m'显然是绝对连续的，所以由 Lebesgue-Radon-Nikodym 定理[10] 可知，存在一个 $\mathcal{A}$-可测函数 F，使得 $\nu(A)=\int_A F\,\mathrm{d}m'=\int_A f\,\mathrm{d}m$. 从而由 ν 的定义可证 F 的存在性. 唯一性是显然的，这是因为若 G 是 $\mathcal{A}$-可测的且 $\int_A G\,\mathrm{d}m=0$，$\forall A\in\mathcal{A}$，则必有 $G=0$. □

一旦固定代数 $\mathcal{A}$，我们将不总是表明条件期望对此代数的依赖，并将$\mathbb{E}_{\mathcal{A}}$简写为$\mathbb{E}$.

关于条件期望$\mathbb{E}$，可由上述命题直接导出许多初等性质. 我们将证明留给读者.

- 映射 $f\to\mathbb{E}(f)$ 是线性的.
- $\int_X\mathbb{E}(f)\,\mathrm{d}m=\int_X f\,\mathrm{d}m$，且$\mathbb{E}(1)=1$.
- 若 $f\geqslant 0$，则$\mathbb{E}(f)\geqslant 0$；若$|f_1|\leqslant f$，则$|\mathbb{E}(f_1)|\leqslant\mathbb{E}(f)$.
- $\mathbb{E}^2=\mathbb{E}$，特别地，若 f 是 $\mathcal{A}$-可测的，则$\mathbb{E}(f)=f$.
- 若 g 是 $\mathcal{A}$-可测的有界函数，则$\mathbb{E}(gf)=g\mathbb{E}(f)$.

下面给出$\mathbb{E}$ 的另外两个值得注意的性质.

9　当然，这里的唯一是指最多相差一个零测集.

10　参考《实分析》第 6 章定理 4.3.

引理 5.2.5

(a) 若 $f\in L^2$，则$\mathbb{E}(f)\in L^2$ 且$\|\mathbb{E}(f)\|_{L^2}\leqslant\|f\|_{L^2}$；

(b) 若 f，$g\in L^2$，则$\int_X \mathbb{E}(f)g\,\mathrm{d}m=\int_X f\mathbb{E}(g)\mathrm{d}m$.

注 由 (b) 和性质$\mathbb{E}^2=\mathbb{E}$可知，$\mathbb{E}$是 Hilbert 空间 $L^2(X, m)$ 上的正交投影.

证 为证 (a)，注意到若 g 是 $\mathcal{A}$-可测的有界函数，则由上述性质可得$\int_X gf\,\mathrm{d}m=\int_X \mathbb{E}(gf)\,\mathrm{d}m=\int_X g\mathbb{E}(f)\mathrm{d}m$. 但是由$\mathbb{E}(f)$ 是 $\mathcal{A}$-可测的可知，

$$\|\mathbb{E}(f)\|_{L^2}=\sup_g\left|\int_X g\,\mathbb{E}(f)\mathrm{d}m\right|,$$

其中 g 取遍满足$\|g\|_{L^2}\leqslant 1$ 的有界的 $\mathcal{A}$-可测函数（见第 1 章引理 1.4.2）. 进一步地，对于这样的函数 g，有$\left|\int_X gf\,\mathrm{d}m\right|\leqslant\|f\|_{L^2}$，这就得到结论 (a).

其次注意到当 g 有界时$\int_X \mathbb{E}(g)f\mathrm{d}m=\int_X \mathbb{E}(\mathbb{E}(g)f)\mathrm{d}m=\int_X \mathbb{E}(g)\,\mathbb{E}(f)\mathrm{d}m$. 由 f 和 g 的对称性可得，当 f 和 g 都有界时结论 (b) 成立，从而由 (a) 中的连续性可知，(b) 对 L^2 中的 f 和 g 也成立. □

有了这些预备知识后，我们回到正题. 假设给定 $\mathcal{M}$ 的一列单调递增的子代数，即

$$\mathcal{A}_0\subset\mathcal{A}_1\subset\cdots\subset\mathcal{A}_n\subset\cdots\subset\mathcal{M},$$

并且每一个子代数上的条件期望记为

$$\mathbb{E}_n=\mathbb{E}_{\mathcal{A}_n},n=0,1,2,\cdots.$$

序列 $\mathcal{A}_n$ 的递增性意味着条件期望算子在下述意义下形成了一个递增序列：

$$\mathbb{E}_n\mathbb{E}_m=\mathbb{E}_{\min(n,m)},\quad \forall\, n,m.$$

事实上，若 $m\leqslant n$，则 $\mathcal{A}_m\subset\mathcal{A}_n$，故 $g=\mathbb{E}_m(f)$ 是 $\mathcal{A}_n$-可测的并且$\mathbb{E}_n(g)=g$. 另外，若 $n\leqslant m$ 且 $A\in\mathcal{A}_n$，则

$$\int_A \mathbb{E}_n(f)=\int_A f=\int_A \mathbb{E}_m(f),$$

其中第二个等式是由于 A 也是 $\mathcal{A}_m$-可测的. 因此由条件期望的定义可知

$$\mathbb{E}_n(\mathbb{E}_m(f))=\mathbb{E}_n(f).$$

至此，可给出关键定义. 对于给定的递增代数列$\{\mathcal{A}_n\}$及其上的条件期望，称 X 上的可积函数列$\{s_n\}$是一个**鞅序列**，如果对任意的 k 和 n 均有

$$s_k=\mathbb{E}_k(s_n),\text{当 } k\leqslant n \text{ 时}. \tag{5.14}$$

注意到由定义可知每一个 s_k 自然是 $\mathcal{A}_k$-可测的.

若一个序列是有限的（比如由$\{s_0, s_1, \cdots, s_m\}$组成），则该序列是鞅序列等

价于 $s_k=\mathbb{E}_k(s_m)$，$\forall k\leqslant m$. 一类重要的鞅序列是**完备**鞅序列，即存在可积函数 s_∞ 使得 $s_k=\mathbb{E}_k(s_\infty)$，$\forall k$.

下述命题给出了独立随机变量的和与鞅之间的基本联系.

命题 5.2.6　假设可积函数列 $\{f_k\}$ 是相互独立的且每一个的平均值都为零. 则存在一列递增的子代数 $\{\mathcal{A}_n\}$ 使得 $s_n=\sum_{k=0}^{n} f_k$ 关于这些代数是一个鞅序列.

为证此，我们还需要下述概念. 设 $\{\mathcal{B}_n\}$ 是 $\mathcal{M}$ 的一列子代数，但不一定是递增的. 此时称 $\{\mathcal{B}_n\}$ 是**相互独立的**，如果对每一个 N 均有

$$m\left(\bigcap_{j=0}^{N} B_j\right)=\prod_{j=0}^{N} m(B_j),\forall B_j\in\mathcal{B}_j.$$

注意到若 $\mathcal{A}_{f_n}$ 是由 f_n 所决定的子代数，则根据式（5.3）所给出的定义可得，$\{\mathcal{A}_{f_n}\}$ 是相互独立的等价于函数列 $\{f_n\}$ 是相互独立的.

对于给定的独立函数列 f_0，f_1，…，f_n，…，定义 $\mathcal{A}_n$ 为 $\mathcal{A}_{f_0}\cup\mathcal{A}_{f_1}\cup\cdots\cup\mathcal{A}_{f_n}$ 生成的代数. 并且使用符号 $\vee_{j=0}^{n}\mathcal{B}_j$ 记由 $\mathcal{B}_0\cup\mathcal{B}_1\cup\cdots\cup\mathcal{B}_n$ 生成的代数. 因此有 $\mathcal{A}_n=\bigvee_{j=0}^{n}\mathcal{A}_{f_j}$；从而 $\bigvee_{j=0}^{n-1}\mathcal{A}_{f_j}$ 和 $\mathcal{A}_{f_n}$ 是相互独立的. 而这可由下述引理直接得到.

引理 5.2.7　假设 $\mathcal{B}_0$，…，$\mathcal{B}_n$ 是相互独立的代数. 则对每一个 $k<n$，代数 $\bigvee_{j=0}^{k}\mathcal{B}_j$ 和 $\mathcal{B}_n$ 是相互独立的.

见习题 7.

首先，易见 $\{\mathcal{A}_n\}$ 是一列递增的代数，并且当 $k\geqslant\ell$ 时，由每一个 f_ℓ 也是 $\mathcal{A}_k$-可测的可知，$\mathbb{E}_k(f_\ell)=f_\ell$. 其次，注意到当 $k<\ell$ 时 $\mathbb{E}_k(f_\ell)=0$. 事实上，已知 $F=\mathbb{E}_k(f_\ell)$ 是 $\mathcal{A}_k$-可测的，且

$$\int_{A_k} F\,\mathrm{d}m=\int_{A_k} f_\ell\,\mathrm{d}m,\forall A_k\in\mathcal{A}_k.$$

但是由于 $\mathcal{A}_k$ 和 $\mathcal{A}_{f_\ell}$ 是独立的，且 f_ℓ 的平均值是零，所以

$$\int_{A_k} f_\ell\,\mathrm{d}m=\int_X \chi_{A_k} f_\ell\,\mathrm{d}m=m(A_k)\int_X f_\ell\,\mathrm{d}m=0.$$

因此 $F=0$. 最后，当 $k\leqslant n$ 时，

$$\begin{aligned}\mathbb{E}_k(s_n)&=\mathbb{E}_k(f_0+f_1+\cdots+f_k)+\mathbb{E}_k(f_{k+1}+\cdots+f_n)\\&=f_0+\cdots+f_k=s_k.\end{aligned}$$

故式（5.14）成立，从而命题得证.

可以使用鞅来推广 5.1.6 节中的结论.

定理 5.2.8　假设 f_0，…，f_n，…是一列平方可积的独立函数，并且每一个函数的平均值为零和方差 $\sigma_n^2=\|f_n\|_{L^2}^2$. 设

$$\sum_{n=0}^{\infty}\sigma_n^2<\infty,$$

则 $s_n=\sum_{k=0}^{n} f_k$ 几乎处处收敛（当 $n\to\infty$时）.

若仅假设 $\{\sigma_n\}$ 是有界的，则由该定理可得此情形下的强大数定律.

推论 5.2.9 若$\sup_n\sigma_n<\infty$，则对于每一个 $\alpha>1/2$，都有

$$\frac{s_n}{n^{\alpha}}\to 0 \quad \text{几乎处处成立，当 } n\to\infty \text{时}.$$

注意到此推论不像定理 5.2.1 中一样，我们没有假设函数 f_n 是同分布的. 另一方面，我们已经作了更强的限制，即要求它们是平方可积的.

为证明上述定理，先注意到在假设条件下，当 $n\to\infty$时，序列 $s_n=\sum_{k=0}^{n} f_k$ 依 L^2 范数收敛. 事实上，因为 f_n 是相互独立的且 $\int_X f_n\mathrm{d}m=0$，所以由式（5.4）可知，f_n 是相互正交的. 故由 Pythagoras 定理可得，若 $m<n$，则当 n，$m\to\infty$时，$\|s_n-s_m\|_{L^2}^2=\sum_{k=m+1}^{n}\|f_k\|_{L^2}^2=\sum_{k=m+1}^{n}\sigma_k^2\to 0$. 因此 s_n 依 L^2 范数收敛于一极限（记为 s_∞）. 从而由式（5.14）和引理 5.2.5 蕴含着的每一个$\mathbb{E}_n$的 L^2 范数连续性可得

$$s_n=\mathbb{E}_n(s_\infty),\forall n.$$

我们想要的结论可由基本的鞅极大定理及其推论得到，此定理给出了序列的几乎处处收敛性.

定理 5.2.10 假设 s_∞是可积函数且 $s_n=\mathbb{E}_n(s_\infty)$，其中$\mathbb{E}_n$是关于 $\mathcal{M}$ 的一列递增的子代数 $\{\mathcal{A}_n\}$ 的条件期望. 则：

(a) 对于每一个 $\alpha>0$，有 $m(\{x:\sup_n|s_n(x)|>\alpha\})\leqslant\frac{1}{\alpha}\|s_\infty\|_{L^1}$；

(b) 若当 $n\to\infty$时，s_n 依 L^1 范数收敛，则 s_n 也几乎处处收敛于同一极限.

注 (b) 中的假设条件实际上是多余的，这是因为若 $s_n=\mathbb{E}_n(s_\infty)$ 且 $s_\infty\in L^1$，则 s_n 自然依 L^1 范数收敛；但是该极限不一定是 s_∞.（见习题 27.）但是在应用此定理的情形中，已经知道 $s_n\to s_\infty$依 L^2 范数成立，故依 L^1 范数也成立.

为证 (a)，可以假设 s_∞ 是非负的，否则，可以用 $|s_\infty|$代替 s_∞，再由 $|\mathbb{E}_n(s_\infty)|\leqslant\mathbb{E}_n(|s_\infty|)$即可完成证明. 对于固定的$\alpha$，设 $A=\{x: \sup_n s_n(x)>\alpha\}$. 作分解 $A=\bigcup_{n=0}^{\infty}A_n$，其中 A_n 是首次使得 $s_n(x)>\alpha$ 的整数为 n 时的 x 全体. 即 $A_n=\{x: s_n(x)>\alpha$，但当 $k<n$ 时 $s_k(x)\leqslant\alpha\}$. 注意到 $A_n\in\mathcal{A}_n$. 则由条件期望 $\mathbb{E}_n(s_\infty)$ 的定义可得等式 $\int_{A_n}\mathbb{E}_n(s_\infty)\mathrm{d}m=\int_{A_n}s_\infty\mathrm{d}m$，故

$$\begin{aligned}\int_A s_\infty\mathrm{d}m&=\sum_{n=0}^{\infty}\int_{A_n}s_\infty\mathrm{d}m=\sum_{n=0}^{\infty}\int_{A_n}\mathbb{E}_n(s_\infty)\mathrm{d}m\\&=\sum_{n=0}^{\infty}\int_{A_n}s_n\mathrm{d}m>\alpha\sum_{n}\int_{A_n}\mathrm{d}m=\alpha m(A).\end{aligned}$$

因此

$$m(A) \leqslant \frac{1}{\alpha}\int_A s_\infty \mathrm{d}m\text{，其中 } A=\{x: \sup_n s_n(x) > \alpha\}, \tag{5.15}$$

从而 (a) 得证.（读者可能发现，比较式 (5.15) 和相应的第 2 章中关于 Hardy-Littlewood 极大函数的估计式 (2.28) 是有益的.）

为证 (b)，首先假设 $s_n \to s_\infty$ 依 L^1 范数成立. 注意到当 $n \geqslant k$ 时 $\mathbb{E}_n(s_k)=s_k$，故总有 $s_n - s_\infty = \mathbb{E}_n(s_\infty - s_k) + s_k - s_\infty$. 从而对于每一个 $\alpha > 0$，若 $A_\alpha = \{x: \limsup_{n\to\infty} |s_n(x) - s_\infty(x)| > 2\alpha\}$，则 $m(A_\alpha)=0$，并由此可得到极限存在的结论. 现在固定 α，并设 $\varepsilon > 0$ 是任给的. 则存在足够大的 k 使得 $\|s_k - s_\infty\|_{L^1} < \varepsilon$. 则

$$\limsup_{n\to\infty} |s_n - s_\infty| \leqslant \sup_{n\geqslant k} |\mathbb{E}_n(s_\infty - s_k)| + |s_k - s_\infty|.$$

若记 $A_\alpha^1 = \{x: \sup_n |\mathbb{E}_n(s_\infty - s_k)(x)| > \alpha\}$ 和 $A_\alpha^2 = \{x: |s_k(x) - s_\infty(x)| > \alpha\}$，则

$$m(A_\alpha) \leqslant m(A_\alpha^1) + m(A_\alpha^2).$$

在 (a) 中用 $s_\infty - s_k$ 取代 s_∞ 可得，$m(A_\alpha^1) \leqslant \varepsilon/\alpha$. 又由 Tchebychev 不等式可知 $m(A_\alpha^2) \leqslant \varepsilon/\alpha$. 总之，有 $m(A_\alpha) \leqslant 2\varepsilon/\alpha$，从而由 ε 的任意性可知 $m(A_\alpha)=0$ 对每一个 α 都成立. 这就证明了结论 (b) 在 s_n 依 L^1 范数收敛于 s_∞ 这一附加条件下是成立的. 为去掉这一条件，由于已经假设序列 s_n 依 L^1 范数收敛的极限存在，可以设 s'_∞ 是这一极限. 由式 (5.14) 和 $\mathbb{E}_k$ 依 L^1 范数的连续性可得 $s_k = \mathbb{E}_k(s'_\infty)$，并在上述讨论中用 s'_∞ 代替 s_∞. 从而定理得证.

采用推论 5.1.5 的证明中所用的同样论述可以得到推论 5.2.9.

5.2.3　0-1 律

本小节的核心想法来源于结论：若 $\mathcal{A}_1$ 和 $\mathcal{A}_2$ 是两个独立的代数，且集合 A 同时属于 $\mathcal{A}_1$ 和 $\mathcal{A}_2$，则要么 $m(A)=0$，要么 $m(A)=1$.

事实上，在上述情形中，由独立性可知 $m(A)=m(A\cap A)=m(A)m(A)$，这就证得上述结论. 我们将在下述要阐述的 Kolmogorov 0-1 **律**中详尽地描述此想法.

假设 $\mathcal{A}_0, \mathcal{A}_1, \cdots, \mathcal{A}_n, \cdots$ 是 $\mathcal{M}$ 的一列子代数，但不一定是递增的. 记 $\bigvee_{k=n}^{\infty} \mathcal{A}_k$ 为 $\mathcal{A}_n, \mathcal{A}_{n+1}, \cdots$ 生成的代数，[11] 并定义**尾代数**为

$$\bigcap_{n=0}^{\infty} \bigvee_{k=n}^{\infty} \mathcal{A}_k.$$

定理 5.2.11　若一列代数 $\mathcal{A}_0, \mathcal{A}_1, \cdots, \mathcal{A}_n, \cdots$ 是相互独立的，则尾代数中每一个集合的测度要么是 0，要么是 1.

证　用 $\mathcal{B}$ 记该尾代数. 注意到由引理 5.2.7 可知，每一个 $\mathcal{A}_r$ 与 $\bigvee_{k=r+1}^{\infty} \mathcal{A}_k$ 是相互独立的. 因此每一个 $\mathcal{A}_r$ 都与 $\mathcal{B}$ 是相互独立的，从而代数 $\mathcal{B}$ 和 $\mathcal{B}$ 是相互独立的！

11　回顾，我们使用“代数”作为“σ-代数”的简称.

因此由上述结论可得 $\mathcal{B}$ 中每一个集合的测度要么为 0，要么为 1. □

下面是一个简单的推论.

推论 5.2.12 假设函数列 f_0，f_1，…，f_n，…是相互独立的. 则级数 $\sum_{k=0}^{\infty} f_k$ 的收敛点集的测度要么是 0，要么是 1.

证 设 $\mathcal{A}_n=\mathcal{A}_{f_n}$. 则 $\{\mathcal{A}_n\}$ 是相互独立的. 又对于 $s_n=\sum_{k=0}^{n} f_k$ 和固定的正整数 n_0，由 Cauchy 准则可得

$$\{x: \lim s_n(x)\text{存在}\}=\bigcap_{\ell=1}^{\infty}\bigcup_{r=n_0}^{\infty}\{x: |s_n(x)-s_m(x)|<\frac{1}{\ell}, \forall n,m\geqslant r\}.$$

因为当 $r\geqslant n_0$ 时 $\{x: |s_n(x)-s_m(x)|<1/\ell, \forall n, m\geqslant r\}\in \bigvee_{k=n_0}^{\infty}\mathcal{A}_k$，所以收敛点集是尾代数中的一个集合，进而推论得证. □

5.2.4 中心极限定理

我们推广 5.1.4 节中给出的特殊情形下的中心极限定理，其证明巧妙地与 Fourier 变换联系在一起.

前提如下. 在概率空间 (X, m) 上给定一列同分布的平方可积且相互独立的函数（随机变量）f_1，f_2，…，且其中每一个函数的平均值为 m_0 和方差为 σ^2.

定理 5.2.13 设 $S_N=\sum_{n=1}^{N} f_n$. 在上述条件下，当 $N\to\infty$ 时，对任意的 $a<b$，有

$$m\left(\left\{x: a<\frac{S_N-Nm_0}{N^{1/2}}<b\right\}\right)\to\frac{1}{\sigma\sqrt{2\pi}}\int_a^b \mathrm{e}^{-t^2/(2\sigma^2)}\,\mathrm{d}t.$$

在该定理的证明过程中，若对每一个 n 用 f_n-m_0 代替 f_n，则我们可以直接简化到平均值 m_0 为 0 的情形. 假设 μ 是 f_n 的共同的分布测度，μ_N 是 $S_N/N^{1/2}$ 的分布测度，并且 ν_{σ^2} 是平均值为 0 和方差为 σ^2 的 Gaussian 分布测度. 我们考虑这些测度的 Fourier 变换，并称为它们的**特征函数**. μ 的特征函数定义为

$$\hat{\mu}(\xi)=\int_{-\infty}^{\infty}\mathrm{e}^{-2\pi\mathrm{i}\xi t}\,\mathrm{d}\mu(t).$$

关于 $\hat{\mu}_N$ 和 $\hat{\nu}_{\sigma^2}$ 有类似的定义[12].

可以明确地计算出 $\hat{\nu}_{\sigma^2}$，即[13]

12 为了与先前的 Fourier 变换保持一致，在指数中我们保留因子 2π，这在概率论中不是常用的.

13 参考《傅里叶分析》第 5 章.

$$\hat{\nu}_{\sigma^2}(\xi)=\mathrm{e}^{-2\sigma^2\pi^2\xi^2}.$$

定理的证明可由下述三个相对简单的步骤完成.

(ⅰ) $\hat{\mu}_N(\xi)=\hat{\mu}(\xi/N^{1/2})^N$ 对每一个 N 都成立;

(ⅱ) 对每一个 ξ，当 $N\to\infty$ 时 $\hat{\mu}_N(\xi)\to\hat{\nu}_{\sigma^2}(\xi)$;

(ⅲ) 对任意的区间 (a, b)，当 $N\to\infty$ 时，$\mu_N((a, b))\to\nu_{\sigma^2}((a, b))$.

若 μ 是 f_n 的共同的分布测度，则由式 (5.6) 可知，对于任意的 (例如) 连续有界函数 G: $\mathbb{R}\to\mathbb{R}$，有

$$\int_X G(f_n)(x)\mathrm{d}m=\int_{-\infty}^{\infty}G(t)\mathrm{d}\mu(t).$$

特别地，若取 $G(t)=\mathrm{e}^{-2\pi it\xi}$，其中 ξ 是实数，则

$$\hat{\mu}(\xi)=\int_X \mathrm{e}^{-2\pi i\xi f_n(x)}\mathrm{d}m.$$

类似地，$\hat{\mu}_N(\xi)=\int_X \mathrm{e}^{-2\pi i\xi S_N(x)/N^{1/2}}\mathrm{d}m$. 但是 $S_N(x)=\sum_{n=1}^N f_n(x)$，因此由 f_n 的相互独立性可得

$$\int_X \mathrm{e}^{-2\pi i\xi S_N(x)/N^{1/2}}\mathrm{d}m=\prod_{n=1}^{N}\left(\int_X \mathrm{e}^{-2\pi i\xi f_n(x)/N^{1/2}}\mathrm{d}m\right)=\hat{\mu}(\xi/N^{1/2})^N.$$

(注意上述等式与式 (5.11) 的相似性.) 因此等式 (ⅰ) 得证.

为证 (ⅱ)，我们证明下述引理.

引理 5.2.14 $\hat{\mu}(\xi/N^{1/2})=1-2\sigma^2\pi^2\xi^2/N+o(1/N)$，当 $N\to\infty$ 时.

证 对于固定的 ξ，有

$$\mathrm{e}^{-2\pi i\xi t/N^{1/2}}=1-2\pi i\xi t/N^{1/2}-2\pi^2\xi^2t^2/N+E_N(t),$$

其中 $E_N(t)=O(t^2/N)$，但是也有 $E_N(t)=O(t^3/N^{3/2})$. 因为 $m_0=\int_{-\infty}^{\infty}t\mathrm{d}\mu(t)=0$ 和 $\sigma^2=\int_{-\infty}^{\infty}t^2\mathrm{d}\mu(t)$，所以在上式中关于 t 积分可得

$$\hat{\mu}(\xi/N^{1/2})=1-\frac{2\pi^2\xi^2}{N}\sigma^2+\int_{-\infty}^{\infty}E_N(t)\mathrm{d}\mu(t).$$

从而只需证明 $\int_{-\infty}^{\infty}E_N(t)\mathrm{d}\mu(t)=o(1/N)$. 但是该积分能够被分成两部分，即 $t^2<\varepsilon_N N$ 和 $t^2\geqslant\varepsilon_N N$，其中选取的 ε_N 满足当 $N\to\infty$ 时，ε_N 趋于零，然而 $\varepsilon_N N\to\infty$ (例如，取 $\varepsilon_N=N^{-1/2}$ 即可). 对第一部分，有

$$\begin{aligned}\int_{t^2<\varepsilon_N N}E_N(t)\mathrm{d}t&=O\left(\int_{t^2<\varepsilon_N N}t^3/N^{3/2}\mathrm{d}\mu(t)\right)\\&=O\left(\frac{\varepsilon_N^{1/2}}{N}\int_{-\infty}^{\infty}t^2\mathrm{d}\mu(t)\right)\\&=o(1/N).\end{aligned}$$

此外，对第二部分，有

$$\int_{t^2\geqslant \epsilon_N N} E_N(t)\mathrm{d}t = O\left(\frac{1}{N}\int_{t^2\geqslant \epsilon_N N} t^2\mathrm{d}\mu(t)\right) = o(1/N).$$

故引理得证. □

由上述引理可得

$$\hat{\mu}_N(\xi) = \hat{\mu}(\xi/N^{1/2})^N = (1-2\sigma^2\pi^2\xi^2/N + o(1/N))^N,$$

且此式收敛于 $\mathrm{e}^{-2\sigma^2\pi^2\xi^2}$，从而（ⅱ）得证.

为完成定理的证明，我们需要下述引理. 称一个测度是**连续的**，如果每一点的测度为零.

引理 5.2.15 设 $\{\mu_N\}$，$N=1,2,\cdots$ 和 ν 是 $\mathbb{R}$ 上的非负有限的 Borel 测度，并设 ν 是连续的. 若对每一点 $\xi\in\mathbb{R}$，当 $N\to\infty$ 时，$\hat{\mu}_N(\xi)\to\hat{\nu}(\xi)$，则对任意的 $a<b$ 均有 $\mu_N((a,b))\to\nu((a,b))$.

证 首先证明

$$\mu_N(\varphi)\to\nu(\varphi),\quad 当 N\to\infty 时 \tag{5.16}$$

对任意的有紧支撑的 C^∞ 函数 φ 都成立，其中

$$\mu_N(\varphi) = \int_{-\infty}^{\infty}\varphi(t)\mathrm{d}\mu_N(t) 和 \nu(\varphi) = \int_{-\infty}^{\infty}\varphi(t)\mathrm{d}\nu(t).$$

由 $\hat{\mu}_N(0) = \int_{-\infty}^{\infty}\mathrm{d}\mu_N(t)$ 可知，收敛列 $\int_{-\infty}^{\infty}\mathrm{d}\mu_N(t)$ 一定有界. 因此存在 M 使得 $|\hat{\mu}_N(\xi)|\leqslant M$ 对所有的 N 都成立，且 $|\hat{\nu}(\xi)|\leqslant M$.

其次，函数 φ 可由其 Fourier 逆变换表示为 $\varphi(t) = \int_{-\infty}^{\infty}\mathrm{e}^{-2\pi it\xi}\varphi^\vee(\xi)\mathrm{d}\xi$，其中 $\varphi^\vee(\xi) = \hat{\varphi}(-\xi)$ 必属于 Schwartz 空间 $\mathcal{S}$. 对 $\iint \mathrm{e}^{-2\pi it\xi}\varphi^\vee(\xi)\mathrm{d}\mu_N(t)\mathrm{d}\xi$ 用 Fubini 定理，并使用 $\varphi^\vee$ 的快速递减性可得

$$\int_{\mathbf{R}}\varphi(t)\mathrm{d}\mu_N(t) = \int_{\mathbf{R}}\varphi^\vee(\xi)\hat{\mu}_N(\xi)\mathrm{d}\xi.$$

类似地，$\int\varphi\mathrm{d}\nu = \int\varphi^\vee(\xi)\hat{\nu}(\xi)\mathrm{d}\xi$. 又因为 $\hat{\mu}_N(\xi)\to\hat{\nu}(\xi)$ 是点态的且是有界的，所以式 (5.16) 成立.

对于固定的 (a,b)，设 φ_ε 是一族正的 C^∞ 函数，满足 $\varphi_\varepsilon\leqslant\chi_{(a,b)}$，并且对每一个 t，当 $\varepsilon\to0$ 时，$\varphi_\varepsilon(t)\to\chi_{(a,b)}(t)$（见图 3）. 则

$$\mu_N((a,b))\geqslant\mu_N(\varphi_\varepsilon)\to\nu(\varphi_\varepsilon),当 N\to\infty 时.$$

因此 $\liminf\limits_{N\to\infty}\mu_N((a,b))\geqslant\nu(\varphi_\varepsilon)$，再令 $\varepsilon\to0$ 可得

$$\liminf_{N\to\infty}\mu_N((a,b))\geqslant\nu((a,b)).$$

类似地，设 ψ_ε 是一族 C^∞ 函数，满足 $\psi_\varepsilon\geqslant\chi_{[a,b]}$，并且对每一个 t，当 $\varepsilon\to0$ 时，$\psi_\varepsilon(t)\to\chi_{[a,b]}(t)$（见图 3）. 此时使用同样的论述，由 ν 的连续性可得

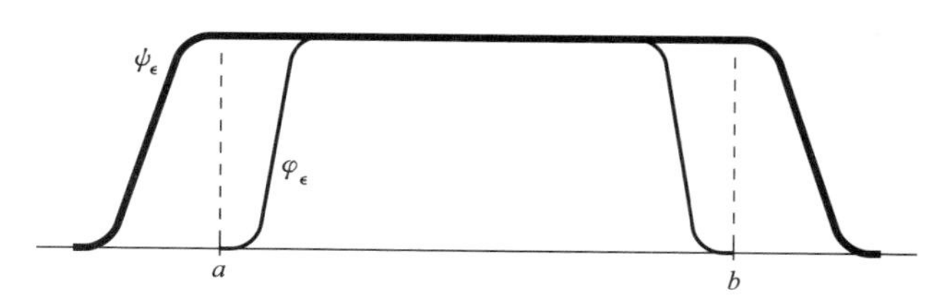

图 3　引理 5.2.15 中的函数 φ_ε 和 ψ_ε

$\limsup\limits_{N\to\infty}\mu_N((a,b))\leqslant\nu([a,b])=\nu((a,b))$. 从而引理得证. □

一旦在引理 5.2.15 中取 $\nu=\nu_{\sigma^2}$，我们就可以使用该引理完成定理 5.2.13 的证明.

阐述定理 5.2.13 的另一种方式是依据测度的弱收敛. 称一列概率测度 $\{\mu_N\}$ **弱收敛**于概率测度 ν，如果式 (5.16) 对$\mathbb{R}$上任意的有界连续函数 φ 都成立.

推论 5.2.16　若 μ_N 是 $(S_N-Nm_0)/N^{1/2}$ 的分布测度，则 μ_N 弱收敛于 $\nu=\nu_{\sigma^2}$.

注意到式 (5.16) 对任意的有紧支撑的连续函数 φ 都成立. 事实上，这样的函数 φ 可由一族有紧支撑的 C^∞ 函数 $\{\varphi_\varepsilon\}$ 一致逼近.[14] 又

$$\mu_N(\varphi)-\nu(\varphi)=\mu_N(\varphi-\varphi_\varepsilon)-\nu(\varphi-\varphi_\varepsilon)+(\mu_N-\nu)(\varphi_\varepsilon).$$

而上式右边前两项的和可由 $2\sup\limits_t|\varphi(t)-\varphi_\varepsilon(t)|$ 控制，并可以取适当的 ε 使之很小. 一旦选定 ε，只需令 $N\to\infty$ 且对 φ_ε 应用式 (5.16) 即可.

为考虑没有紧支撑的 φ，注意到

$$\limsup_{N\to\infty}\mu_N(\chi_{(I_R)^c})\leqslant\varepsilon(R), \tag{5.17}$$

其中，当 $R\to\infty$ 时，$\varepsilon(R)\to 0$，且 I_R 是区间 $|t|\leqslant R$. 实际上，若连续函数 η_R 满足 $0\leqslant\eta_R\leqslant\chi_{I_R}$，且当 $|t|\leqslant R/2$ 时，$\eta_R(t)=1$，则当 $N\to\infty$ 时，$\mu_N(\chi_{I_R})\geqslant\mu_N(\eta_R)\to\nu(\eta_R)$. 因此 $\liminf\limits_{N\to\infty}\mu_N(\chi_{I_R})\geqslant 1-\nu(1-\eta_R)$，但是当 $R\to\infty$ 时，$\nu(1-\eta_R)=\varepsilon(R)\to 0$，所以式 (5.17) 成立.

现在假设 φ 是$\mathbb{R}$上一个给定的连续有界函数. 可以设 $0\leqslant\varphi\leqslant 1$. 对于每一个 R，设连续函数 φ_R 满足当 $|t|\leqslant R$ 时，$\varphi_R(t)=\varphi(t)$，但当 $|t|\geqslant 2R$ 时，$\varphi_R(t)=0$，同时 $0\leqslant\varphi_R(t)\leqslant\varphi(t)$ 处处成立.

此时 $\varphi\leqslant\varphi_R+\chi_{(I_R)^c}$，故

$$\mu_N(\varphi)\leqslant\mu_N(\varphi_R)+\mu_N(\chi_{(I_R)^c}).$$

因此 $\limsup\limits_{N\to\infty}\mu_N(\varphi)\leqslant\nu(\varphi_R)+\varepsilon(R)$，再令 $R\to\infty$ 可得 $\limsup\limits_{N\to\infty}\mu_N(\varphi)\leqslant\nu(\varphi)$. 但是

14　参考《实分析》第 5 章引理 4.10 的证明.

$$\liminf_{N\to\infty}\mu_N(\varphi)\geqslant\lim_{N\to\infty}\mu_N(\varphi_R)=\nu(\varphi_R)\to\nu(\varphi),\text{当 }R\to\infty\text{时}.$$

因此 $\lim_{N\to\infty}\mu_N(\varphi)=\nu(\varphi)$，从而推论得证.

5.2.5 取值于$\mathbb{R}^d$的随机变量

到目前为止，除了 5.1.7 节外，我们总假设函数是实值的. 但是出于许多目的，将理论推广至取值于$\mathbb{R}^d$的函数情形是有用的（特别地，对于复值函数，其对应于 $d=2$ 的情形）. 这种延拓通常是相当常规的. 后续中，我们仅阐述并证明 d 维情形的中心极限定理. 为此，先给出一些概念.

假设 f 是 (X, m) 上的$\mathbb{R}^d$-值函数. 并将 f 按坐标写作 $f=(f^{(1)}, f^{(2)}, \cdots, f^{(d)})$，其中 $f^{(k)}$是实值的. f 的**分布测度**是$\mathbb{R}^d$上的非负 Borel 测度 μ，其定义为

$$\mu(B)=m(f^{-1}(B))=m(\{x:f(x)\in B\}),\text{对每一个 Borel 集 }B\subset\mathbb{R}^d.$$

当然有 $\mu(\mathbb{R}^d)=1$，故 μ 是概率测度.

称函数 f 是**可积的**，如果 $|f|=\left(\sum_{k=1}^{d}|f^{(k)}|^2\right)^{1/2}$ 是可积的. 类似地可定义 f 是**平方可积的**. 当 f 可积时，其平均值（或期望）定义为向量 $m_0=(m_0^{(k)})$，其中 $m_0{}^{(k)}=\int_X f^{(k)}(x)\mathrm{d}m$.

若 f 是平方可积的，则其**协方差矩阵**定义为 $d\times d$ 矩阵 $\{a_{ij}\}$，其中

$$a_{ij}=\int_X(f^{(i)}(x)-m_0^{(i)})(f^{(j)}(x)-m_0^{(j)})\mathrm{d}m.$$

注意到 $a_{ij}=\int_{\mathbb{R}^d}(t_i-m_0^{(i)})(t_j-m_0^{(j)})\mathrm{d}\mu(t)$，并且此矩阵是非负对称的. 该矩阵有（唯一的）对称的非负平方根 σ，从而我们用 σ^2 记 f 的协方差矩阵.

其次，我们称一列$\mathbb{R}^d$-值函数 $f_1, \cdots, f_n, \cdots$是相互独立的，如果代数

$$\mathcal{A}_n=\mathcal{A}_{f_n}=\{f_n^{-1}(B),\mathbb{R}^d\text{ 中所有的 Borel 集 }B\}$$

是相互独立的. 注意到这意味着对任意向量 $\xi=(\xi_1, \cdots, \xi_d)\in\mathbb{R}^d$，标量值函数 $\xi\cdot f_1, \cdots, \xi\cdot f_n, \cdots$是相互独立的，其中 $\xi\cdot f_n=\xi_1\cdot f_n^{(1)}+\xi_2\cdot f_n^{(2)}+\cdots+\xi_d\cdot f_n^{(d)}$.

另外两个预备概念如下. 给定一个$\mathbb{R}^d$-值随机变量（函数）f，其**特征函数**是 d 维 Fourier 变换 $\hat{\mu}(\xi)=\int_{\mathbb{R}^d}\mathrm{e}^{-2\pi i\xi\cdot t}\mathrm{d}\mu(t)$，$\xi\in\mathbb{R}^d$，其中 μ 是 f 的分布测度. 当然有 $\hat{\mu}(\xi)=\int_X\mathrm{e}^{-2\pi i\xi\cdot f(x)}\mathrm{d}m$.

设 $\{\mu_N\}$ 是$\mathbb{R}^d$上一列概率测度，并设 ν 是$\mathbb{R}^d$上另一个概率测度，此时如前所述，称 $\mu_N\to\nu$ 是**弱的**，如果

$$\int_{\mathbb{R}^d}\varphi\mathrm{d}\mu_N\to\int_{\mathbb{R}^d}\varphi\mathrm{d}\nu,\text{当 }N\to\infty\text{ 时}$$

对$\mathbb{R}^d$上所有的连续有界函数φ都成立.

现在给出主要定理. 假设$\mathbb{R}^d$-值函数列$\{f_n\}$是相互独立的、同分布的、平方可积的且平均值为零. 若以σ^2记它们共同的协方差矩阵，则假设σ可逆，并记其逆为σ^{-1}.

设μ_N是$\frac{1}{N^{1/2}}\sum_{n=1}^{N} f_n$的分布测度，并设$\mathbb{R}^d$上的测度$\nu_{\sigma^2}$使得

$$\nu_{\sigma^2}(B)=\frac{1}{(2\pi)^{d/2}(\det\sigma)}\int_B \mathrm{e}^{-\frac{|\sigma^{-1}(x)|^2}{2}}\mathrm{d}x$$

对所有的 Borel 集$B\subset\mathbb{R}^d$成立.

定理 5.2.17　在上述关于f_n的条件下，当$N\to\infty$时，测度μ_N弱收敛于ν_{σ^2}.

该证明过程本质上与实值函数情形一样，首先对于有紧支撑的光滑函数证明式(5.16)的类似公式，进而像推论 5.2.16 一样，对连续函数进行讨论. 关于 Gaussian 分布的特征函数，见习题 32.

注　简单修改定理 5.2.17 的证明可以得到下述推广. 假设$\{f_n\}$满足定理条件，$t>0$，并定义

$$S_{N,t}=\frac{1}{N^{1/2}}\sum_{n=1}^{[Nt]} f_n.$$

(其中$[x]$记作x的整数部分.) 从而当$N\to\infty$时，$S_{N,t}$的分布测度弱收敛于$\nu_{t\sigma^2}$. 事实上，若$0\leqslant s<t$，则当$N\to\infty$时，$S_{N,t}-S_{N,s}$的分布测度弱收敛于$\nu_{(t-s)\sigma^2}$.

5.2.6　随机游动

5.1.1 节中所考虑的掷币游戏（或 Rademacher 函数的和）可以看作是实直线上的随机游动. 此游动过程如下所述.

一个人从原点出发，以一个单位为步长沿着一条直线走动；每一步以同等概率向右或向左走动，且不同的步之间是相互独立的. 第n步后的位置是$s_n=\sum_{k=1}^{n} r_k$. 注意到s_n的值总是整数.

在$\mathbb{R}^d$中，我们考虑一类特殊的**随机游动**，它给出了上述过程的最简单的推广. 该游动从原点出发，第n步的位置是从之前一步的位置出发以相等的概率沿着某个坐标轴方向移动单位长度得到（即概率为$1/(2d)$）. 假设每一步都和之前的是独立的. 我们按如下方式使之形式化.

设$\mathbb{Z}_{2d}$是$\mathbb{R}^d$中$2d$个点的集合，可列为$\{\pm e_1, \pm e_2, \cdots, \pm e_d\}$，其中$e_j=(0, \cdots, 0, 1, 0, \cdots, 0)$满足第$j$个坐标为 1，其余的为 0. 赋予$\mathbb{Z}_{2d}$中每一点的测度为$1/(2d)$. 设$X=\mathbb{Z}_{2d}^{\infty}$是$\mathbb{Z}_{2d}$的无穷乘积，并赋予乘积测度，且记该测度为$m$. 因此$X$由点$x=(x_n)_{n=1}^{\infty}$，其中每一个$x_n\in\mathbb{Z}_{2d}$组成. 现在对每一个$n$定义$\boldsymbol{r}_n(x)=x_n$. 因此对每一个$n$，$\boldsymbol{r}_n(x)$是$\pm e_j$中的一个，从而实际上$\boldsymbol{r}_n(x)$取值于$\mathbb{R}^d$中的格$\mathbb{Z}^d$. 因为$\boldsymbol{r}_n(x)$仅依赖于$x$的第$n$个坐标，所以$\{\boldsymbol{r}_n\}$也是相互独立的函数. 最后注意到每一个$\boldsymbol{r}_n$的平均值为零且其协方差矩阵是单位阵.

用和式

$$s_n(x)=\sum_{k=1}^{n}\boldsymbol{r}_k(x)$$

表示随机游动，因此 x 表明一个可能的**道路**且 $s_n(x)$ 表示这条道路在第 n 步时的位置. 为方便起见，对所有的 x，假定 $s_0(x)=0$.

本小节仅验证由随机游动所展示的一个有趣的性质. 该性质揭示了 $d\leqslant 2$ 和 $d\geqslant 3$ 两种情形的显著差异性.

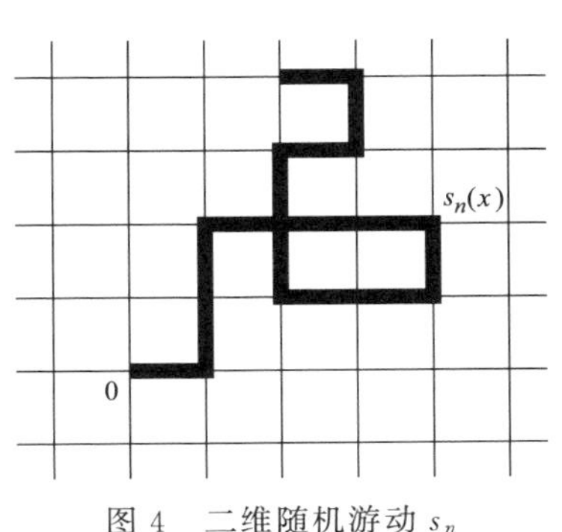

图 4 二维随机游动 s_n

定理 5.2.18 针对以上随机游动：

(a) 当 $d=1$ 或 2 时，随机游动是**常返的**，即沿着几乎所有的道路无穷次返回原点.

(b) 当 $d\geqslant 3$ 时，几乎每一条道路至多有限次返回原点. 进一步地，从不返回原点的道路集合的概率是正的.

实际上，当 $d=1$ 或 2 时，随机游动常常无穷次地到达$\mathbb{Z}^d$中的几乎每一点. 但是当 $d\geqslant 3$ 时，$\lim\limits_{n\to\infty}|s_n|=\infty$几乎处处成立. 关于这些深入的结论的证明，参考习题 34 和习题 35.

证 设 μ 是每一个 $\boldsymbol{r}_n$ 的共同的分布测度. 则 μ 是$\mathbb{R}^d$上集中在点 $\pm e_1$，$\pm e_2$，…，$\pm e_d$ 上的测度，并且其中每一点的测度为 $1/(2d)$. 设 μ_n 是 s_n 的分布测度. 与 μ 一样，测度 μ_n 的支撑显然也在$\mathbb{Z}^d$中.

如果

$$\hat{\mu}(\xi)=\sum_{k\in\mathbb{Z}^d}m(\{x:\boldsymbol{r}_n(x)=k\})\mathrm{e}^{-2\pi\mathrm{i}k\cdot\xi}$$

是 μ 的特征函数，且

$$\hat{\mu}_n(\xi)=\sum_{k\in\mathbb{Z}^d}m(\{x:s_n(x)=k\})\mathrm{e}^{-2\pi\mathrm{i}k\cdot\xi}$$

是 μ_n 的特征函数，则由先前数次利用独立性所进行的论述可知 $\hat{\mu}_n(\xi)=(\hat{\mu}(\xi))^n$.（例如式（5.11).）进一步地，易证

$$\hat{\mu}(\xi)=\frac{1}{d}(\cos 2\pi\xi_1+\cdots+\cos 2\pi\xi_d).$$

但是像 $\hat{\mu}(\xi)$ 一样，$\hat{\mu}_n(\xi)$ 是周期为 e_1，e_2，…，e_d 的周期函数，从而对每一个 n，有

$$m(\{x:s_n(x)=0\})=\int_Q\hat{\mu}_n(\xi)\mathrm{d}\xi=\int_Q(\hat{\mu}(\xi))^n\mathrm{d}\xi,\tag{5.18}$$

其中 Q 是基本的方体 $Q=\{\xi:-1/2<\xi_j\leqslant 1/2,\ j=1,\cdots,d\}$.

由上所述，我们断言

$$\sum_{n=0}^{\infty} m(\{x : s_n(x)=0\}) = \int_Q \frac{\mathrm{d}\xi}{1-\hat{\mu}(\xi)}. \tag{5.19}$$

注意到 $\hat{\mu}(\xi) \leqslant 1$，故上式右边被积函数总是非负的（或 $+\infty$）. 从而要么两边同时为无穷大，要么有限且相等. 事实上，对于 $0<r<1$，用 r^n 乘以式（5.18）的两边并且求和得

$$\sum_{n=0}^{\infty} r^n m(\{x : s_n(x)=0\}) = \int_Q \frac{\mathrm{d}\xi}{1-r\hat{\mu}(\xi)},$$

再令 $r \to 1$ 即得式（5.19）.

因为

$$1-\hat{\mu}(\xi) = 1-\frac{1}{d}(\cos 2\pi\xi_1 + \cdots + \cos 2\pi\xi_d)$$

$$= \frac{2\pi^2}{d}|\xi|^2 + O(|\xi|^4), \text{当 } \xi \to 0 \text{ 时},$$

并且存在合适的正常数 c_1 和 c_2，使得当 $c_2 \leqslant |\xi|$，$\xi \in Q$ 时 $1-\hat{\mu}(\xi) \geqslant c_1$，所以积分

$$\int_Q \frac{\mathrm{d}\xi}{1-\hat{\mu}(\xi)}$$

在 $d=1$ 或 $d=2$ 时发散，但是在 $d \geqslant 3$ 时收敛. 从而 $\sum\limits_{n=0}^{\infty} m(\{x : s_n(x)=0\})$ 在 $d \leqslant 2$ 时发散，在 $d \geqslant 3$ 时收敛.

上述讨论有如下解释. 设 $A_n = \{x : s_n(x)=0\}$，并设 χ_{A_n} 是其特征函数. 此时 $\#(x) = \sum\limits_{n=0}^{\infty} \chi_{A_n}(x)$ 是道路 x 经过原点的次数. 因此 $\int_X \#(x)\mathrm{d}m$ 是所有道路经过原点的期望值. 但是

$$\int_X \#(x)\mathrm{d}m = \sum_{n=0}^{\infty} m(\{x : s_n(x)=0\}) = \sum_{n=0}^{\infty} m(A_n),$$

所以当 $d \geqslant 3$ 时该期望是有限的，从而几乎所有的道路仅有限次返回原点. 这就证明了（b）的第一部分.

尽管当 $d \leqslant 2$ 时该期望是无限的，但是这本身并不能说明几乎所有的道路常常无穷次返回原点. 关于此结论，现在开始证明. 为此，定义 F_k 为首次使得 $s_k(x)=0$ 的道路集合

$$F_k = \{x : s_k(x)=0, \text{但当 } 0 \leqslant \ell < k \text{ 时}, s_\ell(x) \neq 0\}.$$

（其中假设 $F_1 = \varnothing$.）由于 F_k 是互不相交的，所以 $\sum\limits_{k=1}^{\infty} m(F_k) \leqslant 1$. 我们将证明对于 $d=1$ 或 $d=2$ 有 $\sum\limits_{k=1}^{\infty} m(F_k) = 1$，这意味着几乎所有的道路至少有一次返回原点.

与此相反的是，当 $d\geqslant 3$ 时，$\sum_{k=1}^{\infty} m(F_k)<1$，这意味着存在一个正概率的集合使得其中的道路从不返回原点.

为证上述断言，首先证明

$$m(A_n)=\sum_{1\leqslant k\leqslant n} m(F_k)m(A_{n-k}),\forall n\geqslant 1. \tag{5.20}$$

事实上，$A_n=\bigcup_{1\leqslant k\leqslant n}(F_k\cap A_n)$，其中并是不相交并. 因此 $m(A_n)=\sum_{1\leqslant k\leqslant n} m(F_k\cap A_n)$.

但是

$$F_k\cap A_n=F_k\cap\{x:s_n(x)-s_k(x)=0\}.$$

因此 $m(F_k\cap A_n)=m(F_k)m(\{x:s_n(x)-s_k(x)=0\})$，这是因为集合 F_k 和 $\{x:s_n(x)-s_k(x)=0\}=\{x:\sum_{\ell=k+1}^{n}\boldsymbol{r}_\ell(x)=0\}$显然是独立的. 然而由乘积空间$\mathbb{Z}_{2d}^{\infty}$上测度的平移不变性可得

$$m(\{x:s_n(x)-s_k(x)=0\})=m(\{x:s_{n-k}(x)=0\})=m(A_{n-k}).$$

(我们曾在 5.2.1 节中已经观察到不同情形下的平移不变性.) 因此 $m(F_k\cap A_n)=m(F_k)m(A_{n-k})$，从而式 (5.20) 得证.

若设 $A(r)=\sum_{n=0}^{\infty} r^n m(A_n)$，$F(r)=\sum_{n=1}^{\infty}r^n m(F_n)$，$0<r<1$，则式 (5.20) 为 $A(r)=A(r)F(r)+1$，即 $F(r)=1-1/A(r)$. 当 $d\leqslant 2$ 时，由级数 $\sum_{n=0}^{\infty} m(A_n)$ 发散可得，当 $r\to 1$ 时，$A(r)\to\infty$，则 $F(1)=\sum_{n=1}^{\infty} m(F_n)=1$，从而几乎所有的道路至少有一次返回原点. 其次，当 $d\geqslant 3$ 时，由于级数 $\sum_{n=0}^{\infty}m(A_n)$ 收敛，所以 $F(1)=\sum_{n=1}^{\infty} m(F_n)<1$，因此存在一个正概率的集合使得其中的道路从不返回原点.

对于 $d\leqslant 2$ 的情形，为证明无穷次返回，对每一个 $\ell\geqslant 1$ 定义

$$F_n^{(\ell)}=\{x:s_n(x)=0,\text{但是当 }1\leqslant k<n\text{ 时},s_k(x)=0\text{ 出现 }\ell-1\text{ 次}\}.$$

(其中设 $F_1^{(\ell)}=\varnothing$.) 注意到 $F_n^{(1)}=F_n$，且 $\sum_{n=1}^{\infty}m(F_n^{(\ell)})=1$ 意味着几乎每一条道路至少有 ℓ 次返回原点. 则类似于式 (5.20) 的证明，从而得到当 $\ell\geqslant 2$ 时

$$m(F_n^{(\ell)})=\sum_{1\leqslant k\leqslant n} m(F_k^{(\ell-1)})m(F_{n-k}^{(1)}).$$

从而若定义 $F^{(\ell)}(r)$ 为 $\sum_{n=1}^{\infty} r^n m(F_n^{(\ell)})$，则

$$F^{(\ell)}(r)=F^{(\ell-1)}(r)F^{(1)}(r),$$

再依次迭代下去即得 $F^{(\ell)}(r)=(F^{(1)}(r))^{\ell}$. 进而令 $r\to 1$ 即知 $\sum_{n=1}^{\infty}m(F_n^{(\ell)})=1$，因

此几乎每一条道路至少有 ℓ 次返回原点. 因为这对任意的 $\ell \geqslant 1$ 都成立，所以定理（a）得证. □

人们感兴趣的是，当连续的两步之间的时间间隔取为 $1/n$ 时，道路由因子 $1/n^{1/2}$ 重新标度，随机游动将会怎样，并依据中心极限定理考虑 $n \to \infty$ 时的极限情形. 此想法引导我们去讨论 Brownian 运动. 该重要内容是下一章的主题.

5.3　习题

1. 考虑 $S_N(x) = \sum_{n=1}^{N} r_n(x)$，其中 N 是奇数.

（a）计算 $m(\{x : S_N(x) = k\})$，并证明：当 k 取遍所有整数时，在 $k=-1$ 和 $k=1$ 时达到最大值.

（b）采用当 N 是偶数时的论述，证明：对于奇数 N 有

$$m\left(\left\{x : a < \frac{S_N(x)}{N^{1/2}} < b\right\}\right) \to \frac{1}{\sqrt{2\pi}} \int_a^b \mathrm{e}^{-t^2/2} \mathrm{d}t, \text{当 } N \to \infty \text{时.}$$

2. 构造三个函数 f_1，f_2 和 f_3，使得任意两个是相互独立的，但是三个函数不是独立的.

[提示：设 $f_1 = r_1$，$f_2 = r_2$，并用 r_1 和 r_2 表示 f_3.]

3. 证明：[0, 1] 上相互独立的函数集 $\{r_n\}$ 不能再扩大以至于仍然保持相互独立. 若将函数 f 添加到集合 $\{r_n\}$ 中，则新函数集只有当 f 是常数时才是相互独立的.

[提示：也可参考习题 16.]

4. 假设 μ 和 ν 是 X 上的两个有限测度，且在集族 $\mathcal{C}$ 上一致. 证明：若 $\mathcal{C}$ 包含 X 并且关于有限交运算封闭，则在由 $\mathcal{C}$ 生成的 σ-代数上 $\mu = \nu$.

[提示：因为

$$\mu\left(\bigcup_{j=1}^{k} C_j\right) = \sum_{j=1}^{k} \mu(C_j) - \sum_{i<j} \mu(C_i \cap C_j) +$$

$$\sum_{i<j<\ell} \mu(C_i \cap C_j \cap C_\ell) + \cdots + (-1)^{k-1} \mu\left(\bigcap_{j=1}^{k} C_j\right),$$

所以等式 $\mu = \nu$ 对于 $\mathcal{C}$ 中有限个集合的并成立.]

5. 证明：$\mathbb{R}^d$-值函数 f_1，…，f_n 是相互独立的当且仅当它们的联合分布测度等于各自分布测度的乘积：

$$\mu_{f_1, \cdots, f_n} = \mu_{f_1} \times \cdots \times \mu_{f_n} \text{ 作为 } \mathbb{R}^{nd} = \mathbb{R}^d \times \cdots \times \mathbb{R}^d \text{ 上的测度.}$$

[提示：验证等式在 $\mathbb{R}^{nd}$ 中的柱集上成立，并应用前一习题.]

6. 设概率空间 (X, m) 上的函数列 $\{f_n\}$ 是相互独立的. 证明：存在一个

概率空间 (X', m')，其中 X' 是无穷乘积空间 $X'=\prod_{n=1}^{\infty} X_n$，$(X_n, m_n)$ 是概率空间并且 m' 是 m_n 的乘积测度，使得下述论断成立：存在 X' 上的函数 $\{g_n\}$ 满足 $\{f_n\}$ 和 $\{g_n\}$ 有同样的联合分布测度，但是每一个函数 g_n 仅依赖于 X' 的第 n 个坐标.

[提示：对每一个 n 取 $(X_n, m_n)=(X, m)$，并用 f_n 定义 g_n，再使用前一习题.]

7. 证明：若 $\mathcal{B}_0, \cdots, \mathcal{B}_n$ 是相互独立的代数，则对每一个 $k<n$，代数 $\bigvee_{j=0}^{k} \mathcal{B}_j$ 和 $\mathcal{B}_n$ 是相互独立的.

证明思路如下. 使用归纳法证明，若 $B_j \in \mathcal{B}_j$，则 $B_0 \cap \cdots \cap B_k$ 与 B_n 是相互独立的. 固定 $B \in \mathcal{B}_n$，并考虑两个有限测度 $\mu(E)=m(E \cap B)$ 和 $\nu(E)=m(E)m(B)$，以及形如 $E=B_0 \cap \cdots \cap B_k$ 的集合构成的集族 $\mathcal{C}$，其中 $B_j \in \mathcal{B}_j$. 再应用习题 4.

8. 证明下述关于概率分布测度的进一步的结论.

(a) 假设 $f=(f_1, \cdots, f_k)$，其中每一个 f_j 是 $\mathbb{R}^d$-值函数. 设 μ 是 f 的概率分布测度，并设 L 是 $\mathbb{R}^{dk}$ 到自身的线性变换. 则 $L(f)$ 的分布测度是 μ_L，其中 $\mu_L(A)=\mu(L^{-1}A)$ 对于任意的 Borel 集 $A \subset \mathbb{R}^{dk}$ 都成立.

(b) 假设 f_j 的分布测度是 Gaussian 测度，其协方差矩阵为 $\sigma_j^2 I$，$1 \leqslant j \leqslant k$. 并设 $\{f_j\}$ 是相互独立的. 则 $c_1 f_1+\cdots+c_k f_k$ 的分布测度是 Gaussian 测度，其协方差矩阵为 $(c_1^2\sigma_1^2+\cdots+c_k^2\sigma_k^2)I$.

[提示：(b) 计算习题中测度的 Fourier 变换（特征函数）.]

9. 考虑概率空间 (Ω, P) 上平方可积的 $\mathbb{R}^d$-值函数空间 $L^2(\Omega, \mathbb{R}^d)$. 该空间的一个闭子空间 $\mathcal{G}$ 是 **Gaussian 子空间**，如果 $\mathcal{G}$ 由相互独立函数列 $\{f_n\}$ 张成，且每一个函数都有平均值为零的 Gaussian 分布测度，且协方差为 $\{\sigma_n^2 I\}$.

证明：若 $F_1, F_2, \cdots, F_k$ 是 $\mathcal{G}$ 的相互正交元，则它们是相互独立的. 注意其逆命题可直接得证.

[提示：考虑 $\mathcal{G}$ 是有限维的情形，且 $\mathcal{G}$ 由 $f_1, \cdots, f_N$ 张成. 乘以适当的常数后，可以假设每一个 f_j 和 F_j 的 L^2 范数等于 1. 因此存在正交线性变换 L 使得 $L(f_j)=F_j$. 再应用习题 5 和习题 8.]

10. 考虑概率空间上序列 $\{f_n\}$ 依两种类型收敛于极限 f：

(i) $f_n \to f$ 几乎处处成立；

(ii) $f_n \to f$ 按照它们的分布测度的弱收敛成立.

证明：(i) 蕴含着 (ii)，但是逆向推导不成立.

[提示：回顾，若 φ 是连续有界的，则 $\int \varphi(f)\mathrm{d}\mu=\int \varphi \mathrm{d}\mu_f$，其中 μ_f 是 f 的分

布测度，并应用控制收敛定理.]

11. 在[0,1]上赋予 Lebesgue 测度，构造一个分布测度是正规的函数 f.

[提示：考虑“误差函数” $\mathrm{Erf}(x)=\frac{1}{\sqrt{2\pi}}\int_{-\infty}^{x}\mathrm{e}^{-t^2/2}\mathrm{d}t$ 及其逆函数.]

12. 证明：等式(5.6)，即若 G 是$\mathbb{R}$上的非负连续（或连续有界）函数，并设 f 是（概率空间（X，m）上）实值可测函数，其分布测度为 $\mu=\mu_f$，则

$$\int_X G(f)(x)\mathrm{d}m=\int_{\mathbf{R}}G(t)\mathrm{d}\mu(t)$$

[提示：若 f 是有界的，则当 $n\to\infty$时，$\sum_k G(k/n)m(\{k/n<f<(k+1)/n\})$ 收敛于两边的积分.]

13. Rademacher 函数列 $\{r_n\}$ 在 $L^2([0,1])$中远不完备. 事实上，添加任意有限个函数都不能使之成为完备的. 用两种方法证明该结论.

(a) 考虑函数列 $\{r_n r_m\}$，$n<m$；

(b) 使用引理 5.1.8 中的 L^p 不等式.

也可参考习题 16.

14. 考虑幂级数

$$\sum_{n=1}^{\infty}\pm a_n z^n=\sum_{n=1}^{\infty}r_n(t)a_n z^n=F(z,t),$$

其中 $\sum|a_n|^2=\infty$和 $\limsup|a_n|^{1/n}\leqslant 1$.

证明：对于几乎每一个 t，函数 $F(z,t)$ 都不能解析延拓到单位圆盘外部.

[提示：像对定理 5.1.7（b）的讨论一样，并使用 Abel 和式而不是 Cesàro 和式.]

15. 证明：$L^2([0,1])$ 中 $\{r_n\}$ 张成的空间是 L^2 中满足：

$$\mathbb{E}_N(f)=S_N(f),\forall N$$

的函数 f 组成的子空间，其中$\mathbb{E}_N$是相应于长度为 2^{-N} 的二进区间的条件期望.

16. Rademacher 函数系的自然完备化是 **Walsh-Paley 函数系**. [0，1] 上的 Walsh-Paley 函数系定义如下，并记为 $\{w_n\}$.

首先设 $w_0(t)=1,w_1(t)=r_1(t)$，$w_2(t)=r_2(t)$且 $w_3(t)=r_1(t)r_2(t)$. 更一般地，若 $n\geqslant 1$，$n=2^{k_1}+2^{k_2}+\cdots+2^{k_\ell}$，其中 $0\leqslant k_1<\cdots<k_\ell$，则定义

$$w_n(t)=\prod_{j=1}^{\ell}r_{k_j+1}(t).$$

特别地 $w_{2^{k-1}}=r_k$. 证明：

(a) $\{w_n\}_{n=0}^{\infty}$是 $L^2([0,1])$的完全正交规范系；

(b) Walsh-Paley 函数系的下述有趣的性质：它们是紧交换群$\mathbb{Z}_2^{\infty}$(看作两点交换群$\mathbb{Z}_2$的乘积空间）的连续特征.

[提示：在群$\mathbb{Z}_2^{\infty}$上定义加法 $x+y$ 为$(x+y)_j=x_j+y_j \bmod 2$，其中 $x=(x_j)$，

$y=(y_j)$. 则 $r_k(x+y)=r_k(x)r_k(y)$.

也考虑"Dirichlet 核" $K_N(t)=\sum_{k=0}^{N-1} w_k(t)$，并证明当 $N=2^n$ 时$K_N(t)=\prod_{j=1}^{n}(1+r_j(t))$，因此当 $0\leqslant t\leqslant 2^{-n}$时，$K_{2^n}(t)=2^n$，其余的为 0. 故使用卷积$\int f(y)K_N(x+y)\mathrm{d}y$，注意到当 $f\sim\sum a_k w_k$ 时，有 $\sum_{k<2^n} a_k w_k=\mathbb{E}_n(f)$，其中$\mathbb{E}_n$的定义见 5.1.6 节. 再参考问题 2*.]

17. 引理 5.1.8 中的不等式有如下加强形式. 设 $F(t)=\sum_{n=1}^{\infty} a_n r_n(t)$，其中 a_n 是实数并且 $\sum_{n=1}^{\infty} a_n^2=1$. 证明：

(a) $\int_0^1 \mathrm{e}^{\mu|F(t)|}\mathrm{d}t\leqslant 2\mathrm{e}^{\mu^2}$，$\forall\, 0\leqslant\mu$；

(b) 因此存在 $c>0$ 使得 $\int_0^1 \mathrm{e}^{c|F(t)|^2}\mathrm{d}t<\infty$.

[提示：由 (a) 可知，$m(\{t:|F(t)|>\alpha\})\leqslant 2\mathrm{e}^{\mu^2-\mu\alpha}$.取 $\mu=\alpha/2$,并令 $c<1/4$ 即可得到(b).]

18. 证明:存在 $f\in L^p([0,2\pi])$,$\forall\, p<\infty$,且 $f\sim\sum_{-\infty}^{\infty} c_n\mathrm{e}^{\mathrm{i}n\theta}$,使得对任意的 $q<2$,有$\sum|c_n|^q=\infty$.因此第 2 章 2.2.1 节中 Hausdorff-Young 不等式对于 $p>2$ 不成立.

[提示:使用定理 5.1.7.]

19. 假设 $F(t)=\sum_{n=1}^{\infty} a_n r_n(t)$,其中$\sum a_n^2<\infty$.证明：

(a)存在常数 A 使得

$$\|F\|_{L^4}\leqslant A\|F\|_{L^2};$$

(b) 存在常数 A'使得$\|F\|_{L^2}\leqslant A'\|F\|_{L^1}$；

(c) 对于 $1\leqslant p<\infty$，有$\|F\|_{L^p}\leqslant A_p\|F\|_{L^1}$.

[提示：(a) 将$\int_0^1 F^4(t)\mathrm{d}t$ 写作和式并使用 $r_n(t)r_m(t)$ 的正交性. (b) 使用 Hölder 不等式. (c) 使用引理 5.1.8.]

20. 假设 $\{A_n\}$ 是概率空间 X 中的一列子集. 证明：

(a) 若 $\sum m(A_n)<\infty$，则 $m(\limsup_{n\to\infty} A_n)=0$，其中 $\limsup_{n\to\infty} A_n$ 定义为 $\bigcap_{n=1}^{\infty}\bigcup_{k=n}^{\infty} A_k$；

(b) 若$\sum m(A_n)=\infty$且集列 $\{A_n\}$ 是相互独立的，则 $m(\limsup\limits_{n\to\infty} A_n)=1$.

该分歧性常常被称为 Borel-Cantelli 引理.（参考《实分析》.）

[提示：在（b）情形下，$m(\bigcap\limits_{k=r}^{n} A_k^c) = \prod\limits_{k=r}^{n}(1-m(A_k))$.]

21. 除去一个可数集（二进有理数全体）之外，有可能对 [0，1] 中的每一个实数 α 均可赋予唯一一个二进展开，即

$$\alpha=\sum_{j=1}^{\infty}\frac{x_j}{2^j}\text{，其中 } x_j=0 \text{ 或 } 1.$$

给定一个这样的数 α，记 $\#_N(\alpha)$ 为 1 在 α 的二进展开式的前 N 项中出现的次数. 我们称 α 是**正规的**，如果其二进展开中 1 的密度等于 0 的密度，即

$$\lim_{N\to\infty}\frac{\#_N(\alpha)}{N}=1/2.$$

(a) 证明：[0，1] 中几乎每一个数（关于 Lebesgue 测度）都是正规的；

(b) 更一般地，给定一整数 $q\geqslant 2$，考虑 [0，1] 中实数 α 的 q-展开，

$$\alpha=\sum_{j=1}^{\infty}\frac{x_j}{q^j}\text{，其中 } x_j=0,1,\cdots,q-1. \tag{5.21}$$

除去一个可数子集，该展开式是唯一的. 对于给定的实数 α 及任意的 $0\leqslant p\leqslant q-1$，定义 $\#_{p,N}(\alpha)$ 为 α 的 q-展开中使得 $x_j=p$（$0\leqslant j\leqslant N$）的 j 的个数. 若对每一个 $0\leqslant p\leqslant q-1$ 都有

$$\lim_{N\to\infty}\frac{\#_{p,N}(\alpha)}{N}=1/q,$$

则称 α 是 q **正规的**.

证明：[0，1] 中几乎所有的实数都是 q 正规的.

[提示：考虑无穷乘积空间$\prod\mathbb{Z}_q$，其中每一个因子上都给定了统一的测度. 在式（5.21）条件下，乘积测度对应于 [0，1] 上的 Lebesgue 测度. 再应用像定理 5.2.1 一样的大数定律.]

22. 称 X 上的一列函数 $\{f_n\}_{n=0}^{\infty}$是一个（离散的）**稳定过程**，如果对每一个 N，f_r，f_{r+1}，…，f_{r+N} 的联合概率分布都与 r 无关.

考虑定理 5.2.1 的证明中所构造的概率空间 Y. 证明：当序列 $\{f_n\}$ 是稳定过程时，该序列与序列$\{g_0(\tau^n(y))\}$有同样的联合分布，其中 g_0 是 Y 上一个适当的函数且 τ 是平移. 因此遍历定理同样适用于这更一般的情形.

23. 证明：定理 5.2.1 中的条件在下述意义下是最优的. 如果 $\{f_n\}_{n=0}^{\infty}$是相互独立且同分布的，但是$\int_X |f_0(x)|\,\mathrm{d}m=\infty$，则对几乎每一个 x，当 $N\to\infty$时，平均值$\frac{1}{N}\sum\limits_{n=0}^{N-1}f_n(x)$ 都不收敛某一极限.

[提示：设 $A_n=\{x:|f_n(x)|>n\}$. 则集列 $\{A_n\}$ 是相互独立的. 但是 $\sum_{n=0}^{\infty}m(A_n)=\sum_{n=0}^{\infty}m(\{x:|f_0(x)|>n\})\approx\int_X|f_0(x)|\mathrm{d}m=\infty$. 再用习题 20.]

24. 以下是条件期望的例子.

(a) 假设 $X=\bigcup A_n$ 是 X 的一个有限（或可数）剖分，其中当 A_n 非空时，$m(A_n)>0$. 设 $\mathcal{A}$ 是由集列 $\{A_n\}$ 生成的代数. 证明：当 $x\in A_n$ 时，$\mathbb{E}_{\mathcal{A}}(f)(x)=\frac{1}{m(A_n)}\int_{A_n}f\mathrm{d}m$.

(b) 设 $X=X_1\times X_2$，其中 X 上的测度 m 是 X_i 上的测度 m_i 的乘积. 设 $\mathcal{A}=\{A\times X_2\}$，其中 A 取遍 X_1 的任意可测集. 证明：

$$\mathbb{E}_{\mathcal{A}}(f)(x_1,x_2)=\int_{X_2}f(x_1,y)\mathrm{d}m_2(y).$$

25. 下面四个习题中，设 $\{s_n\}$ 是对应于一列递增的代数 $\{\mathcal{A}_n\}$ 的鞅序列，并记 $\mathcal{A}_n$ 上的条件期望为 $\mathbb{E}_n$.

假设 $s_n=\mathbb{E}_n(s_\infty)$，其中 $s_\infty\in L^2$. 证明：$\{s_n\}$ 在 L^2 中收敛.

[提示：记 $f_n=s_n-s_{n-1}$，则 f_n 是相互正交的且 $s_n-s_0=\sum_{k=1}^{n}f_k$.]

26. 证明：

(a) 对任意的 $1\leqslant p\leqslant\infty$，若 $s_\infty\in L^p$，则 $s_n=\mathbb{E}_n(s_\infty)\in L^p$，且 $\|s_n\|_{L^p}\leqslant\|s_\infty\|_{L^p}$；

(b) 反之，当 $1<p\leqslant\infty$ 时，若 $\{s_n\}$ 是鞅序列且 $\sup_n\|s_n\|_{L^p}<\infty$，则存在 $s_\infty\in L^p$，使得 $s_n=\mathbb{E}_n(s_\infty)$.

(c) (b) 中的结论在 $p=1$ 时不成立.

[提示：(a) 像引理 5.2.5 (a) 的证明一样讨论. (b) 使用引理 5.2.5，以及第 1 章习题 12 中的 $L^p(p>1)$ 的弱紧性. (c) 在 $X=[0,1]$ 上赋予 Lebesgue 测度，并考虑当 $0\leqslant x\leqslant 2^{-n}$ 时，$s_n(x)=2^n$；当 $2^{-n}<x\leqslant 1$ 时，$s_n(x)=0$.]

27. 设 $s_n=\mathbb{E}_n(s_\infty)$，其中 s_∞ 在 X 上可积. 证明：

(a) 当 $n\to\infty$ 时，s_n 依 L^1 范数收敛；

(b) 进一步地，$s_n\to s_\infty$ 在 L^1 中成立当且仅当 s_∞ 关于代数 $\mathcal{A}_\infty=\bigvee_{n=1}^{\infty}\mathcal{A}_n$ 是可测的.

[提示：(a) 使用习题 25 和习题 26 (a). 此时 $\lim s_n=\mathbb{E}_{\mathcal{A}_\infty}(s_\infty)$，并用前一习题.]

28. 假设 $s_n=\mathbb{E}_n(s_\infty)$ 且 $s_\infty\in L^1$. 证明：

(a)

$$m(\{x:\sup_n|s_n(x)|>\alpha\})\leqslant\frac{1}{\alpha}\int_{|s_\infty(x)|>\alpha}|s_\infty(x)|\mathrm{d}x .$$

(b) 若 $s_\infty\in L^p$ 且 $1<p\leqslant\infty$，则 $\|\sup_n|s_n|\|_{L^p}\leqslant A_p\|s_\infty\|_{L^p}$.

[提示：(a) 注意到当 $s_\infty \geqslant 0$ 时可由式 (5.15) 得到. (b) 采用第2章定理2.4.1中关于极大函数 f^* 的证明方法.]

29. 5.2.2节中所讨论的关于实值鞅序列 $\{s_n\}$ 的结果对于取值于$\mathbb{R}^d$的 s_n 也成立. 特别地，证明：式 (5.14) 蕴含着下述结论：

(a) 若 $k \leqslant n$，则 $|s_k| \leqslant \mathbb{E}_k(|s_n|)$；

(b) $m(\{x: \sup_n |s_n(x)| > \alpha\}) \leqslant \frac{1}{\alpha}\int_{|s_\infty(x)|>\alpha} |s_\infty(x)| \mathrm{d}x$.

其中$|\cdot|$是$\mathbb{R}^d$中的Euclidean范数.

[提示：(a),注意到 $(s_k, v) = \mathbb{E}_k((s_n, v))$，其中 $(\cdot, \cdot)$ 是$\mathbb{R}^d$中的内积，且 v 是$\mathbb{R}^d$中任一给定的向量. 再对单位向量 v 取上确界. 结论 (b) 可由 (a) 和习题28 (a) 得到.]

30. 条件期望可推广到全测度不一定有限的空间 (X, m) 上. 考虑下面的例子：$X=\mathbb{R}^d$ 且 m 是Lebesgue测度. 对每一个 $n \in \mathbb{Z}$，设 $\mathcal{A}_n$ 是由边长为 2^{-n} 的二进方体生成的代数. 这些二进方体是开方体，其顶点是 $2^{-n}\mathbb{Z}^d$ 中的点，且边长为 2^{-n}. 对任意的 n 显然有 $\mathcal{A}_n \subset \mathcal{A}_{n+1}$. 设 f 在$\mathbb{R}^d$上可积，并设$\mathbb{E}_n(f)=\mathbb{E}_{\mathcal{A}_n}(f)$，其中当 $x \in Q$，且 Q 是边长为 2^{-n} 的二进方体时，

$$\mathbb{E}_n(f)(x) = \frac{1}{m(Q)}\int_Q f \mathrm{d}m.$$

(a) 证明：定理5.2.10中的极大不等式可推广至该情形.

(b) 证明：若 $f \geqslant 0$，则存在适当的常数 c 使得 $\sup_{n \in \mathbf{Z}} \mathbb{E}_n(f)(x) \leqslant c f^*(x)$，其中 f^* 是第2章中讨论的Hardy-Littlewood极大函数.

(c) 举例说明逆不等式 $f^*(x) \leqslant c' \sup_{n \in \mathbf{Z}} \mathbb{E}_n(f)(x)$ 不成立. 但是下述结论成立：对于任意的 $\alpha > 0$，有

$$m(\{x: f^*(x) > \alpha\}) \leqslant c_1 m(\{x: \sup_{n \in \mathbf{Z}} \mathbb{E}_n(f)(x) > c_2 \alpha\}),$$

其中 c_1 和 c_2 是适当的常数.

31. 设 $\{\mu_N\}_{N=1}^\infty$ 和 ν 是$\mathbb{R}^d$上的概率测度. 证明当 $N \to \infty$ 时下述论断等价：

(a) $\hat{\mu}_N(\xi) \to \hat{\nu}(\xi)$，$\forall \xi \in \mathbb{R}^d$；

(b) $\mu_N \to \nu$ 是弱的；

(c) 在$\mathbb{R}$中，若测度 ν 是连续的，则对任意的开区间 (a, b) 均有$\mu_N((a,b)) \to \nu((a,b))$；

(d) 在$\mathbb{R}^d$中，若 ν 关于Lebesgue测度是绝对连续的，则对任意的开集 $\mathcal{O}$ 有 $\mu_N(\mathcal{O}) \to \nu(\mathcal{O})$.

[提示：在$\mathbb{R}$中,(a),(b) 和 (c) 的等价性隐含于引理5.2.15和推论5.2.16的证明中所给出的论述. 为证 (a) 蕴含着 (d)，此时 $\mathcal{O}$ 是开方体，将$\mathbb{R}$上的论述推广至$\mathbb{R}^d$上. 再类似地证明 (d) 对闭方体也成立. 最后使用任一开集几乎是不相

交的闭方体的并. 为证(d)蕴含着(b),我们用在方体上取值为常数的阶梯函数一致逼近有紧支撑的连续函数 φ.]

32. 定理 5.2.17 的证明需要下述计算. 假设 σ 是一个严格正定的对称矩阵,并记其逆为 σ^{-1}. 设 ν_{σ^2} 是 $\mathbb{R}^d$ 上的测度,其密度等于 $\frac{1}{(2\pi)^{d/2}(\det\sigma)}\mathrm{e}^{-\frac{|\sigma^{-1}(x)|^2}{2}}$, $x\in\mathbb{R}^d$. 证明: $\hat{\nu}_{\sigma^2}(\xi)=\mathrm{e}^{-2\pi^2|\sigma(\xi)|^2}$.

[提示:通过变量的正交变换将 σ 变成对角阵来证明该结果. 这可将习题中的 d 维积分简化到相应的一维积分的乘积.]

33. 对于 5.2.6 节中的 d 维随机游动 $\{s_n(x)\}$,确定 $n\to\infty$ 时, $s_n(x)/n^{1/2}$ 的分布测度的极限.

34. 证明:若 k 是 $\mathbb{Z}^d$ 中的格点,且 $d=1$ 或 $d=2$,则对几乎每一条道路,随机游动无穷次地经过 k 点,即

$$m(\{x: s_n(x)=k \text{ 对无穷多个 } n \text{ 成立}\})=1.$$

[提示:存在 ℓ_0 使得 $m(\{s_{\ell_0}=-k\})>0$. 若上述结论不成立,则存在 r_0 使得 $m(\{s_n\neq k, \forall n\geqslant r_0\})>0$. 此时注意到

$$\{s_n\neq 0, \forall n\geqslant \ell_0+r_0\}\supset\{s_{\ell_0}=-k\}\cap\{s_n-s_{\ell_0}\neq k, \forall n\geqslant \ell_0+r_0\},$$

且右边的两个集合是独立的.]

35. 证明:若 $d\geqslant 3$,则随机游动 s_n 满足 $\lim\limits_{n\to\infty}|s_n|=\infty$ 是几乎处处成立的.

[提示:只需证明对任意固定的 $R>0$,集合

$$B=\{x: \liminf_{n\to\infty}|s_n(x)|\leqslant R\}$$

的测度为 0. 为此,对每一个格点 k,定义

$$B(k,\ell)=\{x: s_\ell(x)=k, \text{且对无穷多个 } n \text{ 有 } s_n(x)=k\}.$$

显然, $B\subset\bigcup\limits_{\ell,|k|\leqslant R}B(k, \ell)$. 但是 $d\geqslant 3$,故 $m(B(k,\ell))=0$.]

5.4 问题

1. 在 Bernoulli 试验中,取概率为 $0<p$, $q<1$,其中 $p+q=1$,设 D: $\mathbb{Z}_2^\infty\to[0, 1]$ 为

$$D(x)=\sum_{n=1}^{\infty}x_n/2^n, x=(x_1,\cdots,x_n,\cdots).$$

在该映射下,测度 m_p 对应于可象征性地写成"Riesz 乘积"的测度 μ_p,即 $\mu_p=\prod\limits_{n=1}^{\infty}(1+(p-q)r_n(t))\mathrm{d}t$. 该测度的意义如下. 对每一个 N,定义

$$F_N(t)=\int_0^t\prod_{n=1}^{N}(1+(p-q)r_n(s))\mathrm{d}s.$$

证明:

(a) 每一个 F_N 在 $[0, 1]$ 上是递增的；

(b) $F_N(0)=0$，$F_N(1)=1$；

(c) 当 $N\to\infty$时，F_N 一致收敛于某个函数 F；

(d) $\mu_p=\mathrm{d}F$，即 $\mu_p((a,b))=F(b)-F(a)$；

(e) 若 $p\neq 1/2$，则 μ_p 是完全奇异的（即 $\mathrm{d}F/\mathrm{d}t=0$ 几乎处处成立）.

[提示：证明若 $I=(a, b)$是长度为 2^{-n} 的二进区间，$a=\ell/2^n$，$b=(\ell+1)/2^n$ 且 $N\geqslant n$，则

$$F_N(b)-F_N(a)=p^{n_0}q^{n_1},$$

其中 n_0 是 $\ell/2^n$ 的二进展开式的前 n 项中的 0 的个数，n_1 是其中 1 的个数，且$n_0+n_1=n$.]

2. * 在 Walsh-Paley 展开（见习题 16）和 Fourier 展开之间，即 $\{w_n\}_{n=0}^{\infty}$ 和 $\{\mathrm{e}^{\mathrm{i}n\theta}\}_{n=-\infty}^{\infty}$之间有下述类比. 在该类比中 Rademacher 函数系 $r_k=w_{2^{k-1}}$ 对应于缺项级数 $\{\mathrm{e}^{\mathrm{i}2^k\theta}\}_{k=0}^{\infty}$. 事实上，有下述结论成立：

(a) 若 $\sum_{k=0}^{\infty} c_k \mathrm{e}^{\mathrm{i}2^k\theta}$ 是 $L^2([0, 2\pi])$ 中的函数，则对每一个 $p<\infty$，它均属于 L^p.

(b) 若 $\sum_{k=0}^{\infty} c_k \mathrm{e}^{\mathrm{i}2^k\theta}$是某个可积函数的 Fourier 级数，则它属于 L^2，从而对每一个 $p<\infty$，它也属于 L^p.

(c) 该函数属于 L^∞ 当且仅当 $\sum_{k=0}^{\infty} |c_k|<\infty$.

(d) 由 (c) 可得定理 5.1.7 的结论 (a) 不一定可以延拓至 $p=\infty$上.

3. 下述是中心极限定理的一般形式. 假设 $f_1, \cdots, f_n, \cdots$是 X 上平方可积且相互独立的函数，并且为简单起见，假设每一个函数的平均值等于 0. 设 μ_n 是 f_n 的分布测度，σ_n^2 是其方差. 设 $S_n^2=\sum_{k=1}^{n}\sigma_n^2$. 关键的假设条件是对任意的 $\varepsilon>0$，

$$\lim_{n\to\infty}\frac{1}{S_n^2}\sum_{k=1}^{n}\int_{|t|\geqslant\varepsilon S_n} t^2\,\mathrm{d}\mu_n(t)=0.$$

证明：在上述条件下，$\frac{1}{S_n}\sum_{k=1}^{n} f_k$ 的分布测度弱收敛于方差为 1 的正态分布 ν.

4. * 假设 $\{f_n\}$ 是同分布的、平方可积且相互独立的，每一个函数的平均值为 0 且方差为 1. 设 $s_n=\sum_{k=1}^{n} f_k$. 证明：

$$\limsup_{n\to\infty}\frac{s_n(x)}{(2n\log\log n)^{1/2}}=1\quad \text{a. e. } x.$$

该结论是“二次对数”定律.

5. 如果允许$\mathbb{R}^d$中的随机游动在第 n 步单位间隔的运动是沿着（单位球面的）任何方向的，则此游动有如下变形（常称之为“随机射击”）. 更明确地，

$$s_n = f_1 + \cdots + f_n,$$

其中 f_n 是相互独立的并且每一个 f_n 在单位球面 $S^{d-1} \subset \mathbb{R}^d$ 上是一致分布的. 基本的概率空间是无穷乘积 $X = \prod_{j=1}^{\infty} S_j$ ，其中每一个 $S_j = S^{d-1}$，其上的测度是规范化的使得面积积分等于 1 的面积测度.

(a) 若 μ 是每一个 f_n 的分布测度，则 $\hat{\mu}(\xi)$ 联系于 Bessel 函数；

(b) 协方差矩阵是什么?

(c) $s_n(x)/n^{1/2}$的极限分布是什么?

[提示：使用《傅里叶分析》第 6 章问题 2 中的公式证明 $\hat{\mu}(\xi) = \Gamma(d/2)(\pi|\xi|)^{(2-d)/2} J_{(2-d)/2}(2\pi|\xi|)$.]

第 6 章　Brownian 运动引论

> Norbert Wiener：一个少年老成的天才……他对物理学的直觉及其对 Lebesgue 积分的理解是如此透彻以至于他成为了理解 Brownian 运动的严密定义的适当背景及其必然性的第一人，然后他设计的该运动继续使他初步了解基本的随机积分重要理论；但是他对于标准的甚至于初等水平的概率技巧都不熟悉以至于他的方法是笨拙曲折的，进而他的博士研究生也没有意识到他所定义的 Brownian 运动的增量是独立的；他是阐述位势理论中容量的一般定义的第一人；但是他在鲜为人知的杂志上发表了有关概率和位势理论的成就，结果这个工作一直不被人所知以至于到很晚才有它应得的影响……
>
> *J. L. Doob*，1992

在 19～20 世纪，人们对自然界的科学观察有了改变. 对自然的根本的规则性和可预测性的信念被对内在的不规则性、不确定性和随机性的认知所替代. 没有比 Brownian 运动更好的数学结构来表示这一随机性的想法，也没有比 Brownian 运动更广泛的令人感兴趣的主题.

尽管有多种不同的方式去构造 Brownian 运动，但我们所选的方法是通过适当地重新调整，试图将$\mathbb{R}^d$中的 Brownian 运动看作随机游动道路的极限. 此时必须解决的分析问题是由随机游动所诱导的测度收敛于轨道空间 $\mathcal{P}$ 上的“Wiener 测度”.

Brownian 运动的一个惊人应用是推导一般情形下的 Dirichlet 问题的解.[1] 这要依赖于 Kakutani 的下述观点. 若 $\mathcal{R}$ 是$\mathbb{R}^d$中的一个有界区域，x 是其中一个固定点并且 E 是 $\partial\mathcal{R}$ 的子集，则从 x 出发的 Brownian 轨道在 E 处逃出 $\mathcal{R}$ 的概率是 E 关于 x 的“调和测度”.

理解这种方法的关键是“停时”这一概念. 这里基本的例子是从 x 出发的轨道首次到达边界的时刻. 顺便提下，在前一章鞅极大定理的证明中已经隐约使用过了停时.

1　对圆盘情形的讨论可参考《傅里叶分析》中 Fourier 级数、《复分析》中共形映射和《实分析》中 Dirichlet 原理.

还需要掌握 Brownian 运动的“强 Markov”性质，该性质在本质上断言若 Brownian 运动过程在某一停时之后重新开始，则新的运动是一个与之等价的 Brownian 运动. Markov 性质的应用有点复杂，并且最好依据涉及两个停时的等式来理解它.

6.1 框架

本节先简述有关构造 Brownian 运动的框架. 首先以稍微不严密的语言来描述背景，并且推迟到后面的 6.2 节和 6.3 节给出精确定义和论述.

回顾上一章（5.2.6 节）中所研究的$\mathbb{R}^d$中的随机游动. 该游动是一个序列$\{s_n\}_{n=1}^{\infty}$，其中

$$s_n = s_n(x) = \sum_{k=1}^{n} \boldsymbol{r}_k(x),$$

且对概率空间$\mathbb{Z}_{2d}^{\infty}$中的每一个 x，$s_n(x) \in \mathbb{Z}^d$. 该概率空间上的概率测度 m 是$\mathbb{Z}_{2d}^{\infty}$上的乘积测度. 这种随机游动中，我们从$\mathbb{Z}^d$中的一点出发以单位“时间”和单位“距离”运动到它邻域中的一点.

考虑由连接连续两点所得到的方格轨道，并且为了与之前的中心极限定理一致，调整时间和距离，以便使得连续两步之间的时间间隔是 $1/N$ 且经过的距离是 $1/N^{1/2}$. 即对每一个 N，考虑

$$S_t^{(N)}(x) = \frac{1}{N^{1/2}} \sum_{1 \leqslant k \leqslant [Nt]} \boldsymbol{r}_k(x) + \frac{(Nt - [Nt])}{N^{1/2}} \boldsymbol{r}_{[Nt]+1}(x). \tag{6.1}$$

则对每一个 N，$S_t^{(N)}$ 是**随机过程**，即对于 $0 \leqslant t < \infty$，$S_t^{(N)}$ 是固定的概率空间（这里是（$\mathbb{Z}_{2d}^{\infty}$，m））上的函数（随机变量）.

我们的目标是适当地阐述并证明下述收敛：

$$S_t^{(N)} \to B_t, \text{当 } N \to \infty \text{时}, \tag{6.2}$$

其中 B_t 是$\mathbb{R}^d$中的 Brownian 运动.

我们首先需要刻画该过程的性质. Brownian 运动 B_t 是在概率空间（Ω，P）上定义的，其中 P 是其概率测度且用 w 记 Ω 中的一般点. 假设对每一个 t，$0 \leqslant t < \infty$，函数 B_t 是定义在 Ω 上取值于$\mathbb{R}^d$的函数. 则假设 **Brownian 运动** $B_t = B_t(w)$ 满足 $B_0(w) = 0$ 几乎处处成立，并且：

B-1　增量是独立的，即若 $0 \leqslant t_1 < t_2 < \cdots < t_k$，则 B_{t_1}，$B_{t_2} - B_{t_1}$，…，$B_{t_k} - B_{t_{k-1}}$ 是相互独立的.

B-2　增量 $B_{t+h} - B_t$ 是 Gaussian 的，即对每一个 $0 \leqslant t < \infty$，其协方差为 $h\boldsymbol{I}$ 且平均值为 0.[2] 其中 $\boldsymbol{I}$ 是 $d \times d$ 单位矩阵.

B-3　对几乎每一个 $w \in \Omega$，轨道 $t \to B_t(w)$ 关于 $0 \leqslant t < \infty$ 是连续的.

特别地，注意到 B_t 是平均值为 0 且协方差为 $t\boldsymbol{I}$ 的正态分布.

2　使用前一章中的概念，这个增量的分布为 ν_{hI}.

现在将证明此过程能够在自然选择的概率空间 Ω 上以规范的形式出现. 该概率空间, 记为 $\mathcal{P}$, 是$\mathbb{R}^d$中始于原点的连续轨道所构成的空间: 它由 $[0,\infty)$ 到$\mathbb{R}^d$的满足 $\boldsymbol{p}(0)=0$ 的连续函数 $t\mapsto\boldsymbol{p}(t)$ 组成.

因为由假设条件 B-3 可知, 对几乎每一个 $w\in\Omega$, 函数 $t\mapsto B_t(w)$是这样的连续轨道, 所以有包含映射 $i: \Omega\to\mathcal{P}$, 并且正如即将证明的, 此时概率测度 P 给出了 $\mathcal{P}$上的对应测度 W (“Wiener 测度”).[3]

事实上, 可以将上述逻辑关系反推, 从空间 $\mathcal{P}$ 及其上的测度 W 开始. 由此可以在 $\mathcal{P}$ 上定义过程 $\widetilde{B}_t$, 使得

$$\widetilde{B}_t(\boldsymbol{p})=\boldsymbol{p}(t). \tag{6.3}$$

此时称 $\mathcal{P}$ 上的测度 W 是 **Wiener 测度**, 如果由式 (6.3) 定义的过程 $\widetilde{B}_t$ 满足上述 B-1, B-2 和 B-3 中所设定的 Brownian 运动的性质. 因此 Wiener 测度的存在性等价于 Brownian 运动的存在性. 事实上, 我们将主要构造 Wiener 测度, 再确定 $\widetilde{B}_t$ 并记其为 B_t. 进一步地, 证明 $\mathcal{P}$ 上这样的 Wiener 测度是唯一的, 所以我们说“这个” Wiener 测度.

现在回到随机游动及其由式 (6.1) 给出的缩放形式, 对于每一个 $x\in\mathbb{Z}_{2d}^{\infty}$, 已经定义了关于 $0\leqslant t<\infty$ 的连续轨道 $t\mapsto S_t^{(N)}(x)$. 因此 $\mathbb{Z}_{2d}^{\infty}$上的概率测度 m 按下式诱导出 $\mathcal{P}$ 上的概率测度 μ_N:

$$\mu_N(A)=m(\{x\in\mathbb{Z}_{2d}^{\infty}: S_t^{(N)}(x)\in A\}),$$

其中 A 是 $\mathcal{P}$ 中的轨道 Borel 子集. 至此, 我们的目的是下述断言:

当 $N\to\infty$时, 测度 μ_N 弱收敛于 Wiener 测度 W.

注意到我们并没有断言式 (6.2) 中的收敛是几乎处处的点态收敛, 但是在表面上我们仅断言了本质上更弱的诱导测度的收敛.[4]

6.2 技巧准备

记 $\mathcal{P}$ 为$[0,\infty)$到$\mathbb{R}^d$的满足 $\boldsymbol{p}(0)=0$ 的连续轨道 $t\mapsto\boldsymbol{p}(t)$全体, 并且引入一距离使得关于该距离的收敛等价于$[0,\infty)$中紧子集上的一致收敛.

对于 $\mathcal{P}$ 中的两个轨道 $\boldsymbol{p}$ 和 $\boldsymbol{p}'$, 定义

$$d_n(\boldsymbol{p},\boldsymbol{p}')=\sup_{0\leqslant t\leqslant n}|\boldsymbol{p}(t)-\boldsymbol{p}'(t)|,$$

和

$$d(\boldsymbol{p},\boldsymbol{p}')=\sum_{n=1}^{\infty}\frac{1}{2^n}\frac{d_n(\boldsymbol{p},\boldsymbol{p}')}{1+d_n(\boldsymbol{p},\boldsymbol{p}')}.$$

---

3 更确切地, 包含关系 i 定义在 Ω 的一个全测子集上.

4 因为 $S_t^{(N)}$ 和 B_t 定义在不同的概率空间上, 所以几乎处处的点态收敛将没有足够的意义. 也注意到对应于 $S_t^{(N)}$ 的方格轨道是 $\mathcal{P}$ 的一个 W-零测子集.

从而易证 d 是 $\mathcal{P}$ 上的距离. 下面给出 d 的几个简单性质，其证明留给读者：

- 当 $k\to\infty$时，$d(\boldsymbol{p}_k,\boldsymbol{p})\to 0$ 当且仅当 $\boldsymbol{p}_k\to\boldsymbol{p}$ 在$[0,\infty)$的紧子集上一致成立.
- 度量空间$(\mathcal{P},d)$是完备的.
- $\mathcal{P}$是可分的.

(也可参考习题 2.)

下面考虑 $\mathcal{P}$ 的 Borel **集族** $\mathcal{B}$，即 $\mathcal{P}$ 中开集生成的 σ-代数. 因为 $\mathcal{P}$ 是可分的，所以 σ-代数 $\mathcal{B}$ 与 $\mathcal{P}$ 中开球生成的 σ-代数是一样的.

$\mathcal{B}$ 中一类有用的初等集是如下定义的圆柱集. 对任一序列 $0\leqslant t_1\leqslant t_2\leqslant\cdots\leqslant t_k$ 和$\mathbb{R}^{dk}=\mathbb{R}^d\times\cdots\times\mathbb{R}^d$(即 k 个$\mathbb{R}^d$ 的乘积）中的 Borel 集 A，此时称

$$\{\boldsymbol{p}\in\mathcal{P}:(\boldsymbol{p}(t_1),\boldsymbol{p}(t_2),\cdots,\boldsymbol{p}(t_k))\in A\}$$

为**圆柱集**.[5] 用 $\mathcal{C}$ 记 $\mathcal{P}$ 中由这些集合生成的 σ-代数（其中 k 取遍所有的正整数，A 取遍$\mathbb{R}^{dk}$ 中所有的 Borel 集).

引理 6.2.1 σ-代数 $\mathcal{C}$ 与 Borel 集 σ-代数 $\mathcal{B}$ 是一样的.

证 若 $\mathcal{O}$ 是$\mathbb{R}^{dk}$ 中的开集，则易证

$$\{\boldsymbol{p}\in\mathcal{P}:(\boldsymbol{p}(t_1),\boldsymbol{p}(t_2),\cdots,\boldsymbol{p}(t_k))\in\mathcal{O}\}$$

是 $\mathcal{P}$ 中的开集，从而该集合属于 $\mathcal{B}$. 因此圆柱集属于 $\mathcal{B}$，故 $\mathcal{C}\subset\mathcal{B}$.

为证反包含关系，注意到对任给的 n，a 以及轨道 $\boldsymbol{p}_0$，集合$\{\boldsymbol{p}\in\mathcal{P}:\sup\limits_{0\leqslant t\leqslant n}|\boldsymbol{p}(t)-\boldsymbol{p}_0(t)|\leqslant a\}$与上确界限制于$[0,n]$中的有理数 t 的相应集是一样的，因此该集合属于 $\mathcal{C}$. 其次不难证明，对任意的 $\delta>0$，球$\{\boldsymbol{p}\in\mathcal{P}:d(\boldsymbol{p},\boldsymbol{p}_0)<\delta\}$属于 $\mathcal{C}$. 又因为开球生成 $\mathcal{B}$，所以 $\mathcal{B}\subset\mathcal{C}$，从而引理得证. □

现在考虑 $\mathcal{P}$ 上的概率测度，并在后续中将一直称之为 Borel **测度**，即定义在 $\mathcal{P}$ 的 Borel 集族 $\mathcal{B}$ 上的测度. 对于任一这样的测度 μ 和任一序列 $0\leqslant t_1\leqslant t_2\leqslant\cdots\leqslant t_k$，定义 μ 的**截面** $\mu^{(t_1,t_2,\cdots,t_k)}$ 是$\mathbb{R}^{dk}$ 上的测度：对于$\mathbb{R}^{dk}$ 中的任一 Borel 集 A 有

$$\mu^{(t_1,t_2,\cdots,t_k)}(A)=\mu(\{\boldsymbol{p}\in\mathcal{P}:(\boldsymbol{p}(t_1),\boldsymbol{p}(t_2),\cdots,\boldsymbol{p}(t_k))\in A\}).\tag{6.4}$$

由引理 6.2.1 和前一章习题 4 可得，如果 $\mathcal{P}$ 上的测度 μ 和 ν 对于任意的 $0\leqslant t_1\leqslant t_2\leqslant\cdots\leqslant t_k$ 均有 $\mu^{(t_1,t_2,\cdots,t_k)}=\nu^{(t_1,t_2,\cdots,t_k)}$，则 $\mu=\nu$，这是因为此时它们在所有的圆柱集上是一致的（并且两个圆柱集的交也是圆柱集). 反之，若 $\mu=\nu$，则它们所有的截面显然一致.

我们将主要考虑 $\mathcal{P}$ 上的测度序列 $\{\mu_N\}$，并且考虑该序列是否是**弱收敛**的这一问题，即是否存在另一概率测度 μ 使得当 $N\to\infty$时，$\forall f\in C_b(\mathcal{P})$，

$$\int_{\mathcal{P}} f\,\mathrm{d}\mu_N\to\int_{\mathcal{P}} f\,\mathrm{d}\mu,\tag{6.5}$$

其中 $C_b(\mathcal{P})$是 $\mathcal{P}$ 上连续有界函数全体.

度量空间 $\mathcal{P}$ 不是 σ-紧的这一特性不允许我们将具体的紧性论述应用于

5 这个术语用于区别于乘积空间中的“柱集”.

式 (6.5). (参考习题 3.) 这是下述 Prokhorov 引理重要的原因.

假设 X 是度量空间. 设$\{\mu_N\}$是 X 上的一列概率测度，并设该序列在下述意义下是**紧绷的**，即对每一个 $\varepsilon>0$，存在紧集 $K_\varepsilon\subset X$ 使得

$$\mu_N(K_\varepsilon^c)\leqslant\varepsilon,\quad \forall N. \tag{6.6}$$

换言之，对所有的 N，测度 μ_N 对 K_ε 的概率至少是 $1-\varepsilon$.

引理 6.2.2　若$\{\mu_N\}$是紧绷的，则存在一个子列$\{\mu_{N_k}\}$弱收敛于 X 上某个概率测度 μ.

证　在式 (6.6) 中取 $\varepsilon=1/m$ 可得紧集 $K_{1/m}$，并构造函数列 $\mathcal{D}_m\subset C_b(X)$ 使得：

(ⅰ) 函数 $g|_{K_{1/m}}$，其中 $g\in\mathcal{D}_m$，在 $C(K_{1/m})$中稠密；

(ⅱ) 若 $g\in\mathcal{D}_m$，则$\sup\limits_{x\in X}|g(x)|=\sup\limits_{x\in K_{1/m}}|g(x)|$.

可以按照如下所述得到 $\mathcal{D}_m$. 因为 $K_{1/m}$是紧的，所以 $K_{1/m}$和$C(K_{1/m})$都是可分的. (参考习题 4.) 从而若$\{g'_\ell\}$是 $C(K_{1/m})$的可数稠密子集，则根据 Tietze 扩张原理，可以将每一个定义在 $K_{1/m}$上的函数 g'_ℓ延拓为 X 上的函数 g_ℓ. (参考习题 5.) 所得到的函数集记为 $\mathcal{D}_m$.

因为 $\mathcal{D}=\bigcup\limits_{m=1}^{\infty}\mathcal{D}_m$ 是 $C_b(X)$中函数集的可列并，所以可以使用对角线法则找到$\{\mu_N\}$的一个子列，并重新记为$\{\mu_N\}$，使得对每一个 $g\in\mathcal{D}$，当 $N\to\infty$时，

$$\mu_N(g)=\int g\,\mathrm{d}\mu_N$$

收敛于某一极限.

接着固定 $f\in C_b(X)$，并且写

$$\mu_N(f)=\mu_N(f-g)+\mu_N(g).$$

对给定的 m，存在 $g\in\mathcal{D}_m$，使得当 $x\in K_{1/m}$时，$|(f-g)(x)|\leqslant 1/m$. 因此若用$\|\cdot\|$记 X的上确界范数，则由上述 (ⅱ) 可得

$$\begin{aligned}|\mu_N(f-g)|&\leqslant\int_{K_{1/m}}|f-g|\,\mathrm{d}\mu_N+\int_{K_{1/m}^c}|f-g|\,\mathrm{d}\mu_N\\&\leqslant\frac{1}{m}+\frac{1}{m}\|f-g\|\\&\leqslant\frac{1}{m}+\frac{1}{m}\left(2\|f\|+\frac{1}{m}\right).\end{aligned}$$

由此易证

$$\limsup_{N\to\infty}\mu_N(f)-\liminf_{N\to\infty}\mu_N(f)=O(1/m),$$

再由 m 的任意性可知，$\lim\limits_{N\to\infty}\mu_N(f)$存在. 从而由

$$\ell(f)=\lim_{N\to\infty}\mu_N(f)$$

可定义 $C_b(X)$上的一个线性泛函 ℓ. 注意到 ℓ 满足第 1 章定理 1.7.4 的条件. 事实

上，对于任给的 $\varepsilon>0$，若按照紧绷性的定义选取 K_ε，则

$$|\mu_N(f)|\leqslant\int_{K_\varepsilon}|f|\mathrm{d}\mu_N+\int_{K_\varepsilon^c}|f|\mathrm{d}\mu_N,$$

从而由不等式（6.6）可得

$$|\mu_N(f)|\leqslant\sup_{x\in K_\varepsilon}|f(x)|+\varepsilon\|f\|,$$

因此同样的估计对 $\ell(f)$ 也成立，即 ℓ 满足第 1 章定理 1.7.4 的假设条件式(1.21). 故线性泛函 ℓ 可由某个测度 μ 表示，并且对任意的 $f\in C_b(X)$ 均有 $\mu_N(f)\to\mu(f)$，所以 $\mu_N\to\mu$ 是弱的. □

推论 6.2.3 假设一列概率测度 $\{\mu_N\}$ 是紧绷的，且对任意的 $0\leqslant t_1\leqslant t_2\leqslant\cdots\leqslant t_k$，当 $N\to\infty$ 时，测度列 $\mu_N^{(t_1,\cdots,t_k)}$ 弱收敛于某个测度 $\mu_{t_1,\cdots,t_k}$. 则序列 $\{\mu_N\}$ 弱收敛于某个测度 μ，而且 $\mu^{(t_1,\cdots,t_k)}=\mu_{t_1,\cdots,t_k}$.

证 首先由引理 6.2.2 可知，存在弱收敛于某个测度 μ 的子列 $\{\mu_{N_m}\}$. 其次，$\mu_{N_m}^{(t_1,\cdots,t_k)}\to\mu^{(t_1,\cdots,t_k)}$ 是弱的. 事实上，若 $\pi^{t_1,\cdots,t_k}$ 是从 $\mathcal{P}$ 到 $\mathbb{R}^{kd}$ 的连续映射，它映 $\boldsymbol{p}\in\mathcal{P}$ 为 $(\boldsymbol{p}(t_1),\boldsymbol{p}(t_2),\cdots,\boldsymbol{p}(t_k))\in\mathbb{R}^{kd}$，则由定义可得，对任意的 Borel 集 $A\subset\mathbb{R}^{dk}$ 有 $\mu^{(t_1,\cdots,t_k)}(A)=\mu((\pi^{t_1,\cdots,t_k})^{-1}A)$. 因此

$$\int_{\mathbb{R}^{dk}}f\mathrm{d}\mu^{(t_1,\cdots,t_k)}=\int_{\mathcal{P}}(f\circ\pi^{t_1,\cdots,t_k})\mathrm{d}\mu$$

对任意的 $f\in C_b(\mathbb{R}^{dk})$ 都成立，并且用 μ_{N_m} 代替 μ 可得到类似的等式. 再结合 μ_{N_m} 弱收敛于 μ 可得 $\mu^{(t_1,\cdots,t_k)}=\mu_{t_1,\cdots,t_k}$.

注意到全序列 $\{\mu_N\}$ 必弱收敛于 μ. 假设不成立. 则存在另一子列 $\mu_{N_n'}$ 和 $\mathcal{P}$ 上的有界连续函数 f，使得 $\int f\mathrm{d}\mu_{N_n'}$ 收敛于一极限，且该极限不等于 $\int f\mathrm{d}\mu$. 又由引理 6.2.2 可知，存在 $\mu_{N_n'}$ 的子列 $\mu_{N_n''}$ 和测度 ν，使得 $\mu_{N_n''}$ 弱收敛于 ν，然而 $\nu\neq\mu$. 但是由上述讨论可知，对于任意的 $0\leqslant t_1\leqslant t_2\leqslant\cdots\leqslant t_k$，有 $\nu^{(t_1,\cdots,t_k)}=\mu^{(t_1,\cdots,t_k)}$. 因此 $\nu=\mu$ 且 $\int f\mathrm{d}\mu=\int f\mathrm{d}\nu$. 这个矛盾就完成了推论的证明. □

为应用上述引理及其推论，有必要证明轨道空间 $\mathcal{P}$ 中存在适当的子集 K 是紧的. 当 K 是闭集时，下述引理对此给出了一个充分条件.（能够证明该条件是必要的. 见习题 6.）

引理 6.2.4 一个闭集 $K\subset\mathcal{P}$ 是紧的，如果对每一个正数 T，都存在 $h\in(0,1]$ 的正的有界函数 $h\mapsto w_T(h)$，其中当 $h\to0$ 时，$w_T(h)\to0$，并且

$$\sup_{\boldsymbol{p}\in K}\sup_{0\leqslant t\leqslant T}|\boldsymbol{p}(t+h)-\boldsymbol{p}(t)|\leqslant w_T(h),h\in(0,1]. \tag{6.7}$$

条件式（6.7）意味着 K 上的函数在每一个区间 $[0,T]$ 上是等度连续的. 从而该引理实际上可由 Arzela-Ascoli 准则得到.（回顾，曾在《复分析》第 8 章第 3 节中的特殊情形下使用过该准则.）

6.3　Brownian 运动的构造

本节证明存在 $\mathcal{P}$ 上的满足下述条件的概率测度 W：若在概率空间$(\mathcal{P},W)$上定义过程 B_t 为

$$B_t(\boldsymbol{p})=\boldsymbol{p}(t),\boldsymbol{p}\in\mathcal{P},$$

则 B_t 满足本章开始时所设定的 Brownian 运动的定义性质 B-1、性质 B-2 和性质 B-3(其中$(\mathcal{P},W)$即是(Ω,P)). 若存在这样的 W,则测度 $W^{(t_1,t_2,\cdots,t_k)}$ 是$(B_{t_1},\cdots,B_{t_k})$的分布测度. 因此由第 5 章习题 8 可知，该分布测度由性质 B-1 和性质 B-2 决定，从而由此可得 Wiener 测度 W 是唯一确定的，这正如引理 6.2.1 后面的注记一样.

为构造 W，我们回到本章开始时所讨论的随机游动$\{s_n\}$，与之相关的是概率空间$(\mathbb{Z}_{2d}^{\infty},m)$. 对每一个 $x\in\mathbb{Z}_{2d}^{\infty}$，存在由式 (6.1) 给出的轨道 $t\mapsto S_t^{(N)}(x)$. 这就给出了一个单射 i_N：$\mathbb{Z}_{2d}^{\infty}\to\mathcal{P}$. 如果用 $\mathcal{P}_N$ 记 i_N 的像集（以因子 $N^{-1/2}$ 为比例的随机游动的轨道集合），则 $\mathcal{P}_N$ 显然是 $\mathcal{P}$ 的闭子集. 从而通过 i_N，$\mathbb{Z}_{2d}^{\infty}$上的乘积测度 m 诱导出 $\mathcal{P}$ 上的一个 Borel 概率测度 μ_N，其支撑在 $\mathcal{P}_N$ 上，且满足 $\mu_N(A)=m(i_N^{-1}(A\cap\mathcal{P}_N))$.（若 A 是 $\mathcal{P}$ 中的圆柱集，则 $i_N^{-1}(A\cap\mathcal{P}_N)$就是乘积空间$\mathbb{Z}_{2d}^{\infty}$中的柱集.）

定理 6.3.1　当 $N\to\infty$时，$\mathcal{P}$ 上的测度 μ_N 弱收敛于某一测度. 该极限就是 Wiener 测度 W.

分两步进行证明. 第一步有点复杂，证明序列 μ_N 是紧绷的. 第二步，直接证明 μ_N 收敛于 Wiener 测度. 第二步依赖于中心极限定理.

对于第一步，下述引理是关键的. 它是前一章中考虑的独立随机变量和的鞅性质的推论. 考虑未缩放的随机游动

$$s_n(x)=\sum_{1\leqslant k\leqslant n}\boldsymbol{r}_k(x).$$

即在式 (6.1) 中对 $S_t^{(N)}$ 取 $N=1$ 和 $t=n$.

引理 6.3.2　对每一个 $p\geqslant 2$，当 $\lambda\to\infty$时，有

$$\sup_{n\geqslant 1}m(\{x:\sup_{k\leqslant n}|s_k(x)|>\lambda n^{1/2}\})=O(\lambda^{-p}).\tag{6.8}$$

注　在下面应用中，只需该结论对某个 $p>2$ 成立就足够了.

为证该引理，我们将前一章中鞅极大定理（定理 5.2.10 和习题 29 (b)）应用于停止序列$\{s'_k\}$，其定义为 $s'_k=s_k$，当 $k\leqslant n$ 时；$s'_k=s_n$，当 $k\geqslant n$ 时；并且 $s'_\infty=s_n$. 若记 $s_n^*=\sup_{k\leqslant n}|s_k|=\sup_k|s'_k|$，则

$$m(\{x:s_n^*>\alpha\})\leqslant\frac{1}{\alpha}\int_{|s_n|>\alpha}|s_n|\,\mathrm{d}m.\tag{6.9}$$

用 $p\alpha^{p-1}$乘以两边并且积分，再采用类似于第 2 章 2.4.1 节中所使用的讨论可得

$$\int (s_n^*)^p \mathrm{d}m \leqslant \frac{p}{p-1}\int |s_n|^p \mathrm{d}m.$$

从而将前一章引理 5.1.8 中 Khinchin 不等式应用于习题 10 所描述的更一般的情形可得

$$\int |s_n|^p \mathrm{d}m \leqslant A\left(\int |s_n|^2 \mathrm{d}m\right)^{p/2}.$$

因此

$$m(\{s_n^* > \alpha\}) \leqslant \frac{1}{\alpha^p}\|s_n^*\|_{L^p}^p \leqslant \frac{A'}{\alpha^p}\|s_n\|_{L^2}^p.$$

取 $\alpha=\lambda n^{1/2}$ 且易见 $\|s_n\|_{L^2}=n^{1/2}$，从而完成引理的证明.

现在证明序列 $\{\mu_N\}$ 弱收敛于某个测度 μ. 为此，使用推论 6.2.3，并且首先证明序列 $\{\mu_N\}$ 是紧绷的，即对每一个 $\varepsilon>0$，存在 $\mathcal{P}$ 的一个紧子集 K_ε，使得对任意的 N 均有 $\mu_N(K_\varepsilon^c)\leqslant\varepsilon$.

为此，应用引理 6.2.4，并先考虑 $T=1$ 的情形. 在下述证明中，固定 $0<a<1/2$. 此时对于给定的 ε，我们将证明，存在足够大的常数 c_1 使得

$$m(\{x: \sup_{0\leqslant t\leqslant 1, 0\leqslant h\leqslant\delta} |S_{t+h}^{(N)}-S_t^{(N)}| > c_1\delta^a \text{ 对某个 } \delta\leqslant 1 \text{ 成立}\})\leqslant\varepsilon. \quad (6.10)$$

因此若定义

$$\mathcal{K}^{(1)}=\{x: \sup_{0\leqslant t\leqslant 1, 0\leqslant h\leqslant\delta} |S_{t+h}^{(N)}-S_t^{(N)}| \leqslant c_1\delta^a, \forall\,\delta\leqslant 1\},$$

和

$$K^{(1)}=\{\boldsymbol{p}: \sup_{0\leqslant t\leqslant 1, 0\leqslant h\leqslant\delta} |\boldsymbol{p}(t+h)-\boldsymbol{p}(t)| \leqslant c_1\delta^a, \forall\,\delta\leqslant 1\},$$

则 $m((\mathcal{K}^{(1)})^c)=\mu_N((K^{(1)})^c)\leqslant\varepsilon$. 也注意到对于 $K=K^{(1)}, T=1$ 和 $w_1(\delta)=c_1\delta^a$，式 (6.7) 成立，从而 $K^{(1)}$ 是紧的.

证明式 (6.10) 之前，首先考虑该集合的类似集，但 δ 是固定的且 δ 形如 $\delta=2^{-k}$，其中 k 是非负整数. 此时通过 2^k+1 个分点 $\{t_j\}$ 来划分区间 $[0,1]$，其中 $t_j=j\delta=j2^{-k}, 0\leqslant j\leqslant 2^k$. 其次，对于任意定义在 $[0,1+\delta]$ 上的函数 f，有

$$\sup_{0\leqslant t\leqslant 1, 0\leqslant h\leqslant\delta} |f(t+h)-f(t)| \leqslant 2\max_j\{\sup_{0\leqslant h\leqslant\delta}|f(t_j+h)-f(t_j)|\}.$$

因此对于 $f(t)=S_t^{(N)}$ 和任一固定的 $\sigma>0$，

$$m(\{\sup_{0\leqslant t\leqslant 1, 0\leqslant h\leqslant\delta} |S_{t+h}^{(N)}-S_t^{(N)}| > \sigma\}) \leqslant \sum_{j=0}^{2^k} m\left(\left\{\sup_{0\leqslant h\leqslant\delta}|S_{t_j+h}^{(N)}-S_{t_j}^{(N)}| > \frac{\sigma}{2}\right\}\right).$$

但是 $m(\{x: \sup_{0\leqslant h\leqslant\delta}|S_{t_j+h}^{(N)}-S_{t_j}^{(N)}|>\sigma/2\})$ 等于其中用 0 代替 t_j 的数值，即它等于

$$m(\{x: \sup_{0\leqslant h\leqslant\delta}|S_h^{(N)}|>\sigma/2\}),$$

而且上式本身等于 $m(\{x: \sup_{n\leqslant\delta N}|s_n(x)|>(\sigma/2)N^{1/2}\})$. 这些等式关系成立的原因是定义式 (6.1) 和随机游动的 “稳定性”：对任意的 $m\geqslant 1$ 和 $n\geqslant 0$, $(\boldsymbol{r}_m, \boldsymbol{r}_{m+1}, \cdots, \boldsymbol{r}_{m+n})$ 的联合概率分布与 m 无关. ($\{\boldsymbol{r}_n\}$ 的定义见前一章 5.2.6 节.)

因此根据引理 6.3.2，若取 $\lambda=\sigma/(2\delta^{\frac{1}{2}})$，则 $N^{\frac{1}{2}}\dfrac{\sigma}{2}=\lambda(\delta N)^{\frac{1}{2}}$，且

$$m(\{x:\sup_{0\leqslant t\leqslant 1,0\leqslant h\leqslant\sigma}|S_{t+h}^{(N)}-S_{t}^{(N)}|>\sigma\})=O\left(\frac{1}{\delta}\left(\frac{\sigma}{2\delta^{\frac{1}{2}}}\right)^{-p}\right).$$

考虑其中的 p. 对固定的 $0<a<\dfrac{1}{2}$，取 $\sigma=c_1\delta^a$. 则 O 项变为 $O(c_1^{-p}\delta^b)$，其中 $b=-1+(\dfrac{1}{2}-a)p$. 因此由 $a<\dfrac{1}{2}$ 可知，存在足够大的 p 使得 b 是严格正的，再固定 p. 总之，对于 $\delta=2^{-k}$，已经证得

$$m(\{x:\sup_{0\leqslant t\leqslant 1,0\leqslant h\leqslant\delta}|S_{t+h}^{(N)}-S_{t}^{(N)}|\geqslant c_1\delta^a\})=O(c_1^{-p}2^{-kb}).$$

由于对于每一个 $0<\delta\leqslant 1$，存在某个整数 $k\geqslant 0$，使得 δ 位于 2^{-k+1} 和 2^{-k} 之间，所以对上述集合取并集且对它们的测度求和（关于 k）可得，总测度为 $O(c_1^{-p})$，而且若 c_1 足够大，则该值小于 ε. 从而式（6.10）得证.

以同样的方法可以证明下述类似结论：对任意的 $T>0$ 和 $\varepsilon_T>0$，存在足够大的常数 c_T 使得 $m((\mathcal{K}^{(T)})^c)\leqslant\varepsilon_T$，其中

$$\mathcal{K}^{(T)}=\{x:\sup_{0\leqslant t\leqslant T,0\leqslant h\leqslant\delta}|S_{t+h}^{(N)}-S_{t}^{(N)}|\leqslant c_T\delta^a,\forall\,\delta\leqslant 1\}.$$

换言之，若

$$K^{(T)}=\{\boldsymbol{p}\in\mathcal{P}:\sup_{0\leqslant t\leqslant T,0\leqslant h\leqslant\delta}|\boldsymbol{p}(t+h)-\boldsymbol{p}(t)|\leqslant c_T\delta^a,\forall\,\delta\leqslant 1\},$$

则 $\mu_N((K^{(T)})^c)=m((\mathcal{K}^{(T)})^c)\leqslant\varepsilon_T$.

因此若设 T 取遍正整数，$\varepsilon_n=\varepsilon/2^n$，且 $K=\bigcap\limits_{n=1}^{\infty}K^{(n)}$ 则 $\mu_N(K^c)\leqslant\varepsilon$，从而根据引理 6.2.4 可知 K 是紧集，故序列 $\{\mu_N\}$ 是紧绷的.

现在证明序列是弱收敛的，由推论 6.2.3 可知，只需证明对任意的 $0\leqslant t_1\leqslant t_2\leqslant\cdots\leqslant t_k$，测度 $\mu_N^{(t_1,\cdots,t_k)}$ 弱收敛于假定的测度 $W^{(t_1,\cdots,t_k)}$. 但是中心极限定理（前一章定理 5.2.17 和本章的习题 1）表明 $S_{t_j}^{(N)}-S_{t_{j-1}}^{(N)}$ 的分布测度弱收敛于 Gaussian 测度 $\nu_{t_j-t_{j-1}}$（参考习题 1）. 此外，因为

$$S_{t_\ell}^{(N)}=S_{t_1}^{(N)}+(S_{t_2}^{(N)}-S_{t_1}^{(N)})+\cdots+(S_{t_\ell}^{(N)}-S_{t_{\ell-1}}^{(N)}),$$

所以由前一章习题 8(a) 可得，当 $N\to\infty$ 时，随机变量组 $(S_{t_1}^{(N)},S_{t_2}^{(N)},\cdots,S_{t_k}^{(N)})$ 的分布测度弱收敛于假定的测度 $W^{(t_1,\cdots,t_k)}$. 因此序列 $\{\mu_N\}$ 弱收敛于某个测度，且此时该测度就是想要的 Wiener 测度 W，从而完成定理的证明.

上述 Brownian 运动是通过调整前一章 5.2.6 节中的简单随机游动并取极限得到的. 但是 Brownian 运动也可通过调整下述更一般的随机游动并取极限得到.

设 $f_1,\cdots,f_n,\cdots$ 是概率空间 (X,m) 上一列同分布的，相互独立且平方可积的 $\mathbb{R}^d$-值函数，其中每个函数的平均值为 0 且协方差矩阵为单位矩阵. 与式（6.1）一样，定义

$$S_t^{(N)}=\frac{1}{N^{1/2}}\sum_{1\leqslant k\leqslant[Nt]}f_k+\frac{(Nt-[Nt])}{N^{1/2}}f_{[Nt]+1},$$

并设 μ_N 是 X 上的测度 m 诱导的 $\mathcal{P}$ 上的相应测度. 此时当 $N\to\infty$时, $\{\mu_N\}$弱收敛于 Wiener 测度 W.

在此一般情形中, 该结论被称为 **Donsker 不变准则**. 关于此一般情形的证明所需的修改已在问题 2 中列出. 如果取前一章问题 5 所讨论的"随机射击"中出现的 $\{f_n\}$, 则得到一个特别醒目的收敛于 Brownian 运动的例子.

6.4 Brownian 运动的进一步的性质

本节考虑 Brownian 运动的几个有趣的性质. 一般地, 行之有效的是将此过程看作(Ω,P)上满足条件 B-1, B-2 和 B-3 的抽象形式 B_t, 或看作$(\mathcal{P},W)$上的具体形式, 其中 W 是 Wiener 测度, 且该过程满足 $B_t(w)=\boldsymbol{p}(t)$, 这里将 w 等同于 $\boldsymbol{p}$. 更多的关于该等同的结论, 可参考习题 8 和习题 9. 将 Wiener 测度为零的 Borel 集的所有子集都加入 σ-代数 $\mathcal{P}$ 中也将是方便的.[6]

先给出三个简单但重要的不变性. (习题 13 描述了 Brownian 运动的另一个对称性.)

定理 6.4.1 下述也是 Brownian 运动:

(a) $\delta^{-1/2}B_{t\delta}$, 其中 $\delta>0$ 是任给的;

(b) $\mathfrak{o}(B_t)$, 其中$\mathfrak{o}$是$\mathbb{R}^d$ 上的正交线性变换;

(c) $B_{t+\sigma_0}-B_{\sigma_0}$, 其中 σ_0 是一非负常数.

我们只需验证这些新的过程满足定义 Brownian 运动的条件 B-1, B-2 和 B-3. 因此一旦观察到对任一函数 f, $\delta^{-1/2}f$ 的协方差矩阵是 f 的协方差矩阵的 δ^{-1}倍, 定理 (a) 就显然成立. 一旦注意到$\mathfrak{o}(f)$与 f 有同样的协方差矩阵; 并且若 $f_1,\cdots,f_n,\cdots$是相互独立的, 则 $\mathfrak{o}(f_1),\mathfrak{o}(f_2),\cdots,\mathfrak{o}(f_n),\cdots$也是相互独立的, 断言 (b) 也是显然的. 最后, 由 Brownian 运动的定义可直接得到 (c).

下面考虑 Brownian 运动轨道的正规性. 即当 $a<1/2$ 时, 几乎所有的轨道都满足指数为 a 的 Hölder 条件; 但是当 $a>1/2$ 时, 此条件不成立. (此条件对于临界情形 $a=1/2$ 也不成立, 但这在习题 14 中给出证明.) 此外, 几乎每一个轨道都是无处可微的. 总结这些结论可得下述定理.

定理 6.4.2 设 W 是 $\mathcal{P}$ 上的 Wiener 测度, 则:

(a) 当 $0<a<1/2$ 且 $T>0$ 时, 关于 W, 几乎每一个轨道 $\boldsymbol{p}$ 都满足:

$$\sup_{0\leqslant t\leqslant T,0<h\leqslant 1}\frac{|\boldsymbol{p}(t+h)-\boldsymbol{p}(t)|}{h^a}<\infty.$$

---

6 这是《实分析》第 6 章习题 2 中所提到的测度空间的完备性.

(b) 另一方面，当 $a>1/2$ 时，对几乎每一个轨道 $\boldsymbol{p}$ 均有

$$\limsup_{h\to 0}\frac{|\boldsymbol{p}(t+h)-\boldsymbol{p}(t)|}{h^a}=\infty,\quad \forall t\geqslant 0.$$

第一个结论的证明暗含于关于 Brownian 运动的构造中. 事实上，设 $K^{(T)}$ 是定理 6.3.1 的证明中出现的集合. 当时，已经证得对于每一个 N，有 $\mu_N(K^{(T)})\geqslant 1-\varepsilon$. 因此该不等式对 $\{\mu_N\}$ 的弱极限同样成立. 故 $W(K^{(T)})\geqslant 1-\varepsilon$. 但是由 $K^{(T)}$ 的定义可得，(a) 中的不等式对每一个 $\boldsymbol{p}\in K^{(T)}$ 均成立. 又 ε 是任意的，从而第一个结论成立.

为证第二个结论，固定 $a>1/2$ 和正整数 k，使得 $dk(a-1/2)>1$.

对于任意的正整数 n，若存在 $t_0\in[0,1]$ 使得

$$\sup_{0<h\leqslant(k+1)/n}\frac{|\boldsymbol{p}(t_0+h)-\boldsymbol{p}(t_0)|}{h^a}\leqslant\lambda, \tag{6.11}$$

则存在整数 j_0，$0\leqslant j_0\leqslant n-1$，使得

$$\max_{1\leqslant\ell\leqslant k}\left|\boldsymbol{p}\left(\frac{j_0+\ell+1}{n}\right)-\boldsymbol{p}\left(\frac{j_0+\ell}{n}\right)\right|\leqslant C_k\lambda n^{-a},$$

其中 $C_k=2(k+1)^a$. 重新取 λ，可以进一步假设 $C_k=1$. 因此若记 E_n^λ 为使得式 (6.11) 成立的轨道 $\boldsymbol{p}$ 的全体，则 $E_n^\lambda\subset\widetilde{E}_n^\lambda$，其中

$$\widetilde{E}_n^\lambda=\bigcup_{j_0=0}^{n-1}\left\{\boldsymbol{p}\in\mathcal{P}:\max_{1\leqslant\ell\leqslant k}\left|\boldsymbol{p}\left(\frac{j_0+\ell+1}{n}\right)-\boldsymbol{p}\left(\frac{j_0+\ell}{n}\right)\right|\leqslant\lambda n^{-a}\right\}.$$

但是这 k 个集合 $\left\{\boldsymbol{p}\in\mathcal{P}:\ \left|\boldsymbol{p}\left(\frac{j_0+\ell+1}{n}\right)-\boldsymbol{p}\left(\frac{j_0+\ell}{n}\right)\right|\leqslant\lambda n^{-a}\right\}$，$1\leqslant\ell\leqslant k$，是相互独立的；且对于不同的 ℓ 和 j_0，这些集合的测度也是一样的. 因此

$$W\left(\left\{\boldsymbol{p}\in\mathcal{P}:\max_{1\leqslant\ell\leqslant k}\left|\boldsymbol{p}\left(\frac{j_0+\ell+1}{n}\right)-\boldsymbol{p}\left(\frac{j_0+\ell}{n}\right)\right|\leqslant\lambda n^{-a}\right\}\right)$$
$$=(W\{\boldsymbol{p}\in\mathcal{P}:|\boldsymbol{p}(1/n)|\leqslant\lambda n^{-a}\})^k.$$

故 $W(E_n^\lambda)\leqslant W(\widetilde{E}_n^\lambda)=n(W\{\boldsymbol{p}\in\mathcal{P}:|\boldsymbol{p}(1/n)|\leqslant\lambda n^{-a}\})^k$. 但是由前一定理中的伸缩性质 (a) 可得

$$W\{\boldsymbol{p}\in\mathcal{P}:|\boldsymbol{p}(1/n)|\leqslant\lambda n^{-a}\}=W\{\boldsymbol{p}\in\mathcal{P}:|\boldsymbol{p}(1)|\leqslant\lambda n^{1/2-a}\}.$$

然而 $\boldsymbol{p}(1)$ 的分布测度是 Gaussian 分布. 因此当 $n\to\infty$ 时，上式右边等于 $O(\lambda^d n^{d(1/2-a)})$. 因此

$$W(E_n^\lambda)=O(\lambda^{dk}nn^{dk(1/2-a)}),$$

并且当 $n\to\infty$ 时，此式收敛于零. 因此由 $a>1/2$ 可得，对每一个正数 λ，当 $n\to\infty$ 时，使得式 (6.11) 成立的轨道 $\boldsymbol{p}$ 组成的集合的测度收敛于零. 这就证明了定理的结论 (b).

至此，或许值得做的是列出这几本书中不同背景下以不同方式出现的处处不可微函数. 首先，《傅里叶分析》中缺项级数的一个特殊例子；其次，《实分析》中的

von Koch 分形；进一步地，由第 4 章 Baire 纲定理给出的通用的连续函数；现在，几乎每一个 Brownian 轨道.

最后一个注记. 对于给出的构造，直观上说，我们试图将几乎每一个 Brownian 轨道看作一族适当的随机游动的“极限”（$\mathcal{P}_N$ 中的轨道，且 $N\to\infty$）. 但是如何明确地理解这种想法是不清楚的. 尽管如此，下述不太令人满意的想法可由定理 6.3.1 直接得到.

固定任一轨道 $\boldsymbol{q}\in\mathcal{P}$. 并给定 $\varepsilon>0$ 和 $0\leqslant t_1\leqslant t_2\leqslant\cdots\leqslant t_n$. 考虑接近 $\boldsymbol{q}$ 的轨道集合

$$\mathcal{O}_\varepsilon=\{\boldsymbol{p}\in\mathcal{P}:|\boldsymbol{p}(t_j)-\boldsymbol{q}(t_j)|<\varepsilon,1\leqslant j\leqslant n\},$$

并设 $\mathcal{O}_\varepsilon^{(N)}=\mathcal{O}_\varepsilon\cap\mathcal{P}_N$ 是一束相应的随机游动. 则

$$m(\{x\in\mathbb{Z}_{2d}^{\infty}:S_t^{(N)}(x)\in\mathcal{O}_\varepsilon^{(N)}\})\to W(\mathcal{O}_\varepsilon),\quad \text{当 } N\to\infty \text{时}. \tag{6.12}$$

事实上，式（6.12）仅仅是结论 $\mu_N(\mathcal{O}_\varepsilon)\to W(\mathcal{O}_\varepsilon)(N\to\infty)$ 的另一种表述. 由于易证 $W(\overline{\mathcal{O}_\varepsilon}-\mathcal{O}_\varepsilon)=0$，所以式（6.12）可由 $\mu_N\to W$ 是弱的，再使用习题 7 得到.

6.5 停时和强 Markov 性质

本章剩余部分的目的是展示 Brownian 运动在求解 Dirichlet 问题中的惊人作用. 此问题的一般背景如下.

给定$\mathbb{R}^d$中的有界开集 $\mathcal{R}$ 和在边界$\partial\mathcal{R}=\overline{\mathcal{R}}-\mathcal{R}$ 上的连续函数 f. 此时问题是寻找一个函数 u，使得 u 在 $\overline{\mathcal{R}}$ 上连续，在 $\mathcal{R}$ 中调和，即 $\Delta u=0$，并满足边界条件 $u|_{\partial\mathcal{R}}=f$.

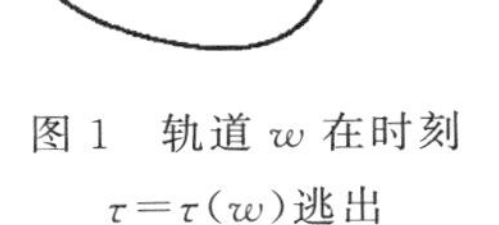

图 1　轨道 w 在时刻 $\tau=\tau(w)$逃出

当固定一点 $x\in\mathcal{R}$，并考虑始于 x 的 Brownian 运动，即过程 $B_t^x=x+B_t$ 时，这个问题就与 Brownian 运动联系在一起了. 对每一个 $w\in\Omega$，考虑首达时刻 $t=\tau(w)=\tau^x(w)$，即 Brownian 运动轨道 $t\mapsto B_t^x(w)$逃出 $\mathcal{R}$ 的时刻（特别地，$B_{\tau(w)}^x(w)=B_{\tau^x(w)}^x(w)\in\partial\mathcal{R}$）.

此时产生的$\partial\mathcal{R}$ 上的诱导测度 $\mu^x=\mu$ 为

$$\mu^x(E)=P(\{w:B_{\tau(w)}^x(w)\in E\})$$

（也称为“调和测度”），这就导出了此问题的解：在适当条件下，

$$u(x)=\int_{\partial\mathcal{R}}f(y)\mathrm{d}\mu^x(y),\quad x\in\mathcal{R}$$

就是想要的集合 $\mathcal{R}$ 上的调和函数.

将函数 $w\mapsto\tau(w)$看作一个“停时”，并开始讨论此概念. 而且此概念已隐约出现在前一章定理 5.2.10 中关于鞅序列的极大定理的证明中.

6.5.1 停时和 Blumenthal 0-1 律

假设$\{s_n\}_{n=0}^{\infty}$是联系于概率空间(X,m)上递增 σ-代数列$\{\mathcal{A}_n\}_{n=0}^{\infty}$的鞅序列. 称一个整数值函数 $\tau:x\mapsto\tau(x)$是**停时**，如果对任意的 $n\geqslant0$ 均有$\{x:\tau(x)=n\}\in\mathcal{A}_n$，

或者等价，对任意的 n 均有 $\{x: \tau(x) \leqslant n\} \in \mathcal{A}_n$.

注意到有基本结论：若对任意的 x 有（比如）$\tau(x) \leqslant N < \infty$，则

$$\int s_{\tau(x)}(x) \mathrm{d}m(x) = \int s_N(x) \mathrm{d}m(x). \tag{6.13}$$

事实上，左边是 $\sum_{n=0}^{N} \int_{A_n} s_n(x) \mathrm{d}m(x)$，其中 $A_n = \{x: \tau(x) = n\}$. 但是由鞅性质（即前一章式（5.14））可知 $\int_{A_n} s_n(x) \mathrm{d}m(x) = \int_{A_n} s_N(x) \mathrm{d}m(x)$，再对 n 求和即得上述式（6.13）.

类似地，对于任一子集 A，称定义在 A 上的整数值函数 $x \mapsto \tau(x)$ 是**与 A 相关的停时**，如果对任意的 n 均有 $\{x \in A: \tau(x) = n\} \subset A_n$. 在此情形下有 $\int_A s_{\tau(x)}(x) \mathrm{d}m(x) = \int_A s_N(x) \mathrm{d}m(x)$. 若将此结论应用于 $A = \{x: \sup_{n \leqslant N} s_n(x) > \alpha\}$，则这就从本质上得到了前一章中的极大不等式（5.15）.

鞅与 Brownian 运动相关联的原因在于该过程是下述意义下的连续鞅. 对每一个 $t \geqslant 0$，设 $\mathcal{A}_t$ 是由所有的函数 $B_s(0 \leqslant s \leqslant t)$ 生成的 σ-代数，即包含所有的 $\mathcal{A}_{B_s}(0 \leqslant s \leqslant t)$ 的最小的 σ-代数.[7] 此时有：

(a) 对任意的序列 $0 \leqslant t_0 < t_1 < \cdots < t_n < \cdots$，序列 $\{B_{t_n}\}_{n=0}^{\infty}$ 是与 σ-代数列 $\{\mathcal{A}_{t_n}\}_{n=0}^{\infty}$ 相关的鞅；

(b) 对几乎每一个 w，轨道 $B_t(w)$ 关于 t 是连续的.

(a) 可由前一章命题 5.2.6 的证明，过程 B_t 的增量的独立性以及每一个 B_t 的平均值为零立即得到. 另外，(b) 就是在 Brownian 运动定义中出现的条件 B-3.

至此，由极大不等式（6.9）立即可得 Brownian 运动不等式：

$$P(\{w: \sup_{0 \leqslant t \leqslant T} |B_t(w)| > \alpha\}) \leqslant \frac{1}{\alpha} \|B_T\|_{L^1} \tag{6.14}$$

对所有的 $T > 0$ 和 $\alpha > 0$ 都成立.

与上述离散情形类似，称一个非负函数 $w \mapsto \tau(w)$ 是**停时**，如果对每一个 $t \geqslant 0$ 均有 $\{w: \tau(w) \leqslant t\} \in \mathcal{A}_t$.

假设 $\mathcal{R}$ 是 $\mathbb{R}^d$ 中的有界开集，并定义轨道 $B_t^x(w) = x + B_t(w)$ 的首次"逃出"时刻为

$$\tau(w) = \tau^x(w) = \inf\{t \geqslant 0, B_t^x(w) \notin \mathcal{R}\}.$$

此外，定义"严格"逃出时刻 $\tau_* = \tau_*^x$ 为

$$\tau_*^x(w) = \inf\{t > 0, B_t^x(w) \notin \mathcal{R}\}.$$

命题 6.5.1　τ^x 和 τ_*^x 都是停时.

τ 和 τ_* 的定义都是合理的，即几乎处处有限的，这是因为几乎每一个轨道最

7　确切地说，$\mathcal{A}_t$ 是所有的函数 $B_s(0 \leqslant s \leqslant t)$ 生成的集合与零测子集组成的 σ-代数. 参考前一个脚注.

终都会逃出有界开集 $\mathcal{R}$.（见习题 14.）

证 为了简化记号，取 $x=0$；此时只需用 $\mathcal{R}-x$ 代替 $\mathcal{R}$ 即可将一般情形简化为该情形. 对$\mathbb{R}^d$ 中的任意开集 $\mathcal{O}$，定义 $\tau_{\mathcal{O}}(w)=\inf\{t\geqslant 0, B_t(w)\in\mathcal{O}\}$. 则至多相差一个零测集下，有

$$\{\tau_{\mathcal{O}}(w)<t\}=\bigcup_{r<t}\{B_r(w)\in\mathcal{O}\},$$

其中并集是在所有的有理数下标 r 上取得. 这是因为一个连续轨道在时刻 t 之前包含于 $\mathcal{O}$ 当且仅当该轨道在满足 $r<t$ 的某个有理时刻 r 之前包含于 $\mathcal{O}$. 因此$\{\tau_{\mathcal{O}}(w)<t\}\in\mathcal{A}_t$. 再令 $\mathcal{O}_n=\{x:d(x,\mathcal{R}^c)<1/n\}$. 当 $t>0$ 时，因为一个轨道在时刻 t 逃出当且仅当对每一个 n，该轨道在时刻 t 之前包含于 $\mathcal{O}_n$，所以

$$\{\tau(w)\leqslant t\}=\bigcap_n\{\tau_{\mathcal{O}_n}(w)<t\}. \tag{6.15}$$

因此当 $t>0$ 时，$\{\tau(w)\leqslant t\}\in\mathcal{A}_t$. 但是取决于 $x\in\mathcal{R}$ 与否，$\{\tau(w)=0\}$是空集或者 Ω. 因此 τ 是停时.

对任意的 w，当 $x\in\mathcal{R}$ 时，$\tau_*^x(w)=\tau^x(w)>0$，然而当 $x\notin\overline{\mathcal{R}}$ 时，$\tau_*^x(w)=\tau^x(w)=0$. 因此 τ_*^x 和 τ^x 的差别仅仅在 x 属于边界$\partial\mathcal{R}=\overline{\mathcal{R}}-\mathcal{R}$ 上时出现. 如上所述，当 $t>0$ 时，

$$\{\tau_*^x(w)\leqslant t\}\in\mathcal{A}_t.$$

但是此时$\{\tau_*^x(w)=0\}\in\bigcap_t\mathcal{A}_t$. 考虑到 σ-代数 $\mathcal{A}_t$ 的递增特性，自然地用 $\mathcal{A}_{0+}$ 记 $\bigcap_t\mathcal{A}_t$. 从而该命题可由下述引理得到.

引理 6.5.2 $\mathcal{A}_{0+}=\mathcal{A}_0$.

这个结论看起来简单，但是其证明有些曲折. 任一集合 $A\in\bigcap_{t>0}\mathcal{A}_t$ 是平凡的（其测度是 0 或 1)，这一结论被称为 Blumenthal 0-1 律.（其推广形式，见习题 16.）

因此可以将 $\mathcal{R}$ 的边界中的 x 分成两类：$\{\tau_*^x(w)=0\}$的测度为 1 或 0. 前者中的点 x 称为边界上的**正规**点. 简而言之，一个边界点是正规的，即几乎所有的始于该点的轨道在任意小的正时间间隔内都在 $\mathcal{R}$ 外. 这个性质在关于 $\mathcal{R}$ 的 Dirichlet 问题中起着重要作用.

引理的证明 固定$\mathbb{R}^{kd}$ 上一个有界连续函数 f 和一个序列 $0\leqslant t_1<t_2<\cdots<t_k$. 对任意的 $\delta>0$，设

$$f_\delta=f(B_{t_1+\delta}-B_\delta,B_{t_2+\delta}-B_{t_1+\delta},\cdots,B_{t_k+\delta}-B_{t_{k-1}+\delta}).$$

如果 A 是 $\mathcal{A}_{0+}$ 中的任一集合，则当 $\delta>0$ 时 $A\in\mathcal{A}_\delta$. 此时由 B_δ 产生的增量是相互独立的可知

$$\int_A f_\delta\,\mathrm{d}P=P(A)\int_\Omega f_\delta\,\mathrm{d}P.$$

因此根据轨道的连续性，并令 $\delta\to 0$ 可得

$$\int_A f_0\,\mathrm{d}P=P(A)\int_\Omega f_0\,\mathrm{d}P.$$

由于$\mathbb{R}^{kd}$上任一有界连续函数 g 可写成 $g(x_1,\cdots,x_k)=f(x_1,x_2-x_1,\cdots,x_k-x_{k-1})$，其中 f 是另一个有界连续函数，所以

$$\int_A g(B_{t_1},\cdots,B_{t_k})\mathrm{d}P=P(A)\int_\Omega g(B_{t_1},\cdots,B_{t_k})\mathrm{d}P.$$

故取极限可知，上式对于$\mathbb{R}^{kd}$中 Borel 集的特征函数 g 也成立. 因此当 E 是圆柱集时 $P(A\cap E)=P(A)P(E)$. 从而由前一章习题 4 可知，对任意的 Borel 集 E 有同样的等式成立. 因此 $P(A)=P(A)^2$，故 $P(A)=0$ 或 $P(A)=1$. 因为 A 是 $\mathcal{A}_{0+}$ 的任意子集，所以该引理得证，进而命题 6.5.1 得证.

注 最后，重要的是停时 $\tau^x(w)$关于 x 和 w 联合可测，这是因为

$$\{(x,w):\tau^x(w)>\rho\}=\bigcup_{n=1}^{\infty}\bigcap_{r\leqslant\rho,r\in\mathbf{Q}}\{w:x+B_r(w)\in\mathcal{R}_n\},$$

其中 $\mathcal{R}_n=\{x:d(x,\mathcal{R}^c)>1/n\}$.

6.5.2 强 Markov 性质

假设 σ 是(与 σ-代数列$\{\mathcal{A}_t\}_{t\geqslant0}$相关)停时. 定义集族 $\mathcal{A}_\sigma$ 为满足对任意的 $t\geqslant0$ 均有 $A\cap\{\sigma(w)\leqslant t\}\in\mathcal{A}_t$ 的集合 A 全体. $\mathcal{A}_\sigma$ 实际上是σ-代数；若 $\sigma(w)$是常值的且等于 σ_0，则 $\mathcal{A}_\sigma=\mathcal{A}_{\sigma_0}$；并且 σ 是 $\mathcal{A}_\sigma$-可测的. (也可参考习题 18.)

为研究 Dirichlet 问题，除了停时 τ (首次逃出 $\mathcal{R}$ 的时刻) 之外，还需要另外一个停时 σ. Brownian 运动在时刻 σ 之后重新开始运动，将会发生什么就是“强 Markov 性质”的主题，其中之一包含于下述定理中.

定理 6.5.3 假设 B_t 是 Brownian 运动且 σ 是停时. 则由

$$B_t^*(w)=B_{t+\sigma(w)}(w)-B_{\sigma(w)}(w)$$

定义的过程 B_t^* 也是 Brownian 运动. 进一步地，B_t^* 和 $\mathcal{A}_\sigma$ 是相互独立的.

换言之，如果一个 Brownian 运动在时刻 $\sigma(w)$停止，则适当地重新开始的过程也是 Brownian 运动，且新运动过程与过去的 $\mathcal{A}_\sigma$ 是相互独立的.[8]

证 若$\sigma(w)$是常值函数$\sigma(w)=\sigma_0$，则 $B_{t+\sigma_0}-B_{\sigma_0}$是 Brownian 运动 (见定理 6.4.1)，因此定理中的结论在此情形下成立.

其次，假设σ是离散的，即它仅取值于包含 $\sigma_1<\sigma_2<\cdots<\sigma_\ell<\cdots$的可数集. 并固定一列 $0\leqslant t_1<t_2<\cdots<t_k$. 暂时记

$$\boldsymbol{B}=(B_{t_1},B_{t_2},\cdots,B_{t_k})$$

$$\boldsymbol{B}^*=(B_{t_1}^*,B_{t_2}^*,\cdots,B_{t_k}^*)$$

$$\boldsymbol{B}_\ell^*=(B_{t_1+\sigma_\ell}-B_{\sigma_\ell},B_{t_2+\sigma_\ell}-B_{\sigma_\ell},\cdots,B_{t_k+\sigma_\ell}-B_{\sigma_\ell}),$$

其中所有的黑体向量都取值于$\mathbb{R}^{kd}$. 从而对于$\mathbb{R}^{kd}$中的 Borel 集 E，有

$$\{w:\boldsymbol{B}^*\in E\}=\bigcup_\ell\{w:\boldsymbol{B}_\ell^*\in E,\text{且 }\sigma=\sigma_\ell\}.$$

---

8 当σ是任一个正常数时，其对应的独立性是“Markov”过程的特征.

因此

$$\{w: \boldsymbol{B}^* \in E\} \cap A = \bigcup_{\ell} (\{w: \boldsymbol{B}_{\ell}^* \in E\} \cap A \cap \{\sigma = \sigma_{\ell}\}),$$

其中并集显然是不相交并.

但是当 $A \in \mathcal{A}_{\sigma}$ 时，$A \cap \{\sigma = \sigma_{\ell}\} \in \mathcal{A}_{\sigma_{\ell}}$. 由于 $A \cap \{\sigma = \sigma_{\ell}\} \in \mathcal{A}_{\sigma_{\ell}}$，且该集合与 $\{\boldsymbol{B}_{\ell}^* \in E\}$ 是相互独立的，所以根据 $\sigma = \sigma_{\ell}$ 自始至终是常值函数时的特殊情形可得，$\{w: \boldsymbol{B}^* \in E\} \cap A$ 的测度等于

$$\sum_{\ell} P(\boldsymbol{B}_{\ell}^* \in E) m(A \cap \{\sigma = \sigma_{\ell}\}).$$

但是 $P(\boldsymbol{B}_{\ell}^* \in E) = P(\boldsymbol{B} \in E)$，从而

$$P(\{w: \boldsymbol{B}^* \in E, w \in A\}) = P(\{w: \boldsymbol{B} \in E\}) P(A). \tag{6.16}$$

故在式(6.16)中取 $A = \Omega$ 即知 $\boldsymbol{B}^*$ 满足 Brownian 运动的条件 B-1 和 B-2. 另外，B-3 也是明显的. 最后，对任意的 $A \in \mathcal{A}_{\sigma}$，应用式（6.16）即知 $\boldsymbol{B}^*$ 与 $\mathcal{A}_{\sigma}$ 是相互独立的.

对于一般的停时 σ，我们用停时列 $\{\sigma^{(n)}\}$ 逼近 σ，其中每一个 $\sigma^{(n)}$ 像上述一样仅取值于一个可数集，并且

（ⅰ）对每一个 w，当 $n \to \infty$ 时，$\sigma^{(n)}(w) \searrow \sigma(w)$；

（ⅱ）$\mathcal{A}_{\sigma} \subset \mathcal{A}_{\sigma^{(n)}}$.

对于任给的 n 和 $k = 1, 2, \cdots$，定义 $\sigma^{(n)}(w) = k2^{-n}$，当 $(k-1)2^{-n} < \sigma(w) \leqslant k2^{-n}$ 时；并且 $\sigma^{(n)}(w) = 0$，当 $\sigma(w) = 0$ 时. 则性质（ⅰ）显然成立. 其次，对于每一个 t，存在 k 使得 $k2^{-n} \leqslant t < (k+1)2^{-n}$. 则 $\{\sigma^{(n)} \leqslant t\} = \{\sigma \leqslant k2^{-n}\} \in \mathcal{A}_{k \cdot 2^{-n}} \subset \mathcal{A}_t$. 因此 $\sigma^{(n)}$ 是停时.

再假设 $A \in \mathcal{A}_{\sigma}$，则 $A \cap \{\sigma^{(n)} \leqslant t\} = A \cap \{\sigma \leqslant k2^{-n}\} \in \mathcal{A}_{k \cdot 2^{-n}} \subset \mathcal{A}_t$，从而 $A \in \mathcal{A}_{\sigma^{(n)}}$. 因此（ⅱ）成立.

类似于 B_t^*，现在定义 $B_t^{*(n)}$，其中用 $\sigma^{(n)}$ 代替 σ，并设 $\boldsymbol{B}^{*(n)} = (B_{t_1}^{*(n)}, \cdots, B_{t_k}^{*(n)})$. 假设 $A \in \mathcal{A}_{\sigma}$（此时 $A \in \mathcal{A}_{\sigma^{(n)}}$）. 则由已经证得的离散情形的结论可得

$$P(\{\boldsymbol{B}^{*(n)} \in E, w \in A\}) = P(\boldsymbol{B} \in E) P(A).$$

取极限可得式（6.16）对一般的 σ 成立. 该极限论述可使用前一章的习题分两步来完成. 首先，因为 $\boldsymbol{B}^{*(n)}$ 点点收敛于 $\boldsymbol{B}^*$，所以由习题 10 和习题 31（d）可得，当 E 是开集时式（6.16）成立. 再使用前一章习题 4 可证，该等式对所有的 Borel 集 E 都成立. □

对任给的停时 σ，记 B_{σ} 是函数 $w \mapsto B_{\sigma(w)}(w)$. 上述逼近停时的论述也表明 B_{σ} 是 $\mathcal{A}_{\sigma}$-可测的.（见习题 18.）

6.5.3 强 Markov 性质的其他形式

强 Markov 性质的另一形式包含定义在所有轨道上的函数的积分. 为描述该结

论，需要一些其他的概念. 记 $\widetilde{\mathcal{P}}$ 为轨道空间，即所有的从$[0,\infty)$到$\mathbb{R}^d$的连续函数全体. 空间 $\widetilde{\mathcal{P}}$ 与先前考虑的空间 $\mathcal{P}$ 不同，这是因为在后者中所有的轨道都从原点出发. 我们可以将每一个 $\widetilde{\boldsymbol{p}}\in\widetilde{\mathcal{P}}$ 写为一对（$\boldsymbol{p}$，x），其中 $\boldsymbol{p}\in\mathcal{P}$，$x\in\mathbb{R}^d$，且 $\boldsymbol{p}=\widetilde{\boldsymbol{p}}-\widetilde{\boldsymbol{p}}(0)$，$x=\widetilde{\boldsymbol{p}}(0)$. 故 $\widetilde{\mathcal{P}}=\mathcal{P}\times\mathbb{R}^d$，且 $\widetilde{\mathcal{P}}$ 上的每一个函数 f 可写为 $f(\widetilde{\boldsymbol{p}})=f_1(\boldsymbol{p},x)$，其中 f_1 是乘积空间 $\mathcal{P}\times\mathbb{R}^d$ 上的一个函数. 此外，$\widetilde{\mathcal{P}}$继承 $\mathcal{P}$ 和$\mathbb{R}^d$上的度量，并且拥有相应的 Borel 子集类.

我们也将使用下述简短记号：将轨道 $t\longmapsto B_t(w)$记为 $B.(w)$；类似地，轨道 $t\longmapsto B_{\sigma(w)+t}(w)$记为 $B_{\sigma(w)+\cdot}(w)$；另外将定理 6.5.3 中出现的轨道 $t\longmapsto B_{\sigma(w)+t}(w)-B_{\sigma(w)}(w)$记为 $B^*_{\cdot}(w)$. 根据上述定义，可得如下结论.

定理 6.5.4　设 f 是轨道空间 $\widetilde{\mathcal{P}}$ 上一个有界 Borel 函数. 则

$$\int_\Omega f(B_{\sigma(w)+\cdot}(w))\mathrm{d}P(w)=\iint_{\Omega\times\Omega} f(B.(w)+B_{\sigma(w')}(w'))\mathrm{d}P(w)\mathrm{d}P(w'). \tag{6.17}$$

证　若如上所述记 $f(\widetilde{\boldsymbol{p}})=f_1(\boldsymbol{p},x)$，则由 $B_{\sigma(w)+t}(w)=B^*_t(w)+B_{\sigma(w)}(w)$ 可得，式（6.17）即为

$$\int_\Omega f_1(B^*_{\cdot}(w),B_{\sigma(w)}(w))\mathrm{d}P(w)=\iint_{\Omega\times\Omega} f_1(B.(w),B_{\sigma(w')}(w'))\mathrm{d}P(w)\mathrm{d}P(w'). \tag{6.18}$$

首先考虑函数 f_1 满足乘积形式 $f_1=f_2\cdot f_3$，其中 $f_1(\boldsymbol{p},x)=f_2(\boldsymbol{p})f_3(x)$. 则式（6.18）的右边即为

$$\int_\Omega f_2(B.(w))\mathrm{d}P(w)\times\int_\Omega f_3(B_{\sigma(w')}(w'))\mathrm{d}P(w').$$

但是由定理 6.5.3 可知 B^*_t 也是 Brownian 运动，并且与 B_t 有同样的分布测度，所以$\int_\Omega f_2(B.(w))\mathrm{d}P(w)=\int_\Omega f_2(B^*_{\cdot}(w))\mathrm{d}P(w)$. 另外，由定理 6.5.3 给出的独立性（和 $B_{\sigma(w')}(w')$是 $\mathcal{A}_\sigma$-可测的）可得，乘积

$$\int_\Omega f_2(B^*_{\cdot}(w))\mathrm{d}P(w)\times\int_\Omega f_3(B_{\sigma(w')}(w'))\mathrm{d}P(w')$$

等于

$$\int_\Omega f_2(B^*_{\cdot}(w))f_3(B_{\sigma(w)}(w))\mathrm{d}P(w),$$

而这正是式（6.18）的左边.

对于一般的 f，讨论如下. 设 μ 和 ν 是 $\widetilde{\mathcal{P}}$ 上的测度：当式（6.18）中的 f 是 $\widetilde{\mathcal{P}}$ 中的任意 Borel 集 E 的特征函数时，将 $\mu(E)$（分别地，$\nu(E)$）定义为式（6.18）的左边（分别地，右边）. 则已证的结论意味着对所有形如 $E=E_2\times E_3$ 的 Borel 集

E，其中 $E_2 \subset \mathcal{P}$ 和 $E_3 \subset \mathbb{R}^d$，有 $\mu(E)=\nu(E)$. 根据前一章习题 4 可知，此时该等式可延拓到由这些集合生成的 σ-代数上，而该 σ-代数包含开集全体，故该等式可延拓到 $\widetilde{\mathcal{P}}$ 的所有的 Borel 集上. 最后，因为 $\widetilde{\mathcal{P}}$ 上的任一有界 Borel 函数是 Borel 集特征函数的有限线性组合的有界的点点收敛的极限，所以式 (6.18) 对所有的上述 $f_1=f$ 都成立，从而该定理得证. □

最后给出的强 Markov 性质的形式是最接近于直接应用到 Dirichlet 问题上的. 该形式包含两个停时 σ 和 τ，且 $\sigma \leqslant \tau$，其中 τ 是逃出有界开集 $\mathcal{R}$ 的停时. 由于 $B_t^y(w)=y+B_t(w)$ 和 $\tau^y(w)=\inf\{t \geqslant 0, B_t^y(w) \notin \mathcal{R}\}$. 定义**停止过程**为

$$\hat{B}_t^y(w)=y+B_{t \wedge \tau^y(w)}(w),$$

其中 $t \wedge \tau^y(w)=\min(t, \tau^y(w))$. 若 $y=0$，则我们舍去上述定义中的上标 y.

定理 6.5.5 假设 σ 和 τ 是停时，且 $\sigma(w) \leqslant \tau(w)$ 对所有的 w 都成立. 若 F 是 $\mathbb{R}^d$ 上的有界 Borel 函数，则对于每一个 $t \geqslant 0$，有

$$\int_\Omega F(\hat{B}_{\sigma(w)+t}(w))\mathrm{d}P(w)=\iint_{\Omega \times \Omega} F(\hat{B}_t^{y(w')}(w))\mathrm{d}P(w)\mathrm{d}P(w'), \tag{6.19}$$

其中 $y(w')=\hat{B}_{\sigma(w')}(w')$.

证 从式 (6.19) 的左边开始. 它等于

$$\begin{aligned}
&\int_{\tau(w) \geqslant \sigma(w)+t} F(\hat{B}_{\sigma(w)+t}(w))\mathrm{d}P(w)+\int_{\tau(w)<\sigma(w)+t} F(\hat{B}_{\sigma(w)+t}(w))\mathrm{d}P(w) \\
&=\int_{\tau(w) \geqslant \sigma(w)+t} F(B_{\sigma(w)+t}(w))\mathrm{d}P(w)+\int_{\tau(w)<\sigma(w)+t} F(B_{\tau(w)}(w))\mathrm{d}P(w) \\
&=I_1+I_2.
\end{aligned}$$

考虑

$$I_1=\int_\Omega F(B_{\sigma(w)+t}(w))\chi_{\tau(w) \geqslant \sigma(w)+t}\mathrm{d}P(w).$$

考虑轨道上的实值函数：

$$f(\widetilde{\boldsymbol{p}})=F(\widetilde{\boldsymbol{p}}(t))\chi_{\tau(\widetilde{\boldsymbol{p}}) \geqslant t},$$

其中对任意的轨道 $\widetilde{\boldsymbol{p}}$，定义数值 $\tau(\widetilde{\boldsymbol{p}})=\inf\{s \geqslant 0: \widetilde{\boldsymbol{p}}(s) \notin \mathcal{R}\}$. 特别地，若 $\widetilde{\boldsymbol{p}}(\cdot)=B_{\cdot}(w)$，则 $\tau(\widetilde{\boldsymbol{p}})=\tau(w)$. 现在对于给定的 w，设 $\widetilde{\boldsymbol{p}}(\cdot)=B_{\sigma(w)+\cdot}(w)$. 则

$$f(\widetilde{\boldsymbol{p}})=f(B_{\sigma(w)+\cdot}(w))=F(B_{\sigma(w)+t}(w))\chi_{\tau(w)-\sigma(w) \geqslant t}.$$

事实上，注意到

$$\tau(B_{\sigma(w)+\cdot}(w))=\inf\{s \geqslant 0: B_{\sigma(w)+s}(w) \notin \mathcal{R}\}=\tau(w)-\sigma(w).$$

上式成立的原因是轨道 $B_{\cdot}(w)$ 在时刻 $\tau(w)$ 逃出意味着轨道 $B_{\sigma(w)+\cdot}(w)$ 在时刻 $\tau(w)-\sigma(w)$ 逃出. 因此

$$f(B_{\sigma(w)+\cdot}(w))=F(B_{\sigma(w)+t}(w))\chi_{\tau(w) \geqslant \sigma(w)+t},$$

而该式就是 I_1 中的被积函数，所以由式 (6.17) 可得

$$I_1=\int_\Omega\int_\Omega f(B_{\sigma(w')}(w')+B_.(w))\mathrm{d}P(w)\mathrm{d}P(w').$$

但是上式中的被积函数等于

$$F(B_{\sigma(w')}(w')+B_t(w))\chi_{\tau(B_{\sigma(w')}(w')+B_.(w))\geqslant t}.$$

为完成对 I_1 的计算，只需注意到数值 $\tau(B_{\sigma(w')}(w')+B_.(w))$ 等于 $\tau^{y(w')}(w)$，从而

$$\begin{aligned}I_1&=\int_\Omega\int_\Omega F(B_{\sigma(w')}(w')+B_t(w))\chi_{\tau^{y(w')}(w)\geqslant t}\mathrm{d}P(w)\mathrm{d}P(w')\\&=\int_\Omega\int_\Omega F(B_t^{y(w')}(w))\chi_{\tau^{y(w')}(w)\geqslant t}\mathrm{d}P(w)\mathrm{d}P(w')\\&=\int_\Omega\int_\Omega F(\hat{B}_t^{y(w')}(w))\chi_{\tau^{y(w')}(w)\geqslant t}\mathrm{d}P(w)\mathrm{d}P(w').\end{aligned}$$

考虑第二个积分 I_2，即

$$I_2=\int_\Omega F(B_{\tau(w)}(w))\chi_{\tau(w)<\sigma(w)+t}\mathrm{d}P(w).$$

此时，定义轨道上的实值函数

$$g(\tilde{\boldsymbol{p}})=F(\tilde{\boldsymbol{p}}(\tau(\tilde{\boldsymbol{p}})))\chi_{\tau(\tilde{\boldsymbol{p}})<t}.$$

若 $\tilde{\boldsymbol{p}}(\cdot)=B_{\sigma(w)+\cdot}(w)$，则

$$g(B_{\sigma(w)+\cdot}(w))=F(B_{\tau(w)}(w))\chi_{\tau(w)<\sigma(w)+t}.$$

对于特征函数 χ，讨论像上面一样. 对于第一部分（即因子 $F(\cdot)$），注意到 $\tau(\tilde{\boldsymbol{p}})$ 是轨道 $\tilde{\boldsymbol{p}}$ 逃出 $\mathcal{R}$ 的时刻，并且 $\tilde{\boldsymbol{p}}(\tau(\tilde{\boldsymbol{p}}))$ 是轨道逃出时的值（$\mathbb{R}^d$ 中）. 这是因为 $B_{\sigma(w)+\cdot}(w)$ 和 $B_.(w)$ 都在空间中的同一点逃出（尽管在不同时刻，即分别是 $\tau(w)-\sigma(w)$ 和 $\tau(w)$）. 因此由式（6.17）可得

$$I_2=\int_\Omega\int_\Omega g(B_{\sigma(w')}(w')+B_.(w))\mathrm{d}P(w)\mathrm{d}P(w').$$

现在

$$g(B_{\sigma(w')}(w')+B_.(w))=F(B_{\sigma(w')}(w')+B_{\tau^{y(w')}(w)}(w))\chi_{\tau^{y(w')}(w)<t}.$$

因此

$$\begin{aligned}I_2&=\int_\Omega\int_\Omega g(B_{\sigma(w')}(w')+B_.(w))\mathrm{d}P(w)\mathrm{d}P(w')\\&=\int_\Omega\int_\Omega F(B_{\sigma(w')}(w')+B_{\tau^{y(w')}(w)}(w))\chi_{\tau^{y(w')}(w)<t}\mathrm{d}P(w)\mathrm{d}P(w')\\&=\int_\Omega\int_\Omega F(\hat{B}_t^{y(w')}(w))\chi_{\tau^{y(w')}(w)<t}\mathrm{d}P(w)\mathrm{d}P(w').\end{aligned}$$

因此，将关于 I_1 和 I_2 的积分加在一起可得

$$I_1+I_2=\int_\Omega\int_\Omega F(\hat{B}_t^{y(w')}(w))\mathrm{d}P(w)\mathrm{d}P(w'),$$

这就完成了式（6.19）的证明. □

最后的注 几乎不用对论述做任何改变，可以证明上述两个定理可以推广至式(6.17)和式(6.19)的左边在 $\mathcal{A}_\sigma$ 中的任意集合 A 而不仅是 Ω 上的积分. 此时相应于式（6.17）的结论可以依据条件期望$\mathbb{E}_{\mathcal{A}_\sigma}$重新表述为

$$\mathbb{E}_{\mathcal{A}_\sigma}(f(B_{\sigma(w)+\cdot}))=\int_\Omega f(B_\cdot(w)+x)\mathrm{d}P(w)\Big|_{x=B_{\sigma(w')}(w')}.$$

相应于式（6.19）的结论是

$$\int_A F(\hat{B}_{\sigma(w)+t}(w))\mathrm{d}P(w)=\int_A\int_\Omega F(\hat{B}_t^{y(w')}(w))\mathrm{d}P(w)\mathrm{d}P(w'),$$

其中 $A\in\mathcal{A}_\sigma$.

6.6 Dirichlet 问题的解

回顾 6.5 节开始时所给出的定义. 设 $\mathcal{R}$ 是$\mathbb{R}^d$中的有界开集，且对于每一个 $x\in\mathcal{R}$，定义 μ^x 为 $\mathcal{R}$ 的边界$\partial\mathcal{R}$上的测度：

$$\mu^x(E)=P(\{w:B^x_{\tau^x(w)}(w)\in E\}),$$

其中 $\tau^x(w)$是轨道 $B_t^x(w)$的首次逃出时刻，E 是$\partial\mathcal{R}$ 的任一 Borel 子集，而且$\partial\mathcal{R}$是$\mathbb{R}^d$的紧子集.

对于$\partial\mathcal{R}$ 上的一个连续函数 f，定义

$$u(x)=\int_{\partial\mathcal{R}}f(y)\mathrm{d}\mu^x(y),\quad \text{当 } x\in\mathcal{R} \text{ 时}. \tag{6.20}$$

注意到

$$u(x)=\int_\Omega f(x+B_{\tau^x(w)}(w))\mathrm{d}P(w),$$

并且如 6.5.1 节末尾所注一样，$\tau^x(w)$关于 x 和 w 联合可测，故 u 是可测的（且实际上是 Borel 可测的).

主要定理如下所述.

定理 6.6.1 若 u 是由式（6.20）所定义的函数，则

(a) u 是 $\mathcal{R}$ 中的调和函数；

(b) 若 y 是$\partial\mathcal{R}$ 的一个正规点，则对于 $x\in\mathcal{R}$，当 $x\to y$ 时 $u(x)\to f(y)$.

证 为证 (a)，固定 $x\in\mathcal{R}$ 并用 S 记中心在 x 且其内部球包含于 $\mathcal{R}$ 中的球面. 下面证明平均值性质

$$u(x)=\int_S u(y)\mathrm{d}m(y), \tag{6.21}$$

其中 m 是球面上的标准测度，规范化后使得总面积为 1. 为证式（6.21)，设 σ 是 $B_t^x(w)$首次到达 S 的停时.

对于 S 上的任意连续函数G，有

$$\int_\Omega G(B^x_{\sigma(w_1)}(w_1))\mathrm{d}P(w_1)=\int_S G(y)\mathrm{d}m(y). \tag{6.22}$$

为证此，考虑 $x=0$ 的情形，并注意到左边定义了 S 上的连续函数空间上的一个连

续线性泛函，从而存在 S 上的某个测度 μ，使得左边等于 $\int_S G(y)\,\mathrm{d}\mu(y)$. 由 Brownian 运动的旋转不变性可知 μ 是旋转不变的，从而由《实分析》第 6 章问题 4 可得 $\mu=m$.

假设 $\hat{B}_t^x=B_{t\wedge\tau^x}^x$ 是停止过程. 注意到始于 x 的轨道在到达$\partial\mathcal{R}$之前先到达 S，故 $\hat{B}_{\sigma(w_1)}^x(w_1)=B_{\sigma(w_1)}^x(w_1)=y(w_1)\in S$.

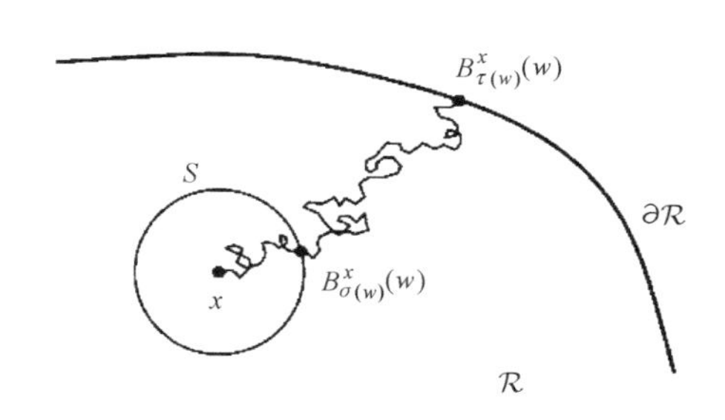

图 2　Brownian 运动在 S 和$\partial\mathcal{R}$上停止

现在应用式（6.19）. 若设 F 是 f 延拓到$\mathbb{R}^d$上的任一连续有界函数，则令 $t\to\infty$可得

$$\iint_{\Omega\times\Omega} F(B_{\tau^{y(w_1)}(w_2)}^{y(w_1)}(w_2))\,\mathrm{d}P(w_2)\,\mathrm{d}P(w_1)=\int_\Omega F(B_{\tau^x(x)}^x(w))\,\mathrm{d}P(w). \tag{6.23}$$

上述式（6.23）的右边等于 $u(x)$，然而左边等于

$$\int_\Omega u(y(w_1))\,\mathrm{d}P(w_1).$$

最后，因为 $B_{\sigma(w_1)}^x(w_1)=y(w_1)$，所以对 $u=G$ 应用式（6.22）可得

$$\int_\Omega u(y(w_1))\,\mathrm{d}P(w_1)=\int_S u(y)\,\mathrm{d}m(y).$$

这就完成了平均值等式（6.21）的证明，并由此可得 u 是调和的. 习题 19 汇总了隐藏于这些已知事实的证明中的想法.

为证明结论（b），先证明：若 $y\in\partial\mathcal{R}$，且 y 是正规的，则

$$\lim_{x\to y,\,x\in\mathcal{R}} P(\{\tau^x>\delta\})=0,\quad \forall\,\delta>0. \tag{6.24}$$

事实上，$P(\{B_t^x\in\mathcal{R},\forall\,\varepsilon\leqslant t\leqslant\delta\})(\varepsilon>0)$关于 x 连续，这是因为在 B_t 的每一个连续点 w 处，当 $x\to y$ 时，关于 w 的集合$\{B_t^x\in\mathcal{R},\forall\,\varepsilon\leqslant t\leqslant\delta\}$的特征函数收敛于关于 w 的集合$\{B_t^y\in\mathcal{R},\forall\,\varepsilon\leqslant t\leqslant\delta\}$的特征函数. 但是当 $\varepsilon\searrow 0$ 时，函数 $P(\{B_t^x\in\mathcal{R},\forall\,\varepsilon\leqslant t\leqslant\delta\})$是递减的. 此极限是

$$P(\{w:B_t^x(w)\in\mathcal{R},\forall\,0<t\leqslant\delta\})=P(\{\tau^x>\delta\}),$$

因此该极限关于 x 是上半连续的. 又因为 y 是正规点，所以$\limsup\limits_{x\to y}P(\{\tau^x>\delta\})\leqslant$

$P(\{\tau^y>\delta\})=0$. 从而式 (6.24) 得证. 因此若 x 充分地接近 $y\in\partial\mathcal{R}$, 则对于任给的 $s>0$ 和 $\varepsilon>0$, 有

$$P(\{\omega:|y-B^x_{\tau^x(w)}(w)|>s\})<\varepsilon. \tag{6.25}$$

事实上, 因为 $\|B_\delta\|_{L^1}=c\delta^{1/2}$, 所以由极大不等式 (6.14) 可得, 存在 $\delta>0$ 使得 $P(\{w:\sup_{t\leqslant\delta}|B_t(w)|>s/2\})\leqslant\varepsilon/2$. 此外, 若 x 充分地接近 y, 则由式 (6.24) 可得 $P(\{\tau^x>\delta\})\leqslant\varepsilon/2$. 因此当 x 充分地接近 y 时, 式 (6.25) 成立.

现在

$$u(x)-f(y)=\int_{\partial\mathcal{R}}(f(y')-f(y))\mathrm{d}\mu^x(y')=\int_{\partial\mathcal{R}_1}+\int_{\partial\mathcal{R}_2}=I_1+I_2,$$

其中$\partial\mathcal{R}_1$ 是$\partial\mathcal{R}$ 中满足 $|y'-y|\leqslant s$ 的 y'的集合, 且$\partial\mathcal{R}_2$ 是$\partial\mathcal{R}_1$ 在$\partial\mathcal{R}$ 中的余集. 则点 $y'\in\partial\mathcal{R}$ 形如 $y'=B^x_{\tau(w)}(w)$, 然而 $\mu^x(\partial\mathcal{R}_2)=P(\{w:|y-B^x_{\tau(w)}|>s\})$. 因此若 x 充分地接近 y, 则由式 (6.25) 可得 $\mu^x(\partial\mathcal{R}_2)\leqslant\varepsilon$. 故 I_2 可由 $2\sup|f|$ $\mu^x(\partial\mathcal{R}_2)=O(\varepsilon)$控制. 此外, 若$|y-y'|\leqslant s$ 且 s 足够小, 则$|f(y)-f(y')|<\varepsilon$, 从而可取 s 足够小使得 I_1 小于 ε. 总之, 当 x 充分地接近 y 时, $u(x)-f(y)$可由 ε 的常倍数控制. 又因为 ε 是任意的, 所以该定理的第二个结论成立. □

最后给出边界点是正规的一个非常有用的充分条件. 一个 **(截断) 锥体** Γ 是开集

$$\Gamma=\{y\in\mathbb{R}^d:|y|<\alpha(y\cdot\gamma),|y|<\delta\},$$

其中 γ 是一个单位向量, $\alpha>1$ 和 $\delta>0$ 是固定的, 并且 $y\cdot\gamma$ 是 y 和 γ 之间的内积. 向量 γ 决定了此锥体的开口方向, 且常数 α 确定了其孔径的大小.

命题 6.6.2 假设 $x\in\partial\mathcal{R}$, 且存在截断锥体 Γ 使得 $x+\Gamma$ 与 $\mathcal{R}$ 不交, 则 x 是正规点.

证 假设 $x=0$, 并考虑始于原点且对趋于零的无穷时间序列均进入 Γ 的 Brownian 轨道所构成的集合 A. 设 $A_n=\bigcup_{r_k<1/n}\{w:B_{r_k}(w)\in\Gamma\}$, 其中 r_k 是一列正有理数. 则 $A=\bigcap_{n=1}^{\infty}A_n$. 但是对每一个 n, 有 $A_n\in\mathcal{A}_n$, 从而由 0-1 律可得 $A\in\mathcal{A}_{0+}=\mathcal{A}_0$. 因此 $m(A)=0$ 或 $m(A)=1$, 并且事实上可证明 $m(A)=1$. 假设不成立, 即 $m(A)=0$. 由 Brownian 运动的旋转不变性可知, 该结论对截断锥体的任意旋转都将成立, 并且经过有限次旋转可覆盖半径为 δ 且除去原点的球, 然而每一个轨道在任意小的时刻都进入该球. 从而得出矛盾.

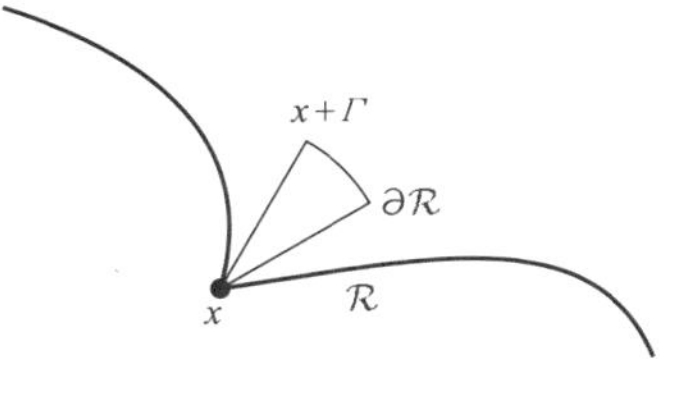

图 3 与 $\mathcal{R}$ 不交的 x 点处的截断锥体

现在返回边界点 x, 如果 $x+\Gamma$ 与 $\mathcal{R}$ 不交, 则对每一点 w, 都存在任意小的时刻使得 $B_t(w)\in\Gamma$, 因此 $B^x_t(w)\notin\mathcal{R}$. 故 x 是正规的. □

依据上述观点, 称一个有界开集 $\mathcal{R}$ 满足**外部锥体条件**, 如果对任意的$x\in\partial\mathcal{R}$,

存在一个截断锥体 Γ，使得 $x+\Gamma$ 与 $\mathcal{R}$ 不交. 最后推广《实分析》第 5 章中使用不同方法证得的且仅对于二维特殊情形成立的定理.

推论 6.6.3　假设有界开集 $\mathcal{R}$ 满足外部锥体条件. 设 f 是$\partial\mathcal{R}$ 上一个给定的连续函数. 则存在唯一的在 $\overline{\mathcal{R}}$ 中连续且在 $\mathcal{R}$ 中调和的函数 u，使得 $u|_{\partial\mathcal{R}}=f$.

证　定理 6.6.1 和命题 6.6.2 表明 u 在 $\overline{\mathcal{R}}$ 中连续且 $u|_{\partial\mathcal{R}}=f$. 该唯一性是众所周知的最大模原理的推论.[9] □

6.7　习题

1. 证明：若 $t>0$，则当 $N\to\infty$时，$S_t^{(N)}$ 的分布测度弱收敛于平均值为 0 且方差为 tI 的 Gaussian 分布 ν_t. 更一般地，若 $t>s\geqslant0$，则 $S_t^{(N)}-S_s^{(N)}$ 的分布测度弱收敛于平均值为 0 且协方差矩阵为$(t-s)I$ 的 Gaussian 分布 ν_{t-s}.

[提示：使用在第 5 章定理 5.2.17 后面的注记中的记号，并设 $f_k=\boldsymbol{r}_k$，则有 $S_t^{(N)}-S_{N,t}=\dfrac{(Nt-[Nt])}{N^{1/2}}\boldsymbol{r}_{[Nt]+1}$.]

2. 设 $(\mathcal{P},d)$ 是 6.2 节中所定义的度量空间. 证明：

(a) 该空间是完备的；

(b) 该空间是可分的.

[提示：对于 (b)，设 $e_1,\cdots,e_d$ 是$\mathbb{R}^d$的一个基，并考虑多项式 $p(t)=e_1p_1(t)+\cdots+e_dp_d(t)$，其中 p_j 的系数是有理数.]

3. 证明：度量空间$(\mathcal{P},d)$不是 σ-紧的.

[提示：假设结论不成立. 则由 Baire 纲定理可知存在一个有非空内部的紧集. 因此存在一个开球，使得其闭包是紧的. 但是，考虑比如以 0 为中心、以 1 为半径的球和一列分段线性连续函数$\{f_n\}$，其中 $f_n(0)=1$，且当 $x\geqslant1/n$ 时，$f_n(x)=0$.]

4. 假设 X 是一个紧度量空间. 证明：

(a) X 是可分的；

(b) $C(X)$是可分的.

[提示：对每一个 m，取有限个半径为 $1/m$ 的开球所组成的集族 $\mathcal{B}_m$，使得 $\mathcal{B}_m$ 覆盖 X. (a)取 $\bigcup\limits_{m=1}^{\infty}\mathcal{B}_m$ 中球的中心. (b)考虑对应于 X 的覆盖 $\mathcal{B}_m$ 的单位分解$\{\eta_k^{(m)}\}$(可参考第 1 章). 并证明$\{\eta_k^{(m)}\}$的有理系数的有限线性组合在 $C(X)$中稠密.]

5. 设 X 是度量空间，$K\subset X$ 是一个紧子集，且 f 是 K 上的连续函数. 证明：存在 X 上的连续函数 F，使得

$$F|_K=f,\quad 且\quad \sup_{x\in X}|F(x)|=\sup_{x\in K}|f(x)|.$$

[提示：《实分析》第 5 章引理 4.11 所给出的关于 $X=\mathbb{R}^d$ 的讨论，能够推广到

9　参考《实分析》第 5 章推论 4.4.

此一般情形.]

6. 假设 K 是 $\mathcal{P}$ 的一个紧子集. 证明：对于每一个 $T>0$，存在 $h\in(0,1]$ 的函数 $w_T(h)$，使得当 $h\to 0$ 时，$w_T(h)\to 0$ 且

$$\sup_{p\in K}\sup_{0\leqslant t\leqslant T}|\boldsymbol{p}(t+h)-\boldsymbol{p}(t)|\leqslant w_T(h),\quad \forall h\in(0,1].$$

[提示：固定 $T>0$ 和 $\varepsilon>0$. 因为每一个 $\boldsymbol{p}$ 在闭区间上一致连续，所以存在 $\delta=\delta(\boldsymbol{p})>0$，使得当 $0<h\leqslant\delta$ 时，$\sup\limits_{0\leqslant t\leqslant T}|\boldsymbol{p}(t+h)-\boldsymbol{p}(t)|\leqslant\varepsilon$. 又因为 K 是紧的，所以覆盖 $K\subset\bigcup\limits_{\boldsymbol{p}}\{\boldsymbol{p}'\in\mathcal{P}:d(\boldsymbol{p}',\boldsymbol{p})<\varepsilon\}$ 有有限子覆盖.]

7. 假设 $\mu_N\to\mu$ 是弱的. 证明：

(a) 对任一开集 $\mathcal{O}$，$\liminf\limits_{N\to\infty}\mu_N(\mathcal{O})\geqslant\mu(\mathcal{O})$；

(b) 若 $\mathcal{O}$ 是开集且 $\mu(\overline{\mathcal{O}}-\mathcal{O})=0$，则 $\lim\limits_{N\to\infty}\mu_N(\mathcal{O})=\mu(\mathcal{O})$.

[提示：$\mu(\mathcal{O})=\sup_f\{\int f\mathrm{d}\mu$，其中 $0\leqslant f\leqslant 1$ 且 $\operatorname{supp}(f)\subset\mathcal{O}\}$.]

8. 给定 $\mathcal{P}$ 上的 Wiener 测度 W，得到具体的 Brownian 运动（满足 B-1，B-2 和 B-3），其中 $B_t(w)=\boldsymbol{p}(t)$，$\Omega=\mathcal{P}$ 和 $P=W$. 反之，先假设 $\{B_t\}$ 满足 B-1，B-2 和 B-3. 对 $\mathcal{P}$ 中的任一圆柱集 $C=\{\boldsymbol{p}\in\mathcal{P}:(\boldsymbol{p}(t_1),\cdots,\boldsymbol{p}(t_k))\in A\}$，定义 $W^o(C)=P(\{w:(B_{t_1}(w),\cdots,B_{t_k}(w))\in A\})$. 证明：初始定义于圆柱集上的 W^o 可以延拓成 $\mathcal{P}$ 上的 Wiener 测度.

9. 本题考虑 Brownian 运动唯一地取决于性质 B-1，B-2 和 B-3 的程度.

称一个过程是"严格的"，如果除上述条件之外，该过程还满足下述两个条件：

(ⅰ) 对任意的 t，$B_t(w_1)=B_t(w_2)$ 意味着 $w_1=w_2$；

(ⅱ) (Ω,P) 的可测集全体就是 $\mathcal{A}_\infty$，即是由 $\mathcal{A}_t$ 生成的 σ-代数，其中 $t<\infty$.

给定 (Ω,P) 上的 Brownian 运动 B_t，该过程按下述讨论诱导出 $(\Omega^\#,P^\#)$ 上的一个严格的过程 $B_t^\#$：如果对任意的 t 均有 $B_t(w_1)=B_t(w_2)$，则定义等价关系 $w_1\sim w_2$，并用 $\Omega^\#$ 记 Ω 上等价类全体. 用 $\{w\}$ 记 w 所属的等价类. 在 $\Omega^\#$ 上，定义 $B_t^\#(\{w\})=B_t(w)$，并且当 $A\in\mathcal{A}_\infty$ 时，定义 $P^\#(\{A\})=P(A)$. 证明：

(a) $B_t^\#$ 是 $(\Omega^\#,P^\#)$ 上的一个严格的 Brownian 运动；

(b) 6.3 节中所构造的过程 $(\mathcal{P},W)$ 是一个严格的 Brownian 运动；

(c) 若 (B_t^1,Ω^1,P^1) 和 (B_t^2,Ω^2,P^2) 是两个 Brownian 运动，则至多相差一个零测子集，存在一个双射 $\Phi:(\Omega^1)^\#\to(\Omega^2)^\#$，使得 $(P^2)^\#(\Phi(A))=(P^1)^\#(A)$ 和 $(B_t^2)^\#(\Phi(w))=(B_t^1)^\#(w)$.

10. 证明：下述 Khinchin 型不等式（前一章引理 5.1.8）. 假设 $\mathbb{R}^d$-值函数列 $\{f_n\}$ 是同分布的、有界的、相互独立的且平均值为零. 则对任意的 $p<\infty$，有

$$\left\|\sum a_nf_n\right\|_{L^p}\leqslant A_p\left(\sum|a_n|^2\right)^{1/2}.$$

[提示：可以简化到 $d=1$ 的情形. 假设 $\sum |a_n|^2\leqslant 1$，并注意到 $\int \mathrm{e}^{\sum a_n f_n}=\prod_n \int \mathrm{e}^{a_n f_n}$，且当 $|u|\leqslant M$ 时 $\mathrm{e}^u=1+u+O(u^2)$. 因此若对任意的 n 均有 $|f_n|\leqslant M$，则上述第一个积分由 $\prod(1+M^2a_n^2)$ 控制.]

11. 证明：引理 6.3.2 的下述变式. 假设 $\{f_k\}_{k=1}^{\infty}$ 是概率空间 (X,m) 上的同分布且相互独立的 $\mathbb{R}^d$-值函数列，并且每一个函数的平均值为零，协方差矩阵为单位阵. 若 $s_n=\sum_{k=1}^{n} f_k$，则

$$\limsup_{n\to\infty} m(\{x:\sup_{1\leqslant k\leqslant n}|s_k(x)|>\lambda n^{1/2}\})=O(\lambda^{-p}),p>0.$$

[提示：若记 ν_n 为 $s_n/n^{1/2}$ 的分布测度且 $\alpha=\lambda n^{1/2}$，则式 (6.9) 的右边等于 $\frac{1}{\lambda}\int_{|t|>\lambda}|t|\mathrm{d}\nu_n(t)$. 对于 $\lambda\geqslant 1$，固定 $M\geqslant 1$，将前一积分式写成两项和的形式 $\lambda^{-1}\int_{|t|>\lambda^M}+\lambda^{-1}\int_{\lambda^M\geqslant|t|>\lambda}$. 由 $\int\frac{|s_n|^2}{n}\mathrm{d}m=1$ 可知，第一项是 $O(\lambda^{-1-M})$. 由中心极限定理可知，$\lim_{n\to\infty}\lambda^{-1}\int_{\lambda^M\geqslant|t|>\lambda}|t|\mathrm{d}\nu_n(t)=O\left(\lambda^{-1}\int_{|t|>\lambda}|t|\mathrm{e}^{-|t|^2/2}\mathrm{d}t\right)$，从而第二项是 $O(\lambda^{-1-M})$.]

12. 证明：对于每一个 $\varepsilon>0$，

$$|B_t(w)|=O(t^{1/2+\varepsilon})，\text{当 } t\to\infty \text{ 时}$$

几乎处处成立. 这与前一章推论 5.2.9 所给出的强大数定律类似.

[提示：若记 $B_T^*(w)$ 为 $\sup_{0\leqslant t\leqslant T}|B_t(w)|$，则由极大不等式 (6.14) 可知 $W(\{B_T^*>\alpha\})\leqslant\frac{1}{\alpha}\|B_T\|_{L^1}=c'\frac{T^{1/2}}{\alpha}$. 如果 $E_k=\{B_{2^k}^*>2^{\frac{k}{2}(1+\varepsilon)}\}$，则 $\sum_{k\geqslant 0}W(E_k)=O(\sum_{k\geqslant 0}2^{-\frac{k}{2}\varepsilon})<\infty$.]

13. 证明：若 B_t 是 Brownian 运动，则 $B_t'=tB_{1/t}$ 也是 Brownian 运动.

[提示：注意到由前一习题可知，B_t' 的几乎所有的轨道都在原点连续. 为证明性质 B-2，使用前一章习题 29.]

14. 证明：$\lim\sup_{t\to 0}\frac{|B_t(w)|}{t^{1/2}}=\infty$ 几乎处处成立；因此几乎所有的 Brownian 轨道都不满足指数为 1/2 的 Hölder 条件.

也证明：$\lim\sup_{t\to\infty}\frac{|B_t(w)|}{t^{1/2}}=\infty$ 几乎处处成立；因此几乎所有的 Brownian 轨道均逃出每一个球.

[提示：由前一习题可知，只需证明 $t\to 0$ 时的结论. 考虑 $d=1$. 则

$$W(\{|B_\alpha - B_\beta| > \gamma\}) = \frac{1}{\sqrt{2\pi(\beta-\alpha)}}\int_{|u|>\gamma} \mathrm{e}^{-\frac{u^2}{2(\beta-\alpha)}}\mathrm{d}u, \text{当 } \beta>\alpha \text{ 时}.$$

因此

$$W(\{|B_{2^{-k}} - B_{2^{-k+1}}| > 2^{-k/2}\mu_k\}) \geqslant \frac{1}{\sqrt{2\pi}}\int_{|u|\geqslant\mu_k} \mathrm{e}^{-u^2/2}\mathrm{d}u \geqslant c_1 \mathrm{e}^{-c_2\mu_k^2}.$$

现在选择 $\mu_k \to \infty$ 足够慢以便 $\sum_{k\geqslant 0} \mathrm{e}^{-c_2\mu_k^2} = \infty$，再应用 Borel-Cantelli 引理（前一章习题 20).]

15. 计算 $(B_{t_1}, B_{t_2}, \cdots, B_{t_k})$ 的（联合）分布概率测度.

[提示：使用前一章习题 8(a).]

16. 证明事实 $\mathcal{A}_{0+} = \mathcal{A}_0$ 的下述推广成立：若记 $\mathcal{A}_{t+}$ 为 $\bigcap_{s>t}\mathcal{A}_s$，则 $\mathcal{A}_{t+} = \mathcal{A}_t$.

17. 前一习题给出了集族 $\{\mathcal{A}_s\}$ 的右连续性. 证明：下述左连续性成立，即对每一个 $t>0$，$\mathcal{A}_t = \mathcal{A}_{t-}$，其中 $\mathcal{A}_{t-}$ 是所有满足 $s<t$ 的 $\mathcal{A}_s$ 生成的 σ-代数.

[提示：首先考虑 $\mathcal{A}_t$ 中的圆柱集.]

18. 设 σ 是停时. 证明：

(a) σ 是 $\mathcal{A}_\sigma$-可测的；

(b) $B_{\sigma(w)}(w)$ 是 $\mathcal{A}_\sigma$-可测的；

(c) $\mathcal{A}_\sigma$ 是由停止过程 $\hat{B}_t$ 所决定的 σ-代数，其中 $\hat{B}_t(w) = B_{t\wedge\sigma(w)}(w)$.

[提示：(a) 注意到 $\{\sigma(w)\leqslant\alpha\}\cap\{\sigma(w)\leqslant t\} = \{\sigma(w)\leqslant\min(\alpha,t)\}$. (b) 首先证明对于 $\mathbb{R}^d$ 的任意 Borel 子集 E 和 $t\geqslant 0$，当 σ 仅取值于一个离散集时 $\{B_{\sigma(w)}(w)\in E\}\cap\{\sigma\leqslant t\}\in\mathcal{A}_t$. 然后像定理 6.5.3 的证明一样用 $\sigma^{(n)}$ 逼近 σ.]

19. 设 u 是有界开集 $\mathcal{R}\subset\mathbb{R}^d$ 上的一个有界 Borel 可测函数. 假设 u 在球面上满足平均值性质式 (6.21). 证明：

(a) 若 B 是包含于 $\mathcal{R}$ 且中心在 x 的球，则

$$u(x) = \frac{1}{m(B)}\int_B u(y)\mathrm{d}y,$$

其中 m 是 $\mathbb{R}^d$ 上的 Lebesgue 测度.

(b) 函数 u 在 $\mathcal{R}$ 上连续，并由《实分析》第 5 章 4.1 节中的讨论可证函数 u 在 $\mathcal{R}$ 中调和.

[提示：(b) 证明局部地有 $u(x) = (u*\varphi)(x)$，其中 φ 是支撑在一个适当的小球中的光滑径向函数，且 $\int\varphi = 1$.]

20. 称一个有界开集 $\mathcal{R}$ 有 **Lipschitz 边界**，如果 $\partial\mathcal{R}$ 可由有限个球覆盖，使得对每一个这样的球 B，集合 $\partial\mathcal{R}\cap B$（或许需要旋转和平移后）能够写作 $x_d = \varphi(x_1,\cdots,x_{d-1})$，其中 φ 是一个满足 Lipschitz 条件的函数.

证明：若 $\mathcal{R}$ 有 Lipschitz 边界，则 $\mathcal{R}$ 满足外部锥体条件. 因此特别地，若 $\mathcal{R}$ 是

C^1 类的（见第 7 章 7.4 节），则 $\mathcal{R}$ 满足外部锥体条件.

因此在上述情形中，Dirichlet 问题存在唯一解.

21. 假设 $\mathcal{R}_1$ 和 $\mathcal{R}_2$ 是$\mathbb{R}^d$中的两个有界开集，且 $\overline{\mathcal{R}}_1\subset\mathcal{R}_2$. 像 6.5 节开始时定义的一样，分别记 μ_1^x 和 μ_2^x 为 $\mathcal{R}_1$ 和 $\mathcal{R}_2$ 上的调和测度. 证明平均值性质式（6.21）的下述推广成立：只要 $x\in\mathcal{R}_1$，就有

$$\mu_2^x=\int_{\partial\mathcal{R}_1}\mu_2^y\mathrm{d}\mu_1^x(y),$$

即对于任一 Borel 集 $E\subset\partial\mathcal{R}_2$，$\mu_2^x(E)=\int_{\partial\mathcal{R}_1}\mu_2^y(E)\mathrm{d}\mu_1^x(y)$.

6.8　问题

1. Brownian 轨道的连续性条件 B-3 实际上可由性质 B-1 和 B-2 得到. 这蕴含于下述一般定理中.

假设对每一个 $t\geqslant 0$，给定空间(X,m)上的一个 L^p 函数 $F_t=F_t(x)$. 假设 $\|F_{t_1}-F_{t_2}\|_{L^p}\leqslant c|t_1-t_2|^\alpha$，其中 $\alpha>1/p$ 且 $1\leqslant p\leqslant\infty$. 则存在一个“修正的” $\widetilde{F}_t$，使得对每一个 t，$F_t=\widetilde{F}_t$（关于测度 m 几乎处处成立），并且对任意的 $t\geqslant 0$，$t\mapsto\widetilde{F}_t(x)$对几乎每一个 $x\in X$ 都连续. 进一步地，若 $\gamma<\alpha-1/p$，则函数$t\mapsto$ $\widetilde{F}_t(x)$满足指数 γ 的 Lipschitz 条件.

2. 沿着定理 6.3.1 的证明思路可给出 Donsker 不变原理的证明. 设 $f_1,\cdots,f_n,\cdots$是概率空间(X,m)上一列同分布的、相互独立且平方可积的$\mathbb{R}^d$-值函数，其中每一个函数的平均值为零，协方差矩阵为单位阵. 定义

$$S_t^{(N)}=\frac{1}{N^{1/2}}\sum_{1\leqslant k\leqslant[Nt]}f_k+\frac{(Nt-[Nt])}{N^{1/2}}f_{[Nt]+1},$$

并设$\{\mu_N\}$是 X 上的测度 m 所诱导的 $\mathcal{P}$上的相应测度.

(a) 取代引理 6.3.2，使用习题 11 证明：对于 $T=1$，$\eta>0$ 和 $\sigma>0$，存在 $0<\delta<1$ 和整数 N_0，使得对任意的 $0\leqslant t\leqslant 1$ 均有

$$m(\{x:\sup_{0<h<\delta}|S_{t+h}^{(N)}-S_t^{(N)}|>\delta\})\leqslant\delta\eta,\quad\forall N\geqslant N_0;$$

(b) 由此证明：对任意的 $T>0$，$\varepsilon>0$ 和 $\sigma>0$，存在 $\delta>0$ 使得

$$m(\{x:\sup_{0\leqslant t\leqslant T,0<h<\delta}|S_{t+h}^{(N)}-S_t^{(N)}|>\delta\})\leqslant\varepsilon,\quad\forall N\geqslant 1;$$

(c) 使用 (b) 中的不等式证明：序列$\{\mu_N\}$是紧绷的；

(d) 由上可得$\{\mu_N\}$弱收敛于 W.

3. 除了本章给出的方法外，对 Brownian 运动还有许多其他的构造方法. 一个特别简洁的方法是基于简单的 Hilbert 空间想法给出的.

考虑(Ω,P)上独立同分布的$\mathbb{R}^d$-值函数列$\{f_n\}$，且分布测度是平均值为零，协方差矩阵为单位阵的 Gaussian 分布. 序列$\{f_n\}$是 $L^2(\Omega,\mathbb{R}^d)$中的一个正交规范序

列. 并记 $\mathcal{H}$ 为 $L^2(\Omega,\mathbb{R}^d)$ 中由 $\{f_n\}$ 张成的闭子空间.

$\mathcal{H}$ 是一个可分的无穷维 Hilbert 空间. 因此存在 $L^2([0,\infty),\mathrm{d}x)$ 和 $\mathcal{H}$ 之间的一个酉映射 U. 设 $B_t=U(\chi_t)$，其中 χ_t 是区间 $[0,t]$ 的特征函数. 则每一个 B_t 可以像问题 1 中一样被修正，使得过程 $\{B_t\}$ 变成 Brownian 运动. 对此，也可参考第 5 章习题 9.

例如，若 $B_t=\sum c_n(t)f_n$，则 $B_t-B_s=\sum[c_n(t)-c_n(s)]f_n$，且 $\sum|c_n(t)-c_n(s)|^2=t-s$.

4.* 在前一章中，关于（离散）随机游动的常返结论依赖于维数 d，并且特别地，依赖于 $d\leqslant 2$ 或 $d\geqslant 3$（见第 5 章定理 5.2.18 及其后面的注记）.

对于 $\mathbb{R}^d$ 中的（连续）Brownian 运动 B_t，证明下述结论：

(a) 若 $d=1$，则 Brownian 运动无穷次地到达几乎每一点，即对于每一个 $x\in\mathbb{R}$ 和任一 $t_0>0$，均有

$$P(\{w:\text{对某个 } t\geqslant t_0,\quad \text{有 } B_t(w)=x\})=1.$$

因此 B_t 在 $\mathbb{R}$ 中是点点常返的；

(b) 若 $d\geqslant 2$，则对于每一个 $x\in\mathbb{R}^d$，Brownian 运动几乎从不到达此点，即

$$P(\{w:\text{对某个 } t\geqslant 0,\quad \text{有 } B_t(w)=x\})=0.$$

故在此情形下，Brownian 运动不是点点常返的；

(c) 但是当 $d=2$ 时，B_t 在每一点的每一邻域中是常返的，即若 D 是半径为正数的任一开圆盘，且 $t_0>0$，则

$$P(\{w:\text{对某个 } t\geqslant t_0,\quad \text{有 } B_t(w)\in D\})=1;$$

(d) 最后，当 $d\geqslant 3$ 时，Brownian 运动是瞬变的，即在下述意义下，该运动逃至无穷远，

$$P(\{w:\lim_{t\to\infty}|B_t(w)|=\infty\})=1.$$

5.* 用二次对数定律描述当 $t\to\infty$ 和 $t\to 0$ 时，Brownian 运动振动的振幅：若 B_t 是 $\mathbb{R}$-值 Brownian 运动，则对几乎所有的 w，均有

$$\limsup_{t\to\infty}\frac{B_t(w)}{\sqrt{2t\ \log\log t}}=1,\quad \liminf_{t\to\infty}\frac{B_t(w)}{\sqrt{2t\ \log\log t}}=-1.$$

由习题 13 可知，时间逆向意味着对几乎所有的 w，均有

$$\limsup_{t\to 0}\frac{B_t(w)}{\sqrt{2t\ \log\log(1/t)}}=1,\quad \liminf_{t\to 0}\frac{B_t(w)}{\sqrt{2t\ \log\log(1/t)}}=-1.$$

6.* 当 $d\geqslant 2$ 时，定理 6.6.1 的逆命题成立：若对每一个连续函数 f，当 $x\to y$ 且 $x\in\mathcal{R}$ 时，$u(x)\to f(y)$，则 y 是正规点.

[提示：若 y 不是正规的，则使用问题 4*(b) 可证 $P(\{|B^y_{\tau^y}-y|>0\})=1$，因此对某个 $\delta>0$ 有 $P(\{|B^y_{\tau^y}-y|\geqslant\delta\})>1/2$. 若记 S_ε 是中心为 y、半径为 $\varepsilon<\delta$ 的球面，则由强 Markov 性质可证，存在 $x_\varepsilon\in S_\varepsilon\cap\mathcal{R}$ 使得 $P(\{|B^{x_\varepsilon}_{\tau^{x_\varepsilon}}-y|\geqslant\delta\})>$

1/2. 此时考虑 $\mathcal{R}$ 上的任意满足 $f(y)=1$ 的连续函数 $0\leqslant f\leqslant 1$，且当 $|z-y|\geqslant\delta$ 时，$f(z)=0$，这就导出了矛盾.]

7. * 从一个开球中去掉其中心，此时该中心就变成了非正规点，这给出了一个简单的非正规点的例子. 一个更有趣的非正规点的例子可由尖点在原点的 Lebesgue 刺给出.

假设 $d\geqslant 3$，并考虑球 $B=\{x\in\mathbb{R}^d: |x|<1\}$，且从该球中除去集合

$$E=\{(x_1,\cdots,x_d)\in\mathbb{R}^d: 0\leqslant x_1\leqslant 1, x_2^2+\cdots+x_d^2\leqslant f(x_1)\},$$

其中 f 是连续的且当 $x>0$ 时，$f(x)>0$. 如果当 $x\to 0$ 时，$f(x)$ 以充分快的速度单调下降，则原点对于集合 $\mathcal{R}=B-E$ 是非正规的. 显然，可以修正 $\mathcal{R}$ 以便其边界除了原点之外都是光滑的.

第7章 多复变引论

> 为得到偏微分方程解的存在性，自19世纪乃至今日，许多应用中都习以为常地诉诸 Cauchy-Kowalewski 定理，该定理给出了解析偏微分方程解析解的存在性. 另一方面，为了更深入地理解解的本质，要求在方程及其解中引入非解析函数. 自本世纪之初，对于大量的方程及其解的研究已经得到拓展. 特别地，线性偏微分方程及方程组已经得到诸多关注. 研究结果一致表明——比如在局部情形下——解总是存在的，实际上，若方程足够光滑，则有光滑解. 因此发现该推理在一般情形下是错误的对作者而言是一件令人惊奇的事情.
>
> *H. Lewy*，1957

在我们跳过多复分析的入门知识时，引人注目的是多复分析在很大程度上与单复分析不同. 出现的一些新的性质中有：函数可以从确定的区域自动地解析延拓到较大的区域上；切向 Cauchy-Riemann 方程起着重要作用；重要的区域边界的（复）凸性.

尽管多复分析使用这些概念已经得到长足发展，但是本章的目的仅仅是让读者对这些内容有个初步了解.

7.1 初等性质

$\mathbb{C}^n$ 上解析（或“全纯”）函数的定义和初等性质是对 $n=1$ 情形的相应概念的直接类推. 我们先给出几个记号. 对任一 $z^0=(z_1^0,\cdots,z_n^0)\in\mathbb{C}^n$ 和 $r=(r_1,\cdots,r_n)$，其中 $r_j>0$，定义**多圆盘** $\mathbb{P}_r(z^0)$ 为乘积集合

$$\mathbb{P}_r(z^0)=\{z=(z_1,\cdots,z_n)\in\mathbb{C}^n:|z_j-z_j^0|<r_j,\forall\, 0\leqslant j\leqslant n\}.$$

也设 $C_r(z^0)$ 是相应的边界圆周的乘积集合

$$C_r(z^0)=\{z=(z_1,\cdots,z_n)\in\mathbb{C}^n:|z_j-z_j^0|=r_j,\forall\, 0\leqslant j\leqslant n\}.$$

也用 z^α 记单项式 $z_1^{\alpha_1}z_2^{\alpha_2}\cdots z_n^{\alpha_n}$，其中 $\alpha=(\alpha_1,\cdots,\alpha_n)$ 且 α_j 是非负整数.

下面证明对于开集 Ω 上的任一连续函数 f，用下述条件定义 f 的解析性是等价的：

（ⅰ）函数 f 满足 Cauchy-Riemann 方程

$$\frac{\partial f}{\partial \bar{z}_j}=0,\quad j=1,\cdots,n \tag{7.1}$$

（在广义函数意义下）. 这里

$$\frac{\partial f}{\partial \bar{z}_j}=\frac{1}{2}\left(\frac{\partial f}{\partial x_j}+\mathrm{i}\frac{\partial f}{\partial y_j}\right),\quad 且\ z_j=x_j+\mathrm{i}y_j,其中\ x_j,y_j\in\mathbb{R}.$$

（ⅱ）对每一个 $z^0\in\Omega$ 和 $1\leqslant k\leqslant n$，当 z_k 在 z_k^0 的某邻域中时，函数

$$g(z_k)=f(z_1^0,\cdots,z_{k-1}^0,z_k,z_{k+1}^0,\cdots,z_n^0)$$

关于 z_k（单变量情形）是解析的.

（ⅲ）对任意闭包包含于 Ω 的多圆盘 $\mathbb{P}_r(z^0)$，有 Cauchy 积分表示

$$f(z)=\frac{1}{(2\pi\mathrm{i})^n}\int_{C_r(z^0)}f(\zeta)\prod_{k=1}^n\frac{\mathrm{d}\zeta_k}{\zeta_k-z_k},\quad z\in\mathbb{P}_r(z^0). \tag{7.2}$$

（ⅳ）对每一个 $z^0\in\Omega$，函数 f 有幂级数展开式 $f(z)=\sum a_\alpha(z-z^0)^\alpha$，该幂级数在 z^0 的某个邻域中绝对并且一致收敛.

命题 7.1.1　对于开集 Ω 上任一给定的连续函数 f，上述条件（ⅰ）至条件（ⅳ）是等价的.

证　为证（ⅰ）蕴含着（ⅱ），设 Δ 是 $\mathbb{C}^n$ 上的 Laplacian 算子

$$\Delta=\sum_{j=1}^n\left(\frac{\partial^2}{\partial x_j^2}+\frac{\partial^2}{\partial y_j^2}\right),$$

其中 $z_j=x_j+\mathrm{i}y_j$，并将 $\mathbb{C}^n$ 等同于 $\mathbb{R}^{2n}$. 此时有

$$\Delta=4\sum_{j=1}^n\frac{\partial}{\partial z_j}\frac{\partial}{\partial \bar{z}_j},$$

其中 $\frac{\partial f}{\partial \bar{z}_j}=\frac{1}{2}\left(\frac{\partial f}{\partial x_j}+\mathrm{i}\frac{\partial f}{\partial y_j}\right)$，$\frac{\partial f}{\partial z_j}=\frac{1}{2}\left(\frac{\partial f}{\partial x_j}-\mathrm{i}\frac{\partial f}{\partial y_j}\right)$，因此若 f 满足（ⅰ）（在广义函数意义下），则实际上有 $\Delta f=0$. 由算子 Δ 的椭圆性及正则性结论（见第 3 章 3.2.5 节）可得 f 是 C^∞ 函数，特别地是 C^1 函数. 因此 Cauchy-Riemann 方程在通常意义下是成立的，从而（ⅱ）成立.

现在假设 $z\in\mathbb{P}_r(z^0)$，且 $\overline{\mathbb{P}_r(z^0)}\subset\Omega$. 若（ⅱ）成立，则对于固定的 z_2，z_3，$\cdots$，z_n，我们可以对第一个变量应用单变量 Cauchy 积分公式得到

$$f(z)=\frac{1}{2\pi\mathrm{i}}\int_{|\zeta_1-z_1^0|=r_1}f(\zeta_1,z_2,\cdots,z_n)\frac{\mathrm{d}\zeta_1}{\zeta_1-z_1}.$$

其次对于固定的 ζ_1，z_3，$\cdots$，z_n，对第二个变量使用 Cauchy 积分公式表示 $f(\zeta_1,z_2,\cdots,z_n)$ 可得

$$f(z)=\frac{1}{(2\pi\mathrm{i})^2}\int_{|\zeta_1-z_1^0|=r_1}\int_{|\zeta_2-z_2^0|=r_2}\frac{f(\zeta_1,\zeta_2,\cdots,z_n)}{(\zeta_2-z_2)(\zeta_1-z_1)}\mathrm{d}\zeta_2\mathrm{d}\zeta_1.$$

依次进行下去可得结论（iii）.

为证（iv）可由（iii）推得，注意到

$$\frac{1}{\zeta_k - z_k} = \frac{1}{\zeta_k - z_k^0 - (z_k - z_k^0)} = \sum_{m=0}^{\infty} \frac{(z_k - z_k^0)^m}{(\zeta_k - z_k^0)^{m+1}}.$$

因为当 $z \in \mathbb{P}_r(z^0)$ 且 $\zeta \in C_r(z^0)$ 时，对任意的 k 有 $|z_k - z_k^0| < |\zeta_k - z_k^0| = r_k$，所以此时该级数收敛. 因此若取 $\mathbb{P}_r(z^0)$ 使得 $\overline{\mathbb{P}_r(z^0)} \subset \Omega$，并且对每一个 k，将该级数代入公式（7.2）中，则 $f(z) = \sum a_\alpha (z - z^0)^\alpha$，其中

$$a_\alpha = \frac{1}{(2\pi i)^n} \int_{C_r(z^0)} f(\zeta) \prod_{k=1}^{n} \frac{d\zeta_k}{(\zeta_k - z_k^0)^{\alpha_k + 1}}.$$

因此 $|a_\alpha| \leqslant M r^{-\alpha}$，其中 $r^{-\alpha} = r_1^{-\alpha_1} r_2^{-\alpha_2} \cdots r_n^{-\alpha_n}$，且

$$M = \sup_{\zeta \in C_r(z^0)} |f(\zeta)|.$$

因此若 $z \in \mathbb{P}_{r'}(z^0)$ 且对任意的 $k = 1, \cdots, n$ 有 $r'_k \leqslant r_k$，则该级数一致且绝对收敛.

为完成该命题的证明，下证（iv）蕴含着（i）. 若 $\sum a_\alpha (z - z^0)^\alpha$ 对 z^0 附近的所有的 z 都收敛，则可取 z^0 附近的一点 z'，使得对每一个 $1 \leqslant k \leqslant n, z'_k - z_k^0 \neq 0$，从而 $\sum |a_\alpha| \rho^\alpha$ 收敛，其中 $\rho = (\rho_1, \cdots, \rho_n)$ 且 $\rho_k = |z'_k - z_k^0| > 0$. 因此对任意的 $z \in \mathbb{P}_\rho(z^0)$，我们可以对该级数逐项求导，并且特别地，可以证明 f 在多圆盘 $\mathbb{P}_\rho(z^0)$ 中是 C^1 函数，且满足通常的 Cauchy-Riemann 方程. 因为此结论对每一个 $z^0 \in \Omega$ 都成立，所以 f 在全部 Ω 中都是 C^1 函数，并且在通常意义下满足式（7.1）. 更不用说性质（i）成立，而且该命题也得证了. □

两个注记. 首先，（i）中对于 f 是连续的要求可以减弱. 特别地，如果 f 仅仅是局部可积的并且在广义函数意义下满足式（7.1），则可以在一个零测集上修正 f 使得 f 是连续的（从而由上可知，f 解析）.

其次，一个更困难的等价性是只需在没有 f 是（全）连续的这一优先假设条件下证明（ii）. 参考问题 1*.

本质上与单变量情形一样，$\mathbb{C}^n$ 上解析函数的另一性质是下述解析唯一性.

命题 7.1.2 假设 f 和 g 是区域[1] Ω 上的两个解析函数，并且 f 和 g 在点 $z^0 \in \Omega$ 的某个邻域中是一致的. 则 f 和 g 在全部 Ω 中是一致的.

证 可以假设 $g = 0$. 如果固定任一点 $z' \in \Omega$，则只需证明 $f(z') = 0$. 使用 Ω 的道路连通性，能够找到 Ω 中的点列 $z^1, \cdots, z^N = z'$ 和多圆盘 $\mathbb{P}_{r_k}(z^k)$，$0 \leqslant k \leqslant N$，使得

(a) $\mathbb{P}_{r_k}(z^k) \subset \Omega$；

(b) $z^{k+1} \in \mathbb{P}_{r_k}(z^k), 0 \leqslant k \leqslant N-1$.

1 回顾一下，区域是连通开集.

现在如果 f 在 z^k 的某个邻域中为零，则 f 在$\mathbb{P}_{r_k}(z^k)$中的任意点处一定都为零.（见习题 1.）因此 f 在$\mathbb{P}_{r_0}(z^0)$中为零，并且若 f 在$\mathbb{P}_{r_k}(z^k)$中为零，则由（b）可得 f 在$\mathbb{P}_{r_{k+1}}(z^{k+1})$ 中为零. 因此对 k 递推可得函数 f 在$\mathbb{P}_{r_N}(z^N)$中为零，故 $f(z')=0$，从而命题得证. □

7.2　Hartogs 现象：一个例子

我们一旦介绍完多变量解析函数的初等性质，就发现了一个对于单变量情形不成立的新现象. 下述例子正说明了这一点.

设 Ω 是$\mathbb{C}^n(n\geqslant 2)$ 中两个同心球面之间的区域；特别地，对某个固定的 $0<\rho<1$，取 $\Omega=\{z\in\mathbb{C}^n,\rho<|z|<1\}$.

定理 7.2.1　假设对某个固定 $0<\rho<1$，F 在$\Omega=\{z\in\mathbb{C}^n,\rho<|z|<1\}$中解析. 则 F 可以解析延拓到球$\{z\in\mathbb{C}^n:|z|<1\}$中.

本节给出该定理的一个简单且初等的证明. 后文中使用更复杂的论述将证得：在很一般的情形下，"自然"延拓性质成立.

这种便捷的证明基于$\mathbb{C}^2$中关于延拓的一个原始例子. 假设

$$K_1=\{(z_1,z_2):|z_1|\leqslant a,\text{且}\,|z_2|=b_1\}$$

和

$$K_2=\{(z_1,z_2):|z_1|=a,\text{且}\,b_2\leqslant|z_2|\leqslant b_1\}.$$

引理 7.2.2　如果函数 F 在包含并集 $K_1\cup K_2$ 的一个区域 $\mathcal{O}$ 上解析，则 F 可解析延拓到包含乘积集合

$$\{(z_1,z_2):|z_1|\leqslant a,\quad b_2\leqslant|z_2|\leqslant b_1\}\tag{7.3}$$

的一个开集 $\widetilde{\mathcal{O}}$ 上.

关于集合 K_1，K_2 及其乘积集合可参考图 1.

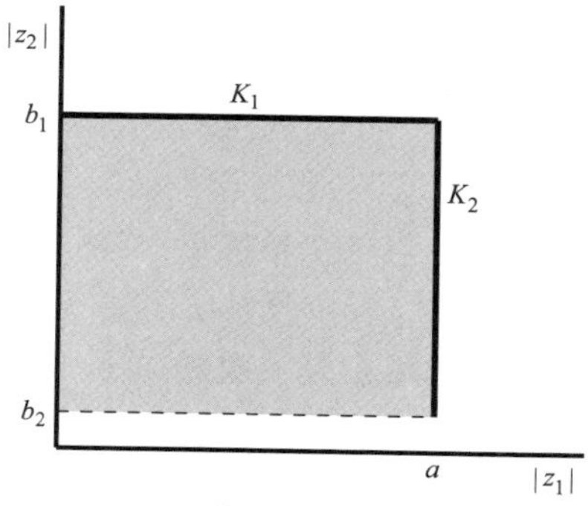

证　当 (z_1,z_2) 在乘积集合式（7.3）的邻域 $\widetilde{\mathcal{O}}$ 中时，考虑积分

$$I(z_1,z_2)=\frac{1}{2\pi\mathrm{i}}\int_{|\zeta_1|=a+\varepsilon}\frac{F(\zeta_1,z_2)}{\zeta_1-z_1}\mathrm{d}\zeta_1,$$

该积分对小的正数 ε 是定义合理的. 事实上，此时积分变量取遍 K_2 的某个邻域，并且 F 在该邻域上是解析的，从而是连续的. 进一步地，$I(z_1,z_2)$在 $\widetilde{\mathcal{O}}$ 中解析，这是因为当$|z_1|<a+\varepsilon$ 且 z_2 在集合 $b_2\leqslant|z_2|\leqslant b_1$ 的附近时，由 F 的解析性可知 $I(z_1,z_2)$对固定的 z_2 关于 z_1 解析；$I(z_1,z_2)$在前述集合中关于 z_2 也解析（对固定的 z_1）. 最后当(z_1,z_2)在集合 K_1附近时，由 Cauchy 积分公式可知 $I(z_1,z_2)=F(z_1,z_2)$，从而

图 1　$\widetilde{\mathcal{O}}$包含阴影区域

I 就是 F 的延拓. □

下面给出 $n=2$ 时该定理的证明，并先设 $\rho<1/\sqrt{2}$. 此时假设 $K_1=\{|z_1|\leqslant a_1,|z_2|=b_1\}$ 和 $K_2=\{|z_1|=a_1,b_2\leqslant|z_2|\leqslant b_1\}$，其中 $a_1=b_1,\rho<a_1,b_1<1/\sqrt{2}$ 和 $b_2=0$.（见图 2.）

此时 K_1 和 K_2 都包含于 Ω，且由引理可知 F 可延拓到乘积 $\{|z_1|\leqslant 1/\sqrt{2},|z_2|\leqslant 1/\sqrt{2}\}$上，该集合与 Ω 的并集覆盖单位球.

当 $1/\sqrt{2}\leqslant\rho<1$ 时，我们使用类似的方法，在平面$(|z_1|,|z_2|)$中，沿着拐点为(α_k,β_k)的阶梯，经过有限步骤使之简化到上述情形.（见图 3.）

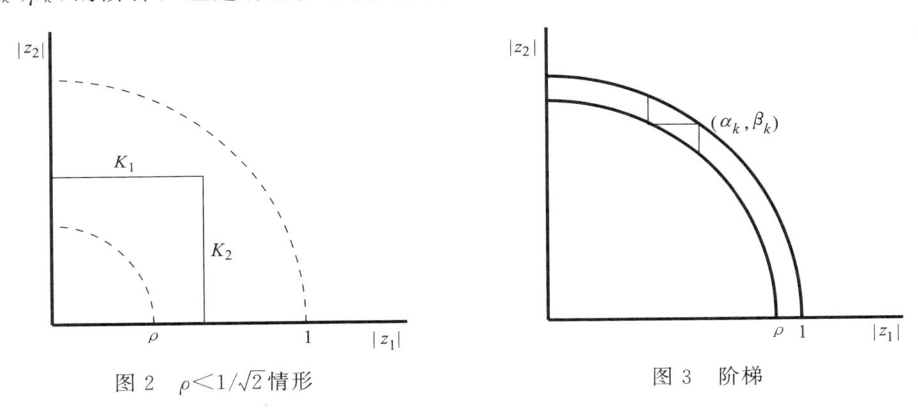

图 2 $\rho<1/\sqrt{2}$ 情形　　　　图 3 阶梯

取 $\beta_1=\rho,\alpha_1=(1-\beta_1^2)^{1/2}=(1-\rho^2)^{1/2}$，且更一般地 $\beta_{k+1}^2=\rho^2-\alpha_k^2$，$\alpha_{k+1}^2=1-\beta_{k+1}^2$. 因此 $\beta_k^2=1-k(1-\rho^2),\alpha_k^2=k(1-\rho^2)$.

从 $k=1$ 开始，直至使得 $1-k(1-\rho^2)<0$ 的 $k=N$ 为止，其中 N 是大于 $1/(1-\rho^2)$的最小整数. 由此可取(a_k,b_k)使得 $a_k<\alpha_k$，$b_k>\beta_k$，其中(a_k,b_k)在(α_k,β_k)附近，而 $a_N=1,b_N=0$.

现在设 $\mathcal{R}_k=\{\rho<|z|<1\}\cup\{|z|<1;b_k\leqslant|z_2|\}$. 如上所述，由引理可知 F 可延拓到 $\mathcal{R}_1$ 的某个邻域上. 再次应用该引理可知（此时 $a=a_k$，$b_1=b_k$，$b_2=b_{k+1}$），F 可从 $\mathcal{R}_k$ 的某个邻域延拓到 $\mathcal{R}_{k+1}$的某个邻域上. 此时 $\mathcal{R}_N=\{|z|<1\}$，从而结论得证.

对维数大于等于 3 时的相应讨论类似于 $n=2$ 的情形，将此过程留给读者.

我们给出上述定理的一个直接应用：$\mathbb{C}^n(n>1)$上的解析函数不可能有孤立的奇异点；也不可能有孤立的零点. 事实上，只需将定理 7.2.1 应用于两个适当的以可能的奇异点为中心的同心球. 对函数 $1/f$ 应用前述结论可得，f 的零点不可能是孤立的. 事实上，有下述更广泛的结论成立，即若 f 在 Ω 中解析并且在 Ω 中存在零点，则其零点集一定达到 Ω 的边界.（参考习题 4.）另外 f 在其零点附近的零点集特征可由 Weierstrass 预备定理给出非常明确的描述，这些讨论将在问题 2* 中给出.

最后，注意到单位球$\{|z|<1\}$内解析的函数不一定能够延拓到球外部，例如

$f(z)=1/(z_1-1)$. 实际上，后文中将证明 Ω 的边界的“凸性”在决定一个函数是否能延拓到边界上起着关键作用.

7.3　Hartogs 定理：非齐次 Cauchy-Riemann 方程

前面已经给出了一些自然解析延拓的例子，本节考虑一般情形. 我们将采用在许多复分析问题中惯用的方法，即研究下述非齐次 Cauchy-Riemann 方程组的解，

$$\frac{\partial u}{\partial \bar{z}_j}=f_j,\quad j=1,\cdots,n,\tag{7.4}$$

其中 f_j 是给定的函数.

这些方程的解将在后文中得到广泛应用. 通常，我们希望构造一个满足具体性质的解析函数. 首先能够找到一个满足这些性质的近似函数 F_1，但是通常情况下该函数不一定解析. 函数 F_1 非解析的程度由 $\partial F_1/\partial \bar{z}_j=f_j$ 非零，$1\leqslant j\leqslant n$ 给出. 现在如果能够选取一个恰当的 u，使得 u 是 $\partial u/\partial \bar{z}_j=f_j$ 的解，则我们可以用 F_1 减去 u 以修正 F_1. 下面选取的“好的” u 是有紧支撑的函数（假设 f_j 有紧支撑）.

在考虑式（7.4）之前，先观察一维情形

$$\frac{\partial u}{\partial \bar{z}}(z)=f(z),\quad 其中\quad \frac{\partial}{\partial \bar{z}}=\frac{1}{2}\left(\frac{\partial}{\partial x}+\mathrm{i}\frac{\partial}{\partial y}\right)且\ z=x+\mathrm{i}y\in\mathbb{C}^1.\tag{7.5}$$

可立刻给出此问题的一个解：

$$u(z)=\frac{1}{\pi}\int_{\mathbb{C}^1}\frac{f(\zeta)}{z-\zeta}\mathrm{d}m(\zeta)=\frac{1}{\pi}\int_{\mathbb{C}^1}\frac{f(z-\zeta)}{\zeta}\mathrm{d}m(\zeta),\tag{7.6}$$

其中 $\mathrm{d}m(\zeta)$ 是 $\mathbb{C}^1$ 上的 Lebesgue 测度. 换言之，$u=f*\Phi$，其中 $\Phi(z)=1/(\pi z)$. 下述命题给出了关于式（7.5）和式（7.6）的具体结论.

命题 7.3.1　假设 f 在 $\mathbb{C}$ 上连续且有紧支撑. 则

(a) 由式（7.6）给出的 u 也是连续的，并在广义函数意义下满足式（7.5）；

(b) 若 f 在 C^k 类中，$k\geqslant 1$，则 u 也在 C^k 类中，且在通常意义下满足式（7.5）；

(c) 若 u 是任一有紧支撑的 C^1 函数，则 u 总是形如式（7.6）的；实际上

$$u=\frac{\partial u}{\partial \bar{z}}*\Phi.$$

证　首先注意到

$$u(z+h)-u(z)=\frac{1}{\pi}\int_{\mathbb{C}^1}f(z+h-\zeta)-f(z-\zeta)\frac{\mathrm{d}\zeta}{\zeta},$$

并且由 f 的一致连续性以及函数 $1/\zeta$ 在 $\mathbb{C}^1$ 中的紧子集上的可积性可知，当 $h\to 0$ 时，上式趋于零. 如果 f 在 C^k 类中，$k\geqslant 1$，则能够在式（7.6）的积分号下求导，

并且 u 的阶数$\leqslant k$ 的任意偏导数能够根据 f 的偏导数以同样的方式表示.

其次，注意到 $\Phi(z)=1/(\pi z)$是算子$\partial/\partial\bar{z}$的基本解. 这意味着在广义函数意义下有$\frac{\partial}{\partial\bar{z}}\Phi=\delta_0$，其中 δ_0 是原点的 Dirac delta 函数.（参考第 3 章习题 16.）正如第 3 章中一样，在广义函数形式下，

$$\frac{\partial}{\partial\bar{z}}(f*\Phi)=f*\left(\frac{\partial\Phi}{\partial\bar{z}}\right)=\left(\frac{\partial f}{\partial\bar{z}}\right)*\Phi.$$

因为 $f*\delta_0=f$，所以第一个等式意味着$\partial u/\partial\bar{z}=f$，从而结论（a）和结论（b）得证. 由上述第二项和第三项的等式（用 u 代替 f）可知 $u=u*\delta_0=\frac{\partial u}{\partial\bar{z}}*\Phi$，即得到结论（c）. □

回到 $n\geqslant 2$ 的非齐次 Cauchy-Riemann 方程（7.4）时，显然立即有下述不同：f_j 不可能是“任意”给定的，必须满足必要的相容性条件

$$\frac{\partial f_j}{\partial\bar{z}_k}=\frac{\partial f_k}{\partial\bar{z}_j},\quad \forall\, 1\leqslant j,k\leqslant n. \tag{7.7}$$

进一步地，f_j 有紧支撑蕴含着存在有紧支撑的解，这就是下述命题的结论.

命题 7.3.2 设 $n\geqslant 2$. 若 $f_j(1\leqslant j\leqslant n)$是满足式(7.7)的有紧支撑的 C^k 函数，则存在一个满足非齐次 Cauchy-Riemann 方程(7.4)的有紧支撑的 C^k 函数 u.[2]

证 记 $z=(z',z_n)$，其中 $z'=(z_1,\cdots,z_{n-1})\in\mathbb{C}^{n-1}$，并令

$$u(z)=\frac{1}{\pi}\int_{\mathbb{C}^1}f_n(z',z_n-\zeta)\frac{\mathrm{d}m(\zeta)}{\zeta}. \tag{7.8}$$

则由前一命题可知$\partial u/\partial\bar{z}_n=f_n$. 但是对于 $1\leqslant j\leqslant n-1$，在积分号下求导可得（这是容易证得的）

$$\begin{aligned}\frac{\partial u}{\partial\bar{z}_j}&=\frac{1}{\pi}\int_{\mathbb{C}^1}\frac{\partial f_n}{\partial\bar{z}_j}(z',z_n-\zeta)\frac{\mathrm{d}m(\zeta)}{\zeta}\\&=\frac{1}{\pi}\int_{\mathbb{C}^1}\frac{\partial f_j}{\partial\bar{z}_n}(z',z_n-\zeta)\frac{\mathrm{d}m(\zeta)}{\zeta}\\&=f_j(z',z_n).\end{aligned}$$

上式倒数第二步可由相容性条件式（7.7）得到，并且最后一步可由命题 7.3.1（c）推得. 因此 u 是式（7.4）的解.

其次，因为 f_j 有紧支撑，所以存在固定的 R，使得当$|z|>R$ 时对于任意的

2 当 $k=0$ 时，式（7.7）和式（7.4）在广义函数意义下成立.

j 均有 f_j 为零. 因此由命题 7.1.1 可知 u 在 $|z'|>R$ 中解析，从而由式（7.8）可得 u 在 $|z'|>R$ 时也为零. 因为后者是连通集 $|z|>R$ 的一个开子集，所以命题 7.1.2 蕴含着 u 在 $|z|>R$ 时为零，从而结论得证. □

下面两点注记可能有助于清楚地理解由上述命题所给出的解的本质.

- 与高维情形不同的是，当 $n=1$ 时，对于给定的有紧支撑的函数 f，式(7.4)一般情况下不可能有紧支撑的函数 u 作为解. 实际上，易证存在这种解的必要条件是 $\int_{\mathbb{C}^1} f(z)\mathrm{d}m(z)=0$. 完全的充分必要条件将在习题 7 中给出.
- 当 $n\geqslant 2$ 时，由式（7.8）所给出的解是有紧支撑的唯一解. 这可由两个解的差在 $\mathbb{C}^n$ 中解析容易证得. 类似地，当 $n=1$ 时，由式（7.6）所给出的解 u 是满足 $|z|\to\infty$ 时，$u(z)\to 0$ 的唯一解.

我们已经证得非齐次 Cauchy-Riemann 方程在全空间 $\mathbb{C}^n$ 上存在解，这一简单事实允许我们得到定理 7.2.1 所阐述的 Hartogs 原理的一般形式. 该结论可以表述如下.

定理 7.3.3　假设 Ω 是 $\mathbb{C}^n(n\geqslant 2)$ 中的一个有界区域，并设 K 是 Ω 的一个紧子集使得 $\Omega-K$ 连通. 则任一在 $\Omega-K$ 中解析的函数 F_0 可以解析延拓到 Ω 上.

该定理表明存在 Ω 上的一个解析函数 F，使得在 $\Omega-K$ 上 $F=F_0$.

为证该定理，首先注意到存在 $\varepsilon>0$，使得开集 $\mathcal{O}_\varepsilon=\{z:d(z,\Omega^c)<\varepsilon\}$ 离 K 有正距离. 此时有 $(\Omega\cap\mathcal{O}_\varepsilon)\subset(\Omega-K)$. 其次，我们可以构造一个 C^∞ 截断函数[3] η，使得当 z 属于 K 的某个邻域时 $\eta(z)=0$，然而当 $z\in\mathcal{O}_\varepsilon$ 时 $\eta(z)=1$. 使用此函数，定义 Ω 上的函数 F_1 为

$$F_1(z)=\begin{cases}\eta(z)F_0(z), & \text{当 } z\in\Omega-K \text{ 时},\\ 0, & \text{当 } z\in K \text{ 时}.\end{cases}$$

则 F_1 在 Ω 上是 C^∞ 函数. 尽管 F_1 是 F_0 在 Ω 上的延拓，然而该延拓当然是不解析的. 但是 F_1 在多大程度上不能满足此性质呢? 为回答此问题，定义 f_j 为

$$f_j=\frac{\partial F_1}{\partial \bar{z}_j},\quad j=1,\cdots,n. \tag{7.9}$$

注意到 f_j 在 Ω 上是 C^∞ 函数，且自然满足相容性条件式（7.7）. 进一步地，由 F_0 是解析的可知，f_j 在 Ω 的边界附近为零（特别地，对于 $z\in\mathcal{O}_\varepsilon\cap\Omega$）. 因此 f_j 能够延拓为在 Ω 的外部为零的函数，使得现在延拓后的 f_j 在全空间 $\mathbb{C}^n$ 上是 C^∞ 的且满足式（7.7）. 我们以同样的记号表示延拓后的 f_j. 现在使用命题 7.3.2 修正由式（7.9）所给出的函数，以便得到一个有紧支撑的函数 u，满足对任意的 j 有 $\partial u/\partial\bar{z}_j=f_j$，并取 $F=F_1-u$.

3　注意到 C^2 代替 C^∞ 在证明过程中也成立.

注意到 F 在 Ω 中解析（因为 $\partial F/\partial \bar{z}_j=0$ 在 Ω 中成立，$1\leqslant j\leqslant n$）. 下面将证明 F 在 $\Omega-K$ 的某个适当的开子集中与 F_0 一致，这与 u 在此开集中为零是一样的.

为给出问题中的开集，选取满足 $\Omega\subset\{|z|\leqslant R\}$ 的最小的 R. 此时易见，存在 $z^0\in\partial\Omega$ 使得 $|z^0|=R$. 令 $B_\varepsilon=B_\varepsilon(z^0)=\{z:|z-z^0|<\varepsilon\}$，并将证明 $\Omega\cap B_\varepsilon$ 是 $\Omega-K$ 中的一个开子集，且 u 在此开集中为零（见图 4）.

因为 $B_\varepsilon\subset\mathcal{O}_\varepsilon$，所以 B_ε 与 K 不交；另外若 $\Omega\cap B_\varepsilon$ 是空的，则 z^0 不可能是 Ω 的边界点. 由此立即可得 $\Omega\cap B_\varepsilon$ 是 $\Omega-K$ 的一个非空开子集. 此外，u 在 B_ε 中（更一般地在 $\mathcal{O}_\varepsilon$ 中）解析，这是因为 f_j 在其中为零. 进一步地，因为 u 在 $\{|z|>R\}$ 中解析，该集合是连通的，且 u 在一个紧集的外部为零，所以 u 在其中为零. 最后，$B_\varepsilon\cap\{|z|>R\}$ 显然是 B_ε 的一个非空开集. 因此 u 在 B_ε 中为零，特别地 u 在 $\Omega\cap B_\varepsilon$ 中为零. 从而 F 和 F_0 在 $\Omega-K$ 的一个开子集上是一致的，又因为 $\Omega-K$ 是连通的，所以它们在全部 $\Omega-K$ 上是一致的. 故定理得证.

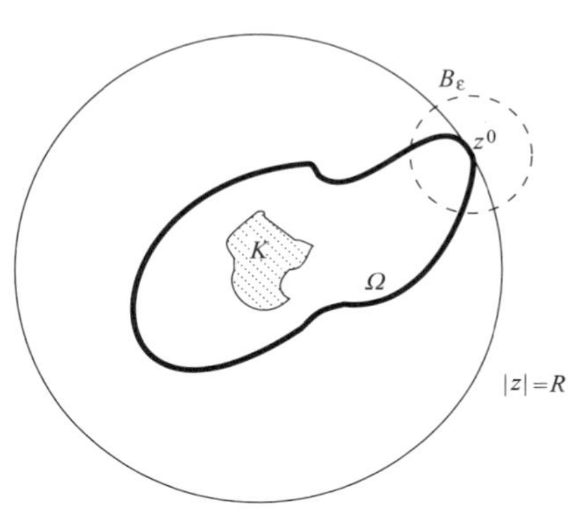

图 4　函数 u 在 $\Omega\cap B_\varepsilon$ 中为零

7.4　边界情形：切向 Cauchy-Riemann 方程

我们刚刚证明了：若给定的 F_0 是 $\mathbb{C}^n(n\geqslant 2)$ 中区域 Ω 的边界的某个（连通）邻域上的解析函数，则该函数可延拓到全区域 Ω 上. 因为 F_0 的定义所在的邻域原则上可以任意窄，所以自然要问当 F_0 是仅定义在 Ω 的边界 $\partial\Omega$ 上的函数这一极限情形时，会发生什么？为回答此问题，我们必须回答下述问题：什么样的仅在边界 $\partial\Omega$ 上有定义的函数 F_0 可以解析延拓到全区域 Ω 上？

我们将用公式明确地阐述此问题，并对边界足够光滑的区域求解该问题. 首先给出此问题的相关定义和初等背景.

先考虑 $\mathbb{R}^d$，再利用等同关系 $\mathbb{C}^n=\mathbb{R}^{2n}$ 转换到 $\mathbb{C}^n$. 现在假设给定 $\mathbb{R}^d$ 中的一个区域 Ω. Ω 的一个**定义函数** ρ 是 $\mathbb{R}^d$ 上的一个实值函数，且满足

$$\begin{cases}\rho(x)<0, & \text{当 } x\in\Omega \text{ 时},\\ \rho(x)=0, & \text{当 } x\in\partial\Omega \text{ 时},\\ \rho(x)>0, & \text{当 } x\in\overline{\Omega}^c \text{ 时}.\end{cases}$$

对于任一整数 $k\geqslant 1$，称 Ω 的边界是 C^k **类的**，如果 Ω 有一个定义函数 ρ 满足

- $\rho\in C^k(\mathbb{R}^d)$；

- 当 $x\in\partial\Omega$ 时，$|\nabla\rho(x)|>0$.

边界$\partial\Omega$ 是一个 C^k 类超曲面的例子. 更一般地，我们称 M 是一个（局部）C^k 类**超曲面**，如果存在一个定义在球 $B\subset\mathbb{R}^d$ 上的实值 C^k 函数 ρ，使得 $M=\{x\in B:\rho(x)=0\}$，且当 $x\in M$ 时 $|\nabla\rho(x)|>0$.

对于一个边界为 C^k 类的区域Ω，我们知道在任一边界点 $\partial\Omega$ 附近都能表示为一个“图”. 更明确地，固定任一参考点 $x^0\in\partial\Omega$，并做适当的仿射坐标变换（实际上是$\mathbb{R}^d$上的平移和旋转），则由隐函数定理可知：在新坐标系下 $x=(x',x_d)$，其中 $x'\in\mathbb{R}^{d-1}$和 $x_d\in\mathbb{R}$，原始的参考点 x^0 对应于 $(0,0)$，且在 $x^0=(0,0)$附近的区域 Ω 及其边界为

$$\begin{cases}\Omega: x_d>\varphi(x'),\\ \partial\Omega: x_d=\varphi(x'),\end{cases}\tag{7.10}$$

其中 φ 是定义在$\mathbb{R}^{d-1}$中原点附近的一个 C^k 函数. 经过调整也可以使得（除了$\varphi(0)=0$之外）$\nabla_{x'}(\varphi)(x')|_{x'=0}=0$，而这意味着与 $\partial\Omega$ 切于原点的切平面是超平面 $x_d=0$（见图 5）.

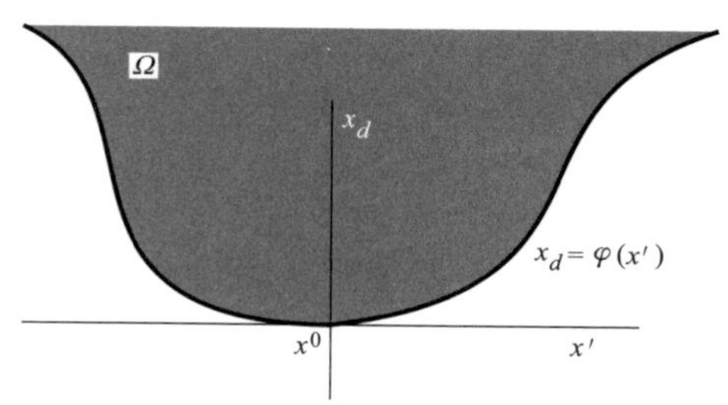

图 5 坐标系（x'，x_d）中集合 Ω 及其边界

在此坐标系中，由于 $\rho(x',\varphi(x'))=0$，所以

$$\begin{aligned}\rho(x)&=\rho(x',x_d)-\rho(x',\varphi(x'))\\&=\int_0^1\frac{\partial}{\partial t}\rho(x',tx_d+(1-t)\varphi(x'))\mathrm{d}t\\&=(\varphi(x')-x_d)a(x),\end{aligned}$$

其中 $a(x)=-\int_0^1\frac{\partial\rho}{\partial x_d}(x',tx_d+(1-t)\varphi(x'))\mathrm{d}t$. 换言之，$\rho(x)=a(x)(\varphi(x')-x_d)$，其中 a 是一个 C^{k-1}函数. 当 x 充分接近参考点 x^0 时，因为$\partial/\partial x_d$ 相对于Ω 指向“内部”，$\frac{\partial\rho}{\partial x_d}<0$，所以 $a(x)>0$.

现在假设$\widetilde{\rho}$是对于 Ω 的另一个 C^k 定义函数. 此时在 x^0 附近，又有$\widetilde{\rho}(x)=\widetilde{a}(x)(\varphi(x')-x_d)$，从而

$$\widetilde{\rho}=c\rho,\text{其中 } c(x)>0, \tag{7.11}$$

且 c 是 C^{k-1} 的.

我们知道$\mathbb{R}^d$上的一个向量场是形如

$$X(f)=\sum_{j=1}^{d} a_j(x)\frac{\partial f}{\partial x_j}$$

的一阶线性偏微分算子，其中$(a_1(x),a_2(x),\cdots,a_d(x))$是对应于点 $x\in\mathbb{R}^d$ 的“向量”. 称该向量场在$\partial\Omega$ 上是**切向的**，如果

$$X(\rho)=\sum_{j=1}^{d} a_j(x)\frac{\partial\rho}{\partial x_j}=0,\text{当 } x\in\partial\Omega \text{ 时}.$$

由式（7.11）和 Leibnitz 法则可知，该定义不依赖于 Ω 的定义函数的选择.

下面固定一个 ℓ，使得 $\ell\leqslant k$. 此时称定义在$\partial\Omega$ 上的任一函数 f_0 是 C^ℓ**类的**，如果存在 f_0 延拓到$\mathbb{R}^d$上的一个函数 f，使得 f 在$\mathbb{R}^d$上是 C^ℓ的. 现在若 X 是一个切向量场，并且 f 和 f'是 f_0 的任意两个延拓，则易证 $X(f)|_{\partial\Omega}=X(f')|_{\partial\Omega}$.（见习题 8.）所以在此情形下，我们可以说切向量场作用在仅定义在$\partial\Omega$ 上的函数上.

现在我们考虑复空间$\mathbb{C}^n$，并将其等同于$\mathbb{R}^d$，$d=2n$. 为此，记 $z\in\mathbb{C}^n$，$z=(z_1,\cdots,z_n)$，$z_j=x_j+\mathrm{i}y_j\,(1\leqslant j\leqslant n)$，并设 $x=(x_1,\cdots,x_{2n})\in\mathbb{R}^{2n}$，其中 $x_j\,(1\leqslant j\leqslant n)$就是前面的 x_j，且 $x_{j+n}=y_j$，当 $1\leqslant j\leqslant n$ 时.现在$\mathbb{C}^n$上的向量场即为

$$\sum_{j=1}^{n}\left(a_j(z)\frac{\partial}{\partial\overline{z}_j}+b_j(z)\frac{\partial}{\partial z_j}\right).$$

（这里有必要允许系数是复值的.）称这样一个向量场是 **Cauchy-Riemann 向量场**，如果对任意的 j 均有 $b_j=0$，即 X 形如

$$X=\sum_{j=1}^{n} a_j(z)\frac{\partial}{\partial\overline{z}_j}.$$

等价地，如果 X 泯灭所有的解析函数，则 X 是 Cauchy-Riemann 向量场.

对于给定的区域 Ω（其边界是 C^k 类的），称上述 Cauchy-Riemann 向量场 X 是**切向的**，如果

$$\sum_{j=1}^{n} a_j(z)\rho_j(z)=0,\quad\text{其中 } \rho_j(z)=\frac{\partial\rho}{\partial\overline{z}_j}.$$

此时在任一固定点 $z^0\in\partial\Omega$ 附近，由于$|\nabla\rho(z^0)|>0$，所以在 $\rho_j(z^0)$，$1\leqslant j\leqslant n$ 中至少有一个是非零的；为简单起见，假设 $j=n$. 则 $n-1$ 个向量场

$$\rho_n\frac{\partial}{\partial\overline{z}_j}-\rho_j\frac{\partial}{\partial\overline{z}_n},\quad 1\leqslant j\leqslant n-1 \tag{7.12}$$

是线性独立的且张成 z^0 附近的切向 Cauchy-Riemann 向量场（至多相差函数的倍数）.

若不是特别选择 $j=n$，则注意到这 $n(n-1)/2$ 个向量场

$$\rho_k \frac{\partial}{\partial \bar{z}_j}-\rho_j \frac{\partial}{\partial \bar{z}_k}, \quad 1\leqslant j<k\leqslant n \tag{7.13}$$

张成（全局的）切向 Cauchy-Riemann 向量场，它们当然不是线性独立的.

使用微分形式可简洁地表述上述内容. 假设 u 是一个复值函数. 我们能够将方程 $\frac{\partial u}{\partial \bar{z}_j}=f_j(1\leqslant j\leqslant n)$ 简记为

$$\bar{\partial} u=f,$$

其中，$\bar{\partial} u$ 和 f 是"1-形式"，[4]它们分别定义为 $\sum_{j=1}^{n} \frac{\partial u}{\partial \bar{z}_j} \mathrm{d} \bar{z}_j$ 和 $\sum_{j=1}^{n} f_j \mathrm{d} \bar{z}_j$. 现在对于任意的1-形式 $w=\sum_{j=1}^{n} w_j \mathrm{d} \bar{z}_j$，定义2-形式为

$$\begin{aligned}
\bar{\partial} w &= \sum_{j=1}^{n} \bar{\partial} w_j \wedge \mathrm{d} \bar{z}_j \\
&= \sum_{1\leqslant k, j\leqslant n} \frac{\partial w_j}{\partial \bar{z}_k} \mathrm{d} \bar{z}_k \wedge \mathrm{d} \bar{z}_j \\
&= \sum_{1\leqslant k<j\leqslant n} \left(\frac{\partial w_j}{\partial \bar{z}_k}-\frac{\partial w_k}{\partial \bar{z}_j}\right) \mathrm{d} \bar{z}_k \wedge \mathrm{d} \bar{z}_j,
\end{aligned}$$

这是因为在此形式下 $\mathrm{d} \bar{z}_k \wedge \mathrm{d} \bar{z}_j=-\mathrm{d} \bar{z}_j \wedge \mathrm{d} \bar{z}_k$.

使用此记号可将非齐次 Cauchy-Riemann 方程（7.4)写作 $\bar{\partial} u=f$，且相容性条件式（7.7)就是 $\bar{\partial} f=0$. 此外，函数 F_0 被切向 Cauchy-Riemann 向量场式（7.12)或式（7.13)湮灭即是指

$$\bar{\partial} F_0 \wedge \bar{\partial} \rho\,|_{\partial \Omega}=0. \tag{7.14}$$

因此若 F_0 是一个在 Ω 中解析的 $C^1(\bar{\Omega})$ 函数在 $\partial\Omega$ 上的限制，则该函数一定满足切向 Cauchy-Riemann 方程. 一个惊人的事实是其逆也成立. 这是 Bochner 定理的主旨.

定理 7.4.1　假设 Ω 是 $\mathbb{C}^n$ 中的一个有界区域，其边界是 C^3 类的，并设 $\bar{\Omega}$ 的余集是连通的. 如果 F_0 是 $\partial\Omega$ 上的一个满足切向 Cauchy-Riemann 方程的 C^3 类函数，则存在 Ω 上的一个解析函数 F，使得 F 在 $\bar{\Omega}$ 中连续且 $F|_{\partial\Omega}=F_0$.

关于该定理和前一定理对其中连通性的要求，见习题 10.

4　更确切地说，是（0，1)-形式.

该定理的证明思路与前一定理类似，但是细节不同. 由定义可将 $C^3(\partial\Omega)$类函数 F_0 看作全空间上的 C^3 函数. 现在 F_0 满足切向 Cauchy-Riemann 方程，并且我们能够修改它（不改变其在$\partial\Omega$ 上的限制），使得修改得到的函数 F_1 是 C^2 的且

$$\bar{\partial}F_1|_{\partial\Omega}=0. \tag{7.15}$$

该过程可通过取 $F_1=F_0-a\rho$ 实现，其中 a 是一个适当的C^2 函数. 事实上，F_1 显然满足切向 Cauchy-Riemann 方程. 由

$$N(f)=\sum_{j=1}^{n}\bar{\rho}_j\frac{\partial f}{\partial \bar{z}_j}$$

所给出的向量场是一个独立的 Cauchy-Riemann 向量场（不一定是切向的）. 实际上，

$$N(\rho)=\sum_{j=1}^{n}\left|\frac{\partial\rho}{\partial\bar{z}_j}\right|^2=\frac{1}{4}|\nabla\rho|^2>0.$$

因此若在 Ω 的边界附近令 $a=N(F_0)/N(\rho)$，并将 a 从严格地远离边界延拓至零点，则式（7.15）可由式（7.14）得到.

现在定义 Ω 上的 1-形式 f 为 $f=\bar{\partial}F_1$. 则 f 是在 $\bar{\Omega}$上连续且在 $\partial\Omega$ 上为零的 $C^1(\bar{\Omega})$类函数，并在 Ω 的内部满足$\bar{\partial}f=0$.现在可将 f 延拓到$\mathbb{C}^n$上（保持同样的记号）使得在 Ω 的外部有 $f=0$. 则 f 在$\mathbb{C}^n$中满足$\bar{\partial}f=0$(至少在广义函数意义下). 如果假设 F_0 和$\partial\Omega$ 都是C^4类的，则上述论断明显成立. 对于 C^3 类的 F 和$\partial\Omega$，需要额外的讨论（见第 3 章习题 6）. 现在应用命题 7.3.2 得到一个连续函数 u，使得 $\bar{\partial}u=f$ 而且 u 有紧支撑.因为 u 在$\bar{\Omega}^c$ 上解析且此集合是连通的,所以 u 在$\bar{\Omega}^c$ 中恒为零,并且由连续性可得 u 在$\partial\Omega$ 上为零. 最后，取 $F=F_1-u$，则 F 在 Ω 中解析，在$\bar{\Omega}$上连续且 $F|_{\partial\Omega}=F_1|_{\partial\Omega}=F_0|_{\partial\Omega}$，从而定理得证.

当 $n=1$ 时，没有切向 Cauchy-Riemann 方程，且关于 F_0的条件在本质上是全局的. 见习题 12.

使用不同的方法，可以约化与 F_0有关的正则性. 见问题 3*.

考虑到 $n>1$ 时充分条件的本质，自然要问上述定理是否有一个“局部版本”. 为了使之成为可能，此结果一定依据延拓成立的边界的“侧”而不同. 与不能延拓至“外部”截然相反，可以延拓至球面的“内部”，这一例子说明相关结论或许与凸性有关. 实际上正如我们研究区域 Ω 的边界性质时将看到的一样这可由$\mathbb{C}^n$的复结构得到.

7.5 Levi 形式

我们简要地回顾$\mathbb{R}^d$ 中的情形. 我们将看到区域 Ω 的任一边界点 x^0 的附近能够嵌入到一个简单的规范形式中. 之前我们已经注意到，在适当的坐标系中，在 x^0 附近可以将 Ω 表示为 $\{x_d>\varphi(x')\}$. 若引入新坐标（$\bar{x}_1$，$\bar{x}_2$，…，$\bar{x}_d$），其中，

$\overline{x}_d = x_d - \varphi(x')$，$\overline{x}_j = x_j$，$1 \leqslant j < d$（其逆坐标满足 $x_d = \overline{x}_d + \varphi(x')$，$x_j = \overline{x}_j$，$1 \leqslant j < d$），则此时 Ω 可局部地表示为半平面 $\overline{x}_d > 0$，并且 $\partial\Omega$ 表示为超平面 $\overline{x}_d = 0$.

但是为了适用于研究 $\mathbb{C}^n$ 上的解析函数，我们能够允许的（即允许作变量替换）新坐标一定由解析函数给出，所以我们的选择更受限制. 称由此变量替换（始于一个固定点 z^0 处的标准坐标）得到的坐标为**解析坐标**. 本节假设 $\partial\Omega$ 是 C^2 类的，并记 $z_j = x_j + \mathrm{i}y_j$.

命题 7.5.1　在任一点 $z^0 \in \partial\Omega$ 附近，我们能够引入以 z^0 为中心的解析坐标 $(z_1, \cdots, z_n)$，使得

$$\Omega = \{\mathrm{Im}(z_n) > \sum_{j=1}^{n-1} \lambda_j |z_j|^2 + E(z)\}. \tag{7.16}$$

上式中，λ_j 是实数，且当 $z \to 0$ 时 $E(z) = x_n \ell(z') + Dx_n^2 + o(|z|^2)$；[5] 另外 $\ell(z')$ 是 $x_1, \cdots, x_{n-1}, y_1, \cdots, y_{n-1}$ 的线性函数，且 D 是实数.

下述几点注记有助于理解规范表示式（7.16）的本质.

- 进一步地做伸缩变换 $z_j \to \delta_j z_j$，$\delta_j \neq 0$，可设 λ_j 为 1，-1，或 0.
- 如下所述，λ_j 中是正数、负数或零的个数（二次型的**符号**）是解析不变的.
- 由式（7.16）可知，可自然地设变量 $z_1, \cdots, z_{n-1}$ 的“量级为 1”，且变量 z_n 的“量级为 2”，而且忽略误差项以后，此表示式是量级为 2 的齐次式. 式（7.16）的这种齐次形式给出了“半平面”$\mathcal{U}$，并且我们将在本章附录中进一步地考虑该半平面.
- 若之前假设 $\partial\Omega$ 是 C^3 类的，则当 $z \to 0$ 时，误差项 $o(|z|^2)$ 可改善为 $O(|z|^3)$.

命题的证明　正如式（7.10）一样，我们能够（使用仿射复线性变换）引入复坐标，使得在 z^0 附近集合 Ω 为

$$\mathrm{Im}(z_n) > \varphi(z', x_n),$$

其中 $z = (z', z_n)$，$z' = (z_1, \cdots, z_{n-1})$ 和 $z_j = x_j + \mathrm{i}y_j$. 并使得 $\varphi(0,0) = 0$ 且

$$\frac{\partial}{\partial x_j}\varphi|_{(0,0)} = \frac{\partial}{\partial y_j}\varphi|_{(0,0)} = \frac{\partial}{\partial x_n}\varphi|_{(0,0)}, \quad 1 \leqslant j \leqslant n-1.$$

使用 φ 在原点的 2 阶 Taylor 展式可得

$$\varphi = \sum_{1 \leqslant j,k \leqslant n-1} (\alpha_{jk} z_j z_k + \overline{\alpha}_{jk} \overline{z}_j \overline{z}_k) + \sum_{1 \leqslant j,k \leqslant n-1} \beta_{jk} z_j \overline{z}_k + x_n \ell'(z') + Dx_n^2 + o(|z|^2), \quad \text{当 } z \to 0 \text{ 时}.$$

5　当 $z \to 0$ 时，$f(z) = o(|z|^2)$ 即指当 $|z| \to 0$ 时，$f(z)/|z|^2 \to 0$.

上式中，$\beta_{jk}=\bar{\beta}_{kj}$ 且 ℓ' 是变量 x_1，…，x_{n-1} 和 y_1，…，y_{n-1} 的（实值）线性函数，且 D 是实数.

引入（全局）解析坐标变换 $\zeta_n=z_n-2\mathrm{i}\sum\limits_{1\leqslant j,\ k\leqslant n-1}\alpha_{jk}z_jz_k$，且 $\zeta_k=z_k$，当 $1\leqslant k\leqslant n-1$ 时. 则 $\mathrm{Im}(\zeta_n)=\mathrm{Im}(z_n)-\sum\limits_{1\leqslant j,k\leqslant n-1}(\alpha_{jk}z_jz_k+\bar{\alpha}_{jk}\bar{z}_j\bar{z}_k)$，因此在该新坐标系下（其中将 ζ 立即改记为 z），函数 φ 变为

$$\sum_{1\leqslant j,k\leqslant n-1}\beta_{jk}z_j\bar{z}_k+x_n\ell'(z')+Dx_n^2+o(|z|^2).$$

作酉变换（关于变量 z_1，…，z_{n-1}）将 Hermitian 型对角化，且 φ 变为

$$\sum_{j=1}^{n-1}\lambda_j|z_j|^2+x_n\ell(z')+Dx_n^2+o(|z|^2),\tag{7.17}$$

其中 λ_1，…，λ_{n-1} 是二次型的特征值. 从而命题得证.

称隐含在上述讨论中的 Hermitian 矩阵 $\left\{\dfrac{\partial^2\varphi}{\partial z_j\partial\bar{z}_k}\right\}_{1\leqslant j,k\leqslant n-1}$，或其对角化形式 $\sum\limits_{j=1}^{n-1}\lambda_j|z_j|^2$，为 Ω（在边界点 z^0 处）的 **Levi 形式**. 向量 $\partial/\partial\bar{z}_j$ $(1\leqslant j\leqslant n-1)$ 与 $\partial\Omega$ 相切于 z^0，由此可得其更本质的定义. 如果 $\rho(z)=\varphi(z',x_n)-y_n$，则相应的二次型是

$$\sum_{1\leqslant j,k\leqslant n}\frac{\partial^2\rho}{\partial z_j\partial\bar{z}_k}\bar{a}_ja_k,\tag{7.18}$$

在与 $\partial\Omega$ 相切于 z^0 的向量 $\sum\limits_{k=1}^{n}a_k\partial/\partial\bar{z}_k$ 上的限制. 这些切向量组成了切空间（其实维数为 $2n-1$）的一个（复 $n-1$ 维的）复子空间.

现在设 ρ' 是 Ω 的另一定义函数. 则 $\rho'=c\rho$，其中 $c>0$，并设 c 是 C^2 的. 因为在 $\partial\Omega$ 上 $\rho=0$，且由 $\sum\limits_{k=1}^{n}a_k\dfrac{\partial}{\partial\bar{z}_k}$ 是切向的可知 $\sum\limits_{k=1}^{n}a_k\dfrac{\partial\rho}{\partial\bar{z}_k}=0$，所以由 Leibnitz 准则可得

$$\sum\frac{\partial^2\rho'}{\partial z_j\partial\bar{z}_k}\bar{a}_ja_k=c\sum\frac{\partial^2\rho}{\partial z_j\partial\bar{z}_k}\bar{a}_ja_k\quad\text{在}\partial\Omega\text{ 上}.$$

因此形式（7.18）的符号与定义函数的选择无关.

设 $z\mapsto\Phi(z)=w$ 是定义在原点附近的双全纯映射（满足 $\Phi(0)=0$），则该映射给出了 z^0 的某个邻域中一个新的解析坐标系（w_1，…，w_n）. 由解析性可知 Φ 的导数将 z^0 处的形式为 $\sum\limits_{k=1}^{n}a_k\dfrac{\partial}{\partial\bar{z}_k}$ 的切向量映为形式为 $\sum\limits_{k=1}^{n}a_k'\dfrac{\partial}{\partial\bar{w}_k}$ 的切向量. 现在

若 ρ' 是 $\Phi(\Omega)$ 的一个定义函数，则 $\rho'(\Phi(z))=\rho''(z)$ 是 Ω 的在 z^0 附近的另一定义函数，从而由上述讨论可得式（7.18）的符号在双全纯映射下不变.

基于上述讨论，称一个边界点 $z^0\in\partial\Omega$ 是**拟凸的**，如果其 Levi 形式是非负的；称 $z^0\in\partial\Omega$ 是**强拟凸的**，如果其 Levi 形式是严格正定的. 称一个区域 Ω 是拟凸的，如果在 Ω 的每一个边界点处 Levi 形式都是非负的.

一个好的例子是单位球 $\{|z|<1\}$. 若取 $\rho(z)=|z|^2-1$ 为其定义函数，则可证每一边界点处的 Levi 形式均对应于单位矩阵，从而单位球是强拟凸的.

当 $n>1$ 时，拟凸性可以看作类似于 $\mathbb{R}^d$ 的标准（实）凸性的复解析性质；对于后者可参考第 3 章习题 26 和《实分析》第 3 章中的问题. z^0 处的 Levi 形式的本质原来是对于研究定义在 Ω 上的解析函数在 z^0 附近的特性有重要的应用. 特别地，后面将给出在 Levi 形式有一个严格正的特征值情形下的几个有趣的结论.

7.6　最大模原理

Levi 形式的部分正性的著名应用是下述 $\mathbb{C}^n(n\geqslant 2)$ 上的“局部”最大模原理，该原理在 $n=1$ 情形下没有类似结论.

假设给定一个边界为 C^2 类的区域 Ω，且 B 是一个中心在某点 $z^0\in\partial\Omega$ 的开球. 假设在每一点 $z\in\partial\Omega\cap B$ 处，Levi 形式至少有一个严格正的特征值.

定理 7.6.1　在上述条件下，存在一个中心在 z^0 的（更小的）球 $B'\subset B$，使得当函数 F 在 $\Omega\cap B$ 中解析且在 $\overline{\Omega}\cap B$ 上连续时，

$$\sup_{z\in\Omega\cap B'}|F(z)|\leqslant\sup_{z\in\partial\Omega\cap B}|F(z)|.\tag{7.19}$$

当 $n=1$ 时，结论式（7.19）的反例在习题 16 中给出.

证　我们首先考虑特殊情形：$z^0=0$ 且 Ω 是由规范形式（7.16）所给出的区域. 并假设 $\lambda_1>0$.

记 $z=(z_1,z'',z_n)$，其中 $z''=(z_2,\cdots,z_{n-1})\in\mathbb{C}^{n-2}$，并考虑形如 $(0,0,\mathrm{i}y_n)$ 的点. 记 $B=B_r$ 为中心在原点、半径为 r 的球，并证明当 $0<y_n\leqslant cr^2$，其中 r 充分小时，在这些特殊点处有

$$|F(0,0,\mathrm{i}y_n)|\leqslant\sup_{z\in\partial\Omega\cap B_r}|F(z)|.\tag{7.20}$$

上述中，c 是后面待取的常数（$c=\min(1,\lambda_1/2)$ 将满足上述条件）.

上述结论可通过考虑过点 $(0,0,\mathrm{i}y_n)$ 的复一维薄片得证. 事实上，设 $\Omega_1=\{z_1:(z_1,0,\mathrm{i}y_n)\in\Omega\cap B_r\}$. 则 Ω_1 显然是包含点 $(0,0,\mathrm{i}y_n)$ 的一个开集. 我们注意到下述关键事实：若 r 充分小，则

$$\text{当 } z_1\in\partial\Omega_1 \text{ 时}, (z_1,0,\mathrm{i}y_n)\in\partial\Omega\cap B_r.\tag{7.21}$$

实际上，若 z_1 在薄片 Ω_1 的边界上，则 $(z_1,0,\mathrm{i}y_n)$ 在 Ω 的边界上，或者 $(z_1,0,\mathrm{i}y_n)$ 在 B_r 的边界上（或者两者都成立）. 实际上第二个选择是不可能的，这是因为若其成立，则 $|z_1|^2+y_n^2=r^2$. 若取 $c\leqslant 1$ 和 $r\leqslant 1/2$，则由 $y_n\leqslant cr^2$ 可得

$|z_1|^2 \geqslant r^2 - c^2 r^4 \geqslant 3r^2/4$. 此外，由于任一个这样的点一定在$\overline{\Omega}$中，所以一定有$y_n \geqslant \lambda_1 |z_1|^2 + o(|z_1|^2)$，进而$cr^2 \geqslant \lambda_1 3r^2/4 + o(r^2)$. 若取$c \leqslant \lambda_1/2$且$r$充分小，则前一个不等式不可能成立. 现在由于第二个选择被排除了，所以式（7.21）成立.

固定y_n，定义$f(z_1) = F(z_1, 0, \mathrm{i}y_n)$. 则$f$关于$z_1$在薄片$\Omega_1$中解析并在$\overline{\Omega_1}$上连续. 因为$0 \in \Omega_1$，所以根据通常的最大模原理，由式（7.21）可得

$$|F(0,0,\mathrm{i}y_n)| = |f(0)| \leqslant \sup_{z_1 \in \Omega_1} |f(z_1)| = \sup_{z_1 \in \partial\Omega_1} |f(z_1)| \leqslant \sup_{z \in \partial\Omega \cap B_r} |F(z)|.$$

因此式（7.20）得证.

我们将从上述特殊估计推导出一般的结论，方法是证明对于每一个充分接近Ω边界的点$z \in \Omega$，能够找到一个适当的坐标系使得点z在此坐标系下是（0，0，$\mathrm{i}y_n$），从而结论式（7.20）对z成立. 具体讨论如下所述.

对于每一个充分接近$\partial\Omega$的点$z \in \Omega$，存在（唯一的）一点$\pi(z) \in \partial\Omega$与$z$最接近，而且由$\pi(z)$到$z$的向量在$\pi(z)$处垂直于切平面. 此时在每一点$\pi(z) \in \partial\Omega$处，我们能够引入一个坐标系，使得$\Omega$在$\pi(z)$附近可表示为式（7.17）. 我们也注意到从$\mathbb{C}^n$的原始坐标到式（7.17）中出现的坐标的映射是仿射线性的，且保持Euclidean距离不变. 由$\pi(z)$到z的向量与切平面的正交性可得，点z在此坐标系下的坐标为（0，0，$\mathrm{i}y_n$），且$|z - \pi(z)| = y_n$.

记B为中心在z^0的原始球，定义$B' = B_\delta(z^0)$为中心在z^0、半径为δ的球. 该半径将由另一个半径r决定，满足$\delta = c_* r^2$，其中常数c_*将在后面被确定. 取$0 < c_* \leqslant 1$，且选取r(从而δ)充分小.

可以假设λ_1是式（7.17）中最大的特征值，因为$\partial\Omega$是C^2类的，所以λ_1关于基点$\pi(z)$连续变化. 也记λ_*为这些λ_1的下确界，并且与上述讨论的特殊情形平行，设$c_* = \min(1, \lambda_*/2)$.

此时若$z \in \Omega \cap B_\delta$，并取$r$充分小，则

- $|z - \pi(z)| < \delta$;
- $B_r(\pi(z)) \subset B$.

事实上，若$z \in B_\delta(z^0)$，则由$z^0 \in \partial\Omega$可得$d(z, \partial\Omega) < \delta$，故$|z - \pi(z)| < \delta$.

其次，

$$|\zeta - z^0| \leqslant |\zeta - \pi(z)| + |\pi(z) - z| + |z - z^0|,$$

因此若$\zeta \in B_r(\pi(z))$，则$|\zeta - \pi(z)| < r$,然而$|z - \pi(z)| < \delta$和$|z - z^0| < \delta$(由于$z \in B_\delta$).从而$|\zeta - z^0| \leqslant r + 2\delta$，因此若$r$(从而$\delta = c_* r^2$)充分小，则$\zeta \in B$.

下面采用特殊情形式（7.20）的论证过程. 使用球$B_r(\pi(z))$代替上述B_r，如前所述可由最大模原理得到式（7.20），这是因为对于$z \in \Omega \cap B_r$，当$z_1 \to 0$时，$y_n > \lambda_* |z|^2 + o(|z|^2)$，其中“$o$”项随着$z$(从而$\pi(z)$)的变化是一致的.（由于

φ 是 C^2 的，所以式（7.17）中 φ 的 Taylor 展开式中相应的“o”项是一致的，由此事实可得该一致性.）

总之，若取充分小的 r，且 $\delta=c_*r^2$，则定理的结论对于 $z\in B_\delta(z_0)=B'$ 成立.

□

该定理及其证明在更一般的边界 $\partial\Omega$ 为局部超曲面所代替的情形下也成立. 具体内容如下.

假设 M 是球 B 中由定义函数 ρ 所给出的一个局部 C^2 类超曲面，使得 $M=\{z\in B:\rho(z)=0\}$. 设 $\Omega_-=\{z\in B:\rho(z)<0\}$.

推论 7.6.2　假设对每一个 $z\in M$，Levi 形式（7.18）至少有一个正的特征值. 则对每一个 $z^0\in M$，存在一个中心在 z^0 的球 B'，使得当 F 在 Ω_- 中解析且在 $\Omega_-\cup M$ 上连续时，

$$\sup_{z\in\Omega_-\cap B'}|F(z)|\leqslant\sup_{z\in M}|F(z)|. \tag{7.22}$$

上述定理表明当 Levi 形式有一个正的特征值时，对一个解析函数在边界的某个小片上的控制可给出该函数在区域内部的相应控制. 这为对此边界的局部 Bochner 定理（定理 7.4.1）提供了一个强有力的线索. 此结论的证明需要 Weierstrass 逼近定理的著名延拓结论，下节就介绍该定理.

7.7　逼近和延拓定理

经典的 Weierstrass 逼近定理能够重新表述为：若给定一个定义在 $\mathbb{C}^1$ 中实轴的紧集上的连续函数 f，则 f 可由关于 $z=x+\mathrm{i}y$ 的多项式一致逼近. 我们将考虑下述一般问题. 假设 M 是 $\mathbb{C}^n$ 中的一个（局部）超曲面. 对于 M 上给定的一个连续函数 F，是否能够用关于 z_1，z_2，…，z_n 的多项式 P_ℓ 在 M 上逼近 F？

当 $n>1$ 时，每一个 P_ℓ 在 M 上的限制必满足切向 Cauchy-Riemann 方程，从而 F 至少在某种“弱”情形下满足这些方程. 现在我们将证明此必要条件事实上是充分的. 这是下述 Baouendi-Treves 逼近定理的主旨.

假设给定 $\mathbb{C}^n$ 中定义在 $z^0\in M$ 附近的一个 C^2 局部超曲面 M，并对该超曲面作坐标的复仿射线性变换，使得点 z^0 变到原点且 M 在 z^0 附近可表示为图

$$M=\{z=(z',z_n):\mathrm{Im}(z_n)=\varphi(z',x_n)\}. \tag{7.23}$$

若设 $\rho(z)=\varphi(z',x_n)-y_n$，其中 $y_n=\mathrm{Im}(z_n)$，则切向 Cauchy-Riemann 向量场由

$$\rho_n\frac{\partial}{\partial\overline{z}_j}-\rho_j\frac{\partial}{\partial\overline{z}_n},\quad 1\leqslant j\leqslant n-1$$

张成，其中 $\rho_j=\partial\rho/\partial\overline{z}_j$，特别地 $\rho_n=\frac{1}{2}(\varphi_{x_n}-\mathrm{i})$，$\varphi_{x_n}=\partial\varphi/\partial x_n$. 因此相应的切向 Cauchy-Riemann 方程可写为

$$L_j(f)=0,\ 1\leqslant j\leqslant n-1,$$

其中

$$L_j(f)=\frac{\partial f}{\partial \bar{z}_j}-a_j\frac{\partial f}{\partial \bar{z}_n},\quad a_j=\rho_j/\rho_n. \tag{7.24}$$

在 M 的坐标 (z', x_n) 下，$L_j(f)=\dfrac{\partial f}{\partial \bar{z}_j}-\dfrac{a_j}{2}\dfrac{\partial f}{\partial x_n}$.

定义 L_j 的转置 L_j^t 为

$$L_j^t(\psi)=-\left(\frac{\partial \psi}{\partial \bar{z}_j}-\frac{1}{2}\frac{\partial(a_j\psi)}{\partial x_n}\right),$$

则当 C^1 函数 f 和 ψ 两者中至少有一个有紧支撑时，

$$\int_{\mathbf{C}^{n-1}\times\mathbf{R}} L_j(f)\psi \mathrm{d}z'\mathrm{d}x_n=\int_{\mathbf{C}^{n-1}\times\mathbf{R}} fL_j^t(\psi)\mathrm{d}z'\mathrm{d}x_n.$$

(我们使用简写 $\mathrm{d}z'\mathrm{d}x_n$ 表示$\mathbb{C}^{n-1}\times\mathbb{R}$ 上的 Lebesgue 测度.) 称一个连续函数 f 在**弱情形**下满足切向 Cauchy-Riemann 方程，如果

$$\int_{\mathbf{C}^{n-1}\times\mathbf{R}} fL_j^t(\psi)\mathrm{d}z'\mathrm{d}x=0$$

对任意的有充分小的支撑的 C^1 函数 ψ 都成立. 此时有如下定理：

定理 7.7.1 假设 $M\subset\mathbb{C}^n$ 是如上所述的 C^2 类超曲面. 对于给定的一点 $z^0\in M$，存在中心在 z^0 的开球 B' 和 B，满足 $\overline{B'}\subset B$，使得：若 F 是 $M\cap B$ 上的连续函数，且在弱情形下满足切向 Cauchy-Riemann 方程，则 F 在 $M\cap\overline{B'}$ 上可由 z_1，z_2，…，z_n 的多项式一致逼近.

下面两点注记或许有助于理解上述结论的本质.

• 该定理对所有的 $n\geqslant 1$ 都成立. 当 $n=1$ 时，当然不存在切向 Cauchy-Riemann 方程，故不用对 F 作进一步的假设就可使该结论成立. 但是注意到一般情况下该定理的范围在本质上是局部的. 当 $n=1$ 和 M 是单位圆盘的边界时，对此可给出一个简单的说明. 见习题 12.

• 注意到当 $n>1$ 时，没有对与 M 相关的 Levi 形式做要求.

证 首先，取 B 充分小以便超曲面 M 在 B 中可表示为 $M=\{y_n=\varphi(z',x_n)\}$，且 z^0 对应于原点. 除了设 $\varphi(0,0)=0$ 之外，也假设偏导数 $\dfrac{\partial\varphi}{\partial x_j}(1\leqslant j\leqslant n)$ 和 $\dfrac{\partial\varphi}{\partial y_j}(1\leqslant j\leqslant n-1)$ 在原点都为零.

对充分接近原点的 $u\in\mathbb{R}^{n-1}$，定义 M 的薄片 M_u 为 n 维子流形

$$M_u=\{z:y_n=\varphi(z',x_n),\quad 其中\ z'=x'+\mathrm{i}u\}.$$

设 $\Phi=\Phi^u$ 是将$\mathbb{R}^n$ 中原点邻域映为 M_u 的映射，其定义为：$\Phi(x)=(x'+\mathrm{i}u,x_n+\mathrm{i}\varphi(x'+\mathrm{i}u,x_n))$，其中 $x=(x',x_n)\in\mathbb{R}^{n-1}\times\mathbb{R}=\mathbb{R}^n$.注意到 M 由集族$\{M_u\}_u$ 纤维化. 对于固定的 u，映射 $x\mapsto\Phi(x)$ 的 Jacobian 式$\dfrac{\partial\Phi}{\partial x}$是 $n\times n$ 复矩阵 $I+A(x)$，其

中$A(x)$的元素除了最后一行之外其余的均为零，且最后一行为向量$\left(\mathrm{i}\frac{\partial\varphi}{\partial x_1},\ \mathrm{i}\frac{\partial\varphi}{\partial x_2},\ \cdots,\ \mathrm{i}\frac{\partial\varphi}{\partial x_n}\right)$. 因此$A(0)=0$，$\det\left(\frac{\partial\Phi}{\partial x}\right)=1+\mathrm{i}\frac{\partial\varphi}{\partial x_n}$. 我们需要进一步地缩小球$B$使得在该球上有$\|A(x)\|\leqslant 1/2$，其中$\|\cdot\|$表示矩阵范数.

对于固定的u，$\mathbb{R}^n$上的 Lebesgue 测度可由映射Φ诱导出M_u上的一个测度（带有复密度）$\mathrm{d}m_u(z)=\mathcal{J}(x)\mathrm{d}x$：对每一个有充分小支撑的连续函数$f$，有

$$\int_{M_u} f(z)\mathrm{d}m_u(z)=\int_{\mathbb{R}^n} f(\Phi(x))\mathcal{J}(x)\mathrm{d}x,\quad \text{其中 } \mathcal{J}(x)=\det\left(\frac{\partial\Phi(x)}{\partial x}\right).$$

其次，取B'为任一个与B有同样的中心但严格包含于B的球. 定义χ是一个光滑（比如C^1）截断函数，使得χ在B'的某个邻域上为1，且当$x\notin B$时为零. 由此，对每一个（接近原点）$u\in\mathbb{R}^{n-1}$和$\varepsilon>0$，定义函数F_ε^u为

$$F_\varepsilon^u(\zeta)=\frac{1}{\varepsilon^{n/2}}\int_{M_u}\mathrm{e}^{-\frac{\pi}{\varepsilon}(z-\zeta)^2}F(z)\chi(z)\mathrm{d}m_u(z).\tag{7.25}$$

上式中对于$w=(w_1,\cdots,w_n)\in\mathbb{C}^n$，我们使用简写$w^2=w_1^2+\cdots+w_n^2$. 至此，我们应该注意到，与经典的逼近定理一样，下面论述主要归结于函数族$\varepsilon^{-n/2}\mathrm{e}^{\frac{-\pi}{\varepsilon}x^2}$是$\mathbb{R}^n$中的一个“恒等逼近”.[6]

F_ε^u满足下述三个性质：

（ⅰ）每一个$F_\varepsilon^u(\zeta)$都是$\zeta\in\mathbb{C}^n$的整函数；

（ⅱ）只要$\zeta\in M_u$且$\zeta\in\overline{B}'$，则当$\varepsilon\to0$时，$F_\varepsilon^u(\zeta)$就一致收敛于$F(\zeta)$；

（ⅲ）对每一个u，$\lim\limits_{\varepsilon\to0}F_\varepsilon^u(\zeta)-F_\varepsilon^0(\zeta)=0$对于$\zeta\in\overline{B}'$一致成立.

因为$\mathrm{e}^{-\frac{\pi}{\varepsilon}(z-\zeta)^2}$是关于$\zeta$的整函数且关于$z$的积分在一个紧集上取得，所以第一个性质显然成立.

对于第二个性质，若$z=\Phi(x)$和$\zeta=\Phi(\xi)$，其中$\Phi=\Phi^u$，则$z\in M_u$和$\zeta=\xi+\mathrm{i}\eta\in M_u$. 因此

$$\begin{aligned}(z-\zeta)^2&=(\Phi(x)-\Phi(\xi))^2=\left(\frac{\partial\Phi}{\partial\xi}(\xi)(x-\xi)\right)^2+O(|x-\xi|^3)\\&=((I+A(\xi))(x-\xi))^2+O(|x-\xi|^3).\end{aligned}$$

若有必要就缩小初始球B（这当然也缩减B'），考虑到$\|A(\xi)\|\leqslant1/2$，则当z和ζ都属于B时，

$$\mathrm{Re}(z-\zeta)^2\geqslant c\,|z-\zeta|^2,c>0.\tag{7.26}$$

因此式（7.25）中的指数函数可写为$\mathrm{e}^{-\frac{\pi}{\varepsilon}((I+A(\xi))(x-\xi))^2}+O\left(\frac{|x-\xi|^3}{\varepsilon}\mathrm{e}^{-\frac{c'|x-\xi|^2}{\varepsilon}}\right)$. 故

6 对于经典结论，参考《傅里叶分析》第5章定理1.13.

$F_\varepsilon^u(\zeta)=I+II$，其中

$$I=\varepsilon^{-n/2}\int_{\mathbf{R}^n} \mathrm{e}^{-\frac{\pi}{\varepsilon}((I+A(\xi))(x-\xi))^2} f(x)\mathrm{d}x$$

$$II=O\left(\varepsilon^{-n/2}\int_{\mathbf{R}^n} \frac{|v|^3}{\varepsilon}\mathrm{e}^{-c'|v|^2/\varepsilon}\mathrm{d}v\right),$$

其中 $f(x)=F(\Phi(x))\chi(\Phi(x))\det(I+A(x))$，且 $\dfrac{\partial\Phi}{\partial x}=I+A(x)$. 现在作变量替换 $v=x-\xi$，第一个积分可由下述引理得到处理.

引理 7.7.2 若 A 是一个元素为常数的 $n\times n$ 复矩阵且 $\|A\|<1$，则对每一个 $\varepsilon>0$，有

$$\frac{1}{\varepsilon^{n/2}}\det(I+A)\int_{\mathbf{R}^n} \mathrm{e}^{-\frac{\pi}{\varepsilon}((I+A)v)^2}\mathrm{d}v=1. \tag{7.27}$$

推论 7.7.3 若 f 是一个有紧支撑的连续函数，则当 $\varepsilon\to0$ 时，

$$\frac{\det(I+A)}{\varepsilon^{n/2}}\int_{\mathbf{R}^n} \mathrm{e}^{-\frac{\pi}{\varepsilon}((I+A)v)^2} f(\xi+v)\mathrm{d}v\to f(\xi)$$

关于 ξ 一致成立.

为证引理 7.7.2，注意到 $\mathrm{Re}(((I+A)v)^2)\geqslant|v|^2-\|A\||v|^2\geqslant c|v|^2$，其中 $c>0$，故式（7.27）中的积分收敛. 做一次伸缩变换使等式简化为 $\varepsilon=1$ 的情形. 从而若 A 是实的，则可进一步作变量替换 $v'=(I+A)v$(由于 $\|A\|<1$，故该变换可逆)，使得该情形简化为标准的 Gaussian 积分. 最后，注意到 $\|A\|<1$ 时，式（7.27)的左边关于 A 的元素是解析的，因此可以通过解析延拓转到一般情形. 此时该推论可由《傅里叶分析》第 2 章第 4 节和《实分析》第 3 章第 2 节中关于恒等逼近的通常论述得到.

通过伸缩变换可知，II 由 $\int_{\mathbf{R}^n}\varepsilon^{1/2}|v|^3\mathrm{e}^{-c'|v|^2}\mathrm{d}v=c\varepsilon^{1/2}$ 的一个常数倍控制. 从而性质（ⅱ）得证.

到目前为止，我们还没有使用 F 满足切向 Cauchy-Riemann 方程这一条件. 这在性质（ⅲ）的证明中是关键的. 首先假设 F 是 C^1 类的，并将在后文中丢掉此假设. 我们回顾由式（7.24）所给出的切向 Cauchy-Riemann 向量场 L_j.

引理 7.7.4 假设 f 是 M 上的一个 C^1 函数. 则

$$\frac{\partial}{\partial u_j}\left(\int_{M_u} f(z)\mathrm{d}m_u(z)\right)=\frac{2}{\mathrm{i}}\int_{M_u} L_j(f)\mathrm{d}m_u(z) \tag{7.28}$$

对所有的 $1\leqslant j\leqslant n-1$ 都成立.

证 回顾 $\Phi(x)=\Phi^u(x)=(x'+\mathrm{i}u,x_n+\mathrm{i}\varphi(x'+\mathrm{i}u,x_n))$ 且之前已证 $\det\left(\dfrac{\partial\Phi}{\partial x}\right)=1+\mathrm{i}\varphi_{x_n}$. 由于 $\rho(z)=\varphi(z',x_n)-y_n$，因此对于 $1\leqslant j\leqslant n-1$，有

$$L_j=\frac{\partial}{\partial \overline{z}_j}-\frac{\rho_j}{\rho_n}\frac{\partial}{\partial \overline{z}_n}=\frac{\partial}{\partial \overline{z}_j}+\frac{2}{\mathrm{i}}\frac{\frac{\partial \varphi}{\partial \overline{z}_j}}{(1+\mathrm{i}\varphi_{x_n})}\frac{\partial}{\partial \overline{z}_n},$$

从而

$$\begin{aligned}\frac{2}{\mathrm{i}}\int_{M_u} L_j(f)\mathrm{d}m_u(z)&=\frac{2}{\mathrm{i}}\int_{\mathbf{R}^n}(L_j f)(\Phi)(1+\mathrm{i}\varphi_{x_n})\\&=\frac{2}{\mathrm{i}}\int_{\mathbf{R}^n}\frac{\partial f}{\partial \overline{z}_j}(1+\mathrm{i}\varphi_{x_n})-4\int_{\mathbf{R}^n}\frac{\partial \varphi}{\partial \overline{z}_j}\frac{\partial f}{\partial \overline{z}_n},\end{aligned}$$

其中我们常常省略 Φ 以便简写公式. 式 (7.28) 的左边

$$\begin{aligned}\frac{\partial}{\partial u_j}\left(\int_{M_u} f(z)\mathrm{d}m_u(z)\right)&=\frac{\partial}{\partial u_j}\left(\int_{\mathbf{R}^n} f(\Phi)(1+\mathrm{i}\varphi_{x_n})\right)\\&=\int\left(\frac{\partial f}{\partial u_j}+\varphi_{u_j}\frac{\partial f}{\partial y_n}\right)(1+\mathrm{i}\varphi_{x_n})-\mathrm{i}\int\varphi_{u_j}\left(\frac{\partial f}{\partial x_n}+\varphi_{x_n}\frac{\partial f}{\partial y_n}\right),\end{aligned}$$

其中我们使用了分部积分和 f 有紧支撑这一事实得到右边的第二个积分. 再一次使用 f 有紧支撑这一事实，我们注意到

$$\begin{aligned}0&=\int_{\mathbf{R}^n}\frac{\partial}{\partial x_j}[f(\Phi)(1+\mathrm{i}\varphi_{x_n})]\\&=\int_{\mathbf{R}^n}\left(\frac{\partial f}{\partial x_j}+\varphi_{x_j}\frac{\partial f}{\partial y_n}\right)(1+\mathrm{i}\varphi_{x_n})-\mathrm{i}\int_{\mathbf{R}^n}\varphi_{x_j}\left(\frac{\partial f}{\partial x_n}+\varphi_{x_n}\frac{\partial f}{\partial y_n}\right),\end{aligned}$$

其中我们又一次使用分部积分得到最后一个积分.把两个结果相加可得

$$\begin{aligned}\frac{\partial}{\partial u_j}\left(\int_{M_u} f(z)\mathrm{d}m_u(z)\right)&=-2\mathrm{i}\int_{\mathbf{R}^n}\left(\frac{\partial f}{\partial \overline{z}_j}+\frac{\partial \varphi}{\partial \overline{z}_j}\frac{\partial f}{\partial y_n}\right)(1+\mathrm{i}\varphi_{x_n})-2\int_{\mathbf{R}^n}\frac{\partial f}{\partial \overline{z}_j}\left(\frac{\partial f}{\partial x_n}+\varphi_{x_n}\frac{\partial f}{\partial y_n}\right)\\&=\frac{2}{\mathrm{i}}\int_{\mathbf{R}^n}\frac{\partial f}{\partial \overline{z}_j}(1+\mathrm{i}\varphi_{x_n})-4\int_{\mathbf{R}^n}\frac{\partial \varphi}{\partial \overline{z}_j}\frac{\partial f}{\partial \overline{z}_n}\\&=\frac{2}{\mathrm{i}}\int_{M_u} L_j(f)\mathrm{d}m_u(z),\end{aligned}$$

这就是式 (7.28). □

设 $f(z)=\varepsilon^{-n/2}\mathrm{e}^{-\frac{\pi}{\varepsilon}(z-\zeta)^2}F(z)\chi(z)$. 则由引理 7.7.4 可得

$$\begin{aligned}F_{\varepsilon}^{u}-F_{\varepsilon}^{0}&=\int_0^1\frac{\partial}{\partial s}F_{\varepsilon}^{us}\mathrm{d}s\\&=\int_0^1\sum_{j=1}^{n}u_j\frac{\partial}{\partial(u_j s)}\left(\int_{M_{us}} f(z)\mathrm{d}m_{us}(z)\right)\mathrm{d}s\end{aligned}$$

$$=\int_0^1\sum_{j=1}^n u_j\ \frac{2}{\mathrm{i}}\Big(\int_{M_{us}} L_j(f)\mathrm{d}m_{us}(z)\Big)\mathrm{d}s.$$

因为 $\mathrm{e}^{-(z-\zeta)^2/\varepsilon}$ 关于 z 解析，且由假设知 $L_j(F)=0$，所以 $L_j(f)=\varepsilon^{-n/2}$ $\mathrm{e}^{-\pi(z-\zeta)^2/\varepsilon}FL_j(\chi)$. 但是 $L_j(\chi)$的支撑到 B'的距离为正. 故若 $\zeta\in B'$，则由不等式 (7.26) 可得

$$|F_\varepsilon^u-F_\varepsilon^0|=O(\varepsilon^{-n/2}\mathrm{e}^{-c'/\varepsilon})，当 \varepsilon\to 0 时$$

对某个 $c'>0$ 成立，从而在假设条件 $F\in C^1$ 下，性质（iii）成立.

为完成该定理的证明，由（ii）和（iii）可得当 $\zeta\in M\cap\overline{B}'$时 F_ε^0 一致收敛于 F. 现在每个 F_ε^0 作为 ζ 的整函数，在紧集$\overline{B}'$上可由 ζ 的多项式一致逼近. 于是 F 在 $M\cap\overline{B}'$上能够由多项式一致逼近，从而定理在该情形下得证.

为考虑一般情形，注意到已经证得的式（7.28）蕴含着当 f 是 C^1 的，$u=(0,\cdots,0,u_j,0,\cdots,0)$，和 $v=(0,\cdots,0,v_j,0,\cdots,0)$时，有

$$F_\varepsilon^u-F_\varepsilon^v=\frac{2}{\mathrm{i}}\int_{v_j}^{u_j}\int_{\mathbb{R}^n} L_j(f)\mathcal{J}(x)\mathrm{d}x\mathrm{d}y_j. \tag{7.29}$$

为将式（7.29)推广至 f 仅是连续的且 $L_j(f)$(在广义函数意义下）也是连续的情形，目前来看，对式（7.29）取极限也是不够的. 这是因为 $L_j(f)$的“弱”定义要求在$\mathbb{R}^n\times\mathbb{R}^{n-1}$上取积分，然而式（7.29）仅在$\mathbb{R}^n\times\mathbb{R}$ 上积分. 为了回避此问题，我们首先注意到（仍然假设 $f\in C^1$ 且有紧支撑)式（7.28）蕴含着

$$-\int_{\mathbb{R}^n\times\mathbb{R}^{n-1}} f(\Phi^{y'}(x))\frac{\partial\psi}{\partial y_j}(y')\mathcal{J}(x)\mathrm{d}x\mathrm{d}y'$$

$$=\frac{2}{\mathrm{i}}\int_{\mathbb{R}^n\times\mathbb{R}^{n-1}} f(\Phi^{y'}(x))L_j^t[\psi(y')\mathcal{J}(x)]\mathrm{d}x\mathrm{d}y' \tag{7.30}$$

对$\mathbb{R}^{n-1}$上任一有紧支撑的 C^1 函数 ψ 都成立. 现在我们可以转到任一个有紧支撑的连续函数 f(事实上 f 可由 C^1 函数一致逼近）上，从而证得式（7.30）对于仅是连续的且有紧支撑的 f 成立.

因此

$$-\int_{\mathbb{R}^n\times\mathbb{R}^{n-1}} f(\Phi^{y'}(x))\frac{\partial\psi}{\partial y_j}(y')\mathcal{J}(x)\mathrm{d}x\mathrm{d}y'$$

$$=\frac{2}{\mathrm{i}}\int_{\mathbb{R}^n\times\mathbb{R}^{n-1}} L_j(f)\psi(y')\mathcal{J}(x)\mathrm{d}x\mathrm{d}y', \tag{7.31}$$

其中 $L_j(f)$在广义函数意义下取得（假设 $L_j(f)$是连续的).

设 $\psi(y')=\psi_\delta(y_j)\widetilde{\psi}_\delta(\widetilde{y})$，其中$\widetilde{y}=(y_1,\cdots,y_{j-1},0,y_{j+1},\cdots,y_{n-1})$. 而且当 $v_j\leqslant y_j\leqslant u_j$ 时 $\psi_\delta(y_j)=1$，当 $y_j\leqslant v_j-\delta$ 或 $y_j\geqslant u_j+\delta$ 时 $\psi_\delta(y_j)=0$；此外

$\left|\frac{\partial\psi_\delta(y_j)}{\partial y_j}\right|\leqslant c\delta^{-1}$. 故注意到因为$\frac{\partial\psi_\delta}{\partial y_j}$分别是以 u_j 和 v_j 为中心的恒等逼近的差，所以对于任一连续函数 g，有

$$-\int g(y_j)\frac{\partial\psi_\delta}{\partial y_j}\mathrm{d}y_j=g(u_j)-g(v_j),\text{当 }\delta\to 0\text{ 时}.$$

因为$\widetilde{\varphi}_\delta(\widetilde{y})=\delta^{-n+2}\widetilde{\varphi}(\widetilde{y}/\delta)$，且$\int_{\mathbb{R}^{n-2}}\widetilde{\varphi}(\widetilde{y})\mathrm{d}\,\widetilde{y}=1$，所以$\{\widetilde{\varphi}_\delta\}$是$\mathbb{R}^{n-2}$上的一个恒等逼近. 在式（7.31）中代入这些公式并且令 $\delta\to 0$ 即可得到式（7.31）的左边收敛于 $F_\varepsilon^u-F_\varepsilon^v$，其右边收敛于$\frac{2}{\mathrm{i}}\int_{v_j}^{u_j}\int_{\mathbb{R}^n}L_j(f)\mathcal{J}(x)\mathrm{d}x\mathrm{d}y_j$，所以式（7.29）得证. 此时剩余的讨论像前面一样继续，从而定理 7.7.1 得证.

由刚刚证得的逼近定理和 7.6 节中的最大模原理可直接证明著名的 Lewy 延拓定理. 再次假设球 B 中的 C^2 类超曲面 $M=\{z\in B,\rho(z)=0\}$. 记 $\Omega_-=\{z\in B,\rho(z)<0\}$.

定理 7.7.5　假设 Levi 形式（7.18）对每一个 $z\in M$ 至少有一个严格正的特征值. 则对每一个 $z^0\in M$，存在一个中心在 z^0 的球 B'使得当 F_0 是 M 上满足弱情形下的切向 Cauchy-Riemann 方程的连续函数时，存在一个在 $\Omega_-\cap B'$中解析且在 $\overline{\Omega}_-\cap B'$上连续的函数 F，使得当 $z\in M\cap B'$时 $F(z)=F_0(z)$.

为证此定理，我们首先使用定理 7.7.1 选取一个中心在 z^0 的球 B_1，使得 F_0（在 $M\cap B_1$ 上）能够由多项式 $\{p_n(z)\}$一致逼近. 其次，应用推论 7.6.2 选取一个球 B'使得式（7.22）成立（用 B_1 代替 B）. 因此 p_n 在 $\Omega_-\cap B'$中也一致收敛. 此时该序列的极限 F 在 $\Omega_-\cap B'$中解析，并在 $\overline{\Omega}_-\cap B'$上连续，从而给出了 F_0 的延拓.

7.8　附录：上半空间

在该附录中，正如依据特殊的典型域所证得的一样，我们将阐述本章所讨论的一些概念. 我们将粗略地给出相关结论的证明，并将细节留给感兴趣的读者，而且习题 17 至习题 19 也给出进一步的结论.

我们考虑的区域是$\mathbb{C}^n$中的**上半空间** $\mathcal{U}$，其定义为

$$\mathcal{U}=\{z\in\mathbb{C}^n:\mathrm{Im}(z_n)>|z'|^2\},$$

其边界是

$$\partial\mathcal{U}=\{z\in\mathbb{C}^n:\mathrm{Im}(z_n)=|z'|^2\},\tag{7.32}$$

其中 $z=(z',z_n)$和 $z'=(z_1,\cdots,z_{n-1})$. 它由规范形式(7.16)启发得到. $\mathbb{C}^n(n>1)$中的区域 $\mathcal{U}$类似于$\mathbb{C}^1$中的上半平面. 当 $n>1$ 时，定义表明 z_n 可看作“经典”变量，而 z'是诱导出的“新”变量. 正如在 $n=1$ 情形下，读者容易证明，通过分式线性变换，即

$$w_n=\frac{\mathrm{i}-z_n}{\mathrm{i}+z_n}\quad w_k=\frac{2\mathrm{i}z_k}{\mathrm{i}+z_n},\quad k=1,\cdots,n-1,$$

区域$\mathcal{U}$与单位球$\{w\in\mathbb{C}^n:|w|<1\}$是全纯等价的.

除了单位球的“南极”（0，…，0，−1）与$\partial\mathcal{U}$的无穷远点对应外，该映射也可延拓到边界上. 由于$\mathcal{U}$拥有许多对称性，所以它的分析性质非常丰富.

由式（7.32）所给出的$\mathcal{U}$的边界由参数$(z',x_n)\in\mathbb{C}^{n-1}\times\mathbb{R}$确定，并赋予自然的测度$d\beta=dm(z',x_n)$，其中后者是$\mathbb{C}^{n-1}\times\mathbb{R}$上的 Lebesgue 测度. 更确切地说，若$F_0$是$\partial\mathcal{U}$上的一个函数，且$F_0^\#$是$F_0$在$\mathbb{C}^{n-1}\times\mathbb{R}$上的对应函数，

$$F_0(z',x_n+\mathrm{i}|z'|^2)=F_0^\#(z',x_n),$$

则由定义得

$$\int_{\partial\mathcal{U}}F_0\,d\beta=\int_{\mathbf{C}^{n-1}\times\mathbf{R}}F_0^\#\,dm.$$

7.8.1 Hardy 空间

与$\mathbb{C}^1$类似，我们考虑 **Hardy 空间** $H^2(\mathcal{U})$，它由在$\mathcal{U}$中解析且满足

$$\sup_{\varepsilon>0}\int_{\partial\mathcal{U}}|F(z',z_n+\mathrm{i}\varepsilon)|^2\,d\beta<\infty$$

的所有函数F组成. 对于上述F，将$\|F\|_{H^2(\mathcal{U})}$定义为上述上确界的平方根. 为方便起见，将$F(z',z_n+\mathrm{i}\varepsilon)$简记为$F_\varepsilon(z)$，并且有时对于$F_\varepsilon$在$\partial\mathcal{U}$上的限制也使用同样的记号.

定理 7.8.1 假设$F\in H^2(\mathcal{U})$. 则当限制于$z\in\partial\mathcal{U}$时，极限

$$\lim_{\varepsilon\to0}F_\varepsilon=F_0$$

依$L^2(\partial\mathcal{U},d\beta)$范数存在. 且

$$\|F\|_{H^2(\mathcal{U})}=\|F_0\|_{L^2(\partial\mathcal{U})}.$$

为后续讨论，我们使用下述引理.

引理 7.8.2 假设B_1和B_2是$\mathbb{C}^{n-1}$中的两个开球，且$\overline{B}_1\subset B_2$. 则对$\mathbb{C}^{n-1}$中解析的函数$f$有

$$\sup_{z'\in B_1}|f(z')|^2\leqslant c\int_{B_2}|f(w')|^2\,dm(w').$$

事实上，对于充分小的δ，当$z'\in B_1$时$B_\delta(z')\subset B_2$，故由于f在$\mathbb{R}^{2n-2}$中调和，所以由平均值性质和 Cauchy-Schwarz 不等式可得

$$|f(z')|^2\leqslant\frac{1}{m(B_\delta)}\int_{B_\delta(z')}|f(w')|^2\,dm(w'),$$

从而引理得证.

与《实分析》第 5 章中考虑的$n=1$情形类似，定理的证明可由每一个$F\in H^2(\mathcal{U})$的 Fourier 变换表示给出. 定义函数空间$\mathcal{H}$，其元素$f(z',\lambda)$（$(z',\lambda)\in\mathbb{C}^{n-1}\times\mathbb{R}^+$）是联合可测的，对几乎每一个$\lambda$关于$z'\in\mathbb{C}^{n-1}$解析，并且满足

$$\|f\|_{\mathcal{H}}^2=\int_0^\infty\int_{\mathbf{C}^{n-1}}|f(z',\lambda)|^2e^{-4\pi\lambda|z'|^2}\,dm(z')\,d\lambda<\infty.$$

可以证明关于此范数，空间$\mathcal{H}$是完备的，因此是 Hilbert 空间（参考习题 18 和习

题 19). 由此，每个 $F\in H^2(\mathcal{U})$都可以表示为

$$F(z',z_n)=\int_0^\infty f(z',\lambda)\mathrm{e}^{2\pi\mathrm{i}\lambda z_n}\mathrm{d}\lambda,\quad 其中\ f\in\mathcal{H}. \tag{7.33}$$

命题 7.8.3　若 $f\in\mathcal{H}$，则式（7.33)中的积分在 $\mathcal{U}$ 的紧子集中关于（z'，z_n）是绝对且一致收敛的，并且 $F\in H^2(\mathcal{U})$. 反之，任一 $F\in H^2(\mathcal{U})$都存在 $f\in\mathcal{H}$ 使得式（7.33）成立.

事实上，若（z',z_n）属于$\mathcal{U}$的某个紧子集，则可以假设存在 $\varepsilon>0$，使得 $\mathrm{Im}(z_n)>|z'|^2+\varepsilon$. 我们也将限制 z'属于球 B_1，满足$\overline{B}_1\subset B_2$，并且若 $w'\in B_2$，则取 B_2 的半径足够小使得 $\mathrm{Im}(w_n)>|w'|^2+\varepsilon/2$.

由 Cauchy-Schwarz 不等式可得式（7.33）中积分的绝对值小于或等于

$$\left(\int_0^\infty |f(z',\lambda)|^2\mathrm{e}^{-4\pi\lambda(y_n-\varepsilon/2)}\mathrm{d}\lambda\right)^{1/2}\left(\int_0^\infty \mathrm{e}^{-4\pi\lambda\varepsilon/2}\mathrm{d}\lambda\right)^{1/2}.$$

由引理可知，对此有下述估计：

$$c\left(\int_0^\infty\int_{\mathbb{C}^{n-1}} |f(w',\lambda)|^2\mathrm{e}^{-4\pi\lambda|w'|^2}\mathrm{d}m(w')\mathrm{d}\lambda\right)^{1/2}c'\varepsilon^{-1/2}=c''\varepsilon^{-1/2}\|f\|_{\mathcal{H}}.$$

从而当 $z'\in B_1$ 和 $\mathrm{Im}(z_n)>|z'|^2+\varepsilon$ 时，式（7.33）中的积分绝对且一致收敛，故在 $\mathcal{U}$的任一紧子集上一致收敛. 因此 F 在 $\mathcal{U}$ 中解析. 其次，注意到对于由式（7.33）所给出的 F，$F_\varepsilon(z)=F(z',z_n+\mathrm{i}\varepsilon)$可由 f_ε 给出，其中 $f_\varepsilon(z',\lambda)=f(z',\lambda)\mathrm{e}^{-2\pi\lambda\varepsilon}$. 现在对于固定的 z'，由关于变量 x_n 的 Plancherel 定理可得

$$\int_{\mathbb{R}}|F_\varepsilon(z',x_n+\mathrm{i}|z'|^2)|^2\mathrm{d}x_n=\int_0^\infty |f_\varepsilon(z',\lambda)\mathrm{e}^{-2\pi\lambda|z'|^2}|^2\mathrm{d}\lambda.$$

再关于 z'积分可得

$$\int_{\partial\mathcal{U}}|F_\varepsilon|^2\mathrm{d}\beta=\|f_\varepsilon\|_{\mathcal{H}}^2\leqslant\|f\|_{\mathcal{H}}^2.$$

采用同样的取法，当 ε，$\varepsilon'\to 0$ 时 $\int_{\partial\mathcal{U}}|F_\varepsilon-F_{\varepsilon'}|^2\mathrm{d}\beta=\|f_\varepsilon-f_{\varepsilon'}\|_{\mathcal{H}}^2\to 0$. 因此 F_ε 在 $L^2(\partial\mathcal{U},\mathrm{d}\beta)$中收敛于式（7.33）所给出的极限 F_0，其中 $y_n=|z'|^2$. 此外，

$$\|F_0\|_{L^2(\partial\mathcal{U})}=\|F\|_{H^2(\mathcal{U})}=\|f\|_{\mathcal{H}}. \tag{7.34}$$

反之，假设 $F\in H^2(\mathcal{U})$. 注意到当 z'限制于$\mathbb{C}^{n-1}$的某个紧子集时，

$$|F(z',z_n+\mathrm{i}\varepsilon)|\leqslant\frac{c}{\varepsilon^{1/2}}\|F\|_{H^2}.$$

(这里我们使用引理 7.8.2 以及《实分析》第 5 章第 2 节中在 $n=1$ 情形下研究$H^2(\mathbb{R}_+^2)$所使用的推理.）设 $F_\varepsilon^\delta(z)=F(z',z_n+\mathrm{i}\varepsilon)(1-\mathrm{i}\delta z_n)^{-2}$. 则对于每一个 z'，函数 $F_\varepsilon^\delta(z',z_n)$在半平面$\{\mathrm{Im}(z_n)>|z'|^2\}$上的 H^2 中. 故可以定义 $f_\varepsilon^\delta(z',\lambda)$为

$$f_\varepsilon^\delta(z',\lambda)=\int_{\mathbb{R}}\mathrm{e}^{-2\pi\mathrm{i}\lambda(x_n+\mathrm{i}y_n)}F_\varepsilon^\delta(z',z_n)\mathrm{d}x_n.$$

注意到若 $y_n>|z'|^2$，则由 Cauchy 定理可知上式右边与 y_n 无关. 另外此时 F_ε^δ 可

表示为式（7.33），其中用 f_ε^δ 代替 f 且 $f_\varepsilon^\delta \in \mathcal{H}$.

令 $\delta \to 0$，由式（7.34）可得，$F_\varepsilon(z)$ 可由式（7.33）给出，其中用 $f_\varepsilon = f_\varepsilon^\delta|_{\delta=0}$ 代替 f. 因为 $F_\varepsilon(z) = F(z', z_n + \mathrm{i}\varepsilon)$，所以 $f_\varepsilon(z', \lambda) = f(z', \lambda)\mathrm{e}^{-2\pi\lambda\varepsilon}$，并且再次使用式（7.34），由 $\varepsilon \to 0$ 可得给定的 $F \in H^2(\mathcal{U})$ 的表示式（7.33）. 从而命题得证.

注 由习题 19 可知 $\mathcal{H}$ 是完备的，因此 $H^2(\mathcal{U})$ 也是一个 Hilbert 空间.

现在我们的问题是：

对于 $F \in H^2(\mathcal{U})$，哪些 $F_0 \in L^2(\partial\mathcal{U})$ 可作为 $\lim\limits_{\varepsilon \to 0} F_\varepsilon$ 呢？

当 $n > 1$ 时，可使用切向 Cauchy-Riemann 算子给出其答案. 对于 $\partial\mathcal{U}$ 上给定的函数 F_0，回顾 $F_0^\#(z', x_n) = F_0(z', x_n + \mathrm{i}|z'|^2)$ 是 $\mathbb{C}^{n-1} \times \mathbb{R}$ 上的相应函数. 在此情形下，正如式（7.24）一样，由

$$L_j = \frac{\partial}{\partial \overline{z}_j} - \mathrm{i}z_j \frac{\partial}{\partial x_n}, j = 1, \cdots, n-1$$

所给出的向量场 L_j 组成切向 Cauchy-Riemann 向量场的一个基，其中 $\rho(z) = |z'|^2 - \mathrm{Im}(z_n)$. 此时 $L_j^t = -L_j$. 故此时函数 $G \in L^2(\mathbb{C}^{n-1} \times \mathbb{R})$ 在弱情形下满足切向 Cauchy-Riemann 方程 $L_j(G) = 0, j = 1, \cdots, n-1$，即

$$\int_{\mathbf{C}^{n-1} \times \mathbf{R}} G(z', x_n) L_j^t(\psi)(z', x_n) \mathrm{d}m(z', x_n) = 0,\ 1 \leqslant j \leqslant n-1, \tag{7.35}$$

其中 x 是有紧支撑的 C^∞ 函数.

命题 7.8.4 $L^2(\partial\mathcal{U})$ 中的函数 F_0 可如定理 7.8.1 中一样由 $F \in H^2(\mathcal{U})$ 给出当且仅当 $F_0^\#$ 在弱情形下满足切向 Cauchy-Riemann 方程.

证 首先假设 $F \in H^2(\mathcal{U})$. 此时因为 F_ε 在 $\overline{\mathcal{U}}$ 的某个邻域中解析，所以函数 $F_\varepsilon^\#$ 在通常意义下满足 $L_j(F_\varepsilon^\#) = 0$. 则 $F_\varepsilon \to F_0$ 在 $L^2(\partial\mathcal{U})$ 范数下成立（这与 $F_\varepsilon^\# \to F_0^\#$ 在 $L^2(\mathbb{C}^{n-1} \times \mathbb{R})$ 中成立一样）意味着 $F_0^\#$ 满足取 $G = F_0^\#$ 的式（7.35）.

反之，假设 $G \in L^2(\mathbb{C}^{n-1} \times \mathbb{R})$，并令

$$g(z', \lambda) = \int_{\mathbf{R}} \mathrm{e}^{-2\pi\mathrm{i}\lambda x_n} G(z', x_n) \mathrm{d}x_n. \tag{7.36}$$

另外选取 $\psi(z', x_n) = \psi_1(z')\psi_2(x_n)$. 此时对变量 x_n 应用 Plancherel 定理可得，对几乎每个 z'，有

$$\int_{\mathbf{R}} G(z', x_n) \frac{\partial \psi_2}{\partial x_n}(x_n) \mathrm{d}x_n = -\int_{\mathbf{R}} g(z', \lambda) 2\pi\mathrm{i}\lambda\, \hat{\psi}_2(-\lambda) \mathrm{d}\lambda.$$

再对 z' 积分得到

$$\int_{\mathbf{C}^{n-1} \times \mathbf{R}} G(z', x_n) L_j^t(\psi(z', x_n)) \mathrm{d}m(z', x_n)$$

$$= -\int_{\mathbf{C}^{n-1}}\int_{\mathbf{R}} g(z',\lambda)\left(\frac{\partial\psi_1}{\partial\overline{z}_j}(z')-2\pi\lambda z_j\psi_1(z')\right)\hat{\psi}_2(-\lambda)\mathrm{d}\lambda\,\mathrm{d}m(z').$$

因此若 G 满足式（7.35），则对几乎所有 λ，有

$$\int_{\mathbf{C}^{n-1}} g(z',\lambda)\left(\frac{\partial\psi_1}{\partial\overline{z}_j}(z')-2\pi\lambda z_j\psi_1(z')\right)\mathrm{d}m(z')=0,$$

由此可得

$$\int_{\mathbf{C}^{n-1}} f(z',\lambda)\frac{\partial(\psi_1(z')\mathrm{e}^{-2\pi|z'|^2\lambda})}{\partial\overline{z}_j}(z')\mathrm{d}m(z')=0,$$

其中 $f(z',\lambda)=g(z',\lambda)\mathrm{e}^{2\pi\lambda|z'|^2}$，此式本身意味着对几乎每个 λ，$f(z',\lambda)$在$\mathbb{C}^{n-1}$中满足弱情形下的 Cauchy-Riemann 方程. 但是我们在 7.1 节中已经证得这表明函数 $f(z',\lambda)$关于 z'是解析的. 从而由式（7.36）和 Fourier 逆公式可知

$$\int_{\mathbf{R}}\int_{\mathbf{C}^{n-1}} |g(z',\lambda)|^2\mathrm{d}m(z')\mathrm{d}\lambda$$

$$=\int_{\mathbf{R}}\int_{\mathbf{C}^{n-1}} |f(z',\lambda)|^2\mathrm{e}^{-4\pi\lambda|z'|^2}\mathrm{d}m(z')\mathrm{d}\lambda,$$

且两边都是有限的. 另外，对于由式（7.33）所给出的 F,有 $G(z',x_n)=F(z',x_n+\mathrm{i}|z'|^2)$. 因为对几乎每个 λ, $\int_{\mathbf{C}^{n-1}}|f(z',\lambda)|^2\mathrm{e}^{-4\pi\lambda|z'|^2}\mathrm{d}m(z')<\infty$，所以对于负的$\lambda$，必有 $f(z',\lambda)=0$. 因此我们已经给出了作为 $F_0^{\#}$ 的 G，其中 F 如式（7.33）中一样且 $f\in\mathcal{H}$. 故命题得证. □

7.8.2 Cauchy 积分

$\mathcal{U}$中的 Cauchy 积分[7] 定义如下. 对于任意的 z，$w\in\mathbb{C}^n$，设

$$r(z,w)=\frac{\mathrm{i}}{2}(\overline{w}_n-z_n)-z'\cdot\overline{w}',$$

其中 $z=(z',z_n),w=(w',w_n)$且

$$z'\cdot\overline{w}'=z_1\overline{w}_1+\cdots+z_{n-1}\overline{w}_{n-1}.$$

注意到 $r(z,w)$关于 z 是解析的，关于 w 是共轭解析的，并且 $r(z,z)=\mathrm{Im}(z_n)-|z'|^2=-\rho(z)$,其中 ρ 是前面使用过的$\mathcal{U}$的定义函数.

定义

$$S(z,w)=c_n r(z,\ w)^{-n}，\text{其中 } c_n=\frac{(n-1)!}{(4\pi)^n}.$$

注意到 $S(z,w)=\overline{S(w,z)}$，且对于每个 $w\in\mathcal{U}$，函数 $z\to S(z,w)$属于 $H^2(\mathcal{U})$. 另外对于每个 $z\in\mathcal{U}$，函数 $w\mapsto S(z,w)$属于 $L^2(\partial\mathcal{U})$. 定义$\mathcal{U}$上函数 f 的 **Cauchy 积分**

7　也称为 Cauchy-Szegö 积分.

$C(f)$为

$$C(f)(z)=\int_{\partial\mathcal{U}}S(z,w)f(w)\mathrm{d}\beta(w),z\in\mathcal{U}. \tag{7.37}$$

本小节中我们感兴趣的是 C 的再生性.

定理 7.8.5 假设 $F\in H^2(\mathcal{U})$，并且如定理 7.8.1 中一样设 $F_0=\lim\limits_{\varepsilon\to0}F_\varepsilon$. 则

$$C(F_0)(z)=F(z). \tag{7.38}$$

所使用的关键引理是给出相关的$\mathbb{C}^{n-1}$上整函数空间的再生性. 我们考虑$\mathbb{C}^{n-1}$上满足下式的解析函数 f：

$$\int_{\mathbf{C}^{n-1}}|f(z')|^2\mathrm{e}^{-4\pi\lambda|z'|^2}\mathrm{d}m(z')<\infty,$$

其中 $\lambda>0$ 是固定的.

引理 7.8.6 对上述 f，有

$$f(z')=\int_{\mathbf{C}^{n-1}}K_\lambda(z',w')f(w')\mathrm{e}^{-4\pi\lambda|w'|^2}\mathrm{d}m(w'), \tag{7.39}$$

其中 $K_\lambda(z',w')=(4\lambda)^{n-1}\mathrm{e}^{4\pi\lambda z'\cdot\overline{w}'}$.

证 事实上,首先考虑 $4\lambda=1$ 且 $z'=0$ 的情形.此时由 f 的平均值性质(在$\mathbb{C}^{n-1}$中以原点为中心的球面上取)和 $\int_{\mathbf{C}^{n-1}}\mathrm{e}^{-\pi|z'|^2}\mathrm{d}m(z')=1$ 可得式 (7.39) 成立，即 $f(0)=\int_{\mathbf{C}^{n-1}}f(w')\mathrm{e}^{-\pi|w'|^2}\mathrm{d}m(w')$.

现在对于固定的 z'，将上述等式应用于 $w'\mapsto f(z'+w')\mathrm{e}^{-\pi\overline{z}'\cdot w'}$. 即得 $4\lambda=1$ 时的式 (7.39). 再作简单的伸缩变换可知式 (7.39) 在一般情形下也成立. □

现在证明定理 7.8.5，因为当 $\mathrm{Re}(A)>0$ 时 $\int_0^\infty\lambda^{n-1}\mathrm{e}^{-A\lambda}\mathrm{d}\lambda=(n-1)!\ A^{-n}$，故

$$S(z,w)=\int_0^\infty\lambda^{n-1}\mathrm{e}^{-4\pi\lambda r(z,w)}\mathrm{d}\lambda.$$

因此至少在形式上有

$$\begin{aligned}&\int_{\partial\mathcal{U}}S(z,w)F_0(w)\mathrm{d}\beta(w)\\&=\int_0^\infty\int_{\partial\mathcal{U}}F_0(w',u_n+\mathrm{i}|w'|^2)\lambda^{n-1}\mathrm{e}^{-4\pi\lambda r(z,w)}\mathrm{d}m(w',u_n)\mathrm{d}\lambda.\end{aligned}$$

但是正如我们已经证得的一样，

$$\int_{\mathbf{R}}F_0(w',u_n+\mathrm{i}v_n)\mathrm{e}^{-2\pi\mathrm{i}\lambda(u_n+\mathrm{i}v_n)}\mathrm{d}u_n=f(w',\lambda).$$

现在将此式代入到上式，并注意到 $r(z,w)=-\dfrac{\overline{w}_n-z_n}{2\mathrm{i}}-z'\cdot\overline{w}'$，且有

$$(4\lambda)^{n-1}\int_{\mathbf{C}^{n-1}}f(w',\lambda)\mathrm{e}^{-4\pi\lambda|w'|^2}\mathrm{d}m(w')=f(z',\lambda).$$

因此
$$\int_{\partial\mathcal{U}}S(z,w)F_0(w)\mathrm{d}\beta(w)=\int_0^\infty f(z',\lambda)\mathrm{e}^{2\pi\mathrm{i}\lambda z_n}\mathrm{d}\lambda,$$

再由式(7.33)可知，这即为所得.

为使论述过程变得严格，我们像定理7.8.1的证明中一样，使用改善的函数 F_ε^δ 代替 F. 此时问题中的所有积分都是绝对收敛的，因此交换积分次序是合理的. 用 F_ε^δ 取代 F 就给出了再生性式(7.38). 此时令 $\delta\to 0$，再令 $\varepsilon\to 0$ 可得关于任意的 $F\in H^2(\mathcal{U})$ 的式(7.38).

7.8.3 不可解性

我们将使用 Cauchy 积分 C 阐述 Lewy 给出的一个初等的不可解偏微分方程的例子.

本小节考虑 $\mathbb{C}^2$ 中的 $\mathcal{U}$，其边界参数用 $\mathbb{C}\times\mathbb{R}$ 表示. 我们考虑切向 Cauchy-Riemann 向量场 $L=L_1=\dfrac{\partial}{\partial\bar{z}_1}-\mathrm{i}z_1\dfrac{\partial}{\partial x_2}$，并证明即使 $L(U)=f$ 是局部可解的，函数 f 也一定满足一个严格的必要条件. 为了叙述此结论，取代 L，考虑

$$\overline{L}=\frac{\partial}{\partial z_1}+\mathrm{i}\,\bar{z}_1\frac{\partial}{\partial x_2}$$

将更方便.(为了回到 L，此时只需用 f 的共轭代替 f 即可.)

视 Cauchy 积分式(7.37)作用在与 $\mathbb{C}^2$ 中 $\partial\mathcal{U}$ 等同的 $\mathbb{C}\times\mathbb{R}$ 上的函数上. 若 f 是这样的一个函数，则式(7.37)即为

$$\int_{\mathbf{C}\times\mathbf{R}} S(z,u_2+\mathrm{i}|w_1|^2)f(w_1,u_2)\mathrm{d}m(w_1,u_2). \tag{7.40}$$

可以将式(7.40)延拓，以至于能够对(比如有紧支撑)广义函数 f 来定义 Cauchy 积分

$$C(f)(z)=\langle f,S(z,u_2+\mathrm{i}|w_1|^2)\rangle,\quad z\in\mathcal{U}.$$

上式中，$\langle\cdot,\cdot\rangle$ 是广义函数 f 和 C^∞ 函数 $(w_1,u_2)\mapsto S(z,u_2+\mathrm{i}|w_1|^2)$(其中 z 固定)之间的对偶式. 于是必要条件就是

$$C(f)(z)\text{可解析延拓到 }0\text{ 的某个邻域上}. \tag{7.41}$$

此性质仅依赖于 f 在原点附近的性态. 事实上，若 f_1 与 f 在原点附近一致，则 $C(f-f_1)$ 在原点附近必然解析，这是因为在 $\mathbb{C}^n$ 中当 w 在原点的某个给定的邻域之外时，$S(z,w)$ 在原点的某个小邻域中关于 z 是解析的.

定理 7.8.7 假设 U 是定义在 $\mathbb{C}\times\mathbb{R}$ 上的一个广义函数，且在原点的某个邻域中满足 $\overline{L}(U)=f$，则式(7.41)一定成立.

证 首先假设 U 有紧支撑且 $\overline{L}(U)=f$ 处处成立. 由于 $w\mapsto S(z,w)$ 是共轭解析的，所以 $\overline{L}(S(z,u_2+\mathrm{i}|w_1|^2))=0$，从而

$$\begin{aligned}C(f)(z)&=\langle f,S(z,u_2+\mathrm{i}|w_1|^2)\rangle\\&=\langle\overline{L}(U),S(z,u_2+\mathrm{i}|w_1|^2)\rangle\\&=-\langle U,\overline{L}(S(z,u_2+\mathrm{i}|w_1|^2))\rangle\\&=0.\end{aligned}$$

显然有 $C(f)(z)$ 处处解析.

如果 U 没有紧支撑且 $\overline{L}(U)=f$ 仅仅在原点的某个邻域中成立，则用 ηU 代替 U，其中 η 是一个在原点附近取值为 1 的 C^{∞} 截断函数. 记 $U'=\eta U$，此时 $\overline{L}(U')=f'$ 处处成立，因此 $C(f')=0$，但是 $C(f-f')$ 在原点附近解析，这是因为 $f-f'$ 在 $\mathbb{C}\times\mathbb{R}$ 的原点附近为零. 因此式 (7.41) 成立. □

下面给出一个特例. 取函数

$$F(z_1,z_2)=\mathrm{e}^{-(z_2/2)^{1/2}}\mathrm{e}^{-(\mathrm{i}/z_2)^{1/2}}=F(z_2).$$

容易证明 F 在半平面 $\mathrm{Im}(z_2)>0$ 中解析，在其闭包上连续（实际上是 C^{∞} 的），并且作为 $(z_1,z_2)\in\overline{\mathcal{U}}$ 的函数是径向递减的.但是 F 显然在原点的邻域中不解析.

现在设 $f=F|_{\partial\mathcal{U}}$，即在 $\mathbb{C}\times\mathbb{R}$ 坐标中 $f(z_1,x_2)=F(x_2+\mathrm{i}|z_1|^2)$. 但是由定理 7.8.5 可知 $C(f)=F$.

因此尽管上述函数 f 是一个 C^{∞} 函数，但 $\overline{L}(U)=f$ 在原点附近不是局部可解的.

7.9 习题

1. 假设 f 在多圆盘 $\mathbb{P}_r(z^0)$ 中解析，并设 f 在 z^0 的某个邻域中为零. 证明：在全部的 $\mathbb{P}_r(z^0)$ 中 $f=0$.

[提示：由命题 7.1.1 可知，$\mathbb{P}_r(z^0)$ 中有展开式 $f(z)=\sum a_\alpha(z-z^0)^\alpha$，并注意到所有的 a_α 均为零.]

2. 证明：

(a) 若 f 在以 z^0 为中心的两个多圆盘 $\mathbb{P}_\sigma(z^0)$ 和 $\mathbb{P}_\tau(z^0)$ 中解析，其中 $\sigma=(\sigma_1,\cdots,\sigma_n)$ 和 $\tau=(\tau_1,\cdots,\tau_n)$，则 f 可延拓为 $\mathbb{P}_r(z^0)$ 中解析的函数，其中 $r=(r_1,\cdots,r_n)$ 且存在 $0\leqslant\theta\leqslant 1$ 使得 $r_j\leqslant\sigma_j^{1-\theta}\tau_j^\theta,1\leqslant j\leqslant n$.

(b) 如果 $S=\{s=(s_1,\cdots,s_n)$，$s_j=\log r_j$，其中 f 在 $\mathbb{P}_r(z^0)$ 中解析$\}$，则 S 是凸集.

[提示：考虑 f 在 $\mathbb{P}_\sigma(z^0)$ 和 $\mathbb{P}_\tau(z^0)$ 两者中的展开式 $\sum a_\alpha(z-z^0)^\alpha$.]

3. 给定 $\mathbb{C}^1$ 的任一开子集 Ω，构造一个在 Ω 中解析但不能解析延拓到 Ω 外部的函数 f.

[提示：给定 Ω 中的任意点列 $\{z_j\}$，且该点列在 Ω 中没有极限点，则存在一个 Ω 中的恰好在那些点 z_j 处取值为零的解析函数.]

4. 假设 Ω 是 $\mathbb{C}^n(n>1)$ 中的一个有界区域，且 f 在 Ω 中解析. 并设 f 的零点集 Z 是非空的. 证明：$\overline{Z}$ 与 $\partial\Omega$ 相交，即 $\overline{Z}\cap\partial\Omega$ 是非空的.

[提示：设 w 是 $\overline{\Omega}^c$ 中的一点. 并设 $z^0\in Z$ 是离 w 最远的点. 定义 γ 是从 z^0 到 w 方向的单位向量，并设 ν 是另一个单位向量，使得 ν 和 $\mathrm{i}\nu$ 都垂直于 γ. 考虑单变量函数 $h_\varepsilon(\zeta)=f(z^0-\varepsilon\gamma+\zeta\nu)$. 则对于 $\varepsilon>0$，函数 $h_\varepsilon(\zeta)$ 在 $\zeta=0$ 的某个固定邻域中非零.]

5. 假设 f 在$\mathbb{C}^1$中连续且有紧支撑. 证明：

(a) 对每一个 $\alpha<1$，命题 7.3.1 中的 $u=f*\Phi$ 属于 $\mathrm{Lip}(\alpha)$；

(b) u 不一定是 C^1 的.

[提示：(b)考虑 $f(z)=z(\log(1/|z|))^{\varepsilon}$，但是需要对其修正使之远离零点以便有紧支撑.]

6. 证明：在$\mathbb{C}^1$上等式

$$F(z)=\frac{1}{2\pi\mathrm{i}}\int_{\partial\Omega}\frac{F(\zeta)}{\zeta-z}\mathrm{d}\zeta-\frac{1}{\pi}\int_{\Omega}\frac{(\partial F/\partial\bar{\zeta})(\zeta)}{(\zeta-z)}\mathrm{d}m(\zeta)$$

对于适当的区域 Ω 和 C^1 函数 F 成立. 使用此等式给出命题 7.3.1 的不同证明.

7. 证明：当 f 有紧支撑时，$\partial u/\partial\bar{z}=f$ 在$\mathbb{C}^1$上的解 $u(z)=\frac{1}{\pi}\int\frac{f(\zeta)}{\zeta-z}\mathrm{d}m(\zeta)$有紧支撑的充要条件是

$$\int_{\mathbb{C}}\zeta^n f(\zeta)\mathrm{d}m(\zeta)=0,\quad\forall n\geqslant 0.$$

[提示：一个方向，注意到$\frac{\partial}{\partial\bar{z}}(z^n u(z))=z^n f(z)$. 反之，注意到对于模比较大的 z，有 $u(z)=\sum_{n=0}^{\infty}a_n z^{-n-1}$，其中 $a_n=\frac{1}{\pi}\int\zeta^n f(\zeta)\mathrm{d}m(\zeta)$.]

8. 假设 Ω 是$\mathbb{R}^d$中的一个区域，其定义函数 ρ 是 C^k 函数.

(a) 如果 F 是定义在$\mathbb{R}^d$上的一个 C^k 函数且在$\partial\Omega$ 上 $F=0$，证明：$F=a\rho$，其中 $a\in C^{k-1}$.

(b) 假设在$\partial\Omega$ 上 $F_1=F_2$. 证明：若 X 是任一切向量场，则

$$X(F_1)|_{\partial\Omega}=X(F_2)|_{\partial\Omega}.$$

[提示：记 $F_1-F_2=a\rho$.]

9. 证明：定理 7.4.1 给出的延拓 F 是关于 Ω 的边界值为 F_0 的 Dirichlet 问题的唯一解.

10. 使用区域$\{z\in\mathbb{C}^n:\rho<|z|<1\}$说明定理 7.3.3 和 7.4.1 中的连通性假设是必要的.

11. 定理 7.3.3 和定理 7.4.1 的条件中的连通性可按下述讨论联系在一起. 假设 Ω 是一个有 C^1 边界的有界区域. 对于 $\varepsilon>0$，设 Ω_ε 是定义为$\{z:d(z,\partial\Omega)<\varepsilon\}$的“领子”，并设 $\Omega_\varepsilon^-=\Omega_\varepsilon\cap\Omega$. 对于充分小的 ε，证明下述条件是等价的：

(ⅰ) $\bar{\Omega}^c$ 是连通的；

(ⅱ) Ω_ε 是连通的；

(ⅲ) Ω_ε^- 是连通的.

[提示：为证明（ⅱ）或（ⅲ）蕴含着（ⅰ），假设 P_1 和 P_2 是$\bar{\Omega}^c$ 中的两点，并用 Γ_1 和 Γ_2 分别记 $\bar{\Omega}^c$ 中包含 P_1 和 P_2 的连通分支. 连接 P_1 和$\partial\Omega\cap\bar{\Gamma}_1$ 上的点

Q_1，且连接 P_2 和$\partial\Omega\cap\overline{\Gamma}_2$ 上的点 Q_2. 因为 Ω_ε^- 是连通的，所以$\overline{\Omega}^c$ 中存在一条连接 Q_1 和 Q_1 的道路.

反之，例如为证明（ⅰ）蕴含着（ⅲ），设 A 是 Ω 中的一点和 B 是$\overline{\Omega}^c$ 中的一点. 如果 P_0 和 P_1 属于$\partial\Omega$，设 γ_0 是任一始于 A 在 Ω 中穿行通过 P_0，接着在 Ω^c 中游走停止于 B 的道路. 类似地，设 γ_1 是连接 A 和 B 且通过 P_1 的道路. 由于 Ω 和$\overline{\Omega}^c$ 都是连通的，所以这些道路是能够构造出来的. 又因为$\mathbb{C}^n$ 是单连通的，所以可将道路 γ_0 变形为 γ_1，并记此变换为 $s\mapsto\gamma_s$，其中 $0\leqslant s\leqslant 1$. 最后，考虑 γ_s 与$\partial\Omega$ 的交集.]

12. 设 Ω 是$\mathbb{C}^1$ 中一个有 C^1 边界的有界单连通区域. 设 F_0 是$\partial\Omega$ 上一个给定的连续函数. 证明：存在一个在 Ω 中解析在$\overline{\Omega}$上连续的函数 F，使得在$\partial\Omega$ 上有 $F=F_0$ 的充要条件是对于 $n=0,1,2,\cdots$,有 $\int_{\partial\Omega} z^n F_0(z)\mathrm{d}z=0$.

[提示：一个方向可由 Cauchy 定理容易得到. 为证反方向，根据 $z\in\Omega$ 或 $z\in\overline{\Omega}^c$，定义 $F^{\pm}(z)=\dfrac{1}{2\pi\mathrm{i}}\int_{\partial\Omega}\dfrac{F_0(\zeta)}{\zeta-z}\mathrm{d}\zeta$. 则由假设条件可知，当 $z\in\overline{\Omega}^c$ 时 $F^+(z)=0$. 另外如果 $\zeta\in\partial\Omega$，$z\in\Omega$，线段 $[z,\ \zeta]$是$\partial\Omega$ 在 ζ 处的切线的法线且$\widetilde{z}$是 z 关于此切线的对称点，则当 $z\to\zeta$ 时 $F^-(z)-F^+(\widetilde{z})\to F_0(\zeta)$. 即$\dfrac{\widetilde{z}+z}{2}=\zeta$，$\widetilde{z}\in\overline{\Omega}^c$. 此收敛性与第 3 章 3.2 节中满足 $\mathrm{i}\pi\delta=\dfrac{1}{2}\left(\dfrac{1}{x-\mathrm{i}0}-\dfrac{1}{x+\mathrm{i}0}\right)$的 δ-函数的表达式有关.]

13. 证明：使用一个额外的变量替换，即引入复坐标，边界的规范表示式 (7.16) 和式 (7.17) 能够简单表述为

$$y_n=\sum_{j=1}^{n-1}\lambda_j|z_j|^2+o(|z'|^2),\quad \text{当 } z'\to 0 \text{ 时}.$$

[提示：对于适当的常数 $c_1,\cdots,c_{n-1}$，考虑变量替换 $z_n\mapsto z_n-z_n(c_1z_1+\cdots+c_{n-1}z_{n-1}+Dz_n)$，$z_j\mapsto z_j$，$1\leqslant j\leqslant n-1$.]

14. 下述结论表明当 $n=1$ 时，在边界点没有局部的解析不变量. 假设 γ 是$\mathbb{C}^1$ 中的一条 C^k 曲线. 证明：对每一点 $z^0\in\gamma$，存在映 z^0 的某个邻域到原点的某个邻域的双全纯映射 Φ，使得 $\Phi(\gamma)$是曲线$\{y=\varphi(x)\}$，其中当 $x\to 0$ 时 $\varphi(x)=o(x^k)$.

[提示：假设当 $x\to 0$ 时 $y=a_2x^2+\cdots+a_kx^k+o(x^k)$，并考虑 $\Phi^{-1}(z)=z+\mathrm{i}(\sum_{j=2}^{k}a_jz^j)$.]

15. 考虑$\mathbb{C}^3$ 中的超曲面 $M=\{\mathrm{Im}(z_3)=|z_1|^2-|z_2|^2\}$. 证明 M 满足下述性质：任一在 M 的某个邻域中解析的函数 F 都能够解析延拓到全部的$\mathbb{C}^3$ 中.

[提示：使用定理 7.7.5 去找一个中心在原点的固定球 B，使得 F 延拓至全部

B 中. 再作伸缩变换即可.]

16. 按下述讨论说明定理 7.6.1 的最大模原理在 $n=1$ 时不成立. 首先取 $f(e^{i\theta})\in C^{\infty}$，满足 $f\geqslant 0$，并且当 $|\theta|\leqslant\pi/2$ 时 $f(e^{i\theta})=0$，当 $3\pi/4\leqslant|\theta|\leqslant\pi$ 时 $f(e^{i\theta})=1$. 展开 $f(e^{i\theta})=\sum_{n=0}^{\infty}a_n e^{in\theta}+\sum_{-\infty}^{n=-1}\overline{a}_n e^{in\theta}$，记 $G(z)=\sum_{n=0}^{\infty}a_n z^n$ 和 $F_N(z)=e^{NG(z)}$. 证明：F_N 在闭圆盘 $|z|\leqslant 1$ 中连续，当 $|\theta|\leqslant\pi/2$ 时 $|F_N(e^{i\theta})|=1$，但是在该闭圆盘中 $|F_N(z)|\geqslant c_1 e^{c_2 N(1-|z|)}$，其中 c_1 和 c_2 是两个正常数.

[提示：$G(z)=u+iv$，其中 $u(r,\theta)=f*P_r$，且 P_r 是 Poisson 核.]

17. 证明下述结论：

(a) 附录中的 $\mathcal{U}$ 到单位球的映射的逆是 $z_n=i\left(\frac{1-w_n}{1+w_n}\right)$ 和 $z_k=\frac{w_k}{1+w_n}, k=1,\cdots,n-1$；

(b) 对每个 $(\zeta,t)\in\mathbb{C}^{n-1}\times\mathbb{R}$，考虑 $\mathbb{C}^n$ 上的下述"平移"

$$r_{(\zeta,t)}(z',z_n)=(z'+\zeta,z_n+t+2i(z'\cdot\overline{\zeta})+i|\zeta|^2).$$

则 $r_{(\zeta,t)}$ 分别映 $\mathcal{U}$ 和 $\partial\mathcal{U}$ 到其自身. 复合这些映射可得复合公式

$$(\zeta,t)\cdot(\zeta',t')=(\zeta+\zeta',t+t'+2\mathrm{Im}(\zeta\cdot\overline{\zeta}')).$$

在此法则下，$\mathbb{C}^{n-1}\times\mathbb{R}$ 变成 "Heisenberg 群"；

(c) $\mathcal{U}$(和 $\partial\mathcal{U}$)在 "各向异性的" 膨胀 $(z',z_n)\to(\delta z',\delta^2 z_n)$，$\delta>0$ 下是不变的；

(d) $\mathcal{U}$ 和 $\partial\mathcal{U}$ 在映射 $(z',z_n)\mapsto(u(z'),z_n)$ 下都是不变的，其中 u 是 $\mathbb{C}^{n-1}$ 的酉映射.

18. 定义 $\mathcal{H}_\lambda$ 是在 $\mathbb{C}^{n-1}$ 中解析且满足下述条件的函数 f 构成的空间：

$$\int_{\mathbb{C}^{n-1}}|f(z)|^2 e^{-4\pi\lambda|z|^2}dm(z)=\|f\|^2_{\mathcal{H}_\lambda}<\infty.$$

证明：

(a) 当 $\lambda\leqslant 0$ 时，$\mathcal{H}_\lambda$ 是平凡的；

(b) $\mathcal{H}_\lambda$ 在范数 $\|\cdot\|_{\mathcal{H}_\lambda}$ 下是完备的，故 $\mathcal{H}_\lambda$ 是 Hilbert 空间；

(c) 定义 $P_\lambda(f)(z)=\int_{\mathbb{C}^{n-1}}f(w)K_\lambda(z,w)e^{-4\pi\lambda|w|^2}dm(w)$，其中 $K_\lambda(z,w)=(4\lambda)^{n-1}e^{4\pi\lambda z\cdot\overline{w}}$. 则 P_λ 是从 $L^2(e^{-4\pi\lambda|w|^2}dm(w))$ 到 $\mathcal{H}_\lambda$ 上的正交投影.

[提示：使用引理 7.8.2 证明依 $\mathcal{H}_\lambda$ 范数收敛意味着在 $\mathbb{C}^{n-1}$ 的紧子集上一致收敛.]

19. 证明：

(a) 7.8.1 节中的空间 $\mathcal{H}$ 是完备的，从而是 Hilbert 空间.

(b) Cauchy 积分 $f\mapsto C(f)$ 是从 $L^2(\partial\mathcal{U},d\beta)$ 到 $F_0=\lim_{\varepsilon\to 0}F_\varepsilon$ 组成的线性空间上的正交投影，其中 $F\in H^2(\mathcal{U})$.

[提示：(a) 使用前一习题.]

7.10 问题

对读者而言，下述问题的目的不是习题，而是引入关于该主题的进一步的结论. 对于每个问题的文献资源都能在“注记和参考”那一节中找到.

1. * 假设 $f=f(z_1,\cdots,z_n)$ 定义在区域 $\Omega\subset\mathbb{C}^n$ 中，并且对每个 $1\leqslant j\leqslant n$，函数 f 在其他变量固定时关于 z_j 解析. 则 f 在 Ω 中解析. 当 f 连续时，已在本章开始部分证明过该结论，此问题的要点就是除了关于每个单变量的解析性之外，对 f 没有任何条件要求.

此结论的证明中一个重要步骤是应用 Baire 纲定理.

2. * 假设 f 在原点的某个邻域中解析且 $f(0)=0$. 设 f 的幂级数展开式 $f(z)=\sum a_\alpha z^\alpha$ 在原点附近成立. 零（$z=0$）的阶数是整数 k，即使得 $a_\alpha\neq 0$ 的最小的 $|\alpha|$. 则作一个线性变量替换之后，在原点附近有 $f(z)=c(z)P(z)$，其中对于 (z',z_n)，$P(z)=z_n^k+a_{k-1}(z')z_n^{k-1}+\cdots+a_0(z')$，和 $c(z)\neq 0$，然而 $a_{k-1}(0)=\cdots=a_0(0)=0$. 该结论就是 **Weierstrass 预备**定理.

[提示：假设坐标系 $(z',z_n)\in\mathbb{C}^{n-1}\times\mathbb{C}$ 满足 $f(0,z_n)=z_n^k$. 则由 Rouché 定理可知，存在 ε，$r>0$，使得 $z_k\to f(z',z_k)$ 在圆盘 $|z_k|\leqslant r$ 中有 k 个零点，但是对所有的 $|z'|<\varepsilon$，该函数在边界上没有零点. 设 $\gamma_1(z'),\gamma_2(z'),\cdots,\gamma_k(z')$ 是这些零点. 从而对于 $|z'|<\varepsilon$，对称函数 $\sigma_1(z')=\sum_{\ell=1}^{k}\gamma_\ell(z')$，$\sigma_2(z')=\sum_{m<\ell}\gamma_\ell(z')\gamma_m(z'),\cdots$，关于 z' 解析.这是因为和式 $s_m(z')=\sum_{\ell=1}^{k}(\gamma_\ell(z'))^m$，$1\leqslant m\leqslant k$，满足下述公式

$$s_m(z')=\frac{1}{2\pi i}\int_{|w|=r}w^m\frac{(\partial f/\partial w)(z',w)}{f(z',w)}\mathrm{d}w,$$

进而 s_m 关于 z' 解析. 现在只需取 $a_{k-j}(z')=(-1)^j\sigma_j(z')$，从而结论对 $P(z)=z_n^k+a_{k-1}(z')z_n^{k-1}+\cdots+a_0(z')$ 成立.]

3. * 定理 7.4.1 的原始证明是通过“Bochner-Martinelli 积分”使用 Green 定理用 F_0 表示 F. 该结论仅仅对 C^1 类函数 F_0 成立.

4. 在 Ω 上考虑问题

$$\bar{\partial}u=f, \tag{7.42}$$

其中 Ω 是 $\mathbb{C}^n$ 中有 C^∞ 边界的有界区域，f 是在 Ω 中满足 $\bar{\partial}f=0$ 的给定函数.

(a) 如果 Ω 是拟凸域，且 $f\in C^\infty(\overline{\Omega})$，则存在 $u\in C^\infty(\overline{\Omega})$ 是式（7.42）的解；

(b)“正规”解（如果存在）定义为 $L^2(\Omega)$ 中满足下述条件的（唯一）解 u：

$$\int_\Omega u\overline{F}\mathrm{d}m(z)=0$$

对所有的在 Ω 中解析且属于 $L^2(\Omega)$ 的函数 F 均成立. 对于强拟凸域（和许多其他

类的）Ω，当 $f \in C^{\infty}(\overline{\Omega})$ 时，正规解 u 也属于 $C^{\infty}(\overline{\Omega})$. 该结论可由对“$\overline{\partial}$-Neumann问题”的研究得到.

5. * **全纯域**. 一个区域 Ω 是全纯域即指它满足下述性质：存在一个解析函数 F，使得对每一点 $z^0 \in \partial\Omega$，函数 F 都不能延拓到中心在 z^0 的某个球内. 如果 Ω 是全纯域且有 C^2 边界，则由定理 7.7.5 可知 Ω 是拟凸域. 反之，可以证明若 Ω 是拟凸域，则它是全纯域.

6. * 定理 7.8.7 的逆命题成立. 若 f 是有紧支撑的广义函数，使得 $C(f)(z)$在 $z=0$ 附近是解析的，则$\overline{L}(U)=f$ 在原点附近是局部可解的.

为证此结论，构造一个核函数 K 使得在 Heisenberg 群上的卷积算子 $T(f)=f*K$ 是$\overline{L}$的相对逆，即$\overline{L}T(f)=f-C(f)$. 记 $f=f-C(f)+C(f)=f_1+f_2$，其中 $f_1=f-C(f)$且 $f_2=C(f)$. 通过刚刚证得的断言，我们能够解 $L(U_1)=f_1$，并且因为 f_2 在原点是实可微的，所以应用 Cauchy-Kowaleski 定理，我们能够得到 $L(Uu_2)=f_2$ 的局部解.

第 8 章 Fourier 分析中的振荡积分

> 我对这些问题的最初热爱是在 1839 年参加过 Nichol 的高级自然哲学班之后，从而对 Fourier 分析这一壮丽诗篇充满了仰慕之情……曾经问过 Nichol，我是否可以读《Fourier 分析》这本书，他回答"不妨试一试."他认为这本书是一项卓越的成就，于是在五月一号这天……我从大学图书馆借出这本书，花了两个星期把这本书认真地读了一遍，并且掌握了它.
>
> *W. Thompson*（*Kelvin*），1840
>
> 这个结果也可以从积分 U 的最初形式得到，即 $\int_0^\infty \cos(x^3-nx)\mathrm{d}x$……若 x_1 是使得 x^3-nx 最小的正数 x 的值，则 $x_1=3^{-\frac{1}{2}}n^{\frac{1}{2}}$. 现在把积分 U 分成三部分，积分区间分别是从 $x=0$ 到 $x=x_1-a$，从 $x=x_1-a$ 到 $x=x_1+b$ 和从 $x=x_1+b$ 到 $x=\infty$；再令 n 趋于无穷大……
>
> *G. G. Stokes*，1850

对振荡积分及其渐近性的研究从一开始就是调和分析这门学科的重要部分. Fourier 变换以及随之出现的 Bessel 函数是最初的振荡积分的例子. 我们也应该注意到在 Airy，Lipschitz，Stokes 和 Riemann 的早期工作中有对渐近性的研究. 含蓄地讲，在最后两位的工作中，静相原理就已经出现了；对 Stokes 来说，它存在于对 Airy 积分的反复检验中，而对 Riemann 来说，它存在于对某些 Fourier 级数的计算之中. 这个原理被 Kelvin 广泛地应用于 1887 年的一篇关于水波的论文中. 在 20 世纪初，这些思想被 Voronoi 和 van der Corput 等应用于数论和格点问题中.

虽然有这么长的研究历史，但有趣的是直到近年来（1967）才有人发现 Fourier 变换限制定理可能成立，而且又过了十年，上述提到的微分理论的渐近性与极大函数的关系才为人所知.

本章将介绍其中一些思想的发展. 对我们来说，重要的是莫过于在 Fourier 变换的衰变理论中理解一些几何概念（包括曲率），并通过振荡积分解释它们.

此理论的两个支柱是平均算子和 Fourier 变换的限制定理. 一旦我们阐述完关于它们的一些基本结论，我们就将限制定理的这些结果应用于“色散”型偏微分方程. 我们也反复考察 Radon 变换，并强调它与平均算子的共性. 最后我们将注重考虑格点计数问题，看一看振荡积分思想到底教会我们什么.

8.1　一个例证

我们先用一个简单的例子说明曲率在调和分析中的作用. 底空间是$\mathbb{R}^d$，其中$d=3$，且**平均算子** A 是对每个函数 f 在以 x 为中心、1 为半径的球面上求平均，记为

$$A(f)(x)=\frac{1}{4\pi}\int_{S^2} f(x-y)\mathrm{d}\sigma(y),$$

其中 $\mathrm{d}\sigma$ 是球面 $S^2=\{x\in\mathbb{R}^3:|x|=1\}$上的导出 Lebesgue 测度.（关于 $\mathrm{d}\sigma$ 的定义和性质见《实分析》第 6 章.）

关于算子 A，出乎意料的是在某些意义下它使得 f 光滑. 举个最简单的例子，当 $f\in L^2(\mathbb{R}^3)$时，$A(f)$的一阶导数也在 L^2 中，这可由下面的不等式得到：

$$\left\|\frac{\partial}{\partial x_j}A(f)\right\|_{L^2}\leqslant c\,\|f\|_{L^2},j=1,2,3. \tag{8.1}$$

更确切地说，上述估计表明对于 $f\in L^2$，卷积$\frac{1}{4\pi}(f*\mathrm{d}\sigma)$本身是 L^2 函数（例如见第 1 章习题 17)，在广义函数意义下它的一阶导数也是 L^2 函数且满足式（8.1).

式（8.1）可由测度 $\mathrm{d}\sigma$ 的 Fourier 变换$\widehat{\mathrm{d}\sigma}$的相关估计直接推得，其中

$$\widehat{\mathrm{d}\sigma}(\xi)=\int_{S^2}\mathrm{e}^{-2\pi\mathrm{i}x\cdot\xi}\mathrm{d}\sigma(x).$$

于是

$$\widehat{\mathrm{d}\sigma}(\xi)=\frac{2\sin(2\pi|\xi|)}{|\xi|}.$$

从而显然有[1]

$$|\widehat{\mathrm{d}\sigma}(\xi)|\leqslant c(1+|\xi|)^{-1}. \tag{8.2}$$

现在对广义函数及其 Fourier 变换做简单计算（见第 3 章 3.1.5 节）可得$(f*\mathrm{d}\sigma)^\wedge=\hat{f}\widehat{\mathrm{d}\sigma}$，并且

$$\left(\frac{\partial}{\partial x_j}A(f)\right)^\wedge(\xi)=\frac{1}{4\pi}2\pi\mathrm{i}\xi_j\,\hat{f}(\xi)\widehat{\mathrm{d}\sigma}(\xi),$$

于是由式（8.2）和 Plancherel 定理可得到式（8.1).

上述结论可以推广到所有的 $d>1$ 维空间中去，在$\mathbb{R}^d$上定义**平均算子** A：

$$A(f)=\frac{1}{\sigma(S^{d-1})}\int_{S^{d-1}}f(x-y)\mathrm{d}\sigma(y),$$

1　使用极坐标在 S^2 上积分可以得到这个公式；参考《实分析》第 6 章.

其中 $d\sigma$ 是单位球面 S^{d-1} 上的导出测度. 也回顾第 1 章 1.3.1 节中的 Sobolev 空间 L_k^2.

命题 8.1.1 从 $L^2(\mathbb{R}^d)$ 到 $L_k^2(\mathbb{R}^d)$ 的映射 $f \mapsto A(f)$ 是有界的，其中 $k=\dfrac{d-1}{2}$.

若 d 是奇数（因此 k 为整数），则

$$\sum_{|\alpha|\leqslant k}\|\partial_x^\alpha A(f)\|_{L^2}\leqslant c\|f\|_{L^2}.$$

该命题的证明可利用 Bessel 函数的性质得到，详见《傅里叶分析》第 6 章问题 2 和《复分析》附录 A. 下面将不采用 Bessel 函数的理论来证明此结论.

证 此命题是下述等式的一个推论：

$$\widehat{d\sigma}(\xi)=2\pi|\xi|^{-d/2+1}J_{d/2-1}(2\pi|\xi|), \tag{8.3}$$

其中 $\widehat{d\sigma}(\xi)=\int_{S^{d-1}}e^{-2\pi i x\cdot\xi}d\sigma(x)$，且 J_m 是 m 阶的 Bessel 函数. 而这正是径向函数 $f(x)=f_0(|x|)$ 的 Fourier 变换公式的另一种形式，其中 $\hat{f}(\xi)=F(|\xi|)$，且

$$F(\rho)=2\pi\rho^{-d/2+1}\int_0^\infty J_{d/2-1}(2\pi\rho r)f_0(r)r^{d/2}dr, \tag{8.4}$$

由此通过简单的极限论证即可得到式 (8.3). 由式 (8.3) 可得下述重要的衰减估计

$$|\widehat{d\sigma}(\xi)|\leqslant O(|\xi|^{-\frac{d-1}{2}}),\text{当}|\xi|\to\infty\text{时}. \tag{8.5}$$

实际上，式 (8.5) 可以由式 (8.3) 和 Bessel 函数的渐近性——当 $r\to\infty$ 时，$J_m(r)=O(r^{-1/2})$ 得到.

一旦式 (8.5) 成立，就可以像 $d=3$ 时一样利用 Plancherel 定理完成命题的证明. □

以下说明将有助于正确地理解上述结论.

- 很自然地会问，在超曲面中球面是否具有一些特殊的性质（例如，它关于旋转的对称性），而这些性质可以保证有关键的衰减估计式 (8.5)，或者此结论对于一般的超曲面 M 是否也成立？在后面将看到当 M 有一个适当的非零“曲率”时，有类似于式 (8.5) 的估计成立.
- 此外，一些简单的例子表明当 M“平坦”时，任何类似于式 (8.5) 的结果都完全不成立（见习题 2)，而且更一般地，我们将 $\widehat{d\sigma}(\xi)$ 的衰减情况与 M 上的曲率非零程度联系在一起.
- 也要注意，命题 8.1.1 中断言的光滑度 $k=(d-1)/2$ 只可能出现在 L^2 情形中，而对 $L^p(p\neq 2)$ 不成立.（见习题 7.）
- 最后，有趣的是当 $d=3$ 时，平均算子给出了波方程的解，其中波方程为 $\Delta_x u(x,t)=\dfrac{\partial^2}{\partial t^2}u(x,t),(x,t)\in\mathbb{R}^3\times\mathbb{R}$，并满足 $u(x,0)=0$ 以及 $\dfrac{\partial u}{\partial t}(x,0)=f(x)$.

由 $u(x,1)=A(f)(x)$ 给出了 $t=1$ 时刻的解，并且可以通过调整得到其他时刻相应的解.（参考《傅里叶分析》第 6 章，其中 A 记为 M.）

8.2　振荡积分

根据振动积分的一些基本结论，我们可以推广已证得的球面上的衰减估计式(8.5). 我们将考虑形如

$$I(\lambda)=\int_{\mathbf{R}^d} e^{i\lambda\Phi(x)}\psi(x)dx \tag{8.6}$$

的积分及其对于比较大的 λ 的相关性质.

称函数 Φ 是**相位**，并称 ψ 是**振幅**. 后文中假设相位 Φ 和参数 λ 都是实值的，但振幅 ψ 可以是复值的.[2]

后续分析中有一个基本原理，即**稳定相**：只要相位的导数（或梯度）非零，此积分关于 λ 就是快速衰减的（进而可以忽略不计）；因此式 (8.6)的主要作用体现在梯度为零的那些点处；于是当 $d=1$ 时，那些点就是使得 $\Phi'(x)=0$ 的 x.

由此，首先给出 Fourier 变换的一个简单估计的推广（尤其是 $\Phi(x)=2\pi\frac{\xi}{|\xi|}\cdot x$ 和 $\lambda=|\xi|$ 的情形）. 这里假设 Φ 和 ψ 是 C^∞ 函数，且 ψ 有紧支撑.

命题 8.2.1　假设对任意的 ψ 支撑中的 x 均有 $|\nabla\Phi(x)|\geqslant c>0$，则对每个 $N\geqslant 0$，

$$|I(\lambda)|\leqslant c_N\lambda^{-N}，当 \lambda>0 时.$$

证　考虑下述向量场

$$L=\frac{1}{i\lambda}\sum_{k=1}^{d}a_k\frac{\partial}{\partial x_k}=\frac{1}{i\lambda}(a\cdot\nabla),$$

其中 $a=(a_1,\cdots,a_d)=\frac{\nabla\Phi}{|\nabla\Phi|^2}$.则 L 的转置 L^t 为

$$L^t(f)=-\frac{1}{i\lambda}\sum_{k=1}^{d}\frac{\partial}{\partial x_k}(a_kf)=-\frac{1}{i\lambda}\nabla\cdot(af).$$

根据对$\nabla\Phi$ 的假设可得，所有的 a_j 及其偏导数在 ψ 的支撑上都有界.

注意到 $L(e^{i\lambda\Phi})=e^{i\lambda\Phi}$，于是对于每一个正整数 N 都有 $L^N(e^{i\lambda\Phi})=e^{i\lambda\Phi}$. 因此

$$I(\lambda)=\int_{\mathbf{R}^d}L^N(e^{i\lambda\Phi})\psi dx=\int_{\mathbf{R}^d}e^{i\lambda\Phi}(L^t)^N(\psi)dx.$$

对最后一个积分取绝对值可得，对于正数 λ 有 $|I(\lambda)|\leqslant c_N\lambda^{-N}$，故命题得证.　□

下面两个命题都是限制在一维空间上，其中我们根据更简单的假设可以得到更精确的结论. 此时先考虑积分

2　但是在某些情形下，允许 Φ 和 λ 取复值是很有趣的. 特别地，正如《复分析》附录 A 所述，$d=1$，Φ（和 ψ）解析，并且可对积分周线变形来考虑积分式 (8.6).

$$I_1(\lambda)=\int_a^b e^{i\lambda\Phi(x)}dx \tag{8.7}$$

其中 a 和 b 是任意实数. 在式 (8.7) 中没有任何振幅 ψ (或者说, $\psi(x)=\chi_{(a,b)}(x)$). 这里仅假设函数 Φ 是 C^2 的并且 $\Phi'(x)$ 是单调的 (增加或减少), 但在区间 $[a, b]$ 上满足 $|\Phi'(x)|\geqslant 1$.

命题 8.2.2 在上述条件下, 对任意的 $\lambda>0$ 均有 $|I_1(\lambda)|\leqslant c\lambda^{-1}$, 其中 $c=3$.

上述结论中重要的不是 c 的取值的特殊性, 而在于它与区间 $[a, b]$ 的长度无关. 注意到 λ 的衰减阶数不能再改善, 比如, $\Phi(x)=x$ 和 $I_1(\lambda)=\frac{1}{i\lambda}(e^{i\lambda b}-e^{i\lambda a})$.

证 该证明需要使用前一命题中出现的算子 L. 假设在 $[a, b]$ 上有 $\Phi'>0$, 这是因为 $\Phi'<0$ 的情况可以通过取复共轭得到. 于是 $L=\frac{1}{i\lambda\Phi'(x)}\frac{d}{dx}$ 以及 $L^t(f)=-\frac{1}{i\lambda}\frac{d}{dx}(f/\Phi')$, 因此

$$I_1(\lambda)=\int_a^b L(e^{i\lambda\Phi})dx=\int_a^b e^{i\lambda\Phi}L^t(1)dx+\left[e^{i\lambda\Phi}\frac{1}{i\lambda\Phi'}\right]_a^b,$$

此时 (因为没有假设 ψ 的振幅在端点处为零) 存在后两项. 因为 $|\Phi'(x)|\geqslant 1$, 所以这两项被 $2/\lambda$ 控制. 但右边的积分显然是有界的. 事实上,

$$\int_a^b |L^t(1)|dx=\frac{1}{\lambda}\int_a^b \left|\frac{d}{dx}\left(\frac{1}{\Phi'}\right)\right|dx.$$

但是由于 Φ' 单调并连续, 而且 $|\Phi'(x)|\geqslant 1$, 因此 $\frac{d}{dx}(1/\Phi')$ 在区间 $[a, b]$ 上是不变号的, 于是有

$$\int_a^b \left|\frac{d}{dx}\left(\frac{1}{\Phi'}\right)\right|dx=\left|\int_a^b \frac{d}{dx}\left(\frac{1}{\Phi'}\right)dx\right|=\left|\frac{1}{\Phi'(b)}-\frac{1}{\Phi'(a)}\right|.$$

综上可知 $|I_1(\lambda)|\leqslant 3/\lambda$, 从而命题得证. □

注 若在上述命题中假设 $|\Phi'(x)|\geqslant\mu$ (代替 $|\Phi'(x)|\geqslant 1$), 则 $|I_1(\lambda)|\leqslant c(\lambda\mu)^{-1}$. 显然, 这可由用 Φ/μ 和 $\lambda\mu$ 分别代替命题中的 Φ 和 λ 得到.

接下来会问, 当对于 x_0 有 $\Phi'(x_0)=0$ 时, 如果假设**临界点** x_0 是**非退化**的, 即 $\Phi''(x_0)\neq 0$, 那么 $I_1(\lambda)$ 将会怎样. 函数 $\Phi(x)=x^2$ (临界点是原点) 为要解答的问题提供了一个很好的线索. 此时

$$\int e^{i\lambda x^2}\psi(x)dx=c_0\lambda^{-1/2}+O(|\lambda|^{-3/2}), \text{当 } \lambda\to\infty \text{ 时},$$

且更一般地, 对任意的 $N\geqslant 0$ 有

$$\int e^{i\lambda x^2}\psi(x)dx=\sum_{k=0}^{N}c_k\lambda^{-1/2-k}+O(|\lambda|^{-3/2-N}). \tag{8.8}$$

为证式 (8.8), 我们先证 Fourier 变换的 Gaussian 公式, 即

$$\int_{\mathbf{R}} e^{-\pi s x^2}\psi(x)\,dx = s^{-1/2}\int_{\mathbf{R}} e^{-\pi\xi^2/s}\hat{\psi}(\xi)\,d\xi.$$

因为等式两边都可解析延拓到 $\operatorname{Re}(s)>0$ 上，所以通过取极限，且 $s=-i\lambda/\pi$ 可得

$$\int e^{i\lambda x^2}\psi(x)\,dx = \left(\frac{\pi i}{\lambda}\right)^{1/2}\int e^{-i\pi^2\xi^2/\lambda}\hat{\psi}(\xi)\,d\xi.$$

故由展开式 $e^{iu^2}=\sum_{k=0}^{N}\frac{(iu^2)^k}{k!}+O(|u|^{2N+2})$ 可得式 (8.8)，其中 $c_k=(i\pi)^{1/2}\frac{i^k}{2^{2k}k!}\psi^{(2k)}(0)$. 这说明当相位有非退化的临界点时，积分的阶可降为 $O(\lambda^{-\frac{1}{2}})$.

若在命题 8.2.2 中考虑二阶导数，则有类似结论，即下述 van der Corput 估计. 这里也假设 Φ 是区间 $[a, b]$ 上的 C^2 函数，但在整个区间上有 $|\Phi''(x)|\geqslant 1$.

命题 8.2.3　在上述条件下，对于式 (8.7) 中的 $I_1(\lambda)$，有

$$|I_1(\lambda)|\leqslant c'\lambda^{-1/2},\ \forall\lambda>0,\ \text{其中 } c'=8. \tag{8.9}$$

再强调一下，在这个结论中重要的不是 c' 取一个确定的值，而是它与区间 $[a, b]$ 的长度无关.

证　我们可以假设在整个区间上 $\Phi''(x)\geqslant 1$，这是因为取复共轭即可得到 $\Phi''\leqslant -1$ 的情形. 由 $\Phi''(x)\geqslant 1$ 可知 $\Phi'(x)$ 是严格递增的，故若 Φ 在区间 $[a, b]$ 上有临界点，则它只能有一个. 设 x_0 是这个临界点，并将区间 $[a, b]$ 分为三个子区间：第一部分是以 x_0 为中心的区间 $[x_0-\delta, x_0+\delta]$，其中 δ 待定. 另外两部分填补剩下的，即是 $[a, x_0-\delta]$和 $[x_0+\delta, b]$. 因为第一部分的区间长度是 2δ，所以积分有效区间长度至多为 2δ. 在区间 $[x_0+\delta, b]$上，注意到 $\Phi'(x)\geqslant\delta$（这是因为 $\Phi''\geqslant 1$），从而由命题 8.2.2 及其后面的注可知，在此区间上的积分被 $3/(\delta\lambda)$ 控制；对于区间 $[a, x_0-\delta]$ 有类似结论. 总之，$I_1(\lambda)$ 被 $2\delta+6/(\delta\lambda)$ 控制，并且一旦取 $\delta=\lambda^{-1/2}$就可以得到式 (8.9). 注意，若 Φ 在区间 $[a, b]$ 上没有临界点，并且（或者）这三个子区间中有一个比预期的更小，则这几个区间上的估计就更加成立，因此结论也同样成立. □

对于有振幅 ψ 的情形有类似的结论. 假设 ψ 在区间 $[a, b]$上是 C^1 的.

推论 8.2.4　若 Φ 满足命题 8.2.3 中的假设条件，则

$$\left|\int_a^b e^{i\lambda\Phi(x)}\psi(x)\,dx\right|\leqslant c_\psi\lambda^{-1/2}, \tag{8.10}$$

其中 $c_\psi=8\left(\int_a^b|\psi'(x)|\,dx+|\psi(b)|\right)$.

证　令 $J(x)=\int_a^x e^{i\lambda\Phi(u)}\,du$. 根据分部积分，并由 $J(a)=0$ 可得

$$\int_a^b e^{i\lambda\Phi(x)}\psi(x)dx=-\int_a^b J(x)\frac{d\psi}{dx}dx+J(b)\psi(b).$$

因为由命题 8.2.3 可知，对每个 x 有 $|J(x)|\leqslant 8\lambda^{-1/2}$，所以推论成立. □

作为补充，我们简要证明 Bessel 函数的下述估计：

$$J_m(r)=O(r^{-1/2})，当 r\to\infty 时 \tag{8.11}$$

其中 m 是一个固定的整数. 已知（参考《傅里叶分析》第 6 章第 4 节）

$$J_m(r)=\frac{1}{2\pi}\int_0^{2\pi} e^{ir\sin x}e^{-imx}dx,$$

其中 $\lambda=r$，$\Phi(x)=\sin x$，且 $\psi(x)=\frac{1}{2\pi}e^{-imx}$. 现在根据 $|\sin x|\geqslant 1/\sqrt{2}$ 或 $|\cos x|\geqslant 1/\sqrt{2}$ 把区间 $[0, 2\pi]$ 分成两部分，第一部分由两个子区间组成，对此可应用上述推论即知，该部分等于 $O(r^{-1/2})$；第二部分是三个子区间的和，对此可应用命题 8.2.2（与推论类似）即知，该部分是 $O(r^{-1})=O(r^{-1/2})$，当 $r\to\infty$ 时.

当维数 d 大于 1 时，没有类似于命题 8.2.2 和命题 8.2.3 的严格估计. 然而可以给出命题 8.2.3 中二阶导数测试函数的一种可行推广. 下面先给出该结论，并在后文中应用它.

假设相位 Φ 和振幅 ψ 是 C^∞ 函数，并设 ψ 有紧支撑. 定义 Φ 的 $d\times d$ **Hessian 矩阵**为 $\left\{\frac{\partial^2\Phi}{\partial x_j\partial x_k}\right\}_{1\leqslant j,k\leqslant d}$，并简记为 $\nabla^2\Phi$.

主要的假设条件是

$$\det\{\nabla^2\Phi\}\neq 0 \quad 在 \psi 的支撑上. \tag{8.12}$$

命题 8.2.5 假设式 (8.12) 成立. 则

$$I(\lambda)=\int_{\mathbf{R}^d} e^{i\lambda\Phi(x)}\psi(x)dx=O(\lambda^{-d/2})，当 \lambda\to\infty 时. \tag{8.13}$$

我们通过 $|I(\lambda)|^2=\overline{I(\lambda)}I(\lambda)$ 来估计 $I(\lambda)$. 此简单技巧允许我们根据 Φ 微分的一阶导数引入 Φ 的 Hessian 矩阵（即二阶导数），该想法有许多变式.

在采用这个巧妙的方法之前，我们必须做一些准备：假设 ψ 的支撑足够小，特别地，该支撑位于给定的半径为 ε 的球中，其中 ε 根据 Φ 选取. 一旦证明了估计式 (8.13) 对于这样的 ψ 成立，使用单位分解来覆盖原来的 ψ 的支撑，就可以利用这些覆盖的估计的有限和得到式 (8.13) 对一般的 ψ 也成立.

易见

$$\overline{I(\lambda)}I(\lambda)=\int_{\mathbf{R}^d}\int_{\mathbf{R}^d} e^{i\lambda[\Phi(y)-\Phi(x)]}\psi(y)\overline{\psi}(x)dxdy.$$

作变量替换 $y=x+u$（x 固定），即 $u=y-x$. 于是双重积分变成

$$\int_{\mathbf{R}^d}\int_{\mathbf{R}^d} e^{i\lambda[\Phi(x+u)-\Phi(x)]}\psi(x,u)\,dx\,du,$$

其中 $\psi(x,u)=\psi(x+u)\overline{\psi}(x)$ 是一个有紧支撑的 C^∞ 函数. 注意到 $\psi(x,u)$ 的支撑在 $|u|\leqslant 2\varepsilon$ 中，这是因为 x 和 y 均在半径为 ε 的相同的球中. 因此 $|I(\lambda)|^2=\int_{\mathbf{R}^d} J_\lambda(u)\,du$，其中

$$J_\lambda(u)=\int_{\mathbf{R}^d} e^{i\lambda[\Phi(x+u)-\Phi(x)]}\psi(x,u)\,dx.$$

我们断言

$$|J_\lambda(u)|\leqslant c_N(\lambda|u|)^{-N},\ \forall N\geqslant 0. \tag{8.14}$$

此结论基于命题 8.2.1 的思想，并且可采用命题 8.2.1 的方法证明式 (8.14).

我们使用向量场

$$L=\frac{1}{i\lambda}(a\cdot\nabla)$$

及其转置 $L^t(f)=-\frac{1}{i\lambda}\nabla\cdot(af)$，其中

$$a=\frac{\nabla_x(\Phi(x+u)-\Phi(x))}{|\nabla_x(\Phi(x+u)-\Phi(x))|^2}=\frac{b}{|b|^2},$$

且 $b=\nabla_x(\Phi(x+u)-\Phi(x))$.

如果 $|u|$ 足够小，特别地 $|u|\leqslant 2\varepsilon$，则

$$|b|=|\nabla_x(\Phi(x+u)-\Phi(x))|\approx|u|.^3 \tag{8.15}$$

因为 Φ 光滑，所以上界估计 $|b|\lesssim|u|$ 是显然的. 对于下界估计，注意到由 Taylor 定理可知，$\nabla_x(\Phi(x+u)-\Phi(x))=\nabla^2\Phi(x)\cdot u+O(|u|^2)$. 但是假设条件式 (8.12) 意味着线性变换 $\nabla^2\Phi(x)$ 可逆，故存在 $c>0$ 使得 $|\nabla^2\Phi(x)\cdot u|\geqslant c|u|$. 因此当 ε 足够小时式 (8.15) 成立. 也注意到对于任意的 α 均有 $|\partial_x^\alpha b|\leqslant c_\alpha|u|$，因此由式 (8.15) 可得

$$|\partial_x^\alpha a|\leqslant c_\alpha|u|^{-1},\ \forall\alpha. \tag{8.16}$$

从而对每个正整数 N 均有 $|(L^t)^N(\psi(x,u))|\leqslant c_N(\lambda|u|)^{-N}$.

但是

$$\begin{aligned}J_\lambda(u)&=\int_{\mathbf{R}^d} L^N(e^{i\lambda[\Phi(x+u)-\Phi(x)]})\psi(x,u)\,dx\\&=\int_{\mathbf{R}^d} e^{i\lambda[\Phi(x+u)-\Phi(x)]}(L^t)^N(\psi(x,u))\,dx,\end{aligned}$$

3　我们使用记号 $X\lesssim Y$ 和 $X\approx Y$ 分别表示存在常数 c 使得 $X\leqslant cY$ 和 $c^{-1}Y\leqslant X\leqslant cY$.

因此由式 (8.16) 可得 $|J_\lambda(u)|\leqslant c_N(\lambda|u|)^{-N}$，故式 (8.14) 得证.

至此，在式 (8.14) 中分别取 $N=0$ 和 $N=d+1$ 可知

$$|I(\lambda)|^2\leqslant\int_{\mathbb{R}^d}|J_\lambda(u)|\mathrm{d}u\leqslant c'\int_{\mathbb{R}^d}\frac{\mathrm{d}u}{(1+\lambda|u|)^{d+1}}=c\lambda^{-d},$$

其中最后一个积分可通过伸缩变换很容易得到. 因此式 (8.13)成立，进而命题得证.

为了后面的应用，下面详细地阐述命题 8.2.5 的内容.

(ⅰ) 此结论仅要求 Φ 是 C^{d+2} 的且 ψ 是 C^{d+1} 的. 事实上，读者可以验证，在估计式 $|I(\lambda)|\leqslant A\lambda^{-d/2}$ 中，上界 A 仅与 Φ 的 C^{d+2} 范数、ψ 的 C^{d+1} 范数、$|\det\{\nabla^2\Phi\}|$ 的下界以及 ψ 的支撑的直径有关.

类似地，命题 8.2.1 中的上界 C_N 仅依赖于 Φ 的 C^{N+1} 范数、ψ 的 C^N 范数、$|\nabla\Phi|$ 的下界以及 ψ 的支撑的直径.

(ⅱ) 命题 8.2.5 有下述变式：若仅假设在 ψ 的支撑上，Φ 的 Hessian 矩阵的秩大于或等于 m，$0<m\leqslant d$，则

$$I(\lambda)=O(\lambda^{-m/2}),\text{ 当 }\lambda\to\infty\text{时}. \tag{8.17}$$

这可由已证的 $m=d$ 的情形导出. 具体过程如下. 对于每个 x^0，可以通过引入新的坐标系 $x=(x',x'')\in\mathbb{R}^m\times\mathbb{R}^{d-m}$ 将对称矩阵 $\nabla^2\Phi(x^0)$ 对角化，使得 $\nabla^2\Phi(x^0)$ 限制在 $\mathbb{R}^m$ 上的行列式非零. 因此对于中心在 x^0 的小开球 B，当 $x\in B$ 时，上述讨论对 $\nabla^2\Phi(x)$ 同样成立. 从而对任给的 $x''\in\mathbb{R}^{d-m}$，由命题 8.2.5 (当 $d=m$ 时) 可得，$\left|\int_{\mathbb{R}^m}\mathrm{e}^{\mathrm{i}\lambda\Phi(x',x'')}\psi_B(x',x'')\mathrm{d}x'\right|\leqslant A\lambda^{-m/2}$，其中 ψ_B 的支撑在 B 中. 再对 x'' 积分，并对 ψ 的支撑的有限覆盖开球求和便得到式 (8.17).

8.3 支撑曲面测度的 Fourier 变换

本节将研究支撑曲面上的测度及其 Fourier 变换. 主要目的是推广已证的球面上的估计式 (8.5).

在前一章 7.4 节中，给定 C^∞ 超曲面[4] M 上的一点 x^0，我们（通过对初始坐标的平移和旋转变换）引入了一个中心在 x^0 的坐标系，记作 $x=(x',x_d)\in\mathbb{R}^{d-1}\times\mathbb{R}$，使得曲面 M 在以 x^0 为中心的球中可以表示为

$$M=\{(x',x_d)\in\widetilde{B}:x_d=\varphi(x')\}, \tag{8.18}$$

其中 $\widetilde{B}$ 是相应的中心在原点的球. 经过调整后也可以使得 C^∞ 函数 φ 满足 $\varphi(0)=0$ 且 $\nabla_{x'}\varphi(x')|_{x'=0}=0$.

从而，上述表示给出了 M 的一个定义函数 ρ_1，即 $\rho_1(x)=\varphi(x')-x_d$. 在

4 加入的 C^∞ 条件意思是对于足够大的 k，M 是 C^k 类的；后面我们将具体讨论需要取多大的 k.

x^0 附近的 M 的各种可能的定义函数中，我们从中选择一个规范化后使得在 M 上 $|\nabla\rho|=1$. 实际上在 M 附近取 $\rho=\rho_1/|\nabla\rho_1|$ 即可. 在这种规范化的定义函数下，在 $x\in M$ 处的 M 的**曲率形式**（即**第二基本形式**）是

$$\sum_{1\leqslant k,j\leqslant d}\xi_k\xi_j\ \frac{\partial^2\rho}{\partial x_k\partial x_j}(x)\tag{8.19}$$

在与 M 相切于 x 的向量 $\sum\xi_k\dfrac{\partial}{\partial x_k}$ 上的限制. 读者可能已经注意到，刚刚由定义函数的二次型描述的曲率形式类似于前一章中起着重要作用的 Levi 形式.

可直接证明曲率形式不依赖于规范化定义函数的选取.

再考虑式 (8.18)，由 $\nabla_{x'}\varphi(x')|_{x'=0}=0$ 可得

$$\varphi(x')=\frac{1}{2}\sum_{1\leqslant k,j\leqslant d-1}a_{kj}x_kx_j+O(|x'|^3),$$

并且曲率形式是 $(d-1)\times(d-1)$ 矩阵 $\left\{\dfrac{\partial^2\varphi}{\partial x_k\partial x_j}\right\}=\{a_{kj}\}$，$1\leqslant k$，$j\leqslant d-1$. 从而对 $x'\in\mathbb{R}^{d-1}$ 做适当的旋转变换并重新标记相应的坐标可以得到

$$\varphi(x')=\frac{1}{2}\sum_{j=1}^{d-1}\lambda_jx_j^2+O(|x'|^3).$$

称特征值 λ_j 为 M（在 x^0 处）的**主曲率**，并称它们的乘积（即矩阵的行列式）为 M 的**全曲率**或 Gauss 曲率.[5]

注意到对符号（或“方向”）已有一个隐含的选择. 若用 $-\rho$ 代替 ρ 作为 M 的定义函数，则主曲率也将变成其相反数.

下面简单地举几个例子.

例 1　$\mathbb{R}^d$ 中单位球面. 若取 $\rho_1=|x|^2-1$ 作为定义函数，则 $\rho=\dfrac{1}{2}\rho_1$ 是“规范化的”. 所有的主曲率都等于 1.

例 2　$\mathbb{R}^3$ 中双曲抛物面 $\{x_3=x_1^2-x_2^2\}$. 在这个超曲面的任何一点处，都有非零的互为相反数的主曲率.

例 3　$\mathbb{R}^d$ 中圆锥曲面 $\{x_d^2=|x'|^2,x_d\neq0\}$. 在这个超曲面上的每一点处都有 $d-2$ 个相同的非零主曲率. 相关的计算见习题 9.

我们考虑 M 上满足如下性质的诱导 Lebesgue 测度 $\mathrm{d}\sigma$：对于 M 上任何具有紧支撑的连续函数 f 均有

$$\int_M f\,\mathrm{d}\sigma=\lim_{\varepsilon\to0}\frac{1}{2\varepsilon}\int_{d(x,M)<\varepsilon}F\,\mathrm{d}x,$$

5　使用“Gauss 映射”对 Gauss 曲率有一个简洁的几何解释，参考问题 1.

其中 F 是 f 在 M 的某个邻域上的连续延拓，且 $\{x: d(x,M)<\varepsilon\}$ 是到 M 的距离小于 ε 的所有点组成的“领子”. 众所周知（见习题 8），在新坐标系下 $\mathrm{d}\sigma=(1+|\nabla_{x'}\varphi|^2)^{1/2}\mathrm{d}x'$，即

$$\int_M f\,\mathrm{d}\sigma=\int_{\mathbb{R}^{d-1}} f(x',\varphi(x'))(1+|\nabla_{x'}\varphi|^2)^{1/2}\mathrm{d}x'. \tag{8.20}$$

由此，称测度 $\mathrm{d}\mu$ 是 M 上有**光滑密度**的**支撑曲面测度**，如果测度 $\mathrm{d}\mu$ 形如 $\mathrm{d}\mu=\psi\mathrm{d}\sigma$ 其中 ψ 是有紧支撑的 C^∞ 函数.

有了上述必备知识后，现在阐述关于 $\mathrm{d}\mu$ 的 Fourier 变换的主要结论，此变换定义如下：

$$\widehat{\mathrm{d}\mu}(\xi)=\int_M \mathrm{e}^{-2\pi i x\cdot\xi}\mathrm{d}\mu.$$

由测度 $\mathrm{d}\mu$ 是有限的可知，$\widehat{\mathrm{d}\mu}(\xi)$ 在$\mathbb{R}^d$ 上有界.

定理 8.3.1 若超曲面 M 在 $\mathrm{d}\mu$ 的支撑中的每一点处都有非零的 Gauss 曲率，则

$$|\widehat{\mathrm{d}\mu}(\xi)|=O(|\xi|^{-(d-1)/2}),\text{当}|\xi|\to\infty\text{时}. \tag{8.21}$$

推论 8.3.2 若 M 在 $\mathrm{d}\mu$ 的支撑中的每一点处至少有 m 个非零的主曲率，则

$$|\widehat{\mathrm{d}\mu}(\xi)|=O(|\xi|^{-m/2}),\text{当}|\xi|\to\infty\text{时}.$$

首先做一点简化. 可以假设 ψ 的支撑在一个足够小的球中（特别地，以便 M 的表示式（8.18）在其中也成立），这是因为可以把任何一个给定的 ψ 表示成这样的 ψ_j 的有限和. 其次，由于 x-空间$\mathbb{R}^d$ 的坐标变换只涉及平移和旋转，因此可在式（8.18）所示的坐标系中得到需要的估计. 从而用绝对值为 1 的因子（特征）乘以 Fourier 变换 $\widehat{\mathrm{d}\mu}(\xi)$ 且对变量 ξ 做相同的旋转后，$\widehat{\mathrm{d}\mu}(\xi)$ 不变. 因此，估计式（8.21）是不变的.

由式（8.20）可得

$$\widehat{\mathrm{d}\mu}(\xi)=\int_{\mathbb{R}^{d-1}} \mathrm{e}^{-2\pi i(x'\cdot\xi'+\varphi(x')\xi_d)}\tilde{\psi}(x')\mathrm{d}x', \tag{8.22}$$

其中 $\xi=(\xi',\ \xi_d)\in\mathbb{R}^d$ 且 $\tilde{\psi}$ 是有紧支撑的 C^∞ 函数

$$\tilde{\psi}(x')=\psi(x',\varphi(x'))(1+|\nabla_{x'}\varphi|^2)^{1/2}.$$

将 ξ 空间分为两部分：“关键”区域，即锥体 $|\xi_d|\geqslant c|\xi'|$，其中 c 是任一固定的正常数；补充区域，即 $|\xi_d|<c|\xi'|$，但实际上需要假设 c 很小.

对于第一部分区域，可以假设 ξ_d 是正的，这是因为对它取复共轭，或是用类似的方法讨论，均可以得到 ξ_d 为负数的情形. Fourier 变换中的指数可以写成

$$-2\pi i(x'\cdot\xi'+\varphi(x')\xi_d)=i\lambda\Phi(x'),$$

其中 $\lambda=2\pi\xi_d$ 且 $\Phi(x')=-\varphi(x')-\dfrac{x'\cdot\xi'}{\xi_d}$. 易见 $\nabla^2_{x'}\Phi=-\nabla^2_{x'}\varphi$，因此若 ψ 的支撑足够小（即可以充分接近于 x^0），则由表示 M 的非零曲率的 φ 的相关性质可得，Φ

的 Hessian 矩阵的行列式是非零的. 对于任给的 N，Φ 的 C^N 范数在集合 $|\xi_d|\geqslant c|\xi'|$ 上关于 ξ 一致有界. 从而由命题 8.2.5（用 $\mathbb{R}^{d-1}$ 代替其中的 $\mathbb{R}^d$）可知，对于 $|\xi_d|\geqslant c|\xi'|$，有

$$|\widehat{\mathrm{d}\mu}(\xi)|=O(\lambda^{-\frac{d-1}{2}})=O(\xi_d^{-\frac{d-1}{2}})=O(|\xi|^{-\frac{d-1}{2}}).$$

在补充区域 $|\xi_d|<c|\xi'|$ 中，记 $\lambda=2\pi|\xi'|$ 和 $\Phi(x')=-\varphi(x')\dfrac{\xi_d}{|\xi'|}-\dfrac{x'\cdot\xi'}{|\xi'|}$. 注意到 $\left|\nabla_{x'}\left(\dfrac{x'\cdot\xi'}{|\xi'|}\right)\right|=1$，然而当 c 足够小以致 $c|\nabla_{x'}\varphi|\leqslant 1/2$ 在 ψ 的整个支撑上都成立时，$\dfrac{|\xi_d|}{|\xi'|}|\nabla_{x'}\varphi|\leqslant 1/2$. 因此由命题 8.2.1 和 $|\nabla_{x'}\Phi|\geqslant 1/2$ 可知，对于任何正整数 N，以及 $|\xi_d|<c|\xi'|$，有

$$|\widehat{\mathrm{d}\mu}(\xi)|=O(\lambda^{-N})=O(|\xi'|^{-N})=O(|\xi|^{-N}).$$

再取 $N\geqslant\dfrac{d-1}{2}$ 即可完成定理的证明.

若用估计式（8.17）代替式（8.13），则用同样的论证方法可以证明上述推论.

假设 Ω 是有界区域，且其边界 $M=\partial\Omega$ 满足定理 8.3.1 的假设条件. 若记 χ_Ω 是 Ω 的特征函数，则其 Fourier 变换衰减的阶数比支撑曲面测度的衰减阶数低一阶.

推论 8.3.3　若在 $M=\partial\Omega$ 上的每一点处都有非零的 Gauss 曲率，则

$$\hat{\chi}_\Omega(\xi)=O(|\xi|^{-\frac{d+1}{2}}),\quad 当 |\xi|\to\infty 时.$$

证　使用适当的单位分解可以将 χ_Ω 写为

$$\chi_\Omega=\sum_{j=0}^{N}\psi_j\chi_\Omega,$$

其中每一个 ψ_j 都是有紧支撑的 C^∞ 函数；ψ_0 的支撑在 Ω 的内部，而 $\psi_j(1\leqslant j\leqslant N)$ 的支撑在边界式（8.18）的某个小邻域内. 因为 $\psi_0\chi_\Omega=\psi_0$，所以 $(\psi_0\chi_\Omega)\hat{}$ 显然是快速衰减的. 然后考虑任意的 $(\psi_j\chi_\Omega)\hat{}$，$1\leqslant j\leqslant N$. 类似于式（8.22），有

$$\int_{x_d>\varphi(x')}\mathrm{e}^{-2\pi\mathrm{i}(x'\cdot\xi'+x_d\xi_d)}\psi_j(x',\xi_d)\mathrm{d}x'\mathrm{d}x_d.$$

做变量替换 $x_d=u+\varphi(x')$ 可得，上式等于

$$\int_{\mathbb{R}^{d-1}}\mathrm{e}^{-2\pi\mathrm{i}(x'\cdot\xi'+\varphi(x')\xi_d)}\Psi(x',\xi_d)\mathrm{d}x',\tag{8.23}$$

其中 $\Psi(x',\xi_d)=\int_0^\infty\mathrm{e}^{-2\pi\mathrm{i}u\xi_d}\psi_j(x',u+\varphi(x'))\mathrm{d}u$. $\Psi(x',\xi_d)$ 关于 x' 是有紧支撑的 C^∞ 函数，并且这关于 ξ_d 是一致的. 当 $|\xi_d|<c|\xi'|$ 时，如前所述可知，对每一个 $N\geqslant 0$，式(8.23)有估计式 $O(|\xi|^{-N})$. 对于 $|\xi_d|\geqslant c|\xi'|$ 的情形，记

$$\Psi(x',\xi_d)=-\frac{1}{2\pi\mathrm{i}\xi_d}\int_0^\infty\frac{\mathrm{d}}{\mathrm{d}u}(\mathrm{e}^{-2\pi\mathrm{i}u\xi_d})\psi_j(x',u+\varphi(x'))\mathrm{d}u.$$

进行分部积分可知，式（8.23）中还有衰减 $O(1/|\xi_d|)=O(1/|\xi|)$. 故推论得证.

□

注 根据命题 8.2.5 的证明后面的注记可知，若把 M 是 C^∞ 的这一假设条件替换成仅要求 M 是 C^{d+2} 类的，则本节中的一系列结论仍然成立.

8.4 回到平均算子

本节考虑更一般的平均算子. 给定$\mathbb{R}^d$中的一个超曲面及其上有紧支撑的光滑密度的支撑曲面测度 $\mathrm{d}\mu=\psi\mathrm{d}\sigma$，令

$$A(f)(x)=\int_M f(x-y)\mathrm{d}\mu(y).^6 \tag{8.24}$$

我们将证明，当对 M 做适当的假设时，算子 A 映 $L^2(\mathbb{R}^d)$ 到 $L_k^2(\mathbb{R}^d)$. 此外 A "改善" f，即对于 $1<p<\infty$，存在 $q>p$，使得 A 映 $L^p(\mathbb{R}^d)$ 到 $L^q(\mathbb{R}^d)$.

定理 8.4.1 若在 $\mathrm{d}\mu$ 的支撑中的每一点 $x\in M$ 处都有非零的 Gauss 曲率，则

（a）式（8.24）中的 A 映 $L^2(\mathbb{R}^d)$ 到 $L_k^2(\mathbb{R}^d)$，其中 $k=\dfrac{d-1}{2}$；

（b）此映射可延拓成 $L^p(\mathbb{R}^d)$ 到 $L^q(\mathbb{R}^d)$ 的一个有界线性映射，其中 $p=\dfrac{d+1}{d}$，$q=d+1$.

推论 8.4.2 映射 A 的 Riesz 图（见第 2 章 2.2 节）是 $(1/p,1/q)$ 平面中的闭三角形，其顶点分别为 $(0,0)$，$(1,1)$ 和 $\left(\dfrac{d}{d+1},\dfrac{1}{d+1}\right)$.

事实上，推论中的 L^p，L^q 有界是最优的，见习题 6.

推论 8.4.3 若仅假设 M 至少有 m 个非零的主曲率，则对于 $k=m/2$，$p=\dfrac{m+2}{m+1}$，$q=m+2$ 有相同的结论成立.

由估计式（8.21）可知 $(1+|\xi|^2)^{k/2}\widehat{\mathrm{d}\mu}(\xi)$ 是有界的，从而定理（a）的证明与球面上的情形是一样的. 因此

$$\begin{aligned}\|A(f)\|_{L_k^2}&=\|(1+|\xi|^2)^{k/2}\widehat{Af}(\xi)\|_{L^2}\\&=\|(1+|\xi|^2)^{k/2}\hat{f}(\xi)\widehat{\mathrm{d}\mu}(\xi)\|_{L^2}\\&\leqslant c\|\hat{f}\|_{L^2}=c\|f\|_{L^2}.\end{aligned}$$

定理（b）的证明需要采用内插定理将算子 A 的下述两个估计结合起来，这有点类似于第 2 章 2.2 节中 Hausdorff-Young 定理的证明. 首先给出 $L^1\to L^\infty$ 的估计. 涉及的不等式与前面的不等式如出一辙，也是仅涉及函数的绝对值，但是为了得到此不等式，我们必须对算子 A 求"积分"来"加强" A. 该估计与 M 的曲率无关.

其次给出 $L^2\to L^2$ 的估计. 与定理（a）一样，它也是通过 Plancherel 定理和

6 因为密度函数 ψ 不一定是正的，所以这里在 A 的定义中省略了规范化因子.

定理 8.3.1 得到的，并且该估计允许我们对 A 从本质上求 $\frac{d-1}{2}$ 阶微分使得算子 A "恶化". 处于加强和恶化算子之间的中间算子就是算子 A 本身，并且产生的对中间算子的估计就是结论 (b).

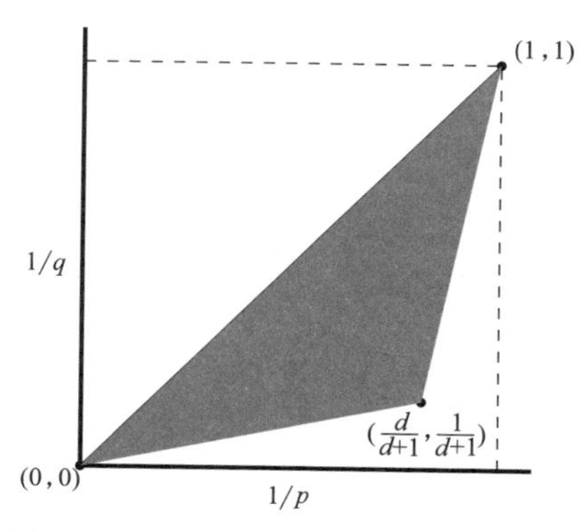

图 1　推论 8.4.2 中映射 A 的 Riesz 图

我们刚勾勒出的证明构想实际上已经存在于许多情形中. 为完成定理的证明，我们需要下述 Riesz 内插定理，该定理中的算子可以是变化的. 为此，需要定义**解析算子族**.[7]

对于带形区域 $S=\{a\leqslant \mathrm{Re}(s)\leqslant b\}$ 中的每一个 s，假设给定一个映$\mathbb{R}^d$ 上的简单函数到$\mathbb{R}^d$ 上的局部可积函数的线性映射 T_s. 并设对于任何一对简单函数 f 和 g，函数

$$\Phi_0(s)=\int_{\mathbb{R}^d} T_s(f)g\,\mathrm{d}x$$

在 S 上是连续有界的，且在 S 的内部是解析的. 进一步地假设下述两个边界估计成立：

$$\sup_{t\in\mathbb{R}}\|T_{a+it}(f)\|_{L^{q_0}}\leqslant M_0\|f\|_{L^{p_0}},$$

和

$$\sup_{t\in\mathbb{R}}\|T_{b+it}(f)\|_{L^{q_1}}\leqslant M_1\|f\|_{L^{p_1}}.$$

命题 8.4.4　在上述假设条件下，

$$\|T_c(f)\|_{L^q}\leqslant M\|f\|_{L_p}$$

对于任意的 $a\leqslant c\leqslant b$ 均成立，其中 $c=(1-\theta)a+\theta b$，$0\leqslant\theta\leqslant 1$；并且

$$\frac{1}{p}=\frac{1-\theta}{p_0}+\frac{\theta}{p_1}\quad 和\quad \frac{1}{q}=\frac{1-\theta}{q_0}+\frac{\theta}{q_1}.$$

一旦给出这个结论，事实上就可以采用第 2 章 2.2 节中的相同论证方法来证明它.

记 $s=a(1-z)+bz$，故 $z=\frac{s-a}{b-a}$，从而带形区域 S 被转化成带形区域 $0\leqslant \mathrm{Re}(z)\leqslant 1$. 对于给定的简单函数 f 和 g，令 $f_s=|f|^{\gamma(s)}\frac{f}{|f|}$和 $g_s=|g|^{\delta(s)}\frac{g}{|g|}$，其中 $\gamma(s)=p\left(\frac{1-s}{p_0}+\frac{s}{p_1}\right)$且 $\delta(s)=q\left(\frac{1-s}{q_0'}+\frac{s}{q_1'}\right)$. 于是

$$\Phi(s)=\int_{\mathbb{R}^d} T_s(f_s)g_s\,\mathrm{d}x$$

7　这里，我们阐述关于带有 Lebesgue 测度的空间$\mathbb{R}^d$ 的结论. 采用与第 2 章定理 2.2.1 同样的方法可证该结论对更一般的测度空间也成立.

在 S 上是连续有界的，且在 S 的内部是解析的. 与第 2 章定理 2.2.1 的证明一样，对 $\Phi(s)$ 应用三线引理即可得到想要的结论.

现在回到平均算子 A，假设（因为这是行得通的）$d\mu$ 的支撑在一个选定的球中，且在该球上 M 满足式 (8.18).

下面考虑卷积算子 T_s：

$$T_s = f * K_s,$$

其中先设 $\mathrm{Re}(s)>0$，且

$$K_s = \gamma_s |x_d - \varphi(x')|_+^{s-1} \psi_0(x). \tag{8.25}$$

下面说明 K_s 的定义中出现的一些项.

- 因子 γ_s 等于 $s(s+1)\cdots(s+N)e^{s^2}$.

乘积 $s(s+1)\cdots(s+N)$ 的作用将会立刻展现出来，而且 e^{s^2} 是用来减慢当 $\mathrm{Im}(s)\to\infty$ 时前面的多项式的增长速度的. 这里的 N 固定，且 $N\geqslant\dfrac{d-1}{2}$.

- 对于函数 $|u|_+^{s-1}$，当 $u>0$ 时，它等于 u^{s-1}；当 $u\leqslant 0$ 时，它等于 0.
- $\psi_0(x)=\psi(x)(1+|\nabla_{x'}\varphi(x')|^2)^{1/2}$，其中 ψ 是 $d\mu=\psi d\sigma$ 的密度.

当 $\mathrm{Re}(s)>0$ 时，函数 K_s 在整个 $\mathbb{R}^d$ 上可积. 主要结论如下.

命题 8.4.5 Fourier 变换 $\hat{K}_s(\xi)$ 可解析延拓到半平面 $-\dfrac{d-1}{2}\leqslant\mathrm{Re}(s)$ 上，并满足

$$\sup_{\xi\in\mathbb{R}^d}|\hat{K}_s(\xi)|\leqslant M, \quad 在带形区域 -\frac{d-1}{2}\leqslant\mathrm{Re}(s)\leqslant 1 中. \tag{8.26}$$

这可由对下述一维 Fourier 变换的计算得到. 设 F 是 $\mathbb{R}$ 上有紧支撑的 C^∞ 函数，并令

$$I_s(\rho)=s(s+1)\cdots(s+N)\int_0^\infty u^{s-1}F(u)e^{-2\pi iu\rho}du, \quad \rho\in\mathbb{R}. \tag{8.27}$$

引理 8.4.6 起初对 $\mathrm{Re}(s)>0$ 定义的 $I_s(\rho)$ 可解析延拓到半平面 $\mathrm{Re}(s)>-N-1$ 上. 并且

(a) 当 $-N-1<\mathrm{Re}(s)\leqslant 1$ 时 $|I_s(\rho)|\leqslant c_s(1+|\rho|)^{-\mathrm{Re}(s)}$；

(b) $I_0(\rho)=N!F(0)$.

其中 c_s 至多是关于 $\mathrm{Im}(s)$ 的多项式增长的，且仅依赖于 F 的 C^{N+1} 范数和 F 的支撑.

读者应该注意到，当 $\rho=0$ 时，我们需要考虑齐次分布 $|x|_+^{s-1}$ 的解析延拓问题，这极其类似于第 3 章 3.2.2 节中的讨论.

证 易见 $s(s+1)\cdots(s+N)u^{s-1}=\left(\dfrac{d}{du}\right)^{N+1}u^{s+N}$. 则应用 $(N+1)$ 次分部积分可得

$$I_s(\rho)=(-1)^{N+1}\int_0^\infty u^{s+N}\left(\frac{\mathrm{d}}{\mathrm{d}u}\right)^{N+1}(F(u)\mathrm{e}^{-2\pi\mathrm{i}u\rho})\mathrm{d}u,$$

由此易见，I_s 可解析延拓到 $\mathrm{Re}(s)>-N-1$ 上. 且当 ρ 有界，例如 $|\rho|\leqslant 1$ 时，估计式（a）成立.

可类似地证明当 $|\rho|>1$ 时估计式（a）仍然成立，但需要更细致的论述. 根据 $u|\rho|\leqslant 1$ 或 $u|\rho|>1$，我们将式（8.27）中的积分区域分成两部分. 假设 η 是 $\mathbb{R}$ 上的 C^∞ 截断函数，满足 $\eta(u)=1$，当 $|u|\leqslant 1/2$ 时；$\eta(u)=0$，当 $|u|\geqslant 1$ 时，并将 $\eta(u\rho)$ 或 $1-\eta(u\rho)$ 代入到积分式（8.27）中.

当代入 $\eta(u\rho)$ 时，得到的积分为

$$(-1)^{N+1}\int_0^\infty u^{s+N}\left(\frac{\mathrm{d}}{\mathrm{d}u}\right)^{N+1}(\eta(u\rho)\mathrm{e}^{-2\pi\mathrm{i}u\rho}F(u))\mathrm{d}u.$$

于是它被下式的常数倍控制：

$$(1+|\rho|)^{N+1}\int_{0\leqslant u\leqslant 1/|\rho|}u^{\sigma+N}\mathrm{d}u,\text{其中 }\sigma=\mathrm{Re}(s).$$

因为 $\sigma+N>-1$，所以上式本身又被乘积 $(1+|\rho|)^{N+1}|\rho|^{-\sigma-N-1}$ 控制，而后式 $\lesssim(1+|\rho|)^{-\sigma}$，这是因为已经假设 $|\rho|\geqslant 1$.

当代入 $1-\eta(u\rho)$ 时，得到的积分为

$$s(s+1)\cdots(s+N)\frac{1}{(-2\pi\mathrm{i}\rho)^k}\int_0^\infty u^{s-1}F(u)(1-\eta(u\rho))\left(\frac{\mathrm{d}}{\mathrm{d}u}\right)^k(\mathrm{e}^{-2\pi\mathrm{i}u\rho})\mathrm{d}u,$$

其中 k 满足 $\mathrm{Re}(s)<k$. 从而除去一个不依赖于 ρ 的因子（关于 s 的多项式）后，上述积分等于

$$\rho^{-k}\int_0^\infty \mathrm{e}^{-2\pi\mathrm{i}u\rho}\left(\frac{\mathrm{d}}{\mathrm{d}u}\right)^k[u^{s-1}F(u)(1-\eta(\rho u))]\mathrm{d}u.$$

因为 F 的支撑在某个区间 $|u|\leqslant A$ 中，所以由 $\sigma=\mathrm{Re}(s)<k$ 易证上式被 $|\rho|^{-k}\int_{1/(2|\rho|)}^A u^{\sigma-k-1}\mathrm{d}u$ 的常数倍控制，而此倍数就是 $\mathrm{O}(|\rho|^{-\sigma})$；这就导出了（a）中的有界性.

最后，应用分部积分可得

$$I_s(\rho)=-(s+1)\cdots(s+N)\int_0^\infty u^s\frac{\mathrm{d}}{\mathrm{d}u}(F(u)\mathrm{e}^{-2\pi\mathrm{i}u\rho})\mathrm{d}u.$$

又由于 $F(0)$ 等于积分 $-\int_0^\infty\frac{\mathrm{d}}{\mathrm{d}u}(F(u)\mathrm{e}^{-2\pi\mathrm{i}u\rho})\mathrm{d}u$，从而在上式中令 $s=0$ 即可得到结论（b）. 故引理得证. □

下面证明命题 8.4.5. 仔细观察式（8.25）可知，当 $\mathrm{Re}(s)>0$ 时，做变量替换 $u=x_d-\varphi(x')$ 即得

$$\widehat{K}_s(\xi)=\gamma_s\int_{\mathbb{R}^d}|x_d-\varphi(x')|_+^{s-1}\psi_0(x)\mathrm{e}^{-2\pi\mathrm{i}(x'\cdot\xi'+x_d\xi_d)}\mathrm{d}x$$

$$=\gamma_s\int_0^\infty u^{s-1}\mathrm{e}^{-2\pi\mathrm{i}u\xi_d}\int_{\mathbf{R}^{d-1}}\mathrm{e}^{-2\pi\mathrm{i}(x'\cdot\xi'+\varphi(x')\xi_d)}\psi_0(x',u+\varphi(x'))\mathrm{d}x'\mathrm{d}u$$

$$=\mathrm{e}^{s^2}I_s(\xi_d),\tag{8.28}$$

其中对于式（8.27）中的 I_s，令

$$F(u)=\int_{\mathbf{R}^{d-1}}\mathrm{e}^{-2\pi\mathrm{i}(x'\cdot\xi'+\varphi(x')\xi_d)}\psi_0(x',u+\varphi(x'))\mathrm{d}x'.$$

但是由定理 8.3.1（本质上是对式（8.22）中的积分估计）可得 $|F(u)|\leqslant c(1+|\xi|)^{-\frac{d-1}{2}}$，且 F 关于 u 的任意导数对于 $|\xi|$ 有同样的衰减阶数.因此由引理 8.4.6(a)可得

$$|\hat{K}_s(\xi)|\leqslant c_s|\mathrm{e}^{s^2}|(1+|\xi_d|)^{-\mathrm{Re}(s)}(1+|\xi|)^{-\frac{d-1}{2}},$$

由此即得式（8.26）. 注意到在带形区域 $-\dfrac{d-1}{2}\leqslant\mathrm{Re}(s)\leqslant 1$ 中，有 $|\mathrm{e}^{s^2}|\leqslant c\mathrm{e}^{-(\mathrm{Im}(s))^2}$，并且 c_s 至多是关于 $\mathrm{Im}(s)$ 多项式增长的. 故命题 8.4.5 得证.

最后考虑算子 T_s，并应用其核 K_s 的解析性.

假设 f 和 g 是$\mathbb{R}^d$ 上的一对简单函数. 则它们在 L^2 中，因此可以应用 Fourier 变换和 Plancherel 定理. 从而若对于 $\mathrm{Re}(s)>0$，令 $\Phi_0(s)=\int T_s(f)g\,\mathrm{d}x$，则

$$\Phi_0(s)=\int_{\mathbf{R}^d}(f*K_s)g\,\mathrm{d}x=\int_{\mathbf{R}^d}(f*K_s)^\wedge\hat{g}(-\xi)\mathrm{d}\xi$$

$$=\int_{\mathbf{R}^d}\hat{K}_s(\xi)\hat{f}(\xi)\hat{g}(-\xi)\mathrm{d}\xi.$$

因此由命题 8.4.5 和 Schwarz 不等式可知，$\Phi_0(s)$ 在带形区域$-\dfrac{d-1}{2}\leqslant\mathrm{Re}(s)\leqslant 1$ 上是连续有界的，并在其内部是解析的. 由命题 8.4.5 也易证

$$\sup_t\|T_{-\frac{d-1}{2}+it}(f)\|_{L^2}\leqslant M\|f\|_{L^2}.$$

其次当 $\mathrm{Re}(s)=1$ 时显然有 $\sup_x|K_s(x)|\leqslant M$. 因此

$$\sup_t\|T_{1+it}(f)\|_{L^\infty}\leqslant M\|f\|_{L^1}.$$

但是由式(8.28)和引理 8.4.6 中结论（b）可得 $\hat{K}_0(\xi)=N!\,\widehat{\mathrm{d}\mu}(\xi)$，因此

$$T_0(f)=N!\,A(f).$$

于是可以应用内插定理，即命题 8.4.4. 取 $a=-\dfrac{d-1}{2}$，$b=1$ 和 $c=0$. 且 $p_0=q_0=2$，$p_1=1$，$q_1=\infty$. 但是 $0=(1-\theta)a+\theta b$，故 $\theta=\dfrac{d-1}{d+1}$. 又因为 $1/p=\dfrac{1-\theta}{2}+\theta$，所以 $1/p=\dfrac{d}{d+1}$；类似地，有 $1/q=\dfrac{1}{d+1}$，由此给出了关于算子 A 的相关结论.

8.5 限制定理

本节考虑振荡积分的第二个重要应用. 我们将着重考虑一个函数的 Fourier 变换限制在较低维平面上的可能性. 相关背景如下所述.

8.5.1 径向函数

首先，L^1 函数 f 的 Fourier 变换 $\hat{f}$ 是连续的（参考《实分析》第 2 章第 4* 节），同时由 Hausdorff-Young 定理可知，当 $1\leqslant p\leqslant 2$ 时，若 $f\in L^p$，则 $\hat{f}\in L^q$，其中 $1/q+1/p=1$. 此时 L^q 函数一般来说是几乎处处确定的. 从而（若不深入探究的话）一个 $L^p(1<p\leqslant 2)$ 函数的 Fourier 变换在较低维的子集上是不可能合理定义的，而且当 $p=2$ 时，情况确是如此.

首先注意到，对于某些 $1<p<2$，若 f 是径向的 L^p 函数，且 $d\geqslant 2$，则 f 的 Fourier 变换在远离原点时是连续的. 这或许与上述问题很不相同.

命题 8.5.1　假设 $f\in L^p(\mathbb{R}^d)$ 是径向函数. 则当 $1\leqslant p<2d/(d+1)$ 时，$\hat{f}$ 对于 $\xi\neq 0$ 是连续的.

注意，当 $d\to\infty$ 时，指数序列 $\dfrac{2d}{d+1}$：$1，\dfrac{4}{3}，\dfrac{3}{2}，\dfrac{8}{5}，\cdots$ 趋于 2.

证　假设 $f(x)=f_0(|x|)$. 则 $\hat{f}(\xi)=F(|\xi|)$，其中 F 由式 (8.4) 定义，即

$$F(\rho)=2\pi\rho^{-d/2+1}\int_0^\infty J_{d/2-1}(2\pi\rho r)f_0(r)r^{d/2}\mathrm{d}r. \tag{8.29}$$

为简单起见，可以假设 f 在单位球中为零（因此在上式中只需在 $r\geqslant 1$ 上积分），这是因为支撑在单位球中的 L^p 函数自然在 L^1 中，进而它的 Fourier 变换是连续的.

也可以将 $\rho=|\xi|$ 限制在一个不包含原点的有界区间中，于是式 (8.29) 中的积分关于 ρ 是绝对且一致收敛的. 事实上，因为当 $u>0$ 时，$|J_{d/2-1}(u)|\leqslant Au^{-1/2}$，所以式 (8.29) 中的积分可由下式的常数倍控制：

$$\int_1^\infty |f_0(r)|r^{d/2-1/2}\mathrm{d}r. \tag{8.30}$$

现在令 q 是 p 的共轭数，即 $1/p+1/q=1$，并记

$$r^{d/2-1/2}=r^{\frac{d-1}{p}}r^{\frac{d-1}{q}}r^{-\frac{d-1}{2}}.$$

从而由 Hölder 不等式可知，积分式 (8.30) 被一个 L^p 范数和 L^q 范数的乘积控制，其中 L^p 范数为

$$\left(\int_1^\infty |f_0(r)|^p r^{d-1}\mathrm{d}r\right)^{1/p}=c\|f\|_{L^p(\mathbb{R}^d)},$$

而且 L^q 范数为

$$\left(\int_1^\infty r^{d-1-q\left(\frac{d-1}{2}\right)}\mathrm{d}r\right)^{1/q}.$$

当 $d-1-q\left(\dfrac{d-1}{2}\right)<-1$ 时，上式是有限的，此时意味着 $q>2d/(d-1)$，故 $p<$

$2d/(d+1)$. 因此式（8.30）中的积分是收敛的，从而式（8.29）中 F 关于 ρ 是连续的，故命题得证. □

仔细审视证明过程会发现区间 $1\leqslant p<2d/(d+1)$ 是不能扩大的.

下面考虑没有假设 f 是径向的情形.

8.5.2 问题

固定$\mathbb{R}^d$中的一个（局部）超曲面 M，此时 M 的限制问题如下所述. 假设 $\mathrm{d}\mu$ 是给定的支撑曲面测度 $\mathrm{d}\mu=\psi\mathrm{d}\sigma$，其光滑的非负密度 ψ 有紧支撑. 对于给定的 $1<p<2$，是否存在 q（不一定是 p 的共轭数）使得下述先验不等式

$$\left(\int_M |\hat{f}(\xi)|^q \mathrm{d}\mu(\xi)\right)^{1/q} \leqslant c\|f\|_{L^p(\mathbf{R}^d)} \tag{8.31}$$

成立？

我们的想法是不等式（8.31）对于 L^p 中的一个适当的稠密函数族 f 是成立的，其中上界 c 与 f 无关. 若对于这个问题的答案是肯定的，则说（L^p，L^q）**限制**对于 M 成立.

关于这个问题有以下三点声明：

1. 只有当 M 有一定程度的曲率时关于式（8.31）的非平凡的结论才可能成立.

2. 假设 M 在每一点处都有非零的 Gauss 曲率（尤其 M 是一个球面时). 此时可能会猜想式（8.31）成立的精确区域是 $1\leqslant p<2d/(d+1)$ 和 $q\leqslant\left(\dfrac{d-1}{d+1}\right)p'$，其中，$1/p'+1/p=1$. 该关系中的端点满足当 $p=1$ 时 $q=\infty$；当 $p\to 2d/(d+1)$时，$q\to 2d/(d+1)$. 当 $d=2$ 时，这个猜想确实是正确的；其证明见问题 4.

3. 当 $d\geqslant 3$ 时，我们所期望的结果是否成立依然没有得以解决，但是关于$q=2$（因此对于 $q\geqslant 2$）的情形已经解决. 这正是下面将考虑的问题.

8.5.3 定理

本小节证明下述定理.

定理 8.5.2 假设 M 在 $\mathrm{d}\mu$ 的支撑中的每一点处都有非零的 Gauss 曲率. 则当 $q=2$ 和 $p=\dfrac{2d+2}{d+3}$时限制不等式（8.31）成立.

注意到这里有另一个指数序列$\dfrac{2d+2}{d+3}$：1，$\dfrac{6}{5}$，$\dfrac{4}{3}$，$\dfrac{10}{7}$，…趋于 2.

在证明定理之前，先给出几个简单的注记. 令 $\mathcal{R}$ 为限制算子

$$\mathcal{R}(f)(\xi)=\hat{f}(\xi)|_M=\int_{\mathbf{R}^d}\mathrm{e}^{-2\pi\mathrm{i}x\cdot\xi}f(x)\mathrm{d}x\Big|_M,$$

且此算子最初是映$\mathbb{R}^d$上有紧支撑的连续函数到 M 上的连续函数. 也考虑其“对偶”算子 $\mathcal{R}^*$，此算子映 M 上的连续函数 F 到$\mathbb{R}^d$上的连续函数，且定义为

$$\mathcal{R}^*(F)(x)=\int_M \mathrm{e}^{2\pi\mathrm{i}\xi\cdot x}F(\xi)\mathrm{d}\mu(\xi).$$

注意到交换积分次序可证对偶等式：

$$(\mathcal{R}(f),F)_M=(f,\mathcal{R}^*(F))_{\mathbb{R}^d}, \tag{8.32}$$

其中 $(f,g)_{\mathbb{R}^d}=\int_{\mathbb{R}^d}f(x)\overline{g(x)}\mathrm{d}x$ 且 $(F,G)_M=\int_M F(\xi)\overline{G(\xi)}\mathrm{d}\mu(\xi)$.

现在考虑复合 $\mathcal{R}^*\mathcal{R}$，有

$$\mathcal{R}^*\mathcal{R}(f)(x)=\int_M \mathrm{e}^{2\pi\mathrm{i}\xi\cdot x}\left\{\int_{\mathbb{R}^d}\mathrm{e}^{-2\pi\mathrm{i}y\cdot\xi}f(y)\mathrm{d}y\right\}\mathrm{d}\mu(\xi).$$

因此

$$\mathcal{R}^*\mathcal{R}(f)=f*k,\text{其中 } k(x)=\widehat{\mathrm{d}\mu}(-x). \tag{8.33}$$

从而关于 $\mathcal{R}$，$\mathcal{R}^*$ 和 $\mathcal{R}^*\mathcal{R}$ 的有界性之间有下述关系.

命题 8.5.3　对于给定的 $p\geqslant 1$，下述三个范数估计等价：

（ⅰ）$\|\mathcal{R}(f)\|_{L^2(M,\mathrm{d}\mu)}\leqslant c\|f\|_{L^p(\mathbb{R}^d)}$；

（ⅱ）$\|\mathcal{R}^*(F)\|_{L^{p'}(\mathbb{R}^d)}\leqslant c\|F\|_{L^2(M,\mathrm{d}\mu)}$，其中 $1/p+1/p'=1$；

（ⅲ）$\|\mathcal{R}^*\mathcal{R}(f)\|_{L^{p'}(\mathbb{R}^d)}\leqslant c^2\|f\|_{L^p(\mathbb{R}^d)}$.

（ⅰ）和（ⅱ）的等价性可由 L^p 空间的对偶和一般对偶定理（第 1 章定理 1.4.1 和命题 1.5.3）直接得到.

假设（ⅰ）（或（ⅱ））成立，则在（ⅱ）中取 $F=\mathcal{R}(f)$ 即可得到（ⅲ）.

反之，由式（8.32）可知

$$(\mathcal{R}(f),\mathcal{R}(f))_M=(\mathcal{R}^*\mathcal{R}(f),f)_{\mathbb{R}^d}.$$

因此若（ⅲ）成立，则由 Hölder 不等式可得 $(\mathcal{R}(f),\mathcal{R}(f))_M\leqslant c^2\|f\|^2_{L^p(\mathbb{R}^d)}$，从而（ⅰ）成立，故命题得证.

由上述命题可知，为了证明定理 8.5.2，必须先证明算子 $\mathcal{R}^*\mathcal{R}$ 映 $L^p(\mathbb{R}^d)$ 到 $L^{p'}(\mathbb{R}^d)$ 是有界的，其中 $p=\dfrac{2d+2}{d+3}$. 其证明除了需要通过 Fourier 变换转化，其他的与平均算子 A 的证明方法非常类似.

事实上，此时考虑的解析算子族 $\{S_s\}$ 是

$$S_s(f)=f*k_s,$$

其中 $k_s(x)=\hat{K}_s(-x)$，K_s 最初由式（8.25）给出，且应用命题 8.4.5 可将 $\hat{K}_s$ 延拓到带形区域 $-\dfrac{d-1}{2}\leqslant\mathrm{Re}(s)\leqslant 1$ 中.

已知 $\hat{K}_0(\xi)=N!\,\widehat{\mathrm{d}\mu}(\xi)$，故由式（8.33）可得 $S_0(f)=N!\,\mathcal{R}^*\mathcal{R}(f)$. 但是当 $\mathrm{Re}(s)=1$ 时，因为 $K_{1+it}\in L^\infty$ 且 $\sup_t\|K_{1+it}\|_{L^\infty}\leqslant M$，于是有

$$\hat{k}_{1+it}(\xi)=K_{1+it}(\xi),$$

所以

$$\|S_s(f)\|_{L^2}\leqslant M\|f\|_{L^2},$$

此外，当 $\mathrm{Re}(s)=-\dfrac{d-1}{2}$ 时，因为 $k_s=\hat{K}_s(-x)$，所以由命题 8.4.5 中式（8.26）

可得 $k_s \in L^{\infty}$. 因此

$$\sup_t \| S_{-\frac{d-1}{2}+it}(f) \|_{L^\infty} \leqslant M \| f \|_{L^1}.$$

最后，易证（再次使用命题 8.4.5）当 $f, g \in L^1(\mathbb{R}^d)$（尤其 f 和 g 是简单函数）时，$\Phi_0(s) = \int_{\mathbb{R}^d} S_s(f) g \, dx$ 在带形区域 $-\frac{d-1}{2} \leqslant \mathrm{Re}(s) \leqslant 1$ 中是连续有界的，并在其内部是解析的. 于是可以对 S_s 应用内插定理（命题 8.4.4）. 此时 $a = -\frac{d-1}{2}$，$b=1$ 且 $c=0$，于是 $0=(1-\theta)a+\theta b$ 蕴含着 $\theta = \frac{d-1}{d+1}$. 同时 $p_0=1$，$q_0=\infty$ 和 $p_1=2$，$q_1=2$.

因此 $1/p = \frac{1-\theta}{p_0} + \frac{\theta}{p_1}$ 蕴含着 $1/p = 1-\theta+\theta/2 = 1-\theta/2$，故 $1/p = \frac{d+3}{2d+2}$. 类似地，有 $1/q = \frac{1-\theta}{q_0} + \frac{\theta}{q_1} = \frac{\theta}{2}$ 以及 $1/q = 1-1/p = 1/p'$. 因此 $S_0 = N!\mathcal{R}^*\mathcal{R}$ 映 L^p 到 $L^{p'}$，从而再由命题 8.5.3 中的等价性即可完成定理的证明.

推论 8.5.4 在定理假设前提下，限制不等式（8.31）对于 $1 \leqslant p \leqslant \frac{2d+2}{d+3}$ 和 $q \leqslant \left(\frac{d-1}{d+1}\right) p'$ 成立.

结合 $p = \frac{2d+2}{d+3}$ 且 $q \leqslant 2$ 时的临界情形（可由定理 8.5.2 和 Hölder 不等式得到）和 $p=1$ 且 $q=\infty$ 时的平凡情形，并应用 Riesz 内插定理即可证明此推论.

该定理成立的关键无疑是支撑曲面测度 $d\mu$ 的 Fourier 变换的衰减性. 下述推论正是强调这一点，且它可由重新查看此定理的证明得到.

下面考虑对曲率未做明确假设的超曲面 M. 并且考虑的测度 $d\mu$ 也形如 $\psi d\sigma$.

推论 8.5.5 假设存在 $\delta > 0$，使得对所有形如 $\psi d\sigma$ 的测度 $d\mu$ 均有

$$|\widehat{d\mu}(\xi)| = O(|\xi|^{-\delta}), \quad \text{当} |\xi| \to \infty \text{时}.$$

则限制不等式（8.31）对于 $p = \frac{2\delta+2}{\delta+2}$ 和 $q=2$ 成立.

特别地，若假设 M 有 m 个非零的主曲率，则由 8.3 节中的推论可知，结论对于 $p = \frac{2m+4}{m+4}$ 也成立.

8.6 对一些色散方程的应用

宽泛地说，色散方程具有随着时间变化它们的解保持质量或能量的某种形式不变的性质（例如，L^2 范数），但是随着时间的推移，它们的上确界范数是衰减的，

从这个意义上来说，这些解是分散的. 下面会看到怎样将本章已讨论的思想应用到这类（线性的和非线性的）方程中.

8.6.1　Schrödinger 方程

典型的线性色散方程是对于 $u(x,t),(x,t)\in\mathbb{R}^d\times\mathbb{R}=\mathbb{R}^{d+1}$ 的虚时 **Schrödinger 方程**

$$\frac{1}{\mathrm{i}}\frac{\partial u}{\partial t}=\Delta u,\tag{8.34}$$

以及由初值

$$u(x,0)=f(x)\tag{8.35}$$

决定方程（8.34）的解的 Cauchy 问题，其中 $\Delta=\sum_{j=1}^{d}\frac{\partial^2}{\partial x_j^2}$ 是 $\mathbb{R}^d$ 上的 Laplacian 算子.

为考虑正题，定义算子 $\mathrm{e}^{\mathrm{i}t\Delta}$ 为

$$(\mathrm{e}^{\mathrm{i}t\Delta}f)^\wedge(\xi)=\mathrm{e}^{-\mathrm{i}t4\pi^2|\xi|^2}\hat{f}(\xi),\tag{8.36}$$

其中 $^\wedge$ 是关于变量 x 的 Fourier 变换，并且希望 $u(x,t)=\mathrm{e}^{\mathrm{i}t\Delta}(f)(x)$ 是问题式（8.34）和式（8.35）的解. 它在下述两种不同情形下是正确的，其一是测试函数构成的 Schwartz 空间 $\mathcal{S}$.

命题 8.6.1　对于每一个 t：

（ⅰ）$\mathrm{e}^{\mathrm{i}t\Delta}$ 映 $\mathcal{S}$ 到 $\mathcal{S}$；

（ⅱ）若令 $u(x,t)=\mathrm{e}^{\mathrm{i}t\Delta}(f)(x)$，其中 $f\in\mathcal{S}$，则 u 是 (x,t) 的 C^∞ 函数并满足式（8.34）和式（8.35）；

（ⅲ）当 $t\neq0$ 时 $\mathrm{e}^{\mathrm{i}t\Delta}(f)=f*K_t$，其中 $K_t(x)=(4\pi\mathrm{i}t)^{-d/2}\mathrm{e}^{-|x|^2/(4\mathrm{i}t)}$；

（ⅳ）$\|\mathrm{e}^{\mathrm{i}t\Delta}(f)\|_{L^\infty}\leqslant(4\pi|t|)^{-d/2}\|f\|_{L^1}$.

证　因为乘子 $\mathrm{e}^{-\mathrm{i}t4\pi^2|\xi|^2}$ 关于 ξ 的任一导数都是至多以多项式增长的，所以 $\mathrm{e}^{\mathrm{i}t\Delta}$ 显然映 $\mathcal{S}$ 到 $\mathcal{S}$. 其次由 Fourier 逆变换公式可知

$$u(x,t)=\int_{\mathbb{R}^d}\mathrm{e}^{-\mathrm{i}t4\pi^2|\xi|^2}\mathrm{e}^{2\pi\mathrm{i}x\cdot\xi}\hat{f}(\xi)\mathrm{d}\xi.$$

从而由 $\hat{f}$ 的快速衰减性可知，函数 u 是关于变量 x 和 t 的 C^∞ 函数. 又因为 $\frac{1}{\mathrm{i}}\frac{\partial}{\partial t}$ 作用在 u 上会产生因子 $-4\pi^2|\xi|^2$，而这与 Δ 应用在 u 上所得到的因子是一样的，所以 u 显然满足式（8.34）.

结论（ⅲ）可由下述等式推得：

$$K_t^\wedge(\xi)=\mathrm{e}^{-\mathrm{i}t4\pi^2|\xi|^2},\quad t\neq0,\tag{8.37}$$

其中将有界函数 $K_t(x)=(4\pi\mathrm{i}t)^{-d/2}\mathrm{e}^{-|x|^2/(4\mathrm{i}t)}$ 和 $\mathrm{e}^{-\mathrm{i}t4\pi^2|\xi|^2}$ 看作缓增分布，且卷积和 Fourier 变换之间的关系跟第 3 章中一样.

为证明式 (8.37)，先注意到熟知的 Gaussian 等式

$$(u^{-d/2}e^{-\pi|x|^2/u})^{\wedge}(\xi)=e^{-u\pi|\xi|^2},\quad 当 u>0 时.$$

上式中 u 是快速衰减函数，并且 Fourier 变换是（比如）在 L^1 意义下取得的. 现在记 $u=4\pi s$，并且因为问题中的函数仍然是快速衰减的，所以可将上述等式解析延拓到复变量 $s=\sigma+\mathrm{i}t$ 上，其中 $\sigma>0$. 因此

$$((4\pi s)^{-d/2}e^{-|x|^2/(4s)})^{\wedge}=e^{-4\pi^2 s|\xi|^2}.$$

最后，若 t 是固定的且 $t\neq 0$，则令 $\sigma\to 0$ 时，左端函数和右端函数分别点点有界地（因此在缓增分布意义下）收敛于 $K_t^{\wedge}(\xi)$ 和 $e^{-\mathrm{i}t4\pi^2|\xi|^2}$. 因此式 (8.37) 成立. 故

$$\|f*K_t\|_{L^\infty}\leqslant\|K_t\|_{L^\infty}\|f\|_{L^1}=(4\pi|t|)^{-d/2}\|f\|_{L^1},$$

从而命题得证. □

下面再考虑式 (8.36) 给出的算子 $e^{\mathrm{i}t\Delta}$，但此时是在 L^2 的情形中.

命题 8.6.2 对于每个 t：

(i) 算子 $e^{\mathrm{i}t\Delta}$ 在 $L^2(\mathbb{R}^d)$ 上是酉算子；

(ii) 对于每个 f，映射 $t\mapsto e^{\mathrm{i}t\Delta}(f)$ 依 $L^2(\mathbb{R}^d)$ 范数连续；

(iii) 若 $f\in L^2(\mathbb{R}^d)$，则在广义函数意义下，$u(x,t)=e^{\mathrm{i}t\Delta}(f)(x)$ 满足式 (8.34).

证 因为乘子 $e^{-\mathrm{i}t4\pi^2|\xi|^2}$ 的模为 1，所以结论 (i) 可以直接由 Plancherel 定理得到. 现在若 $\hat{f}\in L^2(\mathbb{R}^d)$，则明显有当 $t\to t_0$ 时，$e^{-\mathrm{i}t4\pi^2|\xi|^2}\hat{f}(\xi)\to e^{-\mathrm{i}t_0 4\pi^2|\xi|^2}\hat{f}(\xi)$ 依 L^2 范数成立，从而再次使用 Plancherel 定理可得到结论 (ii).

为证明第三个结论，简记 $\mathcal{L}=\frac{1}{\mathrm{i}}\frac{\partial}{\partial t}-\Delta$，并记其转置为 $\mathcal{L}'=-\frac{1}{\mathrm{i}}\frac{\partial}{\partial t}-\Delta$. 此时结论 (iii) 即是只要 φ 是 $\mathbb{R}^d\times\mathbb{R}$ 上有紧支撑的 C^∞ 函数，就有

$$\iint_{\mathbb{R}^d\times\mathbb{R}}\mathcal{L}'(\varphi)(x,t)(e^{\mathrm{i}t\Delta}f)(x)\,\mathrm{d}x\,\mathrm{d}t=0. \tag{8.38}$$

现在若 $f\in\mathcal{S}$，由于此时在通常意义下 $u(x,t)=e^{\mathrm{i}t\Delta}(f)(x)$ 满足 $\mathcal{L}(u)=0$，则式 (8.38) 对于这样的 f 成立. 对于一般的 $f\in L^2$，可以用序列 $\{f_n\}$（其中 $f_n\in\mathcal{S}$）依 $L^2(\mathbb{R}^d)$ 范数来逼近 f. 从而根据结论 (i) 可以取极限即得，式 (8.38) 对于任意 $f\in L^2(\mathbb{R}^d)$ 都成立，故命题得证. □

注意，第一个命题中的衰减估计 (iv) 可推广成下述估计：若 $1/q+1/p=1$ 且 $1\leqslant p\leqslant 2$，则

$$\|e^{\mathrm{i}t\Delta}f\|_{L^q(\mathbb{R}^d)}\leqslant c_p|t|^{-d(1/p-1/2)}\|f\|_{L^p(\mathbb{R}^d)}, \tag{8.39}$$

其中 $c_p=(4\pi)^{-d(1/p-1/2)}$. 事实上，结合上述两个命题中 $p=1$ 和 $p=2$ 对应的情形，再应用 Riesz 内插定理（见第 2 章定理 2.2.1）即可直接推得式 (8.39). 证明式 (8.39) 的另一种方法是，意识到算子 $e^{\mathrm{i}t\Delta}$ 是 Fourier 变换的一种变式，因此式 (8.39) 是 Hausdorff-Young 定理的重述. 见习题 12.

现在衰减估计式（8.39）引出了下述问题：当仅假设初值在 L^2 中时，经过很长时间后 u 是否会递减？考虑到 $e^{it\Delta}$ 的酉性，所期望的最好结果是关于 x 和 t 的总体地或平均地衰减. 因此会问下述估计

$$\|u(x,t)\|_{L^q(\mathbf{R}^d\times\mathbf{R})}\leqslant c\|f\|_{L^2(\mathbf{R}^d)} \tag{8.40}$$

是否可能成立（比如对于 $q<\infty$ 来说）？

通过做伸缩变换可证，仅当 $q=\frac{2d+4}{d}$ 时式（8.40）才成立. 事实上，若 $u(x,t)=e^{it\Delta}(f)(x)$，则分别用 f_δ 和 u_δ 替换 f 和 u，其中 $f_\delta(x)=f(\delta x)$，且 $u_\delta(x,t)=u(\delta x,\delta^2 t)$，$\delta>0$. 从而 u_δ 是式（8.34）对应初值为 f_δ 时的解，即 $u_\delta(x,t)=e^{it\Delta}(f_\delta)(x)$. 因此若式（8.40）成立，则对于任意的 $\delta>0$ 均有 $\|u_\delta\|_{L^q(\mathbf{R}^{d+1})}\leqslant c\|f_\delta\|_{L^2(\mathbf{R}^d)}$，其中 c 与 δ 无关. 但是 $\|f_\delta\|_{L^2(\mathbf{R}^d)}=\delta^{-d/2}\|f\|_{L^2(\mathbf{R}^d)}$，同时 $\|u_\delta\|_{L^q(\mathbf{R}^{d+1})}=\delta^{-\frac{d+2}{q}}\|u\|_{L^q(\mathbf{R}^{d+1})}$，因此对于任意的 $\delta>0$ 均有 $\delta^{-\frac{d+2}{q}}\leqslant c'\delta^{-d/2}$，而这仅当 $\frac{d+2}{q}=\frac{d}{2}$，即 $q=\frac{2d+4}{d}$ 时是可能的.

应该注意到，当在 $\mathbb{R}^{d+1}$ 而不是在 $\mathbb{R}^d$ 中时，$q=\frac{2d+4}{d}$ 确实是定理 8.5.2 中限制结论的（共轭）指数$\left(\text{即 } 1/p+1/q=1\text{，其中 } p=\frac{2d+4}{d+4}\right)$. 下述定理说明了这并不是偶然的.

定理 8.6.3　若 $u(x,t)=e^{it\Delta}(f)(x)$，其中 $f\in L^2(\mathbb{R}^d)$，则当 $q=\frac{2d+4}{d}$ 时，式（8.40）成立.

此类结论被称为 **Strichartz 估计**. 该定理实际上可由 8.5 节中的结论直接推得.

现在将变量 t 重新记为 x_{d+1}，并考虑空间 $\mathbb{R}^{d+1}=\mathbb{R}^d\times\mathbb{R}=\{(x,x_{d+1})\}$ 上的 Fourier 变换. 在相应的对偶空间（也是 $\mathbb{R}^{d+1}$）中，记对偶变量为 (ξ,ξ_{d+1})，其中 ξ 与 ξ_{d+1} 分别与 x 和 x_{d+1} 互为对偶变量. 在此对偶空间中，令 M 为抛物面

$$M=\{(\xi,\xi_{d+1}):\xi_{d+1}=-2\pi|\xi|^2\},$$

其中 $|\xi|^2=\xi_1^2+\cdots+\xi_d^2$.

在 M 上定义非负测度 $d\mu=\psi d\sigma=\psi_0 d\xi$，其中 $d\xi$ 是 $\mathbb{R}^d$ 上的 Lebesgue 测度，ψ_0 是一个有紧支撑的 C^∞ 函数，且当 $(\xi,\ \xi_{d+1})\in M$ 和 $|\xi|\leqslant 1$ 时，ψ_0 等于 1.（故 $\psi=\psi_0(1+16\pi^2|\xi|^2)^{1/2}$.）

因为抛物面 M 有非零的 Gauss 曲率，所以我们可以应用限制定理，特别地，可以应用命题 8.5.3 中的对偶结论，其中的 $\mathbb{R}^d$ 换成 $\mathbb{R}^{d+1}$. 即对于算子

$$\mathcal{R}^*(F)(x)=\int_M e^{2\pi i(x\cdot\xi+x_{d+1}\xi_{d+1})}F(\xi,\xi_{d+1})d\mu,$$

有

$$\|\mathcal{R}^*(F)\|_{L^q(\mathbf{R}^{d+1})}\leqslant c\|F\|_{L^2(M,d\mu)}.$$

现在令 $F(\xi,\xi_{d+1})=\hat{f}(\xi)$. 因为已知 $x_{d+1}=t$，$\mathrm{d}\mu=\psi_0\mathrm{d}\xi$，且在 M 上有 $\xi_{d+1}=-2\pi|\xi|^2$，所以 $\mathcal{R}^*(F)=\mathrm{e}^{\mathrm{i}t\triangle}(f\psi_0)$. 因此当 $\hat{f}$ 的支撑在单位球中时，

$$\|\mathrm{e}^{\mathrm{i}t\triangle}(f)\|_{L^q(\mathbb{R}^{d+1})}\leqslant c\|f\|_{L^2(\mathbb{R}^d)}. \tag{8.41}$$

这就是结论的本质所在，并且由此易证定理 8.6.3 成立.

事实上，若用 $f_\delta(x)=f(\delta x)$ 替换 f，并用 $u_\delta(x,t)=u(\delta x,\delta^2 t)$ 替换 u，则由之前讨论可知，式 (8.41) 依然成立并且有相同的上界. 但是 $(f_\delta)^\wedge(\xi)=\hat{f}(\xi/\delta)\delta^{-d}$，于是 $(f_\delta)^\wedge$ 的支撑在球 $|\xi|<\delta$ 中. 因此由 δ 可以取任意大的数可知，当 f 在 L^2 中且 $\hat{f}$ 有紧支撑时，式 (8.41) 成立. 又因为这样的 f 在 L^2 中稠密，所以通过简单的极限讨论即知式 (8.41) 对于任意的 $f\in L^2(\mathbb{R}^d)$ 都成立，故定理得证.

8.6.2 另一个色散方程

本小节暂时不考虑 Schrödinger 方程，而是考虑另一个色散方程，并给出一些与 Schrödinger 方程类似的性质.

首先，需要记住的是 $\mathbb{R}\times\mathbb{R}$ 上的三次偏微分方程

$$\frac{\partial u}{\partial t}=\frac{\partial^3 u}{\partial x^3},$$

并且它满足初始条件 $u(x,0)=f(x)$.

我们知道此方程的解算子为 $f\mapsto \mathrm{e}^{t(\frac{\mathrm{d}}{\mathrm{d}x})^3}(f)$，其中

$$(\mathrm{e}^{t(\frac{\mathrm{d}}{\mathrm{d}x})^3}(f))^\wedge(\xi)=\mathrm{e}^{t(2\pi\mathrm{i}\xi)^3}\hat{f}(\xi).$$

对于每一个 t，此算子把 $\mathcal{S}$ 映射到 $\mathcal{S}$，并在 $L^2(\mathbb{R})$ 上是酉算子.

注意到与 Schrödinger 方程的一个不同点是：这里可以期望得到的解 u 是实值的，而这对方程 (8.34) 是不可能的，这是因为系数 1/i 导致它的解都必须是复值的.

当 $t\neq 0$ 时，记

$$\mathrm{e}^{t(\frac{\mathrm{d}}{\mathrm{d}x})^3}(f)=f*\widetilde{K}_t,\quad f\in\mathcal{S},$$

其中核 $\widetilde{K}_t$ 是 Airy 积分

$$\mathrm{Ai}(u)=\frac{1}{2\pi}\int_{\mathbb{R}}\mathrm{e}^{\mathrm{i}(\frac{v^3}{3}+uv)}\,\mathrm{d}v.\text{[8]}$$

事实上，因为 $\widetilde{K}_t(x)=\int_{\mathbb{R}}\mathrm{e}^{t(2\pi\mathrm{i}\xi)^3}\mathrm{e}^{2\pi\mathrm{i}x\xi}\mathrm{d}\xi$，所以作变量替换 $-(2\pi)^3t\xi^3=v^3/3$，即 $\xi=-v(3t)^{-1/3}(2\pi)^{-1}$ 可知

$$\widetilde{K}_t(x)=(3t)^{-1/3}\mathrm{Ai}(-x/(3t)^{1/3}).$$

8 该积分的收敛性和下面所出现的估计可以参考《复分析》附录 A. 那里的结论都是用复分析得出的. 我们所需要的结论也可以使用本章 8.2 节中的方法得到，见习题 13.

从而对于任意的 u 有

$$\begin{cases}|\mathrm{Ai}(u)|\leqslant c\\ |\mathrm{Ai}(u)|\leqslant c|u|^{-1/4},\end{cases}\tag{8.42}$$

由第一个不等式可以得到色散估计

$$\|\mathrm{e}^{t(\frac{\mathrm{d}}{\mathrm{d}x})^3}(f)\|_{L^\infty}\leqslant c|t|^{-1/3}\|f\|_{L^1}.$$

下述结论与定理 8.6.3 类似.

定理 8.6.4　解 $\mathrm{e}^{t(\frac{\mathrm{d}}{\mathrm{d}x})^3}(f)$ 满足

$$\|u\|_{L^q(\mathbf{R}^2)}\leqslant c\|f\|_{L^2(\mathbf{R})}, \text{其中 } q=8.$$

此结论的证明与前面定理的证明相似，并可简化成$\mathbb{R}^2$中三次曲线

$$\Gamma=\{(\xi_1,\xi_2):\xi_2=-4\pi^2\xi_1^3\}$$

上的限制定理. 根据推论 8.5.5，需要对$\widehat{\mathrm{d}\mu}(\xi)$ 进行估计，其中 $\mathrm{d}\mu$ 是支撑在三次曲线Γ上的光滑测度. 下述引理即给出相关估计.

引理 8.6.5　设 $I(\xi)=\int_{\mathbf{R}}\mathrm{e}^{2\pi\mathrm{i}(\xi_1t+\xi_2t^3)}\psi(t)\mathrm{d}t$，其中 ψ 是有紧支撑的 C^∞ 函数. 则

$$I(\xi)=O(|\xi|^{-1/3}), \text{当}|\xi|\to\infty\text{时}.$$

证　首先注意到 $I(\xi)=O(|\xi_2|^{-1/3})$.事实上

$$I(\xi)=\int_{|t|\leqslant|\xi_2|^{-1/3}}+\int_{|t|>|\xi_2|^{-1/3}}.$$

第一个积分明显是 $O(|\xi_2|^{-1/3})$. 对于第二个积分，考虑二阶导数（命题 8.2.3 和推论 8.2.4）可知，相函数的二阶导数超过 $c|\xi_2||\xi_2|^{-1/3}=c|\xi_2|^{2/3}$，故此积分也是 $O(|\xi_2|^{-1/3})$，从而 $I(\xi)=O(|\xi_2|^{-1/3})$. 则当$|\xi_2|\geqslant c'|\xi_1|$且 c'是一个适当的比较小的常数时应用这个结果可知 $I(\xi)=O(|\xi|^{-1/3})$.

当$|\xi_1|>(1/c')|\xi_2|$时，考虑一阶导数（命题 8.2.1）可知，相函数的一阶导数超过$|\xi_1|$的某个常数倍. 因此 $I(\xi)=O(|\xi_1|^{-1})=O(|\xi|^{-1/3})$. 结合两种情况即可导出该引理.

□

此时在推论 8.5.5 中取 $\delta=1/3$ 可得

$$\|\mathcal{R}(f)\|_{L^2(\Gamma)}\leqslant c\|f\|_{L^p(\mathbf{R}^2)}$$

和

$$\|\mathcal{R}^*(F)\|_{L^q(\mathbf{R}^2)}\leqslant c\|F\|_{L^2(\Gamma)},$$

其中 $p=\dfrac{2\delta+2}{\delta+2}=\dfrac{8}{7}$且 $1/p+1/q=1$，故 $q=8$，从而对 $\mathcal{R}^*$ 的估计使得定理得以证明.

对于满足一定初值的波动方程的解也有对应的时空估计，见问题 5.

8.6.3　非齐次 Schrödinger 方程

本小节回到虚时 Schrödinger 方程并考虑非齐次问题

$$\frac{1}{\mathrm{i}}\frac{\partial u}{\partial t}-\Delta u=F, \tag{8.43}$$

其中 F 是给定的，并要求

$$u(x,0)=0. \tag{8.44}$$

在式（8.43）中用标量替换 Δ，并对相应的方程进行积分即可很容易写出上述问题的形式解. 由此可得解算子为

$$S(F)(x,t)=\mathrm{i}\int_0^t \mathrm{e}^{\mathrm{i}(t-s)\Delta}F(\cdot,s)\,\mathrm{d}s, \tag{8.45}$$

其中 $\mathrm{e}^{\mathrm{i}(t-s)\Delta}F(\cdot,s)$ 意指对任意的 t 和 s，算子 $\mathrm{e}^{\mathrm{i}(t-s)\Delta}$ 作用在关于 x 的函数 $F(x,s)$ 上. 可以证明公式（8.45）是上述非齐次问题在很多情形下的解，其中最简单的如下.

命题 8.6.6 设 F 是 $\mathbb{R}^d\times\mathbb{R}$ 上有紧支撑的 C^∞ 函数. 则 $S(F)$ 是满足式(8.43)和式(8.44)的 C^∞ 函数.

证 记 $S(F)(\cdot,t)=\mathrm{e}^{\mathrm{i}t\Delta}G(\cdot,t)$，其中 $G(x,t)=\mathrm{i}\int_0^t \mathrm{e}^{-\mathrm{i}s\Delta}F(\cdot,s)\,\mathrm{d}s$. 对于每一个 s，$F(\cdot,s)$ 在 Schwartz 空间 $\mathcal{S}(\mathbb{R}^d)$ 中，并且关于 s 是光滑的. 因此对于 $G(\cdot,t)$ 和 $S(F)(\cdot,t)$ 有同样的结论成立，故函数 $S(F)$ 是 C^∞ 的. 现在对下述等式

$$\mathrm{e}^{-\mathrm{i}t\Delta}(S(F))(\cdot,t)=\mathrm{i}\int_0^t \mathrm{e}^{-\mathrm{i}s\Delta}F(\cdot,s)\,\mathrm{d}s$$

两端关于 t 求导数.

求导后，左边是 $\mathrm{e}^{-\mathrm{i}t\Delta}\left(-i\Delta+\frac{\partial}{\partial t}\right)S(F)(\cdot,t)$. 右边是 $\mathrm{i}\mathrm{e}^{-\mathrm{i}t\Delta}F(\cdot,t)$. 再与 $\mathrm{e}^{\mathrm{i}t\Delta}$ 复合可得

$$\left(-\mathrm{i}\Delta+\frac{\partial}{\partial t}\right)S(F)(\cdot,t)=\mathrm{i}F(\cdot,t),$$

这就是要证的等式. 注意到，此时显然有 $S(F)(\cdot,0)=0$. □

对应于 L^2 的情形，详见习题 14.

现在来研究算子 S 的重要估计. 它出现在证明下述形式估计的问题中

$$\|S(F)\|_{L^q(\mathbb{R}^d\times\mathbb{R})}\leqslant c\,\|F\|_{L^p(\mathbb{R}^d\times\mathbb{R})}, \tag{8.46}$$

其中 $q=\frac{2d+4}{d}$. 这里 q 是当 $u(x,t)=\mathrm{e}^{\mathrm{i}t\Delta}(f)(x)$，$f\in L^2$ 时，使得 $u\in L^q(\mathbb{R}^d\times\mathbb{R})$ 的指数. 再次使用简单伸缩变换可证仅当 $p=\frac{2d+4}{d+4}$，即为 q 的共轭数时式（8.46）成立.

定理 8.6.7 当 $q=\frac{2d+4}{d}$ 且 $p=\frac{2d+4}{d+4}$ 时，估计式（8.46）成立.

此定理意味着最初定义在有紧支撑的 C^∞ 函数 F 上的 S 满足式 (8.46)，其中 c 与 F 无关，因此 S 可唯一地延拓为 $L^p(\mathbb{R}^d\times\mathbb{R})$ 到 $L^q(\mathbb{R}^d\times\mathbb{R})$ 的满足式 (8.46) 的有界算子.

为了证明上述定理，先做两个简记. 首先，用 S_+ 代替算子 S，

$$S_+(F)(x,t)=\mathrm{i}\int_{-\infty}^{t}\mathrm{e}^{\mathrm{i}(t-s)\triangle}F(\cdot,s)\mathrm{d}s.$$

其次，为了避免收敛问题，用 S_ε 代替 S_+，

$$S_\varepsilon(F)(x,t)=\mathrm{i}\int_{-\infty}^{t}\mathrm{e}^{\mathrm{i}(t-s)\triangle}\mathrm{e}^{-\varepsilon(t-s)}F(\cdot,s)\mathrm{d}s.$$

我们将证明

$$\|S_\varepsilon(F)\|_{L^p(\mathbf{R}^d\times\mathbf{R})}\leqslant c\|F\|_{L^p(\mathbf{R}^d\times\mathbf{R})},\tag{8.47}$$

其中 c 与 ε 无关. 一旦式 (8.47) 得证，就很容易得到式 (8.46).

相比较于 S，S_+ (和 S_ε) 的优势在于此时可以在空间 $\mathbb{R}^d\times\mathbb{R}$ 上讨论卷积. 对于 S_ε，当 $t>0$ 时，其核 $\mathcal{K}(x,t)$ 形如 $\frac{\mathrm{i}}{(4\pi\mathrm{i}t)^{d/2}}\mathrm{e}^{-\frac{|x|^2}{4\mathrm{i}t}}\mathrm{e}^{-\varepsilon t}$；当 $t<0$ 时，$\mathcal{K}(x,t)$ 为 0.

我们采用定理 8.4.1 和限制定理中用到的相同方法来证明式 (8.47). 将 S_ε 嵌入到解析算子族 $\{T_z\}$ 中，其中复变量分布在半平面 $-1\leqslant\mathrm{Re}(z)$ 上. 这些算子最初在 $d/2-1<\mathrm{Re}(z)$ 时定义为卷积 $T_z(f)=f*\mathcal{K}_z$，其中核 $\mathcal{K}_z$ 是局部可积的，且

$$\mathcal{K}_z(x,t)=\gamma(z)\frac{\mathrm{e}^{-\frac{|x|^2}{4\mathrm{i}t}}}{(4\pi\mathrm{i}t)^{d/2}}\mathrm{e}^{-\varepsilon t}t_+^z.\tag{8.48}$$

上式中，当 $t>0$ 时 $t_+^z=t^z$，否则等于 0，同时 $\gamma(z)=\frac{\mathrm{e}^{z^2}}{\Gamma(z+1)}\mathrm{i}$，并且因子 $\gamma(z)$ 在任一带形区域 $a\leqslant\mathrm{Re}(z)\leqslant b$ 上有界，这是因为当 $|z|\to\infty$ 时，由 Stirling 公式可得 $\left|\frac{1}{\Gamma(z+1)}\right|=O(\mathrm{e}^{|z|\log|z|})$. 在 $\mathbb{R}^d\times\mathbb{R}$ 上 $\mathcal{K}_z$ (作为缓增分布) 的 Fourier 变换是

$$\begin{aligned}\mathcal{K}_z^\wedge(\xi,\xi_{d+1})&=\gamma(z)\int_0^\infty\mathrm{e}^{-\mathrm{i}4\pi^2t|\xi|^2}\mathrm{e}^{-\varepsilon t}\mathrm{e}^{-2\pi\mathrm{i}t\xi_{d+1}}t^z\mathrm{d}t\\&=\mathrm{i}\mathrm{e}^{z^2}(\varepsilon+\mathrm{i}(4\pi^2|\xi|^2+2\pi\xi_{d+1}))^{-z-1}.\end{aligned}$$

这可由式 (8.37) 和下述关系得到：

$$\int_0^\infty\mathrm{e}^{-At}t^z\mathrm{d}t=\Gamma(z+1)A^{-z-1},\quad 当\ \mathrm{Re}(A)>0\ 时；$$

而上式又可以通过先证其对于 $A>0$ 成立，进而对于 $\mathrm{Re}(A)>0$ 也成立.

其次，若固定 $\varepsilon>0$，则由以上讨论可知，只要 $-1\leqslant\mathrm{Re}(z)$，$\mathcal{K}_z^\wedge$ 就是关于 $(\xi,\xi_{d+1})\in\mathbb{R}^d\times\mathbb{R}$ 的有界函数. 从而当 $-1\leqslant\mathrm{Re}(z)$ 时，Fourier 乘子定义的 T_z 可看作 $L^2(\mathbb{R}^d\times\mathbb{R})$ 上的有界算子，并且这是最初定义在 $d/2-1<\mathrm{Re}(z)$ 上的 T_z 的延拓. 当 $\mathrm{Re}(z)=-1$ 时，$\mathcal{K}_z^\wedge$ 的有界性与 ε 无关. 因此

$$\|T_z(F)\|_{L^2(\mathbb{R}^d\times\mathbb{R})}\leqslant c\|F\|_{L^2(\mathbb{R}^d\times\mathbb{R})},\quad 当 \operatorname{Re}(z)=-1 时,\tag{8.49}$$

其中 c 与 ε 无关.

当 $\operatorname{Re}(z)=d/2$ 时，由式（8.48）给出的 $\mathcal{K}_z$ 显然是 $\mathbb{R}^d\times\mathbb{R}$ 上的有界函数，且其上界与 ε 无关. 因此

$$\|T_z(F)\|_{L^\infty}\leqslant c\|F\|_{L^1}\quad 当 \operatorname{Re}(z)=d/2 时,\tag{8.50}$$

其中 c 与 ε 无关.

由内插定理（命题 8.4.4）可得，首先对简单函数有 $\|T_0(F)\|_{L^q}\leqslant c\|F\|_{L^p}$，其次通过取极限可知，该结论对于任意的有紧支撑的 C^∞ 函数 F 也都成立. 再强调一遍这个上界 c 与 ε 无关. 最后，我们注意到当作用在有紧支撑的 C^∞ 函数上时，

$$T_0=S_\varepsilon.\tag{8.51}$$

事实上，通过对变量 x 做 Fourier 变换可得

$$S_\varepsilon(F)^\wedge(\xi,t)=\mathrm{i}\int_{-\infty}^t \mathrm{e}^{-\mathrm{i}(t-s)4\pi^2|\xi|^2}\mathrm{e}^{-\varepsilon(t-s)}\hat{F}(\xi,s)\mathrm{d}s.$$

再关于变量 t 做 Fourier 变换可知

$$\begin{aligned}S_\varepsilon^\wedge(F)^\wedge(\xi,\xi_{d+1})&=\mathrm{i}\left(\int_0^\infty \mathrm{e}^{-\mathrm{i}t4\pi^2|\xi|^2}\mathrm{e}^{-\varepsilon t}\mathrm{e}^{-2\pi\mathrm{i}t\xi_{d+1}}\mathrm{d}t\right)\hat{F}(\xi,\xi_{d+1}).\\&=\mathrm{i}(\varepsilon-\mathrm{i}(4\pi^2|\xi|^2+2\pi\xi_{d+1}))^{-1}\hat{F}(\xi,\xi_{d+1}),\end{aligned}$$

由此可得式（8.51），从而式（8.47）得证.

现在为了完成证明，我们修改 F 使得当 $s\leqslant 0$ 时 $F(x,s)=0$. 从而由式（8.47）可知，当 $\varepsilon\to 0$ 时，

$$\left(\int_{\mathbb{R}^d}\int_0^\infty |S(F)(x,t)|^q\mathrm{d}x\mathrm{d}t\right)^{1/q}\leqslant c\|F\|_{L^p(\mathbb{R}^d\times\mathbb{R})}.$$

将 t 变成 $-t$（且 s 换成 $-s$）可以得到一个平行的不等式，但是此时对 t 的积分是在 $(-\infty,0)$ 上的. 将这两部分相加就可以推出式（8.46），从而定理得证.

下述命题考虑解算子 S 在空间 $L^p(\mathbb{R}^d\times\mathbb{R})$ 上的作用.

命题 8.6.8 若 $F\in L^p(\mathbb{R}^d\times\mathbb{R})$，则可以修正 $S(F)$（即在一个零测度集上重新定义）使得对每一个 t，$S(F)(\cdot,t)$ 属于 $L^2(\mathbb{R}^d)$，进一步地，映射 $t\mapsto S(F)(\cdot,t)$ 依 $L^2(\mathbb{R}^d)$ 范数连续.

该命题成立的原因在于不等式

$$\left\|\int_\alpha^\beta \mathrm{e}^{-\mathrm{i}s\triangle}F(\cdot,s)\mathrm{d}s\right\|_{L^2(\mathbb{R}^d)}\leqslant c\|F\|_{L^p(\mathbb{R}^d\times\mathbb{R})},\tag{8.52}$$

其中 c 与有限数 α 和 β 无关.

事实上，式（8.52）本质上是定理 8.6.3 中式（8.40）的对偶形式. 令 g 是 $L^2(\mathbb{R}^d)$ 中满足 $\|g\|_{L^2(\mathbb{R}^d)}\leqslant 1$ 的函数. 则根据 $\mathrm{e}^{-\mathrm{i}s\triangle}$ 的酉性可得

$$\int_\alpha^\beta\left(\int_{\mathbb{R}^d}\mathrm{e}^{-\mathrm{i}s\triangle}F(x,s)\overline{g(x)}\mathrm{d}x\right)\mathrm{d}s=\int_\alpha^\beta\left(\int_{\mathbb{R}^d}F(x,s)\overline{v(x,s)}\mathrm{d}x\right)\mathrm{d}s,$$

其中 $v(x,s)=(\mathrm{e}^{\mathrm{i}s\triangle}g)(x)$. 因此根据式（8.40），由 $\|v\|_{L^q(\mathbb{R}^d\times\mathbb{R})}\leqslant c$ 和 Hölder 不

等式可得

$$\left|\int_{\mathbb{R}^d}\left(\int_\alpha^\beta \mathrm{e}^{-\mathrm{i}s\Delta}F(\cdot,s)\,\mathrm{d}s\right)\overline{g(x)}\,\mathrm{d}x\right|\leqslant c\,\|F\|_{L^p(\mathbb{R}^d\times\mathbb{R})},$$

从而由 g 的任意性可得式（8.52）.

其次，因为 $S(F)(x,t)=\mathrm{i}\mathrm{e}^{\mathrm{i}t\Delta}\int_0^t \mathrm{e}^{-\mathrm{i}s\Delta}F(\cdot,s)\mathrm{d}s$，所以在式（8.52）中令 $\alpha=0$ 和 $\beta=t$ 可知，对每一个 t，函数 $S(F)(\cdot,t)$ 属于 $L^2(\mathbb{R}^d)$，并且

$$\sup_t\|S(F)(\cdot,t)\|_{L^2(\mathbb{R}^d)}\leqslant c\,\|F\|_{L^p(\mathbb{R}^d\times\mathbb{R})}. \tag{8.53}$$

最后，用一列有紧支撑的 C^∞ 函数 $\{F_n\}$ 依 L^p 范数逼近 F. 此时对于每一个 n，$S(F_n)(\cdot,t)$ 显然关于 t 依 $L^2(\mathbb{R}^d)$范数连续. 因为由式（8.53）可知

$$\sup_t\|S(F)(\cdot,t)-S(F_n)(\cdot,t)\|_{L^2}\leqslant c\,\|F-F_n\|_{L^p}\to 0,$$

所以 $S(F)(\cdot,t)$ 关于 t 的连续性得证，进而命题也得证.

8.6.4　临界非线性色散方程

本小节考虑非线性问题

$$\begin{cases}\dfrac{1}{\mathrm{i}}\dfrac{\partial u}{\partial t}-\Delta u=\sigma|u|^{\lambda-1}u,\\ u(x,0)\quad=f(x),\end{cases} \tag{8.54}$$

其中 σ 是一个非零实数，且指数 λ 大于1. 方程（8.54）除了相对简洁以外，还有趣的是它的解有两个值得注意的守恒性质，即“质量” $\int_{\mathbb{R}^d}|u|^2\mathrm{d}x$ 以及“能量” $\int_{\mathbb{R}^d}\left(\frac{1}{2}|\nabla u|^2-\frac{\sigma}{\lambda+1}|u|^\lambda\right)\mathrm{d}x$ 随着时间变化是保持不变的.（见习题15.）

我们将特别考虑 $f\in L^2(\mathbb{R}^d)$的初值问题. 此时存在一个“临界”指数 λ，使得上述问题是伸缩不变的. 更确切地，假设 u 是方程（8.54）的满足初值为 f 的解. 此时寻找一个指数 a 使得对于任意的 $\delta>0$，$\delta^a u(\delta x,\delta^2 t)$ 也是方程（8.54）（初值为 $\delta^a f(\delta x)$）的解. 对于线性情形 $\sigma=0$ 时，任一 a 当然都可以，但是在当前情形中需要满足 $a+2=\lambda a$. 现在若想使得初值的 L^2 范数在该伸缩变换下是不变的，则需要 $a=d/2$，故 $\lambda=1+4/d$.

应该注意到一个关于临界指数 λ 的重要结论：$q=\lambda p$，其中 q 和 p 是前述估计式（定理8.6.3和定理8.6.7）中的共轭数. 之所以如此，是因为 $q=\dfrac{2d+4}{d}$，$p=\dfrac{2d+4}{d+4}$和 $\lambda=\dfrac{d+4}{d}$.

顺便提一下，式（8.54）中系数 σ 的精确值不是那么的重要；重要的是它的符号，这是因为可用固定的伸缩变换 $(x,t)\mapsto(|\sigma|^{1/2}x,|\sigma|t)$ 将系数变成 ±1.

有了这些准备，现在可以陈述主要定理了. 给定 $f\in L^2(\mathbb{R}^d)$，称 $L^q(\mathbb{R}^d\times\mathbb{R})$ 中的函数 u 是方程（8.54）的**强解**，如果

（ⅰ）u 在广义函数意义下满足微分方程（8.54）；

（ⅱ）对于每个 t，函数 $u(\cdot,t)$ 属于 $L^2(\mathbb{R}^d)$，映射 $t\mapsto u(\cdot,t)$ 依 $L^2(\mathbb{R}^d)$ 范数连续，且 $u(\cdot,0)=f$.

我们也可以将解 u 看成仅与时间 $|t|<a$ 有关，其中 $0<a<\infty$ 是固定的. 此时假设 u 属于 $L^q(\mathbb{R}^d\times\{|t|<a\})$，并将 u 看成开集 $\mathbb{R}^d\times\{|t|<a\}\subset\mathbb{R}^d\times\mathbb{R}$ 上的广义函数，而且与上面一样定义相应的强解.

下述定理给出了初始问题在两种情形下的解. 第一是对于所有的时间 t，且初值足够小；第二是对于所有的初值 f 和有限的时间区间.

定理 8.6.9 假设 λ，p 和 q 如上所述.

（ⅰ）存在 $\varepsilon>0$，使得当 $\|f\|_{L^2(\mathbb{R}^d)}<\varepsilon$ 时，方程（8.54）有一个强解；

（ⅱ）对任给的 $f\in L^2(\mathbb{R}^d)$，存在 $a>0$，（a 依赖于 f），使得当 $|t|<a$ 时，方程（8.54）有一个强解.

此定理的证明揭示了不动点理论在非线性问题中的作用.

假设 $u_0=e^{it\Delta}(f)$. 如下所述，初始问题可简化为找到一个 u 使得

$$u=\sigma S(|u|^{\lambda-1}u)+u_0. \tag{8.55}$$

u 的存在性可通过经典的迭代讨论得到，即证某个压缩映射 $\mathcal{M}$ 的不动点的存在性.

首先考虑定理中的结论（ⅰ），此时映射 $\mathcal{M}$ 定义在底空间

$$\mathcal{B}=\{u\in L^q(\mathbb{R}^d\times\mathbb{R}),\text{其中}\|u\|_{L^q}\leqslant\delta\}$$

上，且 δ 将在后面取定.

映射 $\mathcal{M}$ 定义为

$$\mathcal{M}(u)=\sigma S(|u|^{\lambda-1}u)+u_0.$$

选取适当的 δ，再选取 ε 使得 $\|f\|_{L^2}<\varepsilon$，则

(a) $\mathcal{M}$ 映 $\mathcal{B}$ 到自身；

(b) $\|\mathcal{M}(u)-\mathcal{M}(v)\|_{L^q}\leqslant\frac{1}{2}\|u-v\|_{L^q}$，其中 u，$v\in\mathcal{B}$.

事实上，$\|\mathcal{M}(u)\|_{L^q}\leqslant|\sigma|\|S(|u|^{\lambda-1}u)\|_{L^q}+\|u_0\|_{L^q}$. 为了估计第一项，我们使用定理 8.6.7，由 $q=p\lambda$ 可得

$$\|S(|u|^{\lambda-1}u)\|_{L^q}\leqslant c\||u|^\lambda\|_{L^p}=c\|u\|_{L^q}^\lambda.$$

因此当 δ 足够小时，若 $\|u\|_{L^q}\leqslant\delta$，则只要 $|\sigma|c\delta^\lambda\leqslant\delta/2$ 就有 $|\sigma|\|S(|u|^{\lambda-1}u)\|_{L^q}\leqslant\delta/2$.

但是根据定理 8.6.3，由 $\|f\|_{L^2}<\varepsilon$ 可知 $\|u_0\|_{L^q}\leqslant c\varepsilon$. 因此若 $c\varepsilon<\delta/2$，则 $\|u_0\|_{L^q}<\delta/2$，从而对于根据 δ 选取的 ε，性质 (a) 成立.

其次，

$$\begin{aligned}\|\mathcal{M}(u)-\mathcal{M}(v)\|_{L^q}&=|\sigma|\|S(|u|^{\lambda-1}u-|v|^{\lambda-1}v)\|_{L^q}\\&\leqslant c|\sigma|\||u|^{\lambda-1}u-|v|^{\lambda-1}v\|_{L^p}.\end{aligned}$$

但是对任意一对复数 u 和 v 容易证明

$$||u|^{\lambda-1}u-|v|^{\lambda-1}v|\leqslant c_\lambda|u-v|(|u|+|v|)^{\lambda-1}.$$

因此

$$\||u|^{\lambda-1}u-|v|^{\lambda-1}v\|_{L^p}\leqslant c_\lambda\|(u-v)(|u|+|v|)^{\lambda-1}\|_{L^p}.$$

若不考虑常数 c_λ，则不等式右边的 p 次方是 $\int|u-v|^p(|u|+|v|)^{(\lambda-1)p}$. 为估计此积分，对指数 λ 和 $\lambda'=\lambda/(\lambda-1)$ 应用 Hölder 不等式. 因为 $\lambda p=q$ 且 $\lambda'(\lambda-1)p=q$，所以该积分可由下式控制：

$$\left(\int|u-v|^q\right)^{1/\lambda}\left(\int(|u|+|v|)^q\right)^{1/\lambda'}=\|u-v\|_{L^q}^p\||u|+|v|\|_{L^q}^{(\lambda-1)p}.$$

再开 p 次方根可得

$$\|\mathcal{M}(u)-\mathcal{M}(v)\|_{L^q}\leqslant c_\lambda'\|u-v\|_{L^q}\||u|+|v|\|_{L^q}^{(\lambda-1)},$$

从而只需选择适当的 δ 满足 $c_\lambda'(2\delta)^{\lambda-1}\leqslant 1/2$ 就可以得到 (b).

现在根据 $u_{k+1}=\mathcal{M}(u_k)$，$k=0$，1，2，…依次定义 u_1，u_2，…，u_k，…因为 $u_0\in\mathcal{B}$，所以根据 (a) 可得每一个 $u_k\in\mathcal{B}$. 再由性质 (b) 可得 $\|u_{k+1}-u_k\|_{L^q}\leqslant\frac{1}{2}\|u_k-u_{k-1}\|_{L^q}$，因此 $\|u_{k+1}-u_k\|_{L^q}\leqslant\left(\frac{1}{2}\right)^k\|u_1-u_0\|_{L^q}$.

因此序列 $\{u_k\}$ 依 L^q 范数收敛于某个 $u\in\mathcal{B}$，从而由 $u_{k+1}=\mathcal{M}(u_k)$ 可知 $u=\mathcal{M}(u)=\sigma S(|u|^{\lambda-1}u)+u_0$. 为了说明 u 是式 (8.54) 的广义解，我们必须证明

$$\int_{\mathbf{R}^d\times\mathbf{R}}u\mathcal{L}'(\varphi)\mathrm{d}x\mathrm{d}t=\sigma\int_{\mathbf{R}^d\times\mathbf{R}}|u|^{\lambda-1}u\varphi\mathrm{d}x\mathrm{d}t\tag{8.56}$$

对每一个有紧支撑的 C^∞ 函数 φ 都成立，其中 $\mathcal{L}'=-\frac{1}{\mathrm{i}}\frac{\partial}{\partial t}-\Delta$. 然而由命题 8.6.6 可知，当 F 是有紧支撑的 C^∞ 函数时，

$$\int S(F)\mathcal{L}'(\varphi)\mathrm{d}x\mathrm{d}t=\int F\varphi\mathrm{d}x\mathrm{d}t.\tag{8.57}$$

现在对于 $L^p(\mathbb{R}^d\times\mathbb{R})$ 中的任意 F，我们用一列有紧支撑的 C^∞ 函数 $\{F_n\}$ 来逼近 F. 因为定理 8.6.7 蕴含着 $S(F_n)\to S(F)$ 依 L^q 范数成立，所以关于 F_n 的等式 (8.57) 对 $F\in L^p$ 也成立. 因此可以将式 (8.57) 应用于 $F=\sigma|u|^{\lambda-1}u$，又因为 $u=S(F)+u_0$，所以由命题 8.6.2 (ⅲ) 可得式 (8.56).

然后将命题 8.6.8 应用于 $F=\sigma|u|^{\lambda-1}u$ 可以得到，对于每一个 t，函数 $u(\cdot,t)$ 属于 $L^2(\mathbb{R}^d)$，并且 $t\mapsto u(\cdot,t)$ 关于 L^2 范数连续. 显然有 $u(\cdot,0)=f(\cdot)$，从而完成了 u 是强解的证明.

在 (ⅱ) 中，没有假设 $\|f\|<\varepsilon$，取而代之的是选取正数 a 使得

$$\left(\iint_{\mathbf{R}^d\times\{|t|<a\}}|\mathrm{e}^{\mathrm{i}t\Delta}(f)(x,t)|^q\mathrm{d}x\mathrm{d}t\right)^{1/q}\leqslant\delta/2.$$

因为 $\mathrm{e}^{\mathrm{i}t\Delta}f\in L^q(\mathbb{R}^d\times\mathbb{R})$，所以满足上式的依赖于 f 的 a 是可以取到的. 从而可以像 (ⅰ) 的证明一样进行讨论，只不过此时 $\mathcal{B}$ 是由 $\mathbb{R}^d\times\{|t|<a\}$ 上 (范数 $\leqslant\delta$) 的函数组成. 注意到 $|t|<a$ 时 $S(F)(\cdot,t)$ 仅依赖于 $|s|<a$ 时的 $F(\cdot,s)$，对

（ⅰ）的证明中得到的不等式在这种情形下依然成立，并且其证明可由上述类似讨论给出.

式（8.54）的解的唯一性及其解对初值的连续性，见习题 17.

8.7 Radon 变换

本小节将 8.4 节中研究的平均算子与 Radon 变换联系起来，主要指出两者之间显著的密切关联，并且得到一般化结论.

有关 Radon 变换的一些初等性质和早期的研究兴趣，可以参考《傅里叶分析》. 其更进一步的意义在于它在 Besicovitch-Kakeya 集合理论中的作用. 特别地，$d\geqslant 3$ 时 Radon 变换的 L^2 光滑性质（这有点类似于平均算子的光滑性质），确保了《实分析》第 7 章中超平面测度的连续性. 进一步地，因为当 $d=2$ 时，Radon 变换在 L^2 中确切的光滑临界阶是 1/2，所以 Besicovitch 集是可能存在的；此外，根据 Radon 变换的这个性质可证$\mathbb{R}^d$（$d=2$）中 Besicovitch 集的 Hausdorff 维数一定是 2.

8.7.1 Radon 变换的一个变式

回顾，$\mathbb{R}^d$ 中的 **Radon 变换** $\mathcal{R}$ 定义为

$$\mathcal{R}(f)(t,\gamma)=\int_{\mathcal{P}_{t,\gamma}} f,$$

其中 $(t,\gamma)\in\mathbb{R}\times S^{d-1}$ 且 $\mathcal{P}_{t,\gamma}$ 是仿射超平面 $\{x:x\cdot\gamma=t\}$.

我们已经知道当 $d=3$ 时，描述 $\mathcal{R}$ 的光滑性的最简单的方式是下述等式

$$\int_{S^2}\int_{\mathbb{R}}\left|\frac{\mathrm{d}}{\mathrm{d}t}\mathcal{R}(f)(t,\gamma)\right|^2\mathrm{d}t\,\mathrm{d}\sigma(x)=8\pi^2\int_{\mathbb{R}^3}|f(x)|^2\mathrm{d}x. \tag{8.58}$$

上式可由 $\hat{\mathcal{R}}(f)(\lambda,\gamma)=\hat{f}(\lambda\gamma)$ 直接得到，其中 $\hat{\mathcal{R}}(f)(\lambda,\gamma)$ 是 $\mathcal{R}(f)(t,\gamma)$ 关于 t（对偶变量为 λ）的 Fourier 变换，且 $\hat{f}$ 是 f 的通常的三维 Fourier 变换.

为了进一步深入研究，我们简要地考虑 Radon 变换的一个简单的“线性”变式，与 $\mathcal{R}$ 不同，它是直接作为一个从$\mathbb{R}^d$ 上的函数到$\mathbb{R}^d$ 上的函数的映射而给定的. 一旦固定$\mathbb{R}^{d-1}\times\mathbb{R}^{d-1}$ 上一个非退化的双线性形式 B，则该变式就由下式确定：

$$\mathcal{R}_B(f)(x)=\int_{\mathbb{R}^{d-1}} f(y',x_d-B(x',y'))\mathrm{d}y',$$

其中 $x=(x',x_d)\in\mathbb{R}^{d-1}\times\mathbb{R}$ 和 $y=(y',y_d)\in\mathbb{R}^{d-1}\times\mathbb{R}$. 因此 $\mathcal{R}_B(f)(x)$可记为

$$\mathcal{R}_B(f)(x)=\int_{M_x} f,$$

其中 M_x 是仿射超平面 $\{(y',y_d):y_d=x_d-B(x',y')\}$. M_x 上的积分测度是 $\mathbb{R}^{d-1}$上的 Lebesgue 测度 $\mathrm{d}y'$.

映射 $x\mapsto M_x$ 是$\mathbb{R}^d$ 到$\mathbb{R}^d$ 中仿射超平面全体的单射，并且它是$\mathbb{R}^d$ 到那些与超平面 M_0 不正交的超平面全体上的满射. 因为剩下的超平面是较低维子集，所以宽泛地说，$\mathcal{R}_B$ 可看作 $\mathcal{R}$ 的替代品.

再回到最简单的 $d=3$ 时的情形，类似于式（8.58）有

$$\int_{\mathbf{R}^3}\left|\frac{\partial}{\partial x_3}\mathcal{R}_B(f)(x)\right|^2\mathrm{d}x=c_B\int_{\mathbf{R}^3}|f(x)|^2\mathrm{d}x. \tag{8.59}$$

下面证明式（8.59）对于（比如）有紧支撑的光滑函数 f 成立.

为证式（8.59），考虑关于变量 x_3 的 Fourier 变换，即 $\widehat{\mathcal{R}}_B(f)(x',\xi_3)$（其中 ξ_3 是 x_3 的对偶变量）为

$$\int_{\mathbf{R}^2}\mathrm{e}^{-2\pi\mathrm{i}\xi_3 B(x',y')}\hat{f}(y',\xi_3)\mathrm{d}y',$$

其中 $\hat{f}$ 是关于变量 x_3 的 Fourier 变换. 类似地，$\left(\frac{\partial}{\partial x_3}\mathcal{R}_B(f)\right)^\wedge(x',\ \xi_3)$（也是对变量 x_3 的 Fourier 变换）为

$$2\pi\mathrm{i}\xi_3\int_{\mathbf{R}^2}\mathrm{e}^{-2\pi\mathrm{i}\xi_3 B(x',y')}\hat{f}(y',\xi_3)\mathrm{d}y'.$$

然而存在 $\mathbb{R}^2$ 上的可逆线性变换 C 使得 $B(x',y')=C(x')\cdot y'$. 因此若记 $\xi_3 C(x')=u$，则 $u\in\mathbb{R}^2$，从而 $\xi_3 B(x',y')=u\cdot y'$ 且 $\xi_3^2|\det(C)|\mathrm{d}x'=\mathrm{d}u$. 于是由 $\mathbb{R}^2$ 中的 Plancherel 定理可知

$$\int_{\mathbf{R}^2}\left|\left(\frac{\partial}{\partial x_3}\mathcal{R}(f)\right)^\wedge(x',\xi_3)\right|^2\mathrm{d}x'=\frac{4\pi^2}{|\det(C)|}\int_{\mathbf{R}^2}|\hat{f}(y',\xi_3)|^2\mathrm{d}y'.$$

因此关于 ξ_3 取积分，并且对变量 x_3 应用 Plancherel 定理可得式（8.59）.

如果考虑 $\mathcal{R}_B$ 的一个适当的局部形式 $\mathcal{R}_B'$，则由上述讨论易证

$$\|\mathcal{R}_B'(f)\|_{L_1^2(\mathbf{R}^3)}\leqslant c\|f\|_{L^2(\mathbf{R}^3)}.$$

用同样的方法能够证明，对于一般的奇数 d，L^2 光滑的阶为 $(d-1)/2$. 导出这些结论的具体步骤可参考习题 18 和习题 19.

8.7.2　旋转曲率

从上述讨论中已经知道，平均算子 A 和 Radon 变换 $\mathcal{R}_B$ 之间关于光滑性质看起来有一种平行关系. 两者都有以下形式

$$f\mapsto\int_{M_x}f(y)\mathrm{d}\mu_x(y),$$

其中对于每一个 $x\in\mathbb{R}^d$，都存在一个流形 M_x（光滑地依赖于 x），并在其上进行积分. 对于 A，此时 $M_x=x+M$，而对于 $\mathcal{R}_B$，此时 $M_x=\{y=(y',x_d-B(x',y')),y'\in\mathbb{R}^{d-1}\}$. 然而矛盾的是，$A$ 的关键特征是 M 的曲率，而 $\mathcal{R}_B$ 对应的流形 M_x 是超平面，并没有曲率. 所以我们该怎样看待它们在相同现象中的不同表现呢？另一个问题是建立关于这些算子的微分同胚不变公式. 此问题的产生是自然的，这是因为空间 L^2，L^p 以及 L_k^2（至少是局部地）在微分同胚作用下不变.

将上述例子统一的是共有的旋转曲率，它不仅考虑到每一个固定的 M_x 的（可能的）曲率，而且还涉及 M_x 随着 x 的变化是怎样变换的（或"旋转的"）. 此概念定义如下.

在 $\mathbb{R}^d\times\mathbb{R}^d$ 中的某个球上给定一个 C^∞ 函数 $\rho=\rho(x,y)$（"双"定义函数），并

定义 ρ 的**旋转矩阵** $\mathcal{M}$ 为下述 $(d+1)\times(d+1)$ 矩阵

$$\mathcal{M}=\begin{pmatrix} \rho & \frac{\partial\rho}{\partial y_1} & \cdots & \frac{\partial\rho}{\partial y_d} \\ \frac{\partial\rho}{\partial x_1} & & & \\ \vdots & & \frac{\partial^2\rho}{\partial y_j\partial x_k} & \\ \frac{\partial\rho}{\partial x_d} & & & \end{pmatrix}.$$

定义 ρ 的**旋转曲率** $\mathrm{rotcurv}(\rho)$ 为

$$\mathrm{rotcurv}(\rho)=\det(\mathcal{M}).$$

基本条件是 $\rho=0$ 时 $\mathrm{rotcurv}(\rho)\neq 0$. 此时显然有 $\nabla_y\rho(x, y)\neq 0$. 因此若 $M_x=\{y:\rho(x,y)=0\}$，则每个 M_x 都是$\mathbb{R}^d$中的 C^∞ 类超曲面，事实上，它光滑地依赖于 x. 从而可以直接证明旋转曲率的下述性质.

1. 若 $\rho(x,y)=\rho(x-y)$，即是平移不变的，则 $M_x=x+M_0$. 此时条件 $\mathrm{rotcurv}(\rho)\neq 0$ 与 M_0 的 Gauss 曲率非零等价；

2. 对于 $\mathcal{R}_B$，取 $\rho(x,y)=y_d-x_d+B(x',y')$，此时 $\mathrm{rotcurv}(\rho)\neq 0$ 与 B 非退化等价；

3. 若 $\rho'(x,y)=a(x,y)\rho(x,y)$，其中 $a(x,y)\neq 0$，则 ρ'是 $\{M_x\}$ 的另一个定义函数，并且当 $\rho=0$ 时 $\mathrm{rotcurv}(\rho')=a^{d+1}\mathrm{rotcurv}(\rho)$；

4. 旋转曲率在局部微分同胚下是不变的：假设 $x\mapsto\Psi_1(x)$ 和 $y\mapsto\Psi_2(y)$是$\mathbb{R}^d$上的一对（局部）微分同胚，并令 $\rho'(x,y)=\rho(\Psi_1(x),\Psi_2(y))$. 则当 $\rho'(x,y)=0$ 时 $\mathrm{rotcurv}(\rho')=\mathcal{J}_1(x)\mathcal{J}_2(y)\mathrm{rotcurv}(\rho)$，其中 $\mathcal{J}_1$ 和 $\mathcal{J}_2$ 分别是 Ψ_1 和 Ψ_2 的 Jacobian行列式.

有了这些概念，下面考虑一般形式的 Radon 变换的正则定理.

给定如上所述的双定义函数 ρ，并满足 $\mathrm{rotcurv}(\rho)\neq 0$.令 $M_x=\{y:\rho(x,y)=0\}$. 对于每个 x，令 $d\sigma_x(y)$ 是 M_x 上的导出 Lebesgue 测度，并定义 $d\mu_x(y)=\psi_0(x,y)d\sigma_x(y)$，其中 ψ_0 是$\mathbb{R}^d\times\mathbb{R}^d$上的某一固定的有紧支撑的 C^∞ 函数. 由此定义一般的平均算子 $\mathcal{A}$ 为

$$\mathcal{A}(f)(x)=\int_{M_x}f(y)d\mu_x(y),\tag{8.60}$$

这最初是对于$\mathbb{R}^d$上（比如）有紧支撑的连续函数 f 定义的.

定理 8.7.1 算子 $\mathcal{A}$ 可延拓为 $L^2(\mathbb{R}^d)$ 到 $L_k^2(\mathbb{R}^d)$ 的有界线性映射，其中 $k=\frac{d-1}{2}$.

应该指出的是 8.4 节中的平均算子 A 是平移不变的，且 Radon 变换 $\mathcal{R}_B$ 对部分变量也是如此；比如 $\mathcal{R}_B$ 关于变量 x_3 是平移不变的. 因此在这两种情形中都可

以使用 Fourier 变换. 但对于一般情形，Fourier 变换是不可行的，因此必须采用不同方法进行讨论.

具体分两步进行. 第一步将使用一个振荡积分算子，此算子可以起到 Fourier 变换和 Plancherel 定理的部分作用. 第二步是通过对“几乎正交”部分的二进分解得到的一个 L^2 估计，此估计有助于进一步的讨论.

8.7.3　振荡积分

对于第一步，本小节考虑下述形式的算子 T_λ（依赖于正参数 λ），

$$T_\lambda(f)(x)=\int_{\mathbb{R}^d}\mathrm{e}^{\mathrm{i}\lambda\Phi(x,y)}\psi(x,y)f(y)\mathrm{d}y,$$

其中 Φ 和 ψ 是$\mathbb{R}^d\times\mathbb{R}^d$上的一对 C^∞ 函数，且 ψ 有紧支撑. 假设相 Φ 是实值的，并且关键的假设是它的混合 Hessian 矩阵行列式

$$\det\{\nabla_{x,y}^2\Phi\}=\det\left\{\frac{\partial^2\Phi}{\partial x_k\partial y_j}\right\}_{1\leqslant k,j\leqslant d}\tag{8.61}$$

在 ψ 的支撑上非零.

命题 8.7.2　在上述假设条件下，$\|T_\lambda\|\leqslant c\lambda^{-d/2}$，$\lambda>0$，其中$\|\cdot\|$是作用在 $L^2(\mathbb{R}^d)$ 上的算子范数.

对我们而言，此命题的重要性在于它蕴含着一个涉及定义函数 ρ 的相应的振荡积分的估计. 令

$$S_\lambda(f)(x)=\int_{\mathbb{R}\times\mathbb{R}^d}\mathrm{e}^{\mathrm{i}\lambda y_0\rho(x,y)}\psi(x,y_0,y)f(y)\mathrm{d}y_0\mathrm{d}y.\tag{8.62}$$

上式中，积分在 $(y_0,y)\in\mathbb{R}\times\mathbb{R}^d$ 上取得. 函数 ψ 依然是关于所有变量都有紧支撑的 C^∞ 函数，但是值得注意的进一步的假设是 ψ 的支撑远离 $y_0=0$.

推论 8.7.3　假设双定义函数 ρ 满足在$\rho=0$ 的集合上 $\mathrm{rotcurv}(\rho)\neq0$. 则

$$\|S_\lambda\|\leqslant c\lambda^{-\frac{d+1}{2}}.$$

注　关于 S_λ 的估计比 T_λ 的增加了$\lambda^{-1/2}$.

命题 8.7.2 的证明在许多方面类似于 8.2 节命题 8.2.5 中的标量情形，所以只简要说明. 与之前一样，我们也预先假设 ψ 的支撑在一个很小的球内. 现在若 T 是 L^2 上的一个算子，则$\|T^*T\|=\|T\|^2$，其中 T^* 是 T 的伴随算子.[9]

然而 T_λ 的核是$K(x,y)=\mathrm{e}^{\mathrm{i}\lambda\Phi(x,y)}\psi(x,y)$，即 $T_\lambda(f)(x)=\int K(x,y)f(y)\mathrm{d}y$，从而 T_λ^* 的核是$\overline{K}(x,y)$，且 $T_\lambda^*T_\lambda$ 的核是

$$M(x,y)=\int_{\mathbb{R}^d}\overline{K}(z,x)K(z,y)\mathrm{d}z=\int_{\mathbb{R}^d}\mathrm{e}^{\mathrm{i}\lambda[\Phi(z,y)-\Phi(z,x)]}\psi(x,y,z)\mathrm{d}z,$$

其中 $\psi(x,y,z)=\overline{\psi}(z,x)\psi(z,y)$. 关键不等式类似于式 (8.14)，即

$$|M(x,y)|\leqslant c_N(\lambda|x-y|)^{-N},\quad\forall N\geqslant0.$$

9　对于这个等式，参考《实分析》第 4 章习题 19.

为此，对于 $z=(z_1,\cdots,z_d)\in\mathbb{R}^d$，使用向量场

$$L=\frac{1}{\mathrm{i}\lambda}\sum_{j=1}^{d}a_j\frac{\partial}{\partial z_j}=a\cdot\nabla_z$$

及其转置 $L^t(f)=-\frac{1}{\mathrm{i}\lambda}\sum_{j=1}^{d}\frac{\partial(a_jf)}{\partial z_j}$，其中

$$(a_j)=a=\frac{\nabla_z(\Phi(z,x)-\Phi(z,y))}{|\nabla_z(\Phi(z,x)-\Phi(z,y))|^2}.$$

现在因为考虑到假设中 ψ 的支撑时 $u=x-y$ 是充分小的，所以像以前一样可证 $|a|\approx|x-y|^{-1}$，并且对于任意的 α 均有 $|\partial_x^\alpha a|\lesssim|x-y|^{-1}$. 因此

$$\begin{aligned}|M(x,y)|&\leqslant\left|\int L^N(\mathrm{e}^{\mathrm{i}\lambda[\Phi(z,y)-\Phi(z,x)]})\psi(x,y,z)\mathrm{d}z\right|\\&\leqslant\int|(L^t)^N\psi(x,y,z)|\mathrm{d}z\\&\leqslant c_N(\lambda|x-y|)^{-N}.\end{aligned}$$

此时有

$$\begin{aligned}|T_\lambda^*T_\lambda f(x)|&\leqslant\int|M(x,y)||f(y)|\mathrm{d}y\\&\leqslant\int M^0(x-y)|f(y)|\mathrm{d}y\\&\leqslant\int M^0(y)|f(x-y)|\mathrm{d}y,\end{aligned}$$

其中 $M^0(u)=c'_N(1+\lambda|u|)^{-N}$，且由 Minkowski 不等式可得

$$\|T_\lambda^*T_\lambda(f)\|_{L^2}\leqslant\|f\|_{L^2}\int M^0(u)\mathrm{d}u.$$

然而若 M^0 的估计中的 N 大于 d，则 $\int M^0(u)\mathrm{d}u=c\lambda^{-d}$. 因此 $\|T_\lambda^*T_\lambda\|\leqslant c\lambda^{-d}$，故命题得证.

下面证明推论 8.7.3. ρ 的旋转曲率和命题中相位 Φ 的联系产生于从 $\mathbb{R}^d$ 过渡到 $\mathbb{R}^{d+1}$ 的过程中. 对于 $\overline{x}=(x_0,x)\in\mathbb{R}\times\mathbb{R}^d=\mathbb{R}^{d+1}$ 和 $\overline{y}=(y_0,y)\in\mathbb{R}\times\mathbb{R}^d=\mathbb{R}^{d+1}$，令

$$\Phi(\overline{x},\overline{y})=x_0y_0\rho(x,y).$$

此时易证

$$\det(\nabla^2_{\overline{x},\overline{y}}\Phi)=(x_0y_0)^{d+1}\operatorname{rotcurv}(\rho).$$

现在定义 $F_\lambda(x_0,x)$ 为

$$\begin{aligned}F_\lambda(x_0,x)=F_\lambda(\overline{x})&=\int_{\mathbb{R}^{d+1}}\mathrm{e}^{\mathrm{i}\lambda\Phi(\overline{x},\overline{y})}\psi_1(x_0,x,y_0,y)f(y)\mathrm{d}y_0\mathrm{d}y\\&=\int_{\mathbb{R}^{d+1}}\mathrm{e}^{\mathrm{i}\lambda x_0y_0\rho(x,y)}\psi_1(x_0,x,y_0,y)f(y)\mathrm{d}y_0\mathrm{d}y,\end{aligned}\tag{8.63}$$

其中 $\psi_1(1,x,y_0,y)=\psi(x,y_0,y)$，且 ψ_1 具有与 $x_0=0$ 或 $y_0=0$ 均不相交的紧

支撑.

因此 $S_\lambda(f)(x)=F_\lambda(1,x)$.

为了完成证明，需要下述一点微积分结论，它对单位长度区间 I 上的任何 C^1 函数 g 都成立. 假设 $u_0\in I$，则

$$|g(u_0)|^2\leqslant 2\left(\int_I |g(u)|^2\mathrm{d}u+\int_I |g'(u)|^2\mathrm{d}u\right).\tag{8.64}$$

实际上，对于任意的 $u\in I$ 有 $g(u_0)=g(u)+\int_u^{u_0} g'(r)\mathrm{d}r$. 因此由 Schwarz 不等式可得

$$|g(u_0)|^2\leqslant 2\left(|g(u)|^2+\int_I |g'(r)|^2\mathrm{d}r\right),$$

再关于 u 在整个区间 I 上求积分就可以导出式 (8.64).

在不等式 (8.64) 中取 $I=[1,2]$，$u_0=1$ 和 $g(u)=F_\lambda(u,x)$（即 u 是变量 x_0）. 因为 $F_\lambda(1,x)=S_\lambda(f)(x)$，所以对 $x\in\mathbb{R}^d$ 求积分可得

$$\begin{aligned}&\int_{\mathbb{R}^d} |S_\lambda(f)(x)|^2\mathrm{d}x\\ &\leqslant 2\left(\int_{\mathbb{R}\times\mathbb{R}^d} |F_\lambda(x_0,x)|^2\mathrm{d}x_0\mathrm{d}x+\int_{\mathbb{R}\times\mathbb{R}^d}\left|\frac{\partial}{\partial x_0}F_\lambda(x_0,x)\right|^2\mathrm{d}x_0\mathrm{d}x\right).\end{aligned}$$

因为 ψ_1 关于 y_0 有紧支撑，所以由命题 8.7.2（用 $\mathbb{R}^{d+1}$ 代替 $\mathbb{R}^d$）可得，不等式右边的第一项被 $\lambda^{-(d+1)}\int_{\mathbb{R}^d}|f(y)|^2\mathrm{d}y$ 的某个常数倍控制.

然而不等式右边的第二项更麻烦一些，这是因为在式 (8.63) 中关于 x_0 求导会引入新的因子 λ. 为避开这个问题，注意到

$$\frac{\partial}{\partial x_0}(\mathrm{e}^{\mathrm{i}\lambda x_0y_0\rho(x,y)})=\frac{\partial}{\partial y_0}(\mathrm{e}^{\mathrm{i}\lambda x_0y_0\rho(x,y)})\frac{y_0}{x_0},$$

再对式 (8.63) 关于变量 y_0 进行分部积分. 注意到由 ψ_1 的支撑性质可知，变量 y_0 远离零值，并且关于 y_0 的微分仅落在被积函数中的光滑函数上，而不是 $f(y)$ 上，这是因为它与 y_0 无关.

从而不等式右边的第二项也满足想要的估计，故推论得证.

8.7.4　二进分解

本小节考虑算子 $\mathcal{A}$ 的二进分解. 在 $\mathbb{R}$ 上任意固定一个 Schwartz 函数 h，并且 h 是通过 $\int_{\mathbb{R}}h(\rho)\mathrm{d}\rho=1$ 规范化的，于是对于 $\mathbb{R}^d$ 中的任一以 ρ 为定义函数的光滑超曲面 M，以及 $\mathbb{R}^d$ 上的任一有紧支撑的连续函数 f 有（见习题 8）

$$\lim_{\varepsilon\to 0}\varepsilon^{-1}\int_{\mathbb{R}^d}h(\rho(x)/\varepsilon)f(x)\mathrm{d}x=\int_M f\,\frac{\mathrm{d}\sigma}{|\nabla\rho|},$$

其中 $\mathrm{d}\sigma$ 是 M 上的导出 Lebesgue 测度.

因此（见式 (8.60)）

$$\mathcal{A}(f)(x)=\int_{M_x} f(y)\mathrm{d}\mu_x(y)=\lim_{\varepsilon\to 0}\varepsilon^{-1}\int_{\mathbf{R}^d} h\left(\frac{\rho(x,y)}{\varepsilon}\right)\psi(x,y)f(y)\mathrm{d}y,$$

其中 $\psi(x,y)=\psi_0(x,y)|\nabla_y\rho|$ 是有紧支撑的 C^∞ 函数，且 $\mathrm{d}\mu_x(y)=\psi_0(x,y)\mathrm{d}\sigma_x(y)$.

现在选取$\mathbb{R}$上的 C^∞ 函数 $\gamma(u)$，使得其支撑在 $|u|\leqslant 1$ 中，且当 $|u|\leqslant 1/2$ 时 $\gamma(u)=1$. 此外令 $h(\rho)=\int_{\mathbf{R}}\mathrm{e}^{2\pi\mathrm{i}u\rho}\gamma(u)\mathrm{d}u$. 于是由 Fourier 逆定理可得 $\int_{\mathbf{R}} h(\rho)\mathrm{d}\rho=1$，且 $\int \mathrm{e}^{2\pi\mathrm{i}u\rho}\gamma(\varepsilon u)\mathrm{d}u=\varepsilon^{-1}h(\rho/\varepsilon)$.

下面记 $\varepsilon=2^{-r}$，其中 r 是一个正整数，并且 $\gamma(2^{-r}u)=\gamma(u)+\sum_{k=1}^{r}(\gamma(2^{-k}u)-\gamma(2^{-k-1}u))$. 令 $r\to\infty$ 可得

$$1=\gamma(u)+\sum_{k=1}^{\infty}\eta(2^{-k}u),$$

其中 $\eta(u)=\gamma(u)-\gamma(u/2)$，且 η 的支撑在 $1/2\leqslant|u|\leqslant 2$ 中.

由上可知，当 f 连续时，可记

$$\mathcal{A}(f)(x)=\sum_{k=0}^{\infty}\mathcal{A}_k(f)(x)=\lim_{r\to\infty}\sum_{k=0}^{r}\mathcal{A}_k(f)(x),$$

其中

$$\mathcal{A}_k(f)(x)=\int_{\mathbf{R}\times\mathbf{R}^d}\mathrm{e}^{2\pi\mathrm{i}u\rho(x,y)}\eta(2^{-k}u)\psi(x,y)f(y)\mathrm{d}u\mathrm{d}y \tag{8.65}$$

($\mathcal{A}_0$ 有类似的公式，但是其中 $\eta(2^{-k}u)$ 用 $\gamma(u)$ 代替). 对每一个 x，上述极限都存在.

下面给出关于算子 $\mathcal{A}_k(f)$ 的几点注记，其中第一条是不证自明的.

(a) 对每一个 $f\in L^2(\mathbb{R}^d)$，$\mathcal{A}_k(f)$ 都是有紧支撑的 C^∞ 函数.

(b) 下述估计成立：

$$\|\mathcal{A}_k(f)\|_{L^2}\leqslant c2^{-k\left(\frac{d-1}{2}\right)}\|f\|_{L^2}. \tag{8.66}$$

事实上，做变量替换 $2^{-k}u=y_0$ 可得

$$\mathcal{A}_k(f)(x)=2^k\int_{\mathbf{R}\times\mathbf{R}^d}\mathrm{e}^{2\pi\mathrm{i}2^k y_0\rho(x,y)}\psi(x,y_0,y)f(y)\mathrm{d}y_0\mathrm{d}y, \tag{8.67}$$

其中 $\psi(x,y_0,y)=\psi(x,y)\eta(y_0)$，再由式 (8.62) 可知上式等于

$$2^k S_\lambda(f)(x),$$

其中 $\lambda=2\pi 2^k$. 又 η 的支撑远离 0，故不等式 (8.66) 可由推论 8.7.3 直接推得.

(c) $\{\mathcal{A}_k\}$ 满足下述强"几乎正交性"：存在整数 $m>0$ 使得当 $|k-j|\geqslant m$ 时，对每个 $N\geqslant 0$ 都有

$$\|\mathcal{A}_k\mathcal{A}_j^*(f)\|_{L^2}\leqslant c_N 2^{-N\max(k,j)}\|f\|_{L^2}. \tag{8.68}$$

对于 $\mathcal{A}_k^*\mathcal{A}_j$，有类似的结论成立.

为证 (c)，我们简单地估计算子 $\mathcal{A}_k\mathcal{A}_j^*$ 的核的大小. 直接计算可知 $\mathcal{A}_k\mathcal{A}_j^*$ 的

核是

$$K(x,y)=2^{k}2^{j}\int_{\mathbf{R}\times\mathbf{R}\times\mathbf{R}^{d}}\mathrm{e}^{2\pi\mathrm{i}(2^{j}v\rho(z,y)-2^{k}u\rho(z,x))}\psi(z,x,y)\overline{\eta(u)}\eta(v)\mathrm{d}z\mathrm{d}u\mathrm{d}v,\tag{8.69}$$

其中 $\psi(z,x,y)=\bar{\psi}(z,x)\psi(z,y)$. 现在假设 $j\geqslant k$ （$k\geqslant j$ 的情形是类似的）. 记式（8.69）中的指数为

$$2\pi\mathrm{i}(2^{j}v\rho(z,y)-2^{k}u\rho(z,x))=\mathrm{i}\lambda\Phi(z),$$

其中 $\lambda=2\pi 2^{j}$ 且 $\Phi(z)=v\rho(z,y)-2^{k-j}u\rho(z,x)$. 根据 η 的支撑性质，有 $1/2\leqslant|v|\leqslant 2$ 和 $1/2\leqslant|u|\leqslant 2$. 因此对于固定的足够大的 m，当 $j-k\geqslant m$ 时 $|\nabla_{z}\Phi(z)|\geqslant c'>0$，（这是因为存在足够小的常数 c，使得 $|\nabla_{z}\rho(z,y)|\geqslant c$，同时 $|\nabla_{z}\rho(z,x)|\leqslant 1/c$）.

现在可以利用命题 8.2.1 来估计 $\int_{\mathbf{R}^{d}}\mathrm{e}^{\mathrm{i}\lambda\Phi(z)}\psi(z,x,y)\mathrm{d}z$，从而对于每一个 $N\geqslant 0$，

$$\begin{aligned}|K(x,y)|&\leqslant c_{N}2^{k}2^{j}2^{-jN}\\&\leqslant c_{N'}2^{-N'\max(k,j)},\quad\text{其中 } N'=N-2.\end{aligned}$$

因为 K 有固定的紧支撑，所以对 $\mathcal{A}_{k}\mathcal{A}_{j}^{*}$ 的估计式（8.68）成立. 当然，类似的讨论对 $\mathcal{A}_{k}^{*}\mathcal{A}_{j}$ 也是成立的，故性质（c）得证.

（d）最后一个注记与算子 $\left(\frac{\partial}{\partial x}\right)^{\alpha}\mathcal{A}_{k}=\partial_{x}^{\alpha}\mathcal{A}_{k}$ 有关，并记其为 $\mathcal{A}_{k}^{(\alpha)}$. 注意到与 $\mathcal{A}_{k}$ 一样，$\mathcal{A}_{k}^{(\alpha)}$ 的核也是有紧支撑的 C^{∞} 函数. $\{\mathcal{A}_{k}^{(\alpha)}\}$ 满足与 $\{\mathcal{A}_{k}\}$ 非常相似的估计. 事实上

$$\|\mathcal{A}_{k}^{(\alpha)}\|\leqslant c_{\alpha}2^{k|\alpha|}2^{-k\left(\frac{d-1}{2}\right)},\tag{8.70}$$

和

$$\|\mathcal{A}_{k}^{(\alpha)}(\mathcal{A}_{j}^{(\alpha)})^{*}\|\leqslant c_{\alpha,N}2^{-N\max(k,j)},\quad\text{当 }|k-j|\geqslant m\text{ 时}.\tag{8.71}$$

对于 $(\mathcal{A}_{k}^{(\alpha)})^{*}\mathcal{A}_{j}^{(\alpha)}$，也有类似的估计. 当然 $\|\cdot\|$ 是 $L^{2}(\mathbb{R}^{d})$ 上的算子范数.

考虑式（8.67），对 $\mathcal{A}_{k}(f)$ 作微分 ∂_{x}^{α} 可以得到一个用不超过 $2^{k|\alpha|}$ 的因子乘以类似于 $\mathcal{A}_{k}$（但需要修改 ψ）的项的有限项和. 因此式（8.70）和式（8.71）可由性质（b）和性质（c）直接推得.

8.7.5　几乎正交和

我们对组成 $\mathcal{A}$ 的不同块 $\mathcal{A}_{k}$ 的范数都有适当的控制后，本小节通过一般的几乎正交原理将它们放在一起.

考虑 $L^{2}(\mathbb{R}^{d})$ 上有界算子序列 $\{T_{k}\}$，并给定正常数 $a(k)$，其中 $-\infty<k<\infty$，使得它们的和是有限的，即 $A=\sum_{k=-\infty}^{\infty}a(k)<\infty$.

命题 8.7.4　假设

$$\|T_kT_j^*\|\leqslant a^2(k-j) \quad 和 \quad \|T_k^*T_j\|\leqslant a^2(k-j).$$

则对于每个 r，

$$\|\sum_{k=0}^{r}T_k\|\leqslant A. \tag{8.72}$$

此命题的关键点当然在于 A 与 r 无关.

证 记 $T=\sum_{k=0}^{r}T_k$，再回想 $\|T\|^2=\|TT^*\|$. 因为 TT^* 是自伴的，所以反复利用这个等式可得 $\|T\|^{2n}=\|(TT^*)^n\|$，（至少在 n 形如 $n=2^s$ 且 s 是整数时成立）. 现在

$$(TT^*)^n=\sum_{i_1,i_2,\cdots,i_{2n}}T_{i_1}T_{i_2}^*\cdots T_{i_{2n-1}}T_{i_{2n}}^*.$$

对上述和式中每一项的范数给出两种估计. 其一，通过乘积 $(T_{i_1}T_{i_2}^*)\cdots(T_{i_{2n-1}}T_{i_{2n}}^*)$，可得

$$\|T_{i_1}T_{i_2}^*\cdots T_{i_{2n-1}}T_{i_{2n}}^*\|\leqslant a^2(i_1-i_2)a^2(i_3-i_4)\cdots a^2(i_{2n-1}-i_{2n}).$$

其二，通过乘积 $T_{i_1}(T_{i_2}^*T_{i_3})\cdots(T_{i_{2n-2}}^*T_{i_{2n-1}})T_{i_{2n}}^*$ 以及 T_{i_1} 和 $T_{i_{2n}}^*$ 都以 A 为上界可得

$$\|T_{i_1}T_{i_2}^*\cdots T_{i_{2n-1}}T_{i_{2n}}^*\|\leqslant A^2a^2(i_2-i_3)a^2(i_4-i_5)\cdots a^2(i_{2n-2}-i_{2n-1}).$$

对这些估计取几何平均值可以导出

$$\|T_{i_1}T_{i_2}^*\cdots T_{i_{2n-1}}T_{i_{2n}}^*\|\leqslant Aa(i_1-i_2)a(i_2-i_3)\cdots a(i_{2n-1}-i_{2n}).$$

现在把上式先关于 i_1 求和，然后关于 i_2 直到 i_{2n-1}，每次都可得到一个 A 作为因子，这是因为 $A=\sum a(k)$. 当关于 i_{2n} 求和时，注意到这个和里一共有 $r+1$ 项. 因此 $\|T\|^{2n}\leqslant A^{2n}(r+1)$. 取 $2n$ 次方根并令 $n\to\infty$ 可以得到式 (8.72)，从而命题得证. □

8.7.6 定理 8.7.1 的证明

首先考虑维数 d 是奇数的情形，因此分数 $(d-1)/2$ 是整数. 当 d 是偶数时要稍微复杂一点，需要分开考虑.

对于第一种情形，我们必须证明当 $|\alpha|\leqslant(d-1)/2$ 和 $f\in L^2(\mathbb{R}^d)$ 时，在广义函数意义下导数 $\partial_x^\alpha\mathcal{A}(f)$ 存在并且是一个 L^2 函数，此外映射 $f\mapsto\partial_x^\alpha\mathcal{A}(f)$ 在 L^2 上有界.

对于每一个 r，考虑

$$\partial_x^\alpha\sum_{k=0}^{r}\mathcal{A}_k=\sum_{k=0}^{r}T_k, \quad 其中\ T_k=\mathcal{A}_k^{(\alpha)}=\partial_x^\alpha\mathcal{A}_k.$$

现在由式 (8.70) 和式 (8.71) 可知，命题 8.7.4 中的假设条件成立，且事实上满足 $a(k)=c_N2^{-|k|N}$，(特别地对于 $N=1$). 因此

$$\|\partial_x^\alpha\sum_{k=0}^{r}\mathcal{A}_k(f)\|_{L^2}\leqslant A\|f\|_{L^2},|\alpha|\leqslant\frac{d-1}{2}. \tag{8.73}$$

但是在式（8.70）中取 $\alpha=0$ 可知，当 $r\to\infty$ 时，和式 $\sum_{k=0}^{r}\mathcal{A}_k(f)$ 依 L^2 范数收敛于 $\mathcal{A}(f)$，（因为后者也点态收敛于 $\mathcal{A}(f)$），因此这在广义函数意义下也成立. 故当 $r\to\infty$ 时，$\partial_x^\alpha\sum_{k=0}^{r}\mathcal{A}_k(f)$ 在广义函数意义下也是收敛的，但是由于当 r 变化时，这个和一致地在 L^2 中，所以其极限也在 L^2 中.

最终，当 f 是有紧支撑的连续函数，$|\alpha|\leqslant(d-1)/2$，且 d 是奇数时，有

$$\|\partial_x^\alpha\mathcal{A}(f)\|_{L^2}\leqslant A\|f\|_{L^2}.$$

因此定理 8.7.1 对于第一种情形成立.

现在考虑 d 是偶数的情形. 为此，需要引入定义在 Schwartz 空间 $\mathcal{S}$ 上的“分数阶导数”算子 D^s，它可看作 Fourier 变换上的乘子，即

$$(D^s f)^\wedge(\xi)=(1+|\xi|^2)^{s/2}\hat{f}(\xi).$$

当 $f\in\mathcal{S}$ 时 $\|D^s(f)\|_{L^2}=\|f\|_{L^2_\sigma}$，其中 $\sigma=\mathrm{Re}(s)$. 当 $\mathrm{Re}(s)=m$ 是正整数时，

$$\|D^s(f)\|_{L^2}\leqslant c\sum_{|\alpha|\leqslant m}\|\partial_x^\alpha f\|_{L^2}. \tag{8.74}$$

实际上，这可由不等式 $(1+|\xi|^2)^{m/2}\leqslant c'\sum_{|\alpha|\leqslant m}|\xi^\alpha|$，$\xi\in\mathbb{R}^d$ 和 Plancherel 定理直接得到.

与 d 是奇数时的讨论一样，现在只需证明

$$\|D^{\frac{d-1}{2}}\sum_{k=0}^{r}\mathcal{A}_k(f)\|_{L^2}\leqslant c\|f\|_{L^2}, \tag{8.75}$$

其中上界 c 与 r 无关. 为此，考虑与复参数 s 相关的算子族 T^s：

$$T^s(f)=D^{s+\frac{d-1}{2}}\sum_{k=0}^{r}2^{-ks}\mathcal{A}_k(f), \tag{8.76}$$

其中 $f\in L^2(\mathbb{R}^d)$（尤其对于简单函数 f）. 正如已经注意到的，对于这样的 f，$\mathcal{A}_k(f)$ 在 $\mathcal{S}$ 中，故式（8.76）的定义是合理的，且 $T^s(f)$ 本身也在 $\mathcal{S}$ 中. 此外，当 $g\in L^2$（特别地，它是简单函数）时，由 Plancherel 定理可得

$$\begin{aligned}\Phi(s)&=\int_{\mathbb{R}^d}T^s(f)g\,\mathrm{d}x\\&=\sum_{k=0}^{r}2^{-ks}\int_{\mathbb{R}^d}(1+|\xi|^2)^{s/2}F_k(\xi)\hat{g}(-\xi)\mathrm{d}\xi,\end{aligned}$$

其中每个 F_k 都属于 $\mathcal{S}$. 因此 Φ 关于 s 是解析的（实际上是整函数），并且由 Schwarz 不等式可知它在任一带形区域 $a\leqslant\mathrm{Re}(s)\leqslant b$ 中都有界.

其次，

$$\sup_t\|T^{-\frac{1}{2}+it}(f)\|_{L^2}\leqslant M\|f\|_{L^2}. \tag{8.77}$$

事实上，由式（8.74）和式（8.76）可知，只需证明

$$\left\|\sum_{k=0}^{r} 2^{-k/2}\partial_x^\alpha \mathcal{A}_k(f)\right\|_{L^2} \leqslant M\|f\|_{L^2}, |\alpha| \leqslant \frac{d-2}{2}.$$

然而上式的证明与式（8.73）类似，这可由关于 $\mathcal{A}_k^{(\alpha)}=\left(\frac{\partial}{\partial x}\right)^\alpha \mathcal{A}_k$ 的估计式（8.70）和式（8.71），以及 8.7.5 节中几乎正交命题得到.

类似可证

$$\sup_t \|T^{\frac{1}{2}+it}(f)\|_{L^2} \leqslant M\|f\|_{L^2}. \tag{8.78}$$

最后，我们使用命题 8.4.4 给出的解析内插定理. 这里的带形区域是$a\leqslant \mathrm{Re}(s)\leqslant b$，其中 $a=-1/2$，$b=1/2$ 和 $c=0$，同时 $p_0=q_0=p_1=q_1=2$. 因此

$$\|T^0(f)\|_{L^2} \leqslant M\|f\|_{L^2},$$

再由定义式（8.76）可知，上式就是估计式（8.75）. 从而定理得证.

注 定理 8.4.1（b）以及推论 8.4.2 中的 L^p，L^q 有界性结论可以推广到本节所考虑的情形中. 见习题 20.

8.8 格点计数

最后一节考虑振荡积分与数论相关问题之间的关联.

8.8.1 算术函数的平均值

本节中，算术函数 $r_2(k)$ 是 k 可表示为两个平方数的和的组数，且 $d(k)$ 是 k 的因子个数. 即使对这些函数作粗略的验算，也会发现它们在 $k\to\infty$时的高度非正则性，以至于想要通过简单的分析论述来获得这些函数在 k 比较大时的特征是不太可能的.

事实上，有初等结论：对于无穷多个 k，$r_2(k)=0$ 且 $d(k)=2$，同时对任给的 $A>0$，存在无穷多个 k 使得 $r_2(k)\geqslant(\log k)^A$，并且对 $d(k)$ 也一样.[10]

取而代之，本节探讨算术函数的平均问题. 这或许是一个内容颇富的问题，Gauss 对此给出了如下结论：$r_2(k)$ 的平均值是 π，即当 $\mu\to\infty$时$\frac{1}{\mu}\sum_{k=1}^{\mu} r_2(k)\to\pi$.

命题 8.8.1 当 $\mu\to\infty$时 $\sum_{k=1}^{\mu} r_2(k)=\pi\mu+O(\mu^{1/2})$.

命题的证明依赖于说明 $\sum_{k=1}^{\mu} r_2(k)$ 代表在半径 R 满足 $R^2=\mu$ 的圆盘中的格点数. 事实上，记$\mathbb{Z}^2$为$\mathbb{R}^2$中的**格点集**，即$\mathbb{R}^2$中整数坐标点集. 从而 $r_2(k)=\#\{(n_1, n_2)\in\mathbb{Z}^2: k=n_1^2+n_2^2\}$，因此

10 这里所叙述的关于 $r_2(k)$ 和 $d(k)$ 的初等结论，包括渐近公式（8.81），参考《傅里叶分析》第 8 章和《复分析》第 10 章.

$$\sum_{k=1}^{\mu} r_2(k) = \#\{(n_1, n_2) \in \mathbb{Z}^2 : n_1^2 + n_2^2 \leqslant R^2\}.$$

故若记上面的数值为 $N(R)$，则命题等价于

$$N(R) = \pi R^2 + O(R), \quad \text{当 } R \to \infty \text{ 时}. \tag{8.79}$$

为此，记 D_R 为闭圆盘 $\{x \in \mathbb{R}^2 : |x| \leqslant R\}$，并令 $\widetilde{D}_R$ 是由中心在点 $n \in \mathbb{Z}^2$ 的单位正方形组成的长方形区域，其中 $n \in D_R$，即

$$\widetilde{D}_R = \bigcup_{|n| \leqslant R, n \in \mathbb{Z}^2} (S + n),$$

其中 $S = \{x = (x_1, x_2) : -1/2 \leqslant x_i < 1/2, i = 1, 2\}$.

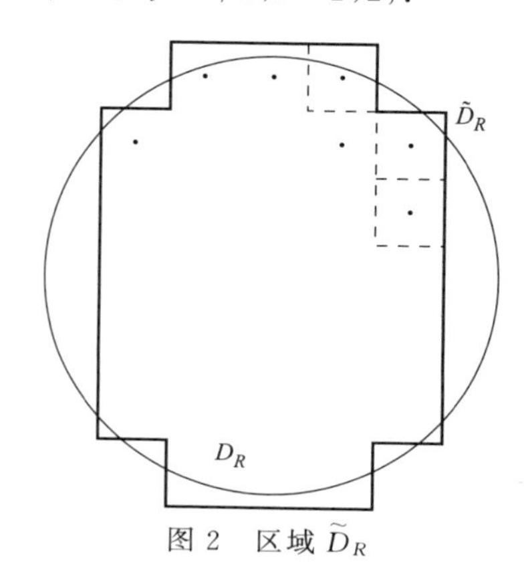

图 2　区域 $\widetilde{D}_R$

因为正方形 $S+n$ 互不相交，并且每一个面积都为 1，故 $m(\widetilde{D}_R) = N(R)$. 然而

$$D_{R-2^{-1/2}} \subset \widetilde{D}_R \subset D_{R+2^{-1/2}}. \tag{8.80}$$

事实上，若 $x \in S + n$，且 $|n| \leqslant R$，则 $|x| \leqslant 2^{-1/2} + |n| \leqslant R + 2^{-1/2}$，故 $\widetilde{D}_R \subset D_{R+2^{-1/2}}$. 采用同样方法可证反向包含关系也成立. 由式 (8.80) 可得

$$m(D_{R-2^{-1/2}}) \leqslant m(\widetilde{D}_R) \leqslant m(D_{R+2^{-1/2}}),$$

因此

$$\pi(R - 2^{-1/2})^2 \leqslant N(R) \leqslant \pi(R + 2^{-1/2})^2,$$

这就证明了 $N(R) = \pi R^2 + O(R)$.

对于因子函数的平均值，有一个类似但稍微更复杂一些的结论. 即 Dirichlet 定理：

$$\sum_{k=1}^{\mu} d(k) = \mu \log \mu + (2\gamma - 1)\mu + O(\mu^{1/2}), \text{当 } \mu \to \infty \text{ 时}, \tag{8.81}$$

其中 γ 是 Euler 常数.

式 (8.81) 也可由计数平面中的格点得到：式 (8.81) 的左边是在双曲线

$x_1x_2=\mu$ 上或在其下方的且 n_1，$n_2>0$ 的格点 $(n_1,\ n_2)$ 的数量.[11]

式 (8.79) 和式 (8.81) 引出了如下问题：在这些渐近结论中出现的误差项到底有多大？像数论中其他类似重要问题一样，很长时间以来人们都在致力于研究这些问题，但仍未得到解决. 我们的目的是仅展示怎样用本章中的思想得到第一个超越式 (8.79) 和式 (8.81) 的结论.

8.8.2 Poisson 求和公式

对这类问题的任何深入研究都不可或缺的是 Poisson 求和公式. 本小节陈述在一般的$\mathbb{R}^d$中的等式，但这里仅需要有限制性假设的情形.[12]

命题 8.8.2 假设 f 在 Schwartz 空间 $\mathcal{S}(\mathbb{R}^d)$中，则

$$\sum_{n\in\mathbb{Z}^d} f(n)=\sum_{n\in\mathbb{Z}^d}\hat{f}(n). \tag{8.82}$$

上式中，$\mathbb{Z}^d$ 是$\mathbb{R}^d$ 中的**格点集**，这些点的坐标都是整数，且 $\hat{f}$ 是 f 的 Fourier 变换.

为证明该命题，我们考虑两个和式

$$\sum_{n\in\mathbb{Z}^d} f(x+n) \quad 和 \quad \sum_{n\in\mathbb{Z}^d}\hat{f}(n)e^{2\pi in\cdot x}.$$

这两个级数都是快速收敛的（因为 f 和 $\hat{f}$ 属于 $\mathcal{S}(\mathbb{R}^d)$），因此这两个和式是连续函数. 此外，每一个都是周期函数，即对于任一 $m\in\mathbb{Z}^d$，当 x 被 $x+m$ 替换时，每一个都是不变的. 因为在和式 $\sum\limits_{n\in\mathbb{Z}^d} f(x+n)$ 中用 $x+m$ 代替 x 只是重组这个和式，所以第一项显然是不变的. 又因为对每一个 $n\in\mathbb{Z}^d$，$e^{2\pi in\cdot x}$ 都是周期的，所以第二项也是不变的. 进一步地，这两个和式有相同的 Fourier 系数. 为证此，令 Q 为基本的方体 $Q=\{x\in\mathbb{R}^d: 0<x_j\leqslant 1, j=1,\cdots,d\}$，并固定任一个 $m\in\mathbb{Z}^d$. 因为 $\bigcup\limits_{n\in\mathbb{Z}^d}(Q+n)$ 是$\mathbb{R}^d$ 的一个划分，分成了方体 $\{Q+n\}_{n\in\mathbb{Z}^d}$，所以

$$\begin{aligned}\int_Q\Big(\sum_n f(x+n)\Big)e^{-2\pi im\cdot x}\,dx &= \sum_n\int_{Q+n} f(x)e^{-2\pi im\cdot x}\,dx\\ &=\int_{\mathbb{R}^d} f(x)e^{-2\pi im\cdot x}\,dx\\ &=\hat{f}(m).\end{aligned}$$

此外，因为当 $n=m$ 时，$\int_Q e^{2\pi in\cdot x}e^{-2\pi im\cdot x}\,dx=1$，其余的都等于 0，所以

$$\int_Q\Big(\sum_n\hat{f}(n)e^{2\pi in\cdot x}\Big)e^{-2\pi im\cdot x}\,dx=\hat{f}(m).$$

因为 $\sum\limits_n f(x+n)$ 和 $\sum\limits_n\hat{f}(n)e^{2\pi in\cdot x}$ 有相同的 Fourier 系数，所以它们一定是相等

11 $r_2(k)$和 $d(k)$ 的平均值之间的联系或许在于 $r_2(k)=4(d_1(k)-d_3(k))$，其中 d_1 和 d_3 分别是 $k\equiv 1 \bmod 4$或$\equiv 3 \bmod 4$ 的因子个数.

12 其他情形，参考《傅里叶分析》第 5 章和《复分析》第 4 章.

的，[13] 再令 $x=0$ 即得式 (8.82).

下面考虑，当把和式 (8.82) 应用到 $\mathbb{R}^2$ 上 $\mathcal{S}$ 中的径向函数 $f(x)=f_0(|x|)$ 上会有怎样的结果，进而对圆盘 D_R 的特征函数 χ_R 做同样讨论.

由 8.1 节公式 (8.4) 可得，一旦将满足 $|n|^2=k$ 的项合在一起，就有

$$\sum_{n\in\mathbf{Z}^2} f_0(|n|)=2\pi\int_0^\infty f_0(r)r\mathrm{d}r+\sum_{k=1}^\infty F_0(k^{1/2})r_2(k), \tag{8.83}$$

其中 $F_0(\rho)=2\pi\int_0^\infty J_0(2\pi\rho r)f_0(r)r\mathrm{d}r$，并注意到 $J_0(0)=1$.

若能够将公式 (8.83) 应用到 $f=\chi_R$ 上 (困难当然是 χ_R 不光滑)，则由 $rJ_1(r)=\int_0^r \sigma J_0(\sigma)\mathrm{d}\sigma$ (见习题 23) 可得 Hardy 等式

$$N(R)=\pi R^2+R\sum_{k=1}^\infty \frac{r_2(k)}{k^{1/2}}J_1(2\pi k^{1/2}R).$$

当 $u\to\infty$ 时 $J_1(u)$ 是 $u^{-1/2}$ 阶的 (见式 (8.11))，故上式中的级数不是绝对收敛的，这是试图应用式 (8.83) 的困难所在，即使保证级数是 (条件) 收敛的也不例外. 然而，因为级数的每一项都是 $O(R^{-1/2})$，所以我们期望误差项 $N(R)-\pi R^2$ 大约是 $O(R^{1/2})$ 阶的，这正是我们猜想的.[14]

下面证明比较弱的结论，但它又较式 (8.79) 精确.

定理 8.8.3　当 $R\to\infty$ 时，$N(R)=\pi R^2+O(R^{2/3})$.

证　我们用如下正则函数来代替特征函数 χ_R. 固定一个非负的"冲击"函数 φ，即它是支撑在单位圆盘中的 C^∞ 函数，且 $\int_{\mathbf{R}^2}\varphi(x)\mathrm{d}x=1$. 设 $\varphi_\delta(x)=\delta^{-2}\varphi(x/\delta)$，并令

$$\chi_{R,\delta}=\chi_R*\varphi_\delta.$$

此时 $\chi_{R,\delta}$，显然是有紧支撑的 C^∞ 函数，因此可对其应用和式 (8.82). 注意到 $\hat{\chi}_{R,\delta}(\xi)=\hat{\chi}_R(\xi)\hat{\varphi}_\delta(\xi)$，且 $\hat{\chi}_{R,\delta}(0)=\hat{\chi}_R(0)\hat{\varphi}_\delta(0)=\pi R^2$.

因此，若定义 $N_\delta(R)=\sum_{n\in\mathbf{Z}^2}\chi_{R,\delta}(n)$，则由 Poisson 求和公式可知

$$N_\delta(R)=\pi R^2+\sum_{n\neq 0}\hat{\chi}_R(n)\hat{\varphi}(\delta n).$$

现在将上式中的和式分成如下两部分，并分别对其进行估计：

$$\sum_{0<|n|\leqslant 1/\delta}+\sum_{|n|>1/\delta}.$$

对于第一个和式，由已证的关系式

$$|\hat{\chi}_R(n)|=\frac{R}{|n|}|J_1(2\pi|n|R)|=O(R^{1/2}|n|^{-3/2}),$$

13　参考《实分析》第 6 章习题 16.

14　更确切地，我们猜测对任意的 $\varepsilon>0$，$O(R^{1/2+\varepsilon})$ 均是其误差项. 参考问题 6.

以及$|\hat{\varphi}(n\delta)|=O(1)$ 可知

$$\sum_{0<|n|\leqslant 1/\delta}=O\Big(R^{1/2}\sum_{0<|n|\leqslant 1/\delta}|n|^{-3/2}\Big)$$

$$=O\Big(R^{1/2}\int_{|x|\leqslant 1/\delta}|x|^{-3/2}\mathrm{d}x\Big)$$

$$=O(R^{1/2}\delta^{-1/2}).$$

类似地，因为$|\hat{\varphi}(n\delta)|=O(|n|^{-1}\delta^{-1})$(事实上,$\hat{\varphi}(\xi)$ 是快速衰减的),所以

$$\sum_{|n|>1/\delta}=O\Big(R^{1/2}\delta^{-1}\sum_{|n|>1/\delta}|n|^{-5/2}\Big).$$

因此 $\sum_{|n|>1/\delta}\hat{\chi}_R(n)\,\hat{\varphi}(\delta n)=O(R^{1/2}\delta^{-1/2})$. 故

$$N_\delta(R)=\pi R^2+O(R^{1/2}\delta^{-1/2}). \tag{8.84}$$

但是 $N_\delta(R)$ 与 $N(R)$ 之间有如下简单关系：

$$N_\delta(R-\delta)\leqslant N(R)\leqslant N_\delta(R+\delta). \tag{8.85}$$

这又可由下式得到

$$\chi_{R-\delta,\delta}\leqslant\chi_R\leqslant\chi_{R+\delta,\delta}.$$

因为 $x\in D_R$ 和$|y|\leqslant\delta$ 蕴含着 $x-y\in D_{R+\delta}$，所以右边的不等式 $\chi_R(x)\leqslant\int\chi_{R+\delta}(x-y)\varphi_\delta(y)\mathrm{d}y$ 显然成立. 类似地可得到左边的不等式.

最后，由式 (8.84) 可得 $N_\delta(R+\delta)=\pi R^2+O(R^{1/2}\delta^{-1/2})+O(R\delta)$，类似地，$N_\delta(R-\delta)=\pi R^2+O(R^{1/2}\delta^{-1/2})+O(R\delta)$. 总之，再由式 (8.85) 可得

$$N(R)=\pi R^2+O(R^{1/2}\delta^{-1/2})+O(R\delta).$$

选取 $\delta=R^{-1/3}$ 即知 $O(R^{1/2}\delta^{-1/2})$ 和 $O(R\delta)$ 相等，故

$$N(R)=\pi R^2+O(R^{2/3}).$$

从而定理得证. □

定理 8.8.3 的证明方法引出了一个普遍的一般化情形，其中$\mathbb{R}^2$中的圆盘被$\mathbb{R}^d$中一个适当的凸集取代.

称集合 Ω 是**凸的**，如果 Ω 中任意两点 x 和 x'之间的线段也在 Ω 中. 此外，假设 Ω 是有界集，且其边界为 C^2 类的 (在第 7 章 7.4 节意义下). 则当 ρ 是Ω 的定义函数时，第二种基本形式 (8.19) 是半正定的. (事实上，若假设不成立，则存在边界上一点，以及以此点为中心的坐标系 (x_1，…，x_d)，使得 x_d 在内法线方向上，且二次型在 x_1 方向上有一个特征值 $\lambda_1<0$. 因此在这个坐标系的原点附近，Ω 和由 x_1 与 x_d 确定的平面之间的交集为 $\{x_d>\lambda_1x_1^2+o(x_1^2)\}$，而此集合显然不是凸集，这又与 Ω 的凸性矛盾.)

称 Ω 是**强凸的**，如果二次型 (8.19) 在 Ω 边界上的每一点处都是严格正定的. 记 $R\Omega$ 为扩张集 $\{Rx: x\in\Omega\}$，并记 $N_R=\#\{R\Omega$ 中的格点$\}$.

定理 8.8.4　假设 Ω 是 $\mathbb{R}^d$ 中边界充分光滑的有界区域.[15] 设 Ω 是强凸的且 $0\in\Omega$，则

$$N_R=R^d m(\Omega)+O(R^{d-\frac{2d}{d+1}}),\text{ 当 } R\to\infty \text{ 时}.$$

此定理的证明接近于定理 8.8.3 的证明.

证　设 χ 和 χ_R 分别是 Ω 和 $R\Omega$ 的特征函数，则 $\chi_R(x)=\chi(x/R)$. 设 φ 是支撑在单位球中的非负 C^∞ 函数，且 $\int\varphi(x)\mathrm{d}x=1$，则令 $\varphi_\delta(x)=\delta^{-d}\varphi(x/\delta)$. 设 $\chi_{R,\delta}=\chi_R*\varphi_\delta$，且

$$N_{R,\delta}=\sum_{n\in\mathbf{Z}^d}\chi_{R,\delta}(n).$$

因为 $\hat{\chi}_{R,\delta}(0)=\hat{\chi}_R(0)\hat{\varphi}(0)$，$\hat{\chi}_R(0)=R^d\hat{\chi}(0)=R^d m(\Omega)$ 和 $\hat{\varphi}(0)=1$，所以由和式 (8.82) 可得

$$N_{R,\delta}=R^\delta m(\Omega)+\sum_{n\neq 0}\hat{\chi}_{R,\delta}(n).$$

但是由推论 8.3.3 可得 $\hat{\chi}(\xi)=O(|\xi|^{-\frac{d+1}{2}})$. 因此

$$\hat{\chi}_R(n)=R^d\hat{\chi}(Rn)=O(R^{\frac{d-1}{2}}|n|^{-\frac{d+1}{2}}),$$

于是

$$\hat{\chi}_{R,\delta}(n)=O(R^{\frac{d-1}{2}}|n|^{-\frac{d+1}{2}})\hat{\varphi}(\delta n).$$

现在将和式 $\sum\limits_{n\neq 0}\hat{\chi}_{R,\delta}(n)$ 分解为 $\sum\limits_{1\leqslant|n|\leqslant 1/\delta}+\sum\limits_{1/\delta<|n|}$. 由 $\hat{\chi}_{R,\delta}=O(R^{\frac{d-1}{2}}|n|^{-\frac{d+1}{2}})$ 可知，第一项估计为 $O(R^{\frac{d-1}{2}}\delta^{-\frac{d-1}{2}})$，(例如将它与 $R^{\frac{d-1}{2}}\int_{|x|\leqslant 1/\delta}|x|^{-\frac{d+1}{2}}\mathrm{d}x$ 做比较).

因为 $\hat{\varphi}$ 是快速衰减的，所以第二项约为 $R^{\frac{d-1}{2}}\sum\limits_{|n|>1/\delta}|n|^{-\frac{d+1}{2}}(|n|\delta)^{-r}$，$\forall r>0$. 选取充分大的 r，比如取 $r=d/2$，同样可得分解中第二项为 $O(R^{\frac{d-1}{2}}\delta^{-\frac{d-1}{2}})$. 因此

$$N_{R,\delta}=R^d m(\Omega)+O(R^{\frac{d-1}{2}}\delta^{-\frac{d-1}{2}}).\tag{8.86}$$

其次注意到，存在适当的 $c>0$ 使得

$$N_{R-c\delta,\delta}\leqslant N_R\leqslant N_{R+c\delta,\delta}.\tag{8.87}$$

该不等式可由下述不等式得到

$$\chi_{R-c\delta,\delta}\leqslant\chi_R\leqslant\chi_{R+c\delta,\delta}.$$

右端的不等式 $\chi_R(x)\leqslant\int\chi_{R+c\delta}(x-y)\varphi_\delta(y)\mathrm{d}y$ 可由如下几何结论得到：存在 $c>0$ 使得当 $R\geqslant 1$ 和 $\delta\leqslant 1$ 时，

$$x\in R\Omega \text{ 和 } |y|\leqslant\delta \text{ 蕴含着 } x-y\in(R+c\delta)\Omega.\tag{8.88}$$

关于 Ω 的凸性的上述几何性质的证明，见习题 21.

采用同样方法可证不等式 $\chi_{R-c\delta,\delta}\leqslant\chi_R$.

15　证明过程表明边界是 C^{d+2} 类的就足够了. 参考 8.3 节最后的注.

现在结合式（8.86）和式（8.87）可得

$$N_R=R^d m(\Omega)+O(R^{\frac{d-1}{2}}\delta^{-\frac{d-1}{2}})+O(R^{d-1}\delta).$$

若取 $\delta=R^{-\frac{d-1}{d+1}}$，则两个 O 项都等于 $O(R^{d-\frac{2d}{d+1}})$，故定理得证. □

8.8.3 双曲测度

本小节改进关于因子函数的关系式（8.81），这类似于定理 8.8.3.

定理 8.8.5

$$\sum_{k=1}^{\mu}d(k)=\mu\log\mu+(2\gamma-1)\mu+O(\mu^{1/3}\log\mu),\text{当 }\mu\to\infty\text{ 时.}^{16} \tag{8.89}$$

我们希望能够尽可能多地使用定理 8.8.3 的证明方法来证明这个定理，但却有许多困难. 事实上，若记 χ_μ 是下述区域的特征函数

$$\{(x_1,x_2)\in\mathbb{R}^2:x_1x_2\leqslant\mu,x_1>0,\text{且 }x_2>0\}, \tag{8.90}$$

这是由双曲线 $x_1x_2=\mu$ 上或在其下方的点构成的区域，则

$$\sum_{k=1}^{\mu}d(k)=\sum_{n\in\mathbf{Z}^2}\chi_\mu(n).$$

然而，关于 $f=\chi_\mu$ 的 Poisson 求和公式（8.82）的另一边正是问题所在. 实际上，$\hat{\chi}_\mu(0)=\int_{\mathbb{R}^2}\chi_\mu\,\mathrm{d}x=\infty$，且由此也知，表示每一项$\hat{\chi}_\mu(n)$的积分都是没有意义的.

更麻烦的问题在于式（8.89）的主项是 $\mu\log\mu$，尽管通过对区域式（8.90）作简单的收缩变换可得到关于 μ 的线性项，但这依旧无济于事. 不可思议的是 Euler 常数出现在附加项中.

下述对 D_R 中格点的分析（以及类似于式（8.83）的公式）的本质在于二维情形下径向函数的 Fourier 变换的一些结论，而这又依赖于圆周上不变测度的 Fourier 变换. 与之平行的，我们探究如下相似情形：代替径向函数，考虑在“双曲扩张”$(x_1,x_2)\to(\delta x_1,\delta^{-1}x_2)$，$\delta>0$ 下不变的函数，以及对应的$\mathbb{R}^2$中支撑在双曲线 $x_1x_2=1$ 上的不变测度.

首先，记 $\mathrm{d}\eta$为$\mathbb{R}^2$上的**双曲测度**，且满足下述积分公式：

$$\int_{\mathbb{R}^2}f(x)\mathrm{d}\eta=\int_0^\infty f(u,1/u)\frac{\mathrm{d}u}{u},$$

其中 f 是任一有紧支撑的连续函数. 换言之，对$\mathbb{R}^2$中的每一个 Borel 集 E 在广泛意义下有

$$\eta(E)=\int_0^\infty\chi_E(u,1/u)\frac{\mathrm{d}u}{u},$$

注意到，测度η在伸缩变换$(x_1,x_2)\to(\delta x_1,\delta^{-1}x_2)$，$\delta>0$ 下是不变的.

对于每一个 $f\in\mathcal{S}$，线性泛函 $f\mapsto\int_0^\infty f(u,\ 1/u)\dfrac{\mathrm{d}u}{u}$ 的定义是合理的，这是因

16 将这与关于 D_R 中格点的结论相比较可知，对应地有 $\mu=R^2$.

为其中的积分是快速收敛的，而且根据此收敛性可知测度$\mathfrak{y}$可看成缓增分布. 下面将试图确定该分布的 Fourier 变换，而这依赖于下述一对关键的振荡积分$\mathfrak{J}^+$和$\mathfrak{J}^-$：

$$\mathfrak{J}^{\pm}(\lambda)=\int_0^{\infty} e^{i\lambda(u\pm 1/u)}\frac{du}{u}.$$

因为这两个积分（在 0 或无穷远点）不是绝对收敛的，所以必须将它们看成是截断后的一个适当的极限.

为此，选取 $[0,\infty)$ 上的非负 C^{∞} 函数 η，使得对比较小的 u，$\eta(u)=0$，且当 $u\geqslant 1$ 时 $\eta(u)=1$，并令 $\eta_a(u)=\eta(u/a)$. 此时定义收敛积分

$$\mathfrak{J}_{a,b}^{+}(\lambda)=\int_0^{\infty} e^{i\lambda\left(u+\frac{1}{u}\right)}\eta_a(u)\eta_b(1/u)\frac{du}{u},$$

类似地，可定义$\mathfrak{J}_{a,b}^{-}(\lambda)$. 首先取 $0<a$，$b\leqslant 1/2$.

命题 8.8.6　对每一个 $\lambda\neq 0$，极限$\mathfrak{J}^{+}(\lambda)=\lim_{a,b\to 0}\mathfrak{J}_{a,b}^{+}(\lambda)$ 存在. 进一步地，下述论断关于 a 和 b 一致成立：

(i) 存在适当的常数 c_0，c_1，…，c_k，…，使得对于 $|\lambda|\geqslant 1/2$ 和任意的 $N\geqslant 0$ 均有$\mathfrak{J}_{a,b}^{+}(\lambda)=\left(\sum_{k=0}^{N} c_k\lambda^{-1/2-k}\right)e^{2i\lambda}+O(|\lambda|^{-3/2-N})$.

(ii) $\mathfrak{J}_{a,b}^{+}(\lambda)=O(\log 1/|\lambda|)$，其中 $|\lambda|\leqslant 1/2$.

证　下面将积分$\mathfrak{J}_{a,b}^{+}$分成三部分.令 α 是一个 C^{∞} 函数，并满足当 $3/4\leqslant u\leqslant 4/3$ 时 $\alpha(u)=1$，且 α 的支撑在 $[1/2,2]$ 中. 令 $\beta=1-\alpha$，则 β 的支撑在 $u\leqslant 3/4$ 或 $u\geqslant 4/3$ 中. 此时将$\mathfrak{J}_{a,b}^{+}$分成 Ⅰ＋Ⅱ＋Ⅲ，其中

$$\text{Ⅱ}=\int_{1/2}^{2} e^{i\lambda\Phi(u)}\alpha(u)\frac{du}{u},\quad \text{Ⅰ}=\int_0^{3/4} e^{i\lambda\Phi(u)}\beta(u)\eta_a(u)\frac{du}{u},$$

以及

$$\text{Ⅲ}=\int_{4/3}^{\infty} e^{i\lambda\Phi(u)}\beta(u)\eta_b(u)\frac{du}{u},$$

其中记 $\Phi(u)=u+\dfrac{1}{u}$.

现在注意到 $\Phi'(1)=0$，且对于任意的 u 均有 $\Phi''(u)>0$，则 $u=1$ 是 Φ 的（唯一）临界点. 又因为 $\Phi(1)=2$，所以通过变量替换可使得 $\Phi(u)=u+\dfrac{1}{u}=2+x^2$. 解此二次方程可得

$$x=\frac{u-1}{u^{1/2}},\quad u=1+\frac{x^2}{2}+\frac{x(4+x^2)^{1/2}}{2},$$

上式蕴含着 $u\mapsto x$ 是区间 $[1/2,2]$ 到 $[-2^{-1/2},2^{1/2}]$ 的一个光滑双射.

做如上所示的变量替换可知，积分Ⅱ变为

$$e^{2i\lambda}\int e^{i\lambda x^2}\widetilde{\alpha}(x)dx,$$

其中 $\tilde{\alpha}$ 是有紧支撑的 C^{∞} 函数. 此时由渐近公式 (8.8) 可得, 对每一个 $N\geqslant 0$ 都有

$$\text{II}=\Big(\sum_{k=0}^{N}c_k\lambda^{-1/2-k}\Big)\mathrm{e}^{2\mathrm{i}\lambda}+O(|\lambda|^{-3/2-N}).$$

为考虑积分 I, 记

$$L=\frac{1}{\mathrm{i}\lambda\Phi'(u)}\frac{\mathrm{d}}{\mathrm{d}u}.$$

则 $L(\mathrm{e}^{\mathrm{i}\lambda\Phi})=\mathrm{e}^{\mathrm{i}\lambda\Phi}$, 且对每一个正整数 $N\geqslant 1$ 均有

$$\text{I}=\int_0^{3/4}L^N(\mathrm{e}^{\mathrm{i}\lambda\Phi})\beta(u)\eta_a(u)\frac{\mathrm{d}u}{u}. \tag{8.91}$$

首先考虑 $N=1$ 的情形. 因为 $\Phi'(u)=1-1/u^2$, 且 $1/\Phi'(u)=u^2/(u^2-1)$, 所以由分部积分可得

$$\text{I}=-\frac{1}{\mathrm{i}\lambda}\int_0^{3/4}\mathrm{e}^{\mathrm{i}\lambda\Phi(u)}\frac{\mathrm{d}}{\mathrm{d}u}(u\beta_1(u)\eta_a(u))\mathrm{d}u,$$

其中 $\beta_1(u)=\beta(u)/(u^2-1)$, 且 β_1 光滑.

上式中求导将会产生两项. 其一, 若对 $\beta_1(u)$ 求导, 则得到的 I 项就是 $O(1/|\lambda|)$. 其二, 若对 $\eta_a(u)$ 求导, 则得到的仍然是 $O(1/|\lambda|)$, 这是因为 $(\eta_a(u))'=O(1/a)$, 且 $\eta_a'(u)$ 的支撑在 $[0, a]$ 中. 故 $\text{I}=O(1/|\lambda|)$.

对于 $N>1$ 的情形, 我们再次使用式 (8.91), 并作 N 次分部积分. 现在每一步积分中都能得到 u 的增益因子和 a^{-1} 的损耗因子, 而后者只有当对 η_a 求导时才会出现. 故综合来看, 对每一个正整数 N 都有 $\text{I}=O(|\lambda|^{-N})$. 积分III类似于积分I的情形, 可以通过做变换 $u\mapsto 1/u$ 得到 $\text{III}=O(|\lambda|^{-N})$, 因此命题的结论 (i) 得证.

下面设 $|\lambda|\leqslant 1/2$. 因为 II 显然有界, 所以只需估计 I 和 III. 对于 I, 和之前一样, 有

$$\begin{aligned}\text{I}&=-\frac{1}{i\lambda}\int_0^{3/4}\mathrm{e}^{\mathrm{i}\lambda\Phi(u)}\frac{\mathrm{d}}{\mathrm{d}u}(u\beta_1(u)\eta_a(u))\mathrm{d}u\\&=-\frac{1}{\mathrm{i}\lambda}\int_0^{|\lambda|}-\frac{1}{\mathrm{i}\lambda}\int_{|\lambda|}^{3/4}.\end{aligned}$$

上式中第一项由下式的某个倍数控制

$$\frac{1}{|\lambda|}\int_0^{|\lambda|}(1+u|\eta'_a(u)|)\mathrm{d}u=O(1),$$

同时第二项可写成

$$\int_{|\lambda|}^{3/4}\mathrm{e}^{\mathrm{i}\lambda\Phi(u)}\beta(u)\eta_a(u)\frac{\mathrm{d}u}{u}+O(1),$$

而这显然是 $O\Big(\int_{|\lambda|}^{3/4}\frac{\mathrm{d}u}{u}\Big)+O(1)=O(\log 1/|\lambda|)$. 可类似地估计 III, 故结论 (ii) 成立.

为了证明当 a，$b\to 0$ 时 $\mathfrak{J}_{a,b}^{+}$ 的收敛性，注意到Ⅱ与 a 和 b 是无关的. 现在考虑Ⅰ，并注意到它仅依赖于 a，且

$$\mathrm{I}_a-\mathrm{I}_{a'}=\int \mathrm{e}^{\mathrm{i}\lambda\Phi(u)}(\eta_a(u)-\eta_{a'}(u))\beta(u)\frac{\mathrm{d}u}{u},$$

其中被积函数的支撑仅在 $(0,\max(a,a'))$ 中. 现在与之前一样可得

$$\mathrm{I}_a-\mathrm{I}_{a'}=\frac{1}{\mathrm{i}\lambda}\int\frac{\mathrm{d}}{\mathrm{d}u}(\mathrm{e}^{\mathrm{i}\lambda\Phi(u)})(\eta_a(u)-\eta_{a'}(u))u\beta_1(u)\mathrm{d}u,$$

再由分部积分可知，上述差是 $O\left(\frac{1}{|\lambda|}\max(a,a')\right)$. 因为 λ 是固定的且 $\lambda\neq 0$，所以当 a 和 a' 趋于零时上述差收敛于零，因此当 $a\to 0$ 时 I_a 收敛于某个极限. 可类似地考虑Ⅲ，因此 $\mathfrak{J}_{a,b}^{+}$ 收敛于某个极限，故命题得证. □

除了有一点变化之外，类似的结论对 $\mathfrak{J}_{a,b}^{-}$ 也成立.

推论 8.8.7　关于 $\mathfrak{J}_{a,b}^{-}$ 的结论和命题 8.8.6 中给出的 $\mathfrak{J}_{a,b}^{+}$ 的结论是一样的，只是其中（ⅰ）需要改为关于 a，b 一致地有：

（ⅰ′）对于 $|\lambda|\geqslant 1/2$ 和任意的 $N\geqslant 0$ 均有 $\mathfrak{J}_{a,b}^{-}=O(|\lambda|^{-N})$.

仅在Ⅱ中出现了一点变化，即 $\int \mathrm{e}^{\mathrm{i}\lambda\Phi(u)}\alpha(u)\frac{\mathrm{d}u}{u}$，其中 $\Phi(u)=u-1/u$. 此时 $\Phi'(u)=1+1/u^2>1$，且没有临界点. 从而由命题 8.2.1 可知 Ⅱ $=O(|\lambda|^{-N})$，$\forall N\geqslant 0$，故采用之前关于Ⅰ和Ⅲ的证明方法可以证得结论（ⅰ′）.

注　关于 $\mathfrak{J}_{a,b}^{+}$ 的两个进一步的结论可由上述讨论直接推得.

1. 当 $\lambda\neq 0$ 时，$\mathfrak{J}^{+}$ 和 $\mathfrak{J}^{-}$ 关于 λ 连续.

2. 对于更一般的 $0<a<\infty$ 和 $0<b<\infty$，结论（ⅰ），（ⅰ′）和（ⅱ）中估计的一致性仍然成立，其中需要修改的是，（ⅰ）中渐近公式的常数 c_k 可能会依赖于 a 和 b，但它们仍是一致有界的. 例如，当 $a\leqslant 1/2$ 而 b 没有限制时，Ⅱ中的 $\alpha(u)$ 替换为 $\alpha(u)\eta(1/(bu))$，且当 $b\geqslant 1/2$ 时，后者仍然一致光滑. Ⅰ中的函数 $\beta_1(u)$ 替换为 $\beta_1(u)\eta(1/(bu))$，而不影响结果. 该推理过程显然对比较大的 a 和 b 成立.

8.8.4　Fourier 变换

本小节考虑 $\mathfrak{h}$ 的 Fourier 变换. 为了方便，稍微改变一下记号，将 $\mathbb{R}^2$ 中的一般点 (x_1,x_2) 记为 (x,y)；类似地，其在 $\mathbb{R}^2$ 中的对偶变量记为 (ξ,η).[17]

将平面 $\mathbb{R}^2$ 均分成四个象限 Q_1，Q_2，Q_3 和 Q_4，（与坐标轴 x 和 y 一起）其中 $Q_1=\{(x,y):x>0$ 且 $y>0\}$，$Q_2=\{(x,y):x<0$ 且 $y>0\}$ 等.

命题 8.8.8　Fourier 变换 $\hat{\mathfrak{h}}$（看作缓增分布）在 $\xi\eta\neq 0$ 时是连续函数，且定义为

$$\mathfrak{J}^{+}(-2\pi|\xi\eta|^{1/2})\qquad 在\ Q_1\ 中.$$

17　这将简化公式中繁杂的下标.

$$\mathfrak{J}^{-}(-2\pi|\xi\eta|^{1/2}) \qquad 在 Q_2 中.$$
$$\mathfrak{J}^{+}(2\pi|\xi\eta|^{1/2}) \qquad 在 Q_3 中.$$
$$\mathfrak{J}^{-}(2\pi|\xi\eta|^{1/2}) \qquad 在 Q_4 中.$$

证 我们用有限测度$\mathfrak{y}_\varepsilon$逼近$\mathfrak{y}$，其中$\mathfrak{y}_\varepsilon$定义为

$$\int_{\mathbf{R}^2} f \mathrm{d}\,\mathfrak{y}_\varepsilon = \int_0^\infty f(u,1/u)\eta_\varepsilon(u)\eta_\varepsilon(1/u)\frac{\mathrm{d}u}{u}.$$

若 $f\in\mathcal{S}$，则当 $\varepsilon\to 0$ 时显然有 $\int f\mathrm{d}\,\mathfrak{y}_\varepsilon \to \int f\mathrm{d}\,\mathfrak{y}$，故在缓增分布意义下$\mathfrak{y}_\varepsilon$收敛于$\mathfrak{y}$. 此时

$$\hat{\mathfrak{y}}_\varepsilon(\xi,\eta) = \int_0^\infty \mathrm{e}^{-2\pi\mathrm{i}(\xi u+\eta/u)}\eta_\varepsilon(u)\eta_\varepsilon(1/u)\frac{\mathrm{d}u}{u}.$$

首先假设 $(\xi,\ \eta)$ 在 Q_1 中，即 $\xi>0$ 且 $\eta>0$. 固定 $(\xi,\ \eta)$，并做变量替换 $u\mapsto(\eta/\xi)^{1/2}u$. 则 $\xi u+\eta/u$ 变成了 $(\xi\eta)^{1/2}(u+1/u)$，同时 $\eta_\varepsilon(u)=\eta(u/\varepsilon)$ 变为 $\eta_a(u)$，其中 $a=\varepsilon(\xi/\eta)^{1/2}$，且 $\eta_\varepsilon(1/u)$ 也变成 $\eta_b(1/u)$，其中 $b=\varepsilon(\eta/\xi)^{1/2}$. 此外，测度$\frac{\mathrm{d}u}{u}$是不变的. 因此在第一象限中有

$$\hat{\mathfrak{y}}_\varepsilon = \mathfrak{J}^{+}_{a,b}(-2\pi|\xi\eta|^{1/2}),$$

在其他象限中有相似的公式.

现在由命题 8.8.6 及其推论中的结论（i），（ii）和（i′）可知

$$|\hat{\mathfrak{y}}_\varepsilon(\xi,\eta)|\leqslant A|\xi\eta|^{-1/2}, 当 |\xi\eta|\geqslant 1/2 时,$$

$$|\hat{\mathfrak{y}}_\varepsilon(\xi,\eta)|\leqslant A\log(1/|\xi\eta|), 当 |\xi\eta|\leqslant 1/2 时,$$

关于 ε 一致成立. 此外，对任意的 $\xi\eta\neq 0$ 的 $(\xi,\ \eta)$，当 $\varepsilon\to 0$ 时$\hat{\mathfrak{y}}_\varepsilon(\xi,\ \eta)$ 收敛于某个极限. 故只需证明在缓增分布意义下$\hat{\mathfrak{y}}_\varepsilon$收敛于函数$\hat{\mathfrak{y}}$即可，其中$\hat{\mathfrak{y}}(\xi,\eta)=\lim\limits_{\varepsilon\to 0}\hat{\mathfrak{y}}_\varepsilon(\xi,\eta)$. 这是因为根据控制收敛定理可知，上述估计蕴含着

$$\int_{\mathbf{R}^2}\hat{\mathfrak{y}}_\varepsilon g \to \int_{\mathbf{R}^2}\hat{\mathfrak{y}} g, \quad \forall g\in\mathcal{S}.$$

从而命题得证. □

下面考虑$\mathbb{R}^2$中在伸缩变换 $(x,y)\to(\delta x,\delta^{-1}y)$，$\delta>0$ 下不变的函数的 Fourier 变换. 尽管下述定理中的主要等式对于更广的函数类也成立，但是我们仅阐述后面需要的关于一类特殊光滑函数的有关结果. 假设 f 在第一象限内形如 $f(x,y)=f_0(xy)$，而在其他三个象限中等于 0. 并假设 f_0 是 $(0,\ \infty)$ 上的有紧支撑的 C^∞ 函数. 这种形式的函数 f 在整个$\mathbb{R}^2$上永远不可积（除非 $f_0=0$），但是因为它们有界，所以当然是缓增分布.

定理 8.8.9 设$\hat{f}$是 $f(x,y)=f_0(xy)$ 的 Fourier 变换. 则$\hat{f}$在 $\xi\eta\neq 0$ 时是连续函数. 当 $(\xi,\eta)\in Q_1$ 时$\hat{f}$定义为

$$\widehat{f}(\xi,\eta)=2\int_0^{\infty}\mathfrak{J}^{+}(-2\pi|\xi\eta|^{1/2}\rho)f_0(\rho^2)\rho\mathrm{d}\rho. \tag{8.92}$$

在 Q_2，Q_3 和 Q_4 中有类似的等式，其中分别用$\mathfrak{J}^{-}(-\cdot)$，$\mathfrak{J}^{+}(+\cdot)$ 和$\mathfrak{J}^{-}(+\cdot)$ 代替$\mathfrak{J}^{+}(-\cdot)$.

证　用 f_ε 逼近 f，其中 $f_\varepsilon(x,y)=f_0(xy)\eta_\varepsilon(x)\eta_\varepsilon(y)$. 则每一个 f_ε 都是有紧支撑的 C^∞ 函数，且在缓增分布意义下显然有 $f_\varepsilon\to f$.

现在 $\widehat{f}_\varepsilon(\xi,\eta)=\int \mathrm{e}^{-2\pi\mathrm{i}(\xi x+\eta y)}f_0(xy)\eta_\varepsilon(x)\eta_\varepsilon(y)\mathrm{d}x\mathrm{d}y$. 在第一象限中引入新的变量 (u,ρ) 使得 $x=u\rho$，$y=\dfrac{\rho}{u}$，并注意到

$$\frac{\partial(x,y)}{\partial(u,\rho)}=\begin{pmatrix}\rho & u\\ -\dfrac{\rho}{u^2} & \dfrac{1}{u}\end{pmatrix},$$

且其行列式等于 $2\rho/u$. 因此 $\mathrm{d}x\mathrm{d}y=2\rho\dfrac{\mathrm{d}u}{u}\mathrm{d}\rho$ 且

$$\widehat{f}_\varepsilon(\xi,\eta)=2\int_0^{\infty}\int_0^{\infty}\mathrm{e}^{-2\pi\mathrm{i}(\xi u\rho+\eta\rho/u)}f_0(\rho^2)\eta_\varepsilon(\rho u)\eta_\varepsilon(\rho/u)\rho\frac{\mathrm{d}u}{u}\mathrm{d}\rho.$$

又若 (ξ,η) 在第一象限内，并做变量替换 $u\mapsto(\eta/\xi)^{1/2}u$，则

$$\widehat{f}_\varepsilon(\xi,\eta)=2\int_0^{\infty}\mathfrak{J}^{+}_{a,b}(-2\pi|\xi\eta|^{1/2}\rho)f_0(\rho^2)\rho\mathrm{d}\rho, \tag{8.93}$$

其中 $a=\dfrac{\varepsilon}{\rho}\left(\dfrac{\xi}{\eta}\right)^{1/2}$，$b=\dfrac{\varepsilon}{\rho}\left(\dfrac{\eta}{\xi}\right)^{1/2}$.

当 (ξ,η) 在第二、三、四象限中时，对于$\widehat{f}_\varepsilon(\xi,\eta)$ 的类似公式仍然成立. 因此根据命题 8.8.8 的证明中的同样推理可得，$\widehat{f}_\varepsilon$ 在缓增分布意义下收敛于式 (8.92) 中的极限$\widehat{f}$. □

推论 8.8.10　Fourier 变换$\widehat{f}_\varepsilon$ 和$\widehat{f}$满足下述估计，且它们关于 ε 是一致的：

$$|\widehat{f}_\varepsilon(\xi,\eta)|\leqslant A_N|\xi\eta|^{-N}，当|\xi\eta|\geqslant 1/2 时， \tag{8.94}$$

对每一个 $N\geqslant 0$ 均成立.

事实上，因为 $f_0(\rho^2)\rho$ 是 $(0,\infty)$ 上有紧支撑的 C^∞ 函数，所以 $\int_0^{\infty}\mathrm{e}^{-4\pi\mathrm{i}\rho|\xi\eta|^{1/2}}f_0(\rho^2)\rho\mathrm{d}\rho=O(|\xi\eta|^{-N})$ 对任意的 $N\geqslant 0$ 均成立. 再根据命题 8.8.6 及其推论中给出的$\mathfrak{J}^{\pm}(\lambda)$ 关于 λ 的渐近性质即可证得推论 8.8.10.

8.8.5　一个求和公式

本小节给出类似于求和公式 (8.83) 的双曲情形的公式. 现在很容易将四个象限中的振荡积分放在一起并记为$\mathfrak{J}$，

$$\mathfrak{J}(\lambda)=2(\mathfrak{J}^{+}(\lambda)+\mathfrak{J}^{+}(-\lambda)+\mathfrak{J}^{-}(\lambda)+\mathfrak{J}^{-}(-\lambda)).$$ [18]

18　$\mathfrak{J}$的 Bessel 型函数展开式，见问题 7*.

再设 f_0 是 $(0, \infty)$ 上有紧支撑的 C^∞ 函数.

定理 8.8.11

$$\sum_{k=1}^{\infty} f_0(k)d(k) = \int_0^{\infty} (\log\rho + 2\gamma) f_0(\rho)\mathrm{d}\rho + \sum_{k=1}^{\infty} F_0(k)d(k), \tag{8.95}$$

其中

$$F_0(u) = \int_0^{\infty} \mathfrak{J}(2\pi u^{1/2}\rho) f_0(\rho^2)\rho\mathrm{d}\rho.$$

证 对逼近函数 f_ε 应用 Poisson 求和公式

$$\sum_{\mathbf{Z}^2} f_\varepsilon(m, n) = \sum_{\mathbf{Z}^2} \hat{f}_\varepsilon(m, n),$$

再令 $\varepsilon \to 0$ 过渡到极限函数上. 因为 $f_0(u)$ 在 $(0, \infty)$ 上有紧支撑，所以上式中的左边和显然是在一个有界格点集上取的. 因此对于满足 $mn = k$ 的点 (m, n) 求和即是上式左边.

现在将上式中的右边和分成两部分. 一部分取满足 $mn \neq 0$ 的点 (m, n)，另一部分取的点 (m, n) 满足 $m = 0$ 或者 $n = 0$，再或者 $m = n = 0$.

根据定理 8.8.9 以及推论 8.8.10，首先得到

$$\lim_{\varepsilon \to 0} \sum_{mn \neq 0} \hat{f}_\varepsilon(m, n) = \sum_{mn \neq 0} \hat{f}(m, n),$$

这是因为上述级数均被收敛级数 $\sum_{mn \neq 0} |mn|^{-2}$ 控制. 其次，将满足 $|mn| = k$ 的点 (m, n) 集中起来，由公式 (8.92) 可得

$$\sum_{mn \neq 0} \hat{f}(m, n) = \sum_{k=1}^{\infty} F_0(k)d(k).$$

下面计算当 $\varepsilon \to 0$ 时，

$$\sum_{mn = 0} \hat{f}_\varepsilon(m, n) \tag{8.96}$$

的极限. 易知式 (8.96) 的一部分是 $\sum_m \hat{f}_\varepsilon(m, 0)$，且由（一维形式的）Poisson 求和公式可知这部分等于

$$\sum_m \int_{\mathbf{R}} f_\varepsilon(m, y)\mathrm{d}y.$$

但是 $f_\varepsilon(x, y) = f_0(xy)\eta_\varepsilon(x)\eta_\varepsilon(y)$ 且 f_ε 的支撑在第一象限中，故这个和式等于

$$\sum_{m=1}^{\infty} \int_0^{\infty} f_0(my)\eta_\varepsilon(m)\eta_\varepsilon(y)\mathrm{d}y.$$

一旦在上述积分中做变量替换 $my \mapsto y$ 以及交换求和与积分运算（这是很容易解释清楚的），这个和式就变成了

$$\int_0^{\infty} k_\varepsilon(y) f_0(y)\mathrm{d}y,$$

其中 $k_{\varepsilon}(y)=\sum_{m=1}^{\infty}\eta_{\varepsilon}(y/m)\frac{1}{m}$，且取 $0<\varepsilon\leqslant 1$.（注意到当 $m\geqslant 1$ 时 $\eta_{\varepsilon}(m)=1$.）

我们断言：若记 $c_0=\int_0^1\eta(x)\frac{\mathrm{d}x}{x}$，则

$$k_{\varepsilon}(y)=\log(y/\varepsilon)+\gamma+c_0+O(\varepsilon/y),\text{当 }\varepsilon\to 0\text{ 时，}\tag{8.97}$$

并且只要 y 分布在 $(0,\alpha)$ 的某个紧子集中，此估计就是一致的.

为了证明上述结论，我们将和式 $k_{\varepsilon}(y)$ 分成两部分：第一部分取 m 满足 $m\leqslant y/\varepsilon$，剩下的为第二部分. 因为当 $m\leqslant y/\varepsilon$ 时 $\eta_{\varepsilon}(y/m)=\eta(y/(\varepsilon m))=1$，所以由 Euler 常数 γ 的定义性质可知，第一部分是 $\sum_{1\leqslant m\leqslant y/\varepsilon}1/m$，且它等于 $\log(y/\varepsilon)+\gamma+O(\varepsilon/y)$.[19]

另一方面，由 $\eta'(u)$ 在 $(0,\infty)$ 中有紧支撑可知 $\frac{\mathrm{d}}{\mathrm{d}u}\left(\eta\left(\frac{y}{\varepsilon u}\right)\frac{1}{u}\right)=O(1/u^2)$，故

$$\sum_{m\geqslant y/\varepsilon}\eta(y/(\varepsilon m))\frac{1}{m}-\int_{u\geqslant y/\varepsilon}\eta(y/(\varepsilon u))\frac{\mathrm{d}u}{u}=O\left(\int_{y/\varepsilon}^{\infty}\frac{\mathrm{d}u}{u^2}\right)=O\left(\frac{\varepsilon}{y}\right).$$

因此式 (8.97) 成立，且

$$c_0=\int_1^{\infty}\eta(1/u)\frac{\mathrm{d}u}{u}=\int_0^1\eta(u)\frac{\mathrm{d}u}{u}.$$

由对称性也得

$$\sum_n\hat{f}_{\varepsilon}(0,n)=\int_0^{\infty}k_{\varepsilon}(y)f_0(y)\mathrm{d}y,$$

其中 k_{ε} 由式 (8.97) 给出.

现在估计 $\sum_m\hat{f}_{\varepsilon}(m,0)+\sum_m\hat{f}_{\varepsilon}(0,m)$ 比 $\sum_{mn=0}\hat{f}(m,n)$ 多的部分 $\hat{f}_{\varepsilon}(0,0)$. 然而，由简单的变量替换可得

$$\begin{aligned}\hat{f}_{\varepsilon}(0,0)&=\int_{\mathbf{R}^2}f_{\varepsilon}(x,y)\mathrm{d}x\mathrm{d}y\\&=\int_{\mathbf{R}^2}f_0(xy)\eta_{\varepsilon}(x)\eta_{\varepsilon}(y)\mathrm{d}x\mathrm{d}y\\&=\int_0^{\infty}k'_{\varepsilon}(y)f_0(y)\mathrm{d}y,\end{aligned}$$

其中 $k'_{\varepsilon}(y)=\int_0^{\infty}\eta(x/\varepsilon)\eta(y/(\varepsilon x))\frac{\mathrm{d}x}{x}$.

现在将关于 x 的积分分成四部分：x/ε 和 $y/(\varepsilon x)$ 都大于等于 1 的是一部分；其中一个大于等于 1 而另一个小于 1 是另外两部分；剩下一部分是两者都小于 1. 第一部分中 $\eta(x/\varepsilon)=1$ 且 $\eta(y/(\varepsilon x))=1$，故 $\int_{\varepsilon}^{y/\varepsilon}\frac{\mathrm{d}x}{x}=\log y-2\log\varepsilon$. 其次，若 x/ε

19　参考《傅里叶分析》第 8 章命题 3.10.

$\leqslant 1$ 但 $y/(\varepsilon x)\geqslant 1$，则这个积分是 $\int_0^{\varepsilon}\eta(x/\varepsilon)\frac{\mathrm{d}x}{x}=\int_0^1\eta(x)\frac{\mathrm{d}x}{x}=c_0$. 当 $y/(\varepsilon x)\leqslant 1$ 但 $x/\varepsilon>1$ 时，有类似的估计成立. 最后，当 ε 充分小时 x 的剩下一部分是空集，这是因为只要 $\varepsilon\leqslant y$ 且 y 远离 0，$x<\varepsilon$ 就蕴含着 $y/(\varepsilon x)>1$. 因此

$$k_{\varepsilon}'(y)=\log y-\log 2\varepsilon+2c_0. \tag{8.98}$$

总之

$$\sum_{mn=0}\hat{f}_{\varepsilon}(m,n)=\int_0^{\infty}(2k_{\varepsilon}-k_{\varepsilon}')f_0(y)\mathrm{d}y,$$

并且由式（8.97）和式（8.98）可知，当 $\varepsilon\to 0$ 时此积分收敛于 $\int_0^{\infty}(\log y+2\gamma)f_0(y)\mathrm{d}y$. 从而定理 8.8.11 得证. □

下面证明主要定理，其结论即是式（8.89）. 我们想对区间（0，μ）的特征函数 $f_0=\chi_{\mu}$ 应用和式（8.95）. 然而这个函数并不具备式（8.95）所要求的光滑性. 反而，我们可以使用定理 8.8.3 和定理 8.8.4 的证明中的推理，采用合理的方式调整 χ_{μ} 使之满足条件.

注意到，比较定理 8.8.3 和定理 8.8.5 中式（8.89），可以取 μ 为 R^2. 事实上，令 $\mu=R^2$ 可以导出下面适当的选择. 由此，我们想用函数 $\chi_{\mu,\delta}$ 代替 χ_{μ}，其中 $\chi_{\mu,\delta}$ 的定义实际上满足当 $0<t\leqslant\mu$ 时 $\chi_{\mu,\delta}(t)=1$，即当 $0\leqslant\rho\leqslant R=\mu^{1/2}$ 时，$\chi_{\mu,\delta}(\rho^2)=1$；此外，当 $R\leqslant\rho\leqslant R+\delta$ 时，$\chi_{\mu,\delta}(\rho^2)$ 光滑地递减到 0. 这里 δ 是在定理 8.8.3 的证明中出现的 $R^{-1/3}$.

为了给出 $\chi_{\mu,\delta}$ 的精确定义，我们在 [0，1] 上固定一个 C^{∞} 函数 ψ 使得 $0\leqslant\psi\leqslant 1$，且在原点附近 $\psi=0$，在 1 附近 $\psi=1$. 定义

$$\chi_{\mu,\delta}(\rho^2)=\begin{cases}\psi(\rho), & 0\leqslant\rho\leqslant 1,\\ 1, & 1\leqslant\rho\leqslant R,\\ 1-\psi\left(\dfrac{\rho-R}{\delta}\right), & R\leqslant\rho\leqslant R+\delta.\end{cases}$$

此时在和式（8.95）中取 $f_0(u)=\chi_{\mu,\delta}(u)$. 则右边的积分项是 $\int_0^{\infty}(\log\rho+2\gamma)\chi_{\mu,\delta}(\rho)\mathrm{d}\rho$，它等于

$$\int_1^{\mu}(\log\rho+2\gamma)\mathrm{d}\rho+O(1)+O\left(\int_{\mu}^{\mu+c\mu^{1/3}}\log\rho\mathrm{d}\rho\right),$$

这是因为 $R^2=\mu$ 且 $(R+\delta)^2=(R+R^{-1/3})^2=\mu+O(\mu^{1/3})$. 因此该积分等于

$$\mu\log\mu+(2\gamma-1)\mu+O(\mu^{1/3}\log\mu). \tag{8.99}$$

现在估计式（8.95）的右边和式中出现的每一项 $\int_0^{\infty}\mathfrak{J}(2\pi k^{1/2}\rho)f_0(\rho^2)\rho\mathrm{d}\rho$，其中 $f_0(\rho^2)=\chi_{\mu,\delta}(\rho^2)$. 下面对此项作如下两个估计，其中 $R=\mu^{1/2}$：

(a) $O(R^{1/2}/k^{3/4})$；

(b) $O(R^{1/2}\delta^{-1}/k^{5/4})$.

为此，考虑命题 8.8.6 及其推论中（i）和（i′）给出的$\mathfrak{J}(\lambda)$ 在 λ 比较大时的主项，即 $c_0\lambda^{-1/2}e^{2i\lambda}$. 因此需要估计

$$\sigma^{-1/2}\int_0^\infty e^{i\sigma\rho}\chi_{\mu,\delta}(\rho^2)\rho^{1/2}d\rho, \tag{8.100}$$

其中已令 $\sigma=\pm 2\cdot 2\pi k^{1/2}$.

首先，因为 $e^{i\sigma\rho}=\frac{1}{i\sigma}\frac{d}{d\rho}(e^{i\sigma\rho})$，所以对式（8.100）进行分部积分可得，式（8.100）被下式的某个倍数控制

$$\sigma^{-3/2}\left(\int_0^R \rho^{-1/2}d\rho+\int_R^{R+\delta}\rho^{1/2}d\rho\right),$$

这是因为当 $1\leqslant\rho\leqslant R$ 时 $\chi_{\mu,\delta}(\rho^2)=1$，且当 $R\leqslant\rho\leqslant R+\delta$ 时 $\frac{d}{d\rho}\chi_{\mu,\delta}(\rho^2)=O(1/\delta)$. 故有估计 $O(\delta^{-3/2}R^{1/2})=O(k^{-3/4}R^{1/2})$，即（a）得证. 反而，若作两次分部积分，则式（8.100）被下式的某个倍数控制

$$\sigma^{-5/2}\int_0^\infty \left|\left(\frac{d}{d\rho}\right)^2(\chi_{\mu,\delta}(\rho^2)\rho^{1/2})\right|d\rho.$$

然而当 $0\leqslant\rho\leqslant 1$ 时 $\left(\frac{d}{d\rho}\right)^2(\chi_{\mu,\delta}(\rho^2)\rho^{1/2})=O(1)$；当 $1\leqslant\rho\leqslant R$ 时，它等于 $c\rho^{-3/2}$；当 $R\leqslant\rho\leqslant R+\delta$ 时，它等于 $O(R^{1/2}\delta^{-2})$. 故得到式（8.100）的上界 $\sigma^{-5/2}(O(1)+R^{1/2}\delta^{-1})=O(\sigma^{-5/2}R^{1/2}\delta^{-1})$. 因此我们已经证明了关于命题 8.8.6 结论（i）中和式第一项的估计（a）和（b）. 显然渐近级数中的其他项更小，并且只需要考虑（i）中 $N=1$ 时的情形，这是因为此时误差项起的作用比（a）或（b）都要小. 因此估计式（a）和（b）对于式（8.95）中右边级数的每一项都成立.

最后给出误差项 $O(\mu^{1/3}\log\mu)$，注意到

$$\begin{aligned}\sum\chi_{\mu,\delta}(m,n)=&\mu\log\mu+(2\gamma-1)\mu+\\&O\Big(R^{1/2}\sum_{1\leqslant k\leqslant 1/\delta^2}d(k)k^{-3/4}+R^{1/2}\delta^{-1}\sum_{k>1/\delta^2}d(k)k^{-5/4}\Big).\end{aligned}\tag{8.101}$$

易知

$$\sum_{1\leqslant k\leqslant r}d(k)k^\alpha=O(r^{\alpha+1}\log r)\text{，当 } r\to\infty\text{时，其中 }\alpha>-1,$$

和

$$\sum_{r<k}d(k)k^\alpha=O(r^{\alpha+1}\log r)\text{，当 } r\to\infty\text{时，其中 }\alpha<-1.$$

（见习题 22.）若取 $r=1/\delta^2=R^{2/3}$，$\alpha=-3/4$ 或 $\alpha=-5/4$，则以上表明式（8.101）中的 O 项被下式的某个倍数控制

$$(R^{1/2}R^{2/3\cdot 1/4}+R^{1/2}R^{1/3}R^{-2/3\cdot 1/4})\log R=2R^{2/3}\log R.$$

此时若令 $N_\delta(R)=\sum_{m,n}\chi_{\mu,\delta}(m,n)$，其中 $\mu=R^2$，则由式（8.101）可知

$$N_{\delta}(R)=R^2\log R^2+(2\gamma-1)R^2+O(R^{2/3}\log R). \tag{8.102}$$

然而由 $\chi_{\mu,\delta}$ 的定义易知

$$\chi_{(R-\delta)^2,\delta}\leqslant\chi_{\mu}\leqslant\chi_{(R+\delta)^2,\delta},$$

其中 $\mu=R^2$. 因此

$$N_{\delta}(R-\delta)\leqslant\sum_{1\leqslant k\leqslant\mu}d(k)\leqslant N_{\delta}(R+\delta).$$

再回到式 (8.102) 可得

$$\sum_{1\leqslant k\leqslant\mu}d(k)=\mu\log\mu+(2\gamma-1)\mu+O(\mu^{1/3}\log\mu),$$

这是因为 $\mu=R^2$ 且 $\delta=R^{-1/3}$. 从而主要定理得证.

8.9 习题

1. 用球面坐标证明：在$\mathbb{R}^d$中，

$$\int_{S^{d-1}}\mathrm{e}^{-2\pi\mathrm{i}x\cdot\xi}\mathrm{d}\sigma=c_d\int_{-1}^{1}\mathrm{e}^{-2\pi\mathrm{i}|\xi|u}(1-u^2)^{\frac{d-3}{2}}\mathrm{d}u,$$

其中 c_d 是$\mathbb{R}^{d-1}$中单位球面 S^{d-2}的面积. 则由《傅里叶分析》第 6 章问题 2 可推出公式 (8.3).

2. 设超曲面 M 包含一个超平面 (例如 $\{x_d=0\}$) 的某个邻域. 证明：在这种情形下，对任意的 $\varepsilon>0$，当 $|\xi|\to\infty$ 时 $\widehat{\mathrm{d}\mu}(\xi)\neq O(|\xi|^{-\varepsilon})$.

3. $d=1$ **时的静相原理**. 考虑

$$I(\lambda)=\int_{-\infty}^{\infty}\mathrm{e}^{\mathrm{i}\lambda\Phi(x)}\psi(x)\mathrm{d}x,$$

其中 ψ 是有紧支撑的 C^{∞} 函数，且 $x=0$ 是 Φ 在 ψ 的支撑中仅有的临界点，同时 $\Phi''(0)\neq0$. 此时对每一个正整数 N，

$$I(\lambda)=\frac{\mathrm{e}^{\mathrm{i}\lambda\Phi(0)}}{\lambda^{1/2}}(a_0+a_1\lambda^{-1}+\cdots+a_N\lambda^{-N})+O(\lambda^{-N-1/2}), \text{当 }\lambda\to\infty\text{时}.$$

上式中，a_k 由 $\Phi''(0)$，…，$\Phi^{(2k+2)}(0)$ 以及 $\psi(0)$，…，$\psi^{(2k)}(0)$ 确定. 特别地，$a_0=\left(\frac{2\pi}{-\mathrm{i}\Phi''(0)}\right)^{1/2}\psi(0)$.

分两步证明：

(a) 使用式 (8.8) 考虑特殊情形 $\varphi(x)=x^2$.

(b) 利用变量替换将 $\varphi(x)$ 变为 x^2 或 $-x^2$，进而转到一般的 φ 上.

4. 假设 Φ 是区间 $[a,b]$ 上的 C^k 函数，其中 $k\geqslant2$. 并设在整个区间上 $|\Phi^{(k)}(x)|\geqslant1$. 证明命题 8.2.3 的下述推广：

$$\left|\int_a^b\mathrm{e}^{\mathrm{i}\lambda\Phi(x)}\mathrm{d}x\right|\leqslant c_k\lambda^{-1/k}.$$

[提示：假设 $\Phi^{(k-1)}(x_0)=0$，再使用命题 8.2.3 的证明中的归纳法讨论.]

5. 考虑$\mathbb{R}^2$中的曲线 $\gamma(t)=(t,t^k)$，其中 k 是$\geqslant2$ 的整数. 当 $k=2$ 时，它的曲

率处处非零，且当 $k>2$ 时，其曲率只有在原点是 $k-2$ 阶的. 定义 $\mathrm{d}\mu$ 为 $\int_{\mathbf{R}^2} f\,\mathrm{d}\mu=\int_{\mathbf{R}} f(t,t^k)\psi(t)\,\mathrm{d}t$，其中 ψ 是有紧支撑的 C^∞ 函数，且 $\psi(0)\neq 0$. 此时证明：

(a) $|\widehat{\mathrm{d}\mu}(\xi)|=O(|\xi|^{-1/k})$.

(b) 然而该衰减估计是最优的，即若 ξ_2 足够大，则 $|\widehat{\mathrm{d}\mu}(0,\xi_2)|\geqslant c|\xi_2|^{-1/k}$.

[提示：(a) 利用习题4. (b) 例如考虑 k 为偶数的情形，再证明 $\int_{-\infty}^{\infty} \mathrm{e}^{\mathrm{i}\lambda x^k}\mathrm{e}^{-x^k}\,\mathrm{d}x=c_\lambda(1-\mathrm{i}\lambda)^{-1/k}$.]

6. 通过证明下述结论证明推论 8.4.2 中平均算子 A 的 (L^p, L^q) 结论是最优的（比如对于$\mathbb{R}^3$中的球面）：

(a) 假设当 x 比较小时 $f(x)$ 为零，且当 $|x|\geqslant 1$ 时 $f(x)\geqslant |x|^{-r}$. 此时注意到 $A(f)(x)\geqslant c|x|^{-r}$，因此必须始终有 $q\geqslant p$. 这个限制对应于连接 (0, 0) 和 (1, 1) 的三角边.

(b) 其次，令 $f=\chi_{B_\delta}$，其中 B_δ 是半径为 δ 的球. 注意到，若 δ 比较小，则当 $|1-|x||<\delta/2$ 时 $A(\chi_{B_\delta})\geqslant c\delta^2$. 故 $\|f\|_{L^p}\approx\delta^{3/p}$，同时 $\|A(f)\|_{L^q}\gtrsim\delta^2\delta^{1/q}$. 因此不等式 $\|A(f)\|_{L^q}\leqslant c\|f\|_{L^p}$ 蕴含着 $2+1/q\geqslant 3/p$，这对应于连接 (3/4, 1/4) 和 (1, 1) 的三角边.

(c) 对于第三个不等式，应用对偶性和 (b) 可得.

7. 通过改进习题 6 (b) 中的讨论进而证明：命题 8.1.1 中次数为 $(d-1)/2$ 的光滑性在 $p\neq 2$ 时不成立.

为此，对于 $p<2$ 且 $d=3$ 的情形，取比较小的 $\delta>0$，并令 $f=\varphi_\delta$，其中 $\varphi_\delta=\varphi(x/\delta)$，且 φ 是有紧支撑的非负光滑函数. 此时 $\|\varphi_\delta\|_{L^p}\approx c\delta^{3/p}$，而 $\|\nabla A(\varphi_\delta)\|_{L^p}\gtrsim\delta\delta^{1/p}$. 因此当 $p<2$ 时，对于比较小的 δ，不等式 $\|A(\varphi_\delta)\|_{L_1^p(\mathbf{R}^3)}\leqslant C\|\varphi_\delta\|_{L^p(\mathbf{R}^3)}$ 不成立.

[提示：若 $c_1>0$ 充分小，则对任意的 $|1-|x||\leqslant c_1\delta$ 均有 $\delta^2\lesssim A(\varphi_\delta)$ 和 $|\nabla A(\varphi_\delta)|\gtrsim\delta$.]

8. 设 M 是坐标系 $(x', x_d)\in\mathbb{R}^{d-1}\times\mathbb{R}$ 中的（局部）超曲面 $\{x_d=\varphi(x')\}$. 假设 F 是定义在 M 的某个邻域中且有小支撑的任一连续函数，并令 $f=F|_M$.

(a) 证明：$\lim\limits_{\varepsilon\to 0}\frac{1}{2\varepsilon}\int_{d(x,M)<\varepsilon}F\,\mathrm{d}x$ 存在并等于 $\int_{\mathbf{R}^{d-1}} f(x',\varphi(x'))(1+|\nabla_{x'}\varphi|^2)^{1/2}\,\mathrm{d}x'$. 此极限定义了导出 Lebesgue 测度 $\mathrm{d}\sigma$ 并等于 $\int_M f\,\mathrm{d}\sigma$.

(b) 假设 ρ 是 M 的任一定义函数. 证明：

$$\lim_{\varepsilon\to 0}\frac{1}{2\varepsilon}\int_{|\rho|<\varepsilon}F\,\mathrm{d}x=\int_M f\,\frac{\mathrm{d}\sigma}{|\nabla\rho|}.$$

(c) 假设 h 是$\mathbb{R}$上一个 Schwartz 函数，且 $\int_{\mathbf{R}} h(u)\,\mathrm{d}u=1$. 证明：

$$\lim_{\varepsilon\to 0}\varepsilon^{-1}\int_{\mathbb{R}^d} h(\rho/\varepsilon)F\,\mathrm{d}x=\int_M f\ \frac{\mathrm{d}\sigma}{|\nabla\rho|}.$$

[提示：(c) 假设 h 是偶函数，并令 $I_t=\int_{|\rho(x)|<t}F(x)\mathrm{d}x$．则

$$\varepsilon^{-1}\int h(\rho/\varepsilon)F\,\mathrm{d}x=\varepsilon^{-1}\int_0^{\infty}h(u/\varepsilon)\ \frac{\mathrm{d}I_u}{\mathrm{d}u}\mathrm{d}u=-\varepsilon^{-1}\int_0^{\infty}(u/\varepsilon)h'(u/\varepsilon)\left(\frac{1}{u}I_u\right)\mathrm{d}u.$$

再使用结论 $-\int_0^{\infty}uh'(u)\mathrm{d}u=1/2$，和当 $u\to 0$ 时 $\frac{I_u}{2u}\to\int_M f\ \frac{\mathrm{d}\sigma}{|\nabla\rho|}$.]

9. 考虑下述$\mathbb{R}^d$中超曲面 M 的主曲率的 Euclidean 不变性. 对每一个 $h\in\mathbb{R}^d$，考虑 M 的平移 $M+h$；对$\mathbb{R}^d$的每一个旋转 r，旋转后的曲面记为 $r(M)$；对每一个 $\delta\in\mathbb{R}$，且 $\delta\neq 0$，有伸缩曲面 δM. 记 $\{\lambda_j(x)\}$ 为 M 在 x 处的主曲率.

(a) 证明：$\{\lambda_j(x-h)\}$，$\{\lambda_j(r^{-1}(x))\}$ 和 $\{\delta^{-2}\lambda_j(x/\delta)\}$ 分别是 $M+h$，$r(M)$ 和 δM 在对应点 $x+h$，$r(x)$ 和 δx 处的主曲率.

(b) 考虑圆锥 $\{x_d^2=|x'|^2,\ x\neq 0\}$，且其定义函数为 $\rho=|x'|^2-x_d^2$. 利用 (a) 证明：在 x 处，有 $d-2$ 个主曲率等于 x_d^{-2}，还有一个等于零.

10. 设当 $r\geqslant 2$ 时 $f_0(r)=r^{-1/2}(\log r)^{-\delta}$，$0<\delta<1$；其余情形 $f_0(r)=0$. 证明：

(a) 对每一个 $\rho>0$，$\int|J_k(2\pi\rho r)|f_0(r)\mathrm{d}r=\infty$；

(b) 因此对于球面 M，若 $p\geqslant 2d/(d+1)$，则式 (8.31) 对任意的 q 都不可能成立.

11. 通过下列对 $d=2$ 情形的讨论可以证明对于 $(L^p,\ L^q)$ 限制的猜想条件 $q\leqslant\left(\frac{d-1}{d+1}\right)p'$在较大的范围内是不成立的.

(a) 假设式 (8.31) 对 p 和 q 成立. 证明：对于比较小的 δ 有

$$\int_{1-\delta\leqslant|\xi|\leqslant 1}|\hat{f}(\xi)|^q\mathrm{d}\xi\leqslant c'\delta\|f\|_{L^p}^q.$$

(b) 其次，若 $|u|\geqslant 1$，则 $\eta(u)=1$ 时，选取 $\hat{f}(\xi_1,\xi_2)=\eta((\xi_1-1)/\delta)\eta(\xi_2/\delta)$. 即 $\hat{f}(\xi)$ 控制某个长方形的特征函数，其中该长方形的边长约等于 δ 和 $\delta^{1/2}$ 使得它在环 $1-\delta\leqslant|\xi|\leqslant 1$ 中. 由此，令 $\delta\to 0$ 即得矛盾 $q>\left(\frac{d-1}{d+1}\right)p'$.

12. 算子 $\mathrm{e}^{\mathrm{i}t\Delta}$ 和 Fourier 变换的联系如下. 令 m_t 是乘法算子 m_t：$f(x)\mapsto\frac{1}{(4\pi\mathrm{i}t)^d}\mathrm{e}^{-\frac{\mathrm{i}|x|^2}{4t}}f(x)$.

(a) 证明：当 $t=1/(4\pi)$ 时 $\mathrm{e}^{\mathrm{i}t\Delta}(f)=\mathrm{i}^{-d}m_t(fm_t)^{\wedge}$；

(b) 使用伸缩变换将上述等式推广至对任一 $t\neq 0$ 都成立.

13. 设 $\mathrm{Ai}(u)=\lim_{N\to\infty}\frac{1}{2\pi}\int_{-N}^{N}\mathrm{e}^{\mathrm{i}\left(\frac{v^3}{3}+uv\right)}\mathrm{d}v$. 证明：

(a) 对每一个 $u\in\mathbb{R}$，此极限都存在；

(b) $|\mathrm{Ai}(u)|\leqslant c(1+|u|)^{-1/4}$；

(c) 进一步地，对于 $u>0$，当 $u\to\infty$ 时 $\mathrm{Ai}(u)$ 是快速递减的.

[提示：记 $\Phi(r)=\dfrac{r^3}{3}+ru$，并应用 8.2 节中的估计. (a) 利用当 $|r|\to\infty$ 时，$\Phi'(r)\to\infty$. (b) 利用当 $|r|\leqslant\left(\dfrac{1}{2}|u|\right)^{1/2}$ 时 $|\Phi'(r)|\geqslant|u|/2$，而当 $|r|>\left(\dfrac{1}{2}|u|\right)^{1/2}$ 时 $|\Phi''(r)|\geqslant 2|r|$.]

14. 假设 $F\in L^2(\mathbb{R}^d\times\mathbb{R})$ 且 $S(F)(x,t)=\mathrm{i}\int_0^t \mathrm{e}^{\mathrm{i}(t-s)\Delta}F(\cdot,s)\mathrm{d}s$. 证明：

(a) 对于每一个 t，$S(F)(\cdot,t)\in L^2(\mathbb{R}^d)$，且

$$\|S(F)(\cdot,t)\|_{L^2(\mathbb{R}^d)}\leqslant|t|^{1/2}\|F\|_{L^2(\mathbb{R}^d\times\mathbb{R})};$$

(b) 若 $F(\cdot,t)=\mathrm{e}^{\mathrm{i}t\Delta}G(\cdot,t)$，则

$$\|G(0,t_1)-G(0,t_2)\|_{L^2(\mathbb{R}^d)}\leqslant|t_1-t_2|^{1/2}\|G\|_{L^2(\mathbb{R}^d\times\mathbb{R})};$$

(c) 因此函数 $t\mapsto F(0,t)$ 关于 $L^2(\mathbb{R}^d)$ 范数是连续的.

[提示：(a) 和 (b)，利用 $\mathrm{e}^{\mathrm{i}t\Delta}$ 的酉性和 Schwarz 不等式. (c) 用一列有紧支撑的 C^∞ 函数逼近 F，再利用 (b) 和 (c).]

15. 假设 u 是式 (8.54) 的光滑解，并且当 $|x|\to\infty$ 时，它衰减得足够快. 证明：$\int_{\mathbb{R}^d}|u|^2\mathrm{d}x$ 和 $\int_{\mathbb{R}^d}\left(\dfrac{1}{2}|\nabla u|^2-\dfrac{\sigma}{\lambda+1}|u|^\lambda\right)\mathrm{d}x$ 均与 t 无关.

[提示：首先注意到 $\int_{\mathbb{R}^d}\Delta uv\,\mathrm{d}x=\int_{\mathbb{R}^d}u\Delta v\,\mathrm{d}x$. 其次 $\dfrac{\partial}{\partial t}\int_{\mathbb{R}^d}|\nabla u|^2\mathrm{d}x=-\int_{\mathbb{R}^d}\left(\dfrac{\partial u}{\partial t}\Delta\bar{u}+\dfrac{\partial\bar{u}}{\partial t}\Delta u\right)\mathrm{d}x$.]

16. 下面是命题 8.6.6 和命题 8.6.8 的逆命题. 假设对每一个 t，$u(\cdot,t)$ 在 $L^2(\mathbb{R}^d)$ 中，满足 $t\mapsto u(\cdot,t)$ 关于 L^2 范数连续，且 $u(\cdot,0)=0$. 并设在广义函数意义下 $\dfrac{1}{\mathrm{i}}\dfrac{\partial u}{\partial t}-\Delta u=F$，其中 $F\in L^2(\mathbb{R}^d\times\mathbb{R})$. 证明：$u=S(F)$.

[提示：利用下述结论. 若对每一个 t，$H(\cdot,t)$ 在 $L^2(\mathbb{R}^d)$ 中，满足 $t\mapsto H(\cdot,t)$ 关于 L^2 范数连续且 $H(\cdot,0)=0$，并在广义函数意义下 $\dfrac{\partial H}{\partial t}=0$，则 $H=0$. 将其应用到 $H(\cdot,t)=\mathrm{e}^{-\mathrm{i}t\Delta}(u(\cdot,t)-S(F)(\cdot,t))$.]

17. 非线性 Schrödinger 方程 (8.54) 的解 u 是由它的初值唯一确定的. 进一步地，该解连续地依赖于初值. 这是定解问题的“适定性”的两个特性，具体内容如下所述. 假设 $\lambda=\dfrac{d+4}{d}$，$q=\dfrac{2d+4}{d}$.

(a) 假设 u 和 v 是 $|t|<a$ 时的两个强解，并有相同的初值 $f\in L^2(\mathbb{R}^d)$. 证明：

$u=v$.

(b) 给定 $f\in L^2(\mathbb{R}^d)$，证明：存在 $\varepsilon>0$ 和 $a>0$（依赖于 f）使得当 $\|f-g\|_{L^2}<\varepsilon$，且 u 和 v 是式（8.54）对应初值分别为 f 和 g 的强解时，

$$\|u-v\|_{L^q}\leqslant c\|f-g\|_{L^2(\mathbb{R}^d)},$$

其中 $L^q=L^q(\mathbb{R}^d\times\{|t|<a\})$.

[提示：采用定理 8.6.9 的证明方法.（a）注意到，对于比较小的 $\ell>0$，

$$\|u\|_{L^q(\mathbb{R}^d\times I)}<\delta \text{ 和 } \|v\|_{L^q(\mathbb{R}^d\times I)}<\delta,$$

其中 I 是长度 $\leqslant 2\ell$ 的区间. 因此

$$\|u-v\|_{L^q}\leqslant\|\mathcal{M}(u)-\mathcal{M}(v)\|_{L^q}\leqslant\frac{1}{2}\|u-v\|_{L^q},$$

其中 $L^q=L^q(\mathbb{R}^d\times\{|t|<\ell\})$，故当 $0\leqslant t\leqslant\ell$ 时 $u=v$. 现在使用 t-平移不变性对 $u(\cdot,t+\ell)$ 和 $v(\cdot,t+\ell)$ 采用同样的推理，以此类推.

(b) 可以选取 a 和 ε 充分小使得 $\|e^{it\Delta}f\|_{L^q}<\delta/4$，此时 $\|e^{it\Delta}g\|_{L^q}<\delta/2$，其中 $L^q=L^q(\mathbb{R}^d\times\{|t|<a\})$. 现在利用迭代法可以证明 u 和 v 都满足 $\|u\|_{L^q}$，$\|v\|_{L^q}<\delta$，还有 $\|u-v\|_{L^q}\leqslant\|S(|u|^{\lambda-1}u-|v|^{\lambda-1}v)\|_{L^q}+c\|f-g\|_{L^2}$. 但是 $\|S(|u|^{\lambda-1}u-|v|^{\lambda-1}v)\|_{L^q}\leqslant\frac{1}{2}\|u-v\|_{L^q}$，故（b）得证.]

18. 考虑 Radon 变换

$$\mathcal{R}_B(f)(x',x_d)=\int_{\mathbb{R}^{d-1}}f(y',x_d-B(x',y'))\mathrm{d}y',$$

$x=(x',x_d)\in\mathbb{R}^{d-1}\times\mathbb{R}$，其中 B 是 $\mathbb{R}^{d-1}\times\mathbb{R}^{d-1}$ 上一个固定的非退化双线性形式. 记 $B(x',y')=C(x')\cdot y'$，并设维数 d 是奇数. 证明：

(a) 对每一个 $f\in\mathcal{S}$，$\left\|\left(\frac{\partial}{\partial x_d}\right)^{\frac{d-1}{2}}\mathcal{R}_B(f)\right\|^2_{L^2(\mathbb{R}^d)}=c_B\|f\|^2_{L^2}$，其中 $c_B=\frac{2(2\pi)^{d-1}}{|\det C|}$.

(b) 若 $(\mathcal{R}_B)^*$ 是 $\mathcal{R}_B$ 的（形式）伴随，则 $(\mathcal{R}_B)^*=\mathcal{R}_{B^*}$，其中 $B^*(x,y)=-B(x,y)$. 同时还有 $\frac{\partial}{\partial x_d}\mathcal{R}_B=\mathcal{R}_B\frac{\partial}{\partial x_d}$.

(c) 由（a）和（b）推导下述逆公式

$$\left(\mathrm{i}\frac{\partial}{\partial x_d}\right)^{d-1}\mathcal{R}_B^*\mathcal{R}_B(f)=c_Bf.$$

19. 设 Radon 变换 $\mathcal{R}_B$ 如前一习题所述（维数 d 是奇数），并考虑其局部情形 $\mathcal{R}'_B$，定义为

$$\mathcal{R}'_B=\eta'\mathcal{R}_B(\eta f),$$

其中 η 和 η' 是一对有紧支撑的 C^∞ 函数. 证明：

(a) $\|\mathcal{R}'_B(f)\|_{L^2}\leqslant c\|f\|_{L^2}$；

(b) $\left(\frac{\partial}{\partial x}\right)^\alpha\mathcal{R}'_B(f)$ 是有限个形如 $\left(\frac{\partial}{\partial x_d}\right)^\ell(\eta'_\ell\mathcal{R}_B(\eta_\ell(f)))$，$0\leqslant\ell\leqslant|\alpha|$ 的线性

组合.

(c) 由上述结论以及习题 18 (a) 可知 $f \mapsto \mathcal{R}'_B(f)$ 是 L^2 到 $L^2_{\frac{d-1}{2}}$ 的一个有界线性变换.

20. 8.7 节中的平均算子满足推论 8.4.2 中关于算子 A 的 L^p, L^q 结论. 下面逐步证明此结论.

首先回顾, $\mathcal{A}=\sum_{k=0}^{\infty}\mathcal{A}_k$, 其中 $\mathcal{A}_k$ 由 8.7.4 节中式 (8.65) 给出, 并且这个和关于 L^2 范数收敛. 其次, 固定 r, 并考虑

$$T_s=(1-2^{1-s})e^{s^2}\sum_{k=0}^{r}2^{-ks}\mathcal{A}_k.$$

$T_0=-\sum_{k=0}^{r}\mathcal{A}_k$, 因此只需考虑 T_0: $L^p\to L^q$ 的估计与 r 无关. 证明:

(a) 若 $\mathrm{Re}(s)=-\dfrac{d-1}{2}$, 则 $\|T_s(f)\|_{L^2(\mathbf{R}^d)}\leqslant M\|f\|_{L^2(\mathbf{R}^d)}$,

(b) 若 $\mathrm{Re}(s)=1$, 则 $\|T_s(f)\|_{L^\infty(\mathbf{R}^d)}\leqslant M\|f\|_{L^1(\mathbf{R}^d)}$.

一旦 (a) 和 (b) 得证, 利用命题 8.4.4 中的内插结论就可以导出

$$\|T_0(f)\|_{L^q}\leqslant M\|f\|_{L^p},$$

其中 $p=\dfrac{d+1}{d}$ 和 $q=d+1$, 由此便得到想要的结果.

[提示: (a) 在估计式 (8.70) 和式 (8.71) 中令 $\alpha=0$, 并使用命题 8.7.4 中的几乎正交结论. (b) 注意到, 只需证明当 $\mathrm{Re}(s)=1$ 时 $(1-2^{1-s})e^{s^2}\sum_{k=0}^{r}2^{-ks}\eta(2^{-k}u)$ 的 Fourier 变换有界. 令 v 为 u 的对偶变量. 先设 $|v|\leqslant 1$, 并设 k_0 是满足 $2^{k_0}\leqslant 1/|v|\leqslant 2^{k_0+1}$ 的整数. 此时

$$\sum_{k=1}^{r}2^{-ks}\int\eta(2^{-k}u)e^{2\pi iuv}\,du=\sum_{k\leqslant k_0}+\sum_{k>k_0},$$

在第一项和式中, 记 $e^{2\pi iuv}=1+O(|u||v|)$, 又 $\eta(\gamma)$ 的支撑在 $1/2\leqslant|\gamma|\leqslant 2$ 中, 因此

$$\sum_{k\leqslant k_0}=O\Big(c\sum_{k\leqslant k_0}2^{-ks}2^k\Big)+O\Big(\sum_{k\leqslant k_0}2^{-ks}\int\eta(2^{-k}u)|v||u|\,du\Big),$$

其中 $c=\int\eta$. 但是当 $\mathrm{Re}(s)=1$ 时, $\sum_{k\leqslant k_0}2^{-ks}2^k$ 是 $O(1/|1-2^{1-s}|)$, 而上式中的第二项是

$$O(|v|)\Big(\sum_{k\leqslant k_0}2^{-k}\int|\eta(2^{-k}u)||u|\,du\Big)=O(|v|)\sum_{k\leqslant k_0}2^k=O(1).$$

最后, 对第二项和式 $\sum_{k>k_0}$, 进行分部积分, 并记 $e^{2\pi iuv}$ 为 $\dfrac{1}{2\pi iv}\dfrac{d}{du}(e^{2\pi iuv})$, 得到 $O\Big(\dfrac{1}{|v|}\sum_{k>k_0}2^{-k}\Big)=O(2^{-k_0}/|v|)=O(1)$.

若$|v|>1$，则取$k_0=0$，再类似讨论即可.]

21. 假设Ω是一个有界开凸集，并且$0\in\Omega$，边界为C^2类的. 则存在常数$c>0$使得当$R\geqslant 1$且$\delta\leqslant 1$时，由$x\in R\Omega$以及$|y|\leqslant\delta$可知$x+y\in(R+c\delta)\Omega$.

[提示：使用伸缩变换可以将习题简化到$R=1$的情形. 为此，比如存在μ使得对于充分小的δ，当$x\in\partial\Omega$且$|y|<\delta$时$x+y\in(1+\mu\delta)\Omega$. 根据Euclidean变量替换，引入新的坐标系使得x的坐标变为$(0,0)\in\mathbb{R}^{d-1}\times\mathbb{R}$，且$\Omega$在$(0,0)$附近由$x_d>\varphi(x')$给出，其中$\varphi(0)=0$和$\nabla_{x'}\varphi(0)=0$. 则由$\Omega$的凸性可知，新坐标中与原始点对应的点为$(z',z_d)$，满足$z_d\geqslant c_1>0$. 此外$x+y\in(1+\mu\delta)\Omega$等价于

$$\frac{y_d+\mu\delta z_d}{1+\mu\delta}>\varphi\left(\frac{y'+\mu\delta z'}{1+\mu\delta}\right).$$

因为$|y_d|<\delta$，所以只要$\mu\geqslant 2/c_1$，就有上式左边$\geqslant\frac{c_1}{2}\frac{\mu\delta}{1+\mu\delta}$. 固定一个这样的$\mu$. 现在不等式右边被下式控制：

$$A\left|\frac{y'+\mu\delta z'}{1+\mu\delta}\right|^2\leqslant A'\left(\frac{\delta^2+(\mu\delta)^2}{1+\mu\delta}\right),$$

现在仅需对适当小的c_2取$\delta\leqslant c_2/\mu$.]

22. 证明下述两个$r\to\infty$时的估计：

(a) $\sum\limits_{1\leqslant k\leqslant r}d(k)k^\alpha=O(r^{\alpha+1}\log r)$，其中$\alpha>-1$；

(b) $\sum\limits_{r<k}d(k)k^\alpha=O(r^{\alpha+1}\log r)$，其中$\alpha<-1$.

[提示：记

$$\begin{aligned}\sum_{k>r}d(k)k^\alpha&=\sum\sum_{mn>r}(mn)^\alpha=\sum_n n^\alpha\Big(\sum_{m>r/n}m^\alpha\Big)\\&=O\Big(\sum_n n^\alpha\min(1,(r/n)^{\alpha+1})\Big).\end{aligned}$$
]

23. 通过验证以下等式，证明：$rJ_1(r)=\int_0^r\sigma J_0(\sigma)\mathrm{d}\sigma$：

(a) $J_1'(r)=\frac{1}{2}(J_0(r)-J_2(r))$；

(b) $J_1(r)=\frac{r}{2}(J_0(r)+J_2(r))$.

因此$rJ_1'(r)+J_1(r)=rJ_0(r)$，故$\frac{\mathrm{d}}{\mathrm{d}r}(rJ_1(r))=rJ_0(r)$，从而结论得证.

[提示：回顾$J_m(r)=\frac{1}{2\pi}\int_0^{2\pi}\mathrm{e}^{\mathrm{i}r\sin\theta}\mathrm{e}^{-\mathrm{i}m\theta}\mathrm{d}\theta$. (a) 在积分号下关于$r$求微分. (b) 记$\mathrm{e}^{\mathrm{i}\theta}=-\frac{1}{\mathrm{i}}\frac{\mathrm{d}}{\mathrm{d}\theta}(\mathrm{e}^{-\mathrm{i}\theta})$，再利用分部积分.]

8.10　问题

下面的问题不是想让读者当成习题解决，只是想让它们作为一个向导带领读者挖掘这个学科的更深刻的结果. 每一个问题的相关文献资源可以在“注记和参考”中找到.

1. * 假设 M 是$\mathbb{R}^d$ 中一个局部超曲面. 在点 $x_0 \in M$ 的某个邻域内，可以选取一个光滑向量场 ν，它定义在该邻域中并限制在 M 上，使得对于每一个 $x \in M$，$\nu(x)$ 都是 M 的单位法向量.（有两种这样的向量场，只是符号相反.）称从 M 到$\mathbb{S}^{d-1}$（其中$\mathbb{S}^{d-1}$是$\mathbb{R}^d$ 中的单位球面）的映射 $x \mapsto \nu(x)$ 为 **Gauss 映射**.

试证：M 在 x_0 附近的 Gauss 曲率非零当且仅当 Gauss 映射在 x_0 附近是一个微分同胚. 进一步地，若 $\mathrm{d}\sigma_M$ 和 $\mathrm{d}\sigma_{S^{d-1}}$ 分别是 M 和 S^{d-1} 上的导出 Lebesgue 测度，且 $\mathrm{d}\sigma_{S^{d-1}}$ 到 M 的拉回测度（$\mathrm{d}\sigma_{S^{d-1}}$）* 定义为

$$\int_M f(\mathrm{d}\sigma_{S^{d-1}})^* = \int_{S^{d-1}} f(\nu^{-1}(x))\mathrm{d}\sigma_{S^{d-1}}(x),$$

则 $K\,\mathrm{d}\sigma_M = (\mathrm{d}\sigma_{S^{d-1}})^*$，其中 K 是 Gauss 曲率的绝对值.

2. * **球面极大函数**. 对于 $t \neq 0$，定义

$$A_t(f)(x) = \frac{1}{\sigma(S^d)}\int_{S^d} f(x-ty)\mathrm{d}\sigma(y),$$

且 $A^*(f)(x) = \sup_{t\neq 0}|A_t(f)(x)|$. 则

$$\|A^*(f)\|_{L^p} \leqslant c_p\|f\|_{L^p}，当 \ p > d/(d-1) \ 且 \ d \geqslant 2 \ 时.$$

因此，若 $f \in L^p$ 且 $p > d/(d-1)$，则$\lim\limits_{t\to 0}A_t(f)(x) = f(x)$a.e. 有简单的例子表明该结论对于 $p \leqslant d/(d-1)$ 不成立.

对$\sup\limits_t|A_t(f)|$做估计（特别是对于 $p=2$ 且 $d \geqslant 3$ 的情形）的一点线索是当 $d \geqslant 3$时有下述简单不等式成立：

$$\Big\|\sup_{1\leqslant t\leqslant 2}|A_t(f)|\Big\|_{L^2} \leqslant c\|f\|_{L^2}.$$

为证明该不等式，注意到由定理 8.3.1 可得

$$\int_{S^d}\int_1^2\left|\frac{\partial A_s(f)(x)}{\partial s}\right|^2 \mathrm{d}x\,\mathrm{d}s \leqslant c'\|f\|_{L^2}^2.$$

但是 $\sup\limits_{1\leqslant t\leqslant 2}|A_t(f)(x)| \leqslant \int_1^2\left|\frac{\partial A_s(f)(x)}{\partial s}\right|\mathrm{d}s + |A_1(f)(x)|$，再由 Schwartz 不等式即可得到 $d \geqslant 3$ 时的不等式.

改进上述讨论可证关于$\sup\limits_{t>0}|A_t(f)|$的结论在 $p=2$ 且 $d \geqslant 3$ 时成立，进而对 $p > d/(d-1)$ 也成立. 关于 $d=2$ 的情形需要进一步的思考.

3. * 问题 2* 对波动方程有下述应用.

假设 u 是 $\Delta_x u = \dfrac{\partial^2 u}{\partial t^2}$ 的解，其中 $(x,t) \in \mathbb{R}^d \times \mathbb{R}$，并满足 $u(x,0) = 0$ 和

$\frac{\partial u}{\partial t}(x,0)=f(x)$. 若 $f\in L^2$，则当 $t\to 0$ 时 $\frac{u(x,t)}{t}\to f(x)$ 依 $L^2(\mathbb{R}^d)$ 范数成立. 试证：若 $f\in L^p$，$p>2d/(d+1)$，则 $\lim\limits_{t\to 0}\frac{u(x,t)}{t}$ 几乎处处存在，且等于 $f(x)$.

4. * 对所有的 $1\leqslant p<4/3$，限制现象（不等式 (8.31)）在 $\mathbb{R}^2$ 中成立.

[提示：类似于定理 8.5.2 的证明，采用对偶方法. 考虑如下算子

$$\mathcal{R}^*(F)(x)=\int_M e^{2\pi i x\cdot\xi}F(\xi)\,d\mu(\xi).$$

则要证的结论即是下述不等式

$$\|\mathcal{R}^*(F)\|_{L^q(\mathbf{R}^2)}\leqslant A\|F\|_{L^p(d\mu)},$$

其中 $q=3p'$ 且 $1\leqslant p<4$. 当前的关键点是若考虑奇异测度 $d\nu=Fd\mu$，则卷积 $\nu*\nu$ 就是一个绝对连续测度 $f dx$，其中密度 f 是 $\mathbb{R}^2$ 上的局部可积函数. 这与 M 的假设曲率有关. 实际上，当 $F\in L^p(d\mu)$，$1\leqslant p\leqslant 4$ 时，可证 $f\in L^r(\mathbb{R}^2)$，其中 $\frac{3}{r}=\frac{2}{p}+1$，且 $\|f\|_{L^r(\mathbf{R}^2)}\leqslant c\|F\|^2_{L^p(d\mu)}$ $(1\leqslant p<4)$. 假设果真如此，则

$$\mathcal{R}^*(F)^2=(\hat{\nu}(-x))^2=(\nu*\nu)^\wedge(-x)=\hat{f}(x),$$

再由 Hausdorff-Young 不等式可得

$$\|\mathcal{R}^*(F)\|^2_{L^{2r'}}\leqslant\|(\mathcal{R}^*(F))^2\|_{L^{r'}}=\|\hat{f}\|_{L^{r'}}\leqslant c\|F\|^2_{L^p}.$$

又因为 $2r'=3p'$，所以结论得证.]

5. * 对于波动方程，有如下类似于定理 8.6.3 的结论. 设 $u(x,t)$ 是波动方程 $\frac{\partial^2 u}{\partial t^2}=\Delta u$ 的解，其中 $(x,t)\in\mathbb{R}^d\times\mathbb{R}$，初值为

$$\begin{cases}u(x,0)=0,\\ \frac{\partial u}{\partial t}(x,0)=f(x).\end{cases}$$

证明：当 $q=\frac{2d+2}{d-2}$ 且 $d\geqslant 3$ 时 $\|u(x,t)\|_{L^q(\mathbf{R}^d\times\mathbf{R})}\leqslant c\|f\|_{L^2(\mathbf{R}^d)}$.

6. * 下面进一步讨论定理 8.8.3 中的误差项 $E(R)=N(R)-\pi R^2$.

(a) 对每一个 $R\geqslant 0$，Hardy 级数 $R\sum\limits_{k=1}^{\infty}\frac{r_2(k)}{k^{1/2}}J_1(2\pi k^{1/2}R)$ 收敛，且对于任一正整数 k，当 $R\neq k^{1/2}$ 时，该级数和等于 $E(R)$；

(b) 一般来说，误差项 $E(R)$ 是 $R^{1/2}$ 的某个倍数，即对某个 $c>0$ 以及每一个 $\varepsilon>0$，

$$\int_0^r E(R)^2 R\,dR=cr^3+O(r^{2+\varepsilon});$$

(c) 然而 $E(R)$ 确实不是 $O(R^{1/2})$，这是因为

$$\limsup_{R\to\infty}\frac{|E(R)|}{R^{1/2}}=\infty;$$

(d) 已经证得，对于某些具体的 $1/2<\alpha<2/3$，有 $E(R)=O(R^{\alpha+\varepsilon})$. 最新的此类结果是 $\alpha=131/208$.

7.* 振荡积分$\mathfrak{J}(\lambda)$ 可以用第二类和第三类 Bessel 函数表示为

$$\mathfrak{J}(\lambda)=4K_0(2\lambda)-2\pi Y_0(2\lambda),$$

其中 Y_m 和 K_m 分别是 Neumann 和 Macdonald 函数.

8.* 考虑因子问题中的误差项

$$\Delta(\mu)=\sum_{k=1}^{\mu}d(k)-\mu\log\mu-(2\gamma-1)\mu-1/4.$$

对于非整数 μ，$\Delta(\mu)$ 即是下述收敛级数

$$\frac{-2}{\pi}\mu^{1/2}\sum_{k=1}^{\infty}\frac{d(k)}{k^{1/2}}\left[K_1(4\pi k^{1/2}\mu^{1/2})+\frac{\pi}{2}Y_1(4\pi k^{1/2}\mu^{1/2})\right].$$

对于 Δ，有类似于问题 6* 中关于 E 的估计式，即 $\Delta(\mu)=O(\mu^{\beta+\varepsilon})$ 且 $\beta=\alpha/2$.

注记和参考

第 1 章

第一条引文出自文章 F. Riesz [40]，而第二条来源于 Banach [3] 的译本.

本章的内容主要参考 Hewitt 和 Stromberg [23]，Yosida [59] 和 Folland [18].

对于问题 7*，可参考 Carothers [9]，而与问题 6* 中 Clarkson 不等式相关的结论出现在 Hewitt 和 Stromberg [23] 的第 4 章中. 对于 Orlicz 空间，参考 Rao 和 Ren [39]. 最后，对于问题 8* 和 9 中所描述的观点，读者可以在 Wagon [57] 中找到更详尽的内容.

第 2 章

第一条引文出自文章 Young [60]. 第二条来源于一封 M. Riesz 给 Hardy 的法语信件的译文. 最后一条引文出自 Hardy 给 M. Riesz 的回信. 两者都出现在 Cartwright [10] 中. 此外，这个参考文献也包含正文 2.1 节中的 M. Riesz 的引言.

对于圆周上的共轭函数理论（类似于实直线上的 Hilbert 变换），参考 Zygmund [61] 第Ⅶ章和 Katznelson [31]. Stein [45] 中包含了 $\boldsymbol{H}^1_r$ 和 BMO 理论，其他相关的文献也出现在 Stein [45] 中.

对于问题 6*，可以参考 Stein [45] 第Ⅲ章.

使用 Blaschke 乘积等复方法可以证明问题 7 中的结论. 该证明细节类似于用单位圆盘替代上半平面情形，可以参考 Zygmund [61] 第Ⅶ章. 实方法可以参考 Stein 和 Weiss [47] 第Ⅲ章.

问题 9* 是 Jones 和 Journé [28] 中的一个结论，同时对于与问题 10* 相关的结论，读者可以查阅 Coifman *et al* [38].

第 3 章

第一条引文出自 Bochner [7]，而第二条来源于 Zygmund [61] 的前言.

关于广义函数的基本理论，可参考文献 Schwartz [41].

更深入的广义函数理论见文献 Gelfand 和 Shilov [20]，该书是关于广义函数的系列丛书的第一卷.

更一般地，定理 3.3.2 对算子核要求更少的正则性，其证明见 Stein [44] 第 2 章和 Stein [45] 第Ⅰ章.

对于问题 5* 和 6*，参考 Bernstein 和 Gelfand [4] 以及 Atiyah [1]. 实际上 Hörmander [26] 与问题 6* 和 7* 也相关.

最后，关于问题 8*，可以参考 Folland [17]. 在 Folland [17] 中也能找到其他文献，特别是 M. Riesz，Methée 等人的原始工作.

第 4 章

引文出自 Baire 的原始工作 [2] 的译本.

Körner [34] 最初使用 Baire 纲定理证明了 Besicovitch 集的存在性.

习题 14 中定义的万有元，以及在问题 7* 中的结论来源于遍历理论和动力系统. 关于万有元及其相关的超循环算子，一个比较好的参考文献是 Grosse-Erdmann [21].

第 5 章

第一条引文出自 Shiryaev 关于 Kolmogorov 的评论：*Kolmogorov in Perspective*，History of Mathematics，Volume 20，American Mathematical Society，2000. 第二条来源于 [29] 的译本.

关于一般的概率论和随机过程，有许多比较好的文献. 例如，读者可以查阅 Doob [13]，Durrett [14] 及 Koralov 和 Sinai [33].

关于习题 16 和问题 2* 中的 Walsh-Paley 函数系，读者可以查阅 Schipp *et al* [42] 找到更详尽的论述. 读者也可以在 Zygmund [61] 卷Ⅰ第Ⅴ章第 6～8 节找到问题 2* 相关的缺项级数的相关内容.

第 6 章

Doob 的叙述出自 Masani 的书 *Norbert Wiener* 的评论. 该评论见 *Bulletin of the American Mathematical Society*，Volume 27，Number 2，October 1992.

关于 Brownian 运动的一般参考文献是 Billingsley [5] 和 [6]，Durrett [14]，Karatzas 和 Shreve [30]，Stroock [52]，Koralov 和 Sinai [33]，以及 Çinlar [11].

对于问题 4* 和 7*，参考 Durrett [14] 或 Karatzas 和 Shreve [30].

第 7 章

Lewy 的叙述出自 [37].

关于本章中讨论的主题，以及一般的多复变理论，可以参考文献 Gunning 和 Rossi [22]，Hörmander [25] 和 Krantz [35].

定理 7.7.1 中的逼近结论可参考 Boggess [8]，Baouendi *et al* [15] 或 Treves

[56].

对于本章中 Cauchy-Riemann 方程的深入理论和某些结论的延拓，读者可以查阅 Boggess [8].

关于附录中所讨论的上半空间$\mathcal{U}$的分析性质及其与 Heisenberg 群之间的关系，可以参考 Stein [45] 第Ⅻ和ⅩⅢ章.

对于问题 1 和 2，可参考 Gunning 和 Rossi [22] 或 Krantz [35].

问题 3* 出现在 Chen 和 Shaw [12] 第 2 章中，而问题 4* 中的$\overline{\partial}$-Neumann 方程理论，见 Folland 和 Kohn [19]，Chen 和 Shaw [12].

最后，关于问题 5* 中的全纯域，可参考 Hörmander [25] 第 2 章，或 Chen 和 Shaw [12] 第 3 和 4 章，而对于问题 6*，参考 Stein [45] 第ⅩⅢ章.

第 8 章

Kelvin 的题词（1840）出自 [54]，而 Stokes 的题词来源于 [48].

本章 8.1～8.5 节和 8.7 节中的主题，可参考文献 Sogge [43] 和 Stein [45] 的第Ⅷ～Ⅺ章. 我们已经省略了任何有关 Fourier 积分算子理论的讨论. 对此，可参考 Sogge [43] 的第 6 章及其相关的参考文献.

关于色散方程的早期工作是由 Segal，Strichartz [51]，Ginibre 和 Velo，以及 Strauss [49] 完成的. Tao [53] 对此做了系统的梳理和阐述，并包含更多的文献资料.

关于 8.8 节中有关格点的结论，读者可以参考 Landau [36] 的第 8 部分；Titchmarsh [55] 第 12 章；Hlawka [24]；以及 Iwaniec 和 Kowalski [27] 的第 4 章.

有关问题 1* 中的 Gauss 映射的更多内容，见 Kobayashi 和 Nomizu [32] 的第 2，3 节.

关于球面极大函数，可参考 Stein 和 Wainger [46] （$d\geqslant 3$）和 Sogge [43] （$d=2$）.

对于问题 4*，即 $d=2$ 时的限制定理，可参考 Stein [45] 的第Ⅸ章第 5 节.

问题 5* 及其更一般的形式，可参考 Strichartz [51].

问题 6* 中关于 $r_2(k)$ 的结论 (a)-(c)，可参考 Landau [36]. 指数 $\alpha=131/208$ 是 M. N. Huxley 给出的.

Erdélyi [16] 中的公式 (15) 和公式 (25) 以及 Watson [58] 中 6.21 和 6.22 节可以推导出问题 7* 中$\mathfrak{J}$与 Bessel 型函数的等式. 在这些公式的帮助下，读者能够将本章中的命题 8.8.8 和定理 8.8.9 与 Strichartz [50] 中的定理 1，以及 Gelfand 和 Shilov [20] 中 2.6～2.9 节中的公式联系起来.

问题 8* 中关于 $\Delta(\mu)$ 的等式可以追溯到 Voronoi 的工作，并且实际上该等式的证明早于关于 $r_2(k)$ 的 Hardy 等式.

参考文献

[1] M. F. Atiyah. *Resolution of singularities and division of distributions*, Comm. Pure. Appl. Math., 23: 145-150, 1970.

[2] R. Baire, *Sur les fonctions de variables réelles*, Annali. Mat. Puraed Appl., Ⅲ (3): 1-123, 1899.

[3] S. Banach, *Théorie des opérations linéaires*, Monografje Matematyczne, Warsawa, 1, 1932.

[4] I. N. Bernstein and S. J. Gelfand. *The polynomial p^{λ} is meromorphic*, Funct. Anal. Appl., 3: 68-69, 1969.

[5] P. Billingsley, *Convergence of Probability Measures*, John Wiley & Sons, 1968.

[6] P. Billingsley, *Probability and Measure*, John Wiley & Sons, 1995.

[7] S. Bochner, "*The rise of functions*" *in complex analysis*, Rice University Studies, 56 (2), 1970.

[8] A. Boggess, *CR Manifolds and the Tangential Cauchy-Riemann Complex*, CRC Press, Boca Raton, 1991.

[9] N. L. Carothers, *A Short Course on Banach Space Theory*, Cambridge University Press, 2005.

[10] M. L. Cartwright, *Manuscripts of Hardy, Littlewood, Marcel Riesz and Titchmarsh*, Bull. London Math. Soc., 14 (6): 472-532, 1982.

[11] E. Çinlar, *Probability and Statistics*, volume 261 of *Graduate texts in mathematics*, Springer Verlag, 2011.

[12] S-C Chen and M-C Shaw, *Partial Differential Equations in Several Complex Variables*, volume 19 of *Studies in Advanced Mathematics*, American Mathematical Society, 2001.

[13] J. L. Doob, *Stochastic Processes*, John Wiley & Sons, New York, 1953.

[14] R. Durrett, *Probability: Theory and Examples*, Duxbury Press, Belmont, CA, 1991.

[15] M. S. Baouendi, P. Ebenfelt, and L. P. Rothschild, *Real Submanifolds in Complex Space and Their Mappings*, Princeton University Press, Princeton, NJ, 1999.

[16] A. Erdélyi *et al*, *Higher Transcendental Functions*, Bateman Manuscript Project, Volume 2. McGraw-Hill, 1953.

[17] G. B. Folland, *Fundamental solutions for the wave operator*, Expo. Math., 15: 25-52, 1997.

[18] G. B. Folland, *Real Analysis*, John Wiley & Sons, 1999.

[19] G. B. Folland and J. J. Kohn, *The Neumann Problem for the Cauchy-Riemann Complex*, Ann. Math Studies 75. Princeton University Press, Princeton, NJ, 1972.

[20] I. M. Gelfand and G. E. Shilov, *Generalized Functions*, volume 1, Academic Press, New York, 1964.

[21] K-G. Grosse-Erdmann, *Universal families and hypercyclic operators*, Bull. Amer. Math. Soc., 36 (3): 345-381, 1999.

[22] R. C. Gunning and H. Rossi, *Analytic Functions of Several Complex Variables*, Prentice-Hall, Englewood Cliffs, NJ, 1965.

[23] E. Hewitt and K. Stromberg, *Real and Abstract Analysis*, Springer, New York, 1965.

[24] E. Hlawka, *Uber Integrale auf konvexen Körpern I*, Monatsh. Math., 54: 1-36, 1950.

[25] L. Hörmander, *An Introduction to Complex Analysis in Several Variables*, D. Van Nostrand Company, Princeton, NJ, 1966.

[26] L. Hörmander, *The Analysis of Linear Partial Differential Operators II*, Springer, Berlin Heidelberg, 1985.

[27] H. Iwaniec and E. Kowalski, *Analytic Number Theory*, volume 53, American Mathematical Society Colloquium Publications, 2004.

[28] P. W. Jones and J-L. Journé, *On weak convergence in H^1 ($\mathbb{R}^d$)*, Proc. Amer. Math. Soc., 120: 137-138, 1994.

[29] M. Kac, *Sur les fonctions independantes I*, Studia Math., pages 46-58, 1936.

[30] I. Karatzas and S. E. Shreve, *Brownian Motion and Sochastic Calculus*, Springer, 2000.

[31] Y. Katznelson, *An Introduction to Harmonic Analysis*, John Wiley & Sons, 1968.

[32] S. Kobayashi and K. Nomizu, *Foundations of Differential Geometry*, volume 2, Wiley, 1996.

[33] L. B. Koralov and Y. G. Sinai, *Theory of Probability and Randon Processes*, Springer, 2007.

[34] T. W. Körner, *Besicovitch via Baire*, Studia Math., 158: 65-78, 2003.

[35] S. G. Krantz, *Function Theory of Several Complex Variables*, Wadsworth & Brooks/Cole, Pacific Grove, CA, second edition, 1992.

[36] E. Landau, *Vorlesungen über Zahlentheorie*, volume Ⅱ, AMS Chelsea, New York, 1947.

[37] H. Lewy, *An example of a smooth linear partial differential equation without solution*, Ann. of Math., 66 (1): 155-158, 1966.

[38] R. R. Coifman, P. L. Lions, Y. Meyer, and S. Semmes, *Compacité par compensation et espaces de Hardy*, C. R. Acad. Sci. Paris, 309: 945-949, 1989.

[39] M. M. Rao and Z. D. Ren, *Theory of Orlicz Spaces*, Marcel Dekker, New York, 1991.

[40] F. Riesz, *Untersuchungen über Systeme integrierbarer Funktionen*, Mathematische Annalen, 69, 1910.

[41] L. Schwartz, *Théorie des distributions*, volume Ⅰ and Ⅱ, Hermann, Paris, 1950-1951.

[42] F. Schipp, W. R. Wade, P. Simon and J. Pál, *Walsh Series: An Introduction to Dyadic Harmonic Analysis*, Adam Hilger, Bristol, UK, 1990.

[43] C. D. Sogge, *Fourier Integrals in Classical Analysis*, Cambridge University Press, 1993.

[44] E. M. Stein, *Singular Integrals and Differentiability Properties of Functions*, Princeton University Press, Princeton, NJ, 1970.

[45] E. M. Stein, *Harmonic Analysis: Real-Variable Methods, Orthogonality, and Oscillatory Integrals*, Princeton University Press, Princeton, NJ, 1993.

[46] E. M. Stein and S. Wainger, *Problems in harmonic analysis related to curvature*, Bull.

Amer. Math. Soc., 84: 1239-1295, 1978.

[47] E. M. Stein and G. Weiss, *Introduction to Fourier Analysis on Euclidean Spaces*, Princeton University Press, Princeton, NJ, 1971.

[48] G. G. Stokes, *On the numerical calculations of a class of definite integrals and infinite series*, Camb. Phil. Trans., ix, 1850.

[49] W. Strauss, *Nonlinear Wave Equations*, volume 73 of *CBMS*, American Mathematical Society, 1978.

[50] R. S. Strichartz, *Fourier transforms and non-compact rotation groups*, Ind. Univ. Math. Journal, 24: 499-526, 1974.

[51] R. S. Strichartz, *Restriction of the Fourier transform to quadratic surfaces and decay of solutions of the wave equations*, Duke Math. Journal, 44: 705-714, 1977.

[52] D. W. Stroock, *Probability Theory: An Analytic View*, Cambridge University Press, 1993.

[53] T. Tao, *Nonlinear Dispersive Equations*, volume 106 of *CBMS*, American Mathematical Society, 2006.

[54] S. P. Thompson, *Life of Lord Kelvin*, volume 1, Chelsea reprint, New York, 1976.

[55] E. C. Titchmarsh, *The Theory of the Riemann Zeta-function*, Oxford University Press, 1951.

[56] F. Treves, *Hypo-Analytic Structures*, Princeton University Press, Princeton, NJ, 1992.

[57] S. Wagon, *The Banach-Tarski Paradox*, Cambridge University Press, 1986.

[58] G. N. Watson, *A Treatise on the Theory of Bessel Functions*, Cambridge University Press, 1945.

[59] K. Yosida, *Functional Analysis*, Springer, Berlin, 1965.

[60] W. H. Young, *On the determination of the summability of a function by means of its Fourier constants*, Proc. London Math. Soc., 2-12: 71-88, 1913.

[61] A. Zygmund, *Trigonometric Series*, volume Ⅰ and Ⅱ, Cambridge University Press, Cambridge, 1959. Reprinted 1993.

符　号　表

通常$\mathbb{Z}$，$\mathbb{Q}$，$\mathbb{R}$和$\mathbb{C}$分别表示整数集，有理数集，实数集和复数集.

$L^p(X,\mathcal{F},\mu),L^p(X,\mu),L^p(X)$	L^p 空间
$\\|\cdot\\|_{L^p(X)},\\|\cdot\\|_{L^p}$，$\\|\cdot\\|_p$	L^p 范数
$L^\infty(X,\mathcal{F},\mu)$	L^∞空间
$\\|\cdot\\|_{L^\infty}$	L^∞范数或者本性范数
$C(X)$	赋予上确界范数的 X 上连续函数全体
Λ^α	指数为α 的 Hölder 空间
L_k^p	Sobolev 空间
$\mathcal{B}^*$	$\mathcal{B}$的对偶空间
$\mathcal{B}_X$	X 的 Borel 集全体
$M(X)$	X 上有限的 Borel 符号测度全体
$C_b(X)$	$C(X)$ 中的有界函数全体
$L^{p_0}+L^{p_1}$	L^{p_0}与L^{p_1}之和
$A\Delta B$	A 与 B 的对称差
$L^{p,r}$，$\\|\cdot\\|_{L^{p,r}}$	混合空间和混合范数
L^Φ	Orlicz 空间
$C^{k,\alpha}$	k 阶导数在 Λ^α 中的函数全体
$\mathbb{R}_+^2$	上半平面
$H(f)$	f 的 Hilbert 变换
$\mathcal{P}_y$，$\mathcal{Q}_y$	Poisson 核和共轭 Poisson 核
$O(\cdots)$	O 符号
$C_0^\infty(\mathbb{R})$	$\mathbb{R}$上有紧支撑的无穷次可微函数空间
$\lambda_F(\alpha)$，$\lambda(\alpha)$	F 的分布函数
$\boldsymbol{H}_r^1(\mathbb{R}^d)$	实 Hardy 空间
$\\|\cdot\\|_{\boldsymbol{H}_r^1(\mathbb{R}^d)}$	$\boldsymbol{H}_r^1(\mathbb{R}^d)$ 范数
$f^\dagger$	截断极大函数
$\\|\cdot\\|_{\mathrm{BMO}}$	有界平均振动（或者 BMO）范数
$C_0^\infty(\Omega)$，$\mathcal{D}(\Omega)$	在Ω中有紧支撑的光滑函数，或者测试函数全体

∂_x^α，$\lvert\alpha\rvert$，$\alpha!$	偏导数和相关函数
$\mathcal{D}^*(\Omega)$	Ω 上广义函数空间
$\delta(\cdot)$	Dirac delta 函数
C^k，$C^k(\Omega)$	Ω 上 C^k 函数全体
$\mathcal{S}(\mathbb{R}^d)$，$\mathcal{S}$	Schwartz 空间，或者测试函数全体
$\lVert\cdot\rVert_N$	直至 N 阶导数的范数
$\mathcal{S}^*$	缓增分布全体
$\mathrm{pv}\left(\frac{1}{x}\right)$	主值
Δ	Laplacian 算子
A_d	$\mathbb{R}^d$ 中单位球面面积
$\partial_{\bar{z}}$，$\frac{\partial}{\partial\bar{z}}$，$\partial_z$，$\frac{\partial}{\partial z}$	关于 $\bar{z}$ 和 z 的导数
$\Box$	波动算子
A^δ	A 的 δ 邻域
$\mathbb{Z}_2^N$	$\mathbb{Z}_2$的 N 次乘积
$\mathbb{Z}_2^\infty$	$\mathbb{Z}_2$的无穷乘积
r_n	Rademacher 函数
m_0，σ^2	平均或者期望，方差
ν_{σ^2}	期望为 0 且方差为 σ^2 的 Gaussian 分布
$\mathbb{E}_{\mathcal{A}}(f)$，$\mathbb{E}(f\mid\mathcal{A})$，$\mathbb{E}$	f 关于 $\mathcal{A}$ 的条件期望
$\mathcal{P}$	$\mathbb{R}^d$ 中始于原点的连续道路全体
$\tau(\omega)$	停时
$\mathbb{P}_r(z_0)$	$\mathbb{C}^n$ 中的多圆盘
$C_r(z_0)$	$\mathbb{P}_r(z_0)$ 的边界圆周
$\overline{\partial}$	Cauchy-Riemann 算子
L_j	切向 Cauchy-Riemann 算子
$\mathcal{U}$	$\mathbb{C}^n$ 中的上半空间
$H^2(\mathcal{U})$	$\mathcal{U}$ 上 Hardy 空间
$X\lesssim Y$，$X\approx Y$	对某个 $c>0$，$X\leqslant cY$ 和 $c^{-1}Y\leqslant X\leqslant cY$
$\mathrm{rotcurv}(\rho)$	旋转曲率
$r_2(k)$	k 表示成两个平方数的和的组数
$d(k)$	k 的因子个数
$\mathfrak{h}$	双曲测度